仪 器 分 析

主 编　熊维巧

西南交通大学出版社

·成 都·

图书在版编目（CIP）数据

仪器分析 / 熊维巧主编. —成都：西南交通大学出版社，2019.9
ISBN 978-7-5643-7164-7

Ⅰ. ①仪… Ⅱ. ①熊… Ⅲ. ①仪器分析－高等学校－教材 Ⅳ. ①O657

中国版本图书馆 CIP 数据核字（2019）第 210334 号

Yiqi Fenxi
仪器分析

主编 熊维巧

责任编辑 牛 君
封面设计 何东琳设计工作室

出版发行 西南交通大学出版社
（四川省成都市金牛区二环路北一段 111 号
西南交通大学创新大厦 21 楼）
邮政编码 610031
发行部电话 028-87600564 028-87600533
网址 http://www.xnjdcbs.com
印刷 四川煤田地质制图印刷厂

成品尺寸 210 mm × 285 mm
印张 20.25
字数 596 千
版次 2019 年 9 月第 1 版
印次 2019 年 9 月第 1 次
书号 ISBN 978-7-5643-7164-7
定价 48.00 元

课件咨询电话：028-81435775

前 言

本书是在编者已使用多年的仪器分析教学讲义的基础上，充分吸收国内同类教材的精华编写而成的。编写过程历时五年多，四易其稿，特别是光谱分析中的各种图表的绘制与编写耗费颇多精力与时日。

仪器分析作为一门日新月异的分析学科，是解决化学问题的最重要工具，所以工具性是仪器分析的显著特点。分析仪器就是工具的硬件部分，本书在介绍每一种仪器的结构部件时，尽量做到清晰明了。每一种仪器分析方法的基础理论，又相当于工具的软件部分，对基础理论的阐述，本书采用理解性的叙述方式予以呈现，力争做到深入浅出，以便于读者理解和自学。光谱分析部分比一般同类教材录入了更多原始光谱图及数据，这些都是本书的特点。

本书分为三个部分，第 1~6 章为光谱分析部分，第 7~10 章为色谱分析部分，第 11 章（属于光谱分析）和第 12 章（属于电化学分析）归为第三部分，因为这两种方法的分析对象主要是无机物，而前两部分的分析对象是有机物，与此相对应而编排各章顺序，并没有硬性分开成上述各部分。

本书可作为制药工程、生物工程、中药学等专业的教材，亦可作为化学、化工、医学、农学、环境等专业的教学参考书，还可作为相关专业从事分析测试工作的理论参考书。

本书的编写得到西南交通大学 2016 年度教材建设校级一般项目的资助。

由于编者水平所限，书中的不妥之处在所难免，恳请读者批评指正。

编 者

2019 年 4 月

目　录

1　光学分析方法导论

人们在认识宏观世界的过程中，是通过肉眼来获得客观物质世界信息的，这是一个非常典型的光学活动过程，可见光学活动的重要性。在认识微观世界的过程中，近代原子结构的研究也是从光学角度入手来进行的，如氢原子光谱的研究，从此打开了奇妙无比的微观世界的大门，特别是光的波粒二象性的发现，具有里程碑的意义。

光学分析方法是基于电磁辐射与物质相互作用后发生的变化或产生辐射信号来测定物质的组成、含量和结构的一类分析方法。电磁辐射与物质相互作用后发生的变化有：电磁辐射被物质吸收，如各种吸收光谱法；电磁辐射方向改变，如折射、旋光、衍射和干涉等；电磁辐射与物质相互作用后再产生辐射信号，如各种发射光谱法。

1.1　电磁辐射的性质

电磁辐射是一种以极大速度通过空间传播能量的电磁波。电磁波包括无线电波、微波、红外光、可见光、紫外光，以及 X 射线和γ射线等。

1.1.1　波粒二象性

光的本质就是电磁波，电磁波既具有波动性，又具有微粒性，即电磁波具有波粒二象性。

电磁波的波动性是指电磁波可以用互相垂直的正弦波振荡电场和磁场表示。电磁波具有速度、方向、波长、振幅和偏振面等。电磁波的波动性可用如下参数来表征。

速度：$c=\nu\lambda$，光在真空中的传播速度为$c=2.9979\times10^{10}\,\mathrm{cm\cdot s^{-1}}$。

频率：$\nu=c/\lambda$，这是光在真空中的振荡频率，频率单位是赫兹（Hz）。

波长：$\lambda=c/\nu$，电磁波相邻波峰间的距离为波长，单位有 m、μm、nm 等。

波数：$\sigma=1/\lambda$，波长的倒数，即每厘米内波的数目，单位$\mathrm{cm^{-1}}$。

电磁波的微粒性是指电磁波是由一系列量子化的光子（能量子）组成。光子能量为

$$E=h\nu=hc\sigma=hc/\lambda \tag{1-1}$$

式中，h为 Plank 常数，$h=6.626\times10^{-34}\,\mathrm{J\cdot s}$。

1.1.2　电磁波谱

将各种电磁波按波长或频率的大小顺序排列所得的图表称为电磁波谱，通过电磁波谱可以了解各电磁波区间的界线关系，电磁波的波长、频率和能量的大小，与能级跃迁类型和分析方法的关系，见图 1-1 和表 1-1。

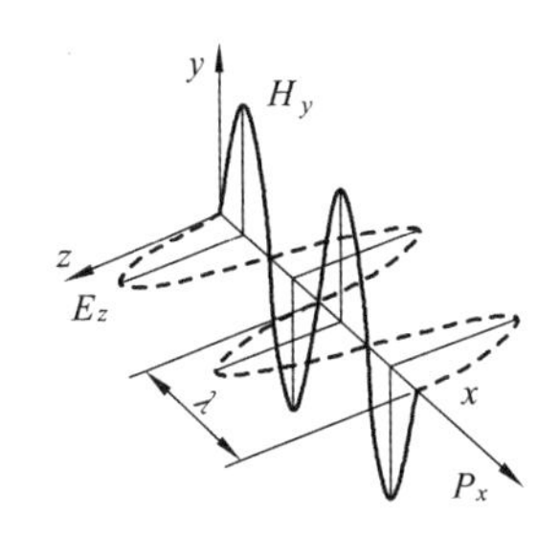

图 1-1　电磁波谱图

表 1-1 电磁波谱表

能量/eV	频率/Hz	波长 λ	电磁波区间	跃迁类型
$>2.5\times10^5$	$>6.0\times10^{19}$	<0.005 nm	γ 射线区	核能级
$2.5\times10^5\sim1.2\times10^2$	$6.0\times10^{19}\sim3.0\times10^{16}$	0.005～10 nm	X 射线区	K、L 层电子能级
$1.2\times10^2\sim6.2$	$3.0\times10^{16}\sim1.5\times10^{15}$	10～200 nm	真空紫外光区	
6.2～3.1	$1.5\times10^{15}\sim7.5\times10^{14}$	200～400 nm	近紫外光区	外层电子能级
3.1～1.6	$7.5\times10^{14}\sim3.8\times10^{14}$	400～800 nm	可见光区	
1.6～0.50	$3.8\times10^{14}\sim1.2\times10^{14}$	0.8～2.5 μm	近红外光区	分子振动能级
$0.50\sim2.5\times10^{-2}$	$1.2\times10^{14}\sim6.0\times10^{12}$	2.5～50 μm	中红外光区	
$2.5\times10^{-2}\sim1.2\times10^{-3}$	$6.0\times10^{12}\sim3.0\times10^{11}$	50～1000 μm	远红外光区	分子转动能级
$1.2\times10^{-3}\sim4.1\times10^{-6}$	$3.0\times10^{11}\sim1.0\times10^{9}$	1～300 mm	微波区	
$<4.1\times10^{-6}$	$<1.0\times10^{9}$	>300 mm	无线电波区	磁核自旋能级

1.2 电磁辐射与物质的作用

1.2.1 电磁辐射的能量

根据光的量子学说，光子的能量与频率成正比，与波长成反比，波长越短，能量越大，反之越小。1 mol 光量子的能量与其波长 λ（nm）的关系见式（1-2），其图示见图 1-2。

$$E_{1\,\text{mol}} = N_0 h\frac{c}{\lambda} \approx \frac{1.2\times10^{-6}}{\lambda}(\text{J}\cdot\text{mol}^{-1}) \tag{1-2}$$

从图 1-2 可以直观地看出，200 nm 以下的远紫外光能量很大，200~400 nm 的近紫外光能量还比较大，400 nm 以上的可见光和红外光的能量就很小了。

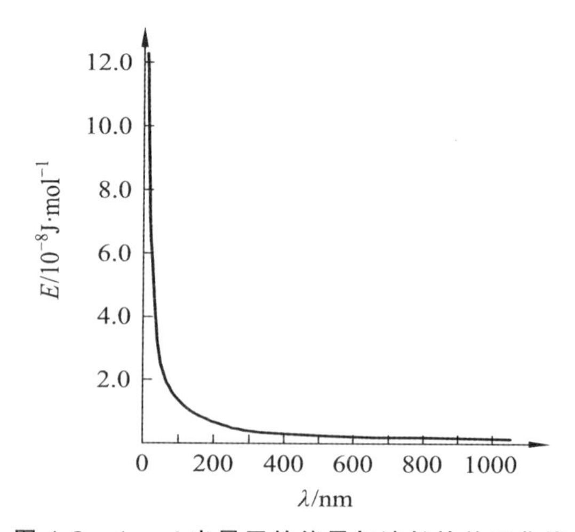

图 1-2 1 mol 光量子的能量与波长的关系曲线

1.2.2 量子化能级与分析方法

依据量子化学理论，物质的分子或者原子都存在于相应的能级状态中。在没有外界干扰的情况下，物质都处于能量最低、最稳定的状态——基态，量子化能级为 E_0；当受到外界能量的作用时，物质会处于某一较高能量、不稳定的状态——激发态，量子化能级为 E_i。两个状态的量子化能级之差为

$$\Delta E = E_i - E_0 \tag{1-3}$$

ΔE 也就是发生量子化能级跃迁所需的能量。如果外界的能量是以某一电磁辐射（也就是光波，频率 ν、波长 λ）的形式提供的，其能量大小刚好满足上述两个状态的量子化能级之差的要求时，就会发生能级跃迁，即

$$\Delta E = h\nu = h\frac{c}{\lambda} \tag{1-4}$$

这就建立起了 ΔE 与 λ（或 ν）简单关系式。对于某一特定物质微粒来说，它的基态与激发态的两个量子化能级之差是确定的，是其内部结构的特征性反映；不同的物质微粒的 ΔE 是有差别的，这个差别我们可以通过符合上述关系式的波长 λ 来区别。这就是通过光谱来对物质进行定性、定量分析的理论依据。

在这里，ΔE 与检测的电磁波信号有两种情况。一种是检测外部提供的电磁波能量被物质吸收后的变化，因此引起物质微粒从基态跃迁到某一激发态，即 $E_0 \to E_i$，这种外部提供电磁波能量的变化就是吸收光谱；另一种是物质微粒在外部能量作用下，其量子化能级已经跃迁到激发态，检测的是从激发态释放能量回到基态，即 $E_i \to E_0$，如果释放的能量形式是光量子，那么检测到的光量子的变化情况就是发射光谱。通过光谱分析知道，不同的物质微粒的 ΔE，与一定波长的电磁波能量相适应，因此产生了各种分析方法。

（1）吸收光谱法。对于分子而言，与紫外-可见光提供的能量相适应的是分子的外层电子（也称价电子）能级跃迁，是紫外-可见分光光度法；与红外光提供的能量相适应的是分子的振动-转动能级跃迁，是红外分光光度法；与射频波提供的能量相适应的是磁核的核磁矩能级跃迁，是核磁共振波谱法。对于原子微粒而言，与紫外-可见光（锐线光源）提供能量相适应的是基态原子的价电子能级跃迁，是原子吸收分光光度法。

（2）发射光谱法。检测的是由分子的激发态跃迁到基态而发射的光量子能量的变化情况，与紫外-可见光波段能量相当，称为荧光、磷光、化学发光分析法；检测的是由原子外层电子从激发态跃迁到基态而发射的光量子能量的变化情况，与紫外-可见光波段能量相当，称为原子荧光分析法；检测的是由原子的外层电子跃迁到内层空隙而发射的光子能量的变化情况，与 X 射线能量相当，称为 X 射线荧光光谱法。

总之，光学分析方法一般包括三个过程：一是提供激发能量；二是能量与物质相互作用；三是产生被测的信号。

1.3 光学分析仪器

1.3.1 光学分析仪器原理

光学分析仪器是实现光学分析的重要工具，各种光学分析仪器一般包括四个基本组成部分：信号发生器、信号检测系统、信号处理系统和数据显示读出系统。在现代高度集成化、智能化的仪器中，还配有计算机控制系统。

信号发生器是辐射光源与吸收池的组合系统，它将被测物的某一物理或化学性质转变为分析信号。如原子吸收辐射产生原子吸收光谱，分子吸收辐射产生分子光谱；物质受电、热激发产生原子发射光谱等，都是分析信号。

检测器是对产生的分析信号进行采集并转化为易于测量的信号，一般转化为电信号。常用的辐射检测器有两类，一类对光子响应，另一类对热响应。所有光子检测器都是以电磁辐射与反应表面的相互作用产生电子（光发射）或使电子跃迁到能导电的状态（光导）为基础的，也称光敏传感器；热检测器是非量子化的热敏传感器。

信号处理系统是将信号放大、平滑、滤波、变换、调频、调幅等的装置。信号读出系统是将信号处理结果输出和显示出来的部件。计算机控制系统进行数据处理及对仪器实施控制，高级的仪器可按照预定的程序使测量条件最优化。

研究吸收或发射的电磁辐射强度和波长的关系的仪器称为分光光度计。它一般有三个最基本的组成部分：辐射源（光源）、单色器（将光源辐射分解为“单色光”）、辐射检测和显示装置。至于样品的位置，则视方法而定，或置于光源中，或置于光源和单色器之间，或置于单色器和检测器之间。

1.3.2 光学分析仪器基本组成

1. 辐射源

辐射源是光学分析仪器的能源产生部件，要求有稳定而足够的输出功率。由仪器的稳压装置保证输出功率的稳定性。因为光源辐射功率（简称光功率）的波动与电源功率的变化成指数关系，必须有稳定的电源才能保证光功率有足够的稳定性。在光学分析中，既采用连续光源，也采用线光源。一般来说，分子吸收光谱采用连续光源，而荧光光谱和原子吸收光谱采用线光源，发射光谱采用电弧、火花、等离子体光源。

2. 分光系统

分光系统的作用是将复合光分解为单色光或有一定宽度的波长带，是光学分析仪器几乎必须具备的装置。最简单的分光系统是滤光片，它只能分离出一个波长带（通带滤光片）或只能保证消除给定波长以上或以下的所有辐射（截止滤光片）。当需要较高纯度的辐射光时，必须使用单色器。单色器是包括入射狭缝、准直镜、色散元件、聚焦透镜和出口狭缝的一组部件。它不仅可以产生谱带宽度很窄的单色光，还可以在一个很宽范围内任意改变输出的单色光波长，即进行波长扫描。

3. 检测系统

光学分析仪器的检测系统，其功能就是实现光电转换，即它将纯光信号和带有样品信息的光信号转换为电信号。光电转换器一般分为两类：一类是对光子产生响应的光检测器，如早期的硅光电池、光电管，现代的光电倍增管和二极管阵列；另一类是对热产生响应的热检测器，如红外检测器。由于红外区辐射能量比较低，很难引起光电子反射，采用热检测器可根据辐射吸收引起的热效应来测量入射辐射的功率。

还有一类检测器，并不采用光电转换方式，而是采用电磁感应的方式进行检测。如核磁共振光谱仪的检测器，因为核磁共振的射频波功率太小，无法检测到射频波被磁核吸收后的变化情况，但可以检测磁核发生能级跃迁时，因核磁矩方向的改变而使感应线圈产生感应电流的情况。傅里叶核磁共振仪的检测器则是脉冲信号检测器。

各种光学仪器的主要部件，参见表 1-2。

对于分光光度计而言，“分光”就是光学系统，是将辐射光源的复合光分离获得需要的单色光的部件；“光度计”就是检测系统，是将光信号能量转化为电信号能量，获得检测信号的部件。所以，分光光度计就是上述分光系统与检测系统的综合装置，是仪器的核心。

表 1-2 各种光学仪器的主要部件

波段	辐射源	单色器	检测器
γ 射线	原子反应堆粒子加速器	脉冲高度鉴别器	闪烁、半导体计数管
X 射线	X 射线管	晶体光栅	闪烁、半导体计数管
紫外光	氢（氘）灯、氙灯	石英棱镜、光栅	光电管、光电倍增管
可见光	钨灯、氙灯	玻璃棱镜、光栅	光电池、光电管
红外光	改进型硅碳棒、陶瓷光源	盐棱镜、光栅、干涉仪	温差热电偶、热辐射检测器
微　波	速调管	单色辐射源	晶体二极管
射频波	电子振荡器	单色辐射源	晶体二极管、晶体三极管

习　题

一、思考题

1. 光学分析方法主要有哪些分类？

2. 电磁辐射有哪些特征？分别用哪些参数描述？各参数之间有什么关系？

3. 名词组解释：电磁波谱和光的波粒二象性、吸收光谱和发射光谱、光谱法和非光谱法。

4. 试通过光的波粒二象性说明电磁辐射的基本性质。

5. 什么是分光光度计？

二、计算题

1. 计算下列射线的频率（Hz）、波数（cm^{-1}）和能量（分别以 eV 和 erg 表示）：

（1）微波束，波长 0.25 cm；（2）钙的共振线，波长 422.7 nm。

2. 计算下列电磁波的波长（分别以 μm 和 nm 表示）：

（1）频率为 4.47×10^{14} Hz 的可见光；（2）频率为 1.21×10^{8} Hz 的无线电波。

3. 计算波长为 300 nm 的紫外光和 500 nm 的可见光的频率（Hz）、波数（cm^{-1}）和能量（J/mol）。

2 紫外-可见分光光度法

2.1 基本原理

紫外-可见光可分为三个区域：10～200 nm 为远紫外区，200～400 nm 为近紫外区，400～760 nm 为可见光区。分子吸收紫外-可见光能量而产生的吸收光谱，称为紫外-可见吸收光谱（UV-vis），以此建立的光度分析法，称为紫外-可见分光光度法。一般研究分子在近紫外至可见光区的吸收光谱情况。

2.1.1 能级跃迁与吸收光谱的关系

紫外-可见吸收光谱与分子电子能级跃迁有关。因分子轨道的基态能级 E_0 与激发态能级 E_1 是确定的，成键电子由基态跃迁到激发态能级差 ΔE 也是确定的。若对分子进行紫外-可见光连续扫描，总有一个波长的光子能量因符合跃迁能级差而被吸收，即 $\Delta E = E_L = h\nu$，不符合这一能量关系的光子能量则不被吸收，这就是选择性吸收。

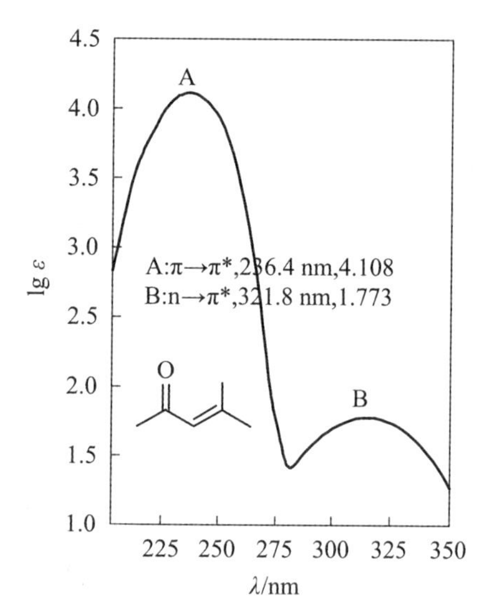

图 2-1 异亚丙基丙酮的紫外吸收光谱

例如，异亚丙基丙酮的紫外吸收光谱（图 2-1）有两个吸收峰，A 峰是由 C═C 的 $\pi\to\pi^*$跃迁引起的，B 峰是由 C═C 的 $n\to\pi^*$跃迁引起的。这种以吸收波长 λ 为横坐标，以检测信号（透光率 T/%、吸光度 A 或吸光系数 ε）为纵坐标所描绘的曲线，称为吸收曲线。

分子轨道的基态和激发态还有更精细的振动能级差异，如图 2-2（a）所示。从图中可见，无论基态还是激发态，都有若干振动能级，基态和激发态都有一个最低振动能级（粗线）。

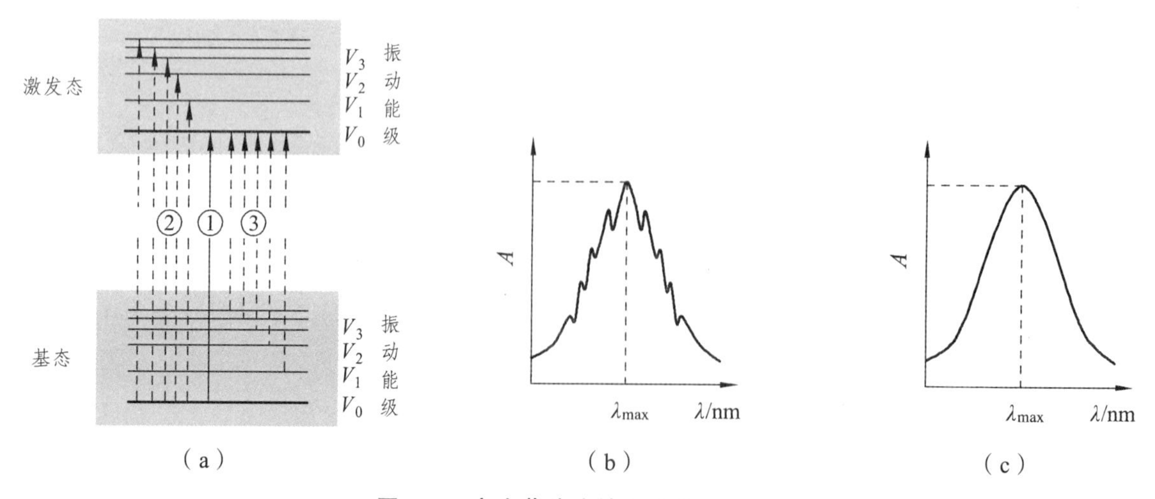

图 2-2 产生紫外连续光谱带原理示意图

位置①的跃迁是电子能级基态的最低振动能级与激发态最低振动能级间的跃迁，跃迁概率最大，称为最大吸收，形成峰的顶点；位置②的跃迁能量比①高，吸收波长短，形成吸收峰的左翼；位置③的跃迁能量比①低，吸收波长长，形成峰的右翼。其峰形应是如图 2-2（b）所示的锯齿状。

此外，还有从基态的不同振动能级跃迁到激发态的不同振动能级，跃迁概率较小，也形成峰的左翼与右翼（与②③叠加）。

吸收光谱的锯齿精细结构只有在低温、真空状态下的气态分子才能观察到，如图 2-3 所示为两个化合物的锯齿状光谱。而在常温溶液体系中，因被测分子与溶剂分子之间的热运动，使振动能级间的台阶式变化被轻微抹平，从而使吸收曲线变成平滑的峰形[图 2-2（c）]。

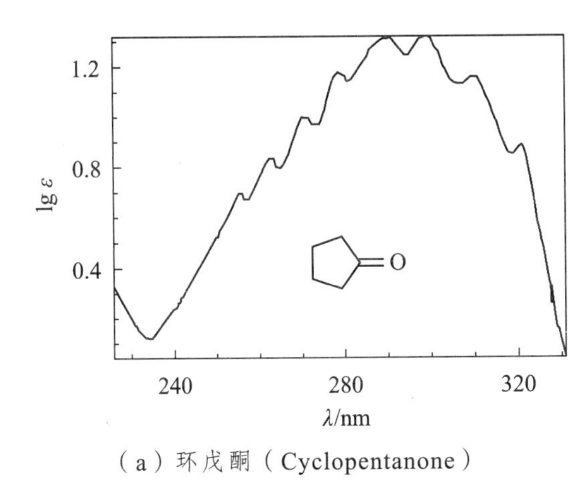

（a）环戊酮（Cyclopentanone）

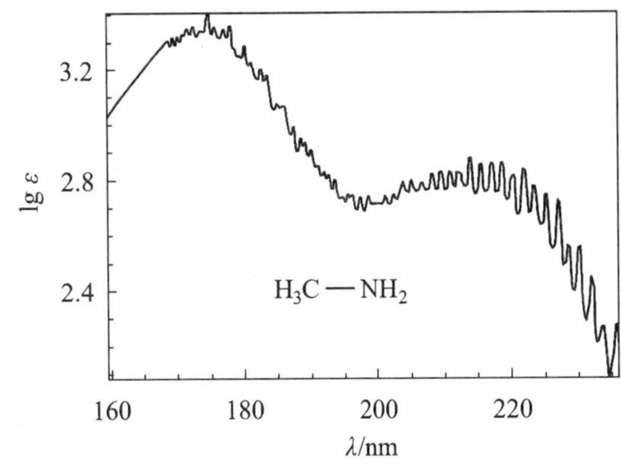

（b）甲胺（Methylamine）（p=0.01~1.8 mmHg）

图 2-3　两个化合物的紫外吸收光谱精细结构

2.1.2　紫外吸收光谱与分子结构的关系

化学键的电子构型（σ 键、π 键、孤对电子）决定了化合物的结构和性质，分子吸收光能后由基态跃迁到激发态，反映了光能与化学键的内在联系，这是通过检测物质的紫外-可见吸收光谱来分析物质结构和含量的根本原因。下面介绍紫外吸收光谱与分子结构的关系。

1. 电子跃迁类型

在化合物中，处于σ轨道上的称为σ电子，处于π轨道上的电子称为σ电子，处于原子轨道的电子称为n电子，都处于基态；还有σ^*、π^*两个反键轨道是空置的。当紫外-可见光照射化合物时，可发生如下电子跃迁类型（图 2-4）。

（1）$\sigma\rightarrow\sigma^*$跃迁

分子中的σ轨道的能级最低最稳定，因此σ电子需要较大的能量才能被激发，只有远紫外区短波长（λ<150 nm）的辐射能才满足要求，所以$\sigma\rightarrow\sigma^*$跃迁的吸收带在真空紫外区，一般观察不到。饱和型化合物的吸收带就是$\sigma\rightarrow\sigma^*$跃迁吸收带，一般无峰形，如图 2-5 所示。四甲基硅烷有两种σ键的吸收带，Si — C 键的吸收峰为 164.09 nm，C — H 键的吸收带为强末端吸收，无峰形。

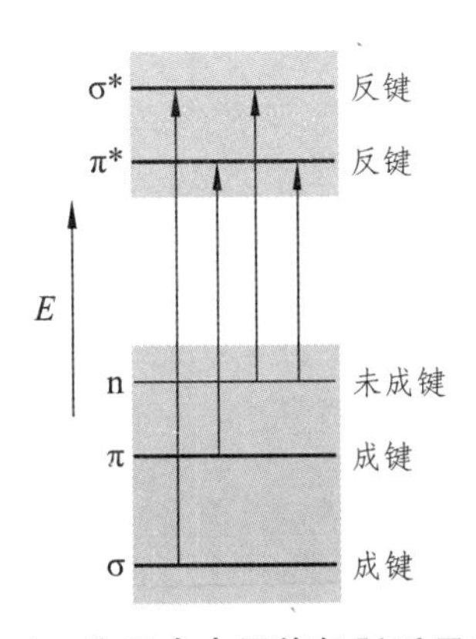

图 2-4　分子中电子能级跃迁示意图

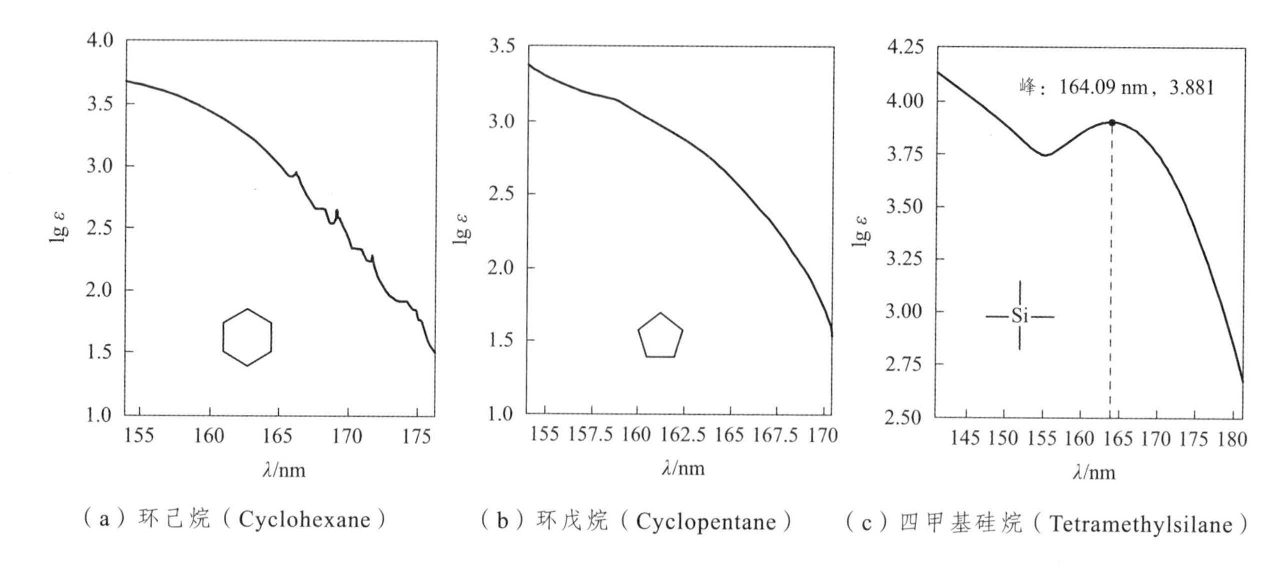

（a）环己烷（Cyclohexane）（b）环戊烷（Cyclopentane）（c）四甲基硅烷（Tetramethylsilane）

图 2-5　三个饱和型化合物的远紫外吸收光谱

（2）n → σ* 跃迁

在饱和烃的含氧、氮、硫、磷、卤素的衍生化合物中，其杂原子上有未成键的孤对电子（简称 n 电子），在紫外光的照射下，除有 σ → σ* 跃迁外，还有 n → σ* 跃迁。n → σ* 跃迁所吸收的波长在 200 nm 左右（图 2-6）。

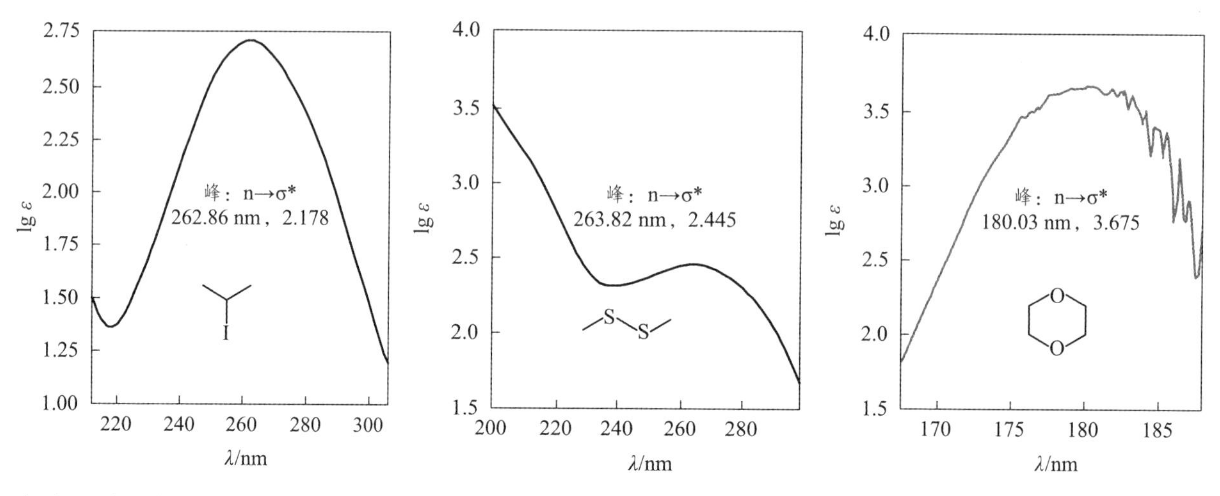

（a）2-碘丙烷（2-iodo-propane）（b）二甲基二硫（Dimethyl disulfide）（c）1, 4-二氧六环（1, 4-Dioxane）

图 2-6　三个化合物的紫外吸收光谱图

（3）π → π* 跃迁

处于 π 轨道电子跃迁到 π* 上，所需能量低于 σ→σ* 跃迁。C═C 键的 π→π* 跃迁吸收的波长在 170～200 nm[图 2-7（a）]，同一分子有多个不共轭双键时，吸收波长与单个双键相同；分子有共轭 C═C 键时，由于 π 电子的共轭离域，使 π→π* 跃迁所需能量降低，吸收波长长移，吸收强度也增大[图 2-7（b）（c）]。

（4）n → π* 跃迁

含有杂原子的不饱和化合物，其孤对电子吸收能量后，发生 n→π* 跃迁，吸收波长一般在 200～400 nm 近紫外区，吸收强度弱至中强都有（图 2-8）。当分子有 p-π 超共轭时，使 π 电子离域，跃迁能量降低，使其 π→π* 跃迁和 n→π* 跃迁吸收峰长移，吸收强度增加。

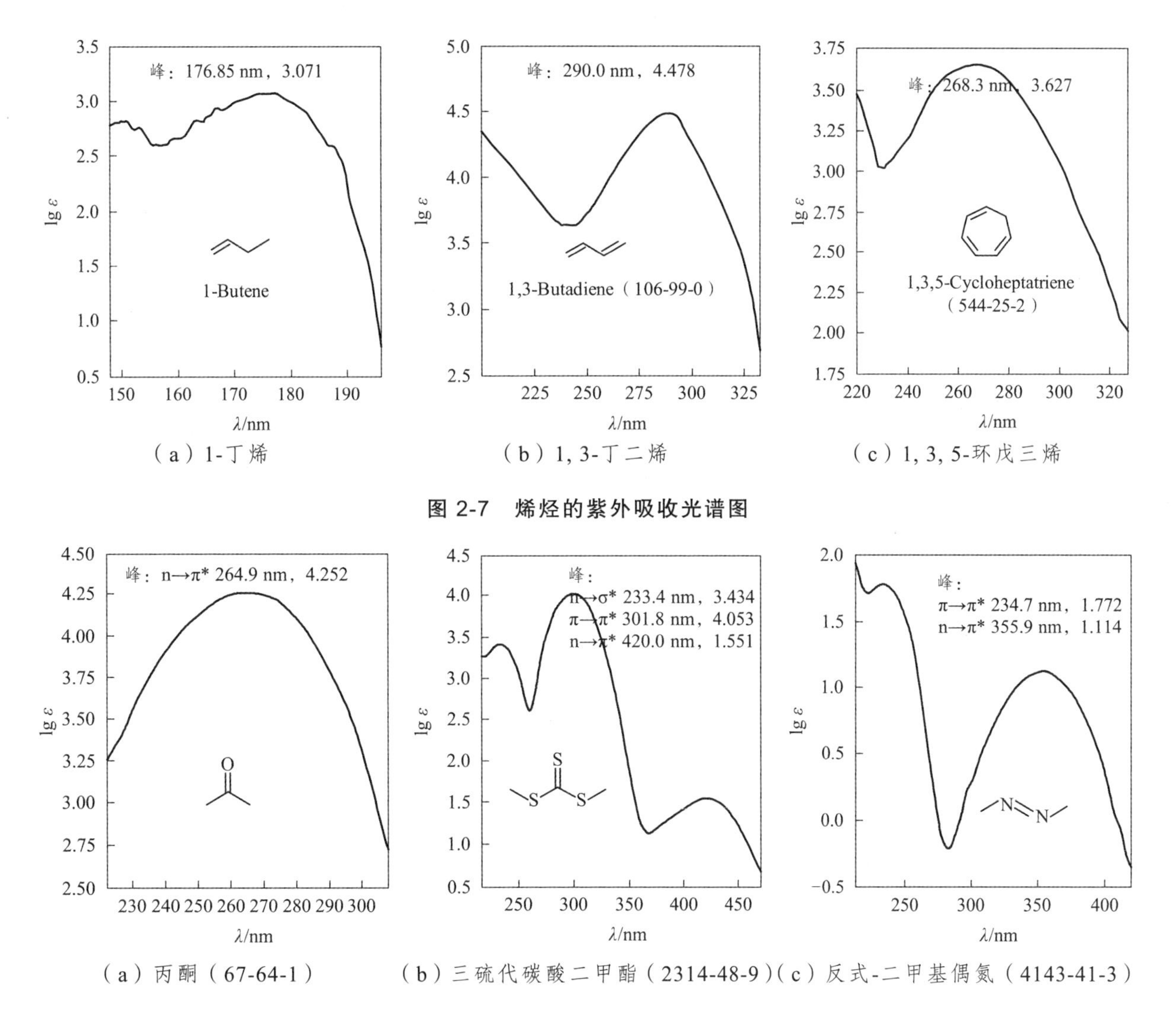

（a）1-丁烯　（b）1, 3-丁二烯　（c）1, 3, 5-环戊三烯

图 2-7　烯烃的紫外吸收光谱图

（a）丙酮（67-64-1）　（b）三硫代碳酸二甲酯（2314-48-9）（c）反式-二甲基偶氮（4143-41-3）

图 2-8　三个含杂原子不饱和基团化合物的紫外吸收光谱图

产生 n→π*跃迁的基团如下：

比较上述 4 种跃迁类型跃迁所需能量与吸收波长的大小顺序分别为

$$\Delta E：\ \sigma \to \sigma^* > n \to \sigma^* > \pi \to \pi^* > n \to \pi^*$$

$$\lambda_{max}：\ \sigma \to \sigma^* < n \to \sigma^* < \pi \to \pi^* < n \to \pi^*$$

对于某一具体化合物而言，上述四种跃迁并不是孤立存在的，应该综合考虑化合物元素组成和成键类型等，才能得出全面的判断。

（5）荷移跃迁

当电子给予基团与电子接受基团直接相连（紧邻）处于同一分子内时，或电子给予体分子与电子接受体分子处于同一个体系中，在紫外-可见光照射下，电子由给予体向接受体相联系的轨道上跃迁，称为电荷迁移跃迁，简称荷移跃迁。由此而产生的吸收光谱法称为荷移跃迁光谱法。荷移跃迁可以理解为在光能辐射下的分子内或分子间的氧化-还原过程。

例如，苯胺的苯环为电子接受基、胺基为电子给予基，能产生荷移跃迁吸收；苯乙酮的苯环为电子给予基、羰基为电子接受基，也能产生荷移跃迁吸收。

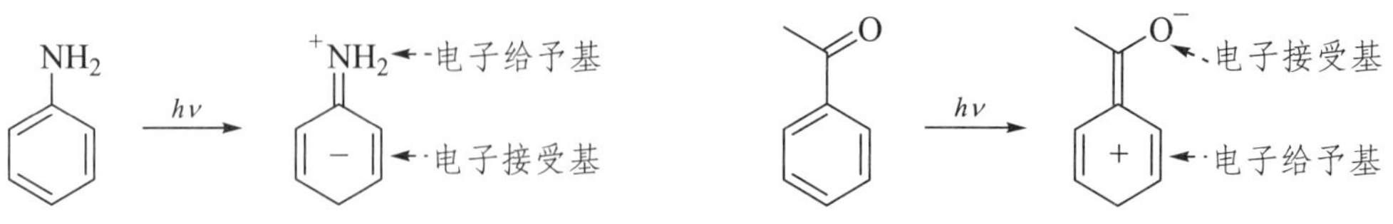

NH_2 $\xrightarrow{h\nu}$ $^{+}NH_2$ ←电子给予基 ⊖ ←电子接受基

O $\xrightarrow{h\nu}$ O^{-} ←电子接受基 ⊕ ←电子给予基

无机离子形成的配合物也能产生荷移跃迁吸收。例如，过渡金属离子（M，电子给予基）与含有生色团（L，电子接受基）的试剂反应生成的配合物（ML），可产生荷移跃迁吸收。

$$M—L\xrightarrow{h\nu}M^{+}—L^{-}$$

具有 d^{10} 电子结构的过渡金属元素形成的卤化物及硫化物有显著的颜色，就是因为它们吸收可见光中的部分光产生荷移跃迁，从而显示出颜色。例如，AgBr 淡黄色、PbI_2 黄色、HgS 黑色等。

荷移跃迁吸收的波长取决于电子给予体与接受体相应电子轨道的能量差。中心离子的氧化能力强或配体的还原能力强，则发生荷移跃迁时吸收的辐射能量小、波长长。荷移跃迁的特点是跃迁概率大，吸收强度高，一般其摩尔吸光系数 $\varepsilon_{max}>10^4$，用于定量分析灵敏度高。过渡金属元素有机配合物的光度分析就是荷移跃迁光谱法的具体应用。

2. 紫外光谱常用术语

生色团和助色团　分子中某一基团在一定波长范围内能产生吸收谱带，该基团就称为生色团。生色团的结构特征是含有 π 电子。孤立双键将在紫外区产生特征吸收带，在一般条件下显示的是没有峰形的“末端吸收”，但在真空远紫外波长下是有很强吸收峰的，一般其摩尔吸光系数 $\varepsilon_{max}>10^4$。生色团是紫外吸收光谱法的主要研究对象。

在某些有机化合物中，由取代反应而引入的含义未共享电子对的杂原子基团后，例如：$—NH_2$、$—NR_2$、—OR、—OH、—SH、—X 等，使生色团吸收峰波长向长波方向移动，吸收强度也增加，这种杂原子基团称为助色团。助色团的 n 电子易与生色团的 π 电子形成 p-π 超共轭，导致 $\pi\rightarrow\pi^*$ 跃迁能量降低，使生色团的吸收波长向长波方向移动，吸收强度增加。

长移和短移（红移和蓝移）　由于化合物结构改变或溶剂改变，如果导致生色基的吸收波峰向长波（红光）方向移动的现象，称为长移，也称红移；如果导致生色基的吸收波峰向短波（蓝光）方向移动的现象，称为短移，也称蓝移。

增色效应和减色效应　由于化合物结构改变或其它外因条件改变，如果使吸收强度增强，则称为增色效应；如果使吸收强度减弱，则称为减色效应。

强带和弱带　在紫外-可见吸收光谱中，凡是摩尔吸光系数 $\varepsilon_{max}>10^4$ 的吸收峰称为强带；凡是摩尔吸光系数 $\varepsilon_{max}<10^3$ 的吸收峰称为弱带。

3. 吸收谱带与分子结构的关系

在紫外-可见吸收光谱中，吸收峰的位置与强弱，与化合物的组成和结构密切相关。根据电子跃迁类型，一般把吸收带分为以下四种类型。

R 带　含有杂原子的不饱和基团，由 $n\rightarrow\pi^*$ 跃迁引起的吸收带，称为 R 带。它是基团型吸收带，吸收波长较长、吸收强度较弱（λ_{max}～300 nm、$\varepsilon_{max}<100$）是其显著特点。如果化合物在溶剂极性减小时吸收峰长移（红移）、溶剂极性增大时吸收峰短移（蓝移），该吸收带就是 R 带，说明该化合物含有杂原子的不饱和基团。

K 带　含有共轭双键的化合物，由共轭大 π 键的 $\pi\rightarrow\pi^*$ 跃迁引起的吸收带，称为 K 带。它是共轭型吸收带，其特点是吸收强度较大，一般 $\varepsilon_{max}>10^4$，为强带；吸收波长随着共轭情况的不同而在紫外和可见光区都有分布，共轭体系越大，吸收波长越长。

B 带　含有苯环（或杂芳环）的芳香族化合物，因环共轭 π 键的 $\pi\rightarrow\pi^*$ 跃迁引起的吸收带，称为 B 带。因苯环吸收带在 230～270 nm 的精细结构而得名（图 2-9）。

B 带精细结构苯蒸气紫外特征吸收光谱，蒸气状态下分子间的相互作用小，反映出孤立分子的振动-转动能级跃迁状态；在苯溶液状态下，分子间相互作用大，振动大大弱化，仅出现部分振动能级跃迁，使谱带变得较宽；在极性溶液中，溶剂和溶质间相互作用更大，振动-转动对能级跃迁的影响被湮没，因 B 带精细结构消失而成为一个宽而平滑的宽峰，其重心在 256 nm 附近，ε 约为 200。图 2-10 为苯的全紫外吸收光谱。

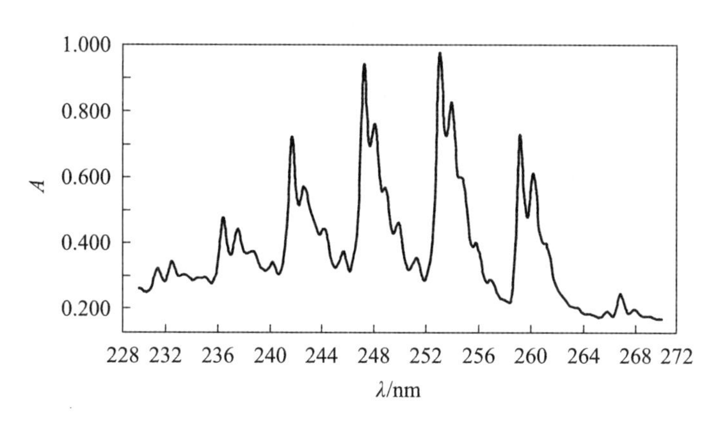

图 2-9 苯蒸气紫外吸收光谱图（B 带）

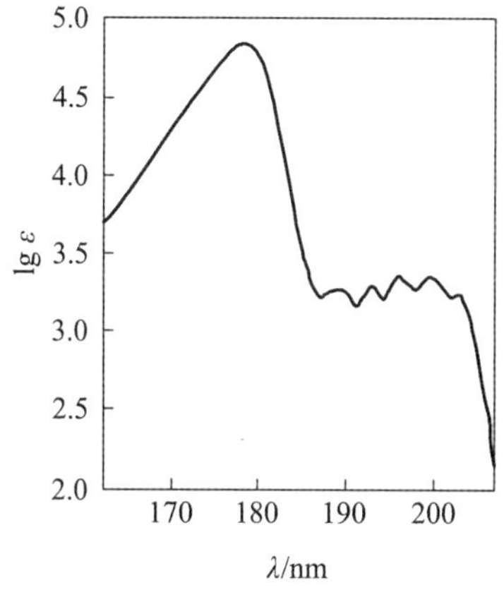

图 2-10 苯的全紫外吸收光谱

E 带 芳香族化合物的特征吸收带，它由苯环结构中三个双键环状共轭系统的 $\pi\rightarrow\pi^*$ 跃迁所产生（图 2-10），吸收峰 λ_{max}=177.83 nm、$\lg\varepsilon_{max}$=4.840，属于强吸收带。

4. 影响吸收带的因素

紫外光谱属于分子光谱，吸收带的位置和强度主要由分子中的生色基团所决定，受结构因素和外部测定条件的影响，致使吸收峰在一定范围内变动。结构因素对分子中电子共轭结构影响最显著，凡是使共轭效应加强的结构，其吸收峰长移、强度增强，反之则使吸收峰短移、强度减弱。

（1）共轭效应

当分子中有共轭体系时，离域的共轭 π 电子会组合成一组新的成键组合轨道和反键组合轨道，使组合成键轨道的最高能级略有升高、组合反键轨道的最低轨道能级略有降低，从而导致电子从成键组合轨道的最高能级跃迁到组合反键轨道的最低能级（即 $\pi\rightarrow\pi^*$ 跃迁）的能量 ΔE 减小（图 2-11），最大吸收波长长移，吸收强度增大。共轭体系越长，吸收波长长移越显著，甚至有长移到可见光区的，吸收峰强度增大，并出现多个吸收带（图 2-12）。

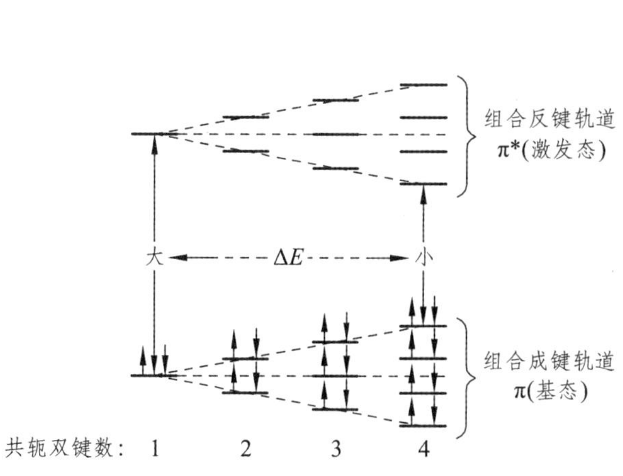

图 2-11 共轭多烯线性组合轨道能级示意图

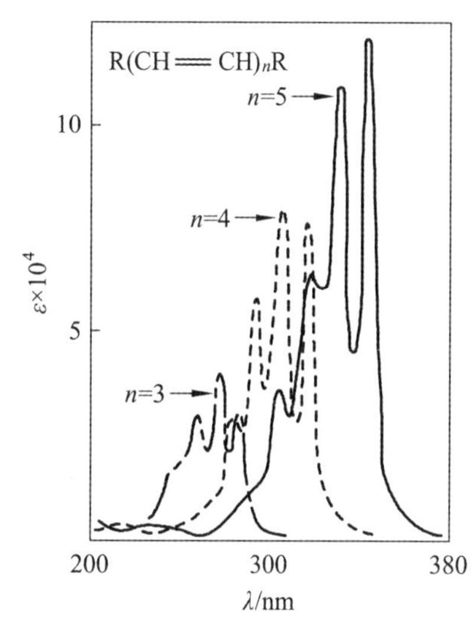

图 2-12 共轭多烯的紫外吸收光谱

（2）立体效应

生色基由于取代基的空间位阻使共轭体系受到破坏，使吸收波长蓝移、吸收强度减弱，或者生色基由于立体构象、跨环的原因产生共轭效应，使吸收波长红移、吸收强度增大。这种由于立体位置的改变而使共轭减弱或形成新的微弱共轭的作用称为立体效应。

例如，二苯乙烯反式与顺式结构相比，其 B 带λ_{max}长移、ε_{max}也增加。顺式结构有立体位阻，苯环与乙烯双键不在同一平面上，整体共轭性不好（图 2-13）。

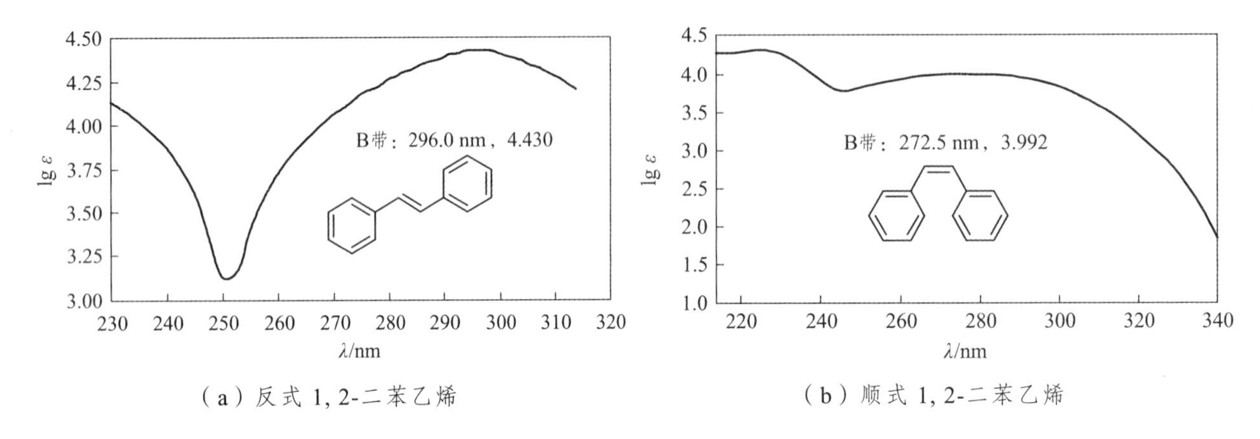

（a）反式 1, 2-二苯乙烯　　（b）顺式 1, 2-二苯乙烯

图 2-13　二苯乙烯异构体的紫外吸收光谱

（3）溶剂效应

在 $\pi\rightarrow\pi^*$跃迁中，激发态的极性大于基态，在极性溶剂中，极性溶剂对电荷分散体系的稳定能量使激发态和基态的能量都有所降低，但降低程度不同，激发态能级降低得稍多一些，这就导致跃迁所需能量减小，使吸收带红移；在 $n\rightarrow\pi^*$跃迁中，激发态的极性比基态的极性小，极性溶剂体系也使两者能级均降低，但基态的能级降低得稍多一些，从而导致跃迁所需能量增加，使吸收带蓝移（图 2-14）。

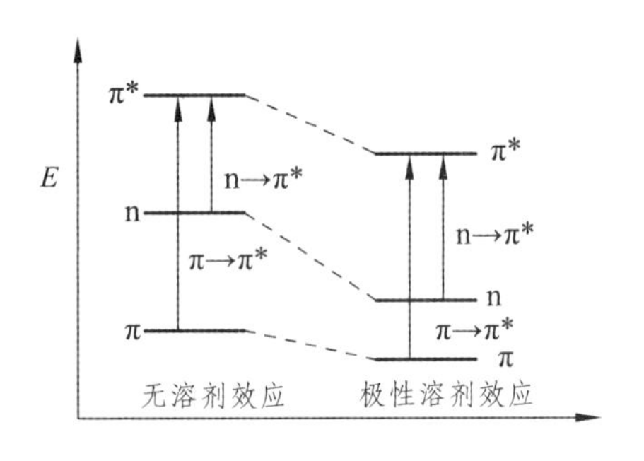

图 2-14　溶剂极性对两种跃迁能量的影响

例如，溶剂极性对异亚丙基丙酮的两种跃迁产生的吸收峰的影响情况，见表 2-1。

表 2-1　溶剂极性对异亚丙基丙酮两种跃迁吸收峰的影响

结构式	跃迁类型	正己烷	氯仿	甲醇	水	波长迁移
（异亚丙基丙酮结构式）	$\pi\rightarrow\pi^*$	230	238	237	243	红移（长移）
	$n\rightarrow\pi^*$	329	315	309	305	蓝移（短移）

（4）pH 的影响

pH 的改变对具有共轭体系的有机弱酸、弱碱、酚和烯醇的吸收峰位置有较大影响。当使共轭效应加强时，吸收谱带红移；当使共轭效应削弱时，吸收谱带蓝移。如果化合物溶液从中性变为碱性时，吸收峰发生蓝移，表明该化合物为酸性物质；如果化合物溶液从中性变为酸性时，吸收峰发生红移，表明该化合物可能为芳胺。例如：在碱性溶液中，苯酚以苯氧负离子形式存在，助色效应增强，吸收峰红移；而苯胺在酸性溶液中，— NH_2 以 — NH_3^+ 形式存在，p-π 共轭效应被削弱，吸收峰整体蓝移、峰形分布变窄，且吸收强度减弱。

2.2 基本定律

2.2.1 Lambert-Beer 定律

在上述基本原理中，我们从微观结构上阐述了分子的价电子能级跃迁与紫外-可见吸收光谱之间的内在联系。实际上单个分子的吸收行为是无法观察到的，我们观察到的是大量分子吸收行为的宏观统计结果，该结果遵守光度法的基本定律——Lambert-Beer 定律：在一定温度、溶剂和波长条件下，物质的吸光度与物质的浓度和吸收池厚度成正比，表达式为

$$A = Ecl \tag{2-1}$$

定律推导：设一束平行单色光通过某一含有吸光物质的物质，这个物体可以是液体、气体或固体。如图 2-15 所示，物体的截面积为 s、厚度为 l、体积为 V，则 $V = sl$。

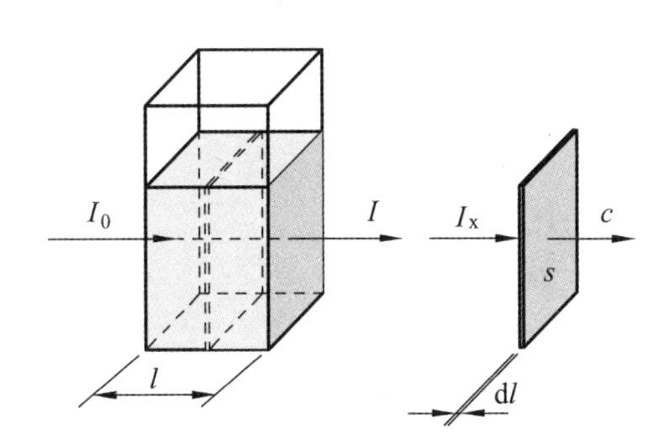

图 2-15　光通过截面 s 厚度 l 及微分截面介质示意图

设物体中含有 n 个吸光质点，这些质点可以是原子、离子或分子的某一种，吸光质点总数 n 与浓度 c 的关系为 $n = cV = csl$。

设有一束单色光沿着该物体的截面垂直照射，初始光强为 I_0，被物质中的一些吸光质点吸收部分光子后光强降低为 I。

设吸光质点在物体中均匀分布，现沿着单色光方向垂直截取物体的一个极薄片来讨论。设该薄片中所含吸光质点数为 dn，这些能捕获光子的质点可以看作是截面 s 上被占据一部分，不让光子通过的面积，$\mathrm{d}s = k\mathrm{d}n$，光子通过薄片时被吸收的概率则为 $\mathrm{d}s/s = k\cdot\mathrm{d}n/s$，因而使投射于该薄片的光强 I_x 被减弱了 $\mathrm{d}I_x$，所以有 $-\mathrm{d}I_x/I_x = k\cdot\mathrm{d}n/s$。由此可得，光通过厚度为 l 的物体时，经过一系列推导、变换有

$$-\int_{I_0}^{I}\frac{\mathrm{d}I_x}{I_x} = k\int_0^n\frac{\mathrm{d}n}{s} \Rightarrow -\ln\frac{I}{I_0} = k\frac{n}{s} \Rightarrow -\lg\frac{I}{I_0} = 0.4343k\frac{n}{s} \tag{2-2}$$

把式 $n = csl$ 代入上式，得

$$-\lg\frac{I}{I_0} = 0.4343kcl \xrightarrow{\text{设}E=0.4343k} A = -\lg T = Ecl \tag{2-3}$$

式中，$E = 0.4343k$，为吸光系数，是物质对光吸收强度的指标，在给定单色光、溶剂和温度条件下，它是物质的特征常数；$T = I/I_0$，为透光率，常以百分数表示；$A = -\lg T$，为吸光度，其合理值在 0～1。式（2-3）为 Lambert-Beer 定律的数学表达式。说明吸光度 A 与物质浓度 c 和吸收光程 l 之间的关系是线性关系。

如果被测物体是一个由 1、2、3……多种组分组成的混合物，则其总吸光度为

$$\sum A = -\lg\frac{I}{I_0} = A_1 + A_2 + A_3 + \cdots \tag{2-4}$$

式（2-4）说明，物体的吸光度是各组分吸光度的总和，这就是吸光度的加合性，它是测定混合组分的依据。

吸光度的加合性有两层含义：① 同一化合物在测定波长处，不同跃迁吸收带重叠的吸光度加合，

即内部加合性（有弱峰被强峰掩盖现象）；② 不同组分在测定波长处都有吸收，则总吸光度是各组分吸光度的加合，即外部加合性。

2.2.2 吸光系数与吸收光谱

1. 吸光系数

吸光系数定义：吸光物质在单位浓度和单位厚度时的吸光度。其物理意义：在给定溶剂、温度和波长条件下，吸光系数是物质的特征常数，表明物质对某一波长的吸收能力；而吸收能力由物质的组成结构、电子跃迁类型及共轭情况所决定，所以不同物质对同一波长单色光的吸收能力是有差别的，即不同物质的吸光系数是不同的。吸光系数越大，表明该物质的吸光能力越强，灵敏度越高，所以吸光系数是吸收光度法定性和定量的依据，也是评价物质吸光能力的依据。

在一定温度和溶剂条件下，吸光系数是波长的函数，即 $\varepsilon_x = f(\lambda_x)$，其中吸收峰处的吸光系数最大，用 ε_{max} 表示，吸收峰的波长，称为最大吸收波长，用 λ_{max} 表示。

由于采用浓度单位的不同，吸光系数有以下表达形式：

摩尔吸光系数 ε　是指在一定波长时，溶液浓度以 mol/L、厚度以 1 cm 表示的吸光度，它在定性分析中比较常用。

百分吸光系数 $E_{1\,cm}^{1\%}$　是指在一定波长时，溶液浓度以 g/100 mL、厚度以 1 cm 表示的吸光度，它在定量分析中比较常用。

若被测物质的相对分子质量为 M，则两个吸光系数的关系式为

$$\varepsilon = E_{1\,cm}^{1\%} \times \frac{M}{10} \tag{2-5}$$

2. 吸收光谱

若对某一待测物质稀溶液进行紫外-可见全波段光谱扫描，将获得一幅以波长 λ 为横坐标、吸光度 A 为纵坐标的图谱，称为吸收光谱或吸收曲线。由于吸光系数是物质的特征常数，表明物质对某一特定波长的吸收能力，为了比较不同物质的吸收能力，需将被测物质浓度都换算成 1 mol/L，这样不同物质间的吸收能力就可以采用摩尔吸光系数 ε 的大小来比较，所以在定性比较分析时，以纵坐标采用 ε 或 $\lg\varepsilon$ 比较直观。

例如苯醌的紫外吸收光谱（图 2-16）。A、B、C 是曲线上吸收最大的几个位置，称为吸收峰，对应的波长称为最大吸收波长（λ_{max}）；在两个吸收峰之间较低的位置称为谷；B 峰紧靠近 A 峰，峰形不太明显，犹如紧靠 A 峰的肩膀一样，故称 B 为肩峰；在最左边短波段不成峰形，称为末端吸收。

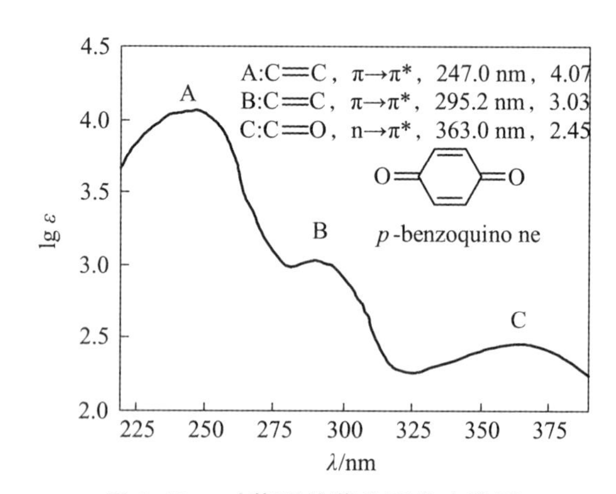

图 2-16　对苯醌的紫外吸收光谱图

在紫外吸收光谱中，一个吸收峰的位置 λ_{max} 由分子的价电子能级跃迁能级差 ΔE 所决定，若 ΔE 较大，则 λ_{max} 较短；反之，若 ΔE 较小，则 λ_{max} 较长。而吸收峰强度与电子发生能级跃迁的概率 φ_{UV} 有关，若 φ_{UV} 比较大，则吸收强度较大峰较强；反之，吸收强度较小峰较弱。如果有多个双键存在（无论共轭与否），吸收峰的强度随双键数目的增加而增强。紫外吸收光谱的末端吸收位置在 200 nm 以下，但吸收强度很大，有的还急剧增加，因为在 200 nm 以下的远紫外区，大部分属于需要高能量的

$\sigma \to \sigma^*$跃迁，而有机化合物分子中，σ 键数目多，跃迁概率大，所以吸收很强。

2.2.3 影响定律的因素

Beer 定律是有限定律，需严格遵守以下条件：入射光是单色光；被测溶液是均匀的稀溶液；吸光物质之间相互不发生作用。如果超出这些条件，测定结果则会偏离定律关系。导致偏离的条件因素主要是化学因素和光学因素两方面。

1. 化学因素

浓度限制 Beer 定律适用于浓度小于 0.01 mol/L 的稀溶液。吸光系数与浓度无关，但与介质的折射率 n 有关。只有稀溶液体系的折射率 n 可视为常数，所以物质在稀溶液体系中的吸光系数 ε 才是常数。故物质浓度必须控制在稀溶液范围。

解离、缔合及溶剂化作用 例如，亚甲蓝阳离子水溶液体系的吸收光谱，单体的吸收峰在 660 nm 处，二聚体的吸收峰却在 610 nm 处。随着浓度的增大，二聚体增多，660 nm 吸收峰减弱、610 nm 吸收峰增强，吸收光谱形状发生改变，从而使吸光度与浓度的线性关系发生偏离。可通过控制溶液浓度方法避免影响。

溶剂对吸收光谱也有影响，因为溶剂的极性对吸光物质的紫外吸收波长、强度和形状产生影响，溶剂的酸碱性还会影响待测物质的物理性质和组成，从而影响其吸光性质。

2. 光学因素

影响 Beer 定律的光学因素主要来自两方面，一是仪器制造的光学器件达不到要求，包括非单色光、杂色光和非平行光等；二是被测样品溶液达不到要求，包括溶液有悬浮颗粒对光的散射和反射光等。现代精密仪器制造技术已将光学器件引起的误差基本克服了。来自悬浮颗粒物引起的光学因素，可以通过过滤，使滤液变成澄清透明后再测定，则可避免。

2.2.4 透光率测量误差

透光率测量误差是测量中的随机误差，来自仪器的噪声。一类与光信号无关的暗噪声；另一类随信号强弱而变化的散粒噪声。测定结果的相对误差 $\Delta c/c$ 与透光率测量误差 ΔT 的关系，可由吸收定律公式先微分后再除以该定律公式导出：

$$① \ c=\frac{A}{El}=-\frac{\lg T}{El} \ \longrightarrow \ ② \ \frac{\Delta c}{c}=\frac{0.434\Delta T}{T\lg T} \qquad (2\text{-}6)$$

上式②表明，测量相对误差 $\Delta c/c$，取决于透光率 T 及其测量误差 ΔT 的大小。

ΔT 是由光度计透过率读数精度所确定的常数，多数仪器的 ΔT 在±0.002～±0.01，设 $\Delta T=0.005$，代入式 2-6②，计算浓度相对误差 $\Delta c/c$ 值随吸光度 A 的变化情况，以此作 $A-\Delta c/c$ 关系曲线，见图 2-17 的实线。

从图 2-17 可知，吸光度 A 在 0.20～0.80 的测量误差 $\Delta c/c$ 在一个比较低的近似范围，这是最适宜的测量范围。其中有一个最低点，可对式（2-6②）求导，求得 $T=36.8\%$，$A=0.434$，浓度相对误差 $\Delta c/c$ 最小。

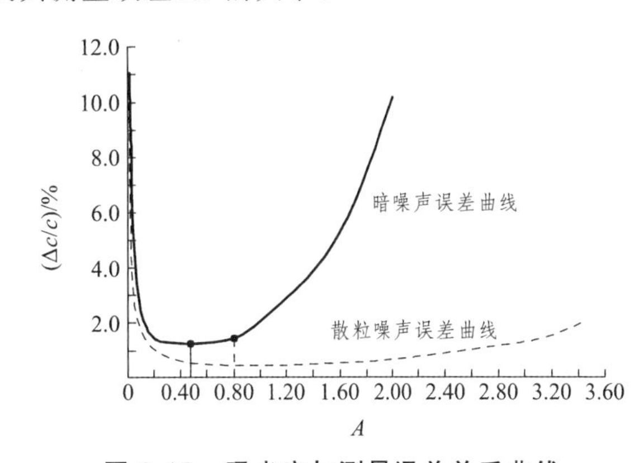

图 2-17 吸光度与测量误差关系曲线

2.3　紫外-可见分光光度计

2.3.1　仪器主要部件

仪器的主要部件有光源、单色器、吸收池、检测器和信号处理与显示器等。

1. 光　源

光源是给被测分子的价电子能级跃迁提供辐射能源的部件。对光源要求：一是提供的辐射能强度足够而且稳定，以保证测定的灵敏度和重复性；二是产生连续光谱，以保证对被分析物质进行光谱扫描。一般采用钨灯（可见光）和氘灯（紫外光）联合使用。

钨灯和卤钨灯　钨灯是以炽热金属钨丝发光的光源。钨灯发光范围较广，从红外光、可见光直到紫外光都有，但在波长低于 350 nm 紫外光时强度很弱，单色器只取其波长在 350～800 nm 可见光区波段为工作波长范围，波长高于 800 nm 的光因能量太小，不足以引起分子的价电子能级跃迁而不可取。由于钨灯的钨丝在高温下容易氧化，使其稳定性和寿命都受到影响，故一般采用性能更好的卤钨灯，这种灯的灯泡内含有碘或溴低压蒸气，防止金属丝被氧化，增加发光强度和稳定性、延长工作寿命。

氢灯和氘灯　氢灯是一种气体放电发光的光源，能发射的光谱在 350 nm 以上波长的为线状光谱，在 350 nm 以下波长的为连续光谱，所以单色器只取其波长在 190～350 nm 波段的紫外光作为工作波长范围。波长低于 190 nm 时光强度太弱而不可取。在氢的线状光谱中，波长为 H_α656.28 nm 和 H_β486.13 nm 两条谱线常用于仪器的波长校正谱线（图 2-18）。

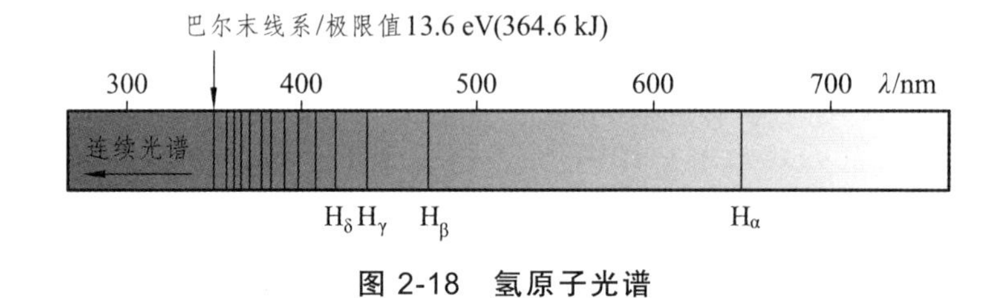

图 2-18　氢原子光谱

2. 单色器

光源发射的光谱，既有连续光谱也有线状光谱，光谱各波段的强弱也并不均衡。所以必须采取一组光学元件，以截取波长和强度都符合要求的谱带，即单色光。这组获取单色光的光学元件就称为单色器，它由进口狭缝、出口狭缝、准直镜、聚焦元件和色散元件组成。单色器的工作原理如图 2-19 所示。聚焦于进口狭缝的光经准直镜变成平行光，投射于色散元件上，色散元件将平行光中不同波长光的投射方向发生偏转（即色散），色散后的光再经与准直镜相同的聚光镜，聚焦于出口狭缝处，某一波长的色散光能够通过出口狭缝，其它波长色散光发生位移而不能通过出口狭缝，从而获得需要的单色光，用于光度分析。分光光度计就是缘于单色器的分光作用而得名，它是仪器的核心部件。

色散元件有棱镜和光栅两种，早期采用棱镜，现代均采用光栅。

光栅　将高度抛光的表面刻出一定面积范围内的一系列平行、等距、等深的槽，就成为光栅。光栅的分光原理可参阅有关光学物理论述。单色器用的光栅称为闪耀光栅，它属于反射光栅（图 2-20），以铝作为反射面，在平滑玻璃表面上刻槽密度一般在 600～1200 条/mm，近年来采用激光全息技术制作的全息光栅质量更高，已得到普遍应用。

准直镜　它是镀铝的抛物柱面反射镜、聚光镜，它是两个为一组配合使用的，一个准直镜将进入狭缝（焦点）的发散光变成平行光而反射到色散元件上，另一个准直镜将色散元件传来的色散光聚焦于出口狭缝。在每一束平行光里，不同波长的光经过色散元件后反射到第二个准直镜的位置有位移（见虚线）而偏离出口狭缝，使出口狭缝出来的光为单色光。

狭缝 狭缝有台阶式变换宽度和连续可调式宽度两种类型。早期棱镜型单色器采用台阶式变换宽度狭缝，因棱镜色散不均匀，宽度只代表实际狭缝宽度，它可在 0～2 mm 或 0～3 mm 范围内调节；现代光栅型单色器均采用连续可调式宽度狭缝，当进、出口狭缝等宽时，以获得的单色光谱带宽度表示狭缝宽度，直接表达单色光纯度，可在一定范围内调节。

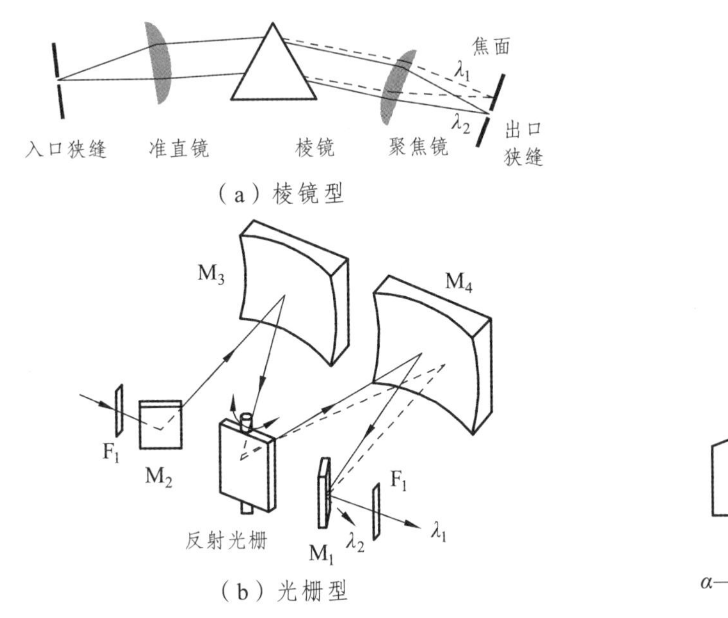

图 2-19 单色器光路示意图

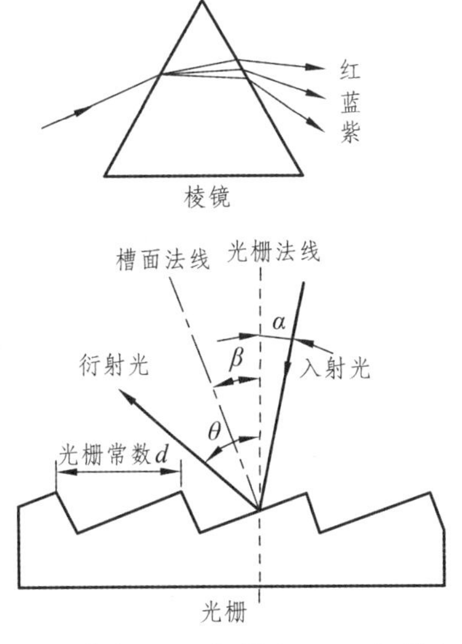

α—入射角；β—闪耀角；θ—衍射角

图 2-20 棱镜色散和光栅色散

3. 吸收池

吸收池是测定时用于盛放被测溶液的方形器皿，俗称比色皿，如图 2-21 所示。吸收池尺寸有 1、2、3 cm 等规格，1 cm 吸收池最常用。吸收池的两个对面是透光面，另外两个对面是便于拿取的毛面。吸收池的材质有玻璃和石英两种，玻璃吸收池只能用于可见光区；石英吸收池在紫外-可见光区都可使用。吸收池盛放溶液的量以不超过吸收池高度 2/3 处为宜，测定时须用擦镜纸将吸收池外壁擦拭干净后才放入池架中，以免腐蚀池架。

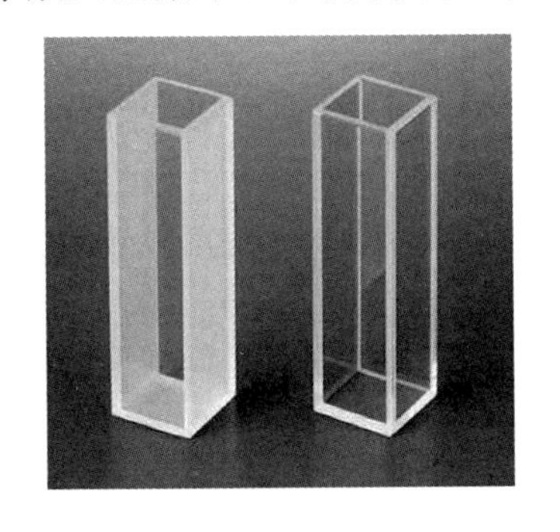

图 2-21 吸收池

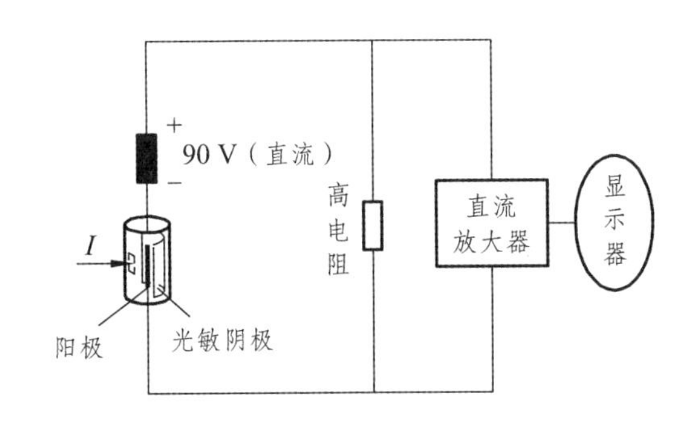

图 2-22 光电管检测器示意图

4. 检测器

分光光度计的检测器，一般是光电效应检测器，它是将接收到的光辐射功率变成微电流的转换器。从最初的光电池（已淘汰）、光电管，到光电倍增管，以及现代的光电二极管阵列检测器等，体现了光电效应检测器的技术进步。

光电管　光电管是一个由阳极和光敏阴极组成的真空二极管，阴极表面镀有碱金属或碱金属氧化物等光敏材料，当它被有足够能量的光照射时，能够发射出电子。当在阴、阳两极间有电位差时，发射出的电子流向阳极而产生微电流，微电流的大小取决于照射光的强度。光电管有很高的内阻，产生的微电流很容易放大（图 2-22）。光电管有紫敏光电管和红敏光电管。紫敏光电管以铯为阴极，适用于 200～625 nm 波长范围；红敏光电管以银氧化铯为阴极，适用于 625～1000 nm 波长范围。

光电倍增管　从产生电子的流路角度来说，光电倍增管是在原光电管阴极和阳极之间加入多个“串联”的电场而组成的。从阴极到阳极之间，组成每一个电场的电极电势等阶式升高，每个电场的电势差（电压）都相同，一般均为 90 V，以保证个电场的强度相同。每两个电极间都是一个加速电场，也就是一个倍增级，如图 2-23 所示。

当光照射到第一级的阴极 1 上时会产生少量电子，这些少量电子在第一级电场作用下，高速撞击阳极 2，产生数倍的电子，这些新的数倍电子在第二级电场作用下高速撞击阳极 3，产生更多的电子，这样一直重复下去直到第九级，阳极 9 收集的电子数比阴极 1 产生的少量电子数多 10^4～10^8 倍，从而使第一级的微电流在第九级也增加到 10^4～10^8 倍，然后经记录、数据处理和显示。这就是光电倍增管放大的基本原理过程。

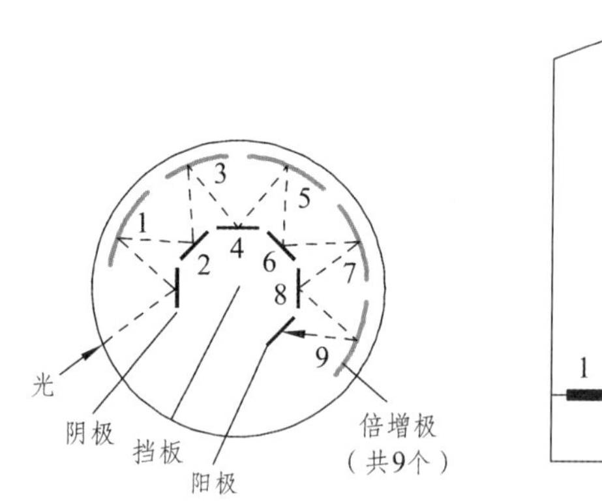

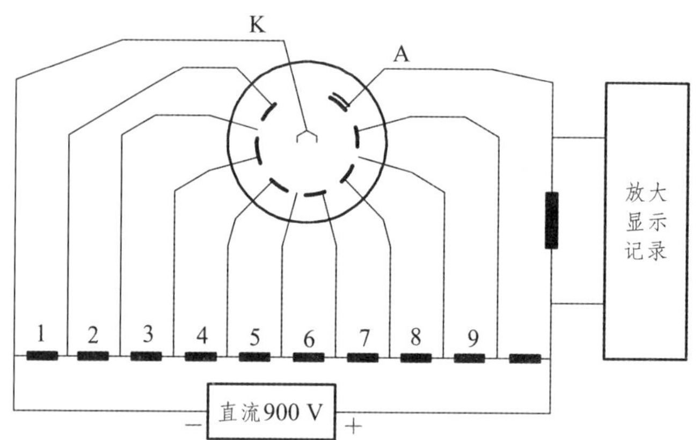

图 2-23　光电倍增管示意图

光电二极管阵列检测器　这是一种光学多通道检测器。在晶体硅上紧密排列一系列光电二极管，每个二极管对应接受光谱上 1～2 nm 谱带宽的单色光（图示见第 10 章）。阵列中的每个二极管都是一个微型接受器，当光透过晶体硅时，二极管输出的电信号强度与接收的谱带强度成正比。两个二极管中心距离的波长单位称为采样（带宽）间隔，所以在 190～820 nm 谱带宽度范围内，排列的二极管越紧密、数目越多，分辨率越高。

5. 信号处理与显示器

光电检测器输出的电信号很弱，需要放大处理才能显示出来。信号处理与显示技术的进步与发展也大大促进了仪器自动化水平。

早期是微电流显示器，后来的发光二极管数码显示器，有吸光度与透光率换算、浓度因素运算等一些简单的数学运算，数显更直观，便于读数与记录；现代仪器的化学工作站，使分光光度计真正实现了自动化，可完成吸光度与透光率互换、光谱扫描、光谱微分与积分、标准曲线绘制、结果记录与显示，以及打印等一切工作。

2.3.2　仪器光学性能与类型

1. 光学性能

分光光度计的光学部件是仪器的核心部件，该部件的光学性能决定了仪器的质量。光学部件的光学性能指标，仪器说明书都会详细地列出。

例如，北京普析 TU-1901 型双光束紫外-可见分光光度计，仪器性能指标有：波长范围、光谱带宽、波长显示、波长设定、波长准确度、波长重复性、光源转换波长、光度系统、光度范围、记录范围、光度准确度、光度重复性、杂散光、基线平直度、漂移、噪声等。

2. 光路类型

紫外-可见分光光度计的光路系统可分为单光束、双光束和二极管阵列等几种。

单光束光路系统　单光束光路系统相对比较简单，光源发出的光经过一个单色器分光后，在出口狭缝获得一束单色器，测定时只配备一个吸收池，对光源的发光强度与稳定性要求较高。这种仪器结构简单、操作方便，适用于简单的常规分析。

双光束光路系统　它是最普遍采用的光路系统，如图 2-24 所示。从单色器出口狭缝射出的单色光，用一个高速旋转的扇形面镜（斩光器）将它分成两束周期交替的单色光，分别通过参比池和样品池，再用一同步扇形面镜将两束光交替地投射于光电倍增管，产生一个交变脉冲信号，经信号放大处理后，获得透光率、吸光度、吸收光谱等检测数据。

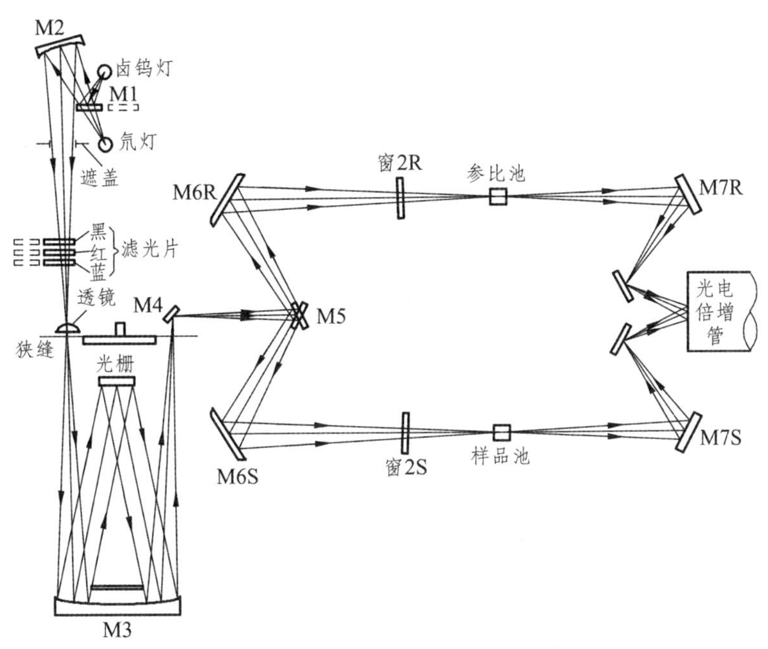

图 2-24　双光束紫外-可见分光光度计光路图

双波长光路系统　双波长光路系统具有两个单色器，分别产生两束不同波长的单色光，经由斩光器控制，交替地通过同一个试样溶液，得到的结果是试样溶液对两种光的吸收值之差（ΔA 或 $\Delta T/\%$），利用 $\Delta A \propto c$ 的正比关系测定含量。该光路系统可以消除一些干扰和由于参比池不匹配所引起的误差。仪器可以固定一个波长作参比，用另一单色光扫描，得到吸光度差值 ΔA 的光谱；也可固定两束单色光的波长差 $\Delta\lambda$ 扫描，得到一阶导数光谱。

二极管阵列光路系统　二极管阵列光路系统是一种具有全息功能的集成光路系统，其光路参见 HPLC 一章。由光源发出后经消色差聚光镜聚焦的多色光，通过样品池后再聚焦于多色仪的入口狭缝上，透过光经全息光栅表面散射并透射到二极管阵列检测器上。二极管阵列电子系统可在 0.1 s 的极短时间内获得从 190～820 nm 波长范围的全息光谱。

2.3.3　仪器校正方法

为了使检测机构向社会用户提交的检测数据具有法律效力，对使用的仪器进行校正，是国家计量认证的基本要求。下面介绍几个常见的校正项目。

1. 波长校正

紫外-可见分光光度计的波长校正，分为可见光区和紫外光区波长校正。

（1）可见光区波长校正：方法一，采用氘灯的两根谱线（656.28 nm C 线、486.13 nm F 线）校正；方法二，采用稀土玻璃（如钬玻璃、镨钕玻璃）的特征吸收峰校正；方法三，采用一些金属元素灯的强谱线进行校正（如 Hg 546.1 nm、K 776.5 nm、Rb 780.0 nm 等）。

（2）紫外光区波长校正：采用苯蒸气在紫外光区的特征吸收峰进行校正，在有盖的吸收池内加一滴纯苯液滴，合上盖子，待液苯挥发使之充满饱和苯蒸气，然后进行紫外光谱扫描，获得苯蒸气的检测光谱，最后与标准光谱的特征峰比较进行校正。

2. 吸光度校正

吸光度值的校正一般采用性质稳定的标准溶液（如硫酸铜、硫酸钴铵、铬酸钾）进行校正。铬酸钾标准溶液的校正方法：在 25℃时把 0.0400 g 铬酸钾溶解于 1 L0.05 mol/L KOH 溶液中，盛于 1 cm 吸收池，在 500～200 nm 范围内进行 A-λ 扫描，获得铬酸钾溶液的吸收光谱，每相隔 10 nm 记录一个吸光度值，然后将记录值与标准值相比较进行校正。

3. 吸收池校正

紫外-可见分光光度计的吸收池一般同一规格成对配备。最简单的校正方法是，将两个吸收池盛放同一种溶液，一个作为参比池（A）而另一个作为样品池（B），选择溶液的最大波长处测定吸光度。如果吸光度值为零则是合格的，否则为不合格。

2.4 定量分析

2.4.1 单组分分析

在定量分析中，溶液中只有单组分有紫外-可见吸收，或虽有其它组分，但在测定波长处无紫外-可见吸收，均可当成单组分分析。定量分析的依据是 Lambert-Beer 定律。

1. 分析条件的选择

测定波长的选择 将被测物质的标准溶液进行光谱扫描，从而获得吸收光谱，找出最大物质的吸收波长。如果在无干扰组分存在的情况下，选择最大吸收波长为测定波长。若有干扰组分存在，测定波长应避开干扰组分吸收的位置，“牺牲”一些灵敏度以保证准确度。

测定浓度的选择 紫外-可见分光光度法属于微量分析，所以测定的溶液一定是稀溶液。根据透过率测量误差计算，将吸光度 A 控制在 0.2～0.7 内，可以最大限度地减少测量误差，因此可根据摩尔吸光系数确定最佳浓度范围。

测定溶剂的选择 除了考虑溶剂的溶解性外，还应考虑溶剂的紫外-可见吸收干扰，测定波长应大于溶剂的截止波长，一些常用溶剂的截止波长可参阅有关文献资料。

参比溶液的选择 在实际测定中，除了待测组分有紫外-可见吸收外，还有光的反射、散射和非待测组分（包括溶剂）的干扰吸收。根据吸光度的加合性，样品的吸光度为

$$A_{样品} = A_x + (A_{反射} + A_{散射} + A_{基质} + A_{溶剂} + A_{其它}) \quad (2\text{-}7)$$

若配制一个不含待测组分的溶液（除了无待测组分，其它都与样品溶液相同）作为参比溶液，在相同的条件下测定，其吸光度为

$$A_{参比} = A_{反射} + A_{散射} + A_{基质} + A_{溶剂} + A_{其它} \quad (2\text{-}8)$$

将上述两式相减，得

$$A_x = A_{样品} - A_{参比} \quad (2\text{-}9)$$

从而获得待测组分纯粹的吸光度值 A_x。

参比溶液有溶剂参比溶液和操作空白参比溶液两类。操作空白参比溶液，就是在制备批量样品溶液过程中，插入 1~2 个空白，除了不加入样品外，其它加入的任何试剂都与样品的制备操作相同，这就是操作空白，在地质样品分析中最常用。

参比溶液的使用，依据仪器类型不同稍有差异。对于单光路仪器，将参比溶液置于光路中，调节仪器的透过率为 100%，撤出，然后再将样品溶液置于光路中，此时吸光度读数即为待测组分的吸光度 A_x。对于双光路仪器，将两个装有参比溶液的吸收池，一个置于参比光路中，一个置于测定光路中，然后进行“调零”（吸光度测定时为“调零”，光谱扫描时为“基线调零”）操作，完成后将测定光路中的参比溶液取出（参比光路的保留），再将样品溶液吸收池置于测定光路中，此时的读数即为样品溶液的吸光度值 A_x。

2. 定量分析方法

在单组分的测定方法中，最基本和可靠的方法是标准曲线法。吸收系数法、对照法等均是在符合标准曲线法情况下的一些条件限定的特殊表达形式。

标准比较法 物质的含量测定，必须经过与标准物质的物理量的比较传递，才能获得被测物质的含量。这个传递者就是检测信号，前提是检测信号强度与物质的量之间有确定的函数关系。例如，Lambert-Beer 定律中，吸光度 A 就是测定单组分含量时的传递物理量。

例如，为了测定样品溶液中的某物质的含量 c_x，必须配制一个该物质含量为 c_s 的标准溶液，然后同时测定它们的吸光度分别为 A_x 和 A_s，依据 Lambert-Beer 定律有 $A_s = kc_s$，$A_x = kc_x$，两式相比可得

$$c_x = \frac{A_x}{A_s} \times c_s \quad (2\text{-}10)$$

式（2-10）表明，未知浓度的量 c_x 就是通过吸光度的测定值 A_x 与 A_s 的比较而获得的，这就是标准比较法，在药物分析中也称为标准品对照法。该方法简单，但可靠性低，条件是不充分的。一般采用 5 点标准曲线法，测定结果的准确性就会得到充分保证。

标准曲线法 制定标准曲线步骤如下：

（1）溶液配制。以相同的介质（溶剂）配制待测溶液和有一定浓度梯度的被测物的标准溶液系列。标准溶液系列一般以 5 个为宜。

（2）溶液测定。在选定的波长处，从浓度由低至高依次测定标准系列的吸光度，接着测定待测溶液的吸光度，有空白溶液的也同时测定。

（3）数据处理。可分为作图法和线性回归法等。

作图法数据处理：以标准系列的浓度为横坐标、吸光度为纵坐标，绘制标准曲线（图 2-25)。在标准曲线上查找待测溶液吸光度 A_x 在曲线上对应点的横坐标 c_x，就是待测溶液的浓度。习惯上也将标准曲线称为工作曲线，不难发现曲线的斜率 $k = E \cdot l$，如果吸收池 $l = 1$ cm，斜率 k 就是吸光系数 E。

线性回归数据处理：依据定律设定线性方程为

$$A = kc + b \quad (2\text{-}11)$$

然后根据标准系列的浓度 c 与相应的吸光度值 A 进行回归运算，求得回归系数 k、b，相关系数 γ，其数学表达式为

$$k=\frac{n\sum_{i=1}^{n}c_iA_i-\sum_{i=1}^{n}c_i\cdot\sum_{i=1}^{n}A_i}{n\sum_{i=1}^{n}c_i^2-\left(\sum_{i=1}^{n}c_i\right)^2},\quad b=\frac{\sum_{i=1}^{n}A_i-k\sum_{i=1}^{n}c_i}{n},\quad \gamma=\frac{\sum_{i=1}^{n}(c_i-\overline{c})\left(A_i-\overline{A}\right)}{\sqrt{\sum_{i=1}^{n}(c_i-\overline{c})^2\cdot\sum_{i=1}^{n}\left(A_i-\overline{A}\right)^2}}$$

将待测溶液的吸光度值 A_x 代入回归后的线性方程，可求得待测溶液浓度 c_x：

$$c_x=(A_x-b)/k \tag{2-12}$$

现代紫外-可见分光光度计均配置了相关的计算机软件，线性回归、最小二乘法均可处理，并作出标准曲线、给出运算关系式，最后获得需要的结果。

吸光系数法 它实质上也是标准曲线法的一种简单表达形式，只需要测定待测溶液的吸光度就可以依据 Lambert-Beer 定律，由 $c=A/cl$ 计算得到待测溶液的浓度。前提条件是，测定时的仪器参数与给出吸光系数规定应完全一致，否则会出现偏差。

例如，已知维生素 B_{12} 的吸光系数 $E_{1\mathrm{cm}}^{1\%}=207$ 规定的条件是维生素 B_{12} 水溶液、361 nm 波长处、1 cm 吸收池。若相同条件下测得溶液 A=0.414，则计算溶液的 c=2.00 mg/mL。

2.4.2 多组分分析

多组分测定的理论依据是吸光度的加和性。

1. 解线性方程组法

测定混合物中 n 个组分的浓度，可在 n 个不同波长处测量 n 个吸光度值，列出 n 个方程组成的联立方程组。如三组分体系：

$$\begin{cases}A=\varepsilon_{11}c_1+\varepsilon_{12}c_2+\varepsilon_{13}c_3\\A=\varepsilon_{21}c_1+\varepsilon_{22}c_2+\varepsilon_{23}c_3\\A=\varepsilon_{31}c_1+\varepsilon_{32}c_2+\varepsilon_{33}c_3\end{cases} \tag{2-13}$$

式中，ε_{ij} 为在波长 i 测定组分 j 的摩尔吸收系数；A_i 为在波长 i 测得的该体系的总吸光度；c_j 为第 j 组分的浓度。

可采用行列式解线性方程组的方法，求得

$$D=\begin{vmatrix}\varepsilon_{11}&\varepsilon_{12}&\varepsilon_{13}\\\varepsilon_{21}&\varepsilon_{22}&\varepsilon_{23}\\\varepsilon_{31}&\varepsilon_{32}&\varepsilon_{33}\end{vmatrix},\quad D_1=\begin{vmatrix}A_1&\varepsilon_{12}&\varepsilon_{13}\\A_2&\varepsilon_{22}&\varepsilon_{23}\\A_3&\varepsilon_{32}&\varepsilon_{33}\end{vmatrix},\quad D_2=\begin{vmatrix}\varepsilon_{11}&A_1&\varepsilon_{13}\\\varepsilon_{21}&A_2&\varepsilon_{23}\\\varepsilon_{31}&A_3&\varepsilon_{33}\end{vmatrix},\quad D_3=\begin{vmatrix}\varepsilon_{11}&\varepsilon_{12}&A_1\\\varepsilon_{21}&\varepsilon_{22}&A_2\\\varepsilon_{31}&\varepsilon_{32}&A_3\end{vmatrix}$$

则方程组的解为

$$c_j=D_j/D,\ j=1,\ 2,\ 3 \tag{2-14}$$

该方法的关键是选择合适的测定波长。在测定波长下其它组分的贡献要小。分别测定纯组分 1、2、3 及混合物的吸光度，可得各组分的吸光系数。计算化学（化学工作站）有专用的软件处理，解决了繁琐的运算过程。

2. 导数光度法

导数光度法又称微分光谱法，是解决光谱干扰的一种技术。早在 1953 年 Hammoda 等已提出该方法原理，但受仪器与计算所限，进展缓慢。现在由于计算机和化学工作站的应用，可以直接存储吸收光谱数据，并加以处理后描绘出一阶、二阶、三阶……多阶导数光谱。导数光谱能够给出更多的信息，可用于定性鉴别、结构分析以及痕量测定等方面。

在 Lambert-Beer 定律数学表达式中，$A=Ecl$，吸光度 A 是吸光系数 E 的函数，吸光系数 E 则是波长 λ 的函数，表达为 $E=f(\lambda)$，所以把 Lambert-Beer 定律数学表达式变换为

$$A = f(\lambda) \cdot cl \tag{2-15}$$

式（2-15）说明，吸光度 A 是波长的函数，用吸光度 A 对波长 λ 扫描可得 $A-\lambda$ 曲线，就是常见的吸收光谱曲线，也称零阶光谱。

对式（2-15）求一阶或多阶导数，得导数函数，将其微分函数对波长扫描，可得一阶导数函数 $(\mathrm{d}A/\mathrm{d}\lambda)-\lambda$ 曲线，或多阶导数函数 $(\mathrm{d}^nA/\mathrm{d}\lambda^n)-\lambda$ 曲线，这些导数函数曲线就是导数光谱，表示一条近似高斯分布的吸收曲线与 1~4 阶导数光谱曲线（图 2-25）。

从导数光谱定义出发，对式（2-15）分别求一阶、二阶……n 阶导数，则有

$$\frac{\mathrm{d}A}{\mathrm{d}\lambda} = f'(\lambda) \cdot cl,\quad \frac{\mathrm{d}^2A}{\mathrm{d}\lambda^2} = f''(\lambda) \cdot cl,\quad \cdots,\quad \frac{\mathrm{d}^nA}{\mathrm{d}\lambda^n} = f^n(\lambda) \cdot cl \tag{2-16}$$

上式中，$f^n(\lambda) = \mathrm{d}^n[f(\lambda)]/\mathrm{d}\lambda^n$，在特定波长处是定值，于是有 $\mathrm{d}^nA/\mathrm{d}\lambda^n \propto c$。

说明在任一波长处，导数光谱上的数据与浓度成正比。这就是导数光谱定量的依据。现代紫外-可见分光光度计有专用导数光谱法处理软件，因篇幅所限，在此不再赘述。

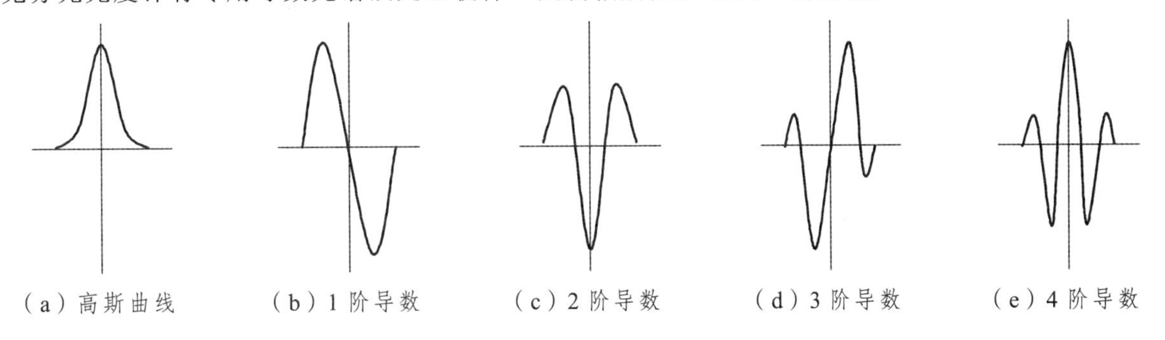

图 2-25　高斯曲线及其 1~4 阶导数光谱示意图

2.4.3　金属元素有机配合物分析

1. 基本原理

金属元素有机配合物的紫外-可见光度分析法，俗称光电比色法。金属离子并不能直接采用紫外-可见光度法分析，因为金属离子无最外层电子，无电子能级跃迁。但金属元素与有机配位体（称为显色剂）形成的配合物，则可采用本方法进行分析测定。这些显色剂本身具有紫外吸收性质（大部分有色），它与金属元素形成的配合物颜色加深，与纯显色剂的紫外吸收光谱有差别，据此而间接地对金属元素含量进行定量分析。

2. 实验方法

（1）对配合物的基本要求

① 定量的要求：显色反应形成的配合物，应有稳定的配比组成。

② 稳定性要求：配合物有足够的稳定性，在测定条件下无副反应影响。

③ 对比度要求：配合物与显色剂在 λ_{max} 处吸收不重叠，两者的差值 $\Delta\lambda > 60$ nm。

④ 灵敏度要求：配合物的摩尔吸光系数足够大（$\varepsilon > 10^3$），保证一定的灵敏度。

⑤ 选择性要求：显色反应要有较好的选择性，尽量避免其它离子的干扰。

（2）显色剂的选择

能够作为配位体的物质很多，无机物和有机物都有。用于定量分析的显色剂以有机化合物为主。无机化合物除了硫氰酸盐和钼蓝试剂外，很少用于配合物的定量分析。

从已用的有机显色剂可知，显色剂在结构上具有杂原子的孤对电子和大 π 键共轭体系是两个基本要素，这种显色剂形成的配合物，可在金属离子与配位体之间产生荷移跃迁带。

（3）实验方法

配合物是否能用于定量分析，依据上述两点理论要求，首先选择合适的显色剂，然后通过显色剂用量、溶液 pH 控制、反应时间与温度、干扰的消除等条件实验验证后才能确定。

显色剂用量 在显色反应中，显色剂的量越多，反应越完全，故显色剂的用量是过量的，但过量太多时会使试剂空白过高，或引起副反应。适宜的显色剂用量由实验来确定。

溶液 pH 控制 显色剂大多是有机弱酸或弱碱，而且带有酸碱指示剂的性质，pH 会影响配合物的稳定性，甚至影响配位基团的数目等。溶液 pH 控制范围由实验来确定。

反应温度与时间 显色反应一般在室温下进行，但对于反应速度慢的显色反应，需要加热到一定温度，以缩短反应时间，但要注意配合物在高温下有分解的情况。

干扰的消除 在配合物显色反应中，共存离子的干扰是不可避免的问题。如果共存离子与显色剂生成的配合物在待测组分的测定波长处有吸收，就会对测定产生干扰。消除方法：① 加络合隐蔽剂或氧化还原剂，使干扰离子不生成配合物；② 分离干扰离子。

2.5 定性和结构分析

2.5.1 定性分析

紫外吸收光谱包括光谱形状、吸收峰数目、吸收峰的位置和强度等信息。吸收峰的位置，即吸收波长，它是生色基跃迁类型的具体反映；吸收峰的强度，它是生色基跃迁吸收概率的具体反映。吸收峰的位置与强度同时还受助色基及共轭体系的影响。以紫外吸收光谱进行定性鉴别，一般采用比对法。紫外吸收光谱的峰少而简单，代表的结构信息的特征不太强，远远逊色于红外、核磁共振及质谱等方法，在定性分析中仅起辅助作用。

1. 吸收光谱特征数据比对

吸收峰的特征数据一是指吸收峰所在的位置（λ_{max}）；二是指吸收峰的强度（ε 或 A）。

吸收峰的位置 λ_{max} 是最常用于定性鉴别的特征数据，吸收峰位置不同的化合物肯定不是同一种化合物，但 λ_{max} 相同的化合物是不是同一个化合物，还要通过其它特征信息佐证才能确定。如果化合物所有峰与谷的位置与标准位置完全相同，则可能是同一种位置，只要有某一个信息不吻合，即可给出否定的结论。

2. 峰谷吸光系数比对

多个吸收峰的化合物，可用吸收峰或谷的吸光度比值 $A_1 / A_2 = E_1 / E_2$ 作为判定依据。方法是相同质量浓度溶液在相同条件下进行光谱扫描获得吸收光谱，然后比较判定。

例如，对维生素 B_{12} 的鉴别，《中国药典》规定吸收光谱在 361 nm 处与 278 nm 处的吸光度比值应为 1.70～1.88，在 361 nm 处与 550 nm 处的吸光度比值应为 3.15～3.45。

3. 吸收光谱的一致性比对

将试样与标准品配制相同浓度的溶液，在同一条件下分别进行光谱扫描，核对吸收光谱的一致性。当有大量比对工作时，采用计算机软件程序的方法与标准图库比对可以大大节省时间和工作强度。只有光谱曲线完全一致才有可能判断是同一物质。

2.5.2 有机化合物的紫外吸收光谱

紫外吸收光谱对有机化合物的结构分析，主要用于化合物的发色团和共轭体系的判断。

1. 含杂原子饱和化合物

含有O、S、N、P、X等杂原子（以Z表示）的饱和链状化合物，有孤电子对的$n \to \sigma^*$跃迁吸收带，它与$\sigma \to \sigma^*$跃迁吸收带有重叠，$n \to \sigma^*$跃迁吸收带波长要长一些，一般在>200 nm的近紫外区，但吸收强度较弱。含O的饱和环状化合物的吸收带在160～200 nm远紫外区，谱带有精细结构；含S的饱和环状化合物的吸收带在200～300 nm近紫外区；含N的饱和环状化合物的吸收带在160～240 nm近紫外区。

2. 双键化合物

（1）C═C化合物　这类化合物的C═C生色基的$\pi \to \pi^*$跃迁吸收带一般在170～200 nm的近紫外区。孤立的C≡C化合物与双键类似，不再赘述。

（2）C═Z化合物　因双键中杂原子有孤对电子，生色基有$n \to \pi^*$、$\pi \to \pi^*$、$n \to \sigma^*$、$\sigma \to \sigma^*$四种跃迁产生吸收带。$n \to \pi^*$跃迁吸收带（R带，基团型），跃迁能量比$n \to \sigma^*$要小，C═O基的$n \to \pi^*$跃迁吸收带一般在260～300 nm近紫外区，而N═N偶氮基的$n \to \pi^*$跃迁吸收带一般在230～260 nm近紫外区。

3. 共轭体系化合物

当化合物的生色基组成共轭体系时，其紫外吸收光谱既与每个生色基有关，也与共轭体系的大小有关系。

（1）共轭烯烃

共轭系统使$\pi \to \pi^*$跃迁吸收峰长移，吸收强度增加。随着共轭体系增加，吸收峰长移越多，ε增大也多。

（2）α, β-不饱和酮、醛、酸和酯

在α, β-不饱和酮、醛中，由于C═C和C═O共轭，使$\pi \to \pi^*$跃迁长移至200～260 nm，一般$\varepsilon > 10^3$；使$n \to \pi^*$跃迁长移至310～350 nm，$\varepsilon < 100$。溶剂极性增加，使$\pi \to \pi^*$跃迁长移、$n \to \pi^*$跃迁短移。助色基（—OH、—OR）的孤电子对与羰基双键π电子产生超共轭现象，致使π、π^*轨道能量都升高，而π轨道能量升高得多一些，故使$\pi \to \pi^*$跃迁能级差降低，吸收峰长移；但孤电子对的n轨道能量未变，使$n \to \pi^*$跃迁能级差增大，吸收峰短移。故羧酸和酯与酮和醛相比较，其$\pi \to \pi^*$跃迁吸收峰长移，而$n \to \pi^*$跃迁吸收峰短移。参见图2-26。

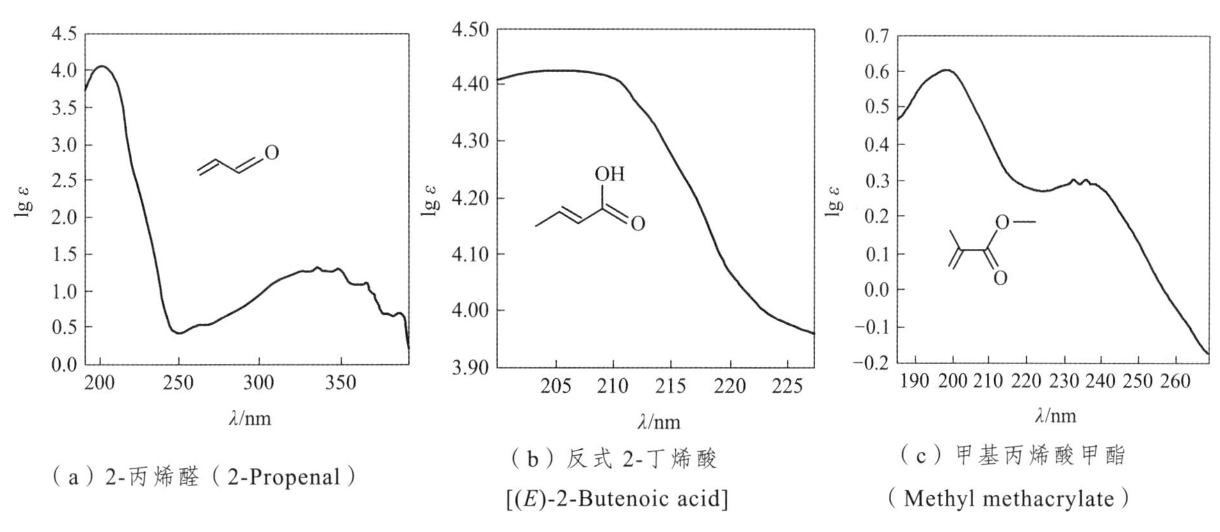

（a）2-丙烯醛（2-Propenal）　（b）反式2-丁烯酸[(E)-2-Butenoic acid]　（c）甲基丙烯酸甲酯（Methyl methacrylate）

图2-26　三个化合物的紫外吸收光谱

（3）芳香族化合物

苯和取代苯　苯具有环状共轭体系，在紫外光区有E_1、E_2和B带三个吸收带，均为$\pi \to \pi^*$跃迁

产生的。B 带是芳香化合物的特征吸收带，在极性溶剂中其峰的精细结构消失；当苯环上有取代基时，三个吸收带都长移，值增加，B 带的精细结构因取代基而变得简单化。

当苯环上具有孤对电子杂原子取代基时，由于产生 p-π 超共轭，E_2 带和 B 带明显红移，ε 值也显著增大。苯环上助色基取代时，随着溶剂极性不同，其精细结构简化或消失。把苯酚变为酚盐时，由于孤对电子增加，p-π 超共轭加强，E_2 带和 B 带红移，ε 值增大。故将中性和碱性溶液的紫外光谱比较可推测苯酚结构的存在。将苯胺变成苯胺盐，由于无孤对电子，p-π 超共轭消失，吸收带与苯相似，可判断苯胺结构存在与否。

生色基取代时，在 200～250 nm 处出现 K 带，$\varepsilon > 10^4$，B 带红移也大。有的化合物如甲醛和乙酰苯等有 K 带、B 带，还有 R 带。有些化合物的 B 带可被 K 带掩盖。含羰基化合物，如果在极性溶液中测定，R 带有时被 B 带掩盖。

稠环烃如萘、蒽、芘等，也有与苯类似的三个吸收带，随着苯环数的增多，共轭体系扩展，各吸收带红移，甚至吸收带进入可见光区。

芳杂环化合物 呋喃、噻吩、吡咯等五元杂环化合物，其吸收光谱与环戊二烯相似，200～230 nm 的吸收带属于 K 带，250 nm 左右的吸收带类似于苯环的 B 带。六元杂环紫外光谱与苯相似，如吡啶的 257 nm 吸收带与苯的 B 带相似，也有精细结构小峰，而其 $n \to \pi^*$ 跃迁引起的 R 带常被 B 带掩盖。溶剂极性增加能提供吡啶 B 带强度。稠杂环化合物紫外光谱与对应的稠环芳烃相似，它们的 E 带（K 带）和 B 带与苯相比均发生显著红移，吸收强度增加。

2.5.3 有机化合物结构研究

紫外光谱可用于初步确定某些官能团，区别饱和型与非饱和型化合物，测定分子的共轭程度及骨架，研究分子构型、构象、互变异构、氢键作用等。

1. 一般规律

（1）在 220～800 nm 区间没有吸收，它可能是脂肪族饱和烃、胺、腈、醇、醚、羧酸、氯代烃、氟代烃，不含共轭链烯、环烯，没有醛、酮等基团。

（2）在 210～250 nm 有吸收带，可能含有两个共轭单位；在 260～300 nm 或 330 nm 附近有强吸收带，就各有 3～5 个共轭单位。

（3）在 250～300 nm 仅有弱吸收带，可能有孤立羰基存在。

（4）在 200～250 nm 有强吸收带（ε 在 10^3～10^4），在 250 nm 以上还有中强吸收带（ε 在 10^2～10^3），且后者有特征的精细结构，可能是芳环；若芳环有取代基，则精细结构消失或部分消失；若取代后共轭扩展，ε_{max} 可大于 10^5。

（5）有颜色的化合物，其共轭体系比较长，但要与含硝基、偶氮基、亚硝基等化合物以及 α-二酮、乙二醛和碘仿等区别开，它们虽然不含共轭烯链，但也有颜色。

2. 异构体推断

利用紫外光谱可以推断和区分双键异构体。例如松香酸和左旋松香酸的区别，二苯乙烯的顺反异构体的区别。

COOH

$\lambda_{max} = 273$ nm，$\varepsilon = 1.51 \times 10^4$，无空间位阻

松香酸

COOH

$\lambda_{max} = 238$ nm，$\varepsilon = 0.71 \times 10^4$，有空间位阻

左旋松香酸

3. 化合物骨架推断

若未知化合物与已知化合物的紫外吸收光谱一致，由此可推测未知化合物的骨架。例如维生素 K_1 与 1, 4-萘醌的吸收带相似，因此把维生素 K_1 与几种已知 1, 4-萘醌的光谱比较，发现维生素 K_1 与 2, 3-二烷基-1, 4 萘醌的吸收光谱接近，由此推定了维生素 K_1 的骨架。

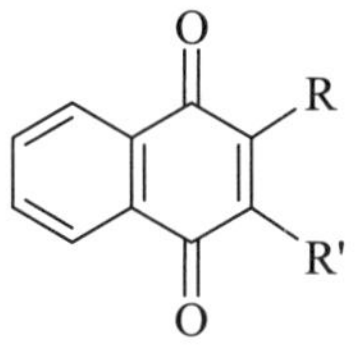

λ_{max} 250 nm/lg ε 4.6，λ_{max} 330 nm/lg ε 3.8

2, 3-二烷基-1, 4 萘醌

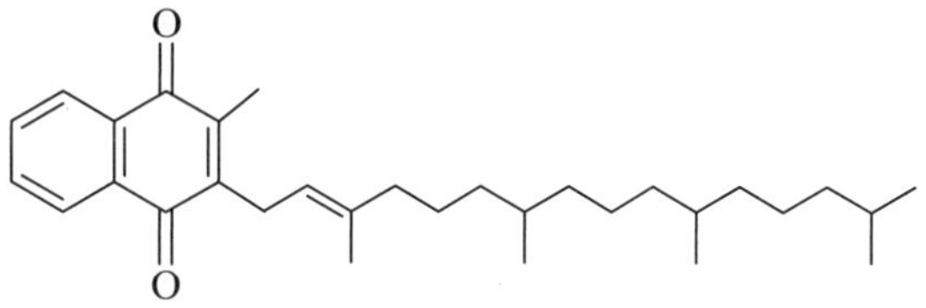

λ_{max} 249 nm/lg ε 4.28，λ_{max} 260 nm/lg ε 4.26，λ_{max} 235 nm/lg ε 3.28

维生素 K_1

名词中英文对照

紫外-可见光	ultraviolet and visible light	强带	strong band
紫外-可见吸收光度法	UV absorption spectrophotometry	弱带	weak band
吸收光谱	absorption spectroscopy	R 带（源于德语）	radikal
生色团	chromophore	K 带（源于德语）	konjugation
助色团	auxochrome	B 带（源于德语）	benzenoid
长移	bathochromic shift	吸光度	absorbance
短移	hypsochromic shift	透光率	transmittance
红移	red shift	吸光系数	absorptivity
蓝移	blue shift	单色器	monochromator
增色效应	hyperchromic effect	检测器	detector
减色效应	hypochromic effect	二极管阵列检测器	photodiode array detector

习　题

一、思考题

1. 紫外吸收光谱是如何产生的？为何它是带状光谱？它有什么特征？

2. 电子跃迁有哪几种类型？跃迁所需的能量大小顺序如何？

3. 解释名词组：发色团和助色团；长移和短移；增色效应和减色效应；透过率和吸光度；摩尔吸光系数和百分吸光系数。

4. 以有机化合物的官能团说明各种类型的吸收带，并指出各吸收带在紫外-可见吸收光谱中的大概位置和各吸收带的特征。

5. 在紫外光谱中，对吸收带位置的影响因素有哪些？

6. 叙述 Lambert-Beer 定律的内容和数学表达式，吸光系数的定义及物理意义，吸光系数与什么因素有关？为什么吸光系数是对物质定性和定量的依据？

7. 紫外-可见吸收分光光度计的主要部件有哪些？从光路分类有哪几类？

8. 某有机化合物在紫外区有两个吸收带，以乙醇为溶剂的吸收带 λ_1=256 nm、λ_2=305 nm；以正己烷为溶剂的吸收带 λ_1=248 nm、λ_2=323 nm。两个吸收带分别是哪种电子跃迁？该化合物可能属于哪一类化合物？

二、计算题

1. 某试液用 2.0 cm 吸收池测量时 T=60%，若用 1.0 cm、3.0 cm、4.0 cm 吸收池测定，透光率各是多少？

2. 安络血的相对分子质量为 236.2，将其配成每 100 mL 含 0.4116 mg 的溶液，盛于 1 cm 吸收池中，在 λ_{max} 为 355 nm 处测得 A 值为 0.462。试求卡巴克络的 $E_{1cm}^{1\%}$ 及 ε 值。

3. 称取维生素 C 0.0500 g，溶于 100 mL 0.005 mol/L 的硫酸溶液中，移取此溶液 2.00 mL，稀释至 100 mL 容量瓶中，将稀释液置于 1 cm 吸收池中，在 λ_{max} 为 245 nm 处测得吸光度为 0.551。求样品中维生素 C 的质量分数（已知在 245 nm 处 $E_{1cm}^{1\%}$=560）。

4. 将少量咖啡酸在 105 ℃干燥至恒重，精密称取 5.00 mg，加少量乙醇溶解，转移至 100 mL 容量瓶中，加水至刻度线摇匀，取此溶液 5.00 mL 置于 50 mL 容量瓶中，加 4 mL 6 mol/L HCl，加水稀释至刻度线摇匀。取稀释液置于 1 cm 吸收池中，在 323 nm 处测定吸光度为 0.463，已知该波长处的 $E_{1cm}^{1\%}$=927.9，求咖啡酸的质量分数。

5. 有一化合物相对分子质量为 314.47，在乙醇溶液中的 λ_{max} 为 240 nm 处的 ε 值为 1.7×10^4。试问配制什么样浓度范围（g/100 mL）测定含量时最为合适？

6. 用分光光度法测定甲基红指示剂（HIn）的酸式解离常数 K_a。测量条件及用 1 cm 吸收池的测量数据列于表 2-2 中，试计算其 K_a。

表 2-2 用分光光度法测定 HIn 的测定条件及数据

序号	甲基红浓度	介质	吸光度 A	
	$[HIn]/ mol\cdot L^{-1}$	$0.1\ mol\cdot L^{-1}$	528 nm	400 nm
1	1.22×10^{-3}	HCl	1.738	0.077
2	1.09×10^{-3}	$NaHCO_3$	0.000	0.753
3	少量	pH 4.34 的 HAc-NaAc	1.401	0.166

7. 某混合液含有 A、B 两组分，已知 A 在波长 282 nm 和 238 nm 处的吸光系数值 $E_{1cm}^{1\%}$ 分别为 720 和 270，B 在上述两波长处吸光度相等。现把混合液盛于 1 cm 吸收池中，测得上述两波长处的吸光度分别为 0.442 和 0.278，求混合液中组分 A 的含量（mg/100 mL）。

8. 一弱酸在三种介质溶液中的浓度均为 1.0 mg/100 mL，在波长 590 nm 处测得数据列于表 2-3，求该弱酸的 pK_a。

表 2-3 某弱酸的分光光度法测量数据

序 号	介 质	主要存在形式	A（λ_{max}590 mm）
1	0.5 mol/L HCl	[HX]	0.002
2	0.5 mol/L NaOH	$[X^-]$	1.024
3	pH 4.0 邻苯二甲酸氢钾缓冲溶液	$[HX]+[X^-]$	0.430

9. 用分光光度法测定止痛片中乙酰水杨酸和咖啡因两组分的含量。称取止痛片 0.2396 g 溶解于乙醇中，准确稀释至浓度为 19.16 mg/L，测定数据列于表 2-4 中，求两组分的含量。

表 2-4 用分光光度法测定乙酰水杨酸和咖啡因的数据

参 数	相对分子质量	225 nm			270 nm		
	M	ε	A		ε	A	
乙酰水杨酸	180	8210	A_1	$A_1+A_2=0.766$	1090	A_1'	$A_1'+A_2'=0.155$
咖啡因	194	5510	A_2		8790	A_2'	

10. 某偶氮化合物水溶液的紫外吸收光谱（λ-lgε）如图 2-27 所示，称取该化合物 0.5490 g，溶于 100 mL 热水中，取 10.00 mL 再稀释到 100 mL，取稀释液用 1 cm 吸收池在最大吸收波长 λ_{max}=420 nm 处测定，吸光度为 0.276，已知摩尔吸光系数 ε_{max}=58.344。求该化合物的相对分子质量是多少。

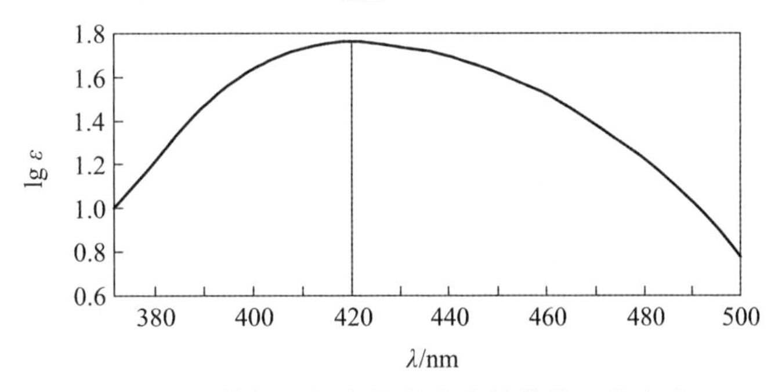

图 2-27　某偶氮化合物水溶液的紫外吸收光谱

11. 称取某联吡啶试剂 0.5163 g，配制成 1.00 L 水溶液，取 1.00 mL 稀释为 100 mL，将稀释液倒入 1 cm 吸收池中进行紫外光谱扫描，获得有两个吸收峰的紫外吸收光谱，最高吸收峰在 301.5 nm 处，其 A=0.449，lgε=4.133。求该试剂的相对分子质量 M 是多少。

12. 某纯净物为具有香豆素气味的无色结晶，称取 0.800 8 g 配成乙醇溶液 100 mL，移取 1.00 mL 配成 100 mL 稀释液；取稀释液置于 1 cm 吸收池中，在 400～200 nm 紫外光区进行光谱扫描，得吸收峰 λ_{max}=288 nm 处的 ε_{max}=963.83、A=0.528。求该物的相对分子质量 M 是多少。

附：习题中涉及的化合物结构式

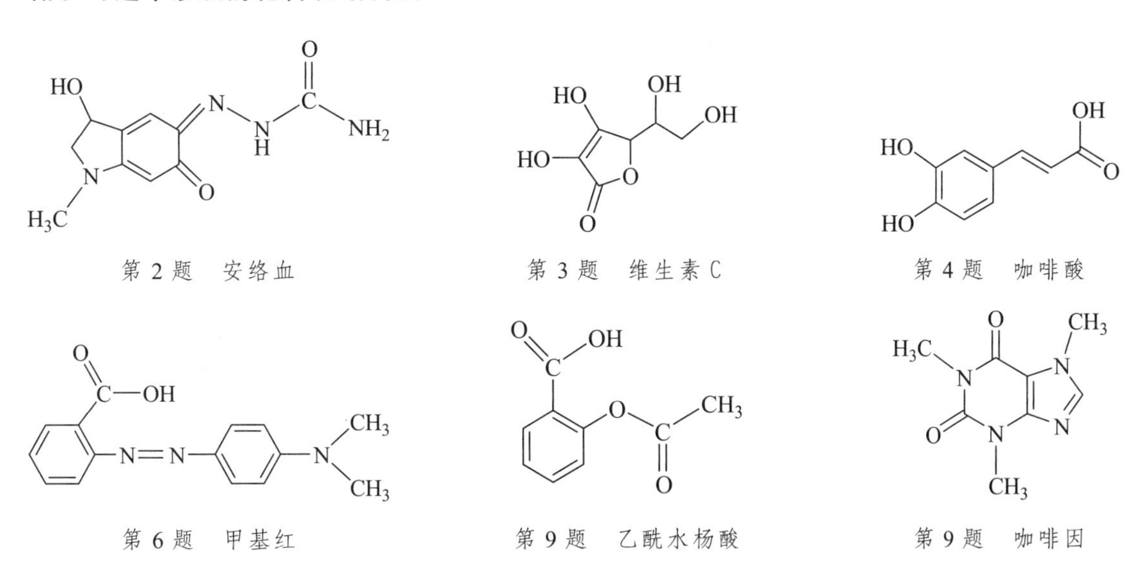

3 分子发光分析法

当分子或原子获得能量被激发到高能态时，会停留很短时间后把能量释放出去而回到基态，如果释放的能量是光辐射形式，就会获得分子或原子的发射光谱。本章仅介绍分子发射光谱。通过测量分子的特征发射光谱来研究分子结构和组成的方法，称为分子发射光谱法或分子发光分析法，主要包括分子荧光光谱法、磷光光谱分析和化学发光分析法。

分子从激发态回到基态，以两种方式释放能量：一种方式是因分子热运动的相互碰撞而以热能或动能形式释放能量回到基态，称为无辐射跃迁，它是不可避免的过程，但可通过控制有关条件，降低无辐射跃迁概率；另一种方式是分子以光辐射的形式释放能量回到基态，称为辐射跃迁，这是有效能量释放形式，可通过控制有关条件，提高辐射跃迁概率。

依据分子获得能量的方法不同，分子发光分析法有光致发光分析、电致发光分析、化学发光分析和生物发光分析。物质因吸收光辐射能而激发发光的现象，称为光致发光；物质因吸收电能而激发发光的现象，称为电致发光；分子基于化学反应释放的能量激发发光现象，称为化学发光；生物分子基于生化能量激发发光的现象称为生物发光。基于物质分子的光致发光发射的荧光而建立的分析方法，称为分子荧光分析法；基于物质分子的化学发光产生的荧光而建立的分析方法，称为化学发光分析法。

与紫外-可见分光光度法比较，荧光分析法和化学发光分析法具有更高的灵敏度和选择性，方法简便、取样量少，成为某一些药物分子测定的重要手段。近年来，分子发光分析法在医药和临床分析中的研究和应用，受到分析工作者的广泛关注，发展十分迅速。

3.1 分子荧光分析法

3.1.1 基本原理

1. 荧光和磷光

（1）分子能级与电子能级的多重性

分子是通过各原子之间的化学键的相互作用而构成的，除了每个原子的核外电子在不断运动外，组成分子的各原子之间还有沿着键轴方向周期性变化和键角的周期变动，这些周期性变化我们称之为振动，还有整个分子沿着对称轴的转动等。量子力学证明，这些运动的能量都是量子化的，所以分子运动的量子化能级有：分子轨道的电子能级、分子振动能级和分子转动能级。

在无外界能量的影响下，分子的价电子都处于量子化能级的基态，用 S_0 表示，即电子成对地填充在能量最低的轨道中。根据泡利不兼容原理，一个给定的轨道中的两个电子，必定具有相反的自旋方向，即自旋量子数 s 分别为+1/2 和−1/2。其总自旋量子数 S=0，即基态没有净自旋，基态的多重性 $2S+1=1$，这种状态称为基态单重态。图 3-1（a）表示分子 $1s^2 2s^2 2p^2$ 基态电子分布。

一个分子在获得能量后的激发过程，通常是一个电子从低能级轨道（成键轨道，基态）跃迁到量子化能级更高的空轨道（反键轨道，激发态）的过程。如果处于激发态的电子自旋方向没有发生改变，这时仍然没有净自旋，其多重性 $2S+1=1$，电子所处的状态称为激发单重态，如图 3-1（b）所示。如果处于激发态的电子自旋方向发生改变，两个电子的自旋方向平行，自旋量子数都为+1/2，总自旋量子数 $S=1$，电子的多重性 $2S+1=3$，称为激发三重态，如图 3-1（c）所示。为了便于理解，现将电子激发过程的三种状态列于表 3-1 中。

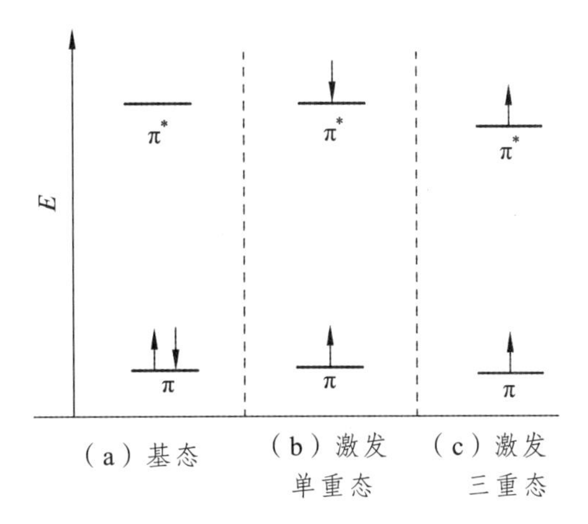

图 3-1　π 电子存在的三种状态

表 3-1　π 电子激发过程的三种状态

状态	电子自旋量子数 (s,s')	总自旋量子数 $S=s+s'$	电子多重性 $M=2S+1$	状态名称
（a）	$\left(+\frac{1}{2},-\frac{1}{2}\right)$	0	1	基态单重态
（b）	$\left(+\frac{1}{2},-\frac{1}{2}\right)$	0	1	激发单重态
（c）	$\left(+\frac{1}{2},+\frac{1}{2}\right)$	1	3	激发三重态

（2）产生荧光和磷光的原理过程

荧光和磷光的产生原理过程可用图 3-2 来描述。根据玻尔兹曼分布定律，分子在室温下基本上处于基态。当分子吸收了紫外-可见光后，分子的量子化能级则由基态 S_0 跃迁到激发单重态的各个振动能级 S_i（如 S_1、S_2 等），但不能直接跃迁到激发三重态的各个振动能级 T_i（根据自旋禁阻选律）。

如果用紫外-可见光连续照射待测物质，基态分子不断跃迁至激发态，基态分子应该越来越少，激发态分子越来越多，直至饱和，其紫外-可见光的吸收（吸光度）也应逐渐减小直至消失。而事实上物质仍然在连续地吸收紫外-可见光，即吸光度是恒定的，这说明处于激发态的分子必然有多种途径释放能量回到基态。一种途径是无辐射跃迁（如振动弛豫、外部能量转换），另一种途径是辐射跃迁（发射光子），这就是荧光。分子在基态的数量与在激发态的数量处于动态的可逆平衡过程中，其分布遵循玻尔兹曼定律。

$$\text{基态分子} \underset{\text{无辐射跃迁+辐射跃迁}}{\overset{\text{吸收紫外-可见光}}{\rightleftharpoons}} \text{激发态分子}$$

激发态是不稳定状态，激发态分子存在的时间很短，约为 10^{-15} s 数量级。由于分子间的碰撞或分子内晶格间的相互作用，在某一激发单重态的分子，以热能的形式失去少部分能量，从较高的量子化振动能级逐级下降到该激发态的最低的量子化振动能级，这个过程称为**振动弛豫**。发生振动弛豫的时间约为 10^{-12} s 数量级。振动弛豫只在同一量子化能级内进行，属于无辐射跃迁。

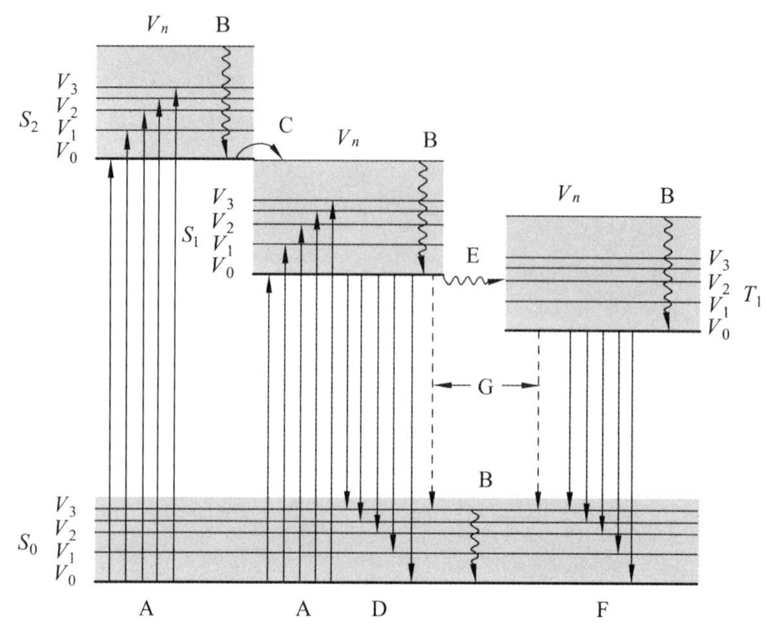

A—紫外吸收；B—振动弛豫；C—内部能量转换；D—荧光发射；E—体系间跨越；F—磷光发射；
G—内部能量转换；S_0—基态（基线单重态）S_1—第一激发单重态；
S_2—第二激发单重态；T_1—第一激发三重态

图 3-2　荧光与磷光产生示意图

当两个相邻激发单重态的电子能级非常接近，以至于下级的最高振动能级与上级的最低振动能级有重叠时，常发生电子由高能级以非辐射跃迁方式转移至低能级，这种非辐射跃迁过程称为**内部能量转换**。内转换是在同一体系内进行的，如电子能级在激发单重态 S_2^* 与 S_1^* 之间的转换，是单重态能级之间的转换；电子能级在激发三重态 T_2 与 T_1 之间的转换，是三重态能级之间的转换。

分子吸收不同波长的紫外-可见光能量后，分别跃迁到不同的激发单重态，如 S_1^*、S_2^*……，处于较高激发单重态中不同振动能级的分子，通过振动弛豫-内转换降到下一级单重态的不同振动能级，最后均到达第一激发单重态的最低振动能级。处于第一激发单重态的最低振动能级的电子，如果以辐射光量子的形式失去能量回到基态的不同振动能级，这种辐射的光量子就称为**荧光**。

处于第一激发单重态的最低振动能级的电子，并不是全部都以辐射光量子途径释放能量回到基态的，因为待测分子处于溶液中，在激发态分子之间、分子与溶剂分子之间、分子与容器内壁及其它媒介之间，因产生相互碰撞而失去能量，常以热能的形式释放，这个过程称为**外部能量转换**。外部能量转换又称**荧光猝灭**，属于无辐射弛豫，这是一种释热平衡过程，所需时间在 $10^{-9}\sim10^{-7}$ s。外部能量转换发生在第一激发单重态或第一激发三重态的最低振动能级向基态的转换过程中，外部能量转换的存在使分子的荧光产率降低，荧光强度减弱。所以荧光测定时应该在尽可能低的环境温度下进行，并采用黏度较高的溶剂，以降低外部能量转换对荧光产率的影响。

当处于激发单重态的分子中若含有重原子（如碘、溴等），电子的自旋与轨道运动就会发生强偶合作用，电子的自旋方向发生反转，如果某一激发三重态的较高振动能级与该电子所处的激发单重态的最低振动能级重叠（量子化能级相当），电子经过自旋反转由激发单重态转移到激发三重态，此过程称为不同体系之间的跨越，简称**体系间跨越**。在溶液中存在氧分子等顺磁性物质也能增加体系间跨越的发生。体系间跨越会使荧光减弱。

经过各激发单重态至激发三重态的体系间跨越的分子，再经过振动弛豫和三重态里的内转换，最后降至三重态的最低振动能级，存活（延迟）一段时间，然后发射光辐射至基态的各振动能级，这种光辐射称为**磷光**。从紫外光照射到发射荧光的时间为 $10^{-8}\sim10^{-14}$ s，而发射磷光的时间更迟一些在照射后 $10^{-4}\sim10$ s。分子在三重态的最低振动能级回到基态时，同样存在着外部能量转换，由于热运动的存在，待测分子之间、待测分子与溶剂分子之间都会产生相互碰撞，分子以热能的形式失去能量回到基态。所以在室温下溶液很少呈现磷光，发射磷光需要的环境温度比荧光要求更低，必须采用液氮在冷冻条件下激发才能检测到磷光。正因为如此，磷光法的应用不如荧光法普及。

2. 激发光谱与发射光谱

分子荧光和磷光产生首先是分子受到激发，然后才产生光辐射。即分子受紫外-可见光的照射后获得能量，其量子化能级由基态跃迁到激发态，这个过程称为激发，因激发过程而吸收的紫外-可见吸收光谱称为分子的激发光谱，这是产生荧光和磷光的必备条件。处于激发态（单重态或三重态）的分子发射光子释放能量回到基态所产生的光谱称为发射光谱。所以荧光和磷光属于分子发射光谱。分子的激发光谱与发射光谱是因与果的关系，激发光谱是条件，发射光谱是结果。

注意分子的吸收光谱与激发光谱和发射光谱的图谱表达方式的差异。紫外-可见吸收光谱是以分子吸收的紫外-可见光波长 λ 为横坐标、以吸光度 A 为纵坐标绘制的图谱；分子的激发光谱是以激发光波长 λ_{ex} 为横坐标、荧光或磷光的发光强度 F 为纵坐标绘制的图谱；分子的发射光谱是以发射的荧光或磷光波长 λ_{em} 为横坐标、荧光或磷光的光强度 F 为纵坐标绘制的图谱。激发光谱与发射光谱可以通过荧光光度计实验同时获得。

分子的激发光谱和发射光谱的检测原理如图 3-3 所示。光源发出的紫外-可见光通过第一单色器，获得波长为 λ_{ex}、光强度为 I_0 的单色激发光，经过吸收池时被待测溶液吸收部分光量子，透射光的光强度降低为 I。分子获得激发光 λ_{ex} 的能量后由基态跃迁到激发态，然后立体全方位地发射荧光或磷光（释放能量）回到基态，为了避开透射光的干扰，接收（或采集）发射光（荧光或磷光）的第二单色器一般设在以吸收池为坐标原点，与激发光传播方向垂直的位置上。

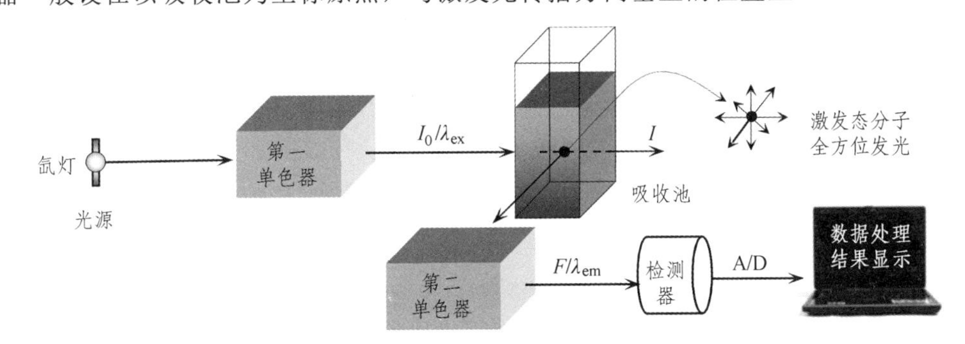

图 3-3 获得激发光谱和发射光谱示意图

如果固定荧光波长 λ_{em} 不变，改变第一单色器（对激发光波长 λ_{ex} 进行扫描），从而获得分子的 F-λ_{ex} 激发光谱。如果固定激发光波长 λ_{ex}，改变第二单色器（对发射光波长进行扫描），即可获得 F-λ_{em} 发射光谱。荧光物质的最大激发光波长和最大荧光波长是鉴定物质结构的依据之一，也是定量测定时最灵敏的光谱条件。

图 3-4 是硫酸奎宁（结构如下）的激发光谱与发射光谱示意图。

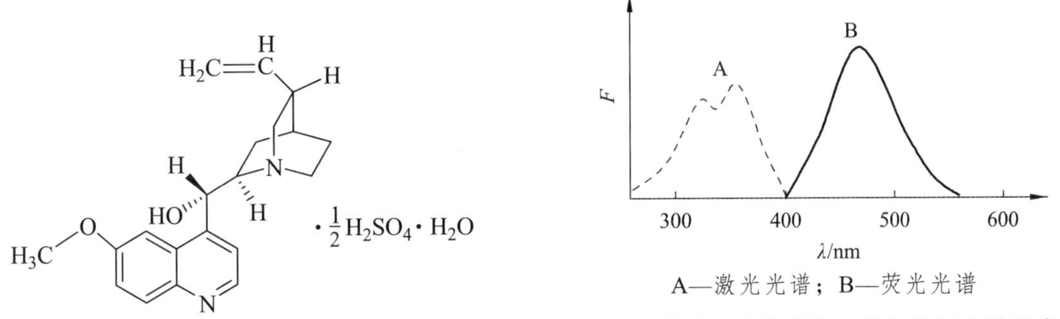

图 3-4 硫酸奎宁的激发光谱与发射光谱示意图

从实验测得荧光物质的激发光谱与紫外吸收光谱形状相似。这是因为荧光物质吸收了这种波长的紫外光，才能发出荧光。吸收越强则发射的荧光越强。区别在于紫外吸收光谱测定的是对紫外光的吸光度，而荧光激发光谱测定的是发射的光强度，故两者的图谱不能重叠。

从图 3-4 可以看到：硫酸奎宁的激发光谱（吸收光谱）有两个峰，而其荧光光谱仅有一个峰。这是因为物质分子可以从基态（S_0）跃迁至第一电子激发单重态（S_1）或第二电子激发单重态（S_2），因此激发光谱有两个峰。但不论分子的量子化能级跃迁到哪一级激发单重态，都会经过振动弛豫、内部能量转换的非辐射跃迁，最终下降到第一激发单重态的最低振动能级（S_1 的 V_0），最后以辐射跃迁（发射光量子，即荧光）的形式释放能量而回到基态的不同振动能级。对于某个分子来说，其基态与第一激发单重态的量子化能级差 ΔE 是唯一确定的，依据 $\Delta E = h\nu$ 可知，荧光的频率或波长是确定的，所以发射光谱（荧光光谱）只有一个峰。即当荧光物质的激发光谱有几个峰时，无论采用哪一个峰的波长的光作为激发光，荧光的发生总是从第一激发单重态（S_1）的最低振动能级开始的，荧光光谱只能出现一个峰，所以荧光光谱的形状与激发光波长无关。

蒽的激发光谱与荧光光谱如图 3-5 所示。从图上可见，蒽的激发光谱有两个峰，a 峰是由分子基态跃迁至第二激发单重态而形成的；b 峰是由分子基态跃迁至第一激发单重态而形成的。b 峰在高分辨率的荧光图谱上还可以观察到 b_0～b_4 一系列小峰，它们是由于第一激发单重态的不同振动能级 V_0～V_4 引起的。如图 3-5 所示，b_0 峰相当于 b_0 跃迁线，b_1 峰相当于 b_1 跃迁线，以此类推。各小峰间波长的递减值 $\Delta\lambda$ 与振动能级差 ΔE_i（图 3-6）有关，各小峰的强度与跃迁概率有关（b_1 跃迁概率最大，b_0 次之，b_2、b_3、b_4 依次递减）。蒽的荧光光谱同样包含 c_0～c_4 的一组小峰，它们由于分子从第一激发单重态的最低振动能级跃迁至电子基态的各个不同振动能级而形成，c_0 峰相当于 c_0 跃迁线，c_1 峰相当于 c_1 跃迁线，以此类推。各小峰间波长的递增值 $\Delta\lambda$ 与振动能级差 ΔE_i 有关。由于基态的振动能级分布与激发态相似，故 b_1 峰与 c_1 峰、b_2 峰与 c_2 峰、b_3 峰与 c_3 峰、b_4 峰与 c_4 峰都以 λ（b_0）为中心基本对称。再加上 c_0～c_4 峰的强度也与跃迁概率有关（c_1 跃迁概率最大，c_0 次之，c_2、c_3、c_4 依次递减），因此使激发光谱和荧光光谱呈镜像对称现象。

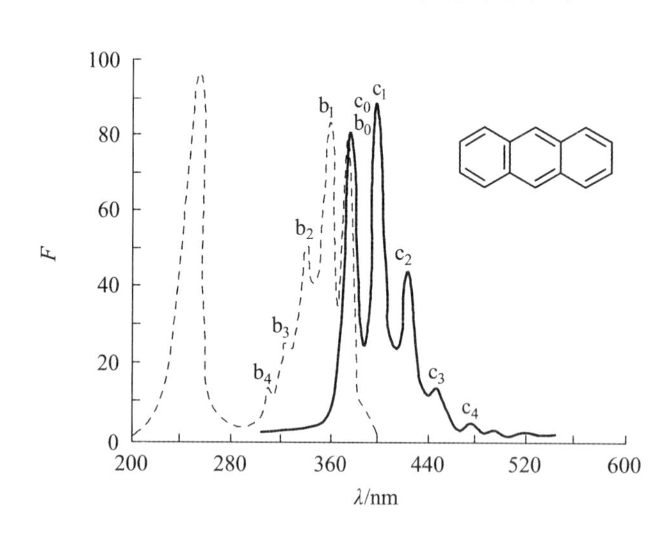

图 3-5　蒽的激发光谱和荧光光谱

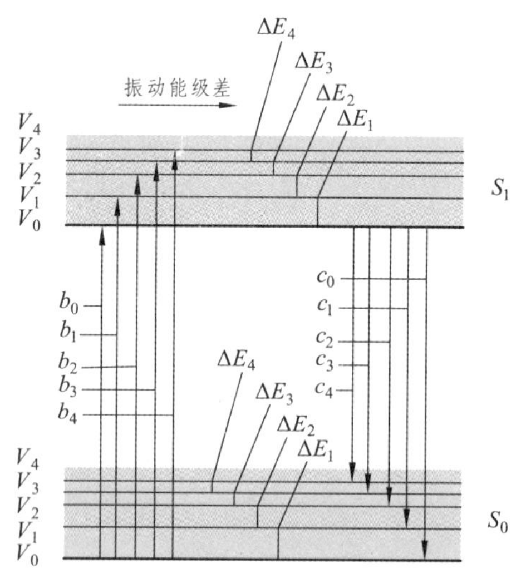

图 3-6　蒽的能级跃迁情况示意图

3. 分子结构与荧光的关系

我们知道，在紫外-可见光的辐射下，并不是所有物质分子都能产生荧光，只有某些特定结构的分子才能产生荧光或磷光，这就是荧光与物质分子结构的紧密相关性和高选择性。

（1）产生荧光的必要条件

能够发射荧光的物质必须同时具备两个条件：① 物质分子必须有强的紫外-可见吸收。分子结构

中有 $\pi\rightarrow\pi^*$跃迁或 $n\rightarrow\pi^*$跃迁的物质都有紫外-可见吸收，但 $n\rightarrow\pi^*$跃迁引起的 R 带是一个弱吸收带，电子跃迁概率小，由此引起的荧光极微弱，实际上只有分子中存在足够共轭双键的 $\pi\rightarrow\pi^*$跃迁，也就是 K 带强吸收时，才能产生荧光。② 物质分子必须有一定的荧光效率。荧光效率是指物质发射荧光的量子数和所吸收的激发光量子数的比值，也称荧光量子产率，用 φ_f 表示，φ_f 的值在 0～1。

$$\varphi_f = \frac{\text{发射荧光的光量子数}}{\text{吸收激发光的光量子数}}$$

例如，荧光素钠和荧光素在水中，蒽和菲在乙醇中的荧光效率如下。

荧光素钠在水中 $\varphi_f = 0.92$　　荧光素在水中 $\varphi_f = 0.65$　　蒽在乙醇中 $\varphi_f = 0.36$　　菲在乙醇中 $\varphi_f = 0.10$

如果物质虽然有强的紫外-可见吸收，但所吸收的能量都以无辐射跃迁形式释放，内部猝灭与外部猝灭速度很快，致使荧光效率低下，也是没有荧光产生的。

（2）分子结构与荧光

如上所述，荧光物质分子必须有强的紫外吸收和高的荧光效率。长共轭分子具有 $\pi\rightarrow\pi^*$跃迁的 K 带紫外吸收，刚体平面结构分子具有较高的荧光效率。在共轭体系上的取代基对荧光光谱和荧光强度也有很大影响。

长共轭结构　绝大多数能产生荧光的物质含有芳香环或杂环。因为芳香环或杂环分子具有长共轭的 $\pi\rightarrow\pi^*$跃迁。当 π 电子共轭越长，λ_{ex} 和 λ_{em} 都长移，荧光强度（荧光效率）也增大，如下面前三个化合物的共轭结构与荧光的关系。

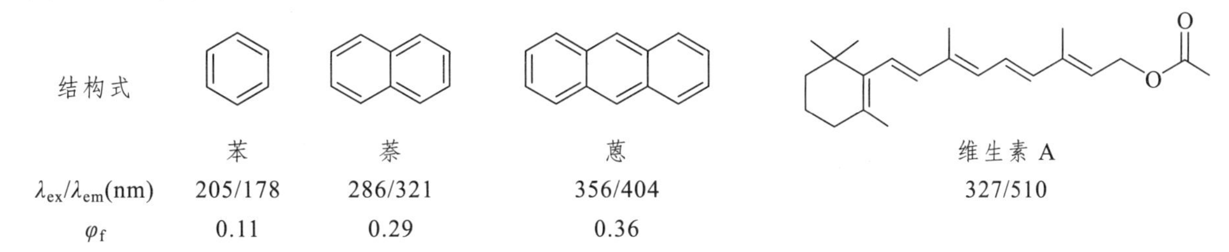

结构式	苯	萘	蒽	维生素 A
$\lambda_{ex}/\lambda_{em}$(nm)	205/178	286/321	356/404	327/510
φ_f	0.11	0.29	0.36	

除了芳香环外，含有长共轭双键的脂肪烃也可能有荧光，但这类化合物的数量不多，维生素 A 是能发生荧光的脂肪烃之一，其激发光和荧光波长见上面最后一个化合物。

刚性平面结构　在同样的长共轭分子中，分子的刚性和共平面性越大，荧光效率 φ_f 越大，并且荧光波长产生长移。例如联苯和芴，在相同的测定条件下的荧光效率 φ_f 分别为 0.2 和 1.0，二者的结构差异在于：联苯的两个苯环中间以单键相联，可以自由旋转，两个苯环并不一定总在同一平面上；而芴的两个苯环中间以五元环相联，三个环构成一个大平面而不能旋转，刚性平面性都很好，所以芴的 φ_f 大大增加。

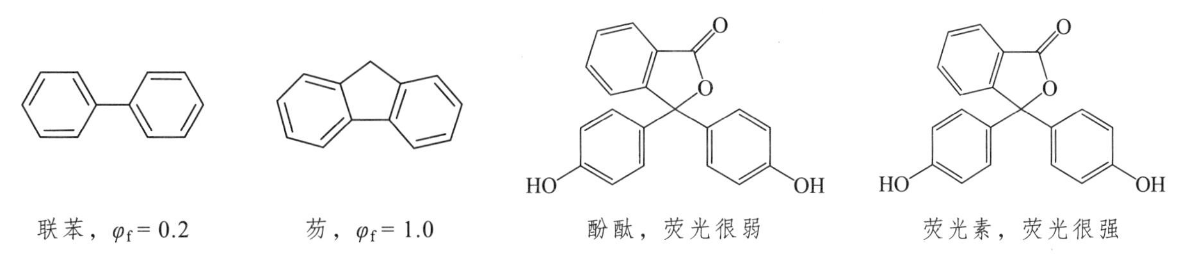

联苯，$\varphi_f = 0.2$　　芴，$\varphi_f = 1.0$　　酚酞，荧光很弱　　荧光素，荧光很强

同样情况还有酚酞和荧光素，它们分子中的共轭双键长度相同，但荧光素分子中多一个氧桥，

使分子中的三个环成为一个大平面，分子的刚性平面性增加，π 电子的共轭程度增加，因而荧光素有强烈的荧光，而酚酞的荧光却很微弱。

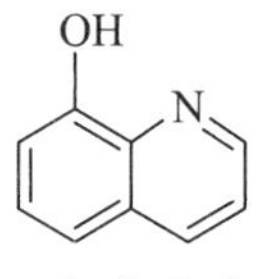

8-羟基喹啉
荧光很弱

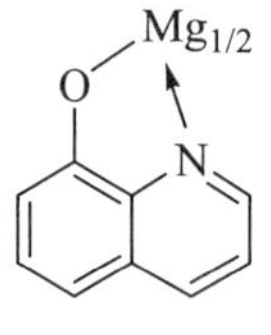

8-羟基喹啉镁
荧光很强

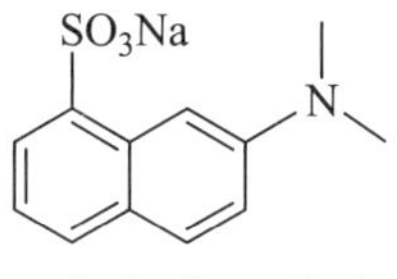

7-二甲氧氨基-1-萘磺酸钠
$\varphi_f=0.75$

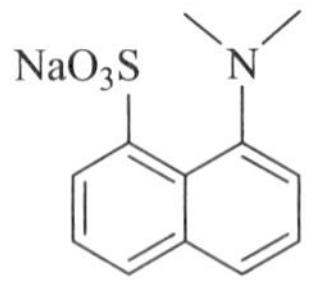

8-二甲氧氨基-1-萘磺酸钠
$\varphi_f=0.03$

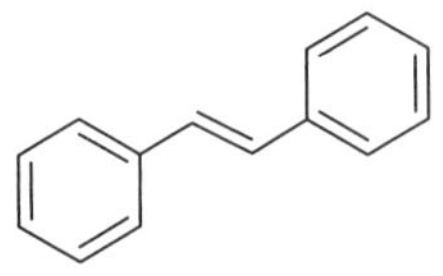

反式 1, 2-二苯乙烯
荧光很强

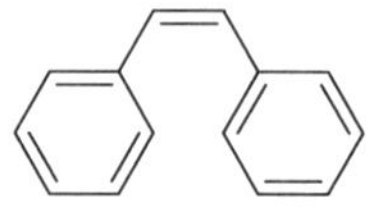

顺式 1, 2-二苯乙烯
无荧光

本来不产生荧光或产生微弱荧光的物质，一旦与金属离子形成配合物后，如果刚性和平面性增强，则可能产生荧光或荧光大大增强。例如，8-羟基喹啉是弱荧光物质，与 mg^{2+}、Al^{3+}形成配合物后，荧光强度就大大增加。

相反，如果原来结构中共平面性较好，但分子中的取代基较大、位置紧邻，由于位阻的原因使分子结构变形共平面性下降，则荧光减弱。例如，7-二甲氧氨基-1-萘磺酸盐比 8-二甲氧氨基-1-萘磺酸盐的荧光效率大得多，是因为后者两个取代基紧邻而有位阻效应，使分子结构产生变形，两个环不能共平面，因而使荧光大大减弱。对于顺反异构体，顺式分子的两个基团在同一侧，由于位阻原因使分子不能共平面而没有荧光。

取代基的影响 荧光分子上的各种取代基对其荧光效率和光谱都产生很大的影响。取代基可分为三类，第一类取代基能增强分子的 π 电子共轭程度，常使荧光效率提高，荧光波长长移；第二类基团减弱分子的 π 电子共轭性，使荧光减弱甚至熄灭；第三类取代基对 π 电子共轭体系作用较小，对荧光的影响不明显。三类基团的影响参见表 3-2。

表 3-2 三类取代基对荧光效率的影响

第一类基团，使荧光增强	$-NH_2$	—OH	$-OCH_3$	—NHR	$-NR_2$	—C≡N	
第二类基团，使荧光减弱	—COOH	$-NO_2$	—C=O	—NO	—SH	$-NH-COCH_3$	—X(卤素)
第三类基团，影响不明显	—R	$-SO_2H$	$-NH_3^+$				

4. 影响荧光的外界因素

分子所处的外界环境因素对荧光效率的影响是很大的，这些因素包括温度、溶剂、pH、荧光熄灭剂、散射光的干扰等。

（1）温度的影响

当温度升高时，分子的热运动速率加快，分子间碰撞的概率增加，使无辐射跃迁增加，从而降低了荧光效率。因此，物质的荧光强度随温度的升高而降低。例如，荧光素钠的乙醇溶液，在−80 ℃时 φ_f 可达到 1，每升高 10 ℃，φ_f 降低 3%。荧光测定时，环境温度尽量在低温的情况下比较有利。

（2）溶剂的影响

同一种荧光物质在不同的溶剂中，其荧光光谱的位置和荧光强度都是有差异的。一般情况下，荧光波长随着溶剂极性的增大而长移，荧光强度也增加。因为在极性溶剂中，$\pi\to\pi^*$跃迁所需要的能量差 ΔE 小，而且跃迁概率增加，使紫外吸收的波长和荧光波长均向长移，强度也增加。

当溶剂黏度减小时，分子所受束缚减弱碰撞机会增加，使无辐射跃迁增加而荧光减弱。故荧光强度随溶剂黏度的增大而增大。含有重原子的溶剂，如碘乙烷、四溴化碳等，也可使化合物荧光减弱。如果溶剂与溶质分子能形成稳定氢键，处于第一激发单重态的最低振动能级（S_1 的 V_0）的分子将减少，从而使荧光减弱。

（3）pH 的影响

当荧光物质本身是有机弱酸或弱碱时，溶液的 pH 对该物质的荧光强度有较大的影响。这是因为有机弱酸或弱碱在不同 pH 条件下发生解离平衡移动，因而荧光强度也有差异。例如，苯胺在不同 pH 条件下的解离平衡也产生荧光情况如下。

$$C_6H_5NH_3^+ \underset{H^+}{\overset{OH^-}{\rightleftharpoons}} C_6H_5NH_2 \underset{H^+}{\overset{OH^-}{\rightleftharpoons}} C_6H_5NH^-$$

pH<2，无荧光　　pH 2～5，有蓝色荧光　　pH>13，无荧光

（4）荧光熄灭剂的影响

荧光熄灭又称**荧光猝灭**，是指荧光物质分子与溶剂分子或溶质分子的相互作用引起的荧光强度降低的现象，这时荧光强度与浓度不呈线性关系。引起荧光熄灭的物质称为荧光熄灭剂，如卤素离子、重金属离子、氧分子，以及硝基化合物、重氧化合物、羰基和羧基化合物等均为常见的熄灭剂。荧光熄灭的形式很多，例如：因荧光物质和熄灭剂分子碰撞而损失能量；荧光分子与熄灭剂分子生成不发光的配合物；在荧光物质中引入溴或碘后，易发生体系间跨越而转变至激发三重态；溶解样的存在使荧光物质被氧化，或由于氧分子的顺磁性促进了体系间跨越，使激发单重态荧光分子转成三重态。

荧光熄灭剂在荧光分析中会产生误差。如果一个荧光物质在加入熄灭剂后，荧光强度的减小和荧光熄灭剂的浓度呈线性关系，则可以利用这一性质测定熄灭剂的含量，这种方法称为**荧光熄灭法**。例如，利用氧分子对硼酸根-二苯乙醇酮配合物的荧光熄灭效应，可进行微量氧的测定。

在荧光物质浓度>5 g/L 时，由于荧光分子间碰撞概率增加，也有荧光熄灭现象，而且浓度越高荧光熄灭越严重，所以应采用低浓度方法测定。

（5）散射光的干扰

把一束平行光照射到盛有样品溶液的吸收池时，一部分光会被溶液吸收，另一部分则透过溶液，还有一小部分光由于光子和物质分子相碰撞，其运动方向发生改变而向不同角度散射，这种改变了传播方向的光称为**散射光**。

光子和物质分子发生弹性碰撞时，不发生能量交换，仅是运动方向发生改变，这种散射光称为**瑞利光**，其波长和入射光相同。

光子和物质分子发生非弹性碰撞时，不仅光子的运动方向发生改变，还与物质分子之间发生能量交换，有可能使光子的能量减小或增加，这种既改变运动方向又改变光子能量的散射光称为**拉曼光**。

当光子将部分能量传给物质分子时，光子能量降低，散射光波长变长，这种拉曼光对荧光测定有干扰；当光子从物质分子得到能量时，光子能量升高，散射光波长变短，这种拉曼光对荧光测定无影响。当拉曼光与荧光波长接近时，对荧光测定影响较大，必须采取措施予以消除，方法是采用适当的激发光波长。

例如，硫酸奎宁的荧光测定，无论选择 320 nm 或 350 nm 为激发光波长，荧光峰总是在 448 nm，如图 3-7 所示。将 0.05 mol/L 的 H_2SO_4 溶液（空白溶剂）分别在 320 nm 及 350 nm 激发光照射下测定荧光光谱（实际上只有散射光），当激发光波长为 320 nm 时，瑞利光波长 320 nm，拉曼光波长 360 nm；当激发光波长为 350 nm 时，瑞利光波长 320 nm，拉曼光波长 400 nm。显然，采用 350 nm

产生的 400 nm 拉曼光，对硫酸奎宁的 448 nm 荧光峰是有影响。如果改用 320 nm 激发光则避免了这种影响。

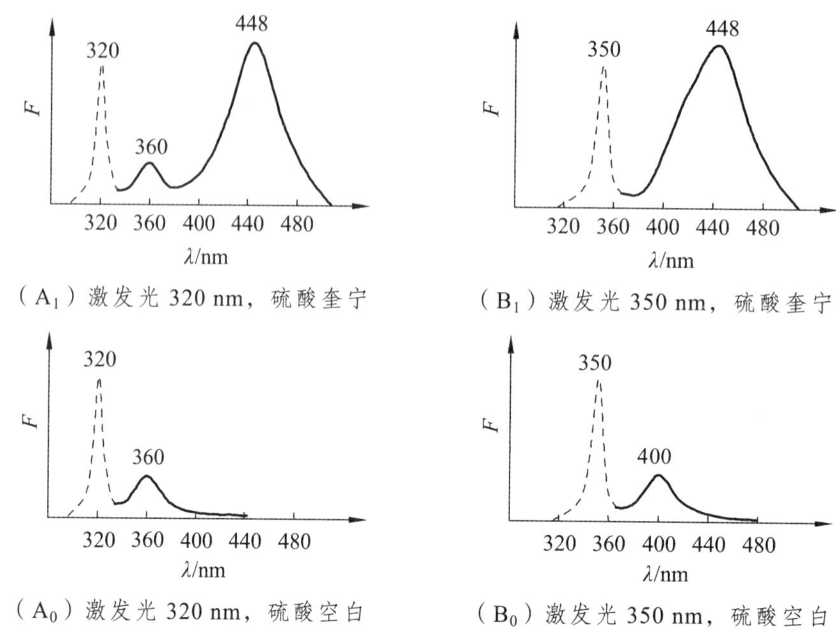

图 3-7　硫酸奎宁与硫酸空白在不同波长激发光下的荧光和散射光谱

水、乙醇、环己烷、四氯化碳和氯仿 5 种常用溶剂在不同波长激发光照射下的拉曼光波长如表 3-3 所示，可供选择激发光波长时参考。

表 3-3　5 种常用溶剂在不同激发光波长下的拉曼光波长

激发光波长/nm		248	313	365	405	436
拉曼光波长/nm	水	271	350	416	469	511
	乙醇	267	344	409	456	500
	环己烷	267	344	408	458	499
	四氯化碳	—	320	375	418	450
	氯仿	—	346	410	461	502

从表中可见，四氯化碳的拉曼光与激发光波长很接近，几乎不干扰荧光测定，是优选溶剂。而水、乙醇和环己烷的拉曼光波长较长，使用时必须注意。

（6）激发光源的影响

某些物质的稀溶液在激发光的照射下很容易分解，使荧光强度持续下降，为此在测定时应迅速完成，测定后立即切断光路。

3.1.2　荧光定量分析

1. 荧光强度与浓度的关系

荧光是由物质吸收光能之后发射的光，所以，溶液的荧光强度和该溶液吸收光的程度以及溶液中荧光物质的荧光量子效率有关。溶液被入射光激发后，可以在溶液的任何方向观察到荧光强度，但由于激发光的一部分被透过，因此在透射光方向上观察荧光就不合适，一般选择在与激发光传播方向垂直的位置上检测，如图 3-8 所示。

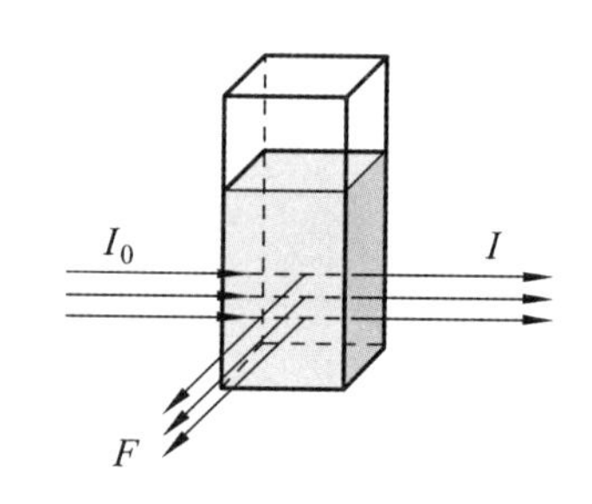

图 3-8　检测溶液荧光的方位示意图

设入射光（激发光）强度为 I_0，透射光强度为 I，荧光强度为 F，它正比于被荧光物质吸收的光强度，即 $F \propto (I_0 - I)$，

$$F = K'(I_0 - I) \tag{3-1}$$

式中，K' 为与物质荧光效率有关的常数，根据 Lambert-Beer 定律，则有

$$-\lg(I / I_0) = Ecl，\quad I = I_0 \times 10^{-Ecl} \tag{3-2}$$

将式（3-2）代入式（3-1），得

$$F = K'I_0\left(1 - 10^{-Ecl}\right) = K'I_0\left(1 - \mathrm{e}^{-2.3Ecl}\right) \tag{3-3}$$

将式中的指数项展开，得

$$\mathrm{e}^{-2.3Ecl} = 1 + \frac{(-2.3Ecl)^1}{1!} + \frac{(-2.3Ecl)^2}{2!} + \frac{(-2.3Ecl)^3}{3!} + \cdots \tag{3-4}$$

将式（3-4）代入式（3-3），得

$$F = K'I_0\left[2.3Ecl - \frac{(-2.3Ecl)^2}{2!} - \frac{(-2.3Ecl)^3}{3!} - \cdots\right] \tag{3-5}$$

当浓度很小时，$ECl \leqslant 0.05$，式（3-5）中第二项以后的各项可以忽略，则有

$$F = 2.3K'I_0Ecl = Kc \tag{3-6}$$

在给定的测定条件下，式（3-6）中各个参数，除 c 外都是常数，令 $K = 2.3K'I_0El$，则有

$$F = Kc \tag{3-7}$$

所以在低浓度时，溶液的荧光强度与荧光物质的浓度呈线性关系，这就是荧光定量分析的依据。当浓度较大时，$Ecl > 0.05$，式（3-5）中第二项以后的各项就不能忽略，溶液的荧光强度与荧光物质的浓度不呈线性关系，计算比较复杂。所以，荧光测定一般在较低浓度下进行。

值得注意的是，荧光法测定的是光强度，其灵敏度取决于检测器的灵敏度。即只要改进光电倍增管和放大系统，使极微弱的荧光也能检测到，就可以测定很稀溶液的浓度，灵敏度很高。而紫外-可见分光光度法测定的是吸光度 A，它是透光率 T 的计算值，即使将信号放大，由于透射光与入射光的强度都放大，比值仍然不变，对提高测灵敏度不产生影响，所以紫外-可见分光光度法没有荧光法灵敏度高。

2. 定量分析法

荧光法最主要的用途是荧光物质的定量分析，测定方法与紫外-可见分光光度法基本相同，区别是荧光法测定的是光强度，紫外-可见分光光度法测定的是透光率。

（1）工作曲线法

从已知量的标准物质经过和待测样品相同的处理后，配成有一定浓度梯度的系列标准溶液，在相同的条件下测定标准系列溶液和样品溶液的荧光强度，以标准系列的荧光强度为纵坐标、浓度为横坐标，绘制 $F - c$ 标准曲线图，依据测定样品的荧光强度 F_x，在标准曲线上查找相应的浓度值 c_x，或者依据 $F = Kc$（K 为标准曲线的斜率）关系式求得浓度值 c_x，最后根据样品配制过程中是否有稀释的情况，换算成测定溶液的浓度值，即为测定结果。

在测定标准系列时，常采用系列中的某一个作为基础，将空白溶液的荧光强度读数调至 0%，将该标准溶液的荧光强度读数调至 100%或 50%，然后测定标准系列中其它各个标准溶液的荧光强度。在实际工作中，当仪器调零后，先测定空白溶液的荧光强度，然后测定标准系列的荧光强度，将标准系列荧光强度减去空白荧光强度，获得标准系列真实的荧光强度，据此绘制工作曲线。这就使在不

同时间所绘制的工作曲线能先后一致，在每次绘制工作曲线时均采用同一标准溶液对仪器进行校正。

如果试样溶液在紫外光照射下不太稳定，则须改用另一种稳定而荧光峰与试样相类似的标准溶液作为基准。例如在测定维生素 B_1 时，采用硫酸奎宁作为基准。

（2）比例法

比例法是工作曲线法的最简单形式，因为荧光物质的标准曲线必须通过原点，才能选择该方法。比例法为：取已知量的纯净荧光物质配制一标准溶液，使其浓度在线性范围之内，测定荧光强度 F_s，然后在相同条件下测定样品溶液荧光强度 F_x 和空白溶液荧光强度 F_0（如果调不到 0%时），然后计算。

$$F_s - F_0 = Kc_s, \quad F_x - F_0 = Kc_x \tag{3-8}$$

则

$$\frac{F_s - F_0}{F_x - F_0} = \frac{c_s}{c_x}, \quad c_x = \frac{F_x - F_0}{F_s - F_0} c_s \tag{3-9}$$

如果仪器以空白溶液调零时，可调至 0%，即 $F_0 = 0$，式（3-9）可简化为理想情况，即

$$c_x = \frac{F_x}{F_s} c_s \tag{3-10}$$

（3）多组分荧光物质分析

在荧光分析中，也可以像分光光度法一样，从混合物中不经过分离就可以测定被测组分的含量。如果混合物中各组分荧光峰相距较远，相互之间无显著干扰，则可分别在不同波长下测定各组分的荧光强度，从而直接求出个组分的浓度。如果各组分的荧光光谱相互重叠，则可利用荧光强度的加合性，在适宜的某几个波长处，分别测定混合物的荧光强度，以及各组分在适宜波长处的最大荧光强度，列出联立方程式，解方程组可求得各组分的含量。

对于高浓度荧光物质，一则稀释后测定；二则可采用示差荧光法测定，方法同紫外-可见分光光度法的示差法。

3.1.3 荧光仪器简介

1. 荧光计的主要部件

现代精密的荧光分光光度计，其主要部件包括激发光源、单色器、样品池、检测器和数据处理与显示等部件，如图 3-9 所示。早期的光电荧光计是以滤光片承担单色器的作用，已经淘汰，下面主要介绍荧光分光光度计。

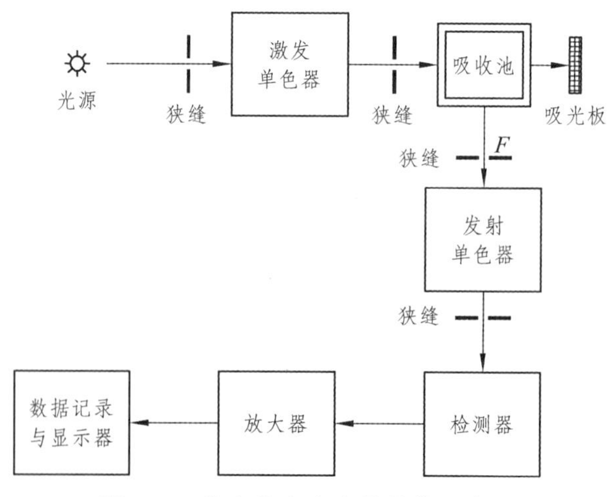

图 3-9 荧光分光光度计结构示意图

激发光源 要使荧光物质的荧光效率达到需要的值，必须使用比紫外-可见分光光度法更强的激发光源。目前荧光分光光度计通常使用氙灯作为激发光源。氙灯在 30 kV 电压触发下，产生较强的连续光谱，分布在 250～700 nm 范围内，而在 300～400 nm 波段内射线的强度几乎相等。此外，也可以用石英灯泡封制的氘灯（220～450 nm）或卤钨灯（300～700 nm）。

单色器 单色器是由一组光学元件构成的组件，有棱镜型和光栅型两种。荧光分光光度计一般使用光栅型单色器。它有两个单色器，一个是激发单色器，介于光源和吸收池之间，称为第一单色

器；另一个是发射单色器，处于激发光垂直的方向上，称为第二单色器。

吸收池 荧光分光光度计使用的吸收池一般是石英玻璃做成的，与紫外-可见分光光度计的吸收池两个毛面、两个透光面不同，它的四面全都是透光面。测低温荧光或磷光时，在石英吸收池之外套上一个装盛液氮的透明石英真空瓶，以降低温度。

检测器 用紫外-可见光作为激发光源时，产生的荧光多数在可见光范围内，用肉眼都可以观察到。荧光强度较低，用光电倍增管检测，其输出可用高灵敏度的微电计测定，或再经放大后输入记录器，自动绘制光谱图。

2. 荧光计的使用技术

（1）荧光计的使用方法

荧光分光光度计采用氙灯作为激发光源，通过第一单色器获得需要的激发光，然后照射到样品吸收池的溶液中，使荧光物质产生荧光，经过第二单色器获得发射光，再经检测器检测、放大器放大、记录与显示。

操作时，将发射单色器固定在比激发波长较长的任意波长上，以激发单色器进行波长扫描，记录不同激发波长下相应的荧光强度，即得到该物质的激发光谱，强度最大的激发波长就是该物质发射荧光最强的波长，也就是激发荧光最灵敏的波长。如果选择激发波长不是发射荧光最强的波长，仍可得到相同的荧光光谱，但荧光强度相应减弱一些。不同的荧光物质，其激发光谱是不相同的，发射的荧光波长也各异。

物质发射的荧光经发射单色器得到荧光光谱。测定方法是将激发波长固定在发射荧光最强波长处，将样品产生的荧光通过发射单色器，将此单色器放在波长稍长于激发光谱范围内扫描，即得到荧光强度 F 与荧光波长 λ 的荧光光谱，最高峰波长就是物质在最大激发波长下所产生的荧光最强波长。荧光物质的最大激发波长和所发射的最强荧光波长是鉴定物质的依据，也是定量测定时最灵敏的条件。

荧光分光光度计的入射狭缝及出射狭缝，用以控制通过波长的谱带宽度及照射到样品溶液中的光能强度。测定目的不同，可选择不同的狭缝宽度，以获得较好测定结果为最佳选择。

（2）荧光计的校正

灵敏度的校正 荧光计的灵敏度可用被测出的最低信号来表示；或用某一标准荧光物质的稀溶液在一定激发波长照射下，能反射出最低信噪比时的荧光物质的最低浓度来表示。影响灵敏度的因素很多，大致与以下三方面情况有关：第一与仪器上的光源强度、单色器的性能、放大系统的特征和光电倍增管的灵敏性有关；第二与所选用的波长和狭缝有关；第三与被测的空白溶剂的拉曼散射、杂质荧光有关。在每次测定时，在选定波长及狭缝宽度的条件下，先用一种稳定的荧光物质配成浓度一致的标准溶液进行校正（或称标定），使每次所测得的荧光强度调节至相同数值（50%或 100%）。如果被测物质本身所产生的荧光很稳定，自身就可作为标准液。常用的标准荧光溶液有酚的甲醇溶液、吲哚的乙醇溶液、奎宁的硫酸溶液及荧光素的水或乙醇溶液，尤其以奎宁的硫酸溶液产生的荧光最稳定。奎宁标准荧光溶液的配制：用 1.0 mg 的奎宁标准品溶于 1 000 mL 硫酸溶液（硫酸浓度 0.05 mol/L）中，制成含奎宁浓度为 1.0 μg/mL 的母液，仪器校正时取母液进行不同倍数的稀释即可测定。

波长的校正 荧光计的波长刻度在出厂前经过校正。但若仪器的光学系统和检测器有所变动，或在使用较长时间之后，或在重要部位更换之后，有必要用汞灯的标准谱线对单色器的刻度重新校正，特别是在精细的鉴定工作中尤为重要。

激发光谱和发射光谱的校正 用荧光分光光度计所测得的激发光谱或荧光光谱，一般是表观的，是不真实的。原因很多，如单色器的波长刻度不够准确，拉曼散射光的影响以及狭缝宽度较大等。这些因素就需要消除。最主要的是光源的强度随波长而变，及每一个检测器（如光电倍增管）对不同波长的接受敏感度不同，即检测器的感应与波长不呈线性关系。因此，在用单光束荧光分光光度计测定激发或发射光谱时，若不用参比溶液做相对校正，会产生较大的系统误差。尤其是当峰的波长处在检测器灵敏度曲线的陡坡时，误差最显著。因此，先将每一波长的光源的强度调整到一致（仪器上附有的校正设备），然后根据表观光谱上每一波长的强度除以检测器对每一波长的感应强度数值进行校正，以消除这种误差。各商品仪器的校正方法不完全相同，这里不赘述了。目前精密的荧光分光光度计大多采用双光束光路，用参比光束可抵消光学误差。

3.1.4 荧光分析法的应用

在药物分析中，能采用荧光分析法的物质也能采用紫外-可见分光光度法测定，应根据对分析的要求来选择分析方法。荧光分析法比紫外-可见分光光度法灵敏度高，但精密度稍逊色些，且易受系统误差的影响。所以，紫外-可见分光光度法广泛应用于药物和制剂的分析，而荧光分析法一般用于需要高灵敏度和允许较大变异性的生物样品的药物分析，特别适用于药物在体内降解、代谢和排泄速率方面的研究。荧光分析法还可考虑用于微量物质的分析，某些甾体激素类、生物碱类和其它剂量很小的单剂量药物分析等。

药物的荧光分析法分为直接荧光测定法和间接荧光测定法两类。间接荧光测定法，一种情况是因为被测物质不产生荧光或产生的荧光太弱，无法直接测定，通过一定的化学或生物反应，从而生成能产生良好荧光的新化合物，通过测定新化合物而推算被测物质含量的方法；另一种情况是被测物能使某种标准荧光物质荧光定量降低或熄灭，从而测定熄灭剂含量的方法。以下介绍这些类型方法的基本原理和应用。

1. 直接荧光测定法

当被测药物分子在特定波长激发光的照射下就能产生足够良好的荧光，可以采用直接测定法。因荧光物质的性质易受 pH 影响，故荧光测定时需控制在 pH 适宜的介质中进行。对于成分复杂的生化检测品，应进行适当的生化纯化（如溶剂萃取、沉淀过滤、色谱分离）以除去杂质的干扰，降低荧光本底、提高检测灵敏度。纯化方法取决于生化分子的结构和性质。

2. 间接荧光测定法

（1）化学引导荧光测定法

利用化学反应方法可使一些自身不产生荧光的化合物转变为荧光化合物。这可能是由于化学反应产物增加了 π 电子共轭系统的长度或增加分子结构的刚性平面性所致。常见的化学反应方法如下。

氧化还原反应 例如，血浆中苯妥英的测定。先经二氯乙烷萃取，再转提入 NaOH 溶液后，用 $KMnO_4$ 氧化二苯酮。后者经正己烷萃取，浓 H_2SO_4 回提，在 H_2SO_4 介质条件下产生强烈荧光，其 λ_{ex} 为 360 nm，λ_{em} 为 490 nm。

O, NH, HN, O —$KMnO_4$ / OH^-→ O

苯妥英　　　　二苯酮

水解反应 氨苄青霉素在 pH 2 酸性缓冲溶液中，以甲醛为催化剂，90 ℃加入 2 h，水解生成具有强烈黄色荧光的化合物。经溶液萃取后，于 2 mol/L NaOH 溶液中测定 F 值，其 λ_{ex} 为 346 nm，λ_{em} 为 422 nm。用于血清样品的测定，水解生成的荧光产物为哌嗪二酮衍生物。

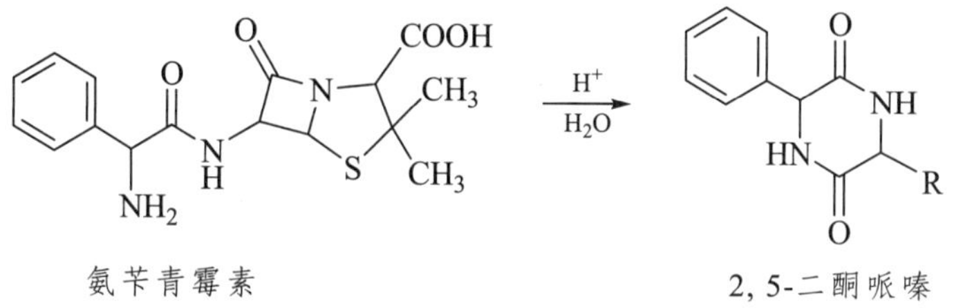

O　COOH　O　N　CH_3　N　S　CH_3　H　NH_2　H^+　H_2O　O　NH　HN　R　O

氨苄青霉素　　　　2, 5-二酮哌嗪

缩合反应　色胺和 5-羟基胺与甲醛或苯甲醛缩合，生成 tetrahydronorharman，经氧化后生成一个发强荧光的 norharman，其 λ_{ex} 为 365 nm，λ_{em} 为 440 nm。

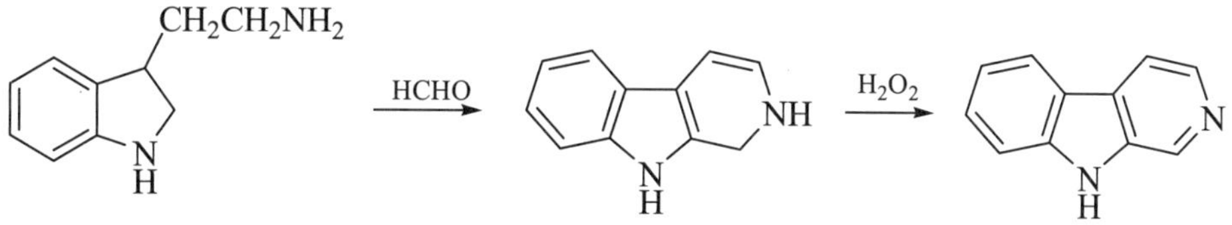

$CH_2CH_2NH_2$　N　H　HCHO　NH　N　H　H_2O_2　N　N　H

血清中异味烟肼的测定，可利用其在醋酸性质溶液中与水杨醛缩合成腙，经巯基乙醇还原后有强烈的荧光，其 λ_{ex} 为 392 nm，λ_{em} 为 478 nm。检出限为 0.01 μg/mL 血清。

配合反应　四环素类药物与 Ca^{2+}及巴比妥盐形成具有荧光的配合物，经萃取进入有机相后，用荧光法测定，可用于各种液体样品的分析。Day 认为四环素与 Ca^{2+}络合的基团是 4-位 —$N(CH_3)_2$ 即 12α-位 —OH，巴比妥参与配合物的组成，使配合物的溶脂性增加，易被有机溶剂萃取。氨基酸可与吡哆醛缩合后与 Zn^{2+}络合再进行荧光测定。

光化学反应　氯氮平在 pH 4.8 的甘氨酸-盐酸缓冲溶液中经沸水浴加热，水解成内酰胺衍生物，再用乙醚萃取，以 0.1 mol/L NaOH 回提，在碱性溶液中用日光照射，由光催化重排成具有荧光的 4, 5-环氧化物异构体，血浆样品调节 pH 7.5，以乙醚萃取、蒸干，取残渣按上述方法分析，检测限为 0.25 μg/mL。

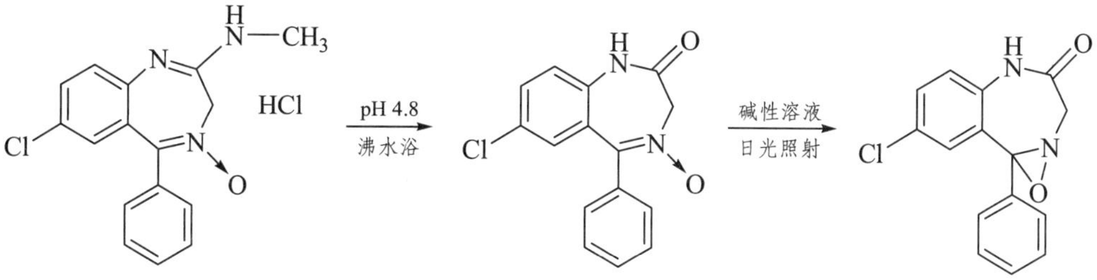

H　N—CH_3　N　HCl　Cl　N　O　pH 4.8　沸水浴　H　N　O　Cl　N　O　碱性溶液　日光照射　H　N　O　Cl　N　O

硫酸引导荧光　甾体化合物在浓 H_2SO_4 作用下可因质子化而产生荧光。17α-烷基-17β-羟基-4, 6-二烯-3-酮用硫酸处理，可转变为高荧光的 17β-甲基-17α-烷基-4, 6, 8（14）-三烯-3-酮，反应式如下：

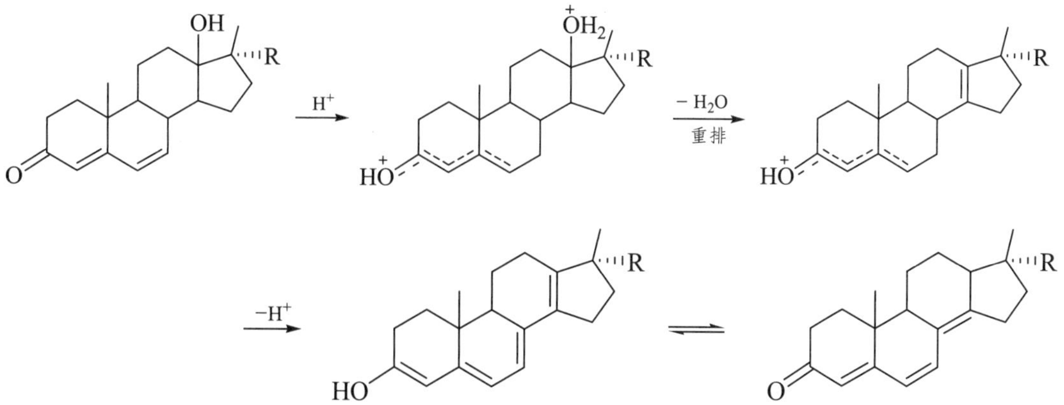

OH　R　O　H^+　$\overset{+}{O}H_2$　R　$\overset{+}{H}O$　$-H_2O$　重排　R　$\overset{+}{H}O$

$-H^+$　R　HO　⇌　R　O

吗啡、可待因和狄奥尼在浓 H_2SO_4 中加热，溶液呈碱性后，反应产物呈荧光。

（2）制备荧光衍生物测定法

① 生成荧光衍生物

将待测物与荧光试剂反应，生成荧光衍生物，然后测定。常用荧光试剂有胺荧、邻苯二甲醛及丹酰氯等。

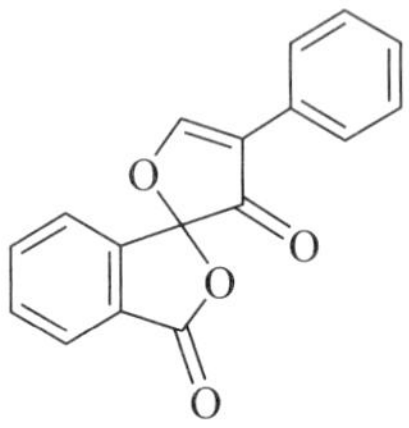

O O O O　　O H H O　　N O S O Cl　　OH H N Cl Cl O O N O OH

胺荧 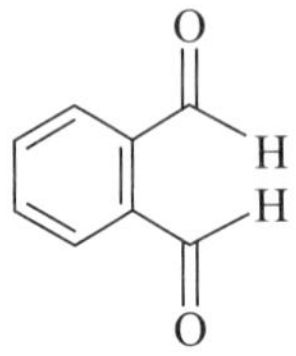　　邻苯二甲醛 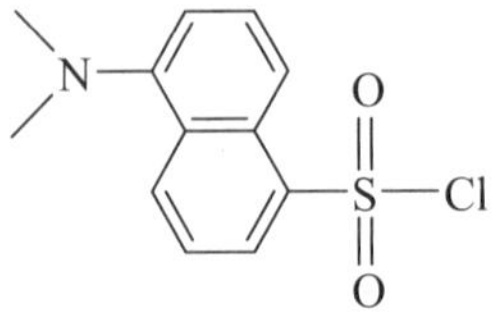　　丹酰氯 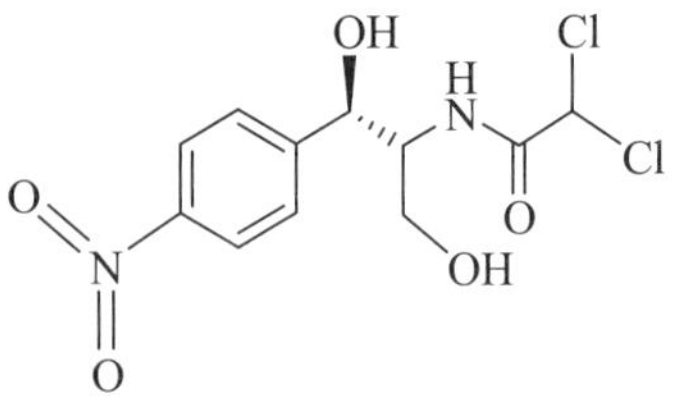　　氯霉素

胺类　用于含伯胺、仲胺或潜在胺基的药物测定，生成有强烈荧光的吡咯啉酮。

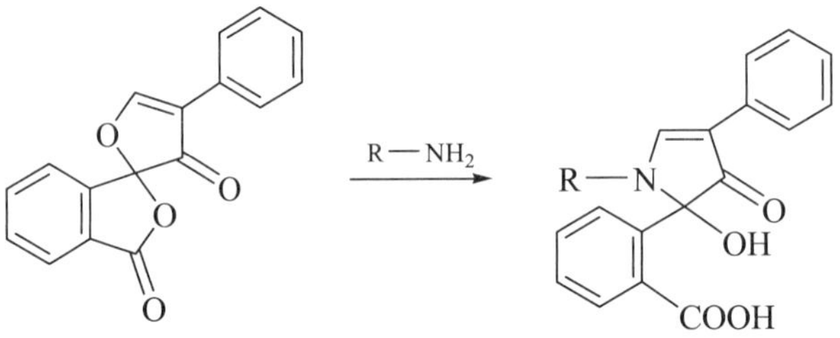

O O O O　　R — NH_2　　R — N O OH COOH

胺荧　　吡咯啉酮

例如测定尿中氯氮䓬，可利用其水解产物三甲胺与胺荧的反应，在样品尿液中加入 pH 7.4 的磷酸盐缓冲溶液和 NaCl 固体，以异戊醇-乙烷（1.5∶98.5）萃取，萃取液经 0.45 mol/L NaOH 洗涤，再以 1.5 mol/L HCl 回提，然后水浴加热水解，再用 NaOH 中和，加入 pH 9.5 的硼酸盐缓冲溶液及胺荧试液，反应完成后测 F 值，其 λ_{ex} 为 390 nm，λ_{em} 为 486 nm。

又如组织中的氯霉素测定，可先经 Zn 和 HCl 还原，使硝基转变为芳香胺基，再于 pH=4.3~5.0 溶液中与胺荧反应。

丹酰氯　常用于含氨基药物的测定，还可用于含酚羟基药物（如雌激素）的测定。

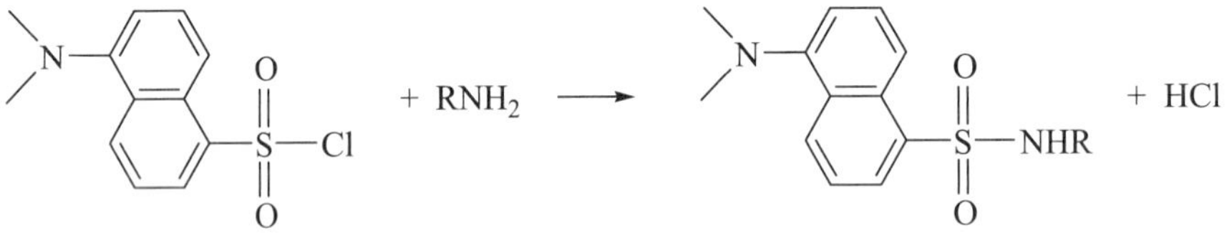

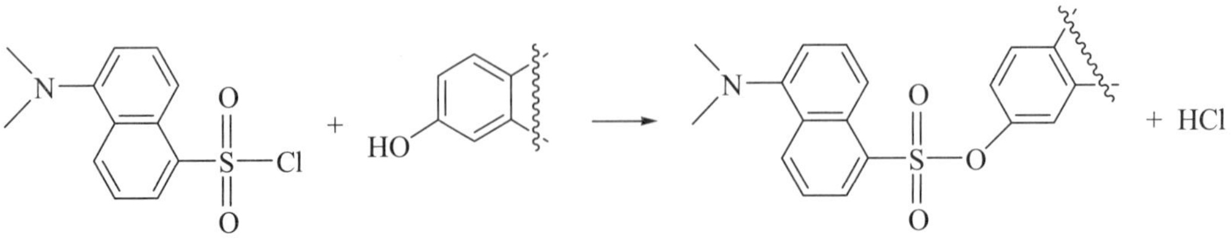

N O S O Cl　+ RNH_2　⟶　N O S O NHR　+ HCl

N O S O Cl　+　HO　⟶　N O S O O　+ HCl

邻苯二甲醛　常用于伯胺类及 α-氨基酸类化合物的荧光分析。例如用于磺胺类药物的含量测定。

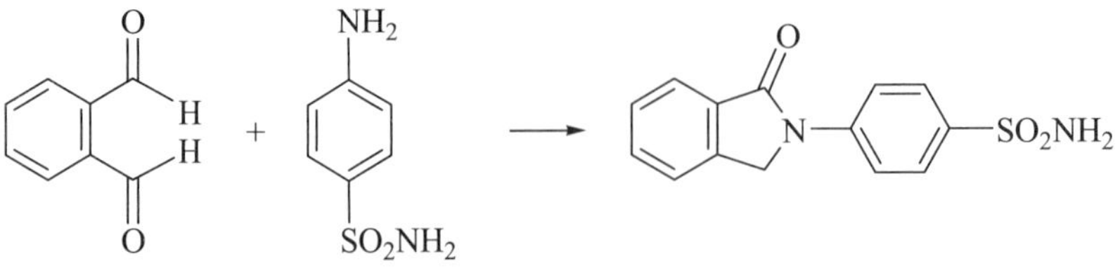

O H H O　+　NH_2 SO_2NH_2　⟶　O N SO_2NH_2

② 生成荧光离子对

有机碱药物与水溶性酸性荧光染料络合形成中性离子对，可用于有机溶剂提取后测定其荧光强度。Glako 等研究了各种酸性染料用于测定有机碱药物的测定条件。例如氯丙嗪与四溴荧光素形成离子对，用于测定氯丙嗪含量。张立明等报道 9, 10-二甲基蒽-2-磺酸钠（MAS）在 pH 2～4 的溶液中可与叔胺类药物生成离子对，以 1, 2-二氯乙烷萃取，测定了 6 种叔胺类药物的含量。

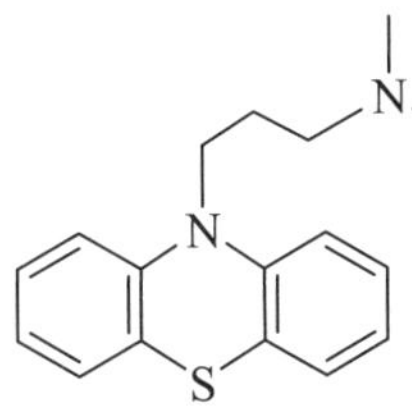

氯丙嗪 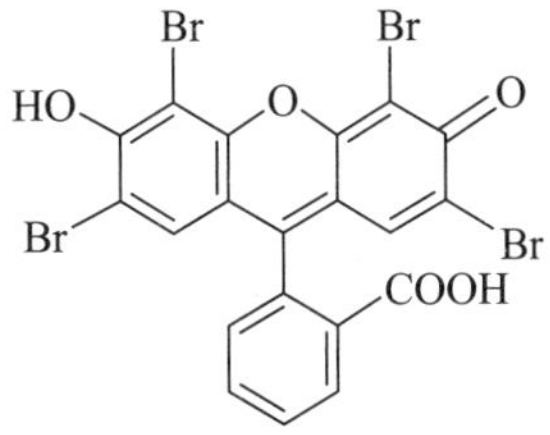　　四溴荧光素

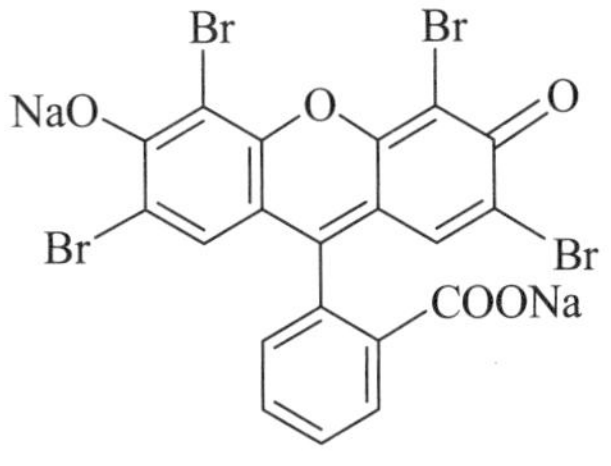

四溴荧光素二钠盐 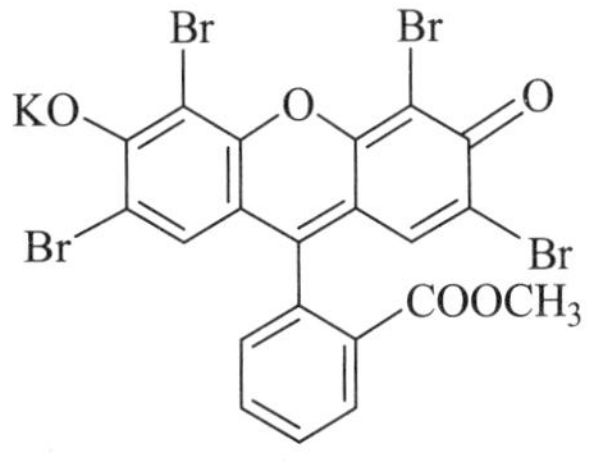　　四溴荧光素钾盐

（3）猝灭荧光测定法

本法基于药物与荧光试剂反应，生成的产物能猝灭荧光试剂的荧光，与试剂空白比较降低了荧光强度，是测定样品液荧光强度减弱的定量方法。例如，芳伯胺类药物经重氮化后，与 Bratton-Marshall 试剂[N-（1-萘基）-乙二胺]偶合，偶合产物可猝灭该试剂的荧光，与试剂空白对照，测得反应液荧光强度的降低程度（减失量）与药物含量成正比。

（4）化学发光免疫分析法

化学发光免疫分析（CIA），用于各种抗原、半抗原、抗体、激素、酶、脂肪酸、维生素和药物等的检测分析技术，是最新发展起来的一项免疫测定技术。

在化学发光免疫分析方法中，可在抗原或抗体上标记活性物质（酶或荧光化合物），通过测定荧光来确定标记抗原-抗体结合率而进行的药物定量分析。这种方法兼具荧光分析的灵敏度和免疫分析的专一性，是一种超微量的分析方法，能分析 10^{-12}～10^{-15} mol/L 的生物样品。与放射免疫分析（RIA）相比，无使用放射性同位素所带来的安全性问题。下面介绍两种常见的化学发光免疫分析法。

① 荧光免疫分析（FIA）

用荧光化合物标记在抗原或抗体上，常用的荧光标记化合物有鲁米诺（luminol）及其衍生物、焦棓酚（pyrogallol，焦性没食子酸、1, 2, 3-苯三酚）等。将其用适当的化学方法结合至抗原或抗体上，形成标记共轭物，经抗原-抗体反应后，分离抗原-抗体的结合型（B）和游离型（F），用 H_2O_2-$K_3Fe(CN)_6$（催化剂）系统或 H_2O_2-微晶过氧化酶系统使荧光标记化合物氧化发光，通过测定标记抗原-抗体结合物的发光率（与结合率有关）来测定待测物（通常作为抗原）的含量。鲁米诺的化学发光机制如下：

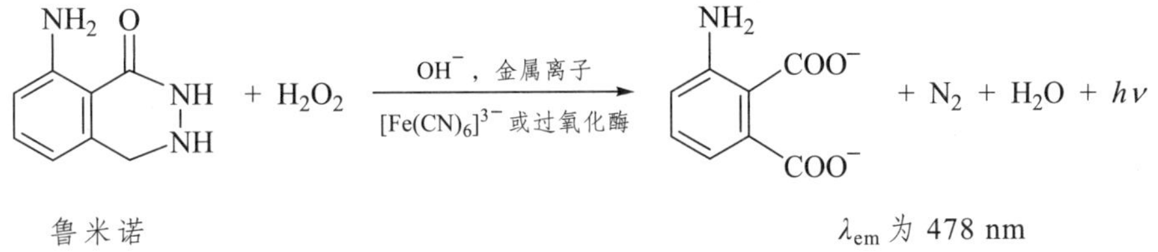

$$\text{鲁米诺} + H_2O_2 \xrightarrow[\text{[Fe(CN)}_6]^{3-}\text{或过氧化酶}]{OH^-\text{，金属离子}} \text{(3-氨基邻苯二甲酸根, } COO^-\text{)} + N_2 + H_2O + h\nu$$

鲁米诺　　λ_{em} 为 478 nm

② 酶免疫分析（EIA）

将酶标记在被测药物有特异性的抗体上，经抗原-抗体反应后，分离标记抗原-抗体的结合型（B）和其游离型（F），用荧光法测定酶活性，确定标记抗原-抗体结合率。可由标准曲线法测定抗原（药物）的含量。

$$E — Ab + Ag \longrightarrow E — A\ b — Ag$$

酶标　抗体　抗原　　酶标抗体-抗原结合型

常用的酶有过氧化酶（POD）、葡萄糖氧化酶（GOD）等。用过氧化酶酶标的 EIA 中，经标记抗原-抗体结合型和游离型分离（B/F 分离）后，用鲁米诺-H_2O_2 或焦棓酚-H_2O_2 作底物，与标记的过氧化酶的催化作用，使鲁米诺（或焦棓酚）和 H_2O_2 间产生氧化还原反应，同时发光。测定发光强度即可测得相应的酶活性。用葡萄糖氧化酶酶标的 EIA 中，B/F 分离后，先进入葡萄糖作底物，生成 H_2O_2，氧化由鲁米诺 $[Fe(CN)_6]^{3-}$ -或双-（2, 4, 6-三氯苯）草酸盐（TCPO）-荧光色素组成的检测系统，测定发光量。以 TCPO-荧光色素的检测系统为例：

固相抗体 —(+ O—E ⟶ 酶标记固相抗原 —(O—E　葡萄糖 → H_2O_2 + 葡萄糖酸

TCPO + H_2O_2 ⟶ 1,2-二氧杂环丁二酮 + 2 2,4,6-三氯苯酚（Cl, Cl, Cl, OH）

1,2-二氧杂环丁二酮 + F ⟶ F^* + CO_2　　$F^* \longrightarrow F + h\nu$

上述方法需要经过 B/F 分离操作。近年来免疫分析的发展趋向是不经 B/F 分离，直接测定标记抗原-抗体的结合体，被分析化学家们称赞的有能量转移方法、固相荧光免疫分析和荧光偏振免疫分析。

3.1.5 荧光分析新技术

1. 时间分辨荧光分析

分子在激发和跃迁回到基态之间需要延缓一小段时间，由于分子组成和结构而具有不同的荧光寿命，据此进行分别检测，这就是时间分辨荧光分析。该法在测定混合物中某一组分的选择性比用化学法处理样品时更好，可免去前处理的麻烦。目前，时间分辨荧光分析已应用于免疫分析，形成时间分辨荧光免疫分析法。

2. 同步荧光分析

在荧光物质的激发光谱和荧光光谱中选择一适宜的波长差值，常选 $\Delta\lambda = \lambda_{ex}^{max} - \lambda_{em}^{max}$，同时扫描荧光发射波长和激发波长，得到同步荧光光谱，这就是同步荧光分析。荧光物质浓度与同步荧光光谱的信号峰高呈线性关系，据此进行定量分析。同步荧光光谱的信号 $F_{sp}(\lambda_{em}, \lambda_{ex})$ 与荧光物质浓度 c、激发光信号 F_{ex} 及荧光光谱信号 F_{em} 间的关系为

$$F_{sp}(\lambda_{em}, \lambda_{ex}) = KcF_{ex}F_{em} \tag{3-11}$$

式中，K 为常数。同步荧光测定法具有使光谱简单、光谱窄化、减少光谱重叠、减少散射光影响、提高选择性等优点。

3. 胶束增敏荧光分析

胶束溶液就是一定浓度的表面活性剂溶液。在表面活性剂分子结构中，都具有一个极性的亲水基和一个非极性的疏水基。在极性溶液中，几十个表面活性剂分子聚合成团，将非极性的疏水基尾部靠在一起，形成亲水基向外、疏水基向内的胶束。

溶液中胶束数量开始明显增加时的浓度称为临界胶束浓度。低于临界胶束浓度时，溶液中的表面活性剂分子基本上以非缔合形式存在。超过临界胶束浓度后，再增加表面活性剂的量，非缔合分子浓度增加很慢，而胶束数量的增加和表面活性剂浓度的增长基本上成正比。

极性较小而难溶于水的荧光物质在胶束溶液中溶解度会显著增加。例如，在室温下芘在水中溶解度在 8.5×10^{-7}mol·L^{-1} 以下，而在十二烷基磺酸钠的胶束水溶液中，芘的溶解度增加为 4.3×10^{-2}mol·L^{-1}。胶束溶液对荧光物质的增溶作用是非极性的有机物与胶束的非极性尾部有亲和作用，使荧光分子定位于胶束的亲脂性内核中，对荧光分子起了一定的保护作用，减弱了荧光质点之间的碰撞，减少了分子的无辐射跃迁，增加了荧光效率，从而增加了荧光强度。这就是胶束溶液对荧光的增敏作用。

除此之外，胶束溶液提供了一种激发单线态的保护环境。荧光物质被分散和定域于胶束中，得到了有效的屏蔽，降低了溶剂在可能存在的荧光熄灭剂的熄灭作用，也降低了荧光物质因自身浓度太大造成的荧光自熄灭，从而使荧光寿命延长。这是胶束溶液对荧光的增稳作用。由于胶束溶液对荧光物质有增溶、增稳和增敏作用，可大大提高荧光分析法的灵敏度和稳定性。

4. 三维荧光光谱测定法

常见的荧光光谱是二维光谱，即荧光强度是随波长（激发波长或发射波长）的变化而描绘的曲线。如果同时考虑激发波长和发射波长对荧光强度的影响，则荧光强度应是激发波长和发射波长两个量的函数。描述荧光强度同时随激发波长和发射波长变化的关系图谱，称为三维荧光光谱。

三维荧光光谱可用两种图形方式表示：一是等角三维投影图，这种表示法比较直观，用三维坐标 x、y、z 分别表示方式波长、激发波长和荧光强度；二是等高线光谱图，以平面坐标的横坐标表示方式波长，纵坐标表示激发波长，平面上的点表示由两波长所决定的样品的荧光强度，将荧光强度相等的各点连接起来，便在λ_{em}-λ_{ex} 构成的平面上显示出一系列等强度线组成的等高光谱图。三维荧光光谱图可清楚表现出激发波长和方式波长变化时荧光强度的变化信息，提供了更加完整的荧光光谱信息。作为一种指纹图谱鉴定技术，进一步扩展了荧光光谱法的应用范围；作为一种快速检测技术，对化学反应的多组分动力学研究也有独特的优点；采用三维光谱技术进行多组分混合物的定性、定量分析，是分析化学的热点之一。

5. 荧光免疫检测

免疫学的重要对象是抗原和抗体的反应问题。免疫检测法通常以未标记的抗原与特定抗体间的竞争性抑制作用为基础的。检测时，抗体和已标记的抗原两者组成混合物，两者浓度固定，且抗体的浓度受到限制以保证抗原处于过量。未标记的抗原加入一个在一定温度下培育过的混合物中，已标记的抗原被稀释，并发生竞争抑制作用而建立以下的平衡：

$$\underset{\text{标记抗原}}{\mathrm{AgL}} + \underset{\text{抗体}}{\mathrm{Ab}} + \underset{\text{抗原}}{\mathrm{Ag}} \rightleftharpoons \underset{\text{标记抗原-抗体络合物}}{(\mathrm{AgL—Ab})} + \underset{\text{抗原-抗体络合物}}{(\mathrm{Ag—Ab})}$$

由于竞争作用，未标记的抗原使原来可连接于已标记抗原的抗体现场量减少了，因而减少了标记抗原-抗体络合物（AgL—Ab）的形成，从（AgL—Ab）络合物的减少或游离标记抗原 AgL 的增加，都可以检测试样中的抗原。荧光免疫检测采用荧光标记物（L）标记抗原，以进行测定。因此荧光标记物（荧光探针）的选择成为方法的关键所在。现在已有各种各样的荧光标记探针应用于生物、生化和医学临床检测。

6. 磷光分析

早期的磷光测定是将样品溶于乙醚等非极性溶剂中，并置于低温液氮中，使其冷冻至玻璃状后进行测定，这样可以减少质点间的热运动碰撞概率，大大降低无辐射跃迁，得到稳定的磷光强度。现在可采用一定措施，如制备固体样品法和胶束法，可在室温下进行磷光分析。

7. 联用技术

将荧光检测技术与其它仪器联用的研究，现在十分活跃，出现了流动注射荧光分析技术，液相色谱、薄层色谱、离子色谱等与荧光分析的联用技术，以及各荧光技术之间的联用。这些方法具有比一般荧光分析更高的灵敏度和选择性、分析速度快等优点，为药物分析的发展开辟了新的途径。

3.2 化学发光分析法

3.2.1 基本原理

1. 化学发光反应及条件

研究化学反应，一是研究反应体系物质之间的相互变化，二是研究反应体系前后的能量变化。如果某反应的生成物分子正好是具有产生荧光的分子结构，而且反应体系是快速释放足够大能量的，那么该反应就具备产生化学发光的具备条件。所以，化学发光反应应具备以下条件：

（1）化学反应的生成物应具有荧光发射的分子结构，即生成物为荧光物质；

（2）反应体系必须快速释放足够大的能量，以利于生成的荧光物质被激发；

（3）反应体系中激发态分子以辐射跃迁方式而非辐射方式释放能量返回基态。

化学发光原理过程表示如下：

$$A + B \longrightarrow C^* + D \qquad C^* \longrightarrow C + h\nu$$

式中，C 表示反应生成的荧光物分子，C^*表示荧光物分子的激发态。

2. 化学发光的特点

化学发光的特点，一是灵敏度高，可测定磷酸三腺苷（ATP）浓度低至 $2\times10^{-17}\,mol\cdot L^{-1}$，能检测出一个细菌中的 ATP 含量。二是选择性好，因可利用的化学发光反应较少，化学发光的光谱是由受激发分子决定的，即由化学反应所决定。很少有不同的化学反应产生出同一种发光物质的情况。三是定量线性范围宽，化学发光反应的发光强度和反应物的浓度在几个数量级的范围内呈现良好的线性关系；四是分析速度快，适宜于自动连续测定；五是仪器装备简单，不需要复杂的分光和光强度测量装置，一般只需要干涉滤光片和光电倍增管即可进行光强度的测量。

3. 化学发光效率和发光强度

化学发光效率又称为化学发光总量子产率，用 φ_{CL} 表示，它取决于化学发光反应生成荧光分子的化学效率（φ_r）和荧光分子被激发到激发态后的发光效率（φ_f），即

$$\varphi_{CL} = \frac{\text{发射光子的分子数}}{\text{参加反应加反应的}} = \varphi_r \cdot \varphi_f \tag{3-12}$$

化学发光效率、辐射能量的大小及光谱范围均为由化学反应所决定，故任一化学发光反应都有其特征的化学发光光谱和化学发光效率。

化学发光强度以单位时间内发生的光子数表示，与反应速率的关系如下：

$$I_{CL}(t) = \varphi_{CL} \times \frac{dc}{dt} \tag{3-13}$$

在化学发光反应中，被测物的浓度远低于发光试剂的浓度，故可认为发光试剂浓度为常数，发

光反应可视为拟一级反应，反应速率可表示为 $\mathrm{d}c/\mathrm{d}t = kc$，即 t 时刻的 $I_{\mathrm{CL}}(t)$ 与该时刻待测物浓度 c 成正比，即化学发光峰值强度与待测物浓度呈线性关系，据此对待测物进行定量分析。更常用的是用发光总强度来进行定量，即对化学发光强度积分。

$$I_{\mathrm{CL}}(t)\mathrm{d}t = \varphi_{\mathrm{CL}} \int \frac{\mathrm{d}c}{\mathrm{d}t} \mathrm{d}t = \varphi_{\mathrm{CL}} c \tag{3-14}$$

可见化学发光反应总强度与待测物浓度成正比，据此可对化学发光物质进行定量分析。

4. 影响液相化学发光的主要因素

（1）**溶液酸度**。试液的酸度会影响发光活性物质的有效浓度，对化学发光强度产生直接影响，即反应液及试液的酸度对化学发光影响很大，所以，不同的化学发光体系要求在不同的 pH 下进行，才能获得最大的发光强度。每个发光体系的最佳酸度都是由实验来确定并严格控制。例如，鲁米诺-H_2O_2 体系测定 Cr^{3+}时，试液的 pH 为 2.50，鲁米诺分析液的 pH 为 12.60，反应液的 pH 为 10.95，可获得最大发光强度。如果 pH 改变 0.1 个单位，发光值下降约 5%。因而每次需要调整和控制每种溶液的加入量，使发光体系处于最佳状态。

（2）**干扰物质**。在痕量分析中，有微量的干扰物质存在便会引起污染而导致实验失败，故使用的试剂纯度要高，蒸馏水的本底值应尽量低，并进行平行空白实验，使用的仪器必须清洁，实验室环境应进行严格清洁控制。对于具体的发光体系，若存在其它离子或物质干扰，应采取措施消除干扰（如加入适当的隐蔽剂），以提高测定的选择性。例如，用鲁米诺体系测定 Cr^{3+}时，加入 EDTA、邻菲啰啉可消除 Ca^{2+}、mg^{2+}、Fe^{3+}、Cu^{2+}、Co^{3+}等许多金属离子的干扰。若掩蔽法不能排出干扰，可考虑采用色谱分离技术。

（3）**注入速度**。在其它条件确定的情况下，试液注入速度越大，体系发光强度的线性关系变化也越大。对静态注射式液相化学发光仪来说，开启试液活塞的速度应尽量快且每次要均匀一致，这样可使分析结果灵敏度高、重现性好。

另外，各种溶液的浓度、仪器的增益及负高压的选择、温度及发光时间等都会对发光强度产生显著影响。这些因素在测定时必须加以考虑，并通过实验去固定其最佳值，以便获得最理想的测定效果。

3.2.2 化学发光反应类型

根据反应物存在的聚集状态不同，化学发光反应可分为气相、液相或固相化学发光。若化学发光在两个不同相间进行，称为异相化学发光，如气体通过固体表面或液-固界面上进行的发光反应。以液相化学发光的应用范围最广。

1. 液相化学发光

鲁米诺、光泽精、没食子酸等发光物质都可用于影响化学发光分析。例如，鲁米诺在碱性溶液中被氧化剂氧化，于 425 nm 处产生辐射（蓝光）。

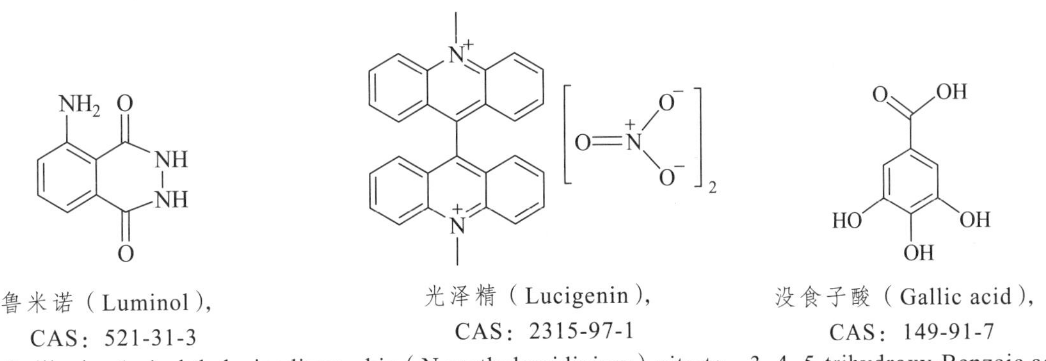

鲁米诺（Luminol），CAS：521-31-3，5-amino-2, 3-dihydro-1, 4-phthalazinedione　　光泽精（Lucigenin），CAS：2315-97-1，bis（N-methylacridinium）nitrate　　没食子酸（Gallic acid），CAS：149-91-7，3, 4, 5-trihydroxy-Benzoic acid

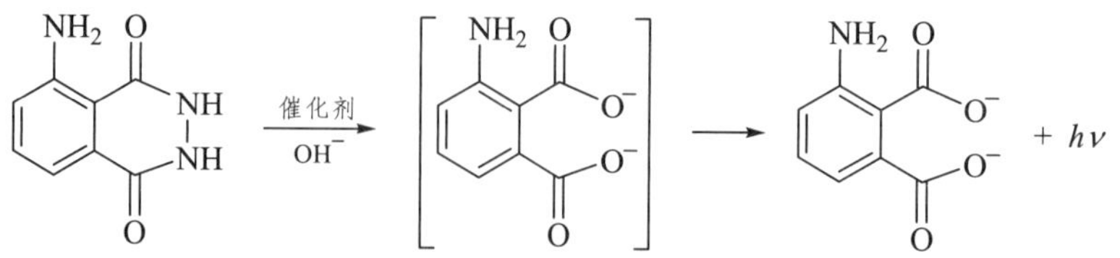

$$\text{鲁米诺} \xrightarrow[OH^-]{\text{催化剂}} [\text{3-氨基邻苯二甲酸根}]^* \longrightarrow \text{3-氨基邻苯二甲酸根} + h\nu$$

鲁米诺在刑侦过程中的应用：鲁米诺早在1853年就被合成出来了。1928年，化学家首次发现这种化合物有一个奇妙的特性，它被氧化时能发出蓝光。几年以后，就有人想到利用这种特性去检测血迹。血液中含有血红蛋白，我们从空气中吸入的氧气就是靠这种蛋白质输送到全身各部分的。血红蛋白含有铁，而铁能催化过氧化氢的分解，让过氧化氢变成水和单氧，单氧再氧化鲁米诺让它发光。在检验血痕时，鲁米诺与血红素（Hemoglobin，血红蛋白中负责运输氧的一种蛋白质）发生反应，显出蓝绿色的荧光。这种检测方法极为灵敏，能检测只有百万分之一含量的血，即使滴一小滴血到一大缸水中也能被检测出来，由此可知犯罪分子是多么难以把现场清洗干净了。

2. 气相化学发光

O_3氧化NO和原子氧氧化CO、SO_2等化学发光反应均为气相化学发光的典型代表。例如，NO和O_3的气相化学发光反应具有较高的化学发光效率，其反应过程为

$$NO+O_3 \longrightarrow NO_2^*+O_2$$

$$NO_2^* \longrightarrow NO_2+h\nu$$

3. 异相化学发光

在含有罗丹明B和没食子酸（M）的硅胶上，O_3与没食子酸反应生成高能中间体A^*，然后将能量转移给罗丹明B接受体而发光，该反应用于O_3含量测定。

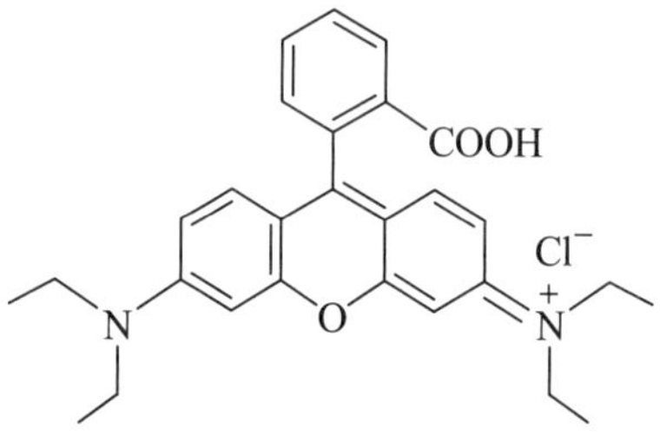

罗丹明B（rhodamine B）

CAS：81-88-9

$$M + O_3 \longrightarrow A^* + O_2$$

$$A^* + B \longrightarrow B^*$$

$$B \longrightarrow B^* + h\nu$$

4. 生物化学发光

萤火虫素与三磷腺苷ATP反应，在萤火虫素酶E与Mg^{2+}存在时，生成萤火虫素与一磷腺苷AMP的复合物和焦磷酸镁，然后复合物与氧发生化学发光反应，φ_{CL}接近于1.0。该体系可测定$2\times10^{-7}\ mol\cdot L^{-1}$的ATP，这相当于一个细菌的ATP含量，灵敏度高，选择性很好。

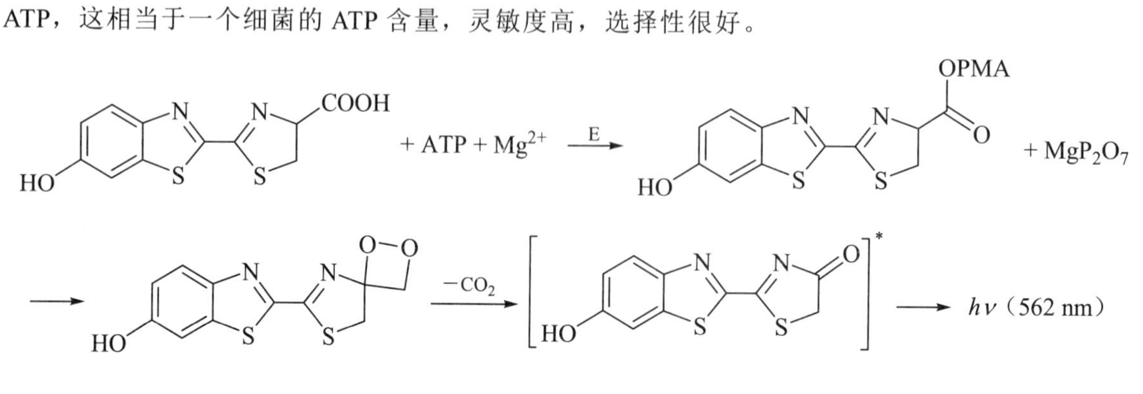

$$\text{萤火虫素(COOH)} + ATP + Mg^{2+} \xrightarrow{E} \text{萤火虫素-OPMA} + MgP_2O_7$$

$$\longrightarrow \text{二氧杂环丁酮中间体} \xrightarrow{-CO_2} [\text{氧化萤火虫素}]^* \longrightarrow h\nu\text{（562 nm）}$$

细菌发光也可用于发光分析。在发光细菌的荧光素酶 E 催化下，还原型的黄素单核苷酸（$FMNH_2$）在八碳以上长链脂肪醛参与下，被 O_2 氧化，产生化学发光。

$$FMNH_2 + RCHO + O_2 \xrightarrow{E} FMN + RCOOH + H_2O + h\nu \ (495\ nm)$$

由于氧化型的黄素单核苷酸（FMN）可与酰胺腺嘌呤二核苷酸（NADH）发生下列反应，因此将两个化学发光反应偶合，可灵敏地测定样品中的 NADH。

$$H^+ + NADH + FMN \xrightarrow{\text{NADH脱氢酶}} NAD + FMNH_2$$

3.2.3 化学发光分析仪

依据监测对象的聚集状态不同，化学发光分析仪分为气相和液相化学发光分析仪。气相化学发光分析仪主要用于某些气体的监测，比较专用。下面仅介绍液相化学发光分析仪器。

液相化学发光分析仪包括样品室、光检测器、放大器和信号显示记录系统（图 3-10）。

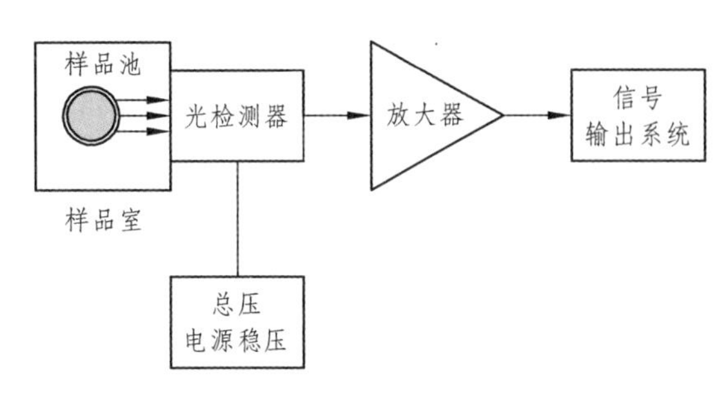

图 3-10 液相化学发光分析仪示意图

当试样和有关试剂在样品室混合后，化学发光反应立即发生。根据仪器类型不同，加样方式可分为分立式和流动式两种。分立式取样装置采用间隙方式加样，即先将试剂加到反应池内，再用进样器加入试液，靠搅动或注射试液时的冲击力将试剂和样品混匀。这种方式简单，特别适用于反应动力学研究，但分析速度慢，精密度不高。流动注射式加样可以克服分立式上述缺点。在这一体系中，反应试剂和试液连续定时地在样品池中混合反应，由载流推动向前移动。这一方式所检测的光信号只是整个发光动力学曲线的一部分，以峰高进行定量分析。

3.2.4 化学发光分析技术的应用

对化学发光体系的大量研究始于 20 世纪初，直至 20 世纪 60 年代，随着电子技术和高灵敏度光电检测技术的发展，以及生命科学、环境科学和材料科学等应用领域的推动，化学发光分析技术得到了长足的进步和发展。该分析技术涉及固相、液相和气相发光体系，尤以液相发光体系研究最多、最完善，应用最广。液相发光体系一般分为两类：一类是一些经典化学发光体系，如鲁米诺、光泽精、过氧化草酸酯、洛粉碱、萤火虫荧光素等化学发光体系；另一类是一些无机氧化剂直接氧化一些物质产生的化学发光新体系，如高锰酸钾、铈（Ⅳ）、过氧化氢、高碘酸钾、次氯酸盐和铁氰化钾等。

鲁米诺发光体系可测定 50 余种元素，如 Cu、Mn、Co、V、Fe、Cr、Ce 等金属离子，以及痕量的 H_2O_2 等；还可测定大量有机物，如抗坏血酸、酚磺乙胺、富马酸酮替芬、脱氧肾上腺素、甲基多巴、氯丙嗪、双嘧达莫、胰腺脂肪酶、氨苄西林、左旋多巴，以及阿莫西林等，这些有机物都是各类药物的有效成分。利用金属离子对光泽精体系的催化作用，可测定 Mn^{2+}、Ag^+、Fe^{2+}、Fe^{3+}，尤其是鲁米诺体系不能测定的 Pb^{2+}、Bi^{2+}等离子，它们对光泽精发光体系具有增强作用，可测定丙酮、尿素、甘油、羟胺、抗坏血酸、葡萄糖和果糖等。

高锰酸钾化学发光体系应用也比较多，有高锰酸钾在酸性（碱性）溶液中直接与药物反应的高锰酸钾-酸性（碱性）体系、高锰酸钾-醛-药物体系、高锰酸钾-罗丹明 6G（B）-药物体系、高锰酸钾

-亚硫酸钠（硫代硫酸钠、连二亚硫酸钠）药物体系、高锰酸钾-过氧化氢-药物体系等。测定过的药物有氨基酸、头孢类抗生素、大环内酯类抗生素等。

铈（Ⅳ）与亚硫酸盐等还原性物质作用可产生微弱的化学发光反应，利用此体系可直接测定相关类物质。如在硫酸介质中，铈（Ⅳ）与亚硫酸根之间发生化学发光反应，并将其用于胆固醇类化合物的测定；在酸性介质中，铈（Ⅳ）可以直接氧化巯基化合物和磺酰基化合物产生化学发光；铈（Ⅳ）还能氧化半胱氨酸产生弱的化学发光，而奎宁的存在能够大大增强此类化学发光。

药物发光技术可以对血样、体液结合液相色谱法进行检测，这对于研究药物在体内的降解、转化和吸收有着重要的意义，这种技术尤其适合于开展临床医学的研究。作为一种测试手段，在未来的临床药学研究中发挥重要作用。例如，基于铁氰化钾与碱性鲁米诺溶液混合产生化学发光，重酒石酸去甲肾上腺素的存在可以大大增强其化学发光强度，由此建立了高效液相色谱化学发光法测定人体血清中的重酒石酸去甲肾上腺素的方法。

用化学发光物质标记抗体，可以建立对生物体有关组分的“免疫化学发光分析”。化学发光分析与生物化学、免疫分析相结合，并不断合成出新的发光标记物（探针），为生命科学的发展提供了一种全新的、先进的检测手段，进一步拓展了化学发光分析的应用范围。

3.3 有机物发光分析新技术简介

1. 脂肪族化合物分析

脂肪族化合物分子结构较为简单，本身产生荧光的并不多，如醇醛酮有机酸及糖类等。但可利用它们与某种有机试剂作用后生成会产生荧光的化合物，通过测量荧光化合物的荧光强度来进行定量分析。

例如，甘油三酸酯是生理化验的一个检测项目。测定时，首先将其水解为甘油，再氧化为甲醛，甲醛与乙酰丙酮及氨反应生成会发荧光的3, 5-二乙酰基-1, 4-二轻吡啶，其激发峰在405 nm，发射峰在505 nm，测定浓度范围400～4000 μg/mL。

具有高度共轭体系的脂肪族化合物，如维生素A，可用环己烷萃取后，以345 nm为激发光，测量490 nm波长处的荧光强度，可以测其含量。

2. 芳香族化合物分析

芳香族化合物具有共轭的不饱和体系，大多数能产生荧光，可以直接测定。

例如，利血平的测定。利血平是一种吲哚型生物碱的镇静药，结构式如下：

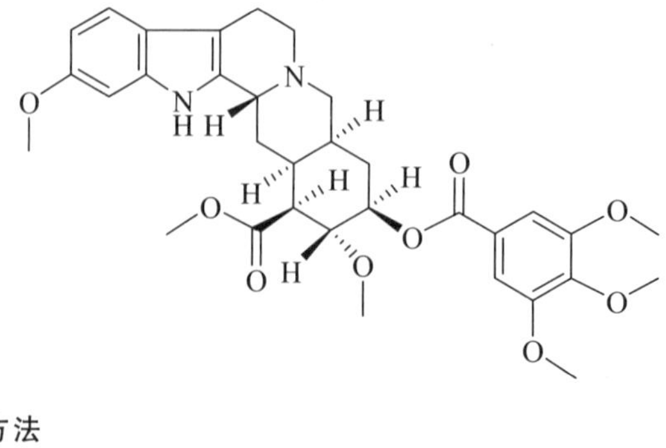

《中国药典》2010版测定方法

供试品溶液配制：取利血平20片，研细，精密称取（约相当于利血平0.5 mg），置于100 mL棕色瓶中，加热水10 mL、三氯甲烷10 mL，振摇，用乙醇定量稀释至刻度，摇匀，滤过，精密量取续滤液，用乙醇稀释成约含利血平 2 μg/mL 的溶液，即供试品溶液。

对照品溶液配制：精密称取利血平对照品 10 mg，置于 100 mL 棕色瓶中，加三氯甲烷 10 mL 溶解后，再用乙醇稀释至刻度，摇匀；精密量取 2 mL，置于 100 mL 棕色瓶中，用乙醇稀释至刻度，摇匀，即为对照品溶液。

溶液荧光测定：精密量取对照品和供试品溶液各 5 mL，分别置具塞试管中，各加五氧化二钒试液 2.0 mL，激烈振摇后，在 30℃放置 1 h，按照荧光光度计的仪器操作方法，在激发光波长 400 nm，发射光波长 500 nm 处测定荧光强度，然后计算即得结果。

注：利血平能降低血压和减慢心律，作用缓慢、温和持久，对中枢神经有持久的安定作用，是一种很好的镇静药。利血平溶液放置一定时间后变黄，并有显著荧光，加酸和曝光后荧光增强。

3. 荧光探针分析法

荧光探针分析法就是将具有荧光性质的分子或粒子与待测物结合，通过测定其荧光发射光谱，从而对样品进行检测的方法。该方法在药物和生物大分子检测中有独到的应用。

在临床上，患者服药后，许多不含活性基团的药物分子，代谢后分布在人体内的各种组织和器官中，难以采用常规物理仪器和方法检测，如运用核磁、光声、电导、折射等仪器方法检测，灵敏度较低；采用放射性检测选择性不高，还污染环境；免疫分析法须先制备抗体，有些药物虽然可采取紫外光度法、荧光法及磷光法，但痕量药物利用这些方法分析时，受到生物样品的背景干扰。

以稀土离子和药物作用的荧光探针技术和方法，可显著提高荧光分析的灵敏度和选择性，使一些本来不发荧光，或者荧光产率很低的荧光测试成为可能。

在药物和生物大分子研究领域，荧光标记技术的特点是操作简便，稳定性、灵敏度及选择性均高。将荧光探针应用于蛋白质和 DNA 的检测和研究，主要是凭借其特殊的光物理性质，一方面荧光探针可检测蛋白质自身产生的荧光，即“内源荧光”；另一方面可通过引入外源荧光探测剂，检测其产生的荧光强度，即“外源荧光”。荧光强度与蛋白质的结构及含量存在一定关系，因此可以通过测定的荧光强度对其进行分析。而对于 DNA 而言，其内源荧光强度较弱，在其测定应用中更多地引入外源荧光探测剂，常用的荧光探针有金属离子、金属配合物及有机荧光探针。采用荧光探针技术可准确分析 DNA 和蛋白质的含量、结构、构象以及所处微环境。

荧光探针在药物研究领域正在逐步发展。通常药物进入体内后处于复杂的生理环境中，浓度低且持续动态变化。药物在体内的含量、分布以及代谢情况，对药物的临床应用至关重要。采用现有的分析手段对其进行监测，存在灵敏度低、复杂基质干扰、处理步骤繁琐等缺点，荧光探针技术凭借其灵敏度高、检测限低、操作简便等优点成为良好的药物分析辅助技术。同时荧光标记成像技术已广泛应用于组织及动物病理模型的研究，尤其是肿瘤模型方面的研究。

随着性能优异的新型荧光探针的开发，人类将能够实现对一些生物过程运用多种方法、多种参数进行实时观测、动态研究，这极大地推动了基因组学及相关学科的发展。

名词中英文对照

分子发射光谱法	molecular emission spectrometry	发射光谱	emission spectrum
分子发光分析法	molecular luminescence spectrometry	荧光光谱	fluorescence spectrum
光致发光	photoluminescence	斯托克斯位移	Stokes shift
电致发光	electroluminescence	荧光寿命	fluorescence lifetime
生物发光	bioluminescence	荧光效率	fluorescence efficiency
化学发光	chemiluminescence	荧光量子产率	fluorescence quantum yield
荧光	fluorescence	荧光熄灭法	fluorescence quenching method
磷光	phosphorescence	散射光	scattering light
单重态	singlet state	瑞利光	Reyleigh scattering light

三重态	triplet state	拉曼光	Raman scattering light
振动弛豫	vibrational relaxation	化学发光免疫分析	chemiluminescence immunoassay
体系间跨越	intersystem crossing	放射免疫分析	radio-immunoassay analysis
内部能量转换	internal conversion	荧光免疫分析	fluorescence immunoassay
外部能量转换	external conversion	酶免疫分析	enzyme immunoassay
荧光猝灭	fluorescence quenching	时间分辨荧光分析	time-resolved fluorimetry
激发光谱	excitation spectrum	同步荧光分析	synchronous fluorescence analysis

习　题

一、思考题

1. 简述荧光和磷光产生的基本原理。具有什么结构的物质容易产生荧光？为什么？

2. 名词组解释：单重态和三重态；内部能量转换和外部能量转换；振动弛豫和体系间跨越；荧光和磷光；激发光谱和发射光谱；荧光寿命和荧光效率；瑞利光和拉曼光。

3. 影响荧光效率的结构因素有哪些？影响荧光强度的外部因素有哪些？

4. 荧光定量分析的依据是 $F=Kc$，紫外-可见光度法定量分析的依据是 $A=\varepsilon cl=kc$（在一定波长、温度、溶剂条件下），试比较两者的异同点。

5. 在紫外-可见光度法定量分析中只需用空白溶液校正零点，而荧光定量分析除了校正零点外，为什么还要标准溶液校正仪器刻度？

6. 化学发光反应必须满足哪些条件？影响液相化学发光测定的主要因素有哪些？

7. 给下列化合物的荧光效率由弱到强排序：

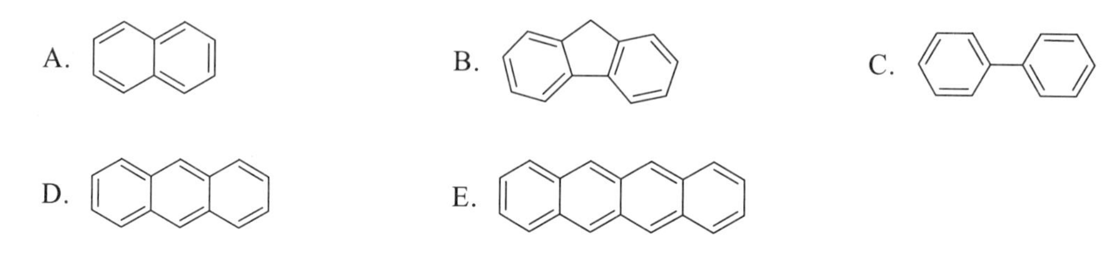

8. 下列化合物荧光产率最大的是（　　）。

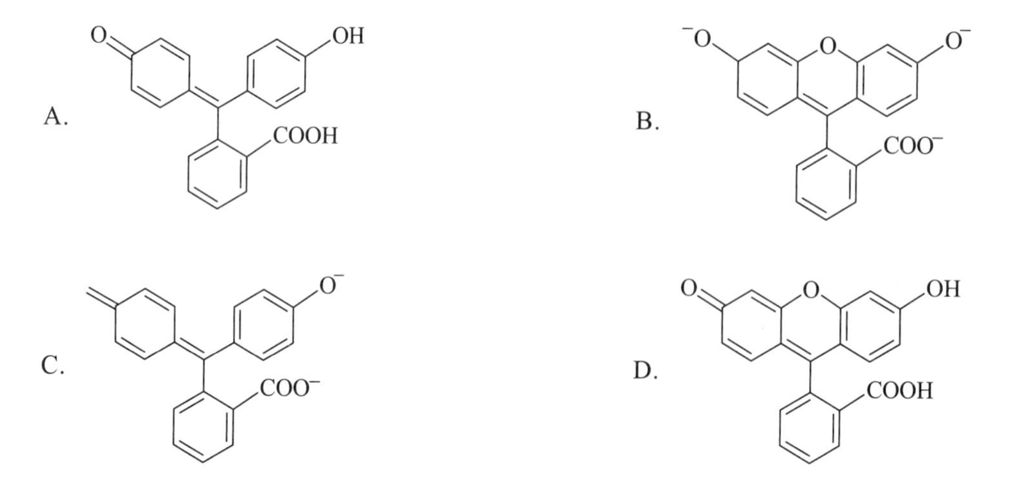

9. 同一物质的吸收光谱、荧光光谱和磷光光谱如图 3-11 所示，请对 Ⅰ 、Ⅱ 、Ⅲ三个峰加以判别

并说明理由。

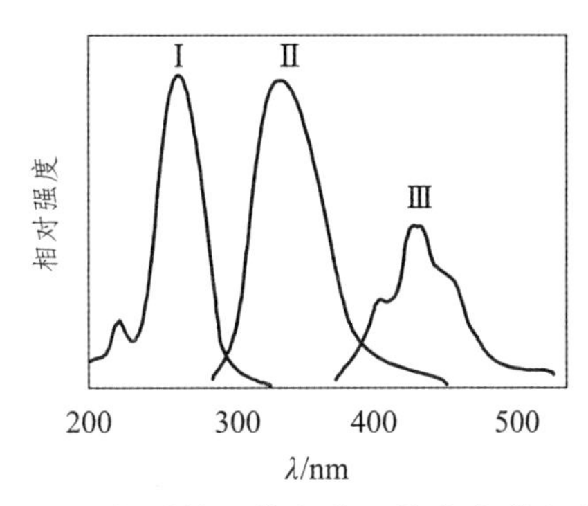

图 3-11　同一物质的吸收光谱、荧光光谱和磷光光谱

10. 试指出酚酞和荧光素中，哪一个有较大的荧光量子效率？为什么？

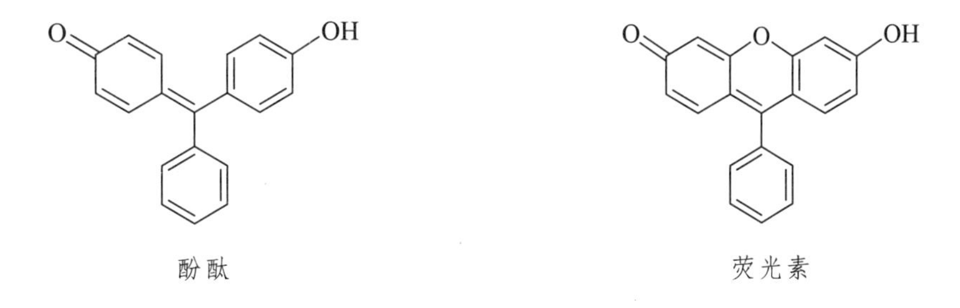

二、计算题

1. 用荧光法测定复方炔诺酮片中炔雌醇的含量时，取供试品 20 片（每片含炔诺酮应为 0.54～0.66 mg，含炔雌醇应为 31.5～38.5 μg），研细，用无水乙醇溶解，转移至 250 mL 容量瓶并稀释至刻度，滤过，弃去初滤液，取续滤液 5.00 mL，在激发波长 285 nm 和发射波长 307 nm 处测定荧光强度。已知炔雌醇对照品的乙醇溶液的浓度为 1.4 μg/mL，在同样测定条件下，测得荧光强度为 65，则合格片的荧光读数应在什么范围内？

2. 烟酰胺腺嘌呤双核苷酸的还原型（NADH）是一重要的强荧光辅酶。在 340 nm 有一吸收极大，在 365 nm 有一发射极大，用 NADH 的标准溶液得到如表 3-4 的荧光强度值，试绘出工作曲线，并计算出一相对荧光强度为 42.3 的未知样品中 NADH 的浓度。

表 3-4　NADH 标准溶液的浓度和相对荧光强度

NADH 浓度/$\mu mol \cdot L^{-1}$	0.100	0.200	0.300	0.400	0.500	0.600	0.700	0.800
相对强度	13.0	24.6	37.9	49.0	59.7	71.2	83.5	95.1

3. 1.00 g 谷物试样，用酸处理后分离出核黄素（维生素 B_2）及少量无关杂质，加入少量 $KMnO_4$，将核黄素氧化，过量的 $KMnO_4$ 用 H_2O_2 除去。将此溶液移入 50 mL 容量瓶，稀释至刻度摇匀。吸取 25 mL 放入样品池中以测定荧光强度（核黄素中常含有发生荧光的杂质，称为光化黄）。事先将荧光计用硫酸奎宁调整至刻度 100 处，测得氧化液的读数为 6.0 格。加入少量连二亚硫酸钠（$Na_2S_2O_4$），使氧化态核黄素（无荧光）重新转化为核黄素，这时荧光计读数为 55 格。在同另一样品池中重新加入 24 mL 被氧化的核黄素溶液，以及 1 mL 核黄素标准溶液（0.5 μg/mL），这一溶液的读数为 92 格，计算试样中核黄素的含量（μg/g）。

附：习题中涉及的化合物结构式

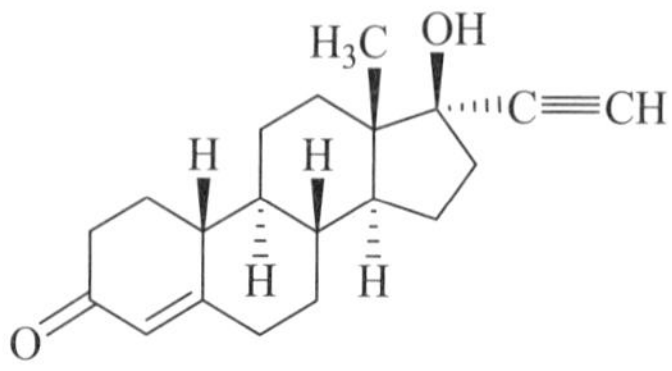

第 1 题　炔诺酮（68-22-4）

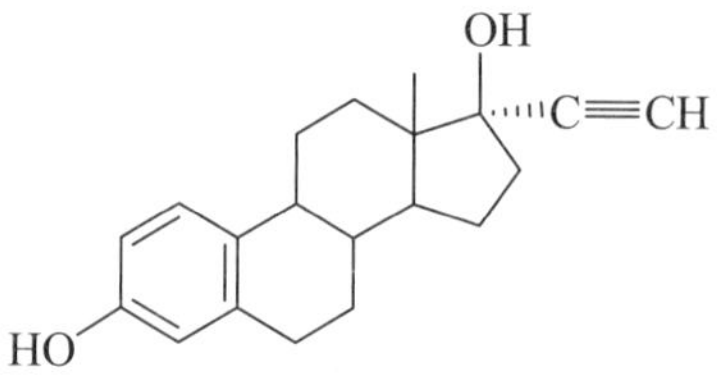

第 1 题　炔诺醇（57-63-6）

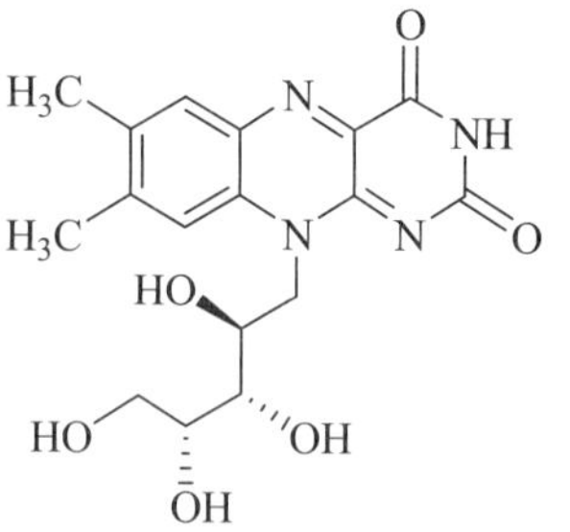

第 3 题　核黄素（83-88-5）

4 红外吸收光谱法

4.1 概 述

1. 红外吸收光谱的概念与特点

研究分子在红外光的照射下，引起分子的振动和转动能级跃迁所得到的吸收光谱，称为**红外吸收光谱**，简称红外光谱，也称为振动-转动光谱。

19 世纪初人们通过实验证实了红外光的存在。20 世纪初人们进一步系统地了解了不同官能团具有不同红外吸收频率这一事实。1950 年以后出现了自动记录式红外分光光度计。随着计算机科学的进步，1970 年以后出现了傅里叶变换型红外光谱仪。红外测定技术如全反射红外、显微红外以及色谱-红外联用等也不断发展和完善，使红外光谱法得到广泛应用。

红外及拉曼光谱都是分子振动光谱，通过谱图解析可以获取分子结构的信息，因此红外光谱是有机化合物结构解析的重要手段之一。红外光谱的特点如下。

（1）红外光谱是依据样品在中红外光区吸收谱带的位置、强度、形状、个数，并结合溶剂、聚集状态和温度等条件来推测分子的空间构型的，结合化学键力常数、键长和键角，推测分子中某种官能团及邻近基团的存在与否，确定化合物结构。

（2）红外光谱法不破坏样品，样品在气态、液态或固态情况下均可测定。所需样品为纯物质，用量少，一次用样量 1～5 mg，有时甚至低至微克级。

（3）红外光谱特征性高。由于红外光谱信息多，可以对不同结构的化合物给出特征的谱图，从“指纹区”可以确定化合物的异同。所以人们也常把红外光谱叫作“分子指纹光谱”。对于一些同分异构体、几何异构体和互变异构体也可以有效地鉴定。

（4）分析时间短。除了样品制备耗费时间外，采取傅里叶变换红外光谱仪，获取一张红外光谱只需几分钟即可完成，也为快速分析的动力学研究提供有用的工具。

2. 红外线的区划

将波长在 0.76～500 μm 的电磁波称为红外线，可划分近红外、中红外和远红外三个区，因三个区辐射能量不同，相应引起三种类型的跃迁，如表 4-1 所示。

表 4-1 红外线的区划

区域	波长 λ/nm	波数 σ/cm^{-1}	能级跃迁类型
近红外区	0.76～2.5	13 158～4000	O—H、N—H、C—H 键的倍频吸收区
中红外区	2.5～50	4000～200	振动，伴随着转动
远红外区	50～500	200～20	转动

在红外光谱中，中红外线引起的振动-转动能级跃迁所形成的光谱，称为**中红外吸收光谱**，这是本章主要介绍的内容。

在红外光谱中，一般采用波数来替代频率。波数就是单位长度（1 cm）中所含光波的数目，即波数是波长的倒数，即 $\sigma/cm^{-1}=1/\lambda(cm)$。

例如，在 2.5 μm、25 μm 处的波数分别是 4 000 cm^{-1} 与 400 cm^{-1}。红外光谱以波数作为横坐标时，一般扫描范围在 4 000～400 cm^{-1}，就是在波长 2.5～25 μm 的中红外区间。

3. 红外吸收光谱的表示方法

红外光谱的谱图，纵坐标既可用吸光度 A 表示，也可用透过率 T/% 来表示，但常用后者表示；横坐标采用波数 σ 表示。苯甲醛的红外吸收光谱见图 4-1。

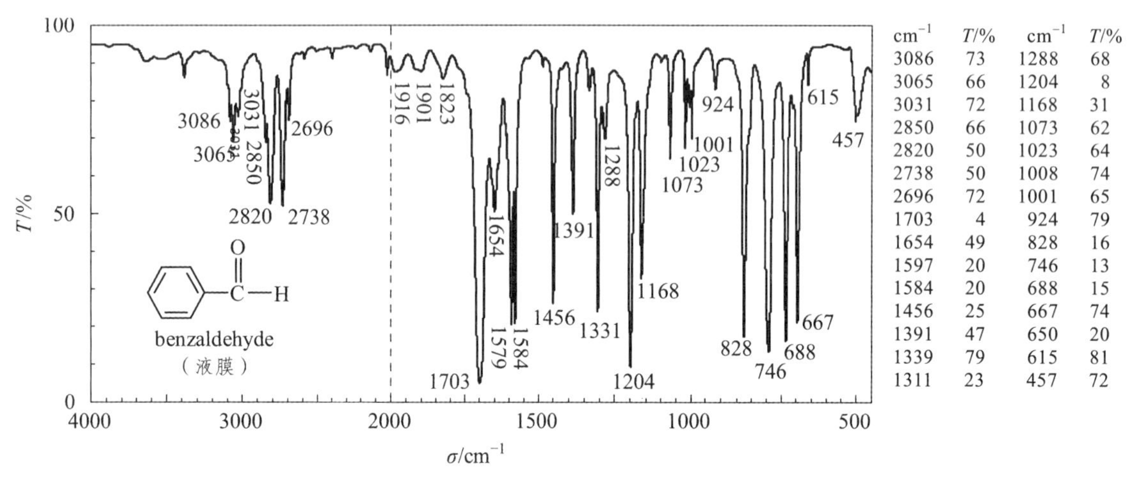

图 4-1　苯甲醛的红外吸收光谱

在红外图谱中，一般将横坐标设有两个尺度，以 2000 cm^{-1}（5 μm）为界，其标尺比例是左边压缩右边放大。界线左边的峰数目少而稀疏，压缩一些也不影响峰的分辨；界线右边的峰数多而稠密，把尺度放大一些，使各峰分得开一些，便于图谱识别。

4.2　基本原理

从红外吸收光谱可知，红外吸收峰的位置由横坐标和纵坐标两个参数来描述。横坐标可用波长 λ、波数 σ 来表示，一般采用波数表示比较方便；纵坐标表示吸收峰的强度，可用吸光度 A 或透光度 T/% 来表示，在此我们并不讨论吸光度与浓度的定量关系，所以采用单位浓度（1 mol/L）的吸光度来表示吸收峰的强度，即

$$A = -\lg T = \varepsilon_{max}(mol^{-1}\cdot L\cdot cm^{-1})\times 1\ mol\cdot L^{-1}\times 1\ cm = \varepsilon_{max}$$

习惯上采用透光度 T/% 表示，$T/\% = 1/10^{\varepsilon_{max}}$，因此看到的峰是“倒峰”，峰顶在图中位置越低。$\varepsilon_{max}$ 越大峰越强，ε_{max} 越小峰越弱。

本节讨论吸收峰产生的原因、振动形式与振动自由度、吸收峰的位置和强度等。

4.2.1　振动能级与振动光谱

分子的振动能级差 ΔE_v 为 0.05～1.0 eV，转动能级差 ΔE_t 为 0.0001～0.025 eV，因此在分子发生振动能级跃迁时，不可避免会伴随着转动能级跃迁，因此无法检测到纯粹的振动光谱。由于 ΔE_t 远远小于 ΔE_v，为了讨论方便，我们忽略转动能级的影响，先讨论双原子分子的纯振动光谱，即把两个原子视为两个小球，把化学键看成是忽略质量的弹簧，则两个原子的伸缩振动，可近似地看成沿键轴方向的简谐振动，双原子分子可视为谐振子，如图 4-2 所示。

谐振子的简谐振动位能与两原子间距离及平衡距离的关系式为

$$U=\frac{1}{2}K(r-r_e)^2 \tag{4-1}$$

式中，K 为化学键力常数，N/cm；r_e 与 r 为两原子间的平衡距离与任意距离。

当 $r=r_e$ 时，位能 $U=0$；当 $r>r_e$ 或 $r<r_e$ 时，$U>0$。

依据式（4-1）绘制振动过程的位能曲线，如图 4-3 所示。注意位能曲线的最低点为 L，实线为实际谐振子位能曲线，虚线为理想谐振子位能曲线。

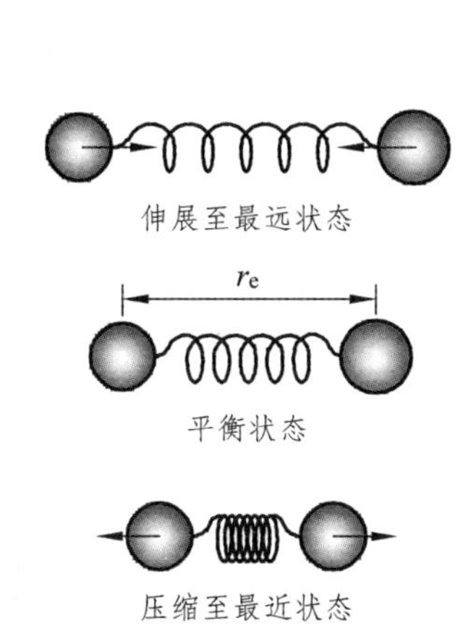

图 4-2　双原子分子简谐振动模型

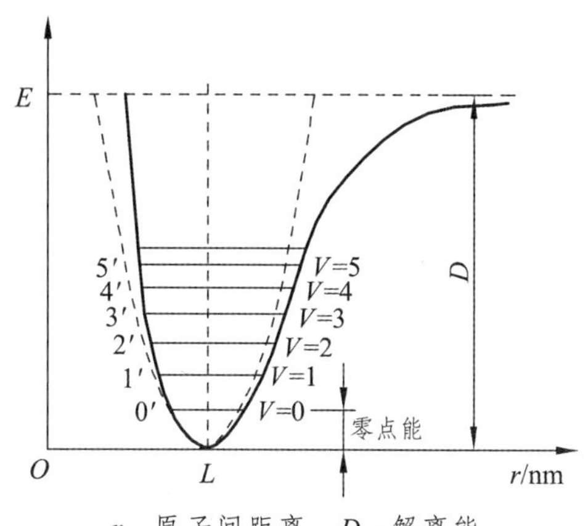

图 4-3　双原子分子振动位能曲线

振动过程位能的变化情况描述，参见表 4-2。

表 4-2　振动过程中位能状态描述

振动能级状态	振动量子数	振幅	位能变化曲线
基态	V=0	0′—0	0′↘L↗0
第一激发态	V=1	1′—1	1′↘L↗1
第二激发态	V=2	2′—2	2′↘L↗2
……	……	……	……

设分子振动过程的动能为 T，振动过程的总能量则为 $E_v=U+T$。两原子的平衡位置时，$r=r_e$，$U=0$，$E_v=T$，在两原子离平衡距离最远时，$T=0$，$E_v=U$。因此，可用位能曲线讨论总能量（$E_v=U$）。依据量子力学理论，振动总能量与谐振子振动频率的关系为

$$E_v=\left(V+\frac{1}{2}\right)h\nu \tag{4-2}$$

式中，h 为普朗克常数；ν 为振动频率；V 为振动量子数，V=0, 1, 2, 3, …。

分子处于基态时，V=0，$E_0=\frac{1}{2}h\nu$，此时的振动能称为零点能，振幅很小，为 $0'-r_e$ 或 r_e-0 振幅。当分子吸收适宜频率的红外线从基态跃迁至任一激发态时，振幅按所在的能级会增大。如跃迁至第一激发态，振幅增大为 $1'-r_e$ 或 r_e-1；跃迁至第二激发态，振幅增大为 $2'-r_e$ 或 r_e-2；以此类推。

由于振动能级是量子化的，则所吸收的光量子能量 $h\nu_L$ 必须等于振动能级的能量差 ΔE_v，即 $h\nu_L=\Delta E_v$，将式（4-2）代入，得

$$\nu_L=\nu\Delta V \quad 或 \quad \sigma_L=\sigma\Delta V \tag{4-3}$$

式（4-3）表明，若把双原子分子视为谐振子，吸收红外线而发生能级跃迁时，吸收的红外线频率只能是振动频率的 ΔV 倍。振动能级由基态跃迁至第一激发态时（V: $0\rightarrow 1$），$\Delta V=1$，则 $\nu_{L}=\nu$，此时产生的吸收峰称为基频峰。

例如，HCl 分子的振动频率 $8.658\times10^{13}\ s^{-1}$（$2886\ cm^{-1}$）。在发生 $\Delta V=1$ 的能级跃迁时，吸收频率为 $2886\ cm^{-1}$ 的红外线，该频率就是其基频峰的位置。

4.2.2 振动形式与振动自由度

双原子分子的振动形式只有伸缩振动一类，多原子分子的振动形式有伸缩振动和弯曲振动两类。讨论振动形式可以了解吸收峰的起源——吸收峰是由什么振动形式的能级跃迁所引起的；讨论振动形式的数目即振动自由度——有助于了解基频峰的可能数目。由振动形式和振动自由度，可了解化合物的红外光谱的吸收峰多而复杂的原因。因此，振动形式的讨论是了解红外吸收光谱的基础。

1. 伸缩振动

键长沿着键轴方向发生周期性的变化称为伸缩振动。对于双原子而言，只有对称伸缩振动（ν^{s}）一种形式；对于多原子分子，它的伸缩振动包括对称伸缩振动和不对称（反称）伸缩振动（ν^{as}）两种形式。参见表 4-3 的伸缩振动。

凡是含有两个或两个以上相同键的基团，都有对称及反称伸缩振动两种形式，如 CH_3、CH_2、NH_2、NO_2、SO_2 基团等。

表 4-3 伸缩振动与弯曲振动

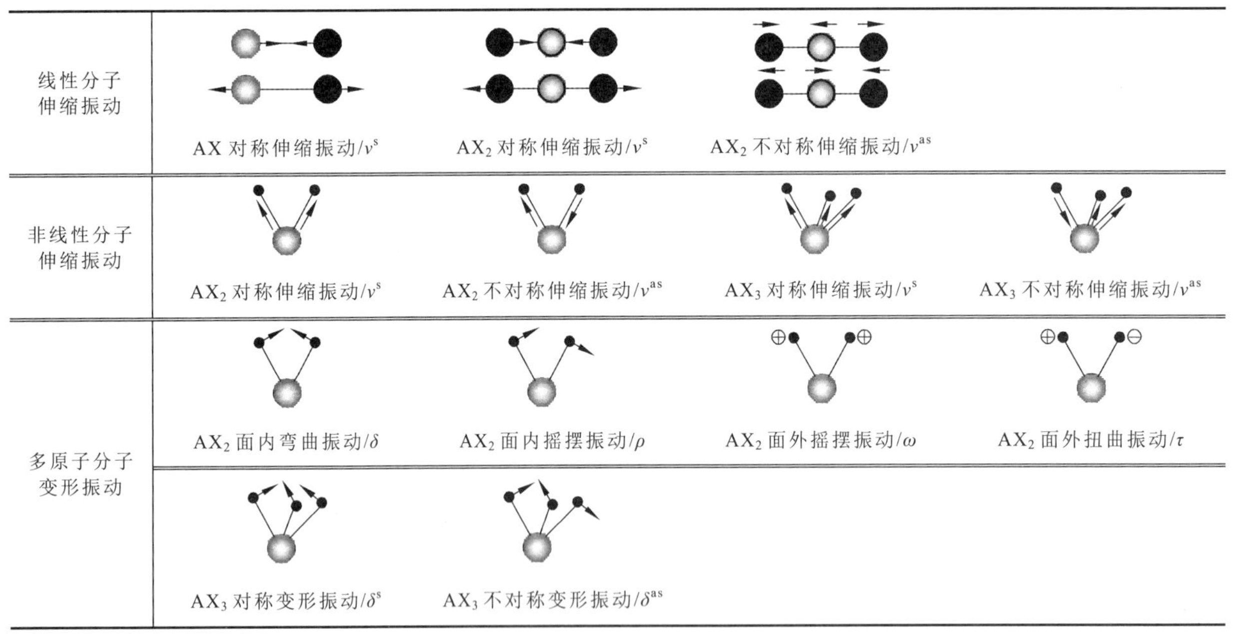

化合物中含有 2 个相邻相同的官能团时，也有对称与反称伸缩振动两种形式。例如，乙酸酐的两个羰基的对称与反称伸缩振动；又如，羧酸酯有 2 个 C—O 键，也有对称与反称伸缩振动。相同基团的反称伸缩振动频率一般都大于其对称伸缩振动频率。

$H_3C-C(=O)-O-C(=O)-CH_3$

CCl_4 溶剂

$\nu^{s}_{C=O}=1761\ cm^{-1}$

$\nu^{as}_{C=O}=1832\ cm^{-1}$

$H_3C-C^{*}(=O)-O-CH_2-CH_3$

CCl_4 溶剂

$\nu^{s}_{C^{*}-O-C}=1048\ cm^{-1}$

$\nu^{as}_{C^{*}-O-C}=1240\ cm^{-1}$

2. 弯曲振动

使键角发生周期性变化的振动称为弯曲振动，又称变形振动。多原子分子除了上述的伸缩振动形式外，更多的是弯曲振动形式。弯曲振动分为面内、面外、对称及不对称弯曲振动等形式，参见表 4-3 的弯曲振动。

面内弯曲振动 在由几个原子所构成的平面内进行的弯曲振动，称为面内弯曲振动。按振动形式，它分为剪式振动和面内摇摆振动两种。剪式振动是由于键角的变化类似于剪刀的开与闭而得名。面内摇摆振动是基团作为一个整体在平面内摇摆的振动。例如 CH_2、NH_2 基团容易发生此类振动。

面外弯曲振动 在垂直于几个原子所组成的平面外进行的弯曲振动，它分为面外摇摆振动和扭曲振动两种。面外摇摆振动是两个 X 同时向平面正面方向或背面方向的振动；扭曲振动是一个 X 向平面正面方向，另一个 X 向平面背面方向，使两个键轴发生扭曲的振动。

AX_3 基团的弯曲振动分为对称弯曲振动与不对称弯曲振动。在 AX_3 振动过程中，3 个 A—X 键与轴线组成的夹角 α 对称地缩小或增大，犹如花瓣的开-闭的振动，就是对称弯曲振动；如果是两个 α 缩小，一个 α 增大，或者相反，这种振动则为不对称弯曲振动。

例如，正己烷两端的甲基 CH_3，有对称伸缩、反称伸缩振动及剪式变形振动等振动形式；中间的亚甲基 CH_2，除了对称与反称伸缩振动外，还有面内变形与面外变形等振动形式。其红外光谱的吸收峰与基团的各种振动形式的关系，如图 4-4 所示。

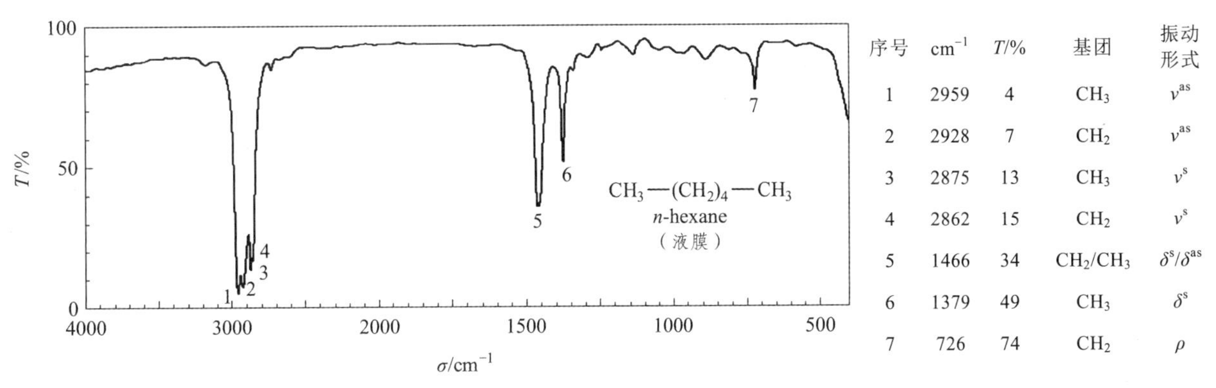

序号	cm^{-1}	T/%	基团	振动形式
1	2959	4	CH_3	ν^{as}
2	2928	7	CH_2	ν^{as}
3	2875	13	CH_3	ν^{s}
4	2862	15	CH_2	ν^{s}
5	1466	34	CH_2/CH_3	δ^{s}/δ^{as}
6	1379	49	CH_3	δ^{s}
7	726	74	CH_2	ρ

图 4-4　正己烷的红外吸收光谱

3. 振动自由度

双原子分子只有伸缩振动一种形式。多原子分子比较复杂，但可分解为许多简单的基本振动来讨论。基本振动的数目称为振动自由度，即分子的独立振动数。

在中红外区，红外线的能量能够引起分子中的三种运动形式的能量变化：平动、振动和转动的能量变化。分子的平动能改变，不产生光谱；分子的转动能级跃迁产生远红外光谱，它不在中红外光谱讨论范围。因此，在中红外光谱中，应扣除平动和振动两种运动形式，只考虑分子的振动能级跃迁。

在含有 N 个原子的分子中，若先不考虑化学键的存在，则在三维空间内，每个原子都能向 x、y、z 3 个坐标方向独立运动。N 个原子有 $3N$ 个独立运动方向。而事实上，原子由化学键连接成一个整体，分子的重心向任何方向的移动，都可以分解为沿 3 个坐标方向的移动。因此，分子有 3 个平动自由度。

在非线性分子中，除平动外，整个分子可以绕 3 个坐标轴转动，因而还有 3 个转动自由度。从运动总数 $3N$ 个中，扣除 3 个转动和 3 个平动自由度，则有

$$\text{非线性分子的振动自由度}=3N-6$$

在线性分子中，绕分子键轴转动的转动惯量为零，不发生能量变化。因此，线性分子只有 2 个转动自由度。从运动总数 $3N$ 个中，扣除 2 个转动和 3 个平动自由度，则有

$$线性分子的振动自由度=3N-5$$

由振动自由度数目，可以估计基频峰的可能数目。例如：

H_2O（g）为非线性分子，振动自由度=3×3−6=3，即有 3 种基本振动形式。

ν^{s}_{OH} 3652cm^{-1}　　ν^{as}_{OH} 3756cm^{-1} 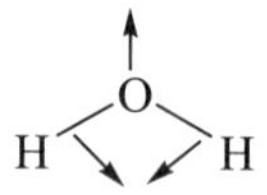　　δ_{OH} 1595cm^{-1}

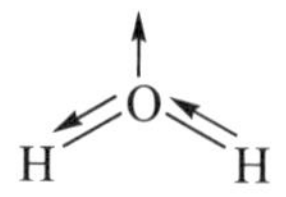

CO_2（g）为线性分子，振动自由度=3×3−5=4，即有 4 种基本振动形式。

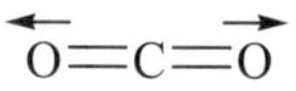

$\nu^{s}_{C=O}$ 1388 cm^{-1}　　$\nu^{as}_{C=O}$ 2349 cm^{-1} 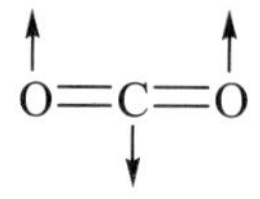　　$\beta_{C=O}$ 667 cm^{-1} 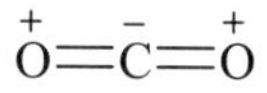　　$\gamma_{C=O}$ 667 cm^{-1}

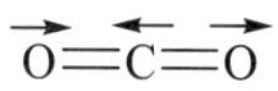

4. 振动活性与简并现象

分子的振动自由度数与吸收峰数是否相等？这是学习红外吸收光谱必须了解的基本内容之一。下面以 CO_2 和氯代乙烯为例来讨论。

（1）分子的振动活性与偶极矩变化

上述计算 CO_2 的振动自由度为 4，它有 4 种振动形式，但在它的红外吸收光谱上只看到 2349 cm^{-1} 和 667 cm^{-1} 两个吸收峰，吸收峰数少于振动自由度数。CO_2 的对称伸缩振动频率为 1388 cm^{-1}，但在图谱上无此吸收峰。这说明对称伸缩振动是不能吸收红外线发生能级跃迁的振动形式，因而不产生相应的吸收峰。这种不能吸收红外线发生能级跃迁的振动，称为**红外非活性振动**；反之，则称为**红外活性振动**。

分子的振动形式是否具有红外活性，由分子在振动过程中的偶极矩是否有变化来判断。偶极矩（μ）是正、负电荷中心间的距离（r）和电荷中心所带电量（q）的乘积，即

$$\mu = q \cdot r \tag{4-4}$$

偶极矩 μ 是一个矢量，方向规定为从正电中心指向负电中心。根据讨论的对象不同，偶极矩可以指键偶极矩，也可以是分子偶极矩，分子偶极矩可由键偶极矩经矢量加合后得到。常见化学键的偶极矩见表 4-4。

表 4-4　常见化学键的偶极矩（μ）数值

化学键	C—N	C—O	C—F	C—Cl	C—Br	C—I
$\mu/10^{-3}$ °C·m	1.34	2.87	5.04	5.21	4.94	4.31
化学键	H—C	H—N	H—O	C═N	C═O	C≡N
$\mu/10^{-3}$ °C·m	1.00	4.38	5.11	4.67	8.02	12.02

如果化学键发生振动时，正、负电荷中心距离变化了 Δr，则偶极矩的变量为 $\Delta\mu = q \cdot \Delta r$，由此产生振动偶极电磁场。而红外线是具有交变电场与磁场的电磁波，很容易与振动偶极电磁场发生振动耦合，吸收红外线能量而产生振动能级跃迁，产生吸收峰。这就是产生活性振动的原因。

极性分子的正、负电荷中心都是不重合的，即 $r \neq 0$，$\mu \neq 0$，即极性分子都存在偶极矩，分子

的极性越大，偶极矩 μ 越大，在振动时其偶极矩变化值 $\Delta\mu$ 也越大，所以极性分子都是红外活性分子。

如果分子的正、负电荷中心高度重合，即 $r=0$，$\mu=0$，分子不存在偶极矩。分子发生振动时，也没有偶极矩的变化，$\Delta\mu=0$，不产生振动偶极电磁场，对红外线电磁波不发生振动耦合，也就不吸收红外线。这种振动称为红外非活性振动。一般分子的对称性越好，红外非活性程度越高，完全对称则完全红外非活性。

CO_2 为对称线性分子，在平衡状态下其正、负电荷中心是重合的，即 $r=0$，$\mu=0$；当发生对称伸缩振动时，其正、负电荷中心始终是重合的，即 $\Delta r=0$，$\Delta\mu=0$，属于红外非活性振动，不吸收红外线，所以看不到 1388 cm^{-1} 吸收峰；当发生反称伸缩振动时，正、负电荷不重合，即 $\Delta r\neq0$，$\Delta\mu\neq0$，属于红外活性振动，吸收波数为 2349 cm^{-1} 的红外线而产生吸收峰。

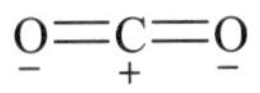

平衡状态 $r=0$，$\mu=0$ 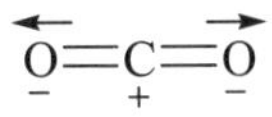　　对称伸缩振动 $\Delta r=0$，$\Delta\mu=0$ 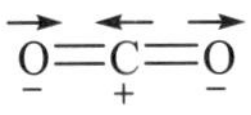　　反称伸缩振动 $\Delta r\neq0$，$\Delta\mu\neq0$

四氯乙烯是高度对称的分子，正、负电荷中心高度重合，其 C＝C 键发生对称伸缩振动时，$\Delta r=0$，$\Delta\mu=0$，则为非活性振动，不产生 $\nu^{s}_{C=C}$ 吸收峰。而三氯乙烯则是不对称分子，其正负电荷中心不重合，其 C＝C 键发生对称伸缩振动时，$\Delta r\neq0$，$\Delta\mu\neq0$，属于红外活性振动，吸收红外线产生 $\nu^{s}_{C=C}$ 1586 cm^{-1} 吸收峰。

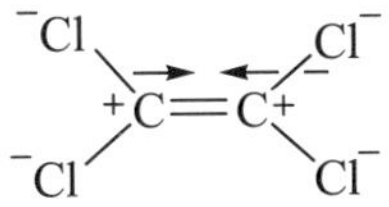

C＝C 对称伸缩振动 $\Delta r=0$，$\Delta\mu=0$ 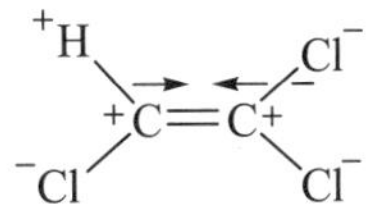　　C＝C 对称伸缩振动 $\Delta r\neq0$，$\Delta\mu\neq0$

所以，红外非活性振动是吸收峰数少于振动自由度的第一个原因。

（2）简并现象

CO_2 分子的面内及面外弯曲振动虽然振动形式不同，但振动频率相等。因此，它们的吸收峰在光谱上的同一位置 667 cm^{-1} 处出现，只能观察到一个吸收峰，这种现象称为简并。

在分子中有多个相同的基团，如果它们所处的结构环境相同，它们的各种振动形式出现的吸收峰，位置也是相同的，只是吸收强度增大而已。例如，链烷烃中间的多个 CH_2，组成和结构环境都相同，由多个 CH_2 产生的吸收峰都出现在相同位置，相当于吸收强度增加一样。这是另一种形式的简并现象。

简并现象是导致吸收峰数少于振动自由度的第二个原因。

综上所述，某基团或分子的基本振动吸收红外线而发生能级跃迁，必须满足两个条件：一是振动过程的偶极矩变化值不为零，即 $\Delta\mu\neq0$；二是吸收频率必须是振动频率的振动量子数差值的整数倍，即 $\nu_L=\nu\Delta V$。两个条件缺一不可。

除红外非活性振动和简并现象外，有时因为仪器的分辨率不高，对一些频率很接近的吸收峰分辨不开。还有一些弱峰与强峰振动频率十分接近时，弱峰因被强峰所掩盖，也显现不出来。所有这些原因，都会导致分子的吸收峰数少于振动自由度，特别是复杂分子尤其如此。

4.2.3 基频峰与泛频峰

在红外吸收光谱上，从所吸收红外线的频率（ν_L）与基团的振动频率（ν）之间的关系，可分为基频峰与泛频峰。

1. 基频峰

分子吸收一定频率红外线，使振动能级由基态跃迁至第一振动激发态时（$V=0\rightarrow V=1$），所产生的吸收峰称为基频峰。由于 $\Delta V=1$，因此 $\nu_L=\nu$。对于多基团分子，则 ν 是基团的振动频率。基频峰的强度一般都较大，因而基频峰是红外吸收光谱上最主要的一类吸收峰。例如上述正己烷的 1～7 号峰都是基频峰。

2. 泛频峰

在红外吸收光谱上，除基频峰外，还有振动能级由基态跃迁到更高能级激发态（$V=2, 3, \cdots$）的现象，由此产生的吸收峰称为倍频峰。

由 $V=0$ 跃迁至 $V=2$，$\nu_L=2\nu$，产生的吸收峰称为二倍频峰；$V=0$ 跃迁至 $V=3$，$\nu_L=3\nu$，产生的吸收峰称为三倍频峰；以此类推，这些被统称为倍频峰。在倍频峰中，二倍频峰还可以观察到。三倍及以上的倍频峰，因跃迁概率很小，一般很弱而观察不到。

由于分子的非谐振性质，位能曲线的能级差并非等距，V 越大间距越小，因此倍频峰的频率并非是基频峰频率的整数倍，而是略小一些。实验测得 HCl 的基频峰至五倍频峰依次为 2885.9 cm^{-1}、5668.0 cm^{-1}、8346.9 cm^{-1}、10923.1 cm^{-1} 及 13396.5 cm^{-1}。不难算出，V 越大，倍频峰的实际值与理论上计算的 $\sigma\Delta V$ 值相差越大，峰间距越小。

除倍频峰外，还有合频峰 $\nu_1+\nu_2$、$2\nu_1+\nu_2$……，差频峰 $\nu_1-\nu_2$、$2\nu_1-\nu_2$……。倍频峰、合频峰及差频峰统称泛频峰。也可以将倍频峰称为泛频峰，而将合频峰及差频峰称为组频峰。组频峰多为弱峰，在光谱上一般不容易辨认。

取代苯的泛频峰出现在 2000～1667 cm^{-1} 范围内的 3～4 个小峰，主要由苯环的 C—H 面外弯曲的倍频峰等构成，特征性较强，可用于苯环上的取代基的位置，但峰强常常较弱或被淹没。泛频峰的存在使光谱变得复杂，增加了光谱的特征性。

4.2.4 特征峰与相关峰

1. 特征峰

对于多原子分子的红外吸收光谱的所有吸收峰，进行详细的理论分析和辨识是很不容易的。人们通过大量的光谱比对分析，总结出一些识别吸收峰的经验规律。

将 1-辛腈和 1-辛烯与正辛烷的光谱进行比对（图 4-5），很容易看出：正辛腈多出 1 个 2247 cm^{-1} 吸收峰，其它峰基本一致，它是 C≡N 的伸缩振动引起的基频峰，可记为 $\nu_{C\equiv N}$ 峰；而正辛烯则比正辛烷多出四个峰，其它峰基本一致，4 个峰波数分别为 3079 cm^{-1}、1642 cm^{-1}、994 cm^{-1} 及 910 cm^{-1}，分别源于—CH═CH_2 基的 $\nu^{as}_{=CH_2}$、$\nu_{C=C}$、γ_{CH} 及 $\gamma_{=CH_2}$ 的振动能级跃迁。

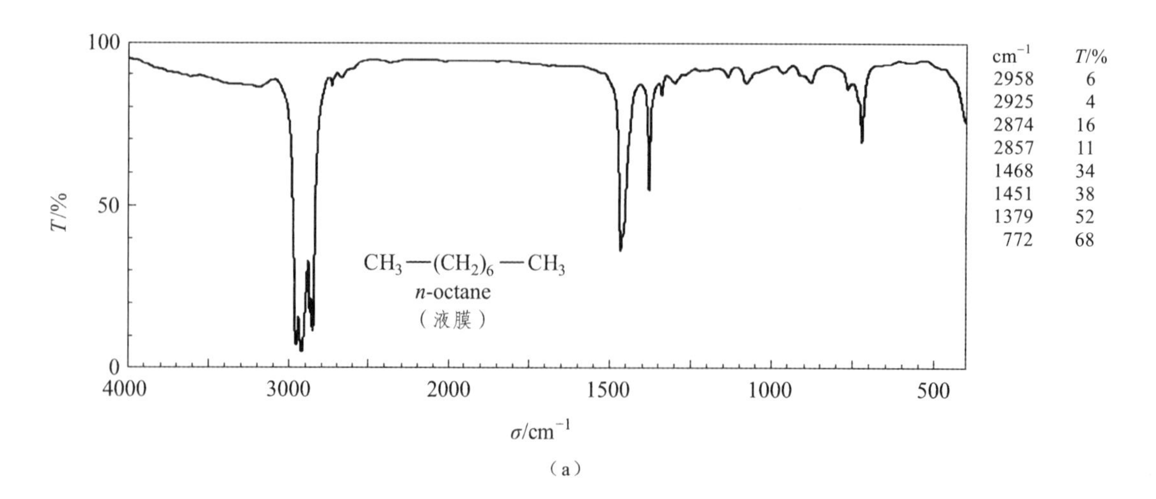

（a）

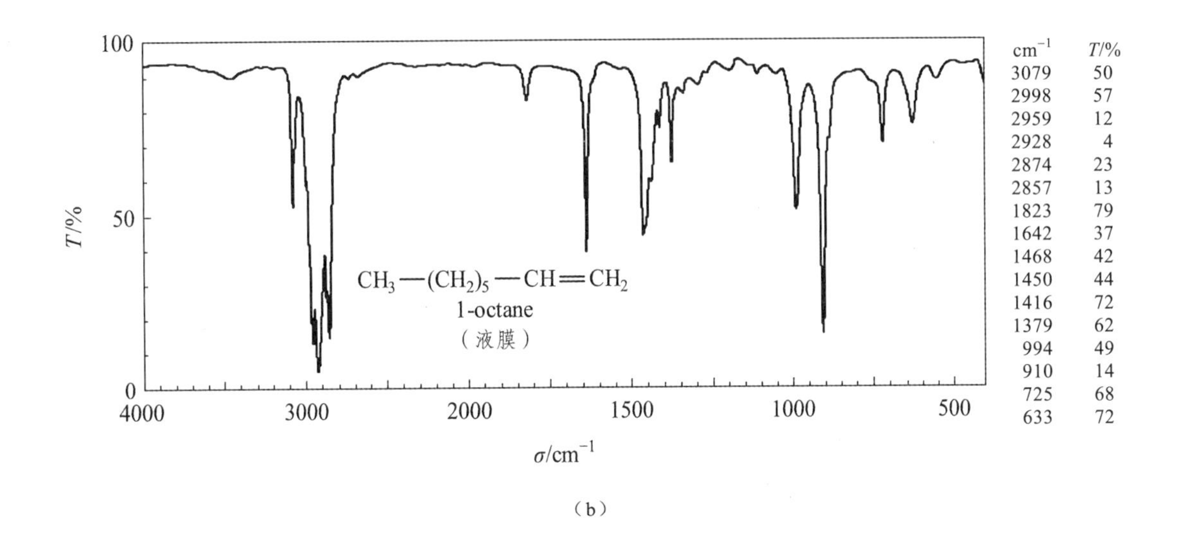

（b）

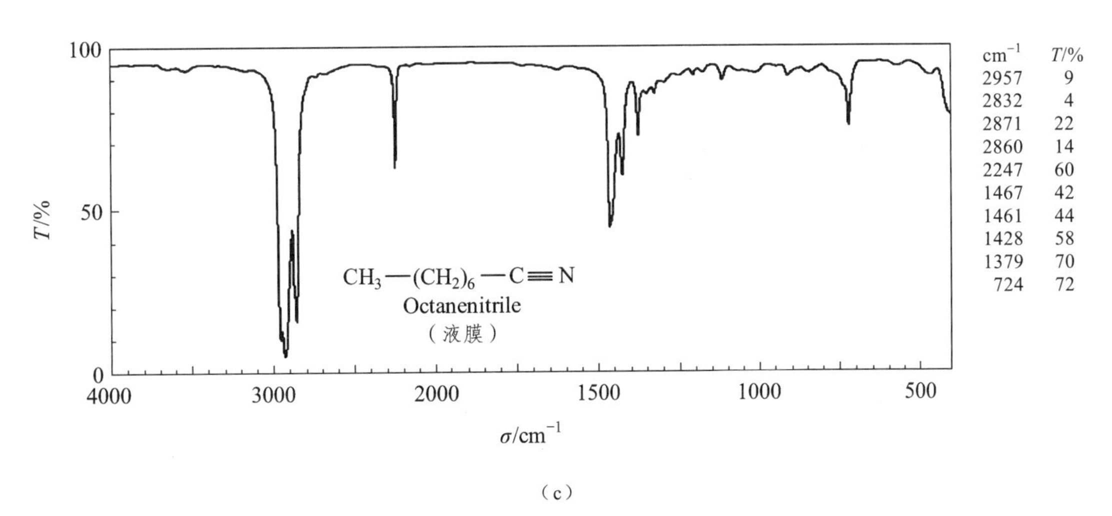

（c）

图 4-5　正辛烷、1-辛烯、1-辛腈的红外吸收光谱

因此，化合物的官能团的存在与吸收峰的出现是相对应的，通过一些容易辨认、具有代表性的吸收峰来确认官能团的存在，是图谱解析的一种有效方法。凡是可用于官能团存在的吸收峰，称为**特征吸收峰**，简称**特征峰**。如上述氰基峰、烯基的 4 个吸收峰等。

2. 相关峰

多数情况下，一个官能团都有数种振动形式，每一种活性振动形式都会一个吸收峰，即一个官能团会产生一组吸收峰，该组吸收峰都应该是基团的特征峰。这组同时出现、相互依存和印证的特征峰，称为**相关吸收峰**，简称**相关峰**。

例如，正辛烯的 $\nu^{as}_{=CH_2}$、$\nu_{C=C}$、γ_{CH}、$\gamma_{=CH_2}$ 4 个特征峰就是一组相关峰，它们相互印证了 —CH═CH$_2$ 基（端头双键），以区别于 —CH═CH— 基（中间双键），后者相关峰为 $\nu_{=CH}$、$\nu_{C=C}$、$\beta_{=CH}$、$\gamma_{=CH}$。

又如，醛基 —CHO 有 $\nu_{=CH}$、$\nu_{C=O}$、$\beta_{=CH}$、$\gamma_{=CH}$ 4 个相关峰，以相互印证醛基的存在。羧基—COOH 有 ν_{OH}、$\nu_{C=O}$、ν_{C-O}、β_{OH}、γ_{OH} 5 个相关峰，同时印证羧基的存在。

用一组相关峰来确定一个官能团的存在，是光谱解析的一条重要途径。主要官能团的相关峰如图 4-6 所示。主要基团的红外特征吸收数据见附录 A。

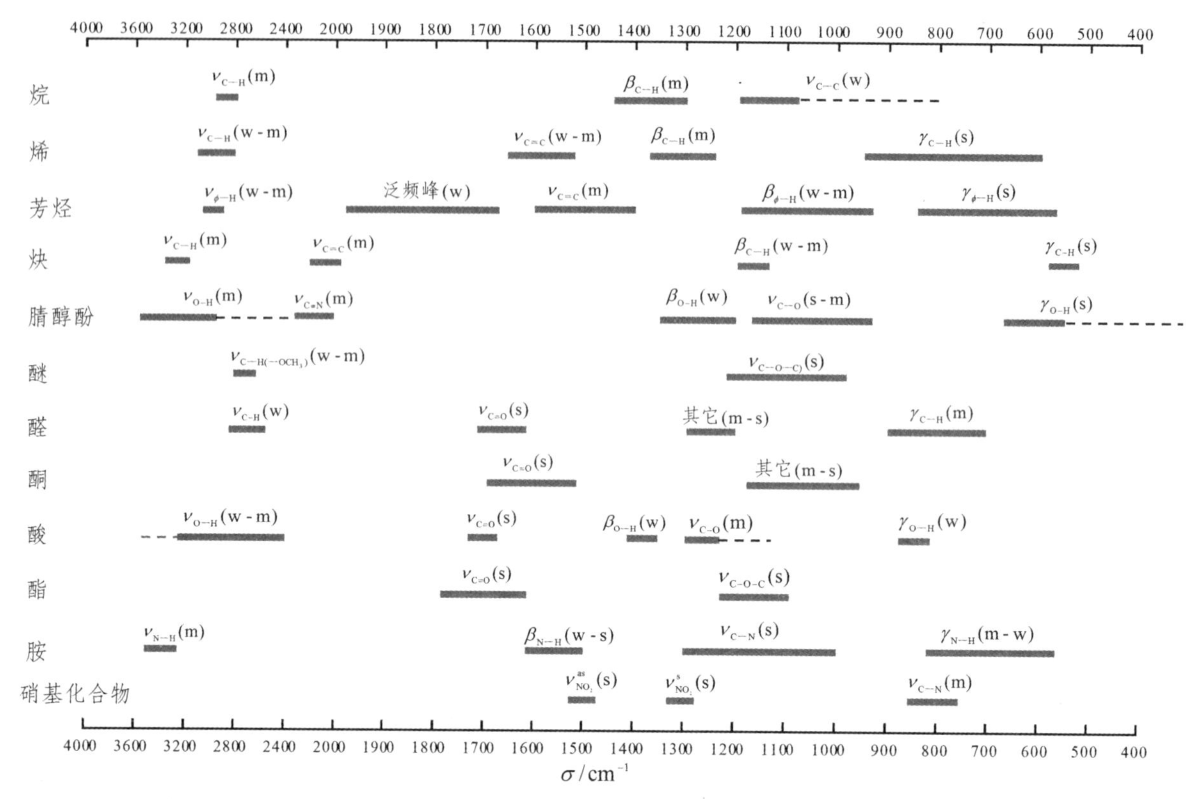

图 4-6　主要基团相关峰图略

4.2.5　吸收峰的位置

吸收峰的位置就是最大吸收峰所处在横坐标的位置，通常用σ_{max}表示，也就是振动能级跃迁时所吸收的红外线的波数σ_L。对基频峰而言$\sigma_{max}=\sigma$，对其它峰$\sigma_{max}=\sigma\Delta V$。由图 4-6 可看到，每种基频峰都在一段区间内出现，这是因为同一基团由于所处的化学环境不同影响不同所致。对基频峰的位置起决定作用的因素是化学键力常数和化学键两端的相对原子质量，化学键力常数 K 由化学键的类型化学键两端的元素性质所决定，而化学键两端的相对原子质量决定了谐振子的相对折合质量u。对吸收峰的位置起影响作用的因素来自内部影响因素及外部影响因素两方面。

1. 基本振动频率

将化学键连接的两个原子近似地看成谐振子，则分子中每个谐振子的振动频率可用简谐振动公式（4-5）算出。

$$\nu=\frac{1}{2\pi}\sqrt{\frac{K}{u}} \tag{4-5}$$

式中，ν为谐振子的振动频率，s^{-1}；K为**化学键力常数**，$N\cdot cm^{-1}$；u为折合质量，它是化学键两端的原子质量m_1、m_2的乘积与其加合的比值，即$u=m_1m_2/(m_1+m_2)$。

一般常用**相对折合质量**u'代替**折合质量**u进行计算，这样比较方便。

设原子的相对原子质量为M（$g\cdot mol^{-1}$），单个原子质量为m（g），则$m=M/N_A$，N_A为阿伏伽德罗常数，$N_A=6.023\times10^{23}$，两原子的相对折合质量$u'=M_1M_2/(M_1+M_2)$。

$$u=\frac{m_1\cdot m_2}{m_1+m_2}=\frac{1}{N_A}\cdot\frac{M_1M_2}{M_1+M_2}=\frac{u'}{N_A}$$

用波数 σ 代替频率 ν，将 $u=u'/N_A$ 代入式（4-5），得

$$\sigma/\text{cm}^{-1}=\frac{1}{2\pi c}\sqrt{\frac{K}{\mu'/N_A}}=\frac{\sqrt{10^5 N_A}}{2\pi c}\times\sqrt{\frac{K}{\mu'}}$$

将 π、c、N_A 的常数值代入上式，得

$$\sigma/\text{cm}^{-1}=1302\sqrt{\frac{K}{\mu'}} \tag{4-6}$$

例如，$\nu_{C\equiv C}$，$K\approx 15$ N/cm，$u'=6$，代入式（4-6），得 $\sigma=2060\ \text{cm}^{-1}$。

2. 对振动频率的决定因素

从式（4-5）可知，谐振子的振动频率与化学键力常数的开方成正比，与折合质量的开方成反比。所以说，对振动频率起决定作用的因素是化学键力常数 K 和折合质量 u。

化学键力常数 K：将化学键两端的原子由平衡位置拉长 0.1 nm 后的恢复力，称为化学键力常数。化学键力常数由化学键的类型和化学键两端的元素性质决定。一些化学键的伸缩力常数见表 4-5。

表 4-5　化学键的伸缩力常数

键	H—F	H—Cl	H—Br	H—I	H—O	H—O	H—S	H—N	H—C
分子	HF	HCl	HBr	HI	H_2O	游离	H_2S	NH_3	CH_3X
K/N·cm^{-1}	9.7	4.8	4.1	3.2	7.8	7.12	4.3	6.5	4.7～5.0
键	H—C	H—C	C—Cl	C—C	C═C	C≡C	C—O	C═O	C≡N
分子	$H_2C{=}CH_2$	$H_3C{\equiv}CH_3$	CH_3Cl						
K/N·cm^{-1}	5.1	5.9	3.4	4.5～5.6	9.5～9.9	15～17	5.0～5.8	12～13	16～18

一些主要基团的基频峰位的实际分布，如图 4-7 所示。由分布图的横行对比可以说明：

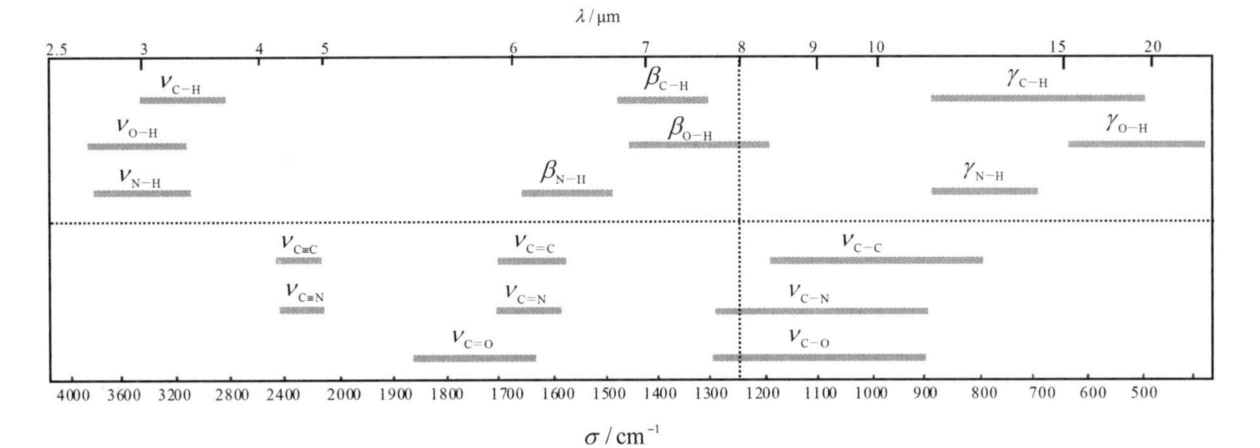

图 4-7　基频峰分布图略

（1）折合质量相同时，化学键越强，其伸缩力常数值越大，振动频率 ν 越高。例如：

$$\nu_{C\equiv C}>\nu_{C=C}>\nu_{C-C}，\quad \nu_{C\equiv N}>\nu_{C=N}>\nu_{C-C}$$

（2）折合质量相同时，对于同一基团，如果振动形式不同，则有 $\nu>\beta>\gamma$，因为不同振动形式的 K 大小依次为：伸缩振动>面内弯曲>面外弯曲。所以在红外吸收光谱上，左边区域为伸缩振动吸收峰，中间区域为伸缩振动与面内弯曲振动吸收峰重叠区域，右边区域为面外弯曲吸收峰。

（3）折合质量不同，化学键力常数也不同时，振动频率由其中占主要矛盾的因素主导。例如 C≡C 键的 K 值 3 倍于 C—H 键，但 C≡C 键的 u 值 6 倍于 C—H 键，其折合质量为主导因素，因此 $\nu_{C\equiv C}<\nu_{C-H}$。由于氢原子的相对原子质量最小，含氢基团的相对折合质量也最小，所以含氢单键的伸缩振动频率都出现在高频区。

3. 对振动频率的影响因素

从上述主要基团相关峰图可以看出，一峰在某一小段区域出现，这是由于除了受化学键力常数和折合质量两个主要因素决定外，还受基团所处的化学环境所影响，外部条件也会对吸收峰位置有些影响。

（1）内部结构因素

内部结构因素即基团所处的化学环境，主要是指相邻基团的影响及空间效应等。相邻基团的影响，是指诱导效应、共轭效应、氢键作用等，使被观测键的电子云分布发生改变，若使电子云密度增加化学键增强，振动频率则增加，反之使振动频率减小；空间效应主要是指杂化影响，若使键长变短键能增加，振动频率则增加，反之使振动频率减小。

诱导效应 吸电子基团的诱导效应，使基团的吸收峰频率增加。例如，以酮羰基为参照，酯和酰的羰基与吸电子基团相连，由于电负性元素的吸电子诱导效应，羰基碳电子云密度降低，羰基的双键电子云向碳原子偏移，导致氧的孤对电子向双键偏移，使羰基的双键性增强，伸缩力常数增大，使振动频率增加。

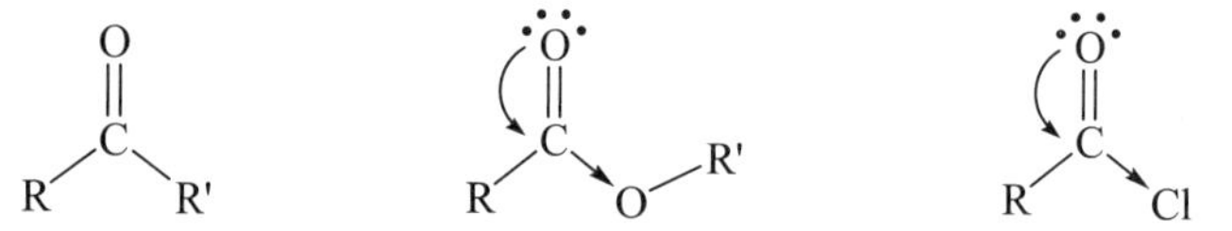

$\nu_{C=O}$~1715 cm^{-1}　　$\nu_{C=O}$~1735 cm^{-1}　　$\nu_{C=O}$~1780 cm^{-1}

共轭效应 共轭效应使基团的吸收峰频率降低。以饱和脂肪酮与 α,β-不饱和酮的比较来说明。α,β-不饱和酮的 p-π 共轭效应，使羰基 C═O 与 C═C 键的 π 电子离域，使羰基和双键的双键性同时减弱，伸缩力常数减小，使羰基和双键的振动频率同时降低。

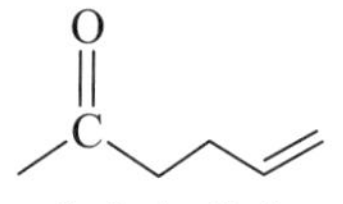

非共轭结构

$\nu_{C=O}$1718 cm^{-1} / 4%，$\nu_{C=C}$1642 cm^{-1} / 27%

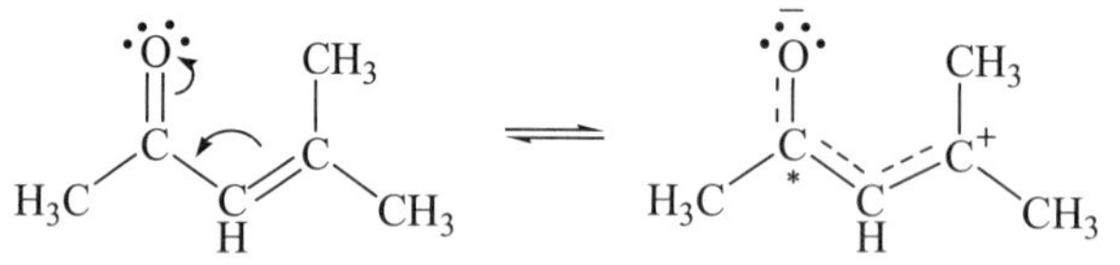

$\nu_{C=O}$1690 cm^{-1} / 4%，$\nu_{*C=C}$1662 cm^{-1} / 43%，$\nu_{C=C}$1620 cm^{-1} / 6%

氢键作用 氢键的形成，使相关键（如羰基和羟基）的伸缩振动频率都降低。根据分子结构的不同，氢键有分子内氢键和分子间氢键两种形式。值得注意的是，形成氢键的羟基伸缩振动吸收峰，一般是钝峰，不容易确定峰位。

分子内氢键的形成不受浓度变化影响。例如，2-羟基-4-甲氧基苯乙酮，邻位上的羟基与羰基易形成分子内氢键，使 $\nu_{C=O}$ 与 ν_{OH} 都降低了，但浓度的变化对其几乎无影响。

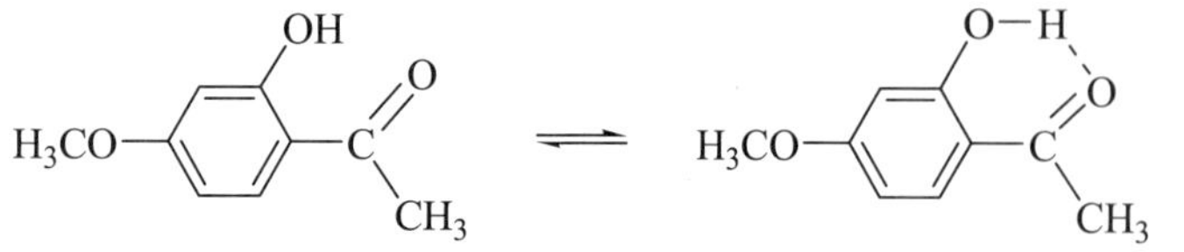

基团频率	ν_{OH}/cm^{-1}	$\nu_{C=O}$/cm^{-1}
本化合物	2835	1623
一般酚、酮	3705～3125	1700～1670

分子间氢键受浓度影响较大，其峰位会因浓度的改变而改变。所以，可观测稀释过程峰位是否有变化，来判断是分子间氢键还是分子内氢键。例如，乙醇在极稀溶液中呈游离状态，随着浓度增加而形成二聚体、多聚体，它们的 ν_{OH} 依次降低。

注意羧酸分子间氢键是环式二聚体氢键，多聚体不常见。多聚体氢键的 ν_{OH} 峰一般是频率在一定范围变动的钝峰，很不规则，强度较大，往往把 ν_{C-H}^{as} 与 ν_{C-H}^{s} 峰掩盖了。

氢键形式	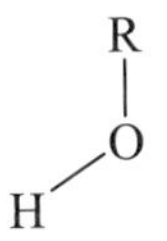	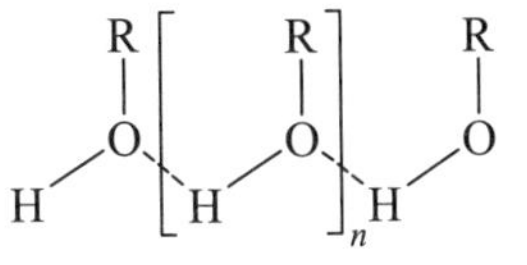	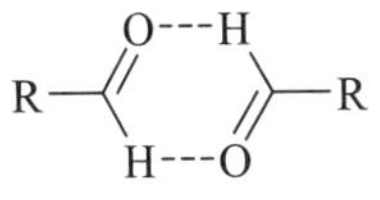
ν_{OH}/cm^{-1}	3650～3590	3500～3200，钝峰	3400～2500，钝峰

杂化影响 在碳原子杂化轨道中，s 成分增加使键能增加键长变短，C—H 伸缩振动频率增加，所以有 $\nu_{-C-H}<\nu_{=C-H}<\nu_{\equiv C-H}$，杂化对峰位的影响参数，见表 4-6。所以，通过不同杂化轨道对 C—H 伸缩振动频率影响的差异，可以有效地区分烷烃、烯烃与炔烃。

表 4-6 不同杂化轨道对峰位的影响

键	—C—H	═C—H	≡C—H
杂化轨道类型	sp^3-s	sp^2-s	sp-s
C—H 键长/nm	0.112	0.110	0.108
C—H 键能/$kJ\cdot mol^{-1}$	423	444	506
ν_{C-H}/cm^{-1}	～2900	～3100	～3300

除上述因素外，还有环尺寸效应、互变异构及样品的物态等因素，也对峰位有影响。

（2）外部条件因素

外部条件因素主要是溶剂及色散元件的影响。温度变化不大时，对峰位的影响较小，可以忽略。

溶剂影响 极性基团的伸缩振动频率，常随溶剂的极性增大而降低。这是极性基团与溶剂间生成氢键的缘故，溶剂极性越大，形成氢键的能力越强，基团的伸缩频率降低越多。

例如，丙酮在不同极性溶剂中的羰基伸缩振动频率，见表 4-7。

表 4-7 溶剂极性对伸缩振动频率的影响

溶剂	正己烷	CCl_4	$CHCl_3$	$CHBr_3$	CH_3CN
$\nu_{C=O}/cm^{-1}$	1727	1720	1705	1705	1705

4. 特征区与指纹区

特征区 4000～1250 cm^{-1} 区间称为特征区。特征区的吸收峰较疏，容易辨认。特征区主要包含氢原子的单键、三键及双键的伸缩振动的基频峰，以及部分含氢单键的面内弯曲振动的基频峰。羰基峰在特征区是最容易识别的吸收峰，它强度大，一般很少与其它峰重叠，它是判断羰基化合物的重要依据。另外，烯氢、炔氢以及醛基氢的 C—H 伸缩振动频率，一般都出现在特征区最左端，强度大而尖锐，与烷基 C—H 伸缩振动频率很少重叠，是非常重要的特征峰。

指纹区 1250～200 cm^{-1} 低频区称为指纹区，也是低能量区域。各种不含氢的单键伸缩振动、多数基团的弯曲振动的吸收峰都出现在指纹区。各种单键的键强差别不大，弯曲振动的能级差别小，在此区域谱带一般较密集，就像人的指纹一样十分精密，所以把低频区形象地称为指纹区。不同化合物的谱带在指纹区的差异，犹如人的指纹一样，虽然很相似，但绝不会相同。所以说，红外吸收光谱也是化合物“身份识别”的一种图谱。

参见图 4-7 中的垂直虚线为 1250 cm^{-1} 分区线，左边为特征区，右边为指纹区的各种振动频率分布情况。

4.2.6 吸收峰的强度

在红外吸收光谱中，浓度与吸光度的关系仍然服从 Lambert-Beer 定律。在此，我们不讨论浓度与吸光度的关系，而是以物质的量浓度 1.0 $mol \cdot L^{-1}$ 来讨论吸收峰的强度，这时

$$A = \varepsilon_{max}(L \cdot cm^{-1} \cdot mol^{-1}) \times 1.0\ (mol \cdot L^{-1}) \times 1.0\ cm = \varepsilon_{max}$$

所以，吸收峰强度的定量描述，一般采用摩尔吸光系数 ε 为宜，这样便于对不同化合物的谱带强度在同一水平线上（1.0 $mol \cdot L^{-1}$）进行比较。一般将谱带强度分为五级，见表 4-8。

表 4-8 谱带强度分级

ε	>100	100～20	20～10	10～1	<1
强度分级	非常强（vs）	强（s）	中强（m）	弱（w）	非常弱（vw）

1. 跃迁概率

对于吸收峰的强度，对分子的振动活性描述是一种定性描述，跃迁概率是对吸收峰强度的定量描述。

基态分子中的某个基团吸收一定频率的红外线，产生振动能级跃迁而处于激发态。激发态分子通过与周围基态分子或溶剂分子的碰撞作用，失去能量回到基态，使它们之间形成动态平衡。**跃迁过程中激发态分子占总分子的比例，称为跃迁概率**，谱带强度就是跃迁概率的度量。

跃迁概率与振动过程中偶极矩的变量 $\Delta\mu$ 有关，$\Delta\mu$ 越大，跃迁概率越大，谱带越强。而 $\Delta\mu$ 与键的偶极矩及振动形式有关。在一定条件下，一个化合物的各种键的偶极矩是不同的，所以偶极矩变量也不同，使跃迁概率不同，谱带强度也各不相同。因此，红外吸收光谱是一条各种谱带强度不同，而相对强度恒定的吸收曲线。在不考虑相邻基团相互影响的条件下，键的极性越大，其偶极矩越大，伸缩振动过程的偶极矩变量也越大，谱带越强。

例如，在乙酸丙烯酯结构中，C═O 键比 C═C 键的极性大，偶极矩 μ 大，其变量 $\Delta\mu$ 也大，所以，C═O 键的谱带强度比 C═C 键大。若分子中 C═C 与 C═O 产生共轭现象，则两个基团的伸缩振动 ν 波数均降低，但 C═C 键的 $\nu_{C=C}$ 峰强度明显增大，例如，巴豆酸甲酯的 C═C 键吸收峰即是如此，如图 4-8 所示。

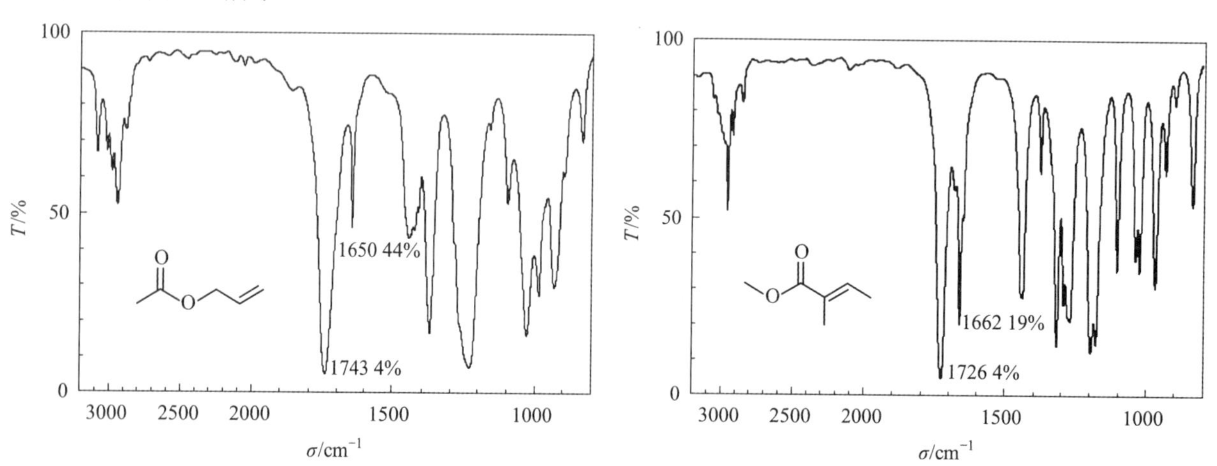

图 4-8 乙酸丙烯酯与巴豆酸甲酯的红外吸收光谱

2. 分子对称性

振动过程偶极矩的变量还与分子结构的对称性有关，对称性越好，振动过程的偶极矩变量 $\Delta\mu$ 越小；完全对称，变量 $\Delta\mu$ 为零。例如，三氯乙烯有较强的 $\nu_{C=C}$ 峰，而四氯乙烯的结构完全对称，无 $\nu_{C=C}$ 峰；又如，1-己烯、2-己烯与 3-己烯，C═C 在分子中的对称性依次增强，$\nu_{C=C}$ 峰由强变弱到消失。

分子结构					
$\nu_{C=C}$ /*T*%	1586 cm^{-1}/46%	无峰	1642 cm^{-1}/20%	1658 cm^{-1}/72%	无峰

4.3 典型光谱

4.3.1 脂肪烃类

对比正庚烷、1-庚烯及 1-庚炔的红外吸收光谱（图 4-9），识别饱和碳氢、烯碳氢、炔碳氢伸缩振动所产生的吸收峰；碳碳双键与三键的伸缩振动吸收峰；甲基变形振动及亚甲基剪式振动和面内摇摆振动等吸收峰。

1. 烷烃（表 4-9）

表 4-9 烷烃的红外吸收光谱的特征峰

烷烃特征峰	ν_{CH}	δ_{CH_2}	$\delta^{as}_{CH_2}$	$\delta^{s}_{CH_2}$
振动频率/ cm^{-1}	3000～2850（s）	1465（m）	1450（s）	～1375（s）

（1）碳氢伸缩振动　$\nu^{as}_{CH_3} > \nu^{as}_{CH_2}$；$\nu^{s}_{CH_3} > \nu^{s}_{CH_2}$；次甲基 CH 只有一个 ν_{CH} 峰。

（2）甲基与亚甲基的弯曲振动　亚甲基面内弯曲振动只有剪式振动一种形式[δ_{CH_2} (1465±20) cm^{-1}]。甲基有反称和对称伸缩振动两种形式（$\delta^{as}_{CH_3}$、$\delta^{s}_{CH_3}$）。甲基的这两种振动的吸收峰分别为（1450±20）cm^{-1} 和～1375 cm^{-1}。若有相邻的甲基存在时，甲基对称弯曲振动分裂为双峰，且随相邻甲基的增多，裂距增大。例如，在 $CH(CH_3)_2$ 基团中反称与对称弯曲振动的峰位分别是 1380 cm^{-1} 与 1370 cm^{-1}，裂距 10 cm^{-1}；在 $C(CH_3)_3$ 基团中，峰位分别是 1390 cm^{-1} 与 1370 cm^{-1}，裂距 20 cm^{-1}。

（3）甲基与芳环或杂原子相连　碳氢伸缩及弯曲振动频率改变情况，见表 4-10。

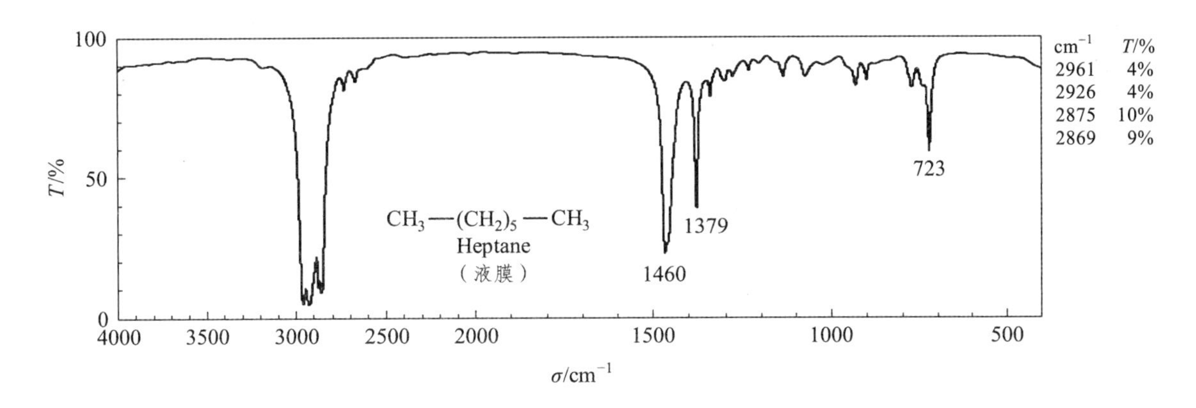

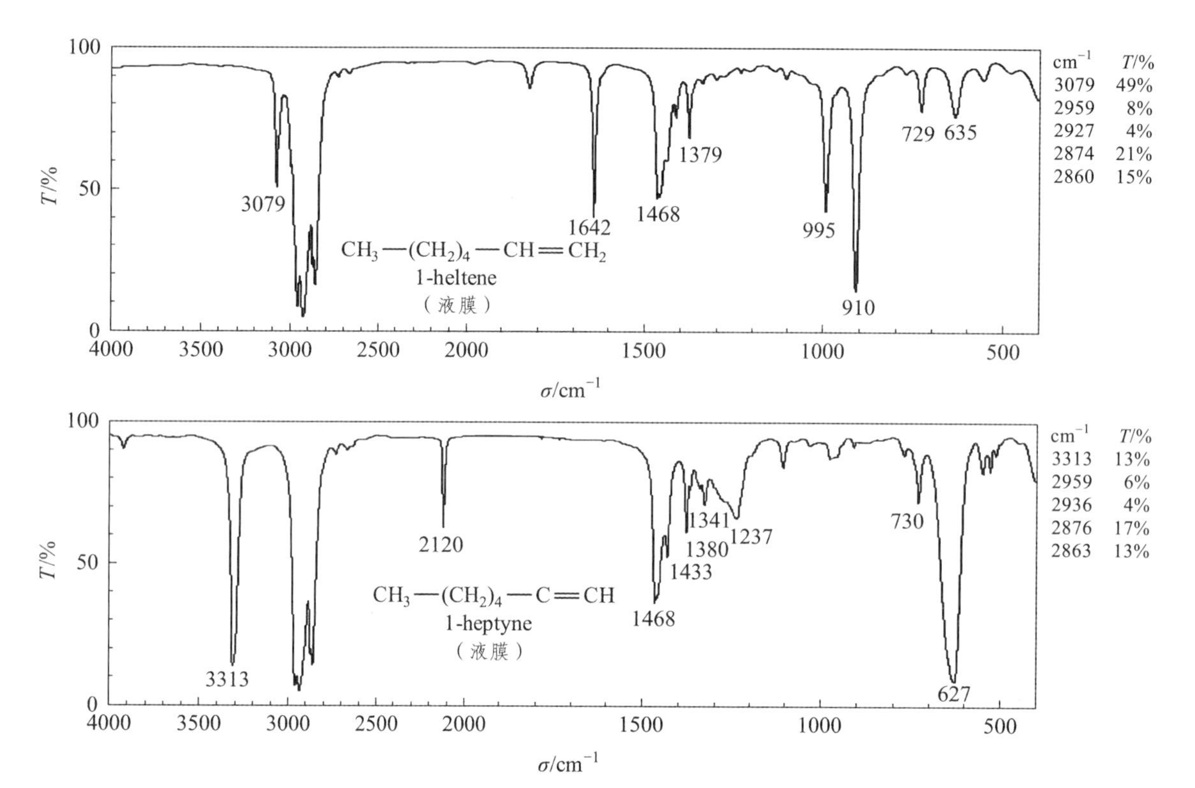

图 4-9 正庚烷、1-庚烯、1-庚炔的红外吸收光谱

表 4-10 甲基与其它原子相连时的伸缩与弯曲振动频率 单位：cm^{-1}

化合物	ν^{as}	ν^{s}	δ^{as}	δ^{s}
R—CH_3	2960±10	2872±12	1465±12	1387±8
Ar—CH_3	2925±5	2865±5		
R—O—CH_3	2925±5	2870±13	1455±13	1362±12
R—S—CH_3	2975±20	2878±13	1427±13	1310±20
R—C—CH_3	2975±20		1422±18	1375±8
R—NH—CH_3	2808±12		1425±15	
R—$N(CH_3)_2$	2817±8	2770±7		
Ar—NH—CH_3	2815±5			
Ar—$N(CH_3)_2$	2830±40			

2. 烯烃与炔烃（表 4-11）

表 4-11 烯烃与炔烃的红外吸收光谱的特征峰

烯烃与炔烃特征峰	$\nu_{=CH}$	$\nu_{C=C}$	$\gamma_{=CH}$	$\nu_{\equiv CH}$	$\nu_{C\equiv C}$
振动频率/cm^{-1}	3100～3000(m)	1650(w)	1010～650(s)	～3300(s)	～2200(m)

（1）$\gamma_{=CH}$峰 可用于确定取代基位置及构型。反式单烯双取代的面外弯曲振动频率大于顺式取代。前者为（965±5）cm^{-1}，后者为（690±15）cm^{-1}，差别显著；其峰强与取代基的类别有关。

（2）共轭效应 共轭双烯或 C═C 与杂双键、芳环共轭时，C═C 伸缩振动频率降低 10～30 cm^{-1}。例如，乙烯苯中乙烯基的$\nu_{C=C}$为 1630 cm^{-1}，比正常烯基降低 20 cm^{-1}，具有共轭双烯结构时，由于两个双键伸缩振动的偶合，常出现双峰。其高频峰与低频峰分别为同相及反相振动偶合所产生（相位偶合）。例如，1, 3-戊二烯的双峰近似为 1650 cm^{-1}及 1600 cm^{-1}。

（3）炔烃两个特征峰很明显，很少与其它峰重叠，容易辨认。

4.3.2 芳香烃类

1. 苯的红外吸收光谱

苯的红外吸收光谱见图 4-10，特征峰分析见表 4-12。

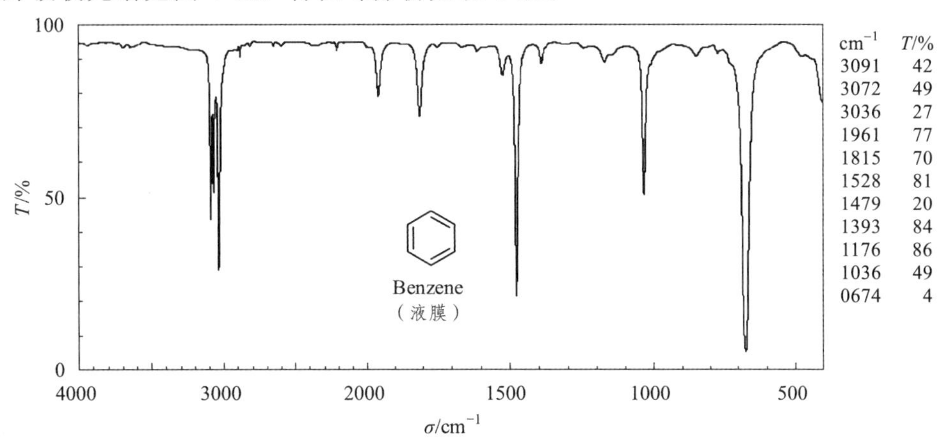

图 4-10 苯的红外吸收光谱

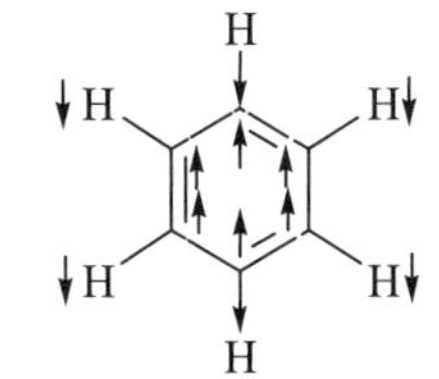

苯环 CH 面外弯曲振动

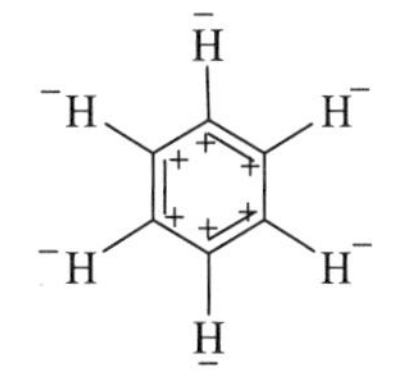

苯环 CH 面内弯曲振动

表 4-12 苯环特征峰分析

苯环特征峰	$\nu_{\phi-H}$	$\nu_{C=C}$	$\beta_{\phi-H}$	$\gamma_{\phi-H}$	泛频峰
振动频率/ cm^{-1}	3100～3000	1479(s)	1036(m)	674(s)	1961, 1815(w)
产生原因	苯环 CH 伸缩振动。6 个 CH 伸缩振动，因同向或反向而产生 3091、3072、3036 cm^{-1} 三个吸收峰	苯环骨架伸缩振动。3 个双键大 π 键伸缩振动，使环大小发生变化产生一组吸收峰	苯环 CH 面内弯曲振动。即 CH 键在分子平面内的键角变化所产生的吸收峰	苯环 CH 面外弯曲振动。即 CH 键偏离分子平面的弯曲振动	苯环骨架振动与 CH 弯曲振动的合频或倍频所产生的吸收峰，峰较弱

2. 取代苯的红外吸收光谱（表 4-13）

表 4-13 取代苯的红外吸收光谱特征峰

取代苯特征峰	$\nu_{\phi-H}$	$\nu_{C=C}$	$\gamma_{\phi-H}$	泛频峰
振动频率/ cm^{-1}	3100～3000（m）	～1600（m-s），～1500（m-s）	910～665（s）	2000～1766（w-vw）

现以邻、间及对位二甲苯的红外吸收光谱（图 4-11）为例，介绍烷基取代苯的特征性。

（1）取代苯的 CH 伸缩振动吸收峰（$\nu_{\phi-H}$） 出现在 3100～3000 cm^{-1}，取代基极性增大，峰强减弱。

（2）取代苯的苯环骨架振动吸收峰（$\nu_{C=C}$） 出现在 1600～1450 cm^{-1}，～1600 cm^{-1}（m/s）及～1500 cm^{-1}（m/s）两个峰是取代苯的重要特征峰，一般～1500 cm^{-1} 峰较强。当苯环与不饱和或含 n 电子的基团共轭时，由于双键伸缩振动间的偶合，1600 cm^{-1} 峰分裂为 2 个峰，在约 1580 cm^{-1} 出现第三个峰，同时使 1600 cm^{-1} 及 1500 cm^{-1} 峰强增加。有时在～1450 cm^{-1} 出现第四个吸收峰，但常与 CH_3 或 CH_2 的弯曲振动重叠而不易辨认。由于取代基的存在，苯环骨架振动复杂，不但苯环的大小变化，形状也可能变化，致使多峰出现。

（3）取代苯的 CH 面外弯曲振动与折叠振动吸收峰（$\gamma_{\phi-H}$与$\gamma_{C=C}$）

$\gamma_{\phi-H}$峰出现在 900～650 cm^{-1}（m）。该峰与取代基位置密切相关，峰很强，是确定苯环上取代基位置及鉴定苯环存在的重要特征峰。$\gamma_{\phi-H}$峰随苯环上相邻氢数目的减少，而向高频方向位移。苯环上若有两种化学环境的氢，则产生两个$\gamma_{\phi-H}$吸收峰，如间二甲苯。

$\gamma_{C=C}$环折叠峰出现在 750～665 cm^{-1}。而在邻二取代苯中，只有两个取代基的极性不同时才出现。

取代苯环在 900～650 cm^{-1}的吸收峰，一般都笼统归属为苯环上的 CH 面外弯曲振动吸收峰，而不细分。

（4）取代苯的面内弯曲振动吸收峰（$\beta_{\phi-H}$）　出现在 1225～950 cm^{-1}，由于峰较弱，干扰峰多，不易辨认，较少使用。

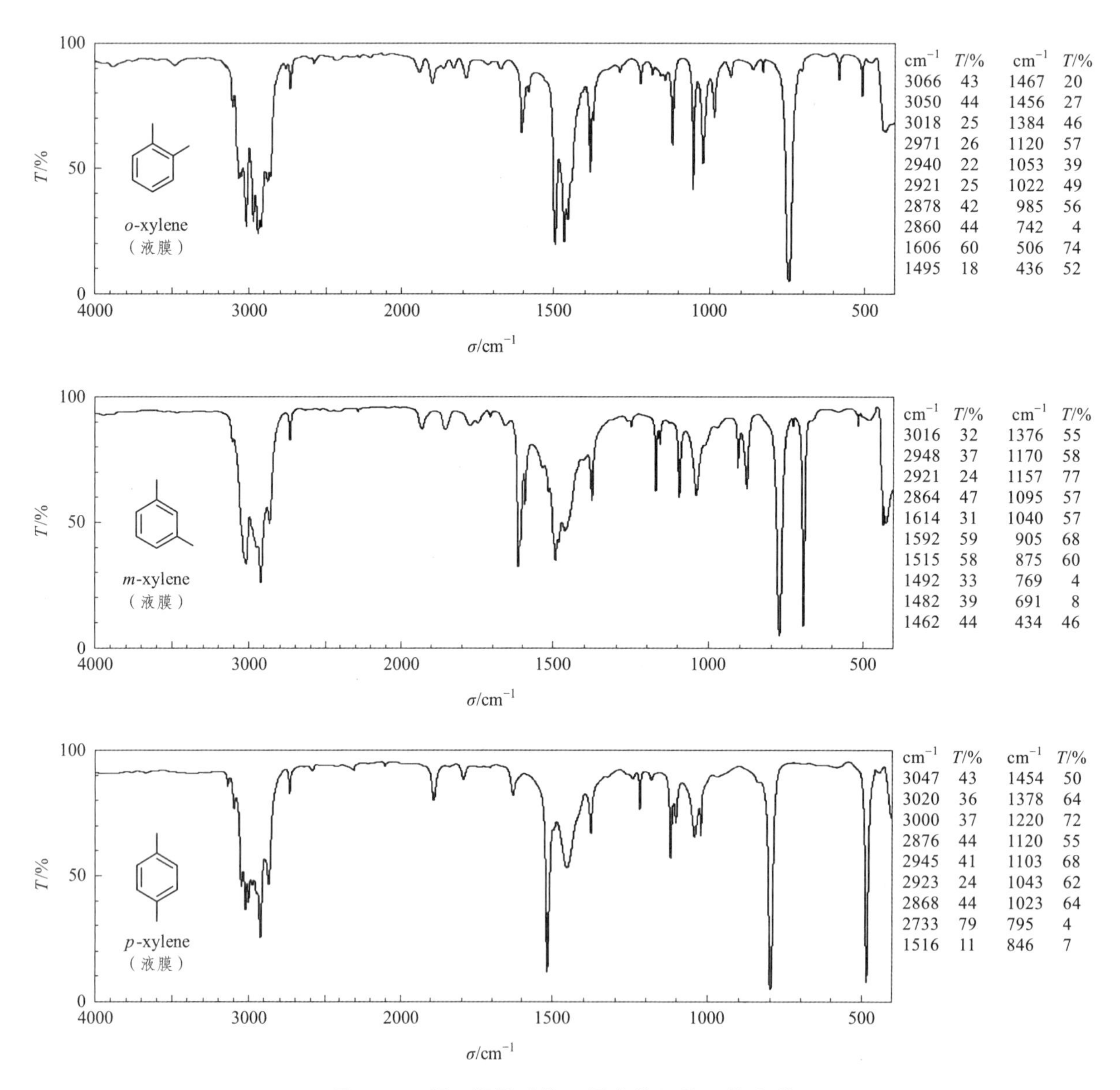

图 4-11　邻、间及对位二甲苯的红外吸收光谱

（5）取代苯的泛频峰　峰位与峰形与取代基的位置相关，与取代基的性质关系很小。例如，聚苯乙烯的单取代泛频峰非常明显。泛频峰一般较弱，有极性取代基时更弱。因此，除芳烃类化合物外，很少用泛频峰鉴别取代基位置。

4.3.3 醚、醇、酚类

1. 醚与醇

对比醚与醇的红外吸收光谱（图 4-12）可发现，它们都有 C—O 伸缩振动吸收峰 ν_{C-O}，但醇多了峰 ν_{OH}。醚 ν_{C-O} 峰出现在 1270～1010 cm^{-1}，不具有 ν_{OH} 峰，是与醇类的主要区别。醚键（C—O—C）具有对称与反称伸缩两种振动形式，开链醚的取代基对称或基本对称时，只能看到位于 1150～1050 cm^{-1} 的 ν^{as}_{C-O-C} 强吸收峰，而 ν^{s}_{C-O-C} 峰很弱或消失。

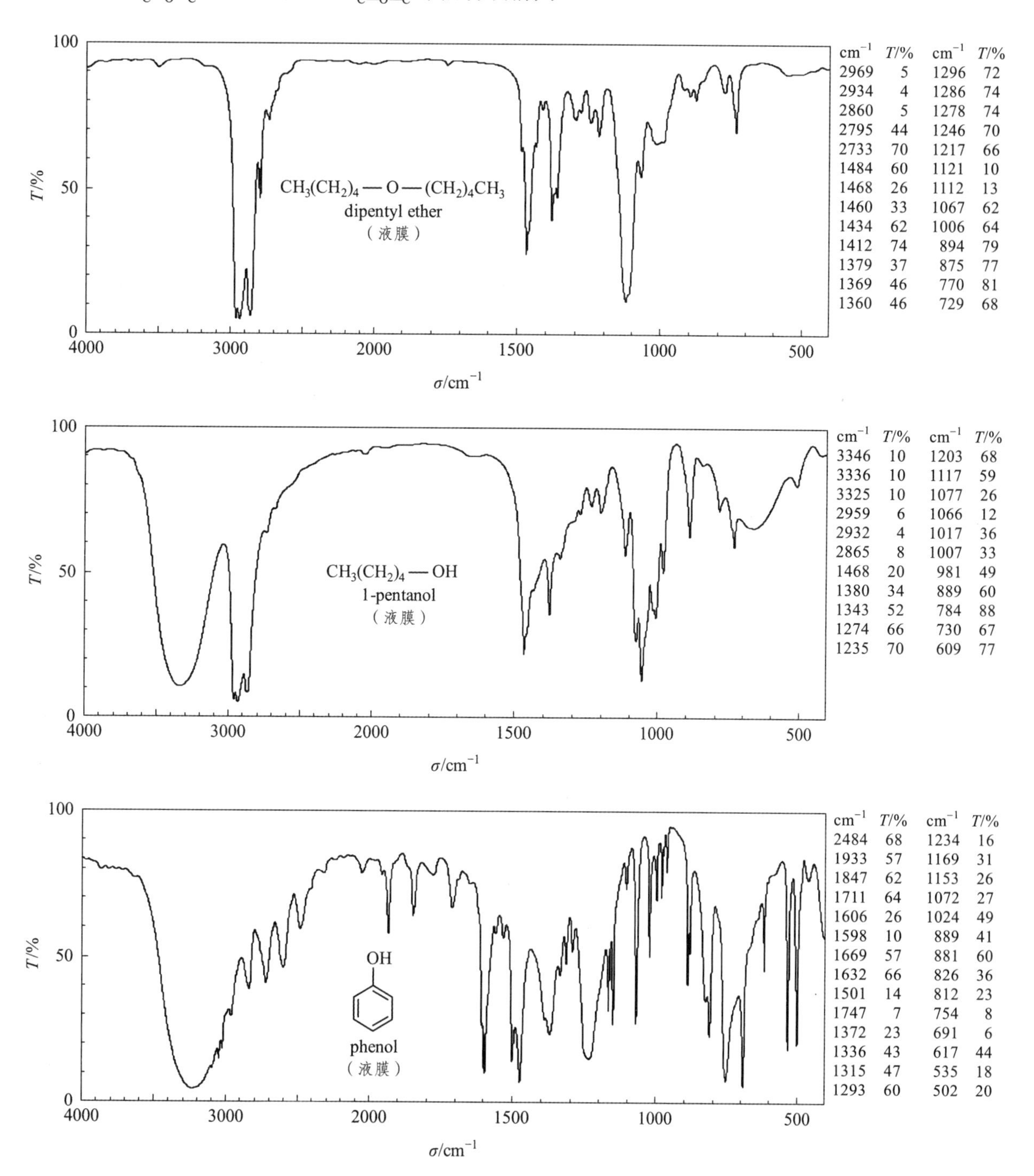

cm^{-1}	T/%	cm^{-1}	T/%
2969	5	1296	72
2934	4	1286	74
2860	5	1278	74
2795	44	1246	70
2733	70	1217	66
1484	60	1121	10
1468	26	1112	13
1460	33	1067	62
1434	62	1006	64
1412	74	894	79
1379	37	875	77
1369	46	770	81
1360	46	729	68

cm^{-1}	T/%	cm^{-1}	T/%
3346	10	1203	68
3336	10	1117	59
3325	10	1077	26
2959	6	1066	12
2932	4	1017	36
2865	8	1007	33
1468	20	981	49
1380	34	889	60
1343	52	784	88
1274	66	730	67
1235	70	609	77

cm^{-1}	T/%	cm^{-1}	T/%
2484	68	1234	16
1933	57	1169	31
1847	62	1153	26
1711	64	1072	27
1606	26	1024	49
1598	10	889	41
1669	57	881	60
1632	66	826	36
1501	14	812	23
1747	7	754	8
1372	23	691	6
1336	43	617	44
1315	47	535	18
1293	60	502	20

图 4-12 二戊醚、1-戊醇与苯酚的红外吸收光谱

醚基氧与苯环或烯基相连时，C—O—C 反称伸缩振动频率增加，对称伸缩振动峰强增大。可用超共振效应解释它，醚键的双键性增加，振动频率增大，约为 1220 cm^{-1}，而饱和醚为 1120 cm^{-1}。例如，苯甲醚 ν^{as}_{C-O-C} 1250 cm^{-1}（s），ν^{s}_{C-O-C} 1040 cm^{-1}。

$$H_2C=\underset{H}{C}-\ddot{O}-R \rightleftharpoons H_2\dot{C}-\underset{H}{C}=\overset{+}{\ddot{O}}-R$$

2. 醇与酚

对比脂肪醇与酚，它们都具有 ν_{OH} 及 ν_{C-O} 峰，但峰位不同（表 4-14），此外酚具有苯环特征。醇 ν_{OH} 峰在游离态为锐峰，在缔合态为钝峰；醇 ν_{C-O} 峰在 1250～1000 cm^{-1}；羟基面内弯曲振动峰（β_{OH}）不如 ν_{C-O} 峰易辨认。

表 4-14　醇与酚主要特征峰频率基础值对比

化合物	酚	叔醇	仲醇	伯醇
ν_{OH}/cm^{-1}（游离态，依次增大）	3610	3620	3630	3640
ν_{C-O}/cm^{-1}（依次减小）	1220	1150	1100	1050

4.3.4　羰基化合物

在红外吸收光谱上，羰基吸收峰是最易识别的特征峰。羰基峰强度大，很少与其它峰重叠，几乎独占 1 700 cm^{-1}左右区域，最易辨认。羰基峰的重要性在于含羰基的化合物较多，还因为在质子核磁共振中不呈现羰基峰，因此在综合光谱解析中，利用红外吸收光谱鉴别羰基有一定意义。

1. 酮醛及酰氯类化合物（图 4-13）

（1）酮类　特征峰 $\nu_{C=O}$ 基准值：脂肪酮 1715 cm^{-1}（s），共轭芳酮 1685 cm^{-1}（s）。

共轭效应　共轭效应使羰基峰频率降低。

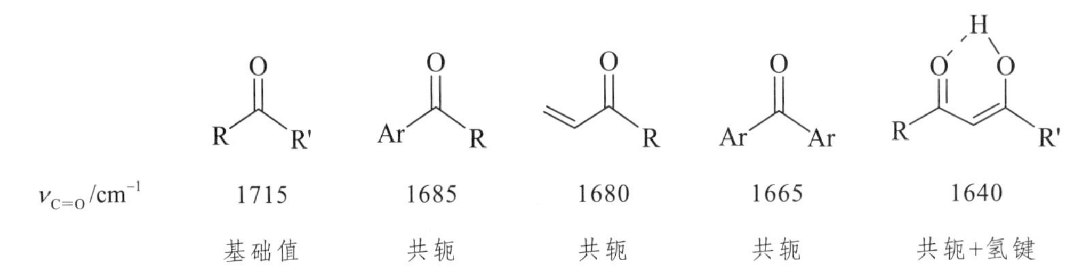

环张力影响　环增大使羰基峰频率增大。

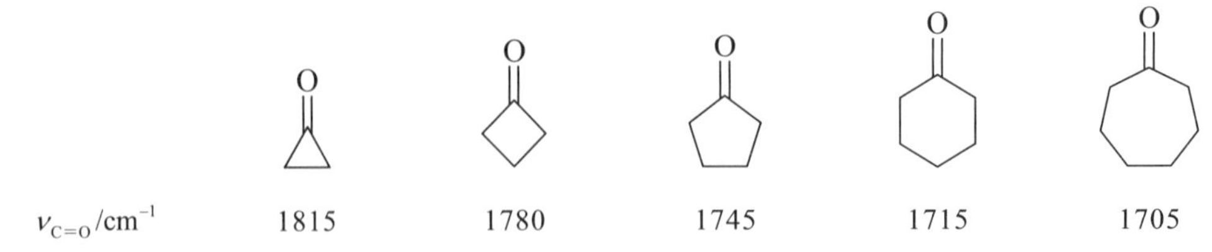

（2）醛类　特征峰基础值：羰基 $\nu_{C=O}$ 1725 cm^{-1}，共轭时羰基峰右移；醛基氢 $\nu_{CH(O)}$ 为双峰 2820 cm^{-1} 及 2720 cm^{-1}（w），是醛基鉴别的特征峰。

醛基氢双峰是醛基中的碳氢伸缩振动与其面内弯曲振动的倍频峰（～2×1400 cm^{-1}），因发生费米共振而分裂成双峰。由于烷基中的碳氢伸缩振动一般不会出现在醛基双峰的右侧，因而很容易辨认，醛与酮的区别也在于此。

醛羰基伸缩振动频率，受共轭效应的影响与酮羰基相似。芳酮、芳醛与对应的脂肪酮、醛相比，主要区别在于前者的 $\nu_{C=O}$ 比后者低，除此前者还具有芳环的特征峰。

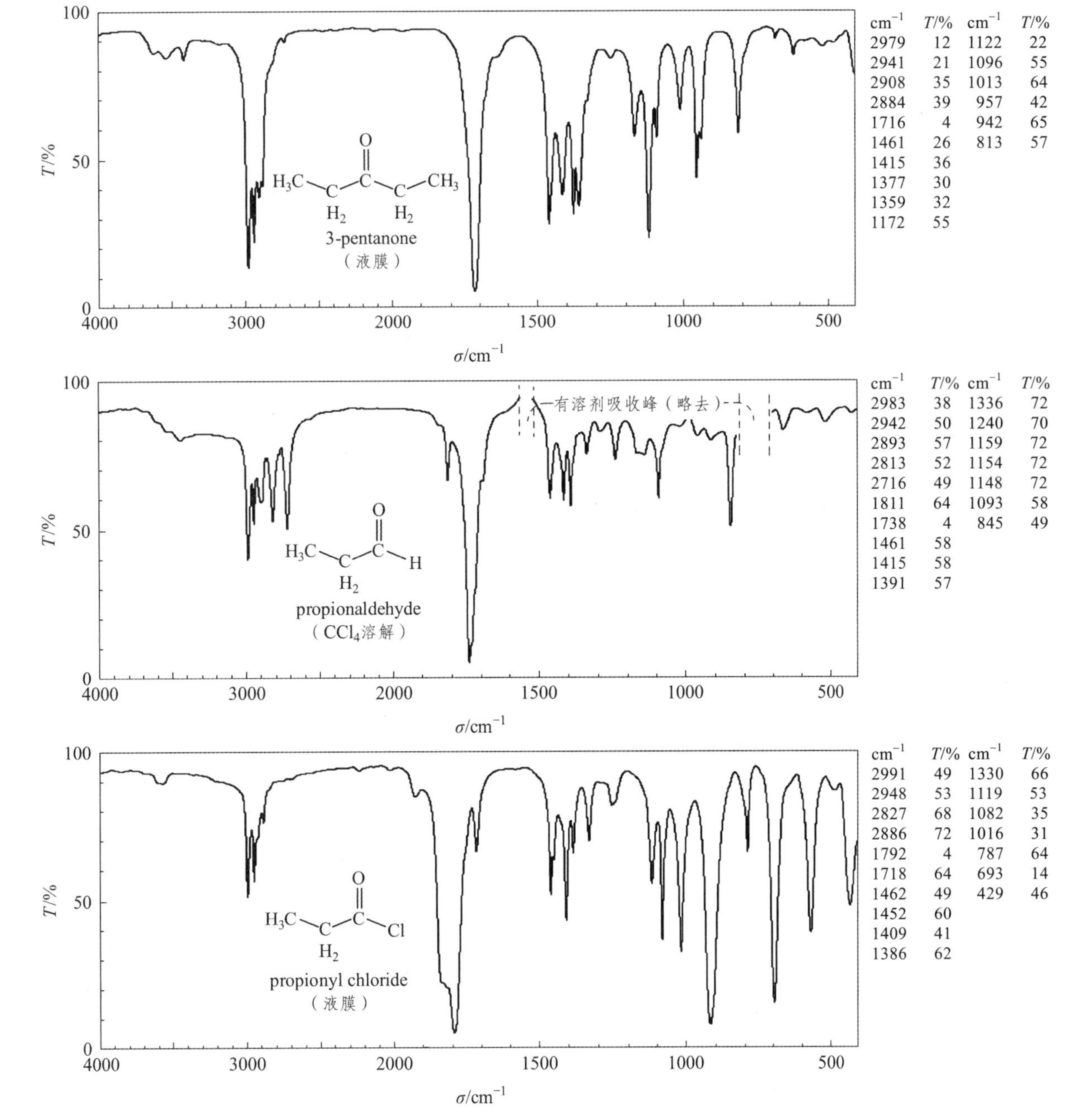

图 4-13 二乙基酮、丙醛与丙酰氯的红外吸收光谱

（3）酰氯 酰氯的特征峰基础值：$\nu_{C=O}$ ～1800 cm^{-1}（s），因氯的诱导效应，羰基的伸缩振动频率增大。

2. 酸酯及酸酐类化合物（图 4-14）

（1）**羧酸类** 主要特征峰：ν_{OH} (3400 ~ 2500) cm^{-1}，$\nu_{C=O}$ (1740 ~ 1650) cm^{-1}，ν_{C-O} 与 β_{OH} 峰次要。

ν_{OH} 峰 液态或固态脂肪酸由于氢键缔合，羟基伸缩峰变宽。通常呈现以 3000 cm^{-1} 为中心的宽峰，烷基的碳氢伸缩峰常被它部分淹没。通常，烷基碳链越长，被羟基淹没得越少。芳酸与脂肪酸 ν_{OH} 峰的峰位类似，但峰顶更不规则，$\nu_{\phi-H}$ 峰几乎被 ν_{OH} 峰全淹没。

$\nu_{C=O}$ 峰 酸的羰基峰比酮、醛、酯的羰基峰钝，是较明显的特征。芳酸与 α, β-不饱和酸比饱和酸的羰基峰频率低，可由共轭效应解释。

ν_{C-O} 及 β_{OH} 峰 ν_{C-O} 峰较强，出现在 1320～1200 cm^{-1}；β_{OH} 峰较弱，出现在 1450～1410 cm^{-1}。

也有认为这是 $\nu_{C—O}$ 与 β_{OH} 偶合而形成的双峰，而不细分它们的归属。

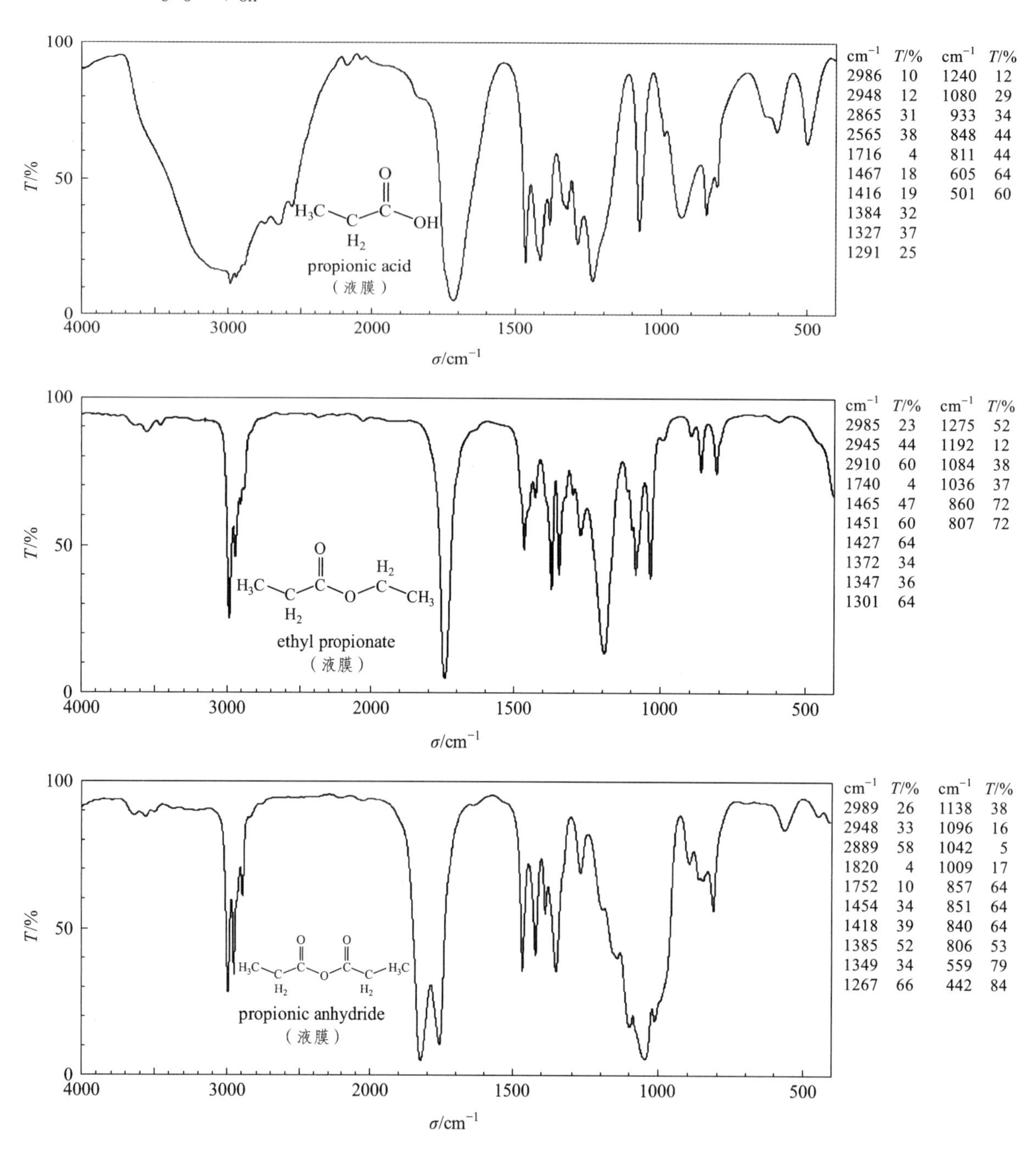

图 4-14　丙酸、丙酸乙酯及丙酸酐的红外吸收光谱

（2）**酯类**　主要特征峰：$\nu_{C=O}$ ~ 1735 cm^{-1}（s），$\nu_{C—O}$（1280 ~ 1100）cm^{-1}。

$\nu_{C=O}$ 峰　酯羰基与 R 基共轭时频率降低，峰位右移；若单键氧与 R′ 发生 p-π 共轭，则频率增大，峰位左移。以乙酸乙酯为参照对象，情况如下：

CAS Registry No.	141-78-6	140-88-5	93-89-0	108-05-4	122-79-2
R=CH_3 R′=C_2H_5	R–C(=O)–O–R′	CH_2=CH–C(=O)–O–R′	Ar–C(=O)–O–R′	R–C(=O)–O–CH=CH_2	R–C(=O)–O–Ar
$\nu_{C=O}/cm^{-1}$	1742	1728	1719	1762	1765

乙酸乙烯酯的 $\nu_{C=O}$ 为 1762 cm^{-1}，因 OR′ 中氧原子的 n 电子转移而使羰基的双键性增强，化学键力常数增大，频率增大。乙酸苯酯也是如此，而且作用更强。

$$H_3C-\overset{\ddot{O}:}{\overset{\|}{C}}-\ddot{O}-\overset{H}{\overset{|}{C}}=CH_2 \rightleftharpoons H_3C-\overset{:O}{\overset{\|}{C}}-\overset{+}{\ddot{O}}=\overset{H}{\overset{|}{C}}-\overset{-}{C}H_2$$

ν_{C-O} 峰　在 1280～1100 cm^{-1} 出现 ν^{as}_{C-O-C} 及 ν^{s}_{C-O-C} 峰，前者强度大，易看见，后者较弱，不易看见。

（3）**酸酐类**　主要特征峰：$\nu_{C=O}$ 双峰，$\nu^{as}_{C=O}$ 1850～1800 cm^{-1}（s），$\nu^{s}_{C=O}$ 1780～1740 cm^{-1}（s）；ν_{C-O} 1178～1050 cm^{-1}（s）。

酸酐羰基峰分裂为双峰，是鉴定酸酐的主要特征峰，且它不含酸的羟基峰。

4.3.5　含氮化合物

以苯胺、苯酰胺及硝基苯为例，对比含氮化合物的红外吸收光谱特征，见图 4-15。

1. 胺类化合物

特征峰：ν_{NH} 峰与 β_{NH} 峰是主要吸收峰；ν_{C-N} 及 γ_{NH} 峰次要。ν_{C-N} 峰 1360～1020 cm^{-1}（m）及 γ_{NH} 峰 900～650 cm^{-1}（s）。

ν_{NH} 峰　出现在 3500～3300 cm^{-1}（脂肪胺较弱，芳香胺较强），伯胺双峰，仲胺单峰，叔胺无此峰。由芳胺与脂肪胺对比，前者峰位左移，且有 $\nu_{\phi-H}$、$\nu_{C=C}$ 及 $\gamma_{\phi-H}$ 等苯环特征性。

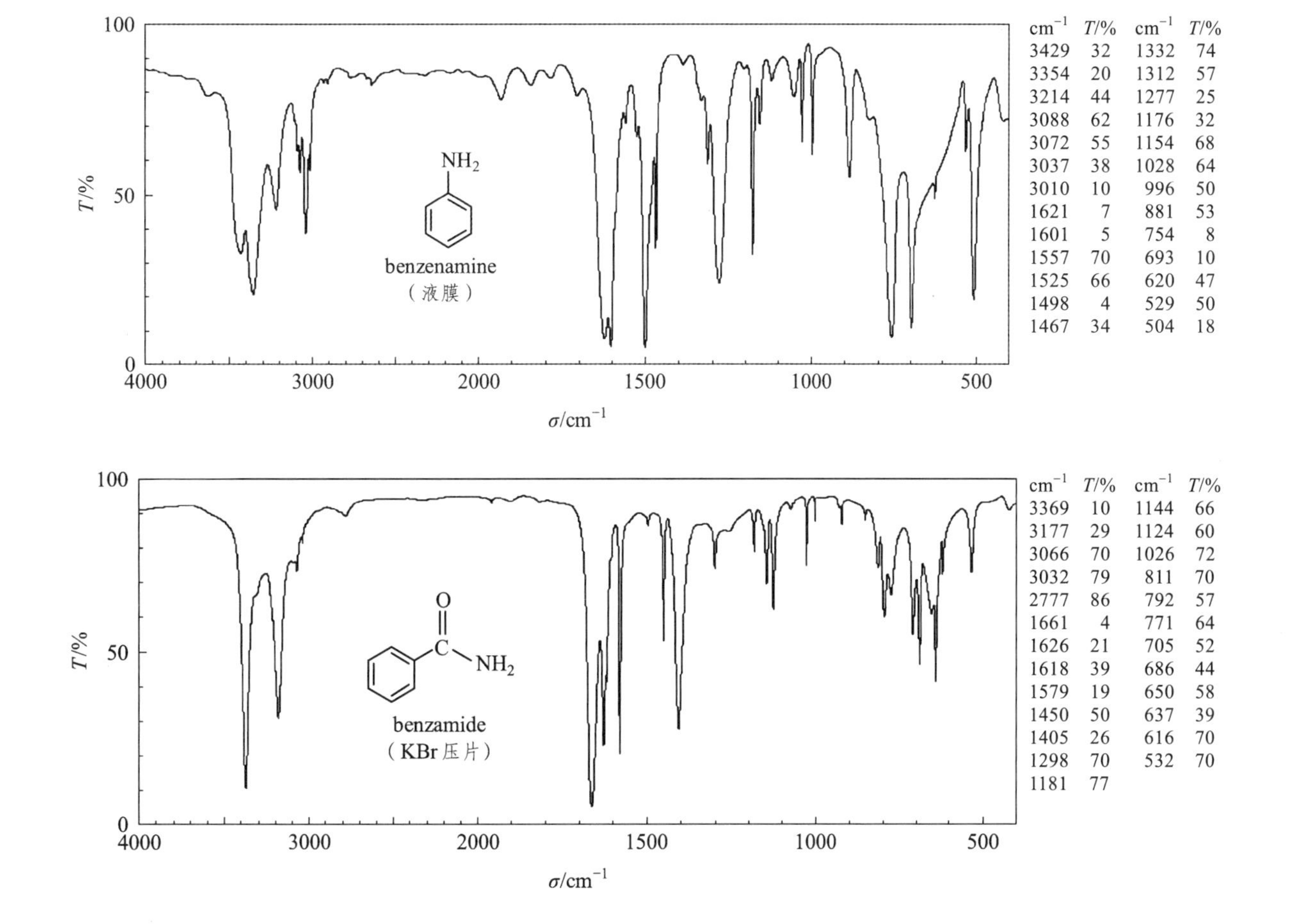

cm^{-1}	T/%	cm^{-1}	T/%
3429	32	1332	74
3354	20	1312	57
3214	44	1277	25
3088	62	1176	32
3072	55	1154	68
3037	38	1028	64
3010	10	996	50
1621	7	881	53
1601	5	754	8
1557	70	693	10
1525	66	620	47
1498	4	529	50
1467	34	504	18

cm^{-1}	T/%	cm^{-1}	T/%
3369	10	1144	66
3177	29	1124	60
3066	70	1026	72
3032	79	811	70
2777	86	792	57
1661	4	771	64
1626	21	705	52
1618	39	686	44
1579	19	650	58
1450	50	637	39
1405	26	616	70
1298	70	532	70
1181	77		

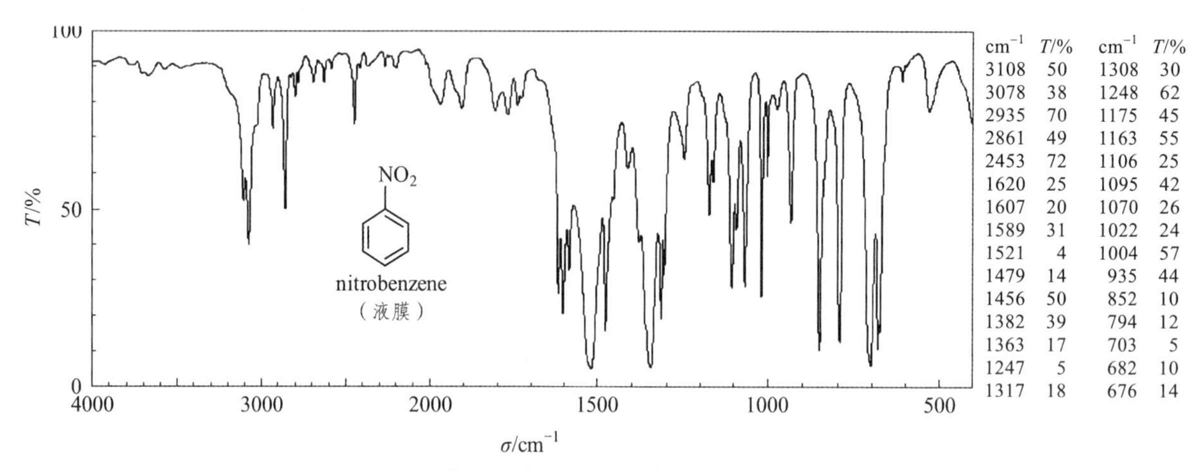

图 4-15　苯胺、苯酰胺及硝基苯的红外吸收光谱

β_{NH} 峰　伯胺 δ_{NH} 1650～1590 cm^{-1}，仲胺 β_{NH} 1650～1550 cm^{-1}（m/s）。在脂肪伯胺中较强；在脂肪仲胺中较弱；在芳香伯胺及芳香仲胺中强度都很大。因此由氨基的 β_{NH} 峰的强弱，可以鉴别氨基是否与苯环直接连接。但有时该峰与苯环的骨架振动峰相重叠，不易辨认。

2. 酰胺类化合物

酰胺类化合物主要特征峰：ν_{NH} 3500～3100 cm^{-1} (s)；$\nu_{C=O}$ 1680～1630 cm^{-1} (s)；β_{NH} 1640～1550 cm^{-1}。

ν_{NH} 峰　伯酰胺为双峰，ν_{NH}^{as} ～3350 cm^{-1} 及 ν_{NH}^{s} ～3180 cm^{-1}；仲酰胺为单峰，ν_{NH} ～3270 cm^{-1}（锐峰）；叔酰胺无此峰。

酰胺的 $\nu_{C=O}$ 及 β_{NH} 峰　两峰位置紧邻，是酰胺较主要特征峰，再紧邻右边是 ν_{C-N}、ρ_{NH_2} 及 ω_{NH_2} 等次要峰。

3. 硝基化合物

硝基有两个伸缩振动峰，$\nu_{NO_2}^{as}$ 1590～1510 cm^{-1} (s)及 $\nu_{NO_2}^{s}$ 1390～1330 cm^{-1} (s)，强度大，易辨认。在芳香族硝基化合物中，由于硝基的存在，苯环的 $\nu_{\phi-H}$ 及 $\nu_{C=C}$ 峰明显减弱。

4. 腈类化合物

特征峰为 $\nu_{C\equiv N}$ 2260～2215 cm^{-1} (w-m)。饱和脂肪腈位于 2260～2240 cm^{-1} (w-m)，当 α-C 原子上有氧、氯等吸电子时，峰强变弱甚至消失。共振效应使 $\nu_{C\equiv N}$ 向低频方向移动。不饱和腈在 2240～2225 cm^{-1} (s)；芳香腈位于 2240～2215 cm^{-1} (s)。

乙腈和苯酰乙腈的红外吸收光谱如图 4-16 所示。

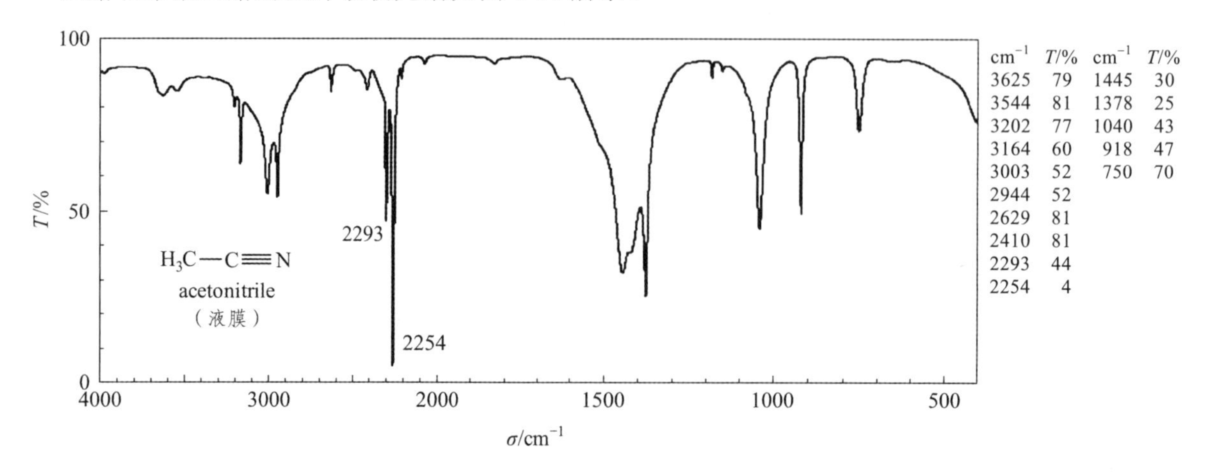

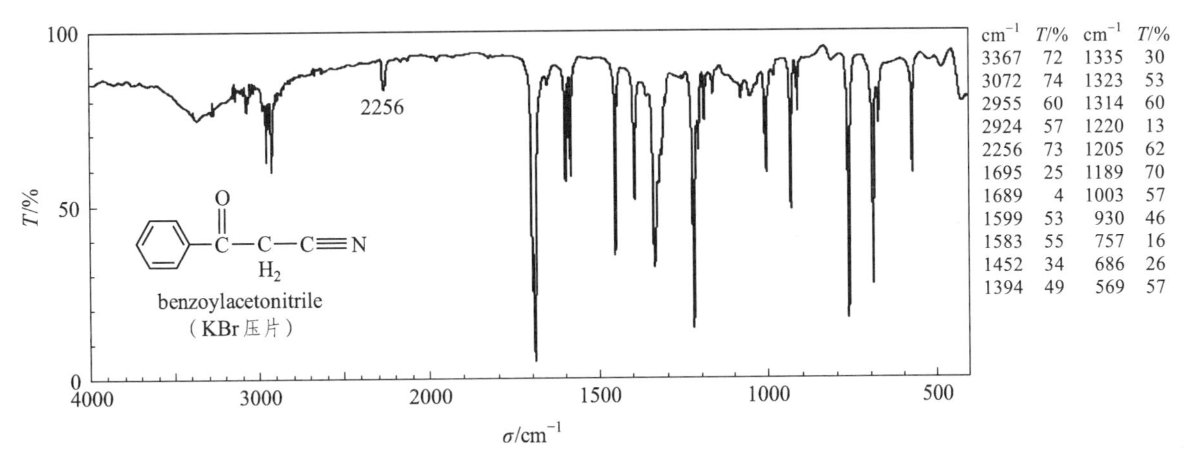

图 4-16　乙腈和苯甲酰乙腈的红外吸收光谱

腈的 C≡N 伸缩振动频率在不同结构环境中的比较如表 4-15 所示。

表 4-15　腈的 C≡N 伸缩振动频率比较

腈类化合物结构式	$H_3C—C≡N$	$H_2C=CH—C≡N$	$C_6H_5—CO—CH_2—C≡N$	$C_6H_5—CO—C≡N$
$\nu_{C≡N}$ / T%	2254 cm^{-1}/4%	2230 cm^{-1} 12%	2256 cm^{-1}/73%	2224 cm^{-1}/20%

4.4　红外光谱仪及制样

第一代棱镜型的红外分光光度计于 1947 年研制成功。20 世纪 60 年代后，以光栅作为分光光度计，分辨率大大提高，对环境要求也大为降低。随着仪器部件进一步升级，仪器性能日趋完善，计算机的应用使操作自动化，检测数据及谱图自动存储和检索，这就是第二代光栅型的红外分光光度计。

20 世纪 70 年代后，第三代仪器采用迈克逊干涉仪取代色散元件，并采用傅里叶函数变换，将带有样品信息的干涉图变换成我们能够识别的光谱图。第三代仪器具有扫描速度快、分辨率高、灵敏度高等优点，还可以与色谱联用。第三代仪器是目前的主导仪器。

由于红外光谱法对物质的三种聚集状态都可以检测，所以对固体、液体及气体样品，都有不同的要求，特别是样品池都各不相同。固体样品采用压片法，液体样品有溶剂法（液体池）、液膜法、石蜡糊法等，气体样品有专用气体池。无论样品压片还是样品池，光路通过的部分都是红外光透明的，如 KBr 碱金属盐之类，而不是常用的石英玻璃。

4.4.1　傅里叶变换红外光谱仪

1. 光　源

光源作用是产生能量高、稳定性好的红外光。较常用的是改进型硅碳棒（EVER-GLO）光源和空气冷却陶瓷光源。硅碳棒是一种由 SiC 材料烧结而成两端粗中间细的实心棒，发射频率范围为 9600～20 cm^{-1}，改进型的发光面积小（20 mm^2），红外光辐射很强，热辐射很弱，因此无需冷却。陶瓷光源是在陶瓷器件保护下的镍铬合金线光源，发射频率范围为 9600～50 cm^{-1}，早期以水冷却，现改进为空气冷却。

2. 分光系统

分光系统主要由反射镜、狭缝和色散元件组成，色散元件是其核心部件。第一代仪器的色散元件是棱镜，它由 KBr、NaCl、CaF_2 或 LiF 等盐的单晶制成，这类棱镜怕潮湿、分辨率低；第二代仪器的色散元件是衍射光栅，光栅对环境要求不高，分辨率也大大提高；第三代仪器是以迈克逊干涉仪代替分光系统的功能。

迈克逊干涉仪由固定反光镜、移动反光镜、光束分裂器组成，如图 4-17 所示。光束分裂器有一层半透明，与入射光成 45°角，使入射光的 50%透过、50%反射。移动反光镜可以沿着入射光的方向前后移动。当光源发出的红外光进入干涉仪时，由分裂器分裂为透射光Ⅰ和反射光Ⅱ，Ⅰ、Ⅱ两束光分别被固定镜和移动镜反射，而形成相干光。当移动镜连续移动时，Ⅰ、Ⅱ两束光的光程差就会连续改变。当光程差是波长的整数倍时，为相长干涉，亮度最大（亮条纹）；当光程差是半波长的奇数倍时，为相消干涉，亮度最小（暗条纹）。因此，当移动镜以匀速向光源方向移动时，就连续改变了两束光的光程差。在连续改变光程差的同时，记录下中央干涉条纹的光强度变化，即可得到干涉图。

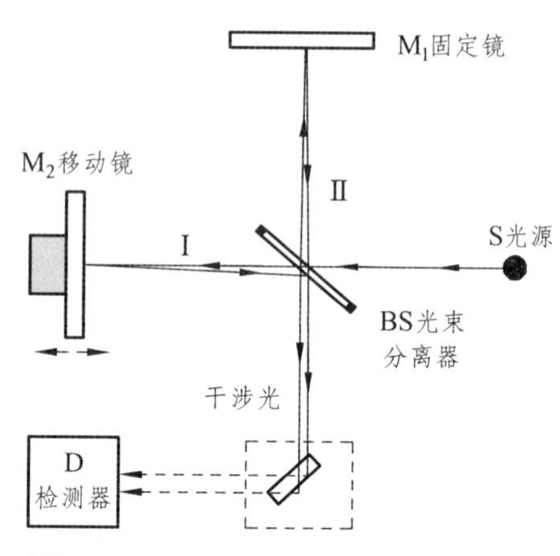

图 4-17　Michelson 干涉仪工作原理

干涉仪的基本功能是产生两束相干光，并使之以可控制的光程相互干涉，以给出干涉图。干涉图就是检测器记录下来的干涉强度和两束光光程差之间的函数关系。如果在干涉仪与检测器之间插入样品，检测器得到的是含有样品信息的干涉图。这种含有样品信息的干涉图是不能直接识别的，需要通过计算机进行傅里叶变换后转换为我们可以识别的红外光谱图。

由于干涉光的强度比单束光强度大，能量更高，所以使振动-转动能级跃迁的效率更高，使检测信号更加敏锐，灵敏度提高，这是优于第一、二代仪器的根本原因所在。

3. 检测器

红外光谱仪的检测器是将红外光强度信号转换为电信号的装置，主要有真空热电偶、高莱池和热电量热计三种。

真空热电偶检测器应用最多。它的应用范围为 2～50 μm。当红外光通过窗片射到涂黑的热电偶接点上时，因接点温度升高而产生温差电势，回路有电流产生。热电偶的时间常数为 0.05 s。由于热电偶时间常数大，所以不能用作高速扫描红外光谱仪的检测器。热电偶的使用寿命可达 10 年以上。

高莱池是灵敏度较高的气胀式检测器。在充氮的气室两端各封有低硝化纤维素膜。前面的膜涂黑，可接受红外光；后面的膜真空镀 Sb 作为可伸屈膜的反射镜。当红外光透过窗片射到涂黑的膜上，气室内温度升高，改变了可伸屈膜的曲率，导致射到光电管上的光线强度发生变化。高莱池寿命短，1～2 年。膜容易老化引起漏气，现在已很少使用。

热电量热计由硫酸三甘肽（TGS）和其氘代产物（DTGS）作热电材料制成，是一种铁电物质，在居里点以下时显示出很大的极化效应，极化强度与温度有关。若将这种材料的薄片两面与电极相连，即形成一个电容。当红外光照射在上面时使其极化度发生改变，两电极产生感应电荷，接入外电阻后可以检测出来。由于它在室温下热电系数大，时间常数小，斩光频率可达 2000 Hz，可以实现高速扫描，已经广泛用于傅里叶变换红外分光光度计中。

硫酸三甘肽[$(NH_2CH_2COOH)_3H_2SO_4$，简称 TGS]晶体，具有良好的热电性质，它在大部分红外区域都有良好的吸收特性，在室温下，该晶体呈现目前已知材料中最大的热电系数。

氘化硫酸三甘肽（DTGS）晶体将居里温度提高到 57～62 ℃，这样，所制成器件的温度范围可以提高。L-丙氨酸掺杂的氘化硫酸三甘肽（DATGS）晶体由于掺杂后建立了内在偏压场，使晶体能避免退极化，大大改善了晶体的热电性质。

在 FTIR 中检测器常用热释电检测器，如氘代硫酸三肽（DATGS）、汞镉碲（MCT）。

光学系统控制电路的主要任务是把检测器得到的信号经放大器、滤波器等处理，然后传递到计算机接口，再传入数据处理系统，把模拟信号转换为数字信号，进行运算处理，结果输出、显示或打印。

傅里叶变换红外分光光度计不用狭缝和分光组件，消除了狭缝对光谱能量的限制光能的利用率大大通过，使仪器具有测量时间短、高通量、高信噪比、高分辨率的特性。与色散型仪器的扫描不同，傅里叶变换红外分光光度计能同时测量、记录全光程信息，使得在任何测量时间内都能够获得辐射源的所有频率的全部信息。

4.4.2 仪器性能

红外光谱仪的性能指标有分辨率、波数准确度与重复性，透过率或吸光度的准确度与重复性、I_0（100%）线的平直度、检测器的满度能量输出、狭缝线性及杂散光等项。前两项为仪器的主要指标。

1. 分辨率

红外光谱仪分辨率采用在某波数处恰能分开两个吸收峰的相对波数差（$\Delta\sigma/\sigma$）为指标。通常采用一些简便方法表示：用测定某一样品在某一波数区间所能分辨出的峰数；用一定波数处的分离深度。

《中国药典》规定，用聚苯乙烯薄膜校正红外光谱仪时，要求在 3110～2850 cm^{-1} 应能清晰地分辨出 7 个峰；峰 2851 cm^{-1} 与谷 2870 cm^{-1} 之间的分辨深度不小于 18%透光率；谷 1589 cm^{-1} 与峰 1583 cm^{-1} 之间的分辨深度不小于 12%透光率。仪器的分辨能力除另有规定外，应不低于 2 cm^{-1}。见图 4-18。

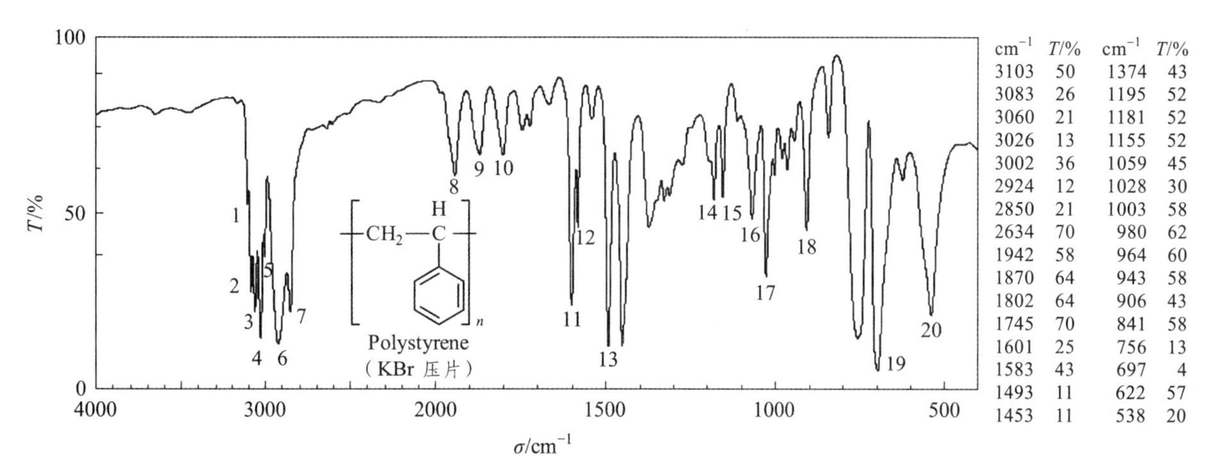

cm^{-1}	T/%	cm^{-1}	T/%
3103	50	1374	43
3083	26	1195	52
3060	21	1181	52
3026	13	1155	52
3002	36	1059	45
2924	12	1028	30
2850	21	1003	58
2634	70	980	62
1942	58	964	60
1870	64	943	58
1802	64	906	43
1745	70	841	58
1601	25	756	13
1583	43	697	4
1493	11	622	57
1453	11	538	20

图 4-18　聚苯乙烯的红外吸收光谱

2. 波数准确度与重复性

仪器测定所得波数与标准值比较之差，称为波数准确度；多次（3～5 次）重复测量同一样品，所得同一吸收峰波数的最大值与最小值之差，称为波数重复性。

《中国药典》规定用聚苯乙烯薄膜校正仪器，绘制其光谱图。用波数 3027、2851、1601、1028 及 907 cm^{-1} 附近的波数进行校正（表 4-16），误差不应大于±5 cm^{-1}，在 1000 cm^{-1} 附近的波数误差不应大于±1 cm^{-1}。

表 4-16　聚苯乙烯薄膜用于波数校正的吸收峰波数

峰号	1	2	3	4	5	6	7	8	9	10
σ / cm^{-1}	3103	3083	3060	3026	3002	2924	2850	1942	1870	1802
归属	苯环氢伸缩振动					烷氢伸缩振动		泛频峰		
峰号	11	12	13	14	15	16	17	18	19	20
σ / cm^{-1}	1601	1583	1493	1181	1155	1059	1028	906	697	538
归属	苯环骨架振动			苯环氢面内弯曲振动				苯环氢面外弯曲振动		

注：下划波浪线的波数值为鉴定仪器波数准确度的主要吸收峰。

4.4.3　样品制备

红外光谱测定的样品，尽管固体、液体和气体三种状态均可以测定，但必须符合规定的要求才能获得需要的图谱，所以，必须根据样品的状态、性质和分析目的，选择合适的制样方法和相应的测定装置，这是获得成功的基本条件。

红外光谱测定的样品一定是纯物质，所以要了解样品的纯度，一般要求样品纯度大于 99%，否则应提纯后再测。对含水分和溶剂有严格要求。样品必须是干燥的，而且环境湿度要低（采用空调、去湿机、干燥剂等），因为空气中的水分也有红外吸收。常用的溶剂如甲醇、乙醇、环己烷等有机溶剂不能采用，因为它们均有红外吸收。

1. 固体样品

固体样品可以以薄膜、粉末及结晶等状态存在，制样方法要因物而异。

（1）压片法

对于粉末与晶体等可以研细的固体样品，无法将其置于检测的光路中，所以必须有支撑物才能将样品置于检测光路中，而且该支撑物还不能有红外吸收。没有红外吸收的常用物质是 KBr 晶体等。制样方法是将样品用小玛瑙研钵研细成粉末、光谱纯 KBr 晶体也研成粉末，然后以样品与 KBr 的质量比 1/100 的比例混合，再用小玛瑙研钵研磨，以研磨的形式将样品和 KBr 晶体粉末在研磨的过程中混匀，然后装入压片模具中，加压至约 18 MPa，将压力维持 5 min 以上方可卸去压力（在高压下维持一段时间可使晶体样品薄片变得透明）。

在制样过程中，一般不宜按 1 mg 样品+100 mg KBr 的方法来做，因为样品太少，实际上既不好称量，也不好研磨混匀。方便的方法是 10 mg 样品+1000 mg KBr，研细混匀，然后称取混合物 100 mg 再压片，即可达到实验要求。

（2）糊状法

固体颗粒对光有散射，这种现象在压片法中无法避免，而只能用尽量研细来减少此现象。固体有机物的折射率为 1.5～1.6。若选用与样品折射率相近，出峰少且不干扰样品吸收谱带的液体混合后研磨成糊状，散射可以大大减小。通常选用的液体有石蜡油、六氯丁二烯及氟化煤油。研磨后的糊状物夹在两个窗片之间或转移到可拆液体池窗片上测试。这些液体在某些区有红外吸收，要根据样品出峰选择使用。

此法适用于可以研细的固体样品。试样调制容易，但不能用于定量分析。液体的吸收有时会干扰样品。

（3）溶液法

溶液法是将固体样品溶解在溶剂中，然后注入液体池进行测定的方法。液体池有固定池、可拆卸池和其它特殊池（如微量池、加热池、低温池等种类）。液体池由框架、垫片、间隔片及红外透窗光片组成。

可拆卸池一般用于定性分析。固定池是不能拆卸的，用注射器注入样品，清洗时也是用注射器注入溶剂进行清洗，它可用于定量分析以及易挥发性液体的定性分析。溶液法使用的溶剂一般均有红外吸收。消除溶剂吸收的方法可以根据仪器的光路来选择。如果仪器有参比光路，可用相同的吸收池装上纯溶剂进行补偿，以消除溶剂的吸收，得到样品的光谱图；如果仪器只有一条检测光路而没有参比光路，如现在比较先进的傅里叶变换红外分光光度计，可以将纯溶剂当作空白进行扫描（可视为背景扫描），仪器会自动存储背景吸收的数据，当进行样品扫描时，仪器会自动减去背景吸收，从而得到样品光谱图。

如果没有消除溶剂的吸收，在溶剂吸收特别强的区域，就不能真实地记录样品分子的吸收，因为该区域的光能几乎被溶剂全部吸收，形成“死区”，记录下的谱线在此区域为平坦的曲线，所以在选择溶剂时应该以需要的样品吸收峰不被“死区”覆盖为宜。几种常用溶剂的强吸收位置如表 4-17 所示。

表 4-17　一些溶剂的强吸收峰位置

溶剂名称	氯仿	二硫化碳	石蜡油	四氯化碳	六氟丁二烯
强吸收峰位置 σ / cm^{-1}	3010～2990 1240～1200 815～650	2220～2120 1630～1420	2920～2710 1470～1410 1380～1350	820～725	1200～1140 1010～760

在选择溶剂时，还要注意溶剂的其它影响，如氢键的形成、样品与溶剂的化学反应等问题。如伯胺和仲胺能与 CS_2 反应生成烷基二硫代氨基甲酸，所以 CS_2 不能作为这两类胺的溶剂。溶剂效应还会造成谱带的位置及形状的改变。溶液法往往难以得到一张完整的红外光谱。另外，液体池窗片一般为 KBr 晶体材料，易溶于水，所以测定时样品与溶剂均不能含有水分，否则 KBr 窗片会溶解而遭到损坏。

（4）薄膜法

一些高分子材料以及可以制成膜的材料，可以采用薄膜法直接测试。制成薄膜的方法有：熔融成膜法，对热稳定、熔点低的样品可以放在窗片上用红外灯烤，使其受热成流动性液体，加压冷却成膜；溶液成膜法，将样品溶于低沸点溶剂中，然后涂在平板上使溶剂挥发干而成膜；切片成膜，用机械切片法将不溶、难熔又难粉碎的固体样品切片成膜。

2. 液体样品

（1）溶液法

溶液法是将液体样品溶于适当的溶剂中制成稀溶液，注入专用液体池进行测试的方法，详见固体样品的溶液法。

（2）液膜法

液体样品的制样方法采用液膜法，即在两个窗片之间滴上 1～2 滴液体试样，使之形成一层薄膜，用于测定。该法操作方便，没有干扰，适用于高沸点液体化合物；不能用于定量分析，所得到谱图的吸收峰不如溶液法那么尖锐。

3. 气体样品

气体样品采用专用气体池进行测定。气体池长度可以选择。用玻璃或金属制成的圆筒两端有两个透光窗片，上面的进气口与出气口的活塞起开启和关闭作用。为了增大吸光度，也有采用多次反射增加吸收光程的气体池。

4.5　红外光谱解析

4.5.1　光谱解析方法

红外吸收光谱检测的是纯物质的光谱，所以必须保证被检测物质的纯度>98%，否则获得的光谱就没有意义，光谱解析也是指鹿为马。其次需要了解样品的一些物理常数，如沸点、熔点、折光率、旋光度以及极性大小等等，可作为光谱解析的旁证。

1. 分子信息的了解

未知物的分子式可提供一些结构信息。用分子式可以计算不饱和度（U），估算分子结构式中是否存在双键、三键及其数目，化合物是饱和还是芳香化合物等，以此可验证光谱解析的合理性。不饱和度就是分子结构中距离达到饱和时所缺失的一价元素的“对数”。每缺一对一价元素，不饱和度$U=1$。

若分子式中只含一、二、三、四价元素（主要指 H、O、N、C 等），则可按照下式计算不饱和度。

$$U=\frac{2+2n_4+n_3-n_1}{2} \tag{4-7}$$

式中，n_1、n_3、n_4分别为分子式中一价、三价及四价元素的数目；计算不饱和度时，不考虑二价元素的数目。

式中（$2+2n_4+n_3$）是达到饱和时所需的一价元素的数目。分母除以“2”所表示的结果相当于分子中缺一价元素的“对数”，即缺 2 个一价元素不饱和度为 1。例如：

苯甲酰胺C_7H_7NO：$U=(2+2\times7+1-7)/2=5$。苯环相当于己烷缺 4 对氢（3 个双键，1 个环），所以苯环占 4 个不饱和单位，羰基占 1 个不饱和单位，因此它的不饱和度$U=5$。

樟脑$C_{10}H_{16}O$：$U=(2+2\times10-16)/2=3$，表示樟脑分子中有一个双键、2 个脂环。

正丁腈C_4H_7N：$U=(2+2\times4+1-7)/2=2$，表示它有 1 个三键。

通过以上示例，可归纳为如下规律：

（1）一个双键或一个脂环的不饱和度为 1，结构中若含有双键或脂环时，$U\geqslant1$；

（2）一个三键的不饱和度是 2，结构中若含有三键时，$U\geqslant2$；

（3）一个苯环的不饱和度是 4，结构中若含有六元芳环时，$U\geqslant4$。

2. 光谱解析的情形

要判定样品是某物质，可采用以下方法：

（1）标准物对照法。将样品与合乎要求的对照品，在同一条件下测定它们的红外吸收光谱，若两者光谱完全相同，则可判定为同一物质。

（2）标准光谱对照法。若该化合物的光谱在标准光谱图库中已收录，则可按照名称或分子式检索，查对标准光谱，若被测物光谱与标准光谱一致，则可判定被测物与标准图谱物质相同。

（3）简单化合物解析法。对一些简单化合物，也可直接通过红外吸收光谱解析，判定化合物结构。

（4）新发现、合成化合物的结构解析，无标准物和标准光谱，需通过综合光谱解析，才能确定其化学结构式。

3. 光谱解析程序

（1）光谱分区

光谱解析顺序应遵循由简入繁原则进行，先将光谱划分为特征区与指纹区来进行解析。

① 特征区（4000～1250 cm^{-1}）

初步推断化合物具有哪些官能团；确定化合物的类别，是芳香族、脂肪族饱和或不饱和化合物，可由碳氢伸缩振动的类型及是否存在芳环的骨架振动来判断。

② 指纹区（1250～200 cm^{-1}）

指纹区的许多吸收峰与特征区吸收峰密切相关，可作为化合物含有某一官能团的旁证；指纹区吸收峰信息，也是确定化合物细微结构的依据，如环上的取代位置及几何异构的判别等。苯环上取代基的位置，可由芳氢面外弯曲振动 $\gamma_{\varphi-H}$ 判断，此峰强度大，易辨认。

（2）解析方法

四先四后相关法 遵循先特征后指纹、先强峰后次强峰、先粗查后细找、先否定后肯定的顺序，由一组相关峰确定一个官能团存在的原则，此为“四先四后相关法”。

第一步，先识别特征区第一强峰的起源及可能归属，即由何种振动引起、属于什么基团。

从红外光谱的 9 个重要区段（表 4-18），初步了解吸收峰的起源，或者结合基团相关峰图，查找第一强峰的位置及其相关峰，此为“粗查”。然后比对图谱峰位与相关峰峰位数据（附录 A），肯定第一强峰的归属，此为“细找”。

表 4-18 红外光谱 9 个重要区段

σ/cm^{-1}	3750~3000	3300~3000	3000~2700	2400~2100	1900~1650
振动类型	$\nu_{\varphi-H}$ ν_{NH}	$\nu_{\equiv CH}$ $\nu_{=CH}$ ν_{OH}	ν_{CH}	$\nu_{C\equiv C}$ $\nu_{C\equiv N}$	$\nu_{C=O}$
σ/cm^{-1}	1675~1500	1475~1300	1300~1000	1000~650	
振动类型	$\nu_{C=C}$ $\nu_{C=N}$	β_{CH} β_{OH}	ν_{C-O}	$\gamma_{=CH}$	

第二步，再依次解析特征区第二、三强峰，方法同上。有必要时以指纹区第一、二强峰解析来印证。

对于简单光谱，一般解析一两组相关峰，即可确定未知物的分子结构。对于复杂化合物的光谱，由于官能团间的相互影响而使解析困难，可粗略解析后，查对标准图谱库后认定，或进行综合光谱解析。

先否定后肯定原则 必须遵循该原则及防止孤立解析的原则，因为吸收峰的不存在对否定官能团的存在，比吸收峰的存在而肯定官能团的存在确凿有力。在肯定某官能团存在时，还必须防止孤立解析，应遵循用一组相关峰确认一个官能团的原则，因为多数官能团都有数种振动形式。

4.5.2 光谱解析示例

例 4-1 某化合物分子式为 C_8H_7N，纯物质熔点为 29 ℃，采用液膜法测得其红外吸收光谱如图 4-19 所示。试由光谱解析确定其结构式，给出峰归属。

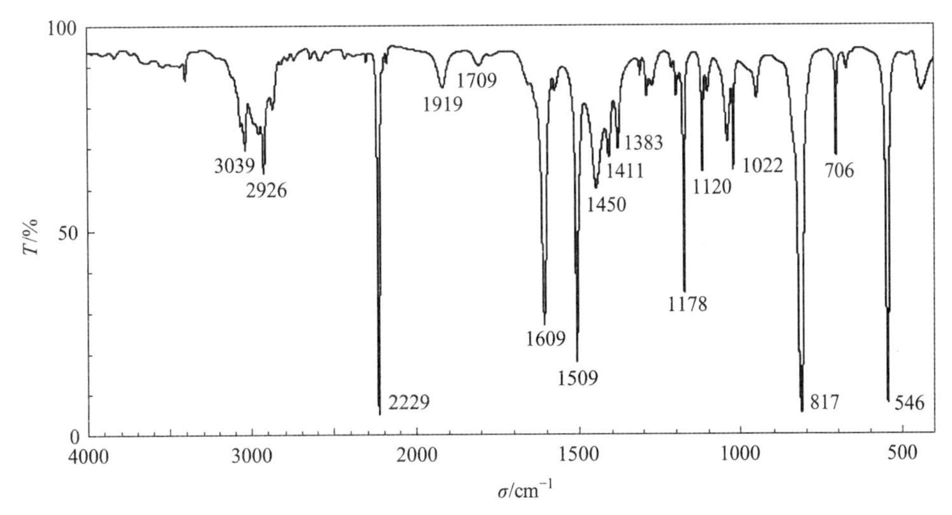

图 4-19 C_8H_7N 的红外吸收光谱

解

表 4-19　C_8H_7N 的红外吸收光谱峰归属

序号	σ/cm^{-1}	峰归属
		不饱和度 $U=(2+2\times8+1-7)/2=6$，可能含有苯环
1	3039	苯环碳氢伸缩振动 $\nu_{\varphi-H}$ 吸收峰，说明可能是芳香族化合物
2	2926	是—CH_3 或—CH_2 的反称伸缩振动峰 ν_{CH}^{as}，还有 2869 cm^{-1} 对称伸缩振动峰 ν_{CH}^{s}
3	2229	$C\equiv N$ 基团伸缩振动特征峰 $\nu_{C\equiv N}$，与苯环共轭波数降低 30 cm^{-1} 左右
4	1919，1709	苯环泛频峰
5	1609，1509	苯环骨架振动吸收峰（3 个 $C=C$ 振动方向之间有相同、相反情况）
6	1450	苯环骨架折叠振动吸收峰
7	1411，1383	CH_3 弯曲振动（反称、对称）两个峰 $\delta_{CH_3}^{as}$、$\delta_{CH_3}^{s}$
8	1178	$C—C$ 伸缩振动吸收峰 ν_{C-C}
9	817	苯环氢面外弯曲振动峰 $\gamma_{\varphi-H}$

推测结构：$H_3C-C_6H_4-C\equiv N$

结构验证：其不饱和度与计算结果相；对苯腈熔点是 29 ℃；与标准图谱库对比证明结构正确。

例 4-2　某化合物分子式为 C_8H_8O，其沸点为 202 ℃。液膜法测得其红外吸收光谱如图 4-20 所示。推测其化学结构式。

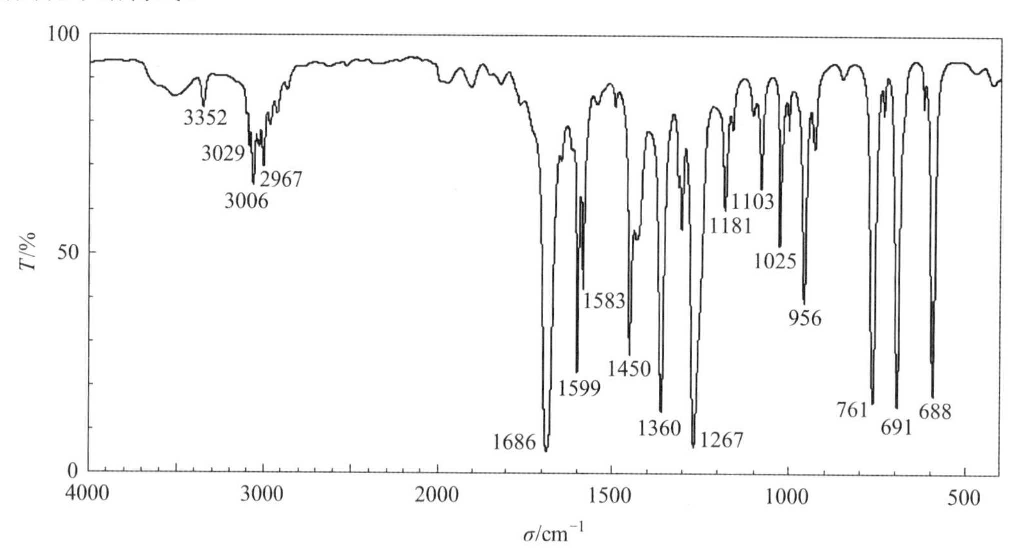

图 4-20　C_8H_8O 的红外吸收光谱

解

表 4-20　C_8H_8O 的红外吸收光谱峰归属

序号	σ/cm^{-1}	峰归属
		不饱和度 $U=(2+2\times8-8)/2=5$，可能含有苯环和 $C=O$、$C=C$ 或环，3000 cm^{-1} 以上无 ν_{OH}、ν_{NH}、$\nu_{CH(O)}$ 峰，则无羧酸基、酰胺基、醛基，可能是芳酮
1	3029，3006	苯环碳氢 $\nu_{\phi-H}$ 吸收峰，是芳香族化合物，两个峰说明有两种化学环境的芳氢所致
2	2967	是 —CH_3 的反称伸缩振动峰 ν_{CH}^{as}
3	1686	羰基 $C=O$ 伸缩振动特征峰 $\nu_{C=O}$，与苯环共轭波数降低

续表

序号	σ/cm^{-1}	峰归属
4	1599，1583	苯环骨架振动吸收峰（3 个 C═C 振动方向之间有同向、反向情况）
5	1450	芳环 C═C 伸缩振动峰 $\nu_{C=C}$
6	1360	CH_3 反称弯曲振动峰 $\delta_{CH_3}^{as}$
7	1267	C—C 伸缩振动吸收峰 ν_{C-C}
8	761，691，688	苯环氢面外弯曲振动峰 $\gamma_{\phi-H}$，3 种不同化学环境氢，出现 3 个并列峰

推测结构：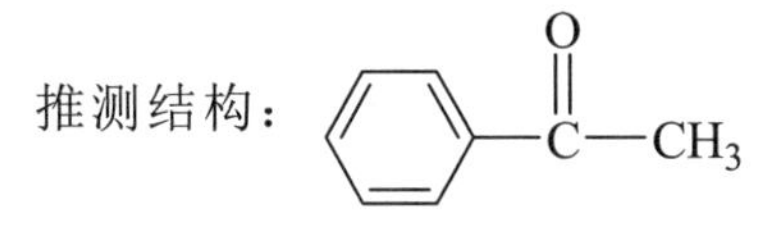

结构验证：其不饱和度与计算结果相符；苯乙酮沸点是 202 ℃；与标准图谱库对比证明结构正确。

例 4-3　某液体化合物分子式 $C_8H_8O_2$，其红外吸收光谱如图 4-21 所示，推测其结构式。

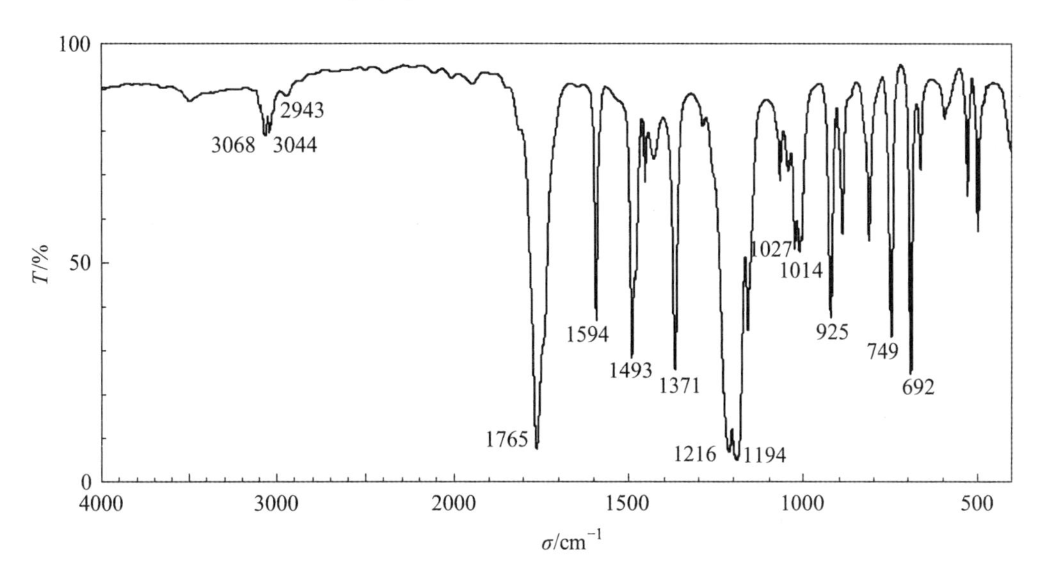

图 4-21　$C_8H_8O_2$ 的红外吸收光谱

解

表 4-21　$C_8H_8O_2$ 的红外吸收光谱峰归属

序号	σ/cm^{-1}	峰归属 不饱和度 $U=(2+2\times8-8)/2=5$，可能含有苯环和 C═O、C═C 或环，3000 cm^{-1} 以上无 ν_{OH}、ν_{NH}、$\nu_{CH(O)}$ 峰，则无羧酸基、酰胺基、醛基，可能是芳酮
1	3068，3044	苯环碳氢伸缩振动 $\nu_{\phi-H}$ 吸收峰，可能是芳香族化合物，两个峰是两种化学环境的芳氢所致。
2	2943	饱和碳氢伸缩振动峰 ν_{CH}
3	1765	羰基 C═O 伸缩振动特征峰 $\nu_{C=O}$，受酯基氧的诱导效应影响波数增大
4	1594，1493	苯环骨架振动吸收峰（3 个 C═C 振动方向之间有相同、相反情况）
5	1371	CH_3 反称弯曲振动峰 $\delta_{CH_3}^{as}$，波数降低，可能与羰基相连
6	1216，1194	芳环 C═C 伸缩振动峰 $\nu_{C=C}$，两个峰说明环中 C═C 有两种化学环境——连氧与不连氧
7	1027，1014	C—O—C 反称与对称伸缩振动两个吸收峰
8	749，692	苯环 5 个氢面外弯曲振动峰 $\gamma_{\phi-H}$，苯环骨架变形振动峰，苯环单取代的特征峰

推测结构：

$$\text{C}_6\text{H}_5\text{—O—}\overset{\displaystyle O}{\overset{\|}{C}}\text{—CH}_3$$

结构验证：其不饱和度与计算结果相符；与标准图谱库对比证明结构正确。

名词中英文对照

红外线	infrared ray	简并	degenerate
红外吸收光谱	infrared absorption spectrum	红外活性振动	infrared active vibration
中红外吸收光谱	mid-infrared absorption spectrum	红外非活性振动	infrared inactive vibration
近红外吸收光谱	near infrared absorption spectrum	偶极矩	dipole moment
振动能级	vibrational energy levels	特征吸收峰	characteristic absorption peak
振动光谱	vibrational spectrum	特征频率	characteristic frequency
振动形式	mode of vibration	相关峰	correlation absorption peak
伸缩振动	stretching vibration	折合质量	reduced mass
弯曲振动	bending vibration	化学键力常数	chemical bond force constant
变形振动	deformation vibration	诱导效应	inductive effect
对称伸缩振动	symmetrical stretching vibration	共轭效应	conjugation effect
反称伸缩振动	asymmetrical stretching vibration	氢键	hydrogen bond
面内弯曲振动	in-plane bending vibration	杂化影响	hybridization affect
面外弯曲振动	out-of--plane bending vibration	吸收峰强度	intensity of absorption peak
振动自由度	vibrational degrees of freedom	跃迁概率	transition probability
基频峰	fundamental bands	傅里叶变换	Fourier transform
泛频峰	overtones	迈克尔森干涉仪	Michelson interferometer

习　题

一、思考题

1. 红外光谱法与紫外光谱法的区别是什么？

2. 为什么一个官能团在红外吸收光谱上产生一组相关峰？

3. 名词组解释：伸缩振动与弯曲振动；基频峰与泛频峰；特征峰与相关峰；特征区与指纹区。

4. 对基团振动频率，起决定作用的因素哪些？结构影响因素有哪些？为什么共轭效应使一些基团的振动频率降低，而诱导效应相反？

5. 影响红外吸收峰强度的因素是什么？

6. 为什么傅里叶变换红外分光光度计采用迈克尔森干涉仪作单色器，而不采用棱镜型或光栅型单色器？为什么红外吸收光谱法不采用光学玻璃（包括石英玻璃）材质的吸收池，而采用碱金属盐（如 KBr）做的盐岩窗片吸收池？

7. 据伸缩振动频率公式 $\sigma/\text{cm}^{-1}=1302\sqrt{K/u'}$，说明 $\nu_{\text{OH}}>\nu_{\text{C}\equiv\text{C}}>\nu_{\text{C=C}}>\nu_{\text{C-C}}$ 的原因。

8. 对乙酰氨基苯甲醛的红外吸收光谱及结构式如图 4-22 所示，试写出各官能团的特征峰、相关峰，并估计所在的峰位。

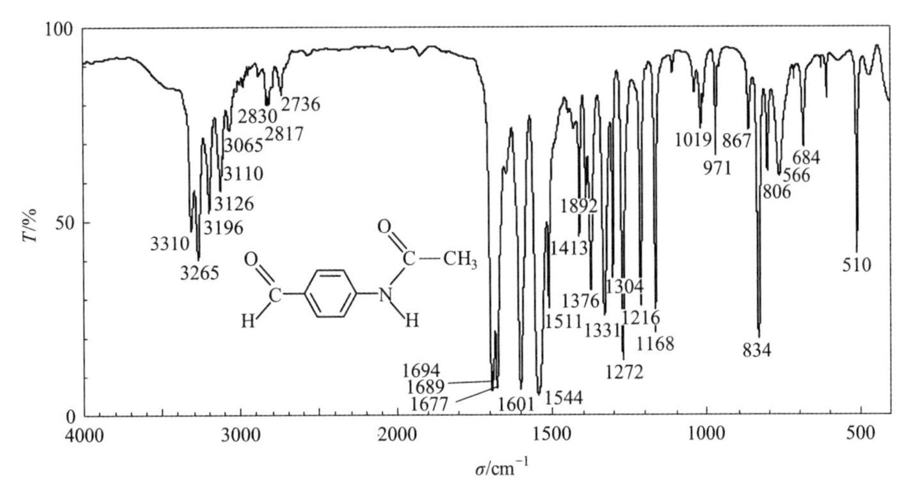

图 4-22　对乙酰氨基苯甲醛的红外吸收光谱

9. 在乙酰乙酸乙酯的结构式中只有 2 个羰基，而其红外吸收光谱上却出现 3 个羰基峰，说明其原因及峰的归属。

$\nu_{C=O}/cm^{-1}$：1717、1738、1650

Compound Name：ethyl acetoacetate

CAS Registry No.：141-97-9

10. 为什么苯环的骨架振动特征峰有 2 个，共轭时再出现 1～2 个？

11. 下列化合物能否用红外吸收光谱区别？为什么？

（1）　　与

（2）　　与

12. 下列振动形式中，哪些是红外活性振动？哪些是红外非活性振动？

（1）$CH_3—CH_3$ 的 ν_{C-C}；（2）$CH_3—CCl_3$ 的 ν_{C-C}；（3）O═S═O 的 $\nu^{s}_{SO_2}$；

（4）$CH_2═CH_2$ 的 4 种振动形式：

① ν_{CH}　　② ν_{CH}　　③ ω_{CH}　　④ τ_{CH}

13. 将羧酸基（—COOH）分解为 C═O、C—O、O—H 单元，它们的键力常数分别为 12.1、7.12 及 5.8 $N\cdot cm^{-1}$，假定不考虑它们之间的相互影响。（1）试计算它们的伸缩振动频率；（2）比较 ν_{O-H} 与 ν_{C-O}、$\nu_{C=O}$ 与 ν_{C-O}，说明力常数、折合质量与伸缩振动频率间的关系。

二、波谱解析题

1. 某物质分子式为 C_8H_7N，熔点为 29 ℃。用液膜法测得其红外吸收光谱如图 4-23 所示，试由光谱解析确定其结构，给出峰归属。

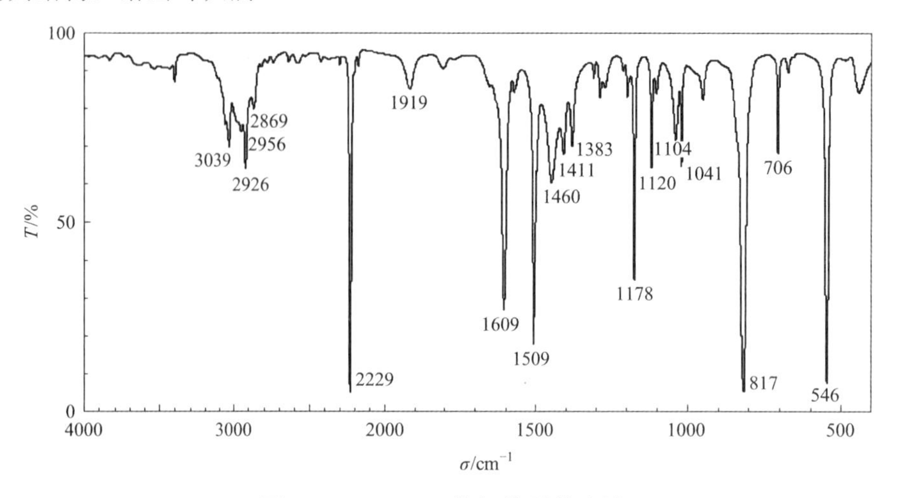

图 4-23　C_8H_7N 的红外吸收光谱

2. 某物质由质谱测得分子式为 $C_8H_8O_2$，测得的红外吸收光谱如图 4-24 所示，试确定其结构，并给出峰归属。

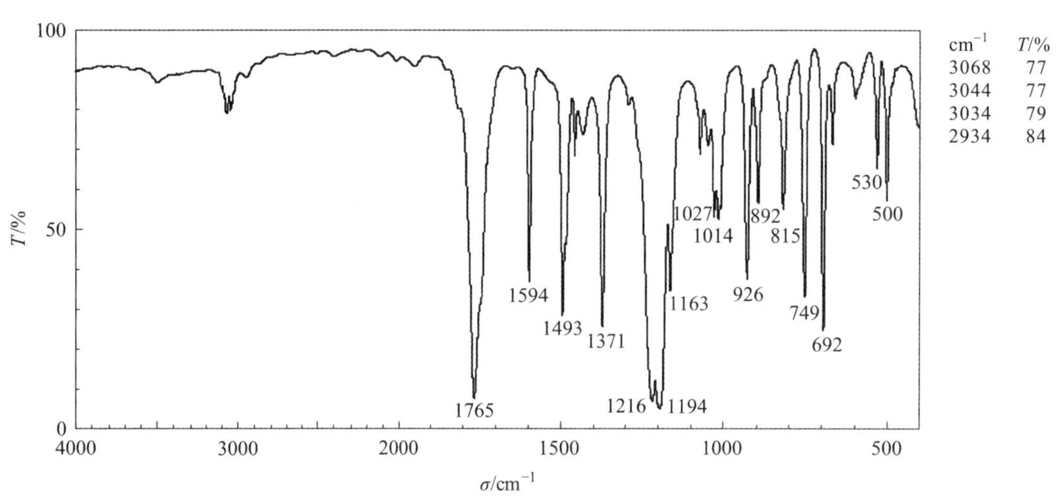

图 4-24　$C_8H_8O_2$ 的红外吸收光谱

3. 某未知物分子式为 $C_{10}H_{12}O$，测得其红外吸收光谱如图 4-25 所示。试推断其化学结构式。

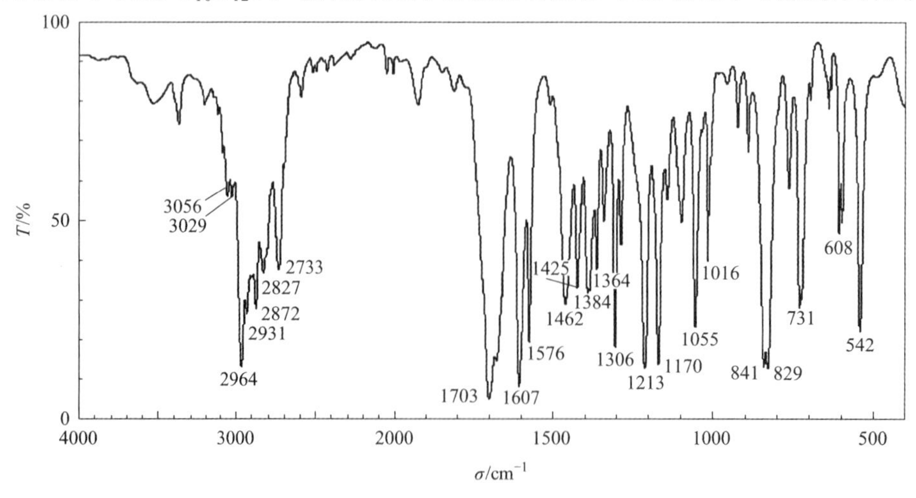

图 4-25　$C_{10}H_{12}O$ 的红外吸收光谱

4. 某未知物的分子式为 $C_{12}H_{10}$，测得的红外吸收光谱如图 4-26 所示。试推断其化学结构式。

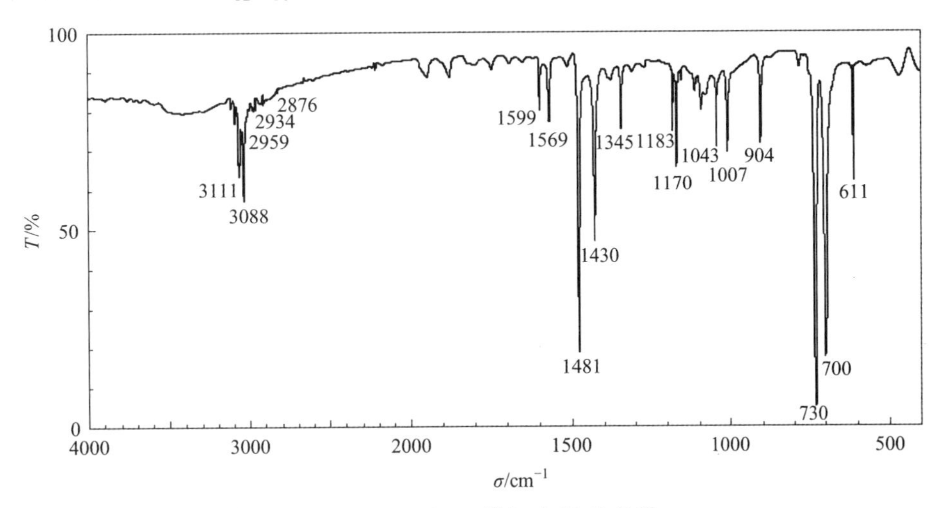

图 4-26　$C_{12}H_{10}$ 的红光吸收光谱

5. 某化合物分子式为 C_3H_6O，测得的红外吸收光谱如图 4-27 所示。试给出主要峰归属，推断其结构式。

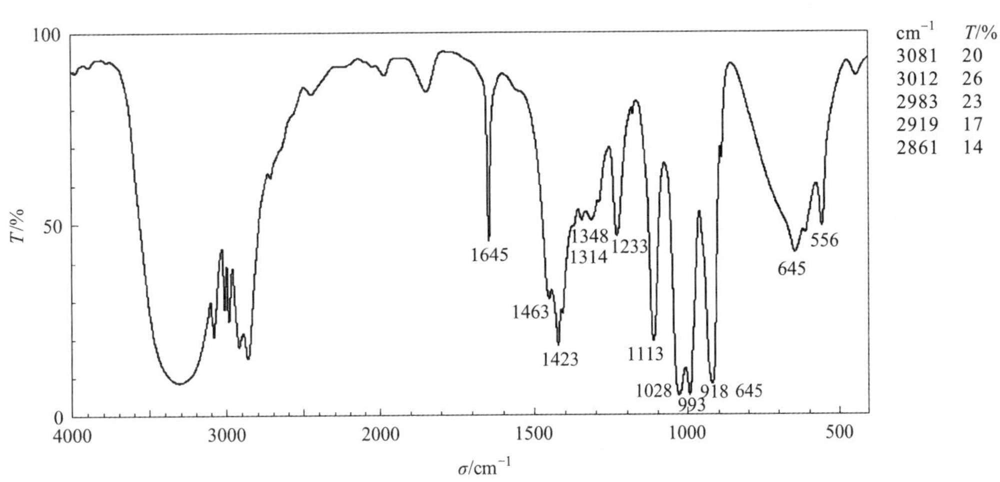

图 4-27　C_3H_6O 的红外吸收光谱

6. 用 KBr 压片法测定未知物 $C_{10}H_9NO_2$ 的红外吸收光谱如图 4-28 所示。试推断其化学结构式。

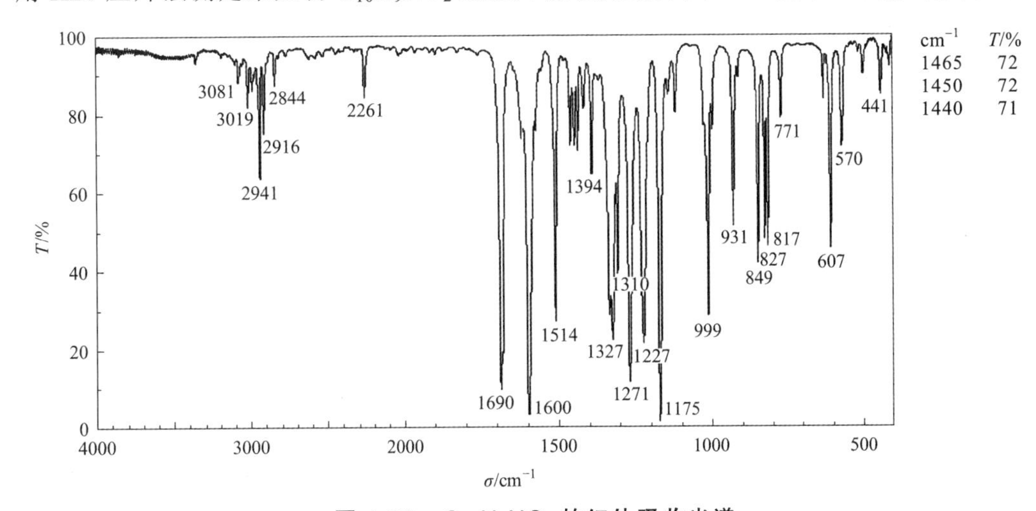

图 4-28　$C_{10}H_9NO_2$ 的红外吸收光谱

7. 用薄膜法测定未知物 C_3H_5NO 的红外吸收光谱如图 4-29 所示。试推断其化学结构式。

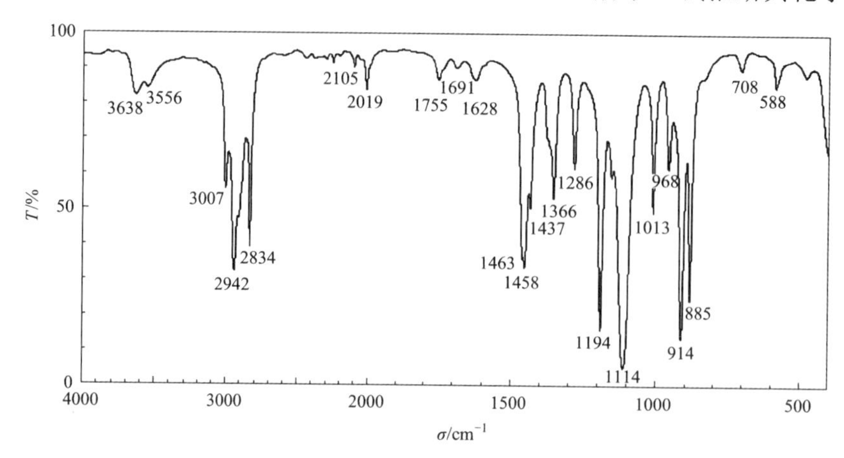

图 4-29 C_3H_5NO 的红外吸收光谱

8. 某未知物分子式为 $C_6H_8N_2$，测得其红外吸收光谱如图 4-30 所示。试推断其化学结构式，并给出主要峰归属。

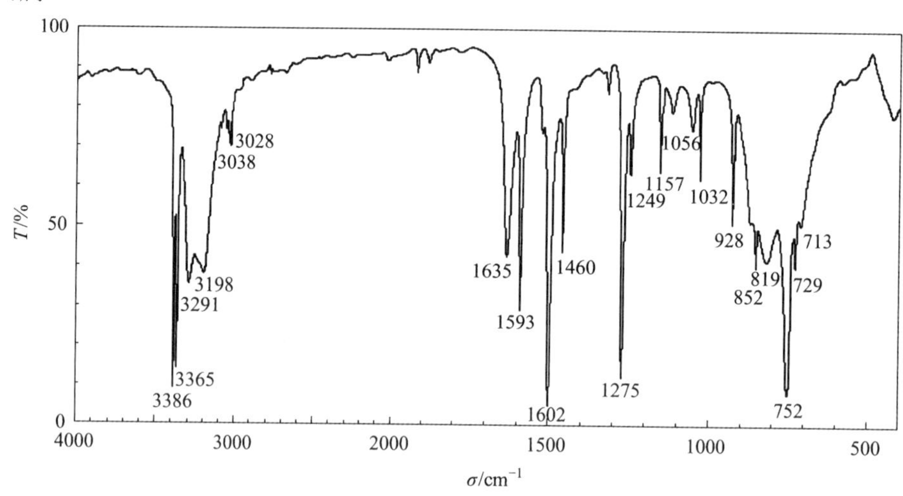

图 4-30 $C_6H_8N_2$ 的红外吸收光谱

9. 6, 7-二甲氧基香豆素（滨蒿内酯）分子式为 $C_{11}H_{10}O_4$；分子结构和其红外吸收光谱如图 4-31 所示，试根据其结构给出各主要吸收峰的归属。

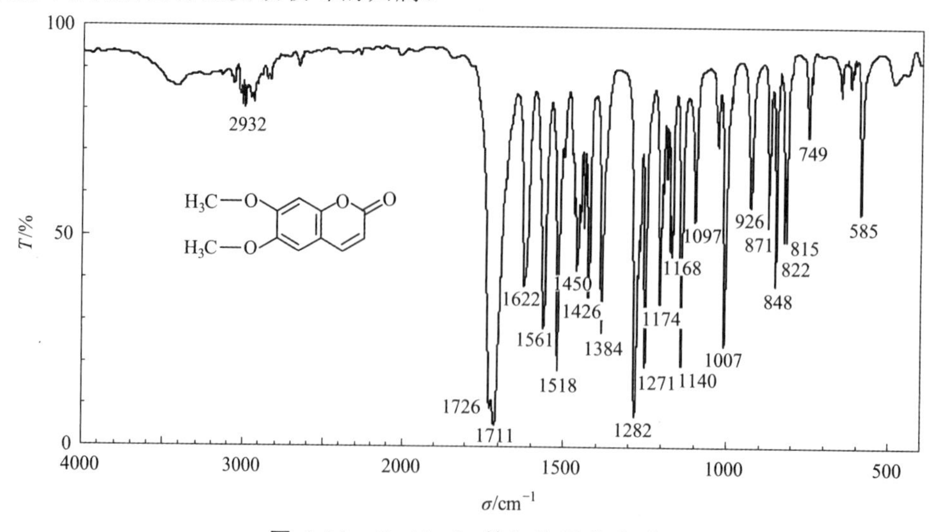

图 4-31 $C_{11}H_{10}O_4$ 的红外吸收光谱

5 核磁共振波谱法

5.1 概 述

核磁共振的发现，最早可追溯到20世纪30年代，美籍德裔核物理学家Otto Stern（奥托·斯特恩）通过多年潜心研究，以分子束的方法发现了质子磁矩，因而获得1943年度诺贝尔物理学奖。美国物理学家I. Rabi（拉比）因应用共振方法测定了原子核的磁矩和光谱的超精细结构，荣获1944年诺贝尔物理学奖。

1946年，哈佛大学教授E. M. Purcell（铂赛尔）和斯坦福大学教授F. Bloch（布洛赫）两位美国物理学家，分别观测到水和石蜡中质子的核磁共振信号，他们因发现和发展核磁精密测量新方法以及有关一系列发现而获得1952年诺贝尔物理学奖。从此核磁共振理论和技术开始融入化学领域，一发而不可收。从核磁发现到核磁共振光谱，再到核磁共振成像，至今历经80多年时间里，有关核磁共振的研究领域跨越物理、化学、生理或医学三大领域，总共获得6次诺贝尔奖的垂青，获奖科学家达8人之多（表5-1），这些足以说明核磁共振领域及其衍生技术的重要地位，在科技领域是独具特色的。

表5-1 核磁共振与诺贝尔奖

年代与学科	获奖者	获奖研究工作
1943年，物理学	美国核物理学家，奥托·斯特恩（Otto Stern）	因发展分子束的方法发现质子磁矩
1944年，物理学	美国物理学家，拉比（I. Rabi）	因应用共振方法测定了原子核的磁矩和光谱的超精细结构
1952年，物理学	美国物理学家，珀塞尔（E. M. Purcell） 美国物理学家，布洛赫（F. Bloch）	因发现和发展核磁精密测量新方法以及有关的一系列发现
1991年，化学	瑞士物理化学家，恩斯特（Richard Robert Ernst）	因发明傅里叶变换核磁共振分光法和二维及多维的核磁共振技术
2002年，化学	瑞士科学家，维特里希（Kurt Wuthrich）① 日本科学家，田中耕一（Koichi Tanaka）② 美国科学家，约翰·芬恩（John B. Fenn）②	①因发明利用核磁共振技术测定溶液中生物大分子三维结构的方法 ②因发明了对生物大分子的质谱分析法
2003年，生理学或医学	美国化学家，保罗·劳特布尔（Paul C. Lauterbur） 英国物理学家，彼得·曼斯菲尔德（Peter Mansfield）	因在核磁共振成像技术领域的突破性成就

核磁共振波谱，是分子中的磁核在外磁场中吸收兆赫级（MHz）电磁辐射而产生的。该波段的电磁辐射能量很低，对分子的振动-转动能级跃迁、电子能级跃迁均无影响，仅可引起核自旋能级之间的跃迁。在强磁场作用下，自旋核因吸收射频电磁波而产生核自旋能级跃迁的现象，称为**核磁共振**（NMR）。

利用NMR进行有机化合物分子结构测定、定性及定量分析的方法，称为**核磁共振波谱法**。以^{1}H核为研究对象获得的谱图称为氢谱（^{1}H-NMR），以^{13}C核为研究对象获得的谱图称为碳谱（^{13}C-NMR）。

自从发现核磁共振现象以来，核磁共振从理论、仪器及应用各方面都得到长足的进步，NMR仪器经历了两次重大的技术革命。其一，**脉冲傅里叶变换**技术的采用，它不但极大地提高了仪器的分辨率，还使自然丰度很低的 ^{13}C 及 ^{15}N 等 NMR 信号的直接测定成为可能；其二，**磁体超导化**的应用，因为高磁场是仪器测定获得高灵敏度和高分辨率的前提。1967 年相继提出了二维核磁共振(2D-NMR)方法。从二维核磁共振谱可以了解核间的相关与偶合关系，如 C—H 与 H—H 相关谱，从而有利于复杂 NMR 谱的解析，了解更多的结构信息。如今 2D-NMR 已在核磁共振实验室广泛应用，成为日常结构分析中的主要手段。

核磁共振波谱法的应用极为广泛，可概括为结构测定、物理化学研究、生物活性测定、药物研究，以及物质的定性与定量分析等。

（1）对有机化合物的结构研究和测定，NMR 是光谱学方法中最重要分析检测方法。

^{1}H-NMR 谱可提供三方面结构信息：化学位移（化学环境）、偶合常数（核间关系）和核磁感应信号强度比（氢核分布）。通过这些信息分析，可了解到质子类型（CH_3、CH_2、CH）及质子的化学环境，甚至连分子骨架、空间构型等信息也可研究确定。^{13}C-NMR 谱可给出丰富的碳骨架信息，以弥补氢谱的不足。

（2）物理化学研究，NMR 可研究氢键、分子内旋转及测定反应速率常数等。

（3）定量分析，NMR 可测定某些药物的含量及纯度检测，因仪器昂贵、使用和维护费用也高昂，一般不作为日常分析之用。

5.2 基本原理

5.2.1 核自旋与磁矩

1. 核自旋分类

原子核是具有一定质量和体积的带电的微粒，与宏观带电微粒一样，原子核的自旋运动也会产生磁矩，这种核被称为磁核，核磁矩方向可用右手螺旋法则判定，如图 5-1 所示。

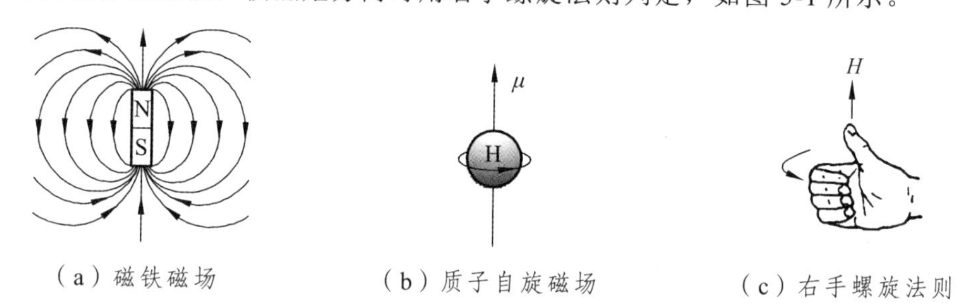

（a）磁铁磁场　（b）质子自旋磁场　（c）右手螺旋法则

图 5-1　质子自旋与磁矩的产生

并非所有同位素的原子核都能产生自旋现象。在量子力学中，原子核的自旋运动用自旋量子数 I 来描述（表 5-2），而自旋量子数又与核的质量数和核电荷数（即质子数）有关，核自旋按 I 为零、半整数及整数分为三种类型。

表 5-2　核的自旋量子数

质量数	中子数	核电荷数	自旋量子数 I	举例
偶数	偶数	偶数	零（0）	^{12}C、^{16}O、^{32}S
奇数	偶数	奇数	半整数（1/2，3/2，5/2，…）	^{1}H、^{19}F、^{19}P、^{3}H、^{15}N、
奇数	奇数	偶数	半整数（1/2，3/2，5/2，…）	^{13}C、^{11}B、^{17}O、^{29}Si
奇数	奇数	奇数	整数（1，2，3）	^{2}H、^{10}B、^{14}N

（1）质量数与核电荷数都为偶数的核，自旋量子数为 0（$I=0$），这类核没有自旋现象，核磁矩为零，不产生核磁共振信号，如 ^{12}C、^{16}O、^{32}S 等。

（2）质量数为奇数的核，自旋量子数 I 为半整数（$I=1/2$，3/2，5/2，…），这类核的核电荷数为奇数，如 ^{1}H、^{19}F 等；也可以为偶数，如 ^{13}C 等。$I=1/2$ 的核是目前核磁共振研究与测定峰主要对象。

（3）质量数为偶数，核电荷数为奇数的核，自旋量子数 I 为整数（$I=1$，2，…）。这类核有自旋现象，如 ^{2}H、^{14}N 等。但它们的核磁矩空间量子化复杂，故目前研究较少。

2. 核磁矩

在经典力学中，宏观物体的旋转运动是会产生动力矩的。与此类似，在微观体系中的原子核的自旋运动，也会产生一定的角动量，称为自旋角动量，以 P 表示。P 是一个矢量，具有方向和大小。根据量子力学理论，自旋角动量 P 与自旋量子数 I 的关系为

$$P=\frac{h}{2\pi}\sqrt{I(I+1)} \tag{5-1}$$

式中，h 为普朗克常数。

原子核的自旋磁矩，也称微观磁矩，以 μ 表示，其方向服从右手法则（图 5-1），**核磁矩**的大小与自旋角动量成正比。

$$\mu=\gamma P \tag{5-2}$$

式中，γ 为**磁旋比**，是原子核固有的值。不同的自旋核，其磁旋比不同，因此产生的核磁矩也不同，见表 5-3。

表 5-3　有机物中原子核与核磁共振的相关特性

自旋核	自旋量子数 I	磁旋比 γ / $10^8 T^{-1}\cdot s^{-1}$	核磁矩 μ (μ_N)	共振频率 ν_0 /MHz	
				2.3488 T	7.05 T
^{1}H	1/2	2.6752	2.793	100.00	300.0
^{13}C	1/2	0.6726	0.702	25.144	75.43
^{19}F	1/2	2.5181	2.627	94.077	282.23
^{31}P	1/2	1.0841	1.132	40.481	121.44

5.2.2　核磁共振

1. 原子核在磁场中的进动

在重力场中，玩具陀螺在地面上以一定角度的回旋过程中，其自旋轴虽有倾斜，但地心引力并未改变其倾斜度，而呈绕其重力线，以一定夹角 θ 回旋[图 5-2（a）]。而磁核在磁场中的自旋运动就与此类似。在无外磁场条件下，核的自旋磁矩方向是无序的。当给核施加一定的外磁场时，由于核自旋产生的微观磁场与外磁场相互作用，核自旋轴就绕着外磁场方向并保持某一角度 θ 产生回旋运动，这种回旋运动，称为拉莫尔进动（Larmor precession）[图 5-2（b）]。

自旋核的进动频率 ν 与外磁场强度 H_0 的关系用 Larmor 方程表示为

$$\nu=\frac{\gamma}{2\pi}H_0 \tag{5-3}$$

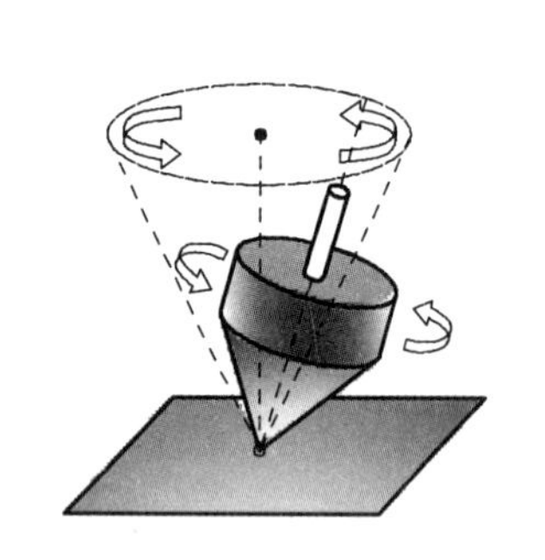

（a）陀螺在重力场的进动

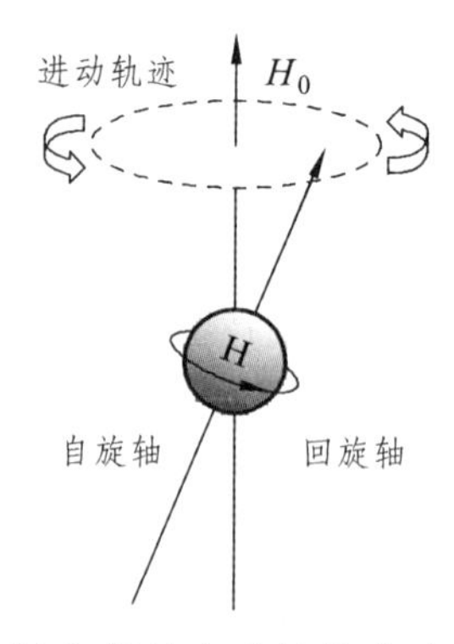

（b）氢核在磁场的进动

图 5-2　Larmor 进动示意图

从上式可知，当外磁场强度一定时，进动频率与磁旋比 γ 成正比，不同原子核的 γ 不同，所以进动频率 ν 不同；当被观测核一定时，其磁旋比 γ 是常数，这时核的进动频率与外磁场强度成正比，外磁场强度越高，核进动频率越大（参见表 5-3）。

2. 核自旋能级分裂

在无外磁场时，核磁矩的取向是任意的。将原子核置于磁场中，根据量子力学原理，核磁矩的取向是量子化的，其空间取向数目用磁量子数 m 表示。m 取 I，$I-1$，…，$-I$，则共有 $2I+1$ 个取向。

若 $I=1/2$，如 ^{1}H，则 $m=1/2$，$-1/2$。当 $m=1/2$ 时，核磁矩在外磁场方向的分量 μ_z 与外磁场方向同向，称为顺磁，能量较低；当 $m=-1/2$ 时，核磁矩在外磁场方向的分量 μ_z 与外磁场方向反向，称为逆磁，能量较高[图 5-3（a）]。

若 $I=1$，如 ^{2}H，则 $m=1$，0，-1，表明核磁矩在磁场中有顺磁、垂直磁场、逆磁三种取向[图 5-3（b）]。

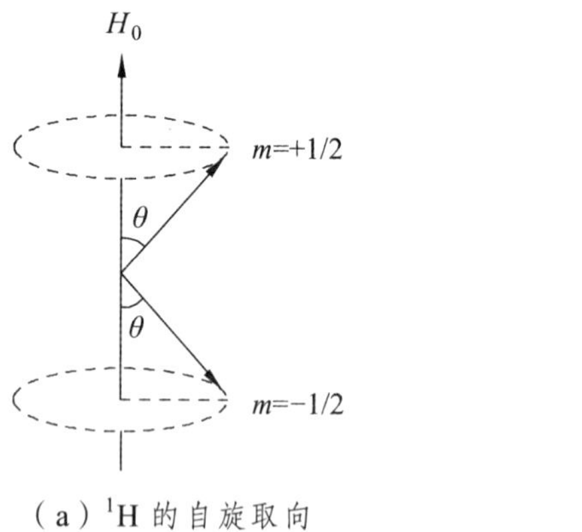

（a）^{1}H 的自旋取向

（b）^{2}H 的自旋取向

图 5-3　核自旋的空间量子化

不同自旋取向的核，其核磁矩在磁场方向 z 轴上的分量，取决于其自旋角动量在 z 轴的分量 P_z，即

$$P_z=\frac{h}{2\pi}m \tag{5-4}$$

因此，不同取向的核磁矩在磁场方向 z 轴上的分量为

$$\mu_z=m\cdot\frac{\gamma h}{2\pi} \tag{5-5}$$

这种在外磁场作用下核磁矩产生不同取向，形成能级分裂的现象，称为空间量子化。根据电磁学理论，外磁场作用下不同能级具有的能量为

$$E = -\mu_z \cdot H_0 = -m \cdot \frac{\gamma h}{2\pi} H_0 \tag{5-6}$$

对于 $I = 1/2$ 的 ^{1}H 核，两个自旋取向的核，在磁场中的能量分别为：$m = \frac{1}{2}$，$E_1 = -\frac{\gamma h}{4\pi} H_0$，顺磁，低能态；$m = -\frac{1}{2}$，$E_2 = \frac{\gamma h}{4\pi} H_0$，逆磁，高能态。由顺磁跃迁到逆磁的能量差为

$$\Delta E = E_2 - E_1 = \frac{\gamma h}{2\pi} H_0 \tag{5-7}$$

式（5-7）表明，对于 I =1/2 的核，两个能级差与外磁场强度及磁旋比成正比。对于一定核而言，处于顺磁状态与逆磁状态两者之间的能级差将随着外磁场强度的增大而增大，如图 5-4 所示。这也是核磁共振仪器需要在尽可能高的磁场下检测，以增加仪器灵敏度和分辨率的原因。

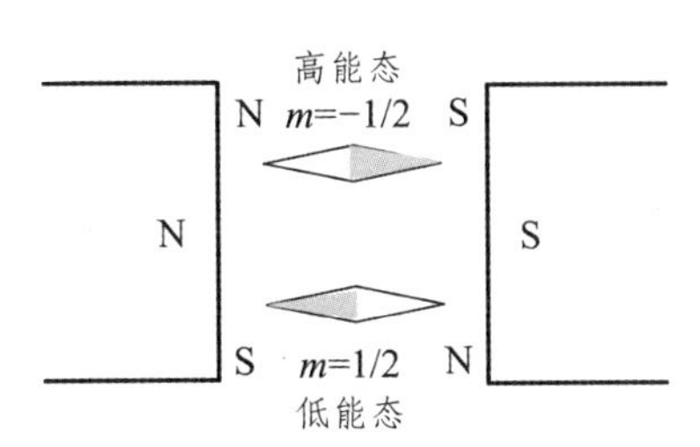

（a）氢核在外磁场中的能级分裂和自旋取向

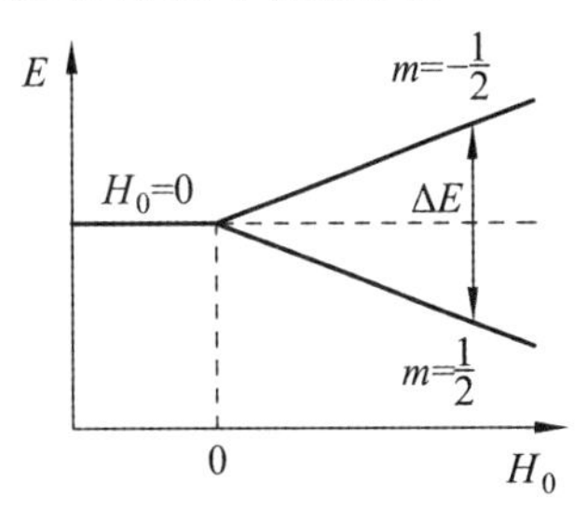

（b）氢核自旋能级分裂与外磁场 H_0 的关系

图 5-4 I=1/2 核的能级分裂

3. 共振吸收及测量方法

核磁共振吸收光谱是依靠低能态的自旋核吸收一定能量跃迁到高能态而产生吸收的。在测定时，首先对自旋核施加较强的外磁场 H_0，使其产生核的自旋能级分裂，再沿 ν_0 的垂直方向施加频率为 ν_0 的交变电磁波（RF）照射磁核，则该核可以吸收射频波能量从低能级跃迁到高能级。

由于核磁共振跃迁吸收的能量很弱，采用常规测定透过率的变化来直接检测核磁共振的吸收信号就变得非常困难，以至于无法检测到这些微弱信号的变化。通常将样品管置于一个垂直于磁场方向与射频波方向（三维垂直）的磁感应线圈中，且样品管高速旋转，当被检测磁核发生能级跃迁时，因核磁矩方向的改变而使感应线圈中的磁场强度发生改变，从而产生感应电流，通过检测感应电流信号（经放大处理），来检测核磁共振吸收信号的。

总之，共振信号产生时所吸收的射频波能量（$E_0 = h\nu_0$）必须等于跃迁能级差 ν。因此，产生核磁共振必须满足以下两个条件：

（1）$\nu_0 = \nu$，照射频率等于核进动频率。要使 σ，则有 $\nu_0 = \nu$。

（2）$\Delta m = \pm 1$，跃迁只能发生在两个相邻能级间。根据量子力学的选律，跃迁只能发生在两个相邻能级间。例如：对于 ^{1}H 核，$I = 1/2$，有 $H_0 = 1/2$，$-1/2$ 两种取向，其可能跃迁的为：由逆磁→顺磁，$\Delta m = 1/2 - (-1/2) = 1$；由顺磁→逆磁，$\sigma = -1/2 - 1/2 = -1$。如图 5-5 所示。

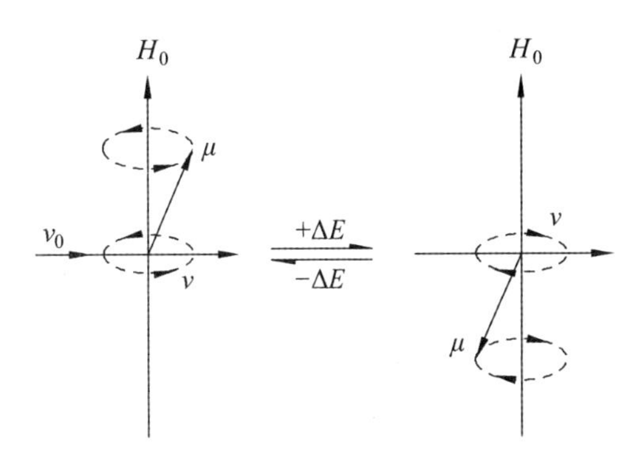

图 5-5 氢核的共振吸收与弛豫

5.2.3 核的弛豫历程

氢核在外加磁场中有两种能级状态。若处于顺磁状态时，则为低能级的基态；若处于逆磁状态时，则为高能级的激发态。由于两种状态之间的能级差 ΔE 很小，处于两种能级状态的磁核数目几乎相等。根据 Boltzmann 分配定律，在热平衡状态下，磁核自旋能级分裂产生的基态核数（n_α）与激发态核数（n_β）的比例为

$$\frac{n_\alpha}{n_\beta}=\mathrm{e}^{\frac{\Delta E}{kT}}=\mathrm{e}^{\frac{\gamma h H_0}{2\pi kT}} \tag{5-8}$$

若外加磁场强度为 14.092 T（60 MHz），温度为 300 K，则氢核的 $n_\alpha/n_\beta=1.000\ 009\ 9$。这说明处于基态的核数总比处于激发态的核数稍稍多一些，核磁共振信号实际上就是依靠这多出来的约百万分之十的基态核数的净吸收而产生的。

从 Boltzmann 分配定律还可以说明，σ 增大对测定有利。因为 H_0 增大时，使 n_α/n_β 增大，净吸收值增大，信噪比增加，灵敏度增加。

实际上接收线圈获得的磁核磁矩改变信号，不是某一个磁核跃迁产生的，而是所有这些基态磁核能级跃迁的综合结果，人们常用这些磁核沿着磁场方向进动的总效果——这些磁核的磁矩 μ 的矢量来表示，称为总的磁化强度矢量，或称宏观磁化向量。

若磁核从基态跃迁到激发态后，没有其它途径回到基态，也就没有上述多出的基态核数，就会产生饱和现象，NMR 信号消失。若撤销射频照射停止激发，跃迁磁核则以非辐射方式释放能量，逐渐恢复到热平衡状态，这个过程称为**弛豫历程**。

在正常情况下，在测试过程中，高能级的核可以不用辐射的方式回到低能级，这个现象叫作弛豫。弛豫有两种方式。

（1）自旋-晶格弛豫，又叫纵向弛豫。核（自旋体系）与环境（又叫晶格）进行能量交换，高能级核把能量以热运动的形式传递出去，由高能级返回低能级。这个弛豫过程需要一定的时间，其半衰期用 T_1 表示，T_1 越小表示弛豫过程的效率越高。

（2）自旋-自旋弛豫，又叫横向弛豫。高能级核把能量传给邻近一个低能级核。在此弛豫过程前后，各种能级核的总数不变。其半衰期用 T_2 表示。

对于每一种核来说，它在某一较高能级平均停留时间只取决于 T_1 及 T_2 中较小者。根据测不准原理，谱线宽度与弛豫时间成反比（由 T_1 与 T_2 中较小者决定）。固体样品 T_2 很小，所以谱线很宽。因此，在化合物结构分析的 NMR 测试中，一般将固体样品配制成溶液。另外，如果溶液中有顺磁性物质，如铁、氧气等，会使 T_1 缩短，谱线加宽，所以样品中不能含铁磁性物质和其它顺磁性物质。

5.3 核磁共振谱仪简介

核磁共振仪有连续波仪器和脉冲傅里叶变换核磁共振仪两种。连续波仪器中磁场一般用永久磁铁或电磁铁，在固定射频下进行磁场扫描，或在固定磁场强度下进行频率扫描，使不同环境的磁核依次满足共振吸收条件而获得吸收谱线，测试时间长，灵敏度低，已基本淘汰，取而代之的是脉冲傅里叶变换核磁共振仪。

5.3.1 连续波核磁共振谱仪

1. 仪器主要结构部件

连续波核磁共振谱仪（CW-NMR）主要包括磁铁、射频振荡器、射频接收器和记录仪、探头和样品管座、计算机与显示器，以及其它辅助设备等。如图 5-6 所示。

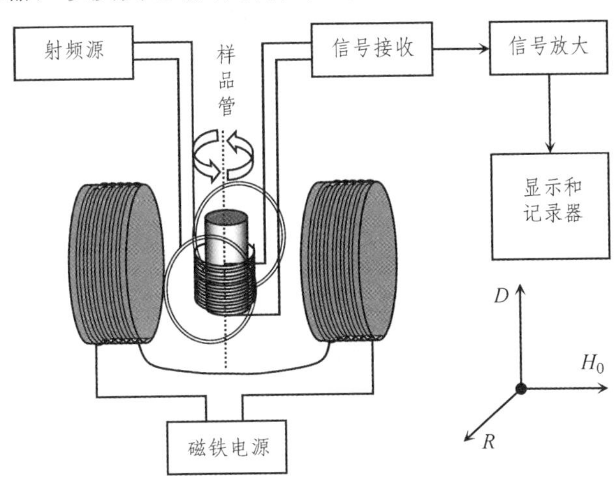

图 5-6 CW-NMR 结构与原理示意图

（1）磁铁　产生外加磁场，分为永久磁铁、电磁铁和超导磁铁三种。前两种的磁场强度最高可以做到 2.35×10^4 G，等于 100 MHz（磁场强度常用 MHz 来表示）。在磁铁上有一个扫描线圈（Helmholtz 线圈），内通直流电，产生附加磁场，可实现磁场强度的连续改变，即磁场强度扫描。

超导磁铁目前可高达 950 MHz。兆赫数越大，磁场强度越大，仪器越灵敏，获得的图谱越简单，越容易解析。这是 CW-NMR 目前不具备的条件。

（2）射频振荡器　用于产生射频波。一般情况下，连续波核磁共振仪射频频率是固定的。在测定其它核如 ^{13}C、^{15}N 时，要更换其它频率的射频振荡器。

（3）射频接受器和记录仪　产生核磁共振时，射频接受器能检出被吸收的电磁波能量。此信号被放大后，用仪器记录下来就是 NMR 图谱。射频振荡器、射频接受器在样品管外面，它们两者互相垂直并且也与扫描线圈垂直。

（4）探头和样品管座　射频线圈和射频接受线圈都在探头里。样品管座能够在压缩空气的推动下旋转，使样品受到均匀磁场的作用。

（5）计算机与显示器　用于控制测试过程、数据处理和图谱存储的工作站。

（6）其它部件　核磁共振仪还可以有一些其它装置，用于不同的测试目的，扩大仪器应用。如双照射去偶装置、可变温度控制装置、异核射频振荡器、固体探头等。

2. 测定方法

测定时，可固定磁场强度，依次改变射频波频率，当照射频率的能量等于样品分子中某种化学环境的原子核的跃迁能级差时，则该核吸收这个频率的能量而发生能级跃迁，核磁矩方向改变，在接收线圈中产生感应电流，将感应电流放大、记录，即得 NMR 信号。也可以固定射频波频率，依次改变外加磁场强度，使各种质子在不同磁场强度下发生共振吸收，也同样可在接收线圈中获得 NMR 信号。前者称为扫频法，后者称为扫场法。

一般的连续波核磁共振谱仪（CW-NMR）主要采用扫场法检测的。测定时，从低磁场强度即左端起，向高磁场强度的右端扫描，磁场强度的增加数值折合成频率（Hz）而被记录下来。在进行测定时，电磁铁要发热，所以要用水冷却，使其温度变化小于 0.1 ℃/h。

5.3.2 脉冲傅里叶变换核磁共振仪

1. 仪器工作原理

脉冲傅里叶变换核磁共振仪（PFT-NMR）是 20 世纪 70 年代开始出现的新型的仪器，它采样时间短，可以使用各种脉冲序列进行测试，得到不同的多维图谱，给出大量的结构信息，现在的核磁共振仪全部为脉冲傅里叶变换核磁共振仪。参见图 5-7。

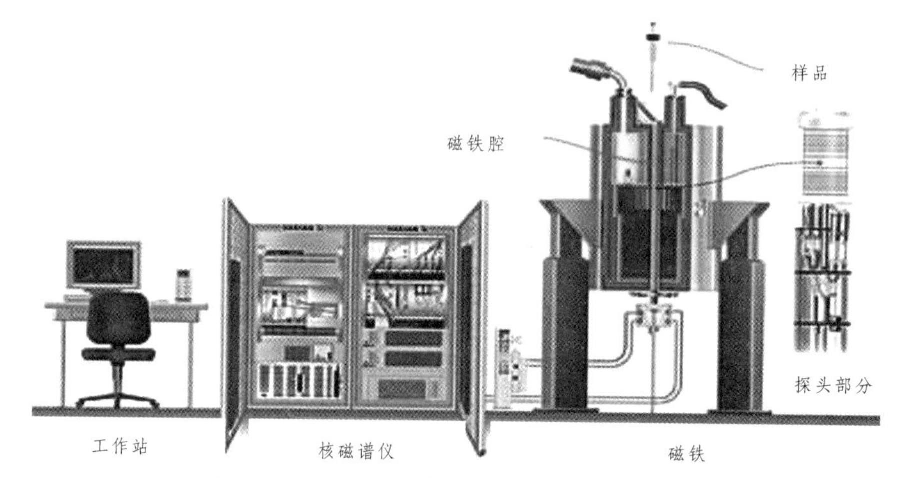

图 5-7　PFT-NMR 的工作原理及结构示意图

脉冲傅里叶变换核磁共振仪工作过程如图 5-8 所示：

图 5-8　PFT-NMR 的工作过程

谱仪的照射脉冲由射频振荡器产生，工作时射频脉冲由脉冲程序器控制。当发射门打开时，射频脉冲辐照到探头中的样品上，原子核产生共振，接收线圈接收到感应信号，经放大送到计算机转换成数字量（模数转换），进行傅里叶变换后，再转换成模拟量（数模转换），也就是需要的频域图谱了。谱图可以在示波器上显示，也可以由计算机储存、打印机打印出来。

脉冲傅里叶变换核磁共振仪在工作时，照射到样品上的不连续变化的正弦波而是脉冲方波。这个脉冲方波只持续几微秒至几十微秒。根据傅里叶级数的数学原理，一个脉冲可以认为是矩形周期函数的一个周期，它可以分解为各种频率的正弦波的叠加（图 5-9）。

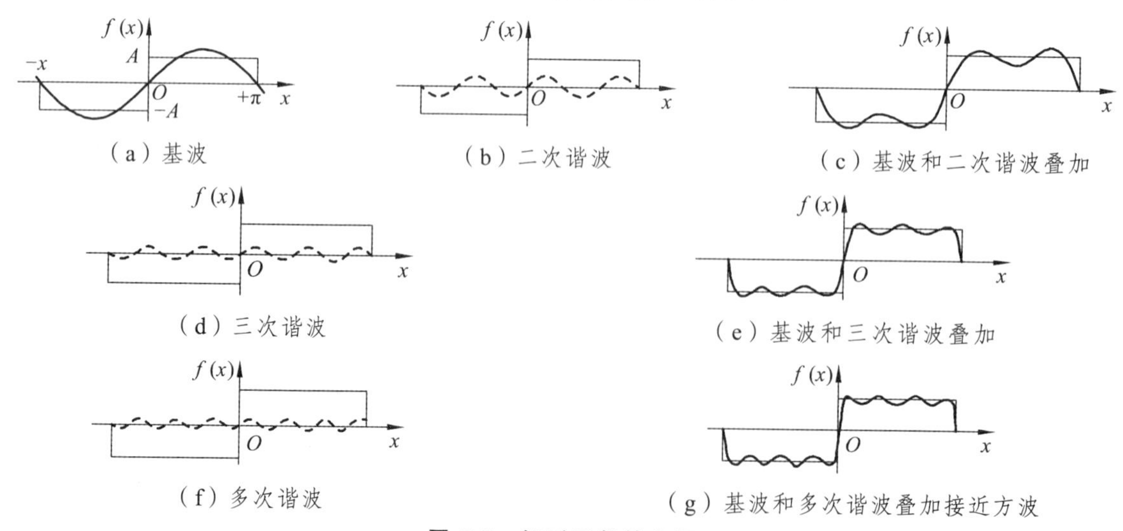

图 5-9　矩形函数的分解

当一个几微秒的脉冲作用到样品上时，相当于所有的正弦波同时照射到样品上，样品中的所有原子核产生同时共振，接收到的信号即是一个随时间衰减的正弦波效应信号，称为自由感应衰减信号（FID）。把 FID 的图谱称为时域谱，从这种信号中不能直接得到我们需要的信息，必须经过傅里叶变换才能得到所需要的图谱，称为频域谱，就是我们分析用的常用图谱，图谱上的不同的峰表示不同的共振频率。傅里叶变换是一种数理变换方法，需要数学运算，现在一般通过计算机软件程序来完成，将时域谱变换成频域谱。

2. 仪器组成部件

（1）磁场部件　提供测定所需的稳定和可变磁场，有永久磁铁、电磁铁和超导磁铁等。

永久磁铁由永磁材料制成，优点是消耗电功率小，缺点是对外界温度变化很敏感，一旦断电，重启后仪器需几天天时间才能达到稳定，之后再正常使用。永久磁铁的磁场强度低。可提供对氢的共振频率一般为 60 MHz。

电磁铁由软磁性材料外绕激磁线圈，通电后产生磁场。其优点是能较快达到稳定状态，缺点是消耗电功率大，并且需要大量散热，因此必须配有冷却水系统或风冷系统，这不是环保节能的工作方式。电磁铁比永久磁铁的磁场强度高，可提供对氢的共振频率一般为 80～100 MHz。

超导磁铁是装有铌钛合金丝绕成的螺线管，螺线管放在存有液氦的超低温（4 K）中，导线电阻接近零，通电闭合后，产生很强的磁场。目前高分辨率的谱仪基本上都是超导磁铁谱仪，它提供的共振频率一般为 200～1 000 MHz。因为强磁场使仪器的灵敏度大大提高，原来集中在一起的峰被清晰分开了，使得谱图更容易解析。图 5-10 是 1-氯-2, 3-环氧丙烷分别用两种兆赫仪器所测出的图谱，可比较两者的差别。

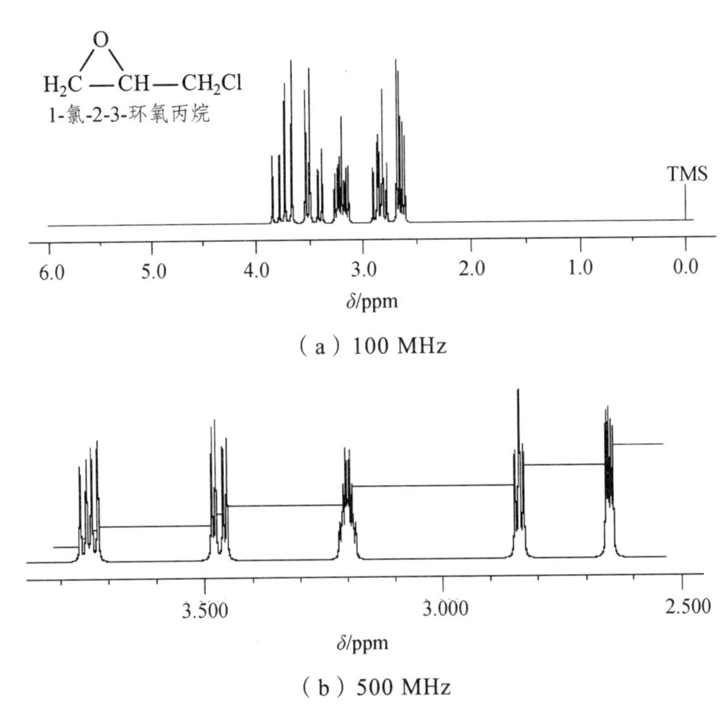

图 5-10　不同兆赫兹测出的 ^{1}H-NMR 比较

（2）探头部件　探头（Tube）上装有发射和接收线圈，在测试时样品管放入探头中，处于发色和接收线圈中心（图 5-11）。工作时，发射线圈发射照射脉冲，接收线圈接收共振信号。所以探头可以比喻核磁共振仪的心脏。超导磁铁中心有一个垂直向下的管道和外面大气相通，探头就装在这个管道中磁铁的中心位置，这里是磁场最强、最均匀的地方。

（3）锁场单元　锁场单元可以补偿外界环境对磁铁的干扰，提高磁场稳定性。锁场单元可分为两部分：一部分是磁通稳定器，可以补偿快变化的干扰；另一部分是场频连锁器，可以补偿慢变化的干扰。磁极间有两个线圈，一个是拾磁线圈，另一个是补偿线圈。拾磁线圈接收到磁场的快变化信号送到磁通稳定器，磁通稳定器反馈一定电流给补偿线圈，补偿线圈产生一个磁场抵消外来干扰。

场频连锁器工作时监视一个共振信号，这个共振信号是氘代溶剂的共振信号，这个信号到磁通稳定器，磁通稳定器向补偿线圈输入一个补偿电流，补偿磁场漂移，又称锁场。

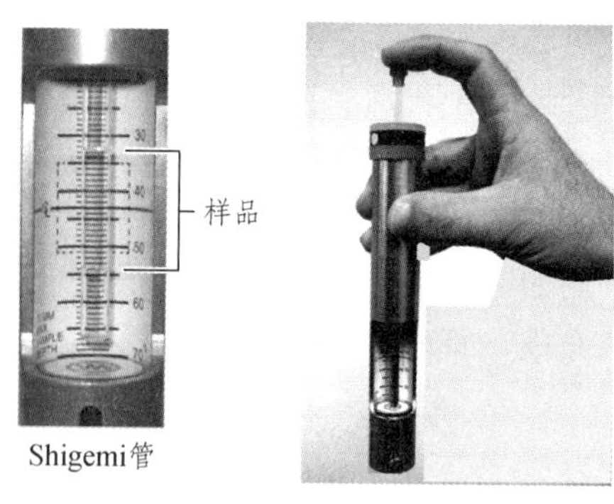

（a）样品位置标识　（b）样品插入位置

图 5-11　探头及样品放置位置

（4）匀场单元　在磁极间有很多匀场线圈可以提高磁场均匀性，提高分辨率。这些匀场线圈通电后产生一定形状的磁场，调节线圈电流能改变磁极间磁力线分布，磁力线分布越均匀，信号宽度越小，分辨率越高。

（5）谱仪　谱仪是电子电路部分，包括射频发射和接收部分、线性放大和模-数转换等部分。由谱仪产生射频脉冲和脉冲序列，处理接收的共振信号。

（6）计算机　工作时进行“人机对话”：仪器操作、参数设置、数据处理和图谱打印。

（7）其它辅助设备　① 空气压缩机；② 前置处理单元；③ 变温控制部分等。

3. 性能指标

分辨率　分辨率（Revolution）是指仪器分辨相邻谱线的能力。分辨率越高，谱线越窄，能被分开的两峰间距就越小。一般选用乙醛作标准品来测试仪器的分辨率。一般仪器的分辨率在 0.1～0.4 Hz。

灵敏度　灵敏度（Sensitivity）又称信噪比（Signal Noise），是衡量仪器检测最少样品量的能力。一般选用乙基苯作测试的标准品，它的—CH_2基团为四重峰。其最高峰高度为 S，最大噪声高度为 N，灵敏度=2.5×S/N。

线形　分辨率是一个重要指标，线形（Lineshape）也同样重要。$H=(1-\sigma)H_0$谱线形测试，核磁共振峰应为洛伦兹线形，用 $CHCl_3$ 的峰的半高宽、^{13}C 卫星峰高度处的宽度（0.55%）和 ^{13}C 卫星峰 1/5 高度处的宽度（0.11%）。^{13}C 卫星峰高度处的宽度应为半高宽的 13.5 倍，^{13}C 卫星峰 1/5 高度处的宽度应为半高宽的 30 倍。

稳定性　仪器的稳定性一般用信号的漂移来衡量。短期稳定性信号漂移要小于 0.2 Hz/h；长期稳定性漂移要小于 0.6 Hz/h。

5.4　化学位移

5.4.1　化学位移及其表示方法

1. 局部抗磁屏蔽效应

在 Larmor 方程式已给出了核进动频率 ν 与外磁场强度 H_0 的函数关系。在同一磁场中，一个化合物中所有氢核的进动频率是否都相同呢？从实验中发现，不同化学环境的氢核，核进动频率是稍有差别的，这种差别与氢核所处的化学环境有关，差别大的可达百万分之十几。

原因是，前述 Larmor 方程的成立条件是以纯粹裸核为研究对象推导出来的。而氢核并非裸核，它被核外电子云“笼罩着”，在外磁场作用下，绕核运动的电子环流会产生一个抵抗外磁场方向的感应微磁场（次级磁场），使核实受外磁场强度稍有降低，这种现象称为局部抗磁屏蔽效应，如图 5-12

所示。由于屏蔽效应的存在，核实受磁场强度应修正为$H=(1-\sigma)H_0$，σ称为屏蔽常数，它与核外电子云密度相关。故 Larmor 方程修正为

$$\nu=\frac{\gamma}{2\pi}(1-\sigma)H_0 \tag{5-9}$$

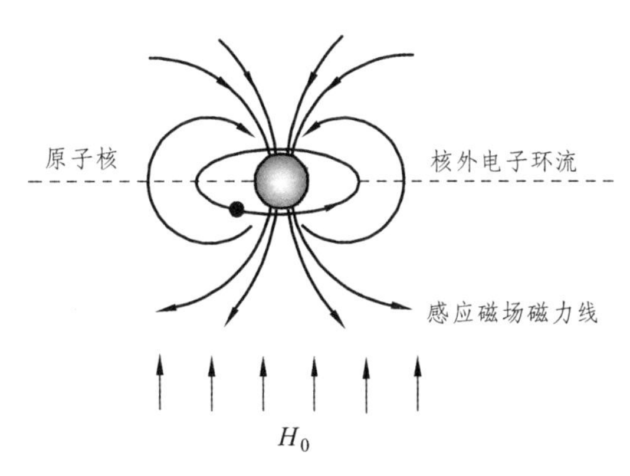

图 5-12　核外电子环流产生的局部抗磁屏蔽

例如，对甲氧基-苯基-丙酮的核磁共振氢谱（图 5-13）。从检测数据可知，CH_3（C）比 CH_3（E）共振频率高 59.12 Hz；苯环 H（A）比 H（B）共振频率高 97.12 Hz；CH_3（E）比苯环 H（A）共振频率低 1992.26 Hz；CH_2（D）比苯环 H（A）共振频率低 1394.38 Hz。

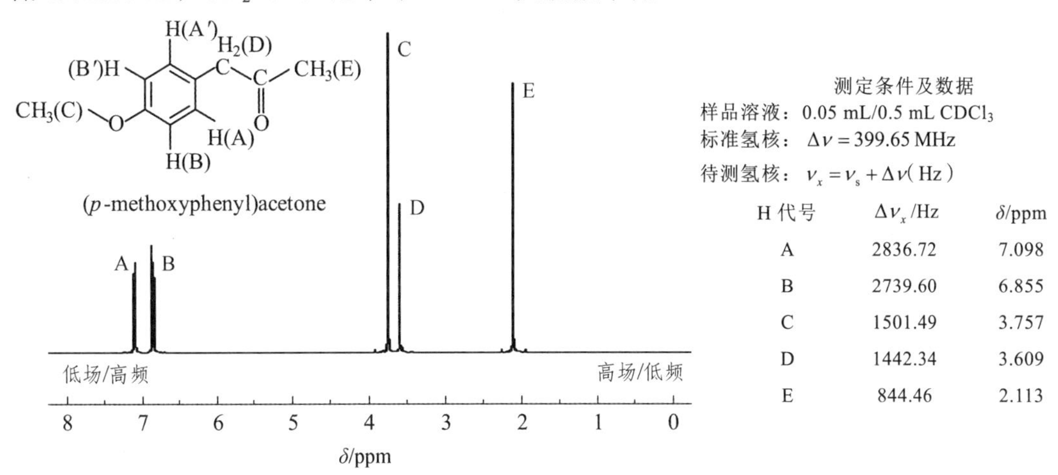

H 代号	$\Delta\nu_x$/Hz	δ/ppm
A	2836.72	7.098
B	2739.60	6.855
C	1501.49	3.757
D	1442.34	3.609
E	844.46	2.113

图 5-13　对甲氧基-苯基-丙酮的核磁共振氢谱及数据

以氢原子为研究对象，若使化合物中氢核的核外电子云密度增大（如供电子基团影响），屏蔽效应增强（σ增大），磁核在一定外磁场强度下的 Larmor 进动频率就降低；反之，若使核外电子云密度降低（如吸电子基团影响），屏蔽效应削弱（σ减小），磁核在一定外磁场强度下的 Larmor 进动频率就升高。这种因核所处的化学环境不同，导致其核磁共振频率不同的现象，称为化学位移。所以，当H_0一定时，屏蔽常数σ大的氢核，进动频率ν小，需要在较小的射频波频率下产生共振吸收，吸收峰出现在核磁共振谱的低频端（右端）；反之，屏蔽常数σ小的氢核，进动频率ν大，共振吸收峰出现在核磁共振谱的高频端（左端）。若ν_0一定时，屏蔽常数σ大的氢核，需要在较大的H_0下共振，共振吸收峰出现在高场（右端）；反之，屏蔽常数σ小的氢核，需要在较小的H_0下共振，共振吸收峰出现在高低场（左端）。

2. 化学位移的表示

如果以磁核的共振频率或共振磁场强度的绝对值差来表示化学位移，存在几方面问题：

（1）核外电子的屏蔽效应本来就很小，由于化学环境不同所引起差异就更小，共振频率的差别也仅有百万分之几，要精确测定并比较不同化学环境磁核的共振频率的差别，既困难又不方便。

（2）磁核的共振频率随外磁场的改变而改变，不同环境的磁核共振频率的差别也随外磁场的改变而改变。如将两个化学环境不同的氢核 1 和 2（屏蔽常数为 σ_1 和 σ_2），置于同一磁场中，两个核的进动频率差为

$$\Delta\nu = \nu_1 - \nu_2 = \frac{\gamma}{2\pi}(\sigma_2 - \sigma_1)H_0 \qquad (5\text{-}10)$$

很显然，共振频率绝对值差 $\Delta\nu$ 与外磁场强度 H_0 成正比。例如，乙醇的 ^{1}H-NMR，其 CH_2 和 CH_3 的共振频率差 $\Delta\nu$，在 90 MHz 仪器上 $\Delta\nu = 220.4$ Hz，而在 400 MHz 仪器上 $\Delta\nu = 984.3$ Hz，说明 $\Delta\nu$ 随 H_0 不同而改变。

（3）处于不同化学环境的核，其屏蔽常数千差万别，没有标准的比较并没有实际意义，因为共振频率的绝对差 $\Delta\nu$ 随比较对象不同（即 $\Delta\sigma$ 不同）而改变。

为了克服以上问题，一般采用被测核的共振频率与标准物核的共振频率的相对差来表示化学位移。扫频法采用式（5-11）表示，扫场法采用式（5-12）表示。

$$\delta / \text{ppm} = \frac{\nu_x - \nu_s}{\nu_s} \times 10^6 = \frac{\Delta\nu}{\nu_s} \times 10^6 \qquad (5\text{-}11)$$

$$\delta / \text{ppm} = \frac{H_x - H_s}{H_x} \times 10^6 = \frac{\Delta H}{H_x} \times 10^6 \qquad (5\text{-}12)$$

式中，δ 为化学位移，是一个无量纲的比值。ppm 并不是一个量纲单位，由于它值太小（仅为百万分之几），人们为了使用方便便乘以一百万（$\times10^6$），以“ppm”来表示；下角标“x”和“s”分别表示被测样品磁核和标准物磁核。

不难推导出，磁核的化学位移值由其所处的化学环境（即屏蔽常数 σ）所决定，与仪器测量条件无关，即与扫频法的磁场强度 H_0、扫场法的射频波频率 ν_0 无关。

3. 常用标准物和溶剂

国际纯粹与应用化学联合会规定，核磁共振测定中常用的标准物为四甲基硅烷（TMS）或 4, 4-二甲基-4-硅代戊磺酸钠（DSS），规定它们的 δ 为 0.00 ppm。TMS 不溶于水，常用于有机溶媒为溶剂的样品测定的标准物；当以重水为溶剂时，则选用 DSS 作为标准物。TMS 有 12 个化学环境相同的氢核，在 NMR 中给出一个尖锐的单峰。测定时将标准物（也称内标物）一同溶于样品溶液中，测定核磁共振谱，被测核的共振吸收峰出现在 TMS 峰左侧为正值，极少数情况出现在 TMS 峰右侧，为负值。

$Si(CH_3)_4$（结构式：中心 Si 连接四个 CH_3）

Tetramethyl silane, TMS

$(CH_3)_3Si—(CH_2)_3—SO_3Na$

4, 4-dimethyl-4-silapentane-1-sulfonate, DSS

NMR 一般是将样品溶解于有机溶剂中进行测定的，常用氘代溶剂或不含质子的溶剂，以避免溶剂质子的干扰。例如 CCl_4、$CDCl_3$、D_2O、CF_3COOD、CD_3COCD_3、C_6D_6 等。若这些氘代试剂不纯，还有少量未被氘代的分子，则会在某一位置出现残存的质子峰，在解谱时要注意识别。

5.4.2 影响化学位移的因素

影响氢核化学位移的因素有内因和外因两方面情况。内因就是氢核所处的化学环境，主要从对氢核电子云密度（屏蔽常数）的影响，以及氢核所处的磁各向异性效应等方面考虑。对核外电子云密度的影响因素有诱导效应、共轭效应、杂化轨道 s 成分影响、氢键效应等，这种影响是通过成键电子传递的，而磁各向异性的影响是通过空间远程传递的。外部因素对非极性碳上质子影响不大，对—OH、—NH、—SH 活泼氢的影响较大。

设标准氢核与被测氢核的屏蔽常数分别为 σ_s、σ_x，以扫频法测定它们的核磁共振频率分别为 ν_s、ν_x。依据 Larmor 进动方程修正式（5-10），则有

$$\nu_s = \frac{1}{2\pi}(1-\sigma_s)H_0, \quad \nu_x = \frac{1}{2\pi}(1-\sigma_x)H_0, \quad \Delta\nu = \nu_x - \nu_s = \frac{1}{2\pi}(\sigma_s - \sigma_x)H_0$$

将 ν_s 与 $\Delta\nu$ 代入式（5-11），则有

$$\delta/\mathrm{ppm} = \frac{\Delta\nu}{\nu_s} \times 10^6 = \frac{\sigma_s - \sigma_x}{1-\sigma_s} \times 10^6 \tag{5-13}$$

从式（5-13）可知，磁核的化学位移值由其屏蔽常数 σ_x 所决定，与测定条件无关。凡是使氢核电子云密度降低的因素（σ_x 减小），即减弱屏蔽效应，则使氢核的化学位移增大，共振吸收峰出现在低场、高频区（左端）；反之，使氢核电子云密度增加的因素（σ_x 增加），即增强屏蔽效应，则使氢核的化学位移减小，共振吸收峰出现在高场、低频区（右端）。

在 NMR 图谱中，质子的屏蔽常数 σ 与扫频法所需射频共振频率 ν、扫场法所需共振磁场强度 H，以及化学位移值 δ 之间的变化关系，如图 5-14 所示。

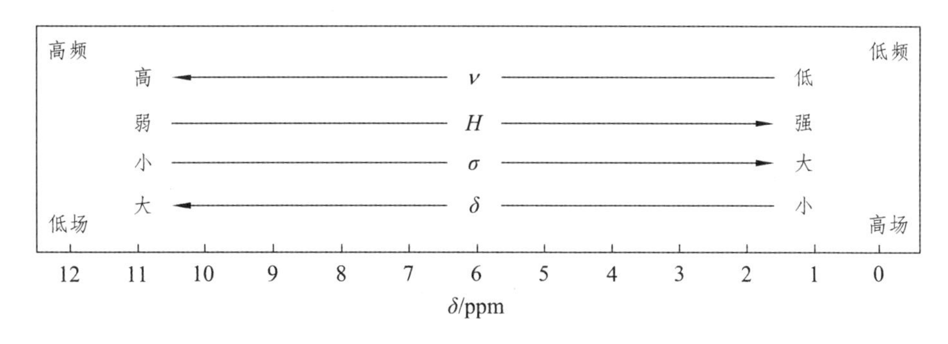

图 5-14 NMR 中 σ 与 ν、H 及 δ 的变化关系图示

1. 诱导效应

氢核上的碳连接有电负性基团，由于其吸电子诱导效应，使氢核的电子云密度降低，屏蔽作用减弱，化学位移增大。基团电负性越强，氢核的化学位移值越大，如一些甲烷取代物的化学位移情况，见表 5-4。

表 5-4 甲烷取代物的化学位移

X/电负性	Li/0.98	Si/1.90	H/2.2	I/2.66	Br/2.96	Cl/3.16	OH/3.43	F/3.98
CH_3X/ppm	−1.317	0.0	0.232	2.165	2.682	3.052	3.430	4.177

由于碳的电负性大于氢，因此每当用烷基取代氢后，会使所有剩下的氢原子的化学位移移向低场，化学位移增大，即 $\delta_{CH_3} < \delta_{CH_2} < \delta_{CH}$。

电负性基团离氢核越近诱导效应越明显，随着距离的增大下降很明显（表 5-5）。

表 5-5 电负性基团的距离对氢核化学位移的影响

醇 类	CH_3—OH	CH_3—CH_2—OH	CH_3—CH_2—CH_2—OH	CH_3—CH_2—CH_2—CH_2-OH
	3.42	1.23 3.69	0.94 1.57 3.58	0.94 1.39 1.53 3.63
氯代烃	CH_3—Cl	CH_3—CH_2—Cl	CH_3—CH_2—CH_2—Cl	CH_3—CH_2—CH_2—CH_2-Cl
	3.05	1.49 3.51	0.86 1.61 3.30	0.92 1.43 1.68 3.42

2. 共轭效应

处于共轭体系中氢核，其化学位移情况比较复杂，主要来自两方面影响。一是共轭体系中的碳核电子云密度发生改变，引起相连的氢核电子云密度发生改变，从而使氢核化学位移发生变化；二是共轭体系的氢核处于离域大 π 键电子环流产生的次级磁场的负屏蔽区（化合物 1、2、3）。如果共轭体系中有电负性较大的吸电子基团（例如羰基），则使烯氢 δ 增大（化合物 4、5、6）；如果有供电子基团，则使烯氢 δ 减小（化合物 7、8、9，—O—是供电子基团）。以上均是与乙烯氢核的化学位移 5.28 ppm 相比较的情况。

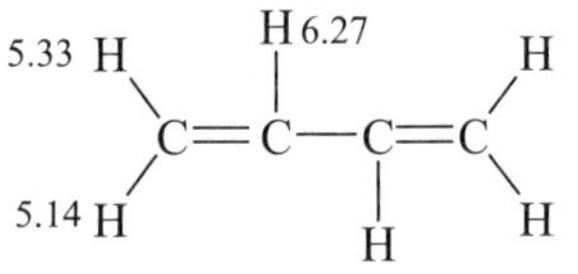

5.33 H H 6.27 H
C=C—C=C
5.14 H H H
（1）

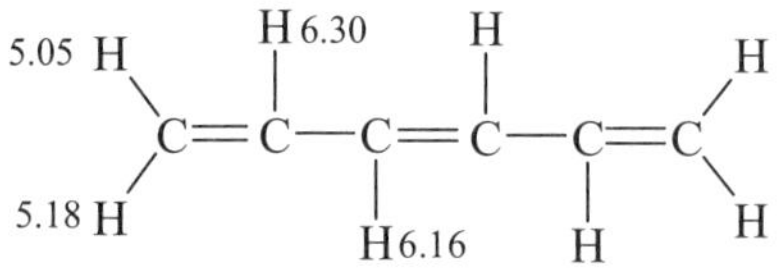

5.05 H H 6.30 H H
C=C—C=C—C=C
5.18 H H 6.16 H H
（2）

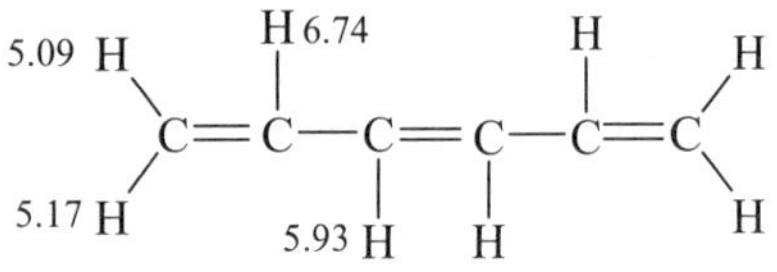

5.09 H H 6.74 H H
C=C—C=C—C=C
5.17 H 5.93 H H H
（3）

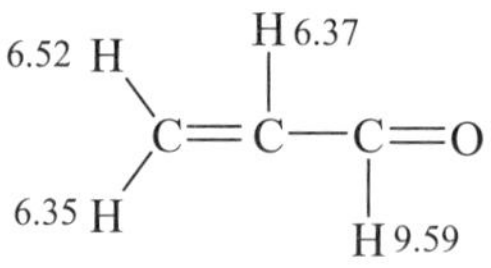

6.52 H H 6.37
C=C—C=O
6.35 H H 9.59
（4）

5.82 H O H
C=C—C—C=C
6.28 H H 6.67 H H
（5）

5.82 H H 6.13
C=C—C—O—CH_3 3.76
6.40 H O
（6）

3.88 H H 6.43
C=C—O—CH_3 3.16
4.03 H
（7）

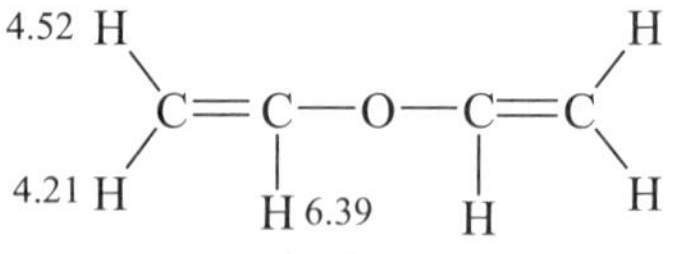

4.52 H H
C=C—O—C=C
4.21 H H 6.39 H H
（8）

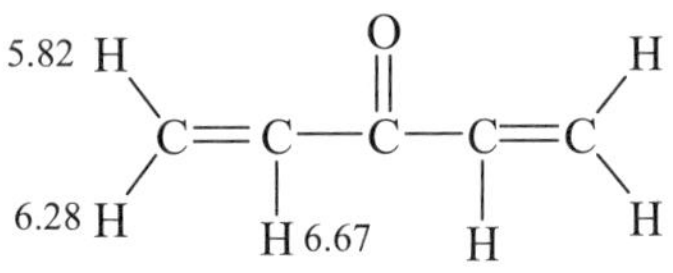

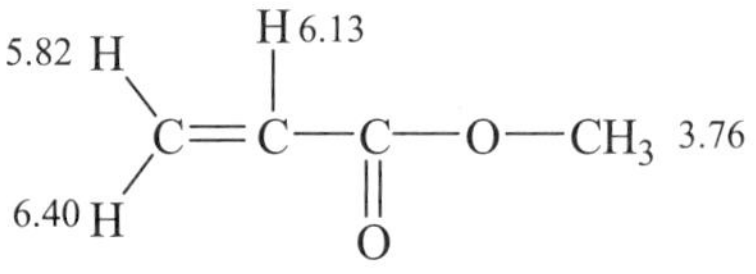

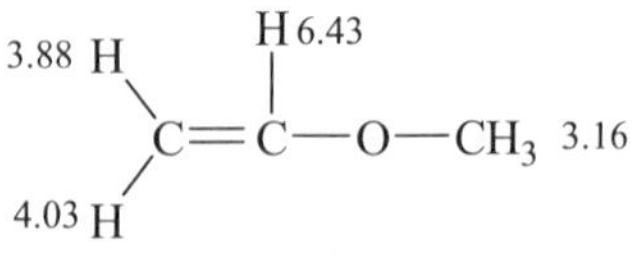

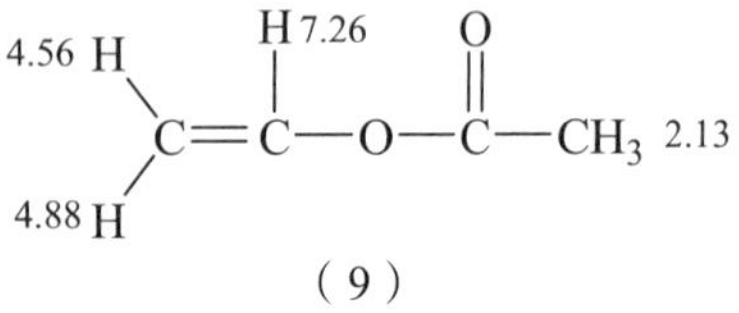

4.56 H H 7.26 O
C=C—O—C—CH_3 2.13
4.88 H
（9）

3. 杂化轨道 s 成分影响

碳原子杂化轨道中的 s 成分的多少，对氢核的化学位移有较大的影响，s 成分增加，去屏蔽作用增强，化学位移增大（表 5-6）。

表 5-6　杂化轨道中 s 成分的影响

氢核类型	烷基氢	炔碳氢	烯碳氢	芳碳氢	酰碳氢	影响因素
杂轨(s 占比)	$sp^3(1/4)$	$sp(1/2)$	$sp^2(1/3)$	$sp^2(1/3)$	$sp^2(1/3)$	① 与烷基比 s 成分增加，δ 增大 ② 磁各向异性-正屏蔽区，δ 减小
因素综合	—	①+②	①+③	①+③	①+③+④	③ 磁各向异性-负屏蔽区，δ 增大
δ/ppm	0.8～1.4	3～5	5～7	7～9	8～10	④ 电负性基团诱导效应，δ 增大

4. 氢键去屏蔽效应

氢键可能在分子间或分子内生成。形成氢键时引起化学键的电子云密度再分布，使形成氢键的氢核周围电子云密度轻微降低，属于去屏蔽作用，使 δ 增大。形成氢键越强，活泼氢的化学位移就越大。

氢键的强度受溶剂的极性、溶液浓度和温度等因素影响，溶剂极性越大、样品浓度越高、测试温度越低，形成氢键的能力越强，活泼氢的化学位移值越大。羧酸由于形成强烈分子间氢键，其羧羟基氢化学位移很大。例如乙酸的羧羟基氢 δ 为 11.42 ppm，而柠檬酸分子中有三个羧基和一个醇羟基，分子间和分子内氢键都存在，其羧羟基氢 δ 是在 11.5~13.2 ppm 的钝形宽峰。能够生成分子内氢键的化合物，其活泼氢的化学位移也相当大，例如 2-乙酮-苯酚的酚羟基峰 δ 为 12.25 ppm，参见表 5-7。

表 5-7　三个化合物形成氢键的化学位移影响因素分析

化合物	乙　酸	柠檬酸	邻羟基苯乙酮	影响—OH 的 δ 因素
分子结构及氢键	2.10 H_3C—C(=O…H—O)(—O—H…O=)C—CH_3（双分子氢键环，—OH 11.42*）	2.76 H_2C—COOH 12.50* HO—C—COOH H_2C—COOH	H 6.89；7.44 H；O—H 12.25*；6.89 H；7.71 H；C=O；CH_3 2.61	① 分子间氢键 ② 分子内氢键 ③ 羟基氧的诱导效应 ④ 处于羰基双键负屏蔽区 ⑤ 处于苯环负屏蔽区
因素综合	①+③+④	①+②+③+④	②+③+④+⑤	

5. 磁各向异性效应

磁各向异性效应是指氢核受邻近 π 键或共轭大 π 键基团的电子环流产生的感应次级磁场（ΔH）的作用。若次级磁场与外磁场同向作用于氢核，使吸收峰向低场、高频区移动，化学位移增大；若次级磁场与外磁场反向作用于氢核，使吸收峰向高场、低频区移动，化学位移降低。这种因感应次级磁场方向不同而作用不同的现象，称为磁各向异性效应。磁各向异性效应并不影响氢核的电子云密度，即氢核的 σ 不变。分析如下：

若氢核不处于感应次级磁场的作用范围，其核磁共振频率应为式（5-10）。

若氢核处于感应次级磁场（ΔH）的作用范围，有如下两种情况：

（1）若氢核处于感应次级磁场与外加磁场同向区域，称为负屏蔽区，氢核所受的磁场强度实际为 $H_0+\Delta H$，其进动频率应为式（5-14）。

$$\nu=\frac{\gamma}{2\pi}(1-\sigma)\cdot(H_0+\Delta H) \tag{5-14}$$

因氢核的 σ 不变，故其进动频率不变，这时所需外磁场强度 H_0 要降低一些才能满足核磁共振条件，即吸收峰移向低场，化学位移增大。

（2）若氢核处于感应次级磁场与外加磁场反向区域，称为正屏蔽区，氢核所受的磁场强度实际为 $H_0-\Delta H$，其进动频率应为式（5-15）。

$$\nu = \frac{\gamma}{2\pi}(1-\sigma)\cdot(H_0 - \Delta H) \tag{5-15}$$

因氢核的 σ 不变，故其进动频率不变，这时所需外磁场强度 H_0 要增大一些才能满足核磁共振条件，即吸收峰移向高场，化学位移减小。

对于 π 键或共轭大 π 键电子，在外加磁场诱导下产生感应次级磁场的情况如下：

（1）**双键**（C═O、C═C） 双键的 π 电子云分布于成键平面的上下方，形成节面（Nodal Plane），在外加磁场诱导下形成电子环流，产生感应次级磁场。在垂直电子环流节面的中轴区域（节面环上下区域），次级磁场与外磁场方向相反，被称为正屏蔽区；在电子环流节面外沿区域，次级磁场与外磁场方向相同，被称为负屏蔽区。参见图 5-15、图 5-16。

丙醛的 $\delta_{CHO} = 9.793$，因醛基氢处于次级磁场的负屏蔽，同时还受羰基氧的诱导作用，两种效应叠加，其化学位移比丙烯氢大许多。

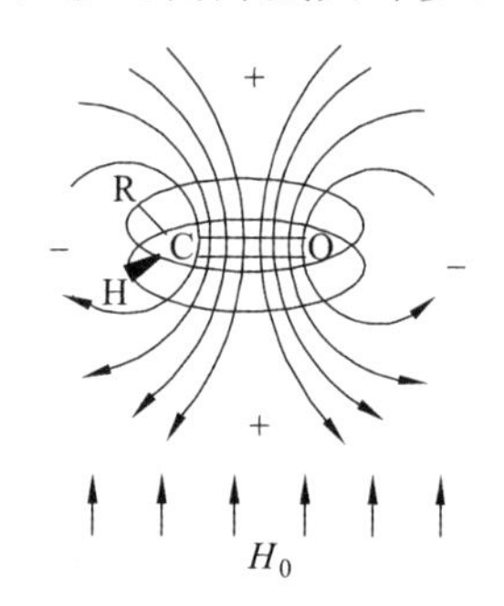

图 5-15 羰基的磁各向异性

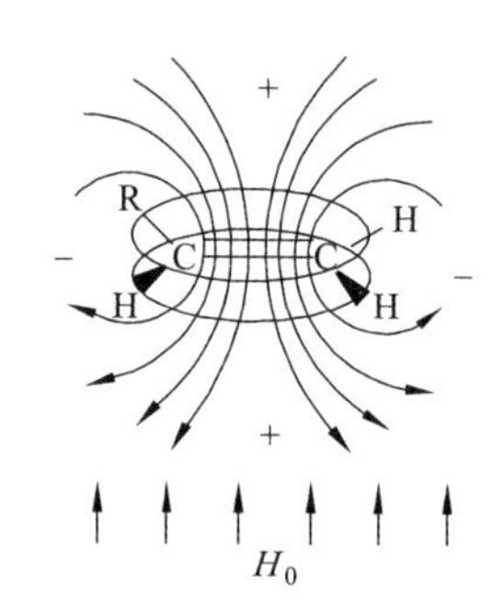

图 5-16 烯键的磁各向异性

（2）**芳环** 对于苯、轮烯、稠环及其它芳环的大 π 键，其离域电子云分布于环平面的上下方，形成比单个 π 键更大的节面，在外加磁场诱导下形成更大的电子环流，产生更强的感应次级磁场（图 5-17）。在垂直芳环电子环流节面的中轴区域，次级磁场与外磁场方向相反，为正屏蔽区；在芳环电子环流节面外沿区域，次级磁场与外磁场相同方向，为负屏蔽区。因为芳环的感应次级磁场更强，导致芳环氢核的化学位移值更大一些。

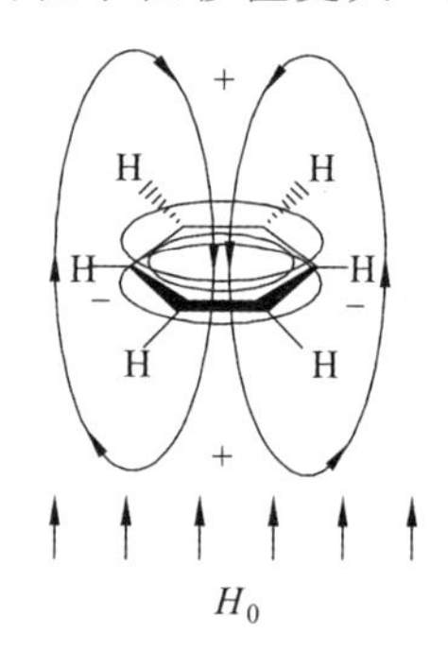

图 5-17 苯环的磁各向异性

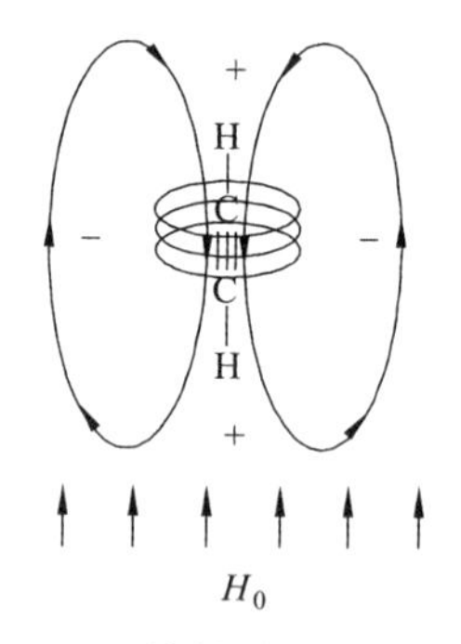

图 5-18 炔键的磁各向异性

以下是四个典型化合物的共轭大 π 键的磁各向异性效应对氢核化学位移影响情况。

H 7.34　　2.13 H_2C、H_2C，H(A) 5.84　　Me 8.14~8.67，Me −4.25　　H 9.28，H −2.99

苯　　1, 3-环己二烯　　二甲基取代芘　　[18]轮烯

（3）**叁键**（C≡C）　叁键的π电子云节面垂直于键轴分布，在外加磁场诱导下形成绕键轴的电子环流，产生感应次级磁场（图 5-18）。在垂直于电子环流节面的键轴方向，次级磁场与外磁场方向相反，为正屏蔽区；在电子环流节面外沿区域，次级磁场与外磁场方向相同，为负屏蔽区。

例如，乙炔取代菲三键最邻近氢核的δ为 10.35，而菲中相应氢核的δ为 8.65，说明处于三键负屏蔽区的该氢核吸收峰移向低场、高频区，化学位移增大了 1.7。

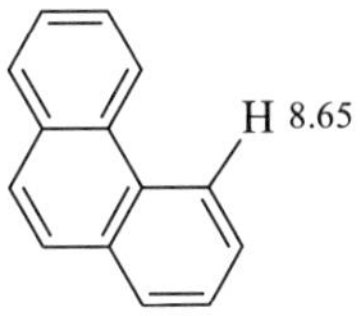

H 8.65

菲

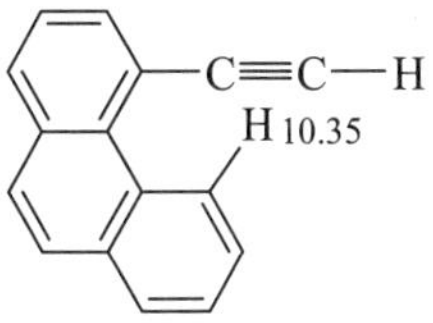

C≡C—H

H 10.35

4-乙炔基菲

5.4.3　各类型质子的化学位移

质子的化学位移值反映了质子的类型和所处的化学环境，它是结构解析的重要信息。对有机化合物中的各类质子化学位移值的大致范围归纳如下：① 芳氢>烯氢>炔氢>烷氢；② 叔碳氢>仲碳氢>伯碳氢；③ 羧羟基氢>醛基氢>酚羟基氢>醇羟基氢≈胺基氢（活泼氢的比较）。各类质子的化学位移范围，参见表 5-8。

表 5-8　各类质子的化学位移范围

质子类型	脂肪族氢 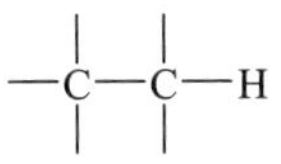	β-取代基 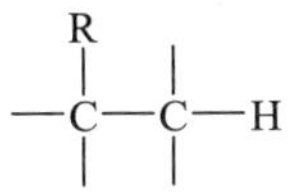	α-取代基 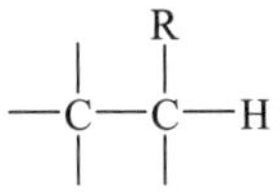	炔氢 	烯氢 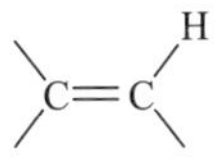
δ/ppm	0.0～2.0	1.0～2.0	1.5～5.0	1.6～3.4	4.5～7.5
质子类型	芳环氢 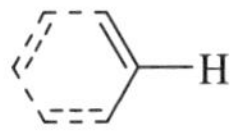	醛基氢 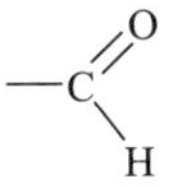	醇羟基氢 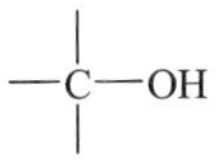	酚羟基氢 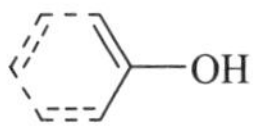	羧羟基氢 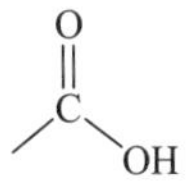
δ/ppm	6.0～9.5	9～10.5	0.5～5.5	4.0～8.0	9～13.0
质子类型	脂肪胺氢 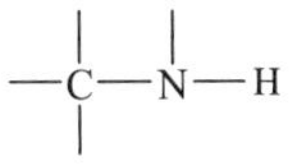	芳香胺氢 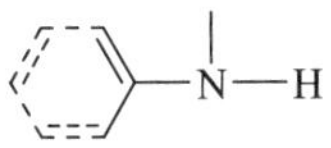	酰胺氢 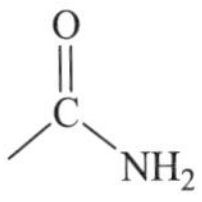		
δ/ppm	0.6～3.5	3.0～5.0	5～8.5		

5.4.4　化学位移的经验计算

取代基对质子化学位移的影响具有加和性，在前人所做的大量化合物核磁共振氢谱的实际工作基础上，归纳以下几种质子化学位移计算的经验公式，可用于波谱解析的参考信息。

1. 烷基质子的化学位移计算

烷基链中甲基、亚甲基及次甲基氢的化学位移计算经验公式为

$$\delta = B + \sum Z_\alpha + \sum Z_\beta \qquad (5\text{-}16)$$

式中，B为基础值，甲基、亚甲基及次甲基氢的B值分别为 0.86、1.37 及 1.50。Z为取代基对δ的贡

献值，Z 与取代基种类及位置有关，同一取代基在 α-位比 β-位影响大，见附录 B。

例 5-1　按照式（5-16）计算化合物（1）～（3）的次甲基质子化学位移值、（4）的三种质子化学位移，并与实测值比较，情况如表 5-9 所示。

表 5-9　化合物的结构与质子化学位移的关系

序号	化合物结构式		δ 计算值	δ 实测值
1	$C_6H_5—OC\mathbf{H}—C_2H_5$		1.37+2.61+0−0.04=3.94	3.86
2	$C_2H_5—C\mathbf{H}Cl—NO_2$		1.50+1.98+2.31+0.17−0.01=5.95	5.80
3	$(C_6H_5)_3C\mathbf{H}$		1.50+1.28×3=5.34	5.56
4	$(b)H_3C—CH_2(d)—C(=O)—O—CH(f)(CH_3(c))—CH_2(e)—CH_3(a)$	CH_3	δ_a=0.86+0.05=0.91	0.90
			δ_b=0.86+0.28=1.14	1.16
			δ_c=0.86+0.44+0.05=1.35	1.21
		CH_2	δ_d=1.37+0×2+0.24=1.61	1.55
			δ_e=1.37+0.92=2.29	2.30
		CH	δ_f=1.50+0.17×2+2.47−0.01=4.30	4.85

2. 烯烃质子的化学位移计算

烯烃质子的化学位移计算经验公式为

$$\delta_{C=C-H}=5.28+Z_{同}+Z_{顺}+Z_{反} \tag{5-17}$$

Z 为取代常数，下标依次为同碳、顺式及反式取代基。取代基对烯氢化学位移的影响，参见附录 B。

例 5-2　5 个烯氢化合物的化学位移 δ 计算值和实测值如表 5-10 所示。

表 5-10　烯氢化合物的化学位移

化合物	$(H_a)(H_c)C=C(H_b)(COOCH_3)$			$(H_a)(H_c)C=C(CH_3)(COOCH_3)$		$(H_a)(C_6H_5)C=C(COOH)(H_c)$	
氢代号	a	b	c	a	c	a	c
计算值	5.80	6.43	6.43	5.58	6.15	7.61	6.41
实测值	5.82	6.20	6.38	5.57	6.10	7.82	6.47

化合物	$(H_a)(C_6H_5)C=C(CN)(COOC_2H_5)$	$(H_a)(H_c)C=C(H_b)(OCOCH_3)$		
氢代号	a	a	b	c
计算值	7.84	4.64	4.93	7.39
实测值	8.22	4.43	7.74	7.18

3. 芳香烃质子的化学位移计算

取代苯环上质子的化学位移计算经验公式为

$$\delta=7.26+\sum Z \tag{5-18}$$

式中，7.26 为基础值；Z 为取代基对苯环质子化学位移的贡献值，参见附录 B。

例 5-3　对甲基苯胺的两组质子的化学位移，可分别由式（5-18）计算：

$$\delta_a=7.26+Z_{邻}(—CH_3)+Z_{间}(—NH_2)=7.26+(-0.18)+(-0.25)=6.83\text{（实测值 6.79）}$$

$$\delta_b=7.26+Z_{邻}(—NH_2)+Z_{间}(—CH_3)=7.26+(-0.75)+(-0.10)=6.41\text{（实测值 6.33）}$$

5.5 自旋偶合和自旋系统

5.5.1 自旋偶合与自旋裂分

1. 自旋偶合与自旋裂分

在上述讨论中知道，氢核共振吸收峰的位置即化学位移，是由氢核所处的化学环境所决定的。但是绝大多数共振吸收峰并不是单峰，而是裂分成多重峰，这是邻近磁核的干扰所致，因为在一定距离范围内，磁核与磁核之间会产生相互作用。因为每一个处于外磁场中的自旋磁核产生的磁矩均有顺磁和逆磁两个方向，而以两个不同方向的磁矩分别作用于被观测磁核，类似于磁各向异性作用于被观测磁核，导致磁核的共振频率或所需的共振磁场强度有所改变。这时被观测磁核因受邻近磁核干扰的 Larmor 方程式为

$$\nu = \frac{\gamma}{2\pi}(1-\sigma)\cdot(H_0 \pm \Delta H) \tag{5-19}$$

式中，ΔH 表示干扰磁核产生的微磁场强度，"±" 表示 ΔH 作用的两个方向，加号表示顺磁方向作用于观测磁核，减号表示逆磁方法作用于观测磁核。

以扫场法检测（ν_0 固定），当 ΔH 顺磁方向作用于观测磁核时，所需 H_0 稍减小一些才发生共振（移向低场，左移）；当 ΔH 逆磁方向作用于观测磁核时，所需 H_0 稍增大一些才发生共振（移向高场，右移）。

以扫频法检测（H_0 固定），当 ΔH 顺磁方向作用于观测磁核时，所需 ν_0 稍增大一些才发生共振（移向高频，左移）；当 ΔH 逆磁方向作用于观测磁核时，所需 ν_0 稍减小一些才发生共振（移向低频，右移）。

同样，被观测核对干扰核也会产生上述干扰过程，即它们之间是相互干扰的。这种因相邻自旋核产生的核磁矩的相互干扰现象，称为自旋-自旋偶合，简称自旋偶合。由此引起的裂分现象称为自旋-自旋裂分，简称自旋裂分。

例如，苯丙烷的 ^{1}H-NMR 见图 5-19。从图谱可知，其丙烷基（—CH_2—CH_2—CH_3）有三组氢核，邻近苯环的亚甲基为三重峰，中间的亚甲基为六重峰，甲基为三重峰。

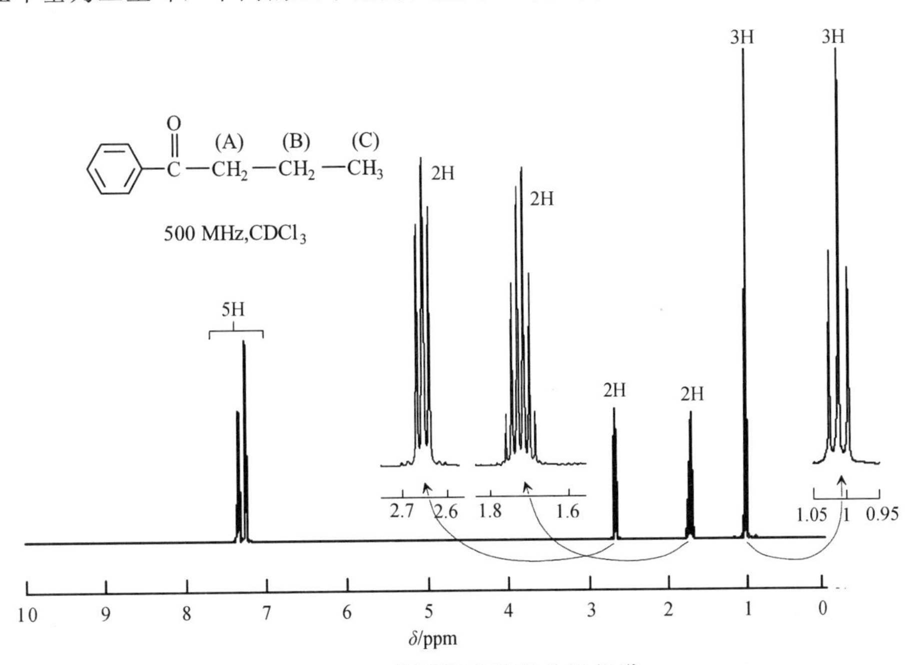

图 5-19 苯丙烷的核磁共振氢谱

将丙基三组氢核分别标为CH_2(A)、CH_2(B)和CH_3(C)，三组自旋氢核因相互偶合而裂分成多重峰的情况分析，列于表 5-11、表 5-12 中。

表 5-11　CH_2(B)对 CH_2(A)/CH_3(C)的偶合裂分

CH_2(B)微磁场 ΔH 方向*	↑↑（1 种概率）	↓↑；↑↓（2 种概率）	↓↓（1 种概率）
微磁场强度 ΔH 综合	$\Delta H+\Delta H=2\Delta H$	$\Delta H-\Delta H=0$；$-\Delta H+\Delta H=0$	$-\Delta H-\Delta H=-2\Delta H$
施加到 A/C 的磁场强度	$H_0+2\Delta H$（增大）	H_0（不变）	$H_0-2\Delta H$（减小）
A/C 氢核共振频率 ν 变化	$\nu_0+2\Delta\nu$（左移）	ν_0（不变）	$\nu_0-2\Delta\nu$（右移）
小峰化学位移 δ	$\delta+2\Delta\delta$	δ	$\delta-2\Delta\delta$
小峰强度比（概率比）	1	2	1

注：*以箭头方向表示干扰磁核微磁场 ΔH 作用于观测核的方向，“↑”表示顺磁，“↓”表示逆磁。

从表 5-11 可知，亚甲基 A 和甲基 C 的共振吸收峰被裂分成三重峰，峰高比为 1∶2∶1。

表 5-12　CH_2(A)/CH_3(C) 对 CH_2(B)的偶合裂分

A+C 微磁场 ΔH 方向	↑↑↑↑↑（1）	↑↑↑↑+↓（5）	↑↑↑+↓↓（10）	↓↓↓+↑↑（10）	↓↓↓↓+↑（5）	↓↓↓↓↓（1）
微磁场强度 ΔH 综合	$5\Delta H$	$3\Delta H$	ΔH	$-\Delta H$	$-3\Delta H$	$-5\Delta H$
施加到 B 的磁场强度	$H_0+5\Delta H$	$H_0+3\Delta H$	$H_0+\Delta H$	$H_0-\Delta H$	$H_0-3\Delta H$	$H_0-5\Delta H$
B 氢核共振频率 ν 变化	$\nu_0+5\Delta\nu$	$\nu_0+3\Delta\nu$	$\nu_0+\Delta\nu$	$\nu_0-\Delta\nu$	$\nu_0-3\Delta\nu$	$\nu_0-5\Delta\nu$
小峰化学位移 δ	$\delta_0+5\Delta\delta$	$\delta_0+3\Delta\delta$	$\delta_0+\Delta\delta$	$\delta_0-\Delta\delta$	$\delta_0-3\Delta\delta$	$\delta_0-5\Delta\delta$
小峰强度比（概率比）	1	5	10	10	5	1

从表 5-12 可知，亚甲基 B 的共振吸收峰被裂分成六重峰，峰高比为 1∶5∶10∶10∶5∶1。

相邻磁核之间的核磁矩干扰程度（即偶合程度）的大小，可用偶合常数（J/Hz）来表示。对于简单偶合而言，峰裂距即为偶合常数。

例如，将 CH_3CH_2Cl 样品配制成 10%（vol.）的 CCl_4 溶液，在 $\nu_s=300$ MHz 仪器上测得的数据列于表 5-13 中。其亚甲基与甲基之间属于简单偶合，峰的裂距相同，偶合常数为 $J_{AB}=7.232$ Hz。

表 5-13　氯乙烷的 ^{1}H-NMR 数据（300 MHz）*

核组	δ/ppm	$\Delta\nu$/Hz	δ/ppm	Int./‰	J_{AB}/Hz
CH_2（A）	3.505	1062.42	3.541	159	7.232
		1055.20	3.517	486	
		1047.96	3.493	496	
		1040.74	3.469	172	
CH_3（B）	1.488	453.60	1.512	506	
		446.38	1.488	1000	
		439.14	1.464	482	

注：*来源于 EBERSOLE，S. ET AL. J. PHYS. CHEM. 68，3430（1964）。

2. 自旋裂分峰的多重性

由上述苯丙烷和氯乙烷两个例子可知，在一级谱中，质子受邻近氢核偶合产生的裂分峰数目，取决于邻近氢核给出的组合数目，与被观测氢核的数目无关。若被 n 个邻近氢偶合（偶合常数相同），则分裂为 n+1 重峰，此规律称为 n+1 规律。

对于服从 n+1规律而分裂的多重峰，其峰强度比（峰高比）符合二项式 $(a+b)^n$ 展开式的系数比：

二重峰（Doublet）为 1∶1，三重峰（Triplet）为 1∶2∶1，四重峰（Quartet）为 1∶3∶3∶1，五重峰（Quintet）为 1∶4∶6∶4∶1，六重峰（Sextet）为 1∶5∶10∶10∶5∶1，没有偶合关系的核为单峰（Singlet）。核组的化学位移位于多重峰中心处。

两组质子相互偶合核产生的自旋裂分峰的形状，类似屋顶倾斜形状，其峰形总是中间高两边低，称为屋顶效应或向心性法则，似乎两组峰在用“相互倾慕”来表达彼此的偶合关系。例如上述苯丙烷的甲基与亚甲基的裂分峰形状就有屋顶效应。

实际上，一级谱的 $n+1$ 规律仅是 $2nI+1$ 规律的特殊形式。因为氢核自旋量子数 $I=1/2$，因而 $2n\times(1/2)+1=n+1$。若 $I=1$（氘核），如一氘碘甲烷（CH_2DI），氢核受一个氘核的微扰，分裂为三重峰，服从 $2n\times1+1=2n+1$ 规律。而氘核受两个氢核微扰，裂分成三重峰，即服从 $n+1$ 规律。

若某基团的氢核与 n、n'……个氢核相邻，且发生简单偶合，则有下述两种情况。

（1）偶合常数相等（裂距相等）

当一个基团被不同取代基偶合时，仍然服从 $n+1$ 律，分裂峰数为：$(n+n'+\cdots)+1$。

例如，苯丙烷的中间 CH_2（B），与 CH_2(A)和 CH_3(C)两个基团相连，其分裂峰数为(2+3)+1=6 重峰（1∶5∶10∶10∶5∶1）。

（2）偶合常数不等（裂距不等）

若相互偶合核之间的偶合常数不等，裂分峰数则为：$(n+1)\times(n'+1)\cdots$个子峰。

例如，将丙烯腈在 300 MHz 仪器上测得的数据列于表 5-14 中。

表 5-14　丙烯腈的 ^{1}H-NMR 数据（300 MHz）*

氢核	δ/ppm	$\Delta\nu$/Hz	δ/ppm	Int./‰	J/Hz
H（A）	6.203	1870.85	6.236	758	
		1869.89	6.233	769	
		1853.01	6.177	937	
		1852.03	6.173	998	
H（B）	6.077	1829.75	6.099	770	（AB） 0.91
		1828.78	6.096	784	（BC） 11.75
		1818.02	6.060	1000	（AC） 17.92
		1817.05	6.057	913	(B) H　H (C)　C=C　(A) H　CN
H（C）	5.703	1724.85	5.749	956	
		1713.12	5.710	768	
		1707.01	5.690	747	
		1695.27	5.651	613	

注：*来源于 HOBGOOD，R.T. ET AL. J. CHEM. PHYS. 39，2501（1963）。

由于三个烯氢所处的结构环境不同，相互之间的距离也不同，三个氢相互偶合时，$J_{AB}\neq J_{BC}\neq J_{AC}$。如 H（A），被 H（B）偶合分裂成二重峰，再被 H（C）偶合分裂成双二重峰（即将两个小峰再分裂成两个二重峰），峰高比为 1∶1∶1∶1，H（B）和 H（C）也都是这样的四重峰。注意这种因偶合常数不等产生的四重峰与偶合常数相等的四重峰（1∶3∶3∶1）的区别。

有时需要用文字来描述裂分峰数目时，常用其英文单词的第一个字母表示，单峰用“s”表示，双峰、三重峰和四重峰分别用“d”“t”和“q”表示，超过四重峰称为多重峰，用“m”表示。

3. 偶合常数及影响因素

偶合常数反映了相邻核磁矩的干扰程度。偶合常数的符号为 $nJ_{\mathrm{C}}^{\mathrm{S}}$，$n$ 表示偶合核间隔键数，S 表示结构关系，C 表示相互偶合核。J_{ab} 表示 a 与 b 核的偶合常数，单位为 Hz。J 与 δ 一样，也是有机结构解析的依据。

对于简单偶合而言，峰裂距就是偶合常数，$J=\Delta\delta\times$仪器频率。例如上述氯乙烷，在 300 MHz 仪器测定，相邻小峰的距离为 $\Delta\delta=0.024$ ppm，$J=0.024\ \text{ppm}\times300\ \text{MHz}=7.2$ Hz。

对于复杂偶合关系（高级偶合，$\Delta\nu/J<10$），$n+1$规律不再适用，其偶合常数需通过计算才能求出。

偶合常数的大小取决于邻近核对其微扰的程度，是分子内部结构信息的反映，与所施加的外部磁场强度 H_0 无关，其影响因素主要有三个方面：偶合核间距、角度及电子云密度。

偶合核间距　相互偶合核之间，间隔键数越少偶合越强，间隔键数越多偶合越弱。

H—H	H—CH_2—H	H—$(CH_2)_2$—H	H—$(CH_2)_3$—H
276 Hz	12.4 Hz	8.0 Hz	<1 Hz

（1）同碳偶合（**偕偶**）：间隔两个键的偶合，偶合常数很大，$|^2J| = 10\sim15$ Hz。在饱和烷烃中，其裂分常不能从 NMR 上看到。例如 CH_3I 的甲基峰为单峰，但$|^2J| = 9.2$ Hz，需用氘取代后间接测出。烯氢的 $^2J=0\sim5$ Hz，虽然数值较小，但在 NMR 上可以看到。

（2）邻碳偶合（**邻偶**）：间隔三个键的偶合，是在 NMR 最常见到的偶合，数据一般为 6～8 Hz，其规律一般为 $J_{烯}^{trans} > J_{烯}^{cis} \approx J_{炔} > J_{烷链烃}$（自由旋转）。

（3）远程偶合（**超偶**）：间隔四个或四个以上键的偶合，常用 J^m 表示。除了具有大 π 键或 π 键的系统以外，远程偶合常数一般都很小（<1 Hz）。例如，苯环氢之间的偶合常数：邻位 $J^o = 6\sim10$ Hz、间位 $J^m = 1\sim4$ Hz、对位 $J^p = 0\sim2$ Hz，氢核之间随着距离增加而使相互干扰减弱，偶合常数降低。苯的三个一卤取代物的 ^{1}H-NMR 数据，参见表 5-15。可以比较三组化学等价氢核的化学位移 δ 以及偶合常数 J。

表 5-15　一卤取代苯的 ^{1}H-NMR 数据

结构式		测定条件	δ/ppm			J/Hz				
X; (A′) H, H (A); (B′) H, H (B); H (C)	X	300 MHz	H(A)	H(B)	H(C)	AA′ / A′B′	AB / A′C	AB′ / BB′	AC / BC	A′B / B′C
	Cl	5.0 mol% in CCl_4	7.279	7.225	7.162	2.27	8.05	0.44	1.17	0.44
						8.05	1.17	1.70	7.46	7.46
	Br	5.0 mol% in CCl_4	7.435	7.166	7.210	2.12	8.01	0.44	1.18	0.44
						8.01	1.18	1.76	7.42	7.42
	I	5.0 mol% in CCl_4	7.638	7.033	7.247	1.90	7.92	0.44	1.16	0.44
						7.92	1.16	1.74	7.47	7.47

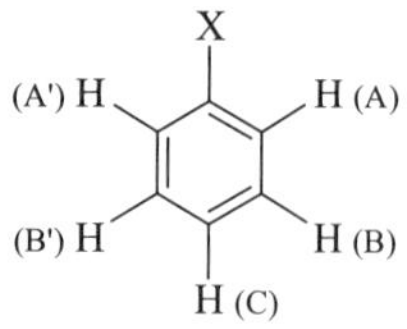

化学键角度　偶合核之间的化学键角度对偶合常数影响较大，偶合核的核磁矩在相互垂直时，相互微扰最小。例如，饱和烃的邻偶，J_{vic} 随双面夹角而改变，在 $\alpha<90°$时，随着 α 的增大，J_{vic} 减小；$\alpha=90°$时 J_{vic} 最小；但当 $\alpha>90°$时，又随 α 的增大，J_{vic} 增大。

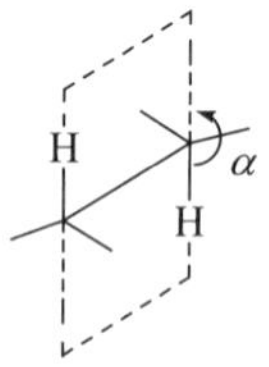

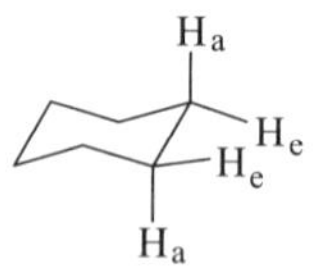

$J_{aa}\approx7\sim12$ Hz（$\alpha=180°$）

$J_{ee}\approx2\sim5$ Hz（$\alpha=60°$）

$J_{ae}\approx2\sim5$ Hz（$\alpha=60°$）

取代基电负性　由于偶合作用是通过化学键的成键电子来传递的，因此，取代基 X 的电负性越大，X—CH—CH—的 $^3J_{HH}$ 越小。

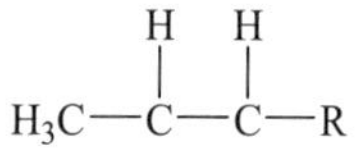

$H_3C—CH_2—CH_2—R$

R	Li	H	C_6H_5	CH_3	OC_2H_5
^3J/Hz	8.4	8.0	7.6	7.3	7.0

偶合常数是研究磁核之间关系、构型、构象及取代基位置等的重要常数，是决定峰形的主要参数。常见结构的代表性偶合常数，见表 5-16 中。

表 5-16 常见结构的代表性偶合常数

结构类型	H–C–C–H	H–C=C–H（顺式）	H–C=C–H（反式）	=C(H)H	=C(H)–C–H
J/Hz	6～8	6～15	11～18	0～5	4～10

结构类型	苯环邻位 H，H	苯环间位 H，H	苯环对位 H，H	环己烯 =C–H，H	环己烷 H，H
J/Hz	6～10	1～4	0～2	8～11	aa 8~14，ae 0~7，ee 0~5

结构类型	环戊烯 H，H	环丙烷 H，H	环氧乙烷 O，H，H
J/Hz	5～7	*cis*.6～12，*trans*.4～8	*cis*.2～5，*trans*.1～3

5.5.2 核的等价性质

核的等价性质包括化学等价和磁等价，它与核组在分子中的位置、构型、构象及对称性等因素有关。

1. 化学等价核

在核磁共振谱中，分子中化学位移相同的一组核称为化学等价核。化学等价核处于相同的化学环境，不仅与它们相连的原子或基团相同，而且其空间排列也相同。这些质子一般处于相互对称的位置，或者通过快速旋转作用使得质子的位置可以互换。

2. 磁等价核

若一组化学等价核，与组外任何一个核偶合时其偶合常数相同，则称为磁等价核，或称磁全同核。磁等价核的特征是：组内核的化学位移相等；与组外核偶合时，偶合常数相等；在无组外核干扰时，组内核虽然偶合，但不分裂。

需要注意的是，磁等价必定化学等价，但化学等价并不一定磁等价，而化学不等价必定磁不等价。磁不等价的两组核之间的偶合才可能产生自旋裂分。

3. 磁不等价质子

连接在同一碳原子上的氢核不一定都是磁等价的。处于末端双键上的两个氢核化学等价，但由于双键不能自由旋转，所以是磁不等价的。一些同碳氢核磁不等价情况如下：

H_a, H_b C=C F_1, F_2　　R—C(H_a)(H_b)—C*(X)(Z)—Y　　R-环丙烷-H_a, H_b

H(O=)C—N(CH_3 (a))(CH_3 (b)) ⇌ H(O^-)C=N^+(CH_3 (a))(CH_3 (b))

除了无对称因素、化学位移不相等的质子肯定磁不等价外，下列情况可能为磁不等价：① 双键上的同碳质子为磁不等价；② 单键带有双键性时的质子为磁不等价；③ 环不能自由反转时的质子为磁不等价；④ 与不对称碳原子相连的 CH_2 质子为磁不等价；⑤ 取代苯环上的对称质子为磁不等价。

5.5.3 自旋系统

1. 一级偶合和高级偶合

依据偶合程度的强弱，分为一级偶合和高级偶合。$\Delta\nu \gg J$ 的偶合为弱偶合，反之为强偶合。强弱偶合的分类目前以 $\Delta\nu / J = 10$ 为界，若 $\Delta\nu / J > 10$ 为一级偶合，$\Delta\nu / J < 10$ 为高级偶合。符合一级偶合的核磁共振谱为一级图谱。

高级偶合形成的图谱称为二级图谱，或称高级图谱。其特征：不服从 $n+1$ 律；核间干扰强，光谱复杂；多重峰强度比不服从二项式展开式各项系数比；化学位移一般不是多重峰的中间位置，需由计算求得；偶合常数除了一些较简单的光谱可由多重峰裂距求出外（如 AB 系统），多数需计算求得。

对于高级偶合系统，一般采用高强度磁场仪器，可使一些复杂的偶合系统简化成一级偶合，现在的超导磁场仪器即可实现这一目的。另外，各种去偶技术和方法、二维核磁共振谱（2D-NMR）大大提高了解决高级偶合图谱的能力，增加了解决复杂图谱的途径和方法。

2. 偶合系统命名原则

确定核磁共振图谱属于哪种自旋系统，可以正确了解相互偶合核核之间的化学环境和核间关系，正确求算化学位移和偶合常数，这样才能正确地解析光谱。为了便于分析，对不同的自旋体系确定如下命名原则：

（1）确定分子中独立的自旋系统。一下相互干扰的化学等价核或几个核组，它们构成独立自旋系统。

（2）将 26 个英文字母分为三组，分别为 A～K、M～W 及 X～Z。将每个系统中的磁核用英文字母代表，用同一字母代表磁等价核，磁核的数目标在字母右下角，如 CH_4 命名为 A_4 系统。

（3）若偶合核之间的偶合作用较强或化学位移相近（即 $\Delta\nu / J < 10$），则用同组内的不同字母表示。若偶合核之间的偶合作用较弱或化学位移相差较大（即 $\Delta\nu / J > 10$），就用不同组的字母表示。

（4）对于一组化学等价而磁不等价的核组，仍然用同一字母代表，但须在字母右上角加“撇号”以示区别。

例如，正丁酸异丙酯中两个自旋系统、氯苯的自旋系统，命名如下：

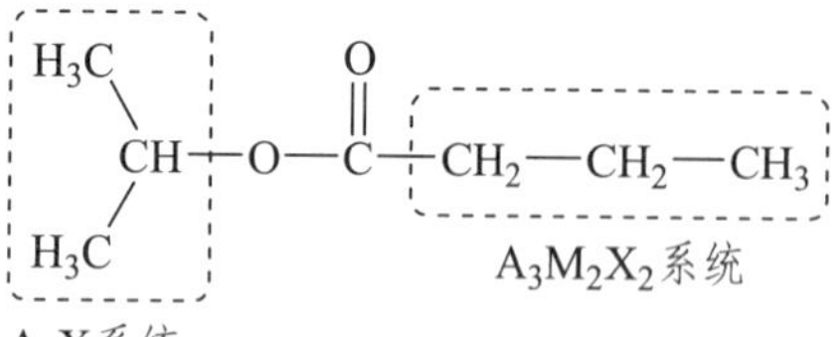

$(CH_3)_2CH$—O—C(=O)—CH_2—CH_2—CH_3

A_6X系统　　$A_3M_2X_2$系统

Cl; (A) H, H (A'); (B) H, H (B'); H (C)

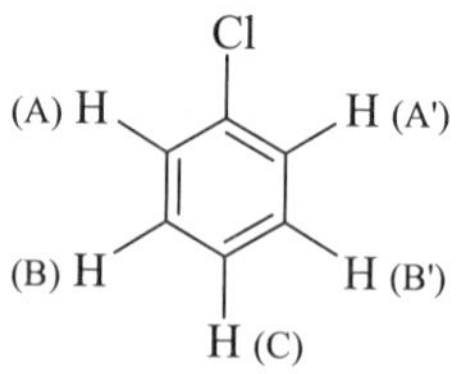

AA'BB'C系统

3. 一级图谱和高级图谱

若一个自旋系统的名称不出现同组字母，图谱比较简单，各组峰分得比较开（化学位移相差明显），是容易解析的一级图谱。若自旋系统名称中出现同组字母或有化学等价而磁不等价的磁核，则属于高级图谱。

在有机物的核磁共振谱中，属于一级图谱的占少数，多数为高级偶合的二级图谱。随着超导磁场的应用，已有 700～900 MHz 的商品仪器。高磁场强度的仪器使一些复杂的高级偶合简化成一级偶合。这是由于化学位移的绝对值之差（$\Delta\nu$）是随着外磁场强度增加而增加的，而偶合常数（J）不变，因而 $\Delta\nu/J$ 也随之增大。

$$\Delta\nu=\nu_2-\nu_1=\frac{\gamma}{2\pi}(\sigma_2-\sigma_1)H_0,\quad \frac{\Delta\nu}{J}=\frac{\gamma}{2\pi J}(\sigma_2-\sigma_1)H_0$$

例如，丙烯腈的三个烯氢，在 60 MHz 仪器中所得图谱为 ABC 系统，而在 300 MHz 仪器中，则可简化为 AMX 系统，如图 5-20 所示。

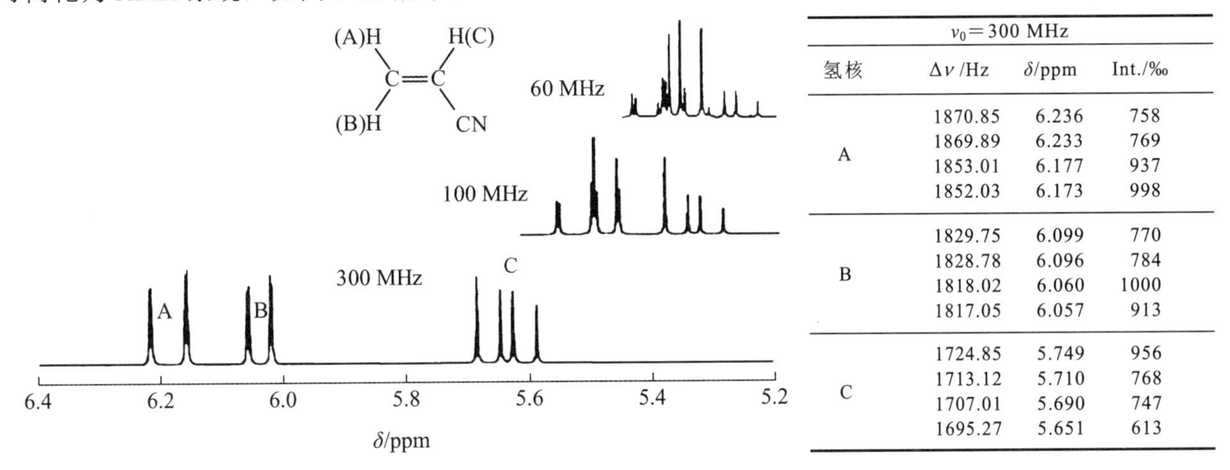

ν_0=300 MHz			
氢核	$\Delta\nu$/Hz	δ/ppm	Int./‰
A	1870.85	6.236	758
	1869.89	6.233	769
	1853.01	6.177	937
	1852.03	6.173	998
B	1829.75	6.099	770
	1828.78	6.096	784
	1818.02	6.060	1000
	1817.05	6.057	913
C	1724.85	5.749	956
	1713.12	5.710	768
	1707.01	5.690	747
	1695.27	5.651	613

图 5-20　丙烯腈在不同磁场中的自旋裂分

5.6　核磁共振氢谱解析方法

5.6.1　样品与溶剂

（1）纯度要求：核有机化合物的磁共振氢谱，只能从纯样品的检测中获得，所以对送样的纯度要求应>98%。

（2）样品量要求：早期 CW-NMR 仪器需要样品量较大，一般为 30 mg/0.4 mL（约 10%）。现在 FT-NMR 仪器需要的样品量较少，一般只需几毫微克即可。

（3）溶剂要求：一般采用氘代试剂或者无质子试剂。选择氘代试剂溶剂的原则是相似相容原理，即非极性样品采用非极性氘代试剂，极性样品采用极性氘代试剂。

（4）标准物：一般是将样品与标准物混合后检测，选择标准物的原则也是相似相容原理，即非极性样品选择非极性的四甲基硅烷（TMS）作为标准物，极性样品选择 4, 4-二甲基-4-硅代戊磺酸钠（DSS）作为标准物。

5.6.2　核组氢分布

在核磁共振氢谱中，核组的氢数目是结构解析的重要参数。在图谱中的峰面积与其氢数目成正比。每个核组因为自旋偶合裂分成多重峰，核组的峰面积就是这些裂分峰面积之和。不同核组的峰面积之比等于核组的氢数目之比，因此每组氢核的峰面积和所有氢核磁共振峰的峰面积之比与化合物分子式中的氢原子数目之积，即可确定氢核的数量。

在核磁共振氢谱上，提供核组氢分布有两种方式：一是积分曲线法，即各核组裂分峰的相对积分面积以一条连续的“台阶式相对高度差曲线”来表示；另一种是由仪器工作站软件程序直接给出核组的氢数目。

5.6.3 解析顺序

（1）计算不饱和度。根据分子式计算不饱和度（U），初步判定结构式中的可能存在的复键类型、数目及环数目等信息。

（2）计算核组氢分布。由积分曲线或峰面积，参考分子式或孤立甲基峰，算出各核组的氢数目，即核组的氢分布。

（3）解析孤立甲基峰。根据孤立甲基峰的化学位移，初步确定其类型，如—O—CH_3及Ar—CH_3等。

（4）初步确定出现在低场峰的官能团氢的类型。例如，从醛基氢、羧羟基氢、酚羟基氢、烯醇羟基氢、苯环氢出现峰的大致位置，初步判断化合物的类型。

（5）确定偶合等级。由$\Delta\nu/J$确定图谱中的一级与高级偶合。先解析图谱中的简单偶合，根据化学结构的合理性，推出可能的几种结构供参考分析。

（6）对于含有活泼氢化合物，可通过重水交换前后的图谱变化，确定活泼氢的峰位及类型。例如 OH、NH、SH 及 COOH 等。

（7）根据各核组的化学环境和偶合关系，写出可能的结构单元，并进一步推测可能存在的合理结构式（一种或几种）。

（8）查表或按经验式计算初步推测结构式各基团氢核的化学位移，与实测值比对，确定结构是否正确。更可靠的方法是，通过参考 UV、IR 及 MS 等图谱进行综合解析，或与标准图谱进行比对，最终确定正确的结构式。

以上解析顺序主要用于一级图谱，对于有高级偶合系统的图谱，则还需要应用各种去偶技术、二维图谱等技术解决，或参与超导高磁场仪器使图谱简单化来解决。

例 5-4　某化合物为$C_8H_{12}O_4$，其氢谱及各核组化学位移及裂分峰数据如图 5-21 所示。试推断它的结构式。

仪器：300 MHz；样品与溶剂：10.4 mol% in $CDCl_3$

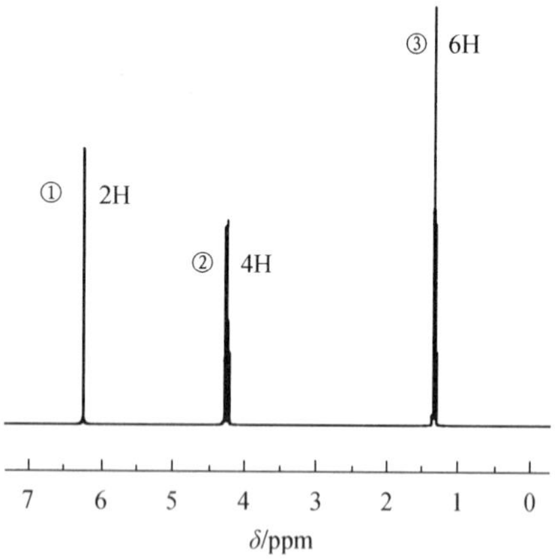

③ 6H

① 2H

② 4H

7　6　5　4　3　2　1　0

δ/ppm

各核组峰裂分情况数据表

峰代号	δ/ppm	$\Delta\nu$/Hz	δ/ppm	Int	
①	6.244	1873.20	6.244	665	单　峰
②	4.249	1285.40	4.285	164	四重峰
		1278.30	4.261	494	
		1271.20	4.237	502	
		1264.10	4.214	172	
③	1.310	400.07	1.333	501	三重峰
		393.97	1.313	1000	
		385.87	1.286	485	

②③峰偶合常数 J=7.1 Hz

图 5-21　某化合物的核磁共振氢谱

解　计算 $U = (2+2\times8-12)/2 = 3$，分子中含有 4 个氧原子，无活泼氢，可能有 2 个羰基，且为酯羰基。另外可能含有一个双键，为脂肪族化合物。

（1）①2H 为孤立单峰，$\delta = 6.244$ ppm，为两个烯氢。

（2）②③峰的 J=7.1 Hz，一级偶合。因为

$$\Delta\nu/J = [(4.249-1.310)/7.1]\times300=124>10。$$

（3）②4H 是四重峰，它与甲基相连（3 + 1 = 4），$\delta = 4.249$ ppm 较大，由氧诱导所致，而③6H

是三重峰（2 + 1 = 3），它与亚甲基相连。推断有两个—OCH_2CH_3。

（4）综上信息，结构式有一个碳碳双键、两个酯羰基、两个乙基，其结构式可能为

H　　H

$CH_3—CH_2—O—\quad\quad—O—CH_2—CH_3$

O　O

例 5-5　某化合物的核磁共振氢谱如图 5-22 所示，指出它属于图中哪个结构式，说明理由。

解：在四个同分异构体中，它们都有两个甲基和两个亚甲基（一个是乙基中的亚甲基、一个是孤立亚甲基）。图谱中，①与④是邻碳偶合关系（向心法则），①四重峰是亚甲基峰（3+1 = 4），而④三重峰是甲基峰（2+1 = 3），但是①峰化学位移最大，所以它一定与氧相连（诱导效应），应是 A，因 B 与 D 的亚甲基是孤立单峰，C 的亚甲基不与氧直接相连，所以排除 B、C、D。

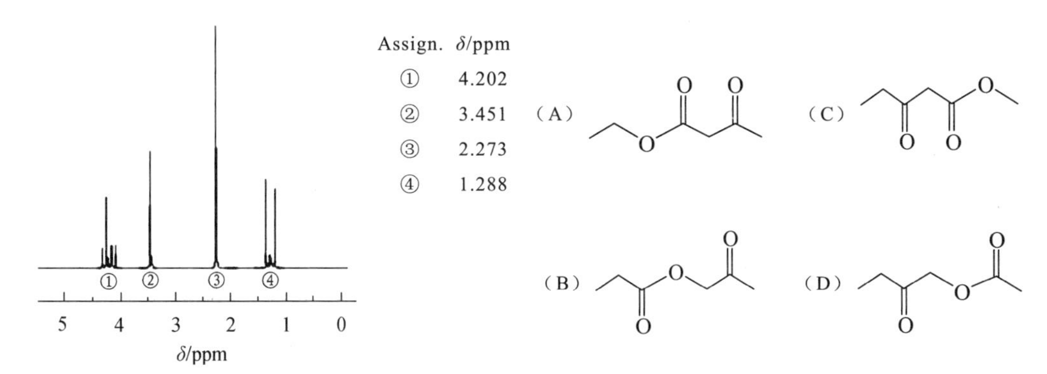

图 5-22　某化合物的核磁共振氢谱

5.7　核磁共振碳谱简介

碳谱（CMR）是 ^{13}C-NMR 的简称，它可直接提供分子的“碳骨架”结构信息，碳谱化学位移范围宽，比氢谱分辨率高。但是碳谱信号灵敏度低，早期传统的 CW-NMR 测定 ^{13}C 核磁共振信号很困难。直到 20 世纪 70 年代，FT-NMR 技术及各种去偶技术的发展，使图谱简单化，才使测定和应用成为现实。

5.7.1　^{13}C-NMR 的特点

1. 核磁感应信号弱

^{13}C 的自然丰度只有 1.1%，^{13}C 磁旋比 γ 仅为 ^{1}H 的 1/4，所以 ^{13}C-NMR 信号比 ^{1}H 要低得多，大约是 ^{1}H 信号强度的 1/5 800。

实验发现在一定磁场中，相对灵敏度与核的磁旋比的三次方成正比，所以 ^{13}C 核的灵敏度只有 ^{1}H 核灵敏度的约$(1/4)^3 = 1/64$。另外 ^{13}C 天然丰度只有 1.1%，假设其它条件均相同，则 ^{13}C 谱的灵敏度仅为 ^{1}H 谱的 1/5800[即 $1\times(1.1/100)\times(1/4)^3$]。

2. 化学位移范围宽

^{13}C 化学位移范围比 ^{1}H 的要宽得多，一般 ^{1}H 谱的 δ 范围在 0～12 ppm，而 ^{13}C 谱的 δ 范围在 0～

200 ppm。

3. 碳氢偶合作用强

碳原子与氢原子联结，可以相互偶合，^{13}C-^{1}H 偶合常数 J_{CH} 一般较大。烷碳氢（sp^3 杂化）的 J_{CH} 约为 125 Hz，芳碳氢（sp^2 杂化）的 J_{CH} 约为 160 Hz，而炔碳氢（sp^3 杂化）的 J_{CH} 可达 250 Hz。

所以，不去偶的 ^{13}C 谱各裂分的谱线彼此交叠，使图谱识别很困难。常规 ^{13}C 谱为质子噪声去偶谱，即加一个去偶场，包括所有质子的共振频率，去掉了 ^{1}H 与 ^{13}C 的偶合，得到各种碳谱线都是单峰。这样处理，使 ^{13}C 谱线强度大大增加，而且去偶照射，产生 NOE 效应也使谱线增强。

4. 弛豫时间比较长

^{13}C 的弛豫比 ^{1}H 慢得多，而且不同种类的碳原子弛豫时间相差较大。可以利用这个差别采用脉冲技术，把伯碳、仲碳、叔碳和季碳 ^{13}C 原子从谱图上识别出来。

5. 峰强与碳数无关联

^{13}C 共振峰通常在非平衡条件下进行观测，^{13}C 核的弛豫时间长，不同基团的碳原子的 T_1 不同，因而 ^{13}C 谱峰强度不与碳核数成正比。从伯碳、仲碳、叔碳到季碳，弛豫时间 T_1 依次变长、偏离平衡分布依次严重、共振信号依次减弱，^{13}C 核信号强度顺序依次为 $CH_3 \geqslant CH_2 \geqslant CH \geqslant C$。

^{1}H-NMR 谱是在平衡状态（符合 Boltzmann 分布）观测的，^{1}H 核弛豫时间短，其峰强度与共振核数目成正比，峰强可用于定量。

5.7.2 ^{13}C-NMR 的化学位移

1. 影响化学位移的因素

（1）杂化　δ_C 值受碳原子杂化的影响，参见表 5-17。

表 5-17　不同杂化碳原子的化学位移

杂化类型	sp^3	sp	sp^2	sp^2	sp^2
碳结构类型	CH_3、CH_2、CH、C	—C≡C—、 —C≡CH	—C═C—、 —C═CH_2	芳环碳、取代芳环碳	羰基碳
δ_C/ppm	0～70	70～90	100～150	120～160	150～220

（2）电子短缺　当碳原子失去电子时，产生强烈的去屏蔽效应，δ_C 值移向低场。如正碳离子的 δ_C 值在 300 ppm 左右，如有 —OH、芳环取代，电子有转移，则 δ_C 值可移向高场。

（3）孤电子对　化合物结构变化后，如有未成键孤对电子，则该碳原子的 δ_C 值向低场移动约 50 ppm。例如

$$\underset{}{CH_3}—\overset{117.7}{C}\equiv N \longrightarrow CH_3—\overset{181.2}{\overset{-}{\ddot{C}}}\equiv \overset{+}{N}: \qquad CH_3—\overset{117.7}{C}\equiv N \longrightarrow CH_3—\overset{158.5}{\overset{+}{\ddot{N}}}\equiv \overset{-}{C}:$$

（4）亲电基团及密集性　亲电基团的诱导效应使 ^{13}C 去屏蔽。基团电负性越强，去屏蔽效应越大。例如卤素的去屏蔽效应大小顺序为 $\delta_{C-F}>\delta_{C\ \ Cl}>\delta_{C\ \ Br}>\delta_{C-I}$。屏蔽效应还与亲电基团的位置有关，$\alpha$ 效应很大，β 效应较小，效应则与 α、β 效应符号相反，γ 和 δ 效应很小。

（5）构型的影响　构型不同时，δ_C 值也不相同。如烯烃顺反异构体中，烯碳的 δ_C 值相差 1～2 ppm，顺式在高场。与烯碳相连的饱和碳的 δ_C 值相差更多，为 3～5 ppm，顺式也在较高场。N, N-二烷基酰

胺、肟等异构体，δ_C 值也不相同。

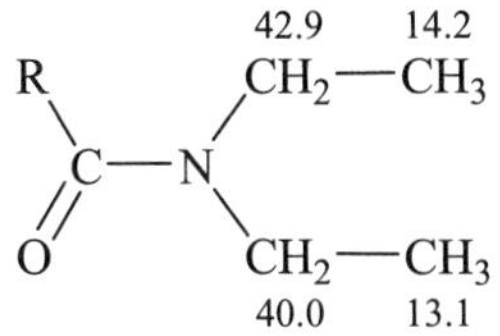

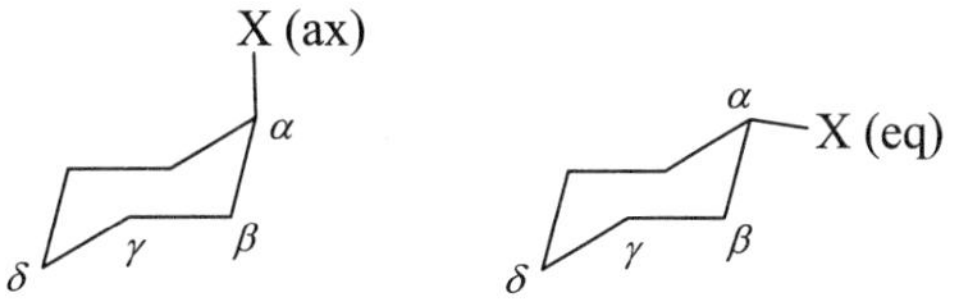

R–C(=O)–N(CH₂CH₃)₂：42.9 CH_2—CH_3 14.2（反式在低场）；40.0 CH_2—CH_3 13.1（顺式在高场）

X (ax)　α　β　γ　δ　　　α　X (eq)　β　γ　δ

环己烷的 δ_C 值为 26.6 ppm，若环上有取代基，取代基处于直立（ax）或平伏（eq）对各位置碳的 δ_C 值影响是不同的（表 5-18）。

表 5-18　环己烷取代基对 δ_C（ppm）值的影响

取代基 X	位置	α-C	β-C	γ-C	δ-C
OH	eq	70	35	24	25
	ax	56	32	20	26
Cl	eq	60	38	27	25
	ax	60	34	21	26

（6）介质和溶剂的影响　不同的溶剂和介质可以使 δ_C 值改变几至十几 ppm。在 $CHCl_3$、CCl_4、环己烷等非极性溶剂中，δ_C 在较高场；而在极性溶剂中，如丙酮、吡啶等中，δ_C 在较低场。

（7）温度的影响　温度变化使 δ_C 有几 ppm 变化。温度高了，动态过程加快，影响平衡。

（8）顺场物质的影响　顺磁物质对 NMR 的谱线、线宽有强烈的影响，^{1}H-NMR 的位移试剂也可作为 ^{13}C-NMR 的位移试剂。

（9）电场效应　电场效应是带电基团引起的屏蔽作用，在下列过程中，CH_3 的 δ_C 值向高场移动 2～3 ppm。

$$CH_3NH_2H^+ \longrightarrow CH_3NH_3^+$$

（10）共轭效应　当杂原子 X=N、O、F 处在被观察碳的 γ 位置，并且为对位交叉时，由于杂原子的影响，所观察的碳向高场移动 2～6 ppm。

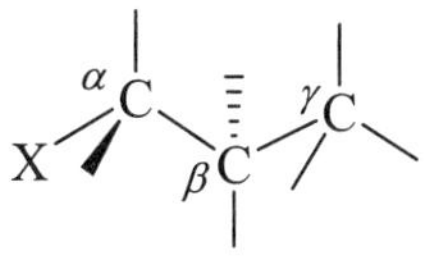

X　αC　βC　γC

（11）中介效应　在芳香族和其它不饱和系统中，^{13}C 化学位移的变化可以用共振结构的贡献（即中介效应）来解释。例如，当苯环被给电子基团—NH_2 取代后，它将离域其孤电子对苯环 π 电子系统，增加邻位和对位碳的电荷密度，屏蔽增加。而苯环被吸电子基团—CN 取代后，则它将离域苯环的 π 电子，减少邻位和对位的电荷密度，屏蔽减小。

（12）邻位各向异性效应　磁各向异性的基团对核屏蔽的影响可造成一定的差异，这种差异一般不算大。

（13）重原子效应与同位素效应　大多数电负性取代基的屏蔽是诱导效应，但对于重卤素来说，还存在“重原子”效应。随着原子序数的增加，抗磁屏蔽增加。对于同一种原子以较重的同位素取代，可使离取代位置一个或两个键的碳原子向高场移动 1～2 ppm。

2. ^{13}C 的化学位移值

经过许多碳谱研究工作者大量的实验研究，人们对开链烷烃、烯烃及取代烯烃、芳烃及取代芳烃、以及羰基碳等各类化合物中 ^{13}C 化学位移，总结出了一些经验计算公式，可以预测或验证分子的骨架结构，其化学位移大致范围，如图 5-22 所示。

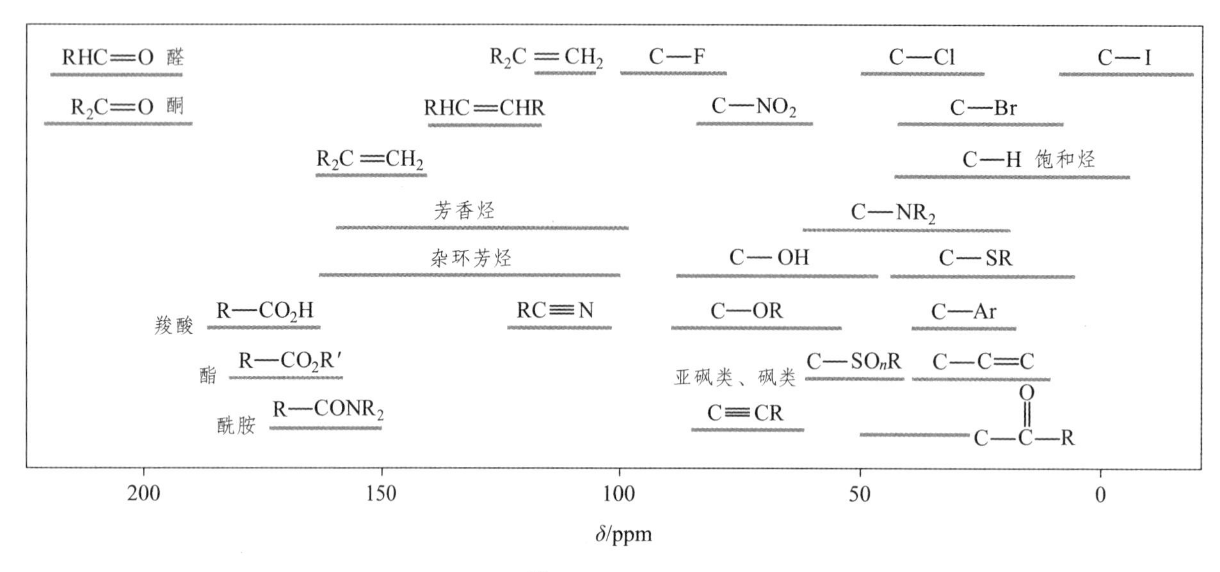

图 5-23　^{13}C 化学位移范围示意图

5.7.3　^{13}C-NMR 的偶合常数

一键碳氢偶合常数：$^{1}J_{CH}$ 一般较大，为 120～300 Hz。影响因素有：

（1）碳的杂化。sp^3～125 Hz、sp^2～165 Hz、sp～250 Hz。

（2）环的大小及杂原子取代。环烷及环烯的张力，环越小，键角越小，$^{1}J_{CH}$ 越大；有电负性取代基或杂原子 O、N、S 等时，$^{1}J_{CH}$ 也越大。

（3）取代基的诱导效应。直链烃中各种取代基的诱导效应可使 $^{1}J_{CH}$ 值更大。

二、三键碳氢偶合常数：直链烃类的 $^{2}J_{CH}$ 为 5～60 Hz，$^{3}J_{CH}$ 为 0～30 Hz。

5.7.4　^{13}C-NMR 的几种去偶方法

由于 ^{13}C 与直接相连的 ^{1}H 和邻近 ^{1}H 可产生 $^{1}J\,(^{13}C\text{-}^{1}H)$、$^{2}J\,(^{13}C\text{-}^{1}H)$及 $^{3}J\,(^{13}C\text{-}^{1}H)$的偶合，使 ^{13}C-NMR 裂分成交叉、重叠的多重峰，十分复杂，不便解析。所以在 ^{13}C-NMR 谱的测定实验中，常使用一些去偶技术，使图谱变得简单，便于解析。

1. 质子宽带去偶

质子**宽带去偶**也称**噪声去偶**，是一种双共振技术，以符号 $^{13}C\{^{1}H\}$来表示。这是采用异核双照射的方法，在用无线电射频 H_1 照射各个碳核的同时，附加一个去偶场 H_2，使其能够覆盖所有质子的回旋频率范围，通常宽带在 1 kHz 以上。

采用宽带去偶，连有 ^{1}H 核的碳原子的吸收信号会被加强，结果使信噪比大为提高，灵敏度提高一个数量级。这是由于未去偶时偶合裂分的多重峰在宽带去偶后汇聚合并为一个峰；而且，连有 ^{1}H 核的 ^{13}C 由于核间奥氏效应（NOE 效应），使得 ^{13}C 谱线强度有很大提高，产生核间奥氏效应是由于宽带去偶时增大了偶极-偶极（DD）弛豫，属于高能级的核依靠与其它核之间的偶极-偶极相互作用形成的局部磁场的影响而产生的弛豫现象。DD 弛豫与相关核之间的距离有关，离 ^{1}H 较远的 ^{13}C 核的 DD 弛豫时间长。

由于分子转动，成键电子的磁矢量随着转动而产生起伏的局部场作用于核上，从而导致弛豫，这个弛豫过程叫自旋-转动（SR）弛豫。提高温度有利于 SR 弛豫。由于核外电子在外磁场中产生的屏蔽的各向异性（如苯、炔等），某 ^{13}C 核也会产生出变化的局部磁场，从而导致化学位移各向异性

（CSA）弛豫。

DD 弛豫、SR 弛豫、CSA 弛豫，在某些论述中把它们都归属于自旋-晶格弛豫（T_1）范畴，实际上是上述各种机制对 T_1 贡献的综合结果。研究 T_1 对确定分子结构（如季碳原子）和某些复杂的动态过程很有意义。

奥氏效应（NOE 效应）：在核磁共振中，当分子内有在空间位置上互相靠近的两个核 A 和 B 时，如果用双共振法照射 A，使干扰场的强度增加到刚使被干扰的谱线达到饱和，则另一个靠近的质子 B 的共振信号就会增加，这种现象称为 NOE。产生的原因是由于两个核的空间位置很靠近，相互弛豫较强，当 A 受到照射达饱和时，它要把能量转移给 B，于是 B 吸收的能量增多，共振信号增大。这一效应的大小与核间距离的六次方成反比。

2. 质子偏共振去偶

质子**偏共振去偶**是通过降低 ^1J（^{13}C-^{1}H），减少偶合作用来进行有条件、选择性的去偶，宽带质子去偶虽使 ^{13}C-NMR 谱简化、信号增强，但同时也失去了对伯、仲、叔不同级数碳原子的归属的信息。利用偏共振去偶，不使谱线过分重叠，又能知道分子中有多少伯、仲、叔碳原子。例如，—CH_3 为四重峰（q），—CH_2—为三重峰（t）。—CH═为双重峰（d），季碳为单峰（s）。

偏共振去偶是在高场下将高功率质子去偶器偏离 1000～2000 Hz 或者在低场下偏离 2000～3000 Hz 来实现的。这时 ^{13}C-^{1}H 之间有一定程度的去偶性，即不直接相连的 ^{13}C 和 ^{1}H 之间的偶合消失，而直接相连的 ^{13}C 和 ^{1}H 之间的偶合变小，但得以保留，因而可以得到有碳原子级数的信息，且谱线的重叠与不去偶相比得到改善。不去偶谱线太乱，全去偶谱线太简单。目前，偏共振去偶实验已经常被 DEPT 等实验所代替。

3. 无畸变极化转移技术

在上述 OFR 谱中，因为还部分保留 ^{1}H 核的偶合影响，信号灵敏度大大降低，且信号裂分间有可能重叠，故给信号的识别带来一定困难。若采用两种特殊的脉冲系列分别作用于高灵敏度的 ^{1}H 核及低灵敏度的 ^{13}C 核，将灵敏度高的 ^{1}H 核磁化转移至灵敏度低的 ^{13}C 核上，大大提高 ^{13}C 的观测灵敏度，信号之间很少重叠，同时还可利用异核间的偶合对 ^{13}C 信号进行调制的方法来确定碳原子的类型，这就是**无畸变极化转移技术**（DEPT）。

4. 门控去偶

门控去偶是利用发射门和接收门来控制去偶的方法。质子宽带去偶失去了所有偶合信息，偏共振去偶也失去了部分偶合个信息，宽带去偶和偏共振去偶都因核间奥氏效应（NOE 效应）而使信号的相对强度与所代表的碳原子数目不成比例。门控去偶是利用调节发射场和去偶场的开关时间，达到去偶或者保留偶合，增强或者抑制 NOE 效应，从而得到有助于结构鉴定的碳谱的方法。

门控去偶需要累加的次数更多，耗时很长。门控去偶利用对 NOE 效应的控制，来得到一些分子结构有用的信息。

5. 反转门控去偶

^{13}C-NMR 谱为全去偶谱，是抑制 NOE 效应的门控去偶。对发射场和去偶场的发射时间加以变动，即得到消除 NOE 效应的宽带去偶谱。

因为去偶被控制在最短时间内，NOE 效应刚要产生就会终止，得到的全去偶 ^{13}C-NMR 谱受 NOE 效应影响很小，谱线的高度与分子中的碳原子数目几乎成正比，分子中有几个相同的碳原子，谱线就会高出几成，可以进行定量结构分析，如在某些 C_{60} 衍生物的 ^{13}C-NMR 谱中，能指明每个峰代表几个碳。

NOE 效应是两个核在近距离内产生的相互作用，与回旋键无关，它是一种立体效应，其本质是两个磁矩通过空间的作用。如果不消除 NOE 效应的影响，由于空间作用的复杂性以及其它影响，分子中碳原子的数目并不与峰高成正比。

在反转门控去偶方法中，去偶场的照射和自由感应衰减信号 FID 的接收同时在发射场 H_1 脉冲以后进行，并且延长发射脉冲间隔时间 t，满足 $t \gg T_1$，即扫描间隔时间远远大于纵向弛豫时间。这样在较长的扫描间隔时间内，使所有的 ^{13}C 核尽可能充分弛豫而趋于平衡分布，当在接收自由感应衰减信号 FID 时，自旋体系受 H_2 的照射而去偶，这时 NOE 效应刚开始便被终止。采用反转门控去偶方法虽然损失了一点灵敏度，耗费了较长的时间，但却能得到碳原子数目与相应吸收峰的高度成比例的几乎定量的 ^{13}C-NMR 谱图。

5.7.5　2D-NMR 相关技术

上述 ^{13}C-NMR 以及 ^{1}H-NMR 谱均是以横坐标表示频率参数的谱图，称为一维核磁共振的图谱（1D-NMR），也称频率域图谱。若将化学位移-化学位移或化学位移-偶合常数分别展开在二维坐标上，即一个坐标表示化学位移，另一个坐标表示偶合常数或化学位移，称为二维核磁共振图谱（2D-NMR）。这是用两个独立的时间变量（时域）进行的实验，获得的信号 $f(t_1, t_2)$经过两次傅里叶变换得到的两个独立的频率信号函数 $f(\omega_1, \omega_2)$。

2D-NMR 的特点是简化了 1D-NMR 中由于磁核间的相互干扰而导致的谱线重叠，同时通过相关峰进行追踪，对直接确定化合物结构提供了可靠的信息，提高了对复杂化合物结构测定的可信度和准确度。其中常用的 2D-NMR 为**化学位移相关谱**（COSY），其图谱的两轴分别代表同核（^{1}H-^{1}H）或异核（^{13}C-^{1}H）的化学位移，分别称为同核谱（^{1}H-^{1}H COSY）或异核谱（^{13}C-^{1}H COSY），其可以直观检测自旋核之间的偶合作用。

5.7.6　碳谱解析示例

例 5-6　某化合物分子式为 $C_{10}H_{14}$，其 ^{13}C-NMR 谱如图 5-24 所示，并将质子偏共振去偶后的多重性标于图谱各峰上，试推断化合物的结构式。

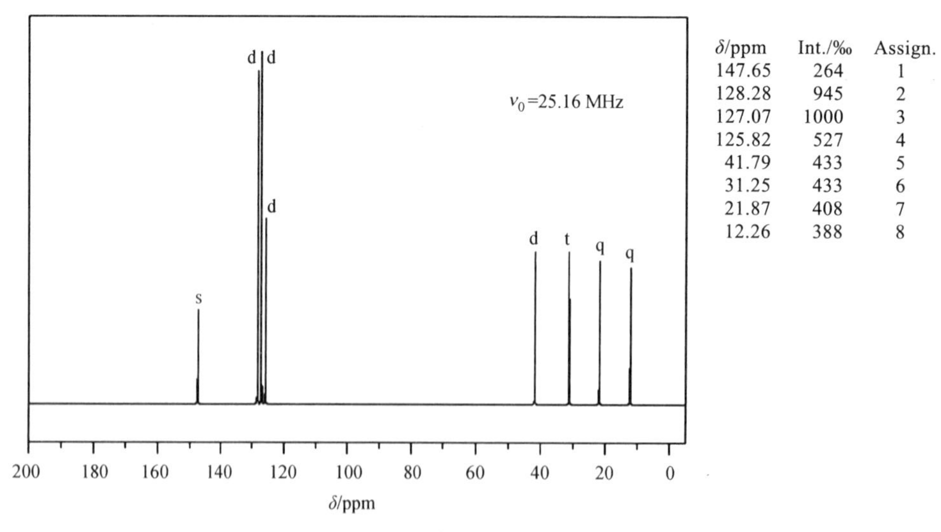

δ/ppm	Int./‰	Assign.
147.65	264	1
128.28	945	2
127.07	1000	3
125.82	527	4
41.79	433	5
31.25	433	6
21.87	408	7
12.26	388	8

图 5-24　某化合物的核磁共振碳谱

解

不饱和度：$U = \dfrac{2+2\times10-14}{2} = 4$，可能含有苯环。

表 5-19 $C_{10}H_{14}$ 的 ^{13}C-NMR 谱图解析

δ/ppm	Int./‰	Assign	偏共振多重性	归 属	推 断
147.65	264	1	s（单峰）	C	苯环上有取代基的 ══CR
128.28	945	2	d（二重峰）	CH	苯环上无取代基的 ══CH
127.07	1000	3	d（二重峰）	CH	苯环上无取代基的 ══CH
125.82	527	4	d（二重峰）	CH	苯环上无取代基的 ══CH
41.79	433	5	d（二重峰）	CH	Ar—C̲H—CH_3
31.25	433	6	t（三重峰）	CH_2	CH—C̲H_2—CH_3
21.87	408	7	q（四重峰）	CH_3	CH—C̲H_3
12.26	388	8	q（四重峰）	CH_3	CH_2—C̲H_3

由偏共振多重性，推测碳上连接的氢核数。苯环没有取代基的══C̲的 δ_C 在 115～165 ppm，环上有取代基的══C̲H 的 δ_C 也在此范围，但偏共振后是单峰。由此推测化合物结构式为

2══3 ; 4 ; 1—5—6—8 ; 7 ; 2—3

C_6H_5—CH(CH_3)—CH_2—CH_3

名词中英文对照

核磁共振	nuclear magnetic resonance，NMR	二重峰	doublet，d
核磁共振波谱法	NMR spectroscopy	三重峰	triplet，t
脉冲傅里叶变换	pulse fourier transform	四重峰	quartet，q
磁体超导化	magnets superconducting	多重峰	multiplet，m
核自旋	nuclear spin	偕偶	geminal coupling
自旋量子数	spin quantum number	邻偶	vicinal coupling
核磁矩	nuclear magnetic moment	远程偶合	long-range coupling
磁旋比	magnetogyric ratio	自旋偶合系统	spin coupling system
拉莫尔进动	Larmor precession	化学等价	chemical equivalence
磁量子数	magnetic quantum number	磁等价	magnetic equivalence
弛豫历程	relaxation process	宽带去偶	broadband decoupling
连续波核磁共振	continuous wave NMR	质子噪声去偶	proton noise decoupling
自由感应衰减信号	free induction decay，FID	偶极-偶极	dipole-dipole，DD
模数转换	analog to digital converted	自旋-转动	spin rotation，SR
数模转换	digital to analog converted	化学位移各向异性	chemical shift anisotropy，CSA
局部抗磁屏蔽	local diamagnetic shielding	奥氏效应	nuclear overhauser effect，NOE
屏蔽常数	shielding constant	偏共振去偶	off resonance decoupling
化学位移	chemical shift	门控去偶	gated decoupling
四甲基硅烷	Tetramethylsilane，TMS	反转门控去偶	inversion gated decoupling
磁各向异性	magnetic anisotropy	无畸变极化转移	distortionless enhancement by polarization transfer, DEPT
远程屏蔽效应	long range shielding effect		
自旋-自旋偶合	spin-spin coupling	化学位移相关谱	chemical shift correlation spectroscopy，COSY
自旋-自旋裂分	spin-spin splitting		
单峰	singlet，s		

习　题

一、思考题

1. 简述产生核磁共振波谱的基本原理，核磁共振的检测信号是什么。

2. 核磁共振氢谱给出了哪些信息？

3. 为什么磁核的拉莫尔进动频率是研究核磁共振波谱法的关键参数？

4. 什么是化学位移？它的实质是什么？为什么用化学位移表示峰位，而不用共振频率的绝对值？

5. 影响化学位移 δ 的因素有哪些？哪些因素使 δ 增大？哪些因素使 δ 减小？哪些因素需通过磁核在结构中的具体位置才能确定 δ 变化的？说说你对磁各向异性效应的理解。

6. 什么是自旋偶合和自旋裂分？

7. 为什么高磁场仪器能够使某些高级偶合简化为一级偶合？

8. 溴乙烷在 90 MHz 仪器中测定的氢谱及数据如图 5-25 所示，请验算每一个裂分小峰的化学位移值 δ/ppm。

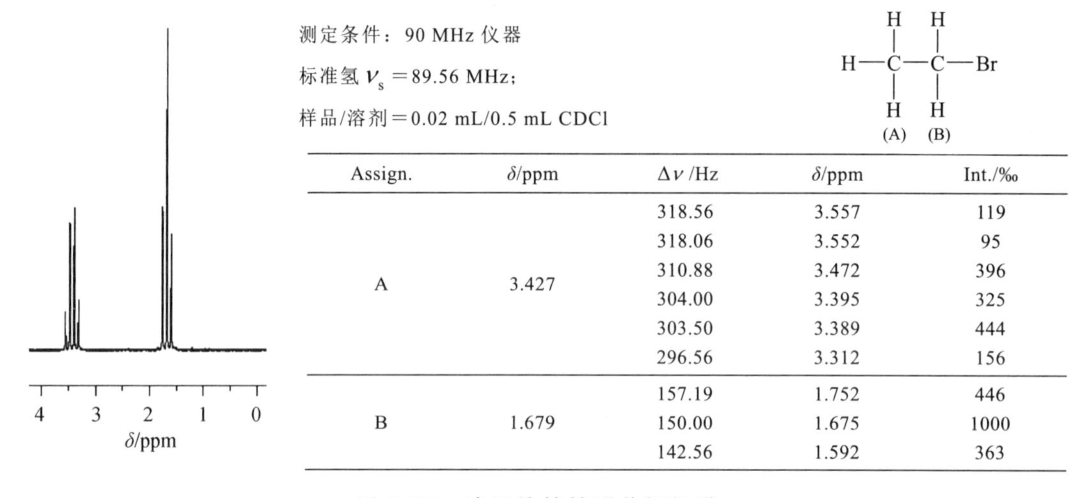

Assign.	δ/ppm	$\Delta\nu$ /Hz	δ/ppm	Int./‰
A	3.427	318.56	3.557	119
		318.06	3.552	95
		310.88	3.472	396
		304.00	3.395	325
		303.50	3.389	444
		296.56	3.312	156
B	1.679	157.19	1.752	446
		150.00	1.675	1000
		142.56	1.592	363

图 5-25　溴乙烷的核磁共振氢谱

9. 二氯取代苯有对位、间位和邻位 3 种结构，在 300 MHz 仪器测得它们的核磁共振氢谱如图 5-26 所示，试判断这些图与结构式的归属关系。

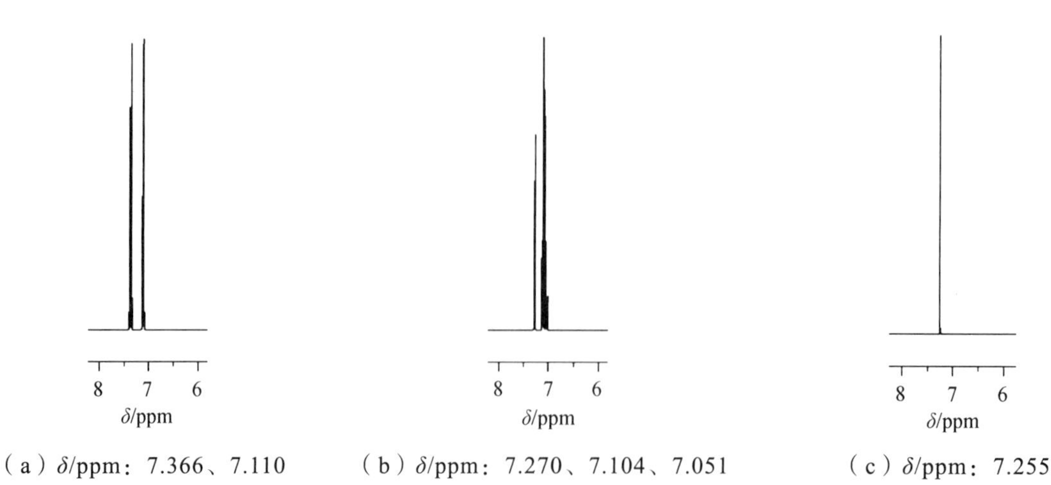

图 5-26　二氯取代苯的核磁共振氢谱

10. 四个化合物的结构式如下所示，其核磁共振氢谱如图 5-27 所示，试判断它们的归属关系，并简述判断理由。

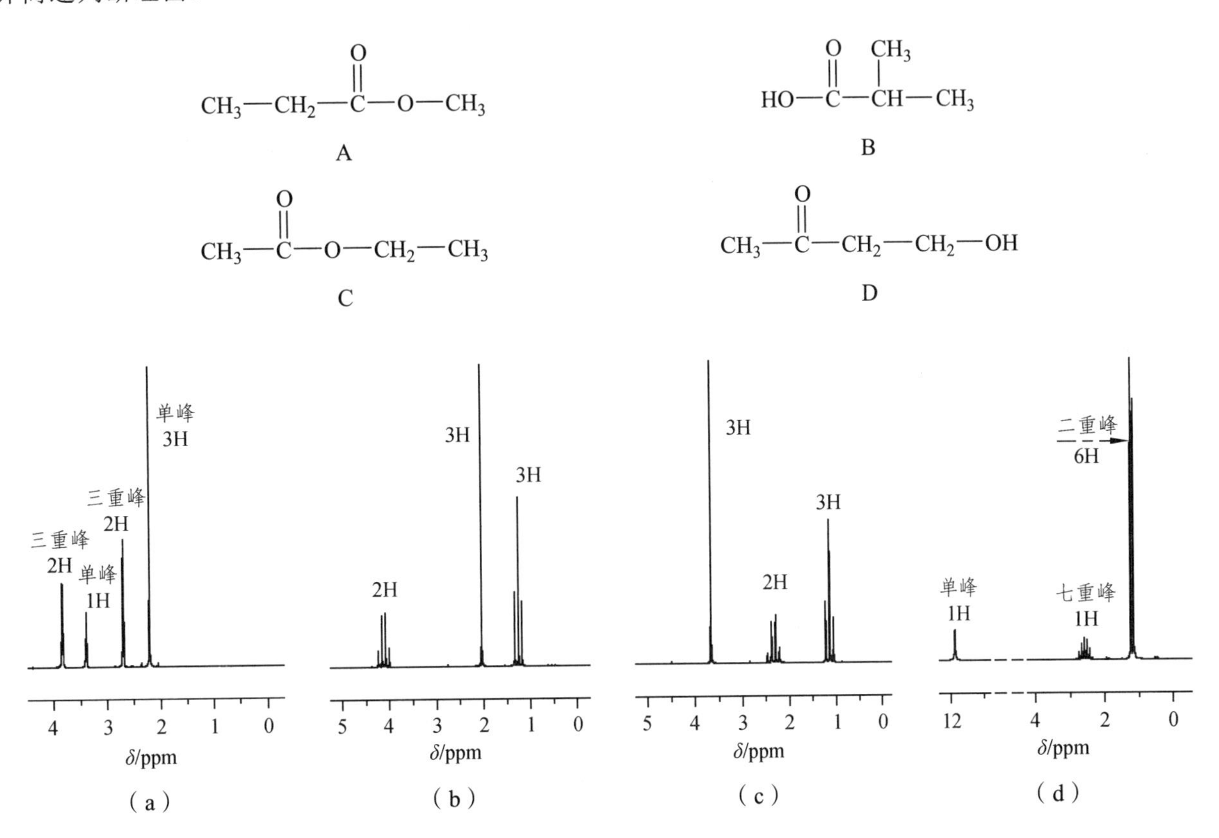

图 5-27　$C_4H_8O_2$ 四种同分异构体的核磁共振氢谱

二、波谱解析题

1. 某化合物分子式为 $C_{10}H_{14}S$，测定仪器为 90 MHz 谱仪，样品/溶剂=0.048 g/0.5 mL $CDCl_3$，测定其氢谱及数据如图 5-28 所示。试推断其结构式，并解释各峰的归属。

2. 已知化合物分子式为 C_9H_{12}，测定仪器为 90 MHz 谱仪，样品/溶剂=10.6 mol% in $CDCl_3$，测定其氢谱及数据如图 5-29 所示。试推断其结构式，并解释各峰的归属。

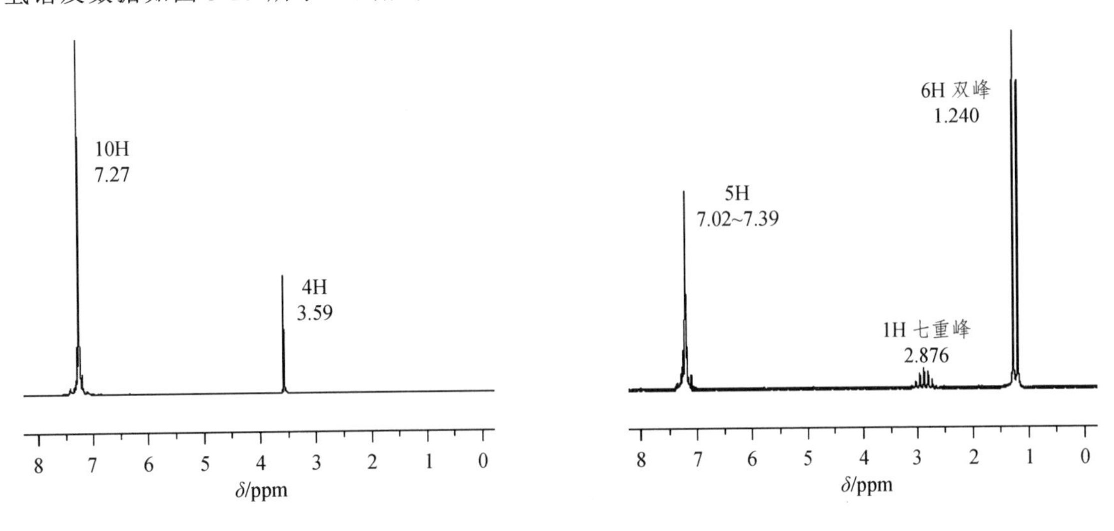

图 5-28　$C_{10}H_{14}S$ 的核磁共振氢谱

图 5-29　C_9H_{12} 的核磁共振氢谱

3. 某化合物分子式为 $C_5H_9BrO_2$，测定仪器为 90 MHz 谱仪，样品/溶剂=0.04 mL/0.5 mL $CDCl_3$，测定其氢谱及数据如图 5-30 所示。试推断其结构式，并解释各峰的归属。

4. 一分子式为 $C_{10}H_{13}NO_2$ 的化合物，测定仪器为 90 MHz 谱仪，样品/溶剂=0.045 g/0.5 mL $CDCl_3$，测定其氢谱及数据如图 5-31 所示。试推断其结构式，并解释各峰的归属。

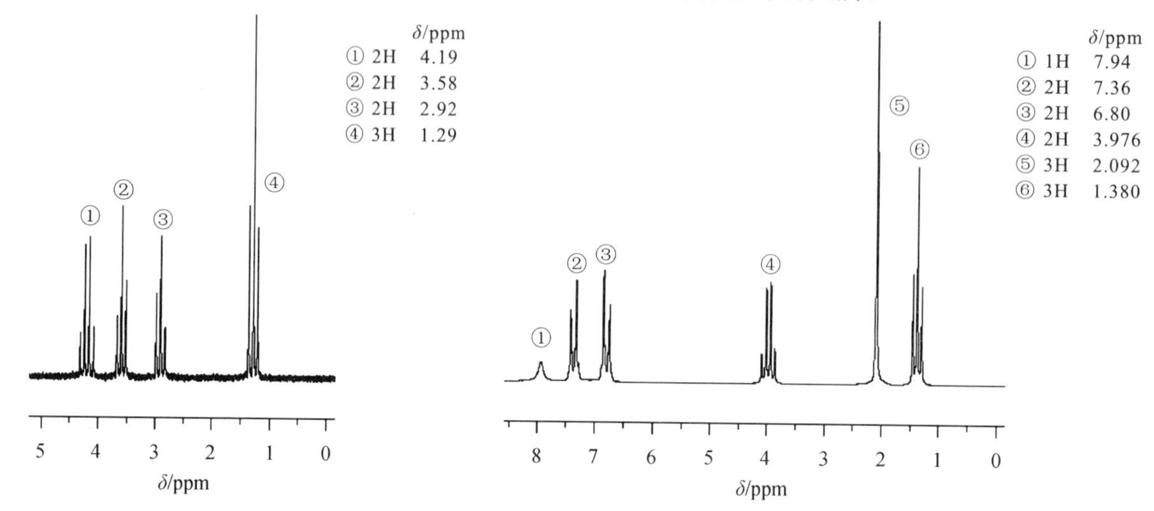

图 5-30　$C_5H_9BrO_2$ 的核磁共振氢谱　　图 5-31　$C_{10}H_{13}NO_2$ 的核磁共振氢谱

5. 某化合物分子式为 $C_9H_{10}O_2$，测定仪器为 90 MHz 谱仪，样品/溶剂= 0.04 mL/0.5 mL $CDCl_3$，测定其氢谱及数据如图 5-32 所示。试推断其结构式，并解释各峰的归属。

6. 某化合物分子式为 C_9H_9NO，测定仪器为 90 MHz 谱仪，样品/溶剂= 0.05 mL/0.5 mL $CDCl_3$，测定其氢谱及数据如图 5-33 所示。试推断其结构式，并解释各峰的归属。

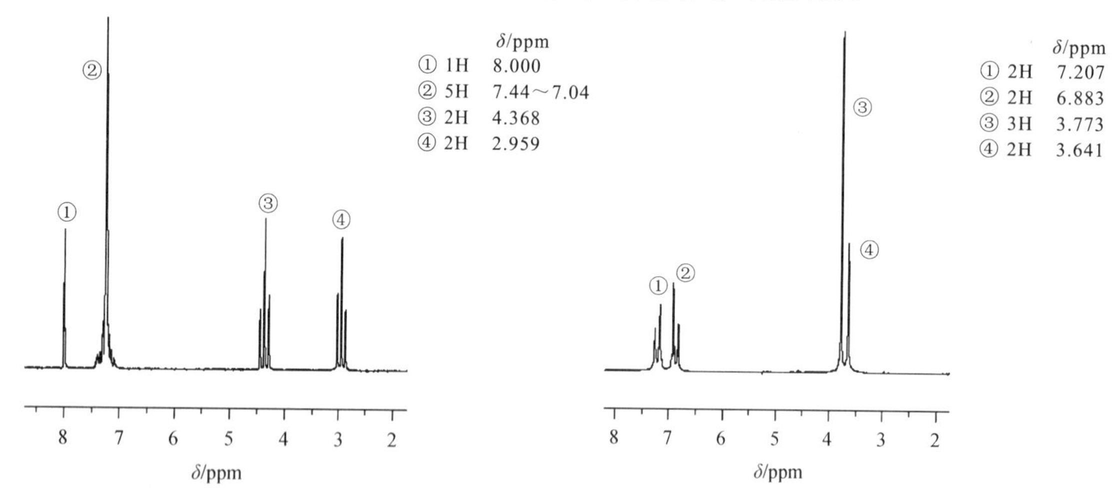

图 5-32　$C_9H_{10}O_2$ 的核磁共振氢谱　　图 5-33　C_9H_9NO 的核磁共振氢谱

7. 某化合物 $C_{11}H_{17}N$ 为间双取代芳香胺，测定仪器为 90 MHz 谱仪，样品/溶剂= 0.04 mL/0.5 mL $CDCl_3$，测定其氢谱及数据如图 5-34 所示。试推断其结构式，并解释各峰的归属。

8. 某化合物 $C_{12}H_{14}NO_4$，测定仪器为 90 MHz 谱仪，样品/溶剂= 0.04 mL/0.5 mL $CDCl_3$，测定其氢谱及数据如图 5-35 所示。试推断其结构式，并解释各峰的归属。

9. 某未知物分子式为 $C_9H_{12}O$，测定仪器为 90 MHz 谱仪，样品/溶剂= 0.04 mL/0.5 mL $CDCl_3$，测定其氢谱及数据如图 5-36 所示。试推断其结构式，并解释各峰的归属。

10. 某化合物分子式为 $C_7H_{14}O_2$，测定仪器为 90 MHz 谱仪，样品/溶剂=10.5 mol% in 0.5 mL $CDCl_3$，测定其氢谱及数据如图 5-37 所示。试推断其结构式，并解释各峰的归属。

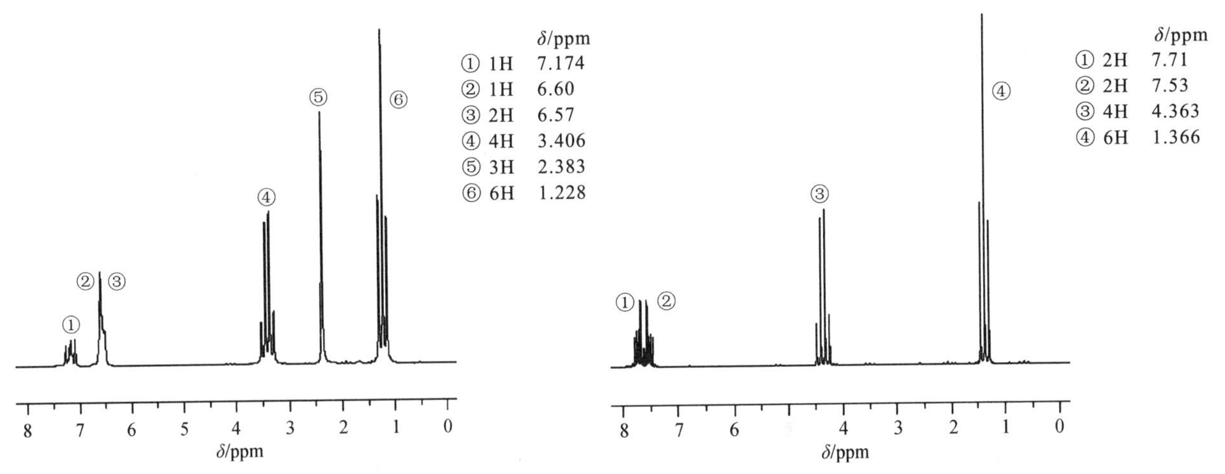

图 5-34 $C_{11}H_{17}N$ 的核磁共振氢谱　　图 5-35 $C_{12}H_{14}NO_4$ 的核磁共振氢谱

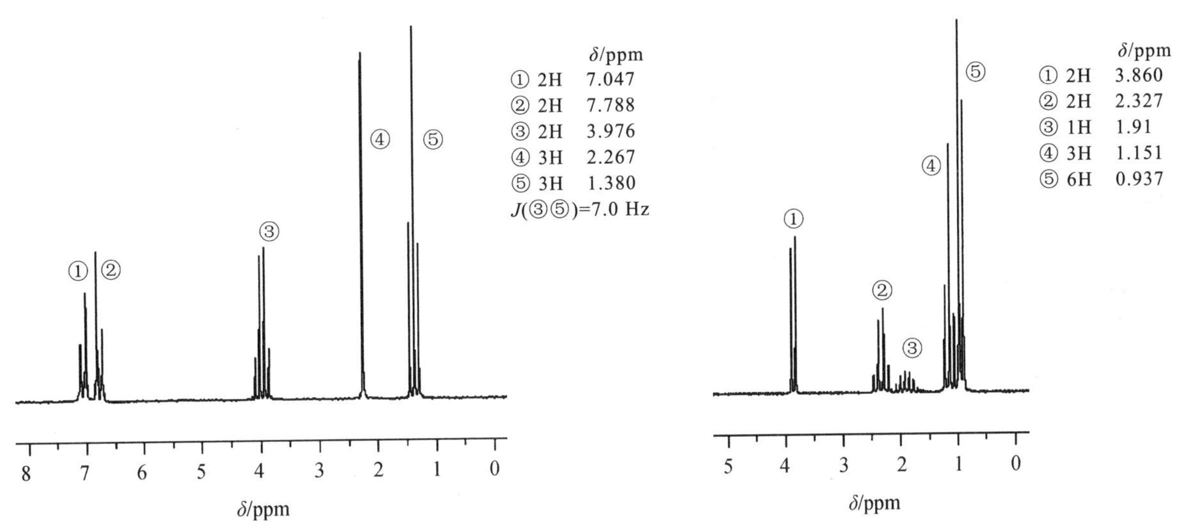

图 5-36 $C_9H_{12}O$ 的核磁共振氢谱　　图 5-37 $C_7H_{14}O_2$ 的核磁共振氢谱

11. 某化合物分子式为 $C_9H_{11}NO_2$，测定仪器为 90 MHz 谱仪，样品/溶剂= 0.043 mL/0.5 mL $CDCl_3$，测定其氢谱及数据如图 5-38 所示。试推断其结构式，并解释各峰的归属。

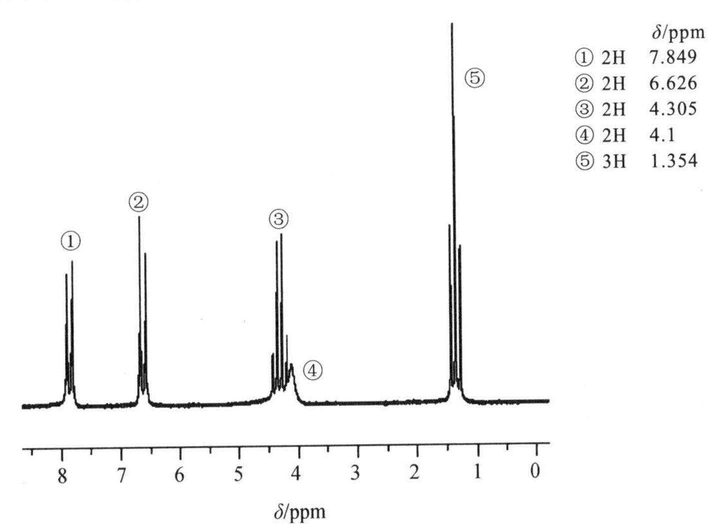

图 5-38 $C_9H_{11}NO_2$ 的核磁共振氢谱

6 质谱法

6.1 概 述

质谱法（Mass Spectrometry，MS）是在高真空条件下对被测样品离子的质量进行分析的仪器分析方法。20 世纪初，英国物理学家 Thomson（汤姆孙）发明了质谱法，被誉为现代质谱学之父，荣获 1906 年诺贝尔物理学奖，1913 年他制成世界上第一台质谱仪，并且预言质谱法将为化学家所应用。早期质谱仪主要用于同位素和无机元素分析。

1911—1920 年，C. F. Knipp、A. J. Dempster、F. W. Aston 等先后进行了电子轰击离子源和质谱仪的研制工作。F. W. Aston（爱斯特恩，英国化学家、物理学家）因在同位素质谱方面的突出贡献获得了 1922 年诺贝尔化学奖。2002 年，诺贝尔化学奖授予在质谱和核磁共振领域做出杰出贡献的三位科学家，其中美国的 Fenn 和日本的田中耕分别发明了电喷雾电离法（ESI）和基质辅助激光解吸电离法（MALDD），建立质谱鉴定生物分子质量的方法，瑞士的 Wilthrich 开发出溶液中生物大分子三维结构的核磁共振技术，这些新技术的建立使得人类通过对蛋白质的分析研究加深对生命过程的理解，对新药开发有重要的应用价值。

世界第一台商品质谱仪于 1942 年问世，从此在相当长的一段时间内，质谱主要用于同位素分析。而有机化合物的质谱分析兴起于 20 世纪 50 年代以后，60 年代的有机质谱专著和学术期刊应运而生，从此进入了系统研究和发展阶段。

质谱法测定的对象包括同位素、无机物、有机化合物、生物大分子等，可广泛应用于化学、生物化学、生物医学、药物学、生命科学等学科领域。

基质辅助激光解吸电离飞行时间质谱、电喷雾电离质谱和傅里叶变换离子回旋共振质谱以及各种多级串联质谱和联用质谱的分析，应用到生物大分子领域的分析测试。

由于人们对有机化合物的裂解规律及谱图特征的研究深入而透彻，现已形成较完整的谱图解析经验方法，并积累了十多万张化合物的标准谱图。本章主要介绍有机质谱。

6.2 质谱仪及其工作原理

6.2.1 质谱仪的基本部件

有机质谱仪由样品导入系统、离子源、质量分析器、离子检测器、真空系统和数据处理系统等部件构成。单聚焦偏转质谱仪示意图如图 6-1 所示。

样品分子先被气化，通过导入系统进入离子源，被电离成各种离子，经电场加速，进入质量分析器分离，并按质荷比大小依次抵达检测器，经过信号放大和处理，记录其强度，绘制成质谱表和质谱图。

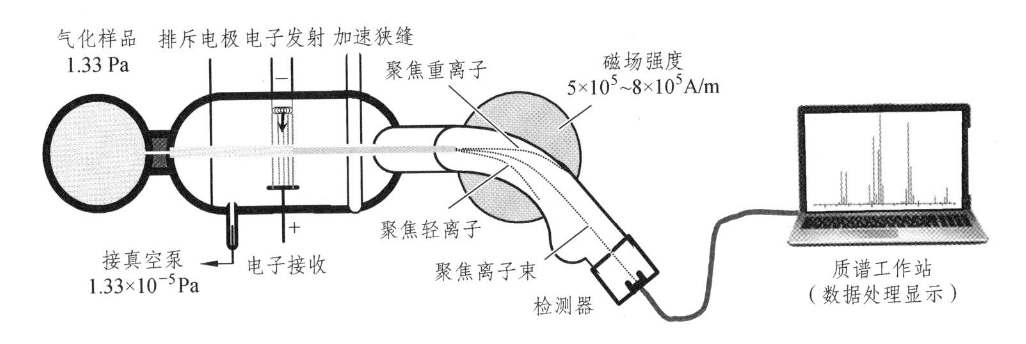

图 6-1 单聚焦磁偏转质谱仪示意图

6.2.2 样品导入与离子源

1. 样品导入系统

有机质谱仪的样品导入系统有直接进样和色谱联用导入进样两类。直接进样系统，用直接进样杆的尖端装上少许样品，进入离子源，快速加热使之挥发为气体，适用于单组分、挥发性较低的样品分析，相对分子质量在 2000 以下均可测定。

色谱联用导入样品，适用于对多组分色谱分离后的纯组分分析。通过色谱分离系统将多组分分离后，在色谱柱出口通过一个接口与质谱仪相连接，这个接口部件是将流动相分子除去，而将分离后纯组分导入质谱仪的装置。现在常用于气相色谱-质谱联用仪、高效液相色谱-质谱联用仪、毛细管电泳-质谱联用仪等。

2. 离子源类型及选择

样品经过导入系统进入质谱仪的第一个单元就是离子源。它是将引入的气态物质电离为离子的部件。质谱仪的电离源有多种类型，常见的有电子轰击源（EI）、化学电离源（CI）、电喷雾电离源（ESI）、大气压化学电离源（APCI）和快原子轰击电离源（FAB）等。

根据对物质电离方式不同，电离源分为硬电离和软电离两类。硬电离源离子化能量高，易使分子化学键断裂而产生丰富的碎片离子。软电离源产生的碎片离子数量少、峰少，质谱相对简单，易产生相对丰度大的分子离子和拟分子离子（也称准分子离子），包括分子离子和质子、分子离子或其它离子相互作用形成的离子，如分子离子质子化（$[M+H]^+$）或去质子化（或$[M-H]^-$），以及加合分子离子（如$[M+NH_4]^+$、$[M+Na]^+$）等。

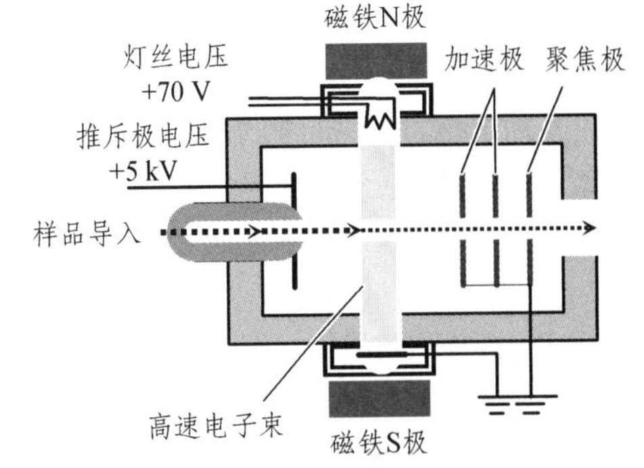

图 6-2 电子轰击源示意图

电子轰击源（EI） 其结构如图 6-2 所示。样品分子在一定温度下被气化为气态分子，导入离子源后受到直热式阴极发射的电子束轰击。若轰击电子的能量大于分子的电离能，分子则有可能失去电子而发生电离，通常失去一个电子，即

$$M+e^- \longrightarrow M^{+\bullet}+2e^-$$

式中，M 表示分子；$M^{+\bullet}$ 为失去一个电子后的分子离子，也称自由基阳离子。

如果轰击电子的能量足够大，则可打断分子的各种化学键，产生各种碎片，主要是阳离子碎片和中性碎片，偶尔还有少量阴离子和离子-分子复合物等。阳离子在推斥极作用下进入加速区，被加速和聚焦成离子束，引入质量分析器，而阴离子和中性碎片则被真空泵抽走。

EI属于硬电离源，其轰击电子能量约为70 eV，获得的离子流稳定、碎片离子丰富，有利于结构分析。EI适用于气体和易挥发的试样分析，对于相对分子质量大或稳定性差的样品分析比较困难，有时不易获得分子离子。

化学电离源（CI） 其结构与EI相似，差别是在CI中需要引入小分子反应气，轰击电子首先使小分子电离成离子，然后小分子离子与样品分子碰撞而发生离子-分子反应和能量交换，产生样品离子。常用的小分子反应气有甲烷和氨气。以甲烷的电离机理为例，在电子束轰击下，甲烷分子先被电离：

$$CH_4 + e^- \longrightarrow CH_4^+ + CH_3^+ + CH_2^+ + CH^+ + C^+ + H^+$$

多数碳正离子与剩余甲烷分子迅速反应生成加合离子（①②），加合离子再与试样分子作用，实现质子或氢化物的转移（③④⑤）。

① $CH_4^+ + CH_4 \longrightarrow CH_5^+ + CH_3^{\bullet}$

② $CH_3^+ + CH_4 \longrightarrow C_2H_5^+ + H_2$

③ $CH_5^+ + M \longrightarrow [M+H]^+ + CH_4$ 质子转移

④ $C_2H_5^+ + M \longrightarrow [M+H]^+ + C_2H_4$ 质子转移

⑤ $C_2H_5^+ + M \longrightarrow [M-H]^+ + C_2H_6$ 氢化物转移

以上质子转移离子为质子化的准分子离子$[M+H]^+$，据此可获得被测分子的相对分子质量。

CI为软电离源，适用于稳定性差而不易得到分子离子化合物的分析，易得到准分子离子，碎片离子较少，图谱简单，有利于测定化合物相对分子质量，不利于化合物结构分析。

电喷雾电离源（ESI） ESI主要应用于液相色谱-质谱联用仪，兼有接口和电离的功能。它的主要部件是一个多层套管组成的电喷雾喷嘴。最内层是液相色谱流出物，外层是喷射气，喷射气常采用大流量的氮气，其作用是使喷出的液体容易分散成微滴。另外，在喷嘴的斜前方还有一个补助气喷嘴，补助气的作用是使微滴的溶剂快速蒸发。在微滴蒸发过程中表面电荷密度逐渐增大，当增大到某个临界值时，离子就可以从表面蒸发出来。离子产生后，借助于喷嘴与锥孔之间的电压，穿过取样孔进入分析器，原理过程如图6-3所示。

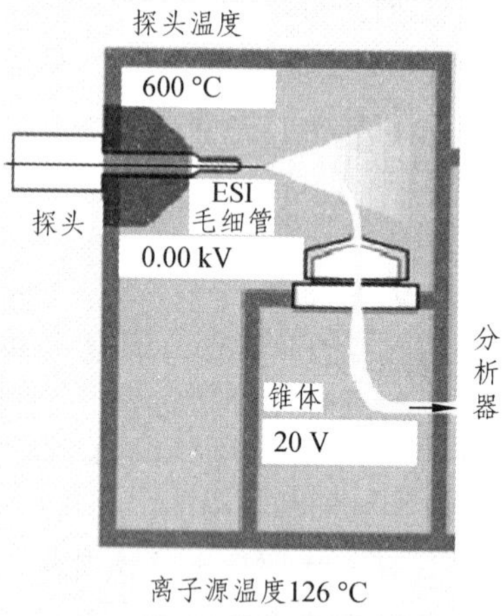

探头温度
600 °C
ESI
毛细管
探头
0.00 kV
分析器
锥体
20 V
离子源温度126 °C

图6-3 电喷雾电离源原理

加到喷嘴上的电压可以是正，也可以是负。通过调节极性，可以得到正或负离子的质谱。电喷雾喷与取样孔在同一直线上时取样孔易堵塞。所以设计喷嘴喷射方向与取样孔错开一定角度，溶剂雾滴不直接喷到取样孔上，使取样孔不易堵塞。产生的离子蒸气靠电场的作用引入取样孔，进入分析器。

电喷雾电离源是一种软电离方式，即便是分子量大，稳定性差的化合物，也不会在电离过程中发生分解，它适合于分析极性强的大分子有机化合物，如蛋白质、肽、糖等。电喷雾电离源的最大特点是容易形成多电荷离子。这样，一个分子量为10 000 Da的分子若带有10个电荷，则其质荷比只有1000，进入了一般质谱仪可以分析的范围之内。采用电喷雾电离，可以测量分子量在300 000 Da以上的蛋白质。

大气压化学电离源（APCI） 其结构见图6-4，与电喷雾源大致相同，不同之处是APCI喷嘴下游放置了一个针状放电电极，通过它的高压放电，使空气中某些中性分子电离，产生H_3O^+、N_2^+、O_2^+和O^+等离子，溶剂分子也会被电离，这些离子与分析物分子进行离子-分子反应，使分析物分子离子化，这些反应过程包括由质子转移、电荷交换产生正离子，质子脱离和电子捕获产生负离子等。

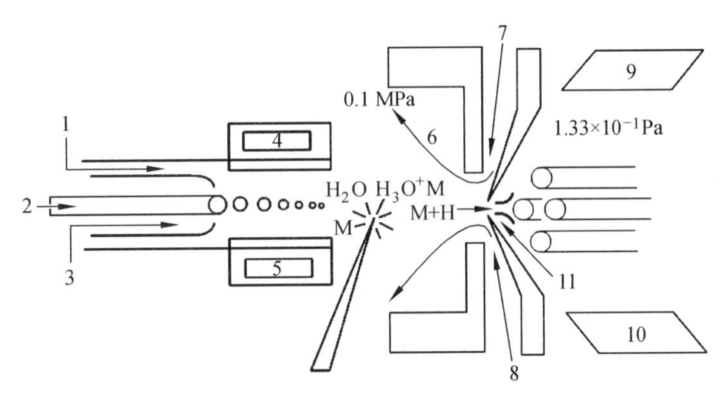

图 6-4　大气压化学电离接口示意图

大气压化学电离源主要用来分析中等极性的化合物。有些分析物由于结构和极性方面的原因，用 ESI 不能产生足够强的离子，可以采用 APCI 方式增加离子产率，可以认为 APCI 是 ESI 的补充。APCI 主要产生的是单电荷离子，所以分析的化合物分子量一般小于 1000 Da。用这种电离源得到的质谱很少有碎片离子，主要是准分子离子。

以上两种电离源主要用于液相色谱-质谱联用仪。

快原子轰击电离源（FAB）　FAB 的原理是由电场中的高速电子轰击惰性气体（如氩气或氙气），使其电离并加速成快速离子，再直接通过充有氩或者氙气的电荷交换室，产生电荷交换得到快原子流，打在样品上产生样品离子。

$$Ar^{+\bullet}[快]+Ar[热] \longrightarrow Ar[快]+Ar^{+\bullet}[热]$$

FAB 源（图 6-5）主要用于磁式双聚焦质谱仪，特别适用于极性强、分子量大的样品分析。

样品置于涂有底物（如甘油）的铜质靶材上。原子氩打在样品上使其电离后进入真空，并在电场作用下进入分析器。电离过程中不必加热气化，因此适合于分析大分子量、难气化、热稳定性差的样品。例如肽类、低聚糖、天然抗生素、有机金属络合物等。FAB 源得到的质谱不仅有较强的准分子离子峰，而且有较丰富的结构信息。但是，它与 EI 源得到的质谱图很不相同。其一是它的分子量信息不是分子离子峰 M，而往往是$[M+H]^+$或$[M+Na]^+$等准分子离子峰；其二是碎片峰比 EI 谱要少。

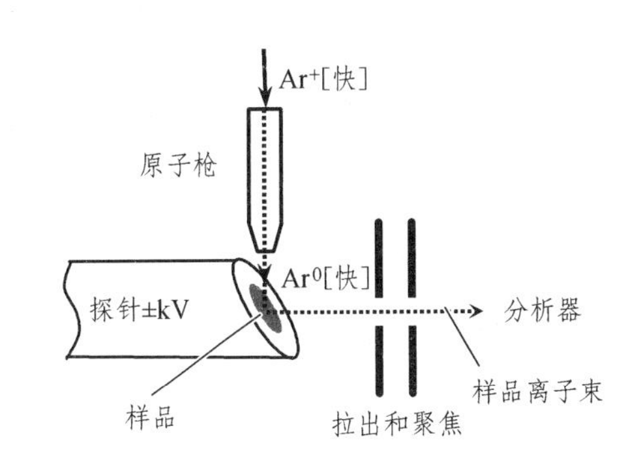

图 6-5　快原子轰击源示意图

激光解吸源（LD）　LD 是利用一定波长的脉冲式激光照射样品使样品电离的一种电离方式。被分析的样品置于涂有基质的样品靶上，激光照射到样品靶上，基质分子吸收激光能量，与样品分子一起蒸发到气相并使样品分子电离。激光电离源需要有合适的基质才能得到较好的离子产率。因此，这种电离源通常称为基质辅助激光解吸电离（MALDI），它特别适合于飞行时间质谱仪（TOF），组成 MALDI-TOF。MALDI 属于软电离技术，它比较适合于分析生物大分子，如肽、蛋白质、核酸等。得到的质谱主要是分子离子，准分子离子。碎片离子和多电荷离子较少。MALDI 常用的基质有 2, 5-二羟基苯甲酸、芥子酸、烟酸、α-氰基-4-羟基肉桂酸等。

离子源的选择　除了考虑离子源可测定的相对分子质量范围，还要考虑样品的理化性质和稳定性。在实践中还经常通过降低 EI 的轰击电子能量或化学衍生化技术，来提高样品分子的挥发度和稳定性，以获得分子离子峰信息。

6.2.3 质量分析器

质量分析器的作用是将离子源产生的离子按 m/z 顺序分开的部件。用于有机质谱仪的质量分析器有磁式双聚焦分析器、四极杆分析器、离子阱分析器、飞行时间分析器和傅里叶变换回旋共振分析器等。

1. 磁式双聚焦分析器

它是在单聚焦分析器的基础上发展起来的。因此，首先简单介绍一下单聚焦分析器（图 6-1），其主体是处在磁场中的扁形真空腔体。质量为 m，电荷为 z 的离子经离子源加速后，在加速电场中获得的势能 zU 转化为动能，以速度 v 进入质量分析器，有

$$\frac{1}{2}mv^2 = zU \tag{6-1}$$

离子在磁场力作用下，在磁场的垂直平面内做圆周运动，即

$$m\cdot\frac{v^2}{R} = Hzv \tag{6-2}$$

式中，R 为离子偏转半径；U 为加速电压；v 为离子速度；H 为磁场强度；z 为离子所带电荷数目；m 为离子质量，单位是原子质量单位（u）。

联合式（6-1）与（6-2）可得

$$m/z = \frac{H^2R^2}{2U} \tag{6-3}$$

从式（6-3）可知，在相同的加速电压 U 和磁场强度 H 条件下，不同的质荷比（m/z）离子的偏转半径是不相同的，但是质量分析器的空间半径是固定的，致使运动半径不符合固定半径的离子无法到达检测器，如图 6-6 所示。

单聚焦分析器偏转角度有 180°、90°等，其形状像一把扇子，因此又称为磁扇形分析器。单聚焦分析结构简单、操作方便，但其分辨率很低，不能满足有机物分析要求，目前只用于同位素质谱仪和气体质谱仪。单聚集质谱仪分辨率低的主要原因在于它不能克服离子初始能量分散对分辨率造成的影响。在离子源产生的离子当中，质量相同的离子应该聚在一起，但由于离子初始能量不同，经过磁场后其偏转半径也不同，而是以能量大小顺序分开，即磁场也具有能量色散作用。这样就使得相邻两种质量的离子很难分离，从而降低了分辨率。

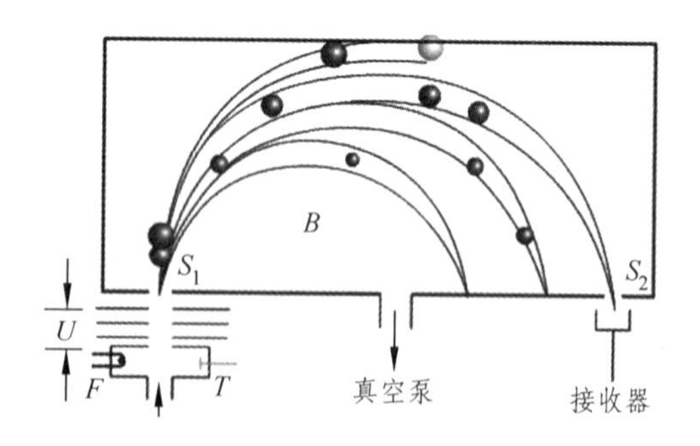

图 6-6　单聚焦质量分析器原理图

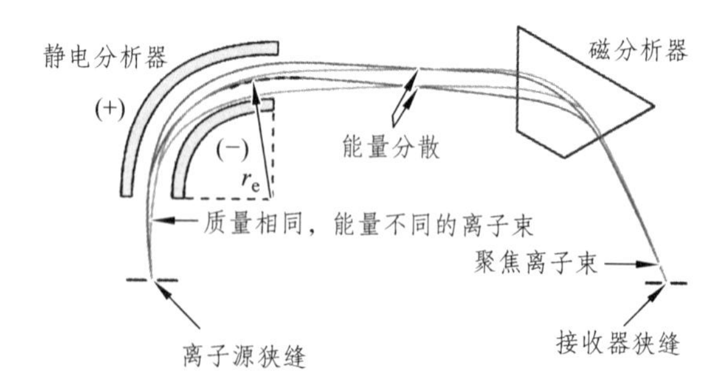

图 6-7　双聚焦质量分析器原理图

为了消除离子能量分散对分辨率的影响，通常在扇形磁场前加一扇形电场，扇形电场是一个能量分析器，不起质量分离作用。质量相同而能量不同的离子经过静电电场后会彼此分开。即静电场有能量色散作用。如果设法使静电场的能量色散作用和磁场的能量色散作用大小相等方向相反，就可以消除能量分散对分辨率的影响。只要是质量相同的离子，经过电场和磁场后可以会聚在一起。

另外质量的离子会聚在另一点。改变离子加速电压可以实现质量扫描。这种由电场和磁场共同实现质量分离的分析器，同时具有方向聚焦和能量聚焦作用，叫双聚焦质量分析器（图 6-7）。双聚焦分析器的优点是分辨率高；缺点是扫描速度慢，操作和调整比较困难，仪器造价比较昂贵。

2. 四极杆质量分析器

它由四根棒状电极组成。电极材料是镀金陶瓷或钼合金。相对两根电极间加有电压（$V_{dc}+V_{rf}$），另外两根电极间加有$-(V_{dc}+V_{rf})$。其中 V_{dc} 为直流电压，V_{rf} 为射频电压。四个棒状电极形成一个四极电场，其工作原理见图 6-8。

离子从离子源进入四极场后，在场的作用下产生振动，如果质量为 m，电荷为 e 的离子从 z 方向进入四极场，在电场作用下其三维运动方程组为

$$\frac{d^2x}{dt^2}+\left(a+2q\cos 2T\right)\cdot x=0,\quad \frac{d^2y}{dt^2}+\left(a+2q\cos 2T\right)\cdot y=0,\quad \frac{d^2z}{dt^2}=0 \tag{6-4}$$

式中，$a=\dfrac{8eV_{dc}}{mr_0^2\omega^2}$，$q=\dfrac{8eV_0}{mr_0^2\omega^2}$，$T=\dfrac{1}{2}\omega t$，$V_{rf}=V_0\cos\omega t$

离子运动轨迹可由方程组（6-4）的解描述。数学分析表明，在 a、q 取某些数值时，运动方程有稳定的解，稳定解的图解形式通常用 a、q 参数的稳定三角形表示（图 6-9）。当离子的 a、q 值处于稳定三角形内部时，这些离子振幅是有限的，因而可以通过四极场达到检测器。在保持 V_{dc}/V_{rf} 不变的情况下改变 V_{rf} 值，对应于一个 V_{rf} 值，四极场只允许一种质荷比的离子通过，其余离子则振幅不断增大，最后碰到四极杆而被吸收。通过四极杆的离子到达检测器被检测。改变 V_{rf} 值，可以使另外质荷比的离子顺序通过四极场实现质量扫描。设置扫描范围实际上是设置 V_{rf} 值的变化范围。当 V_{rf} 值由一个值变化到另一个值时，检测器检测到的离子就会从 m_1 变化到 m_2，也即得到 m_1 到 m_2 的质谱。

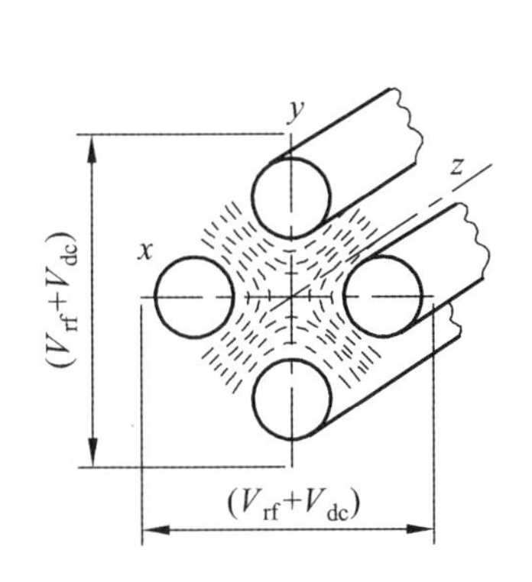

图 6-8　四极杆分析器示意图

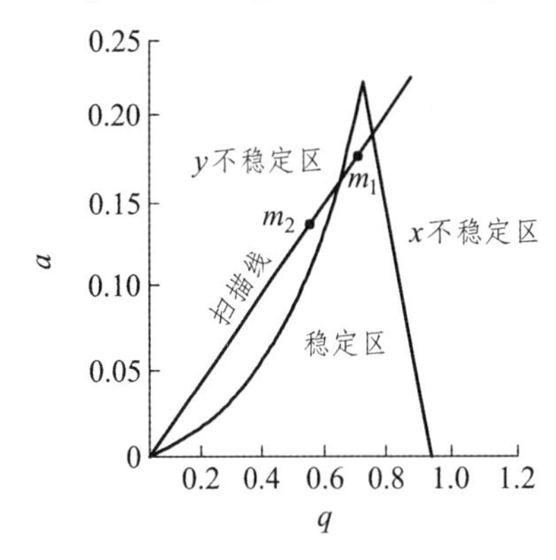

图 6-9　四极杆分析器稳定性图

V_{rf} 的变化可以是连续的，也可以是跳跃式的。跳跃式扫描是只检测某些质量的离子，故称为选择离子监测（SIM）。当样品量很少，而且样品中特征离子已知时，可以采用选择离子监测。这种扫描方式灵敏度高，而且，通过选择适当的离子使干扰组分不被采集，可以消除组分间的干扰。SIM 适合于定量分析，但因为这种扫描方式得到的质谱不是全谱，因此不能进行质谱库检索和定性分析。

3. 飞行时间质量分析器

它的主要部分是一个离子漂移管，离子在加速电压 U 作用下得到动能，则有

$$\frac{1}{2}mv^2=zU \quad 或 \quad v=\sqrt{\frac{2U}{(m/z)}} \tag{6-5}$$

离子以速度 v 进入漂移区，假定离子在漂移区飞行的时间为 T，漂移区长度为 L，则

$$T=\frac{L}{v}=L\sqrt{\frac{(m/z)}{2U}} \tag{6-6}$$

由式（6-6）可以看出，离子在漂移管中飞行的时间与离子质量的平方根成正比。也即，对于能量相同的离子，离子的质量越大，达到接收器所用的时间越长，质量越小，所用时间越短，根据这一原理，可以把不同质量的离子分开。

飞行时间质量分析器的特点是质量范围宽，扫描速度快，既不需电场也不需磁场。但其分辨率较低，主要原因在于离子进入漂移管前的时间分散、空间分散和能量分散。这样，即使是质量相同的离子，由于产生时间的先后，产生空间的前后和初始动能不同，达到检测器的时间就不相同，因而降低了分辨率。目前，通过采取激光脉冲电离方式，离子延迟引出技术和离子反射技术，在很大程度上克服上述问题，已广泛应用于 GC-MS，HPLC-MS 和基质辅助激光解吸飞行时间质谱仪（原理见图 6-10）。

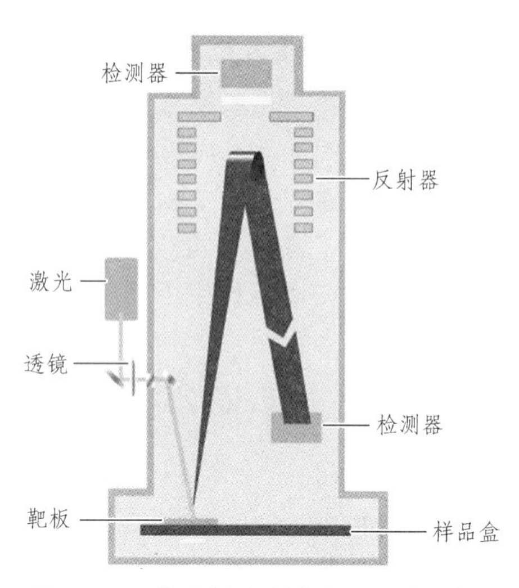

图 6-10　基质辅助激光解吸飞行时间质谱原理图

4. 离子阱质量分析器

其结构如图 6-11 所示。离子阱的主体是一个环电极和上下两端盖电极，环电极和上下两端盖电极都是绕 z 轴旋转的双曲面，并满足 $r_0^2=2z_0^2$（r_0 为环形电极的最小半径，z_0 为两个端盖电极间的最短距离）。直流电压 U 和射频电压 V_{rf} 加在环电极和端盖电极之间，两端盖电极都处于低电位。

与四极杆分析器类似，离子在离子阱内的运动遵守马蒂厄微分方程，也有类似四极杆分析器的稳定图。在稳定区内的离子，轨道振幅保持一定大小，可以长时间留在阱内，不稳定区的离子振幅很快增长，撞击到电极而消失。对于一定质量的离子，在一定的 U 和 V_{rf} 下，可以处在稳定区。改变 U 或 V_{rf} 的值，离子可能处于非稳定区。如果在引出电极上加负电压，可以将离子从阱内引出，由电子倍增器检测。因此，离子阱的质量扫描方式与四极杆类似，是在恒定的 U/V_{rf} 下，扫描 V_{rf} 获取质谱。

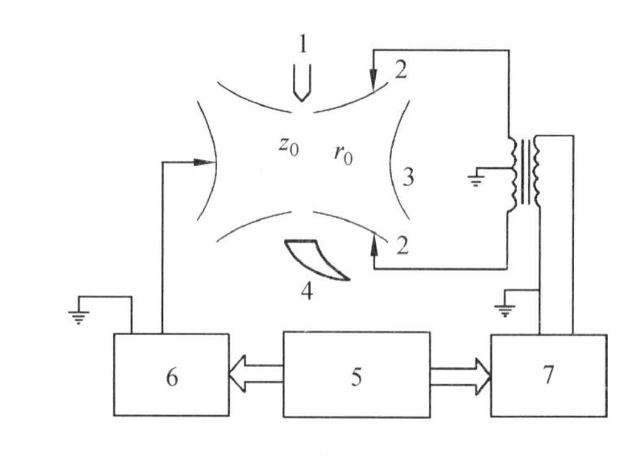

1—灯丝；2—端帽；3—环形电极；
4—电子倍增器；5—计算机；
6—放大器和射频发生器（基本射频电压）；
7—放大器和射频发生器（附加射频电压）

图 6-11　离子阱构造原理图

离子阱的特点是结构小巧，质量轻，灵敏度高，而且还有多级质谱功能。它可以用于 GC-MS，也可以用于 LC-MS。

5. 傅里叶变换离子回旋共振分析器

这种分析器是在原来回旋共振分析器的基础上发展起来的。先简述离子回旋共振的基本原理。假定质荷比 m/z 的离子进入磁感应强度为 H 的磁场中，由于受磁场力作用，离子做圆周运动，如果没有能量损失和增加，圆周运动的离心力和磁场力相平衡，即

$$\frac{mv^2}{R}=Hzv \tag{6-7}$$

将式（6-7）变形后得

$$\frac{v}{R}=\frac{Hz}{m} \quad 或 \quad \omega_c=\frac{Hz}{m} \tag{6-8}$$

式中，ω_c 为离子运动的回旋频率，rad/s。由式（6-8）可以看出，离子的回旋频率与离子的质荷比呈线性关系，当磁场强度固定后，只需精确测得离子的共振频率，就能准确地得到离子的质量。测定离子共振频率的办法是外加一个射频辐射，如果外加射频频率等于离子共振频率，离子就会吸收外加辐射能量而改变圆周运动的轨道，沿着阿基米德螺线加速，离子收集器放在适当的位置就能收到共振离子。改变辐射频率，就可以接收到不同的离子。但普通的回旋共振分析器扫描速度很慢，灵敏度低，分辨率也很差。傅里叶变换离子回旋共振分析器采用的是线性调频脉冲来激发离子，即在很短的时间内进行快速频率扫描，使很宽范围的质荷比的离子几乎同时受到激发。因而扫描速度和灵敏度比普通回旋共振分析器高得多。这种分析器结构参见图 6-12。

分析室是一个立方体结构，它是由三对相互垂直的平行板电极组成，置于高真空和由超导磁体产生的强磁场中。第一对电极为捕集极，它与磁场方向垂直，电极上加有适当正电压，其目的是延长离子在室内滞留时间；第二对电极为发射极，用于发射射频脉冲；第三对电极为接收极，用来接收离子产生的信号。样品离子引入分析室后，在强磁场作用下被迫以很小的轨道半径作回旋运动，由于离子都是以随机的非相干方式运动，因此不产生可检出的信号。如果在发射极上施加一个很快的扫频电压，当射频频率和某离子的回旋频率一致时共振条件得到满足。离子吸收射频能量，轨道半径逐渐增大，变成螺旋运动，经过一段时间的相互作用以后，所有离子都做相干运动，产生可被检出的信号。做相干运动的正离子运动至靠近接收极的一个极板时，吸收此极板表面的电子，当其继续运动到另一极板时，又会吸引另一极板表面的电子。这样便会感生出“象电流”（图 6-13），象电流是一种正弦形式的时间域信号，正弦波的频率和离子的固有回旋频率相同，其振幅则与分析室中该质量的离子数目成正比。如果分析室中各种质量的离子都满足共振条件，那么，实际测得的信号是同一时间内作相干轨道运动的各种离子所对应的正弦波信号的叠加。将测得的时间域信号重复累加，放大并经模数转换后输入计算机进行快速傅里叶变换，便可检出各种频率成分，然后利用频率和质量的已知关系，便可得到常见的质谱图。

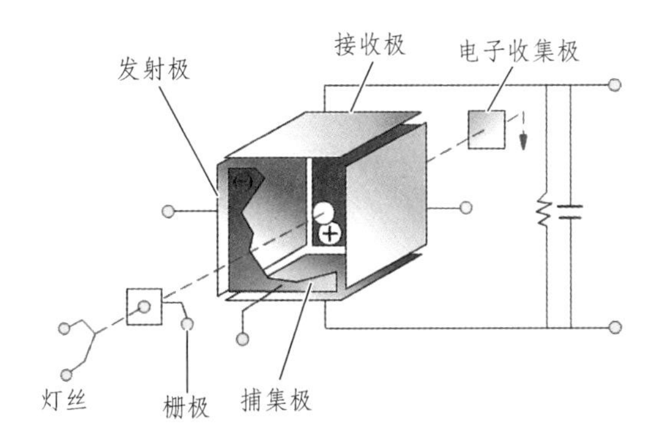

图 6-12　傅里叶变换离子回旋共振分析器示意图

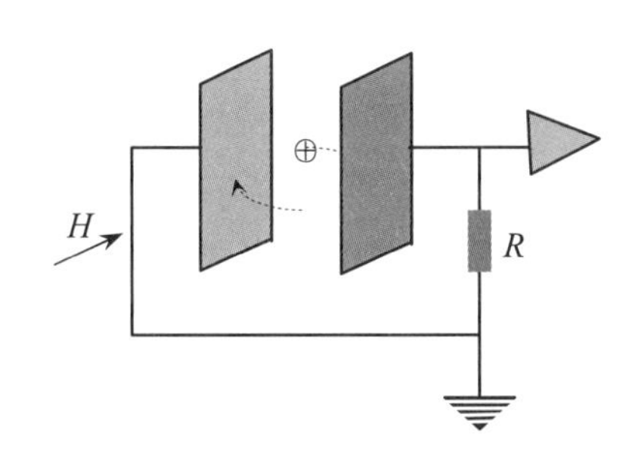

图 6-13　相干运动的离子在接收极上产生象电流

利用傅里叶变换离子回旋共振原理制成的质谱仪称为傅里叶变换离子回旋共振质谱仪（FT-MS）。FT-MS 有如下优点：

（1）分辨率极高，商品仪器的分辨可超过 1×10^6，而且在高分辨率下不影响灵敏度，而双聚焦分析器为提高分辨率必须降低灵敏度。同时，FT-MS 的测量精度非常好，能达到百万分之几，这对于得到离子的元素组成是非常重要的。

（2）分析灵敏度高，由于离子是同时激发同时检测，因此比普通回旋共振质谱仪高 4 个量级，而且在高灵敏度下可以得到高分辨率。

（3）具有多级质谱功能，可以和任何离子源相连，扩宽了仪器功能。

此外还有诸如扫描速度快，性能稳定可靠，质量范围宽等优点。当然，另一方面，FT-MS 由于需要很高的超导磁场，因而需要液氦，仪器售价昂贵。

6.2.4 离子检测器和真空系统

1. 离子检测器

质谱仪的检测主要使用电子倍增器，如图 6-14 所示。由四极杆出来的离子打到高能打拿极产生电子，电子经电子倍增器产生电信号，记录不同离子的信号即得质谱。信号增益与倍增器电压有关，提高倍增器电压可以提高灵敏度，但同时会降低倍增器的寿命，因此，应该在保证仪器灵敏度的情况下采用尽量低的倍增器电压。由倍增器出来的电信号被送入计算机储存，这些信号经计算机处理后可以得到色谱图，质谱图及其它各种信息。

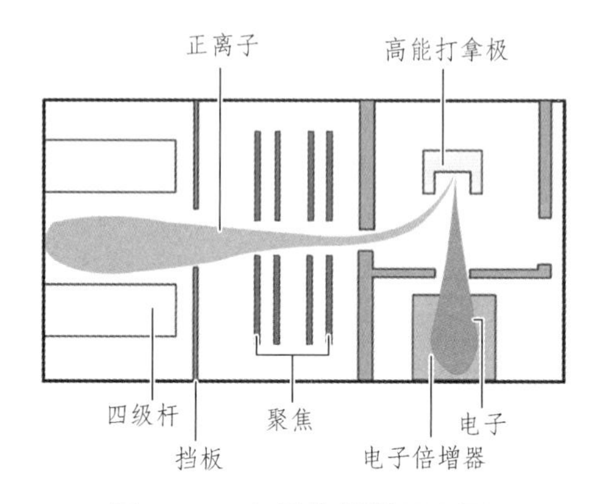

图 6-14 电子倍增器示意图

2. 真空系统

为了保证离子源中灯丝的正常工作，保证离子在离子源和分析器正常运行，消减不必要的离子碰撞、散射效应、复合反应和离子-分子反应，减小本底与记忆效应，因此，质谱仪的离子源和分析器都必须处在优于 10^{-3} Pa 的真空中才能工作。也就是说，质谱仪都必须有真空系统。一般真空系统由机械真空泵和扩散泵或涡输分子泵组成。机械真空泵能达到的极限真空度为 10^{-1} Pa，不能满足要求，必须依靠高真空泵。扩散泵是常用的高真空泵，其性能稳定可靠；缺点是启动慢，从停机状态到仪器能正常工作所需时间长。涡轮分子泵则相反，仪器启动快，但使用寿命不如扩散泵。但由于涡轮分子泵使用方便，没有油的扩散污染问题，因此，近年来生产的质谱仪大多使用涡轮分子泵。涡轮分子泵直接与离子源或分析器相连，抽出的气体再由机械真空泵排到体系之外。

以上是一般质谱仪的主要组成部件。当然，若要仪器能正常工作，还必须有供电系统、数据处理系统等。

6.2.5 质谱仪的主要性能指标

每一台质谱仪都有许多性能指标，其中灵敏度、分辨率和质量范围是三个最主要的性能指标，现介绍如下。

1. 灵敏度

灵敏度标志仪器对样品在量的方面的检测能力，它与仪器的电离效率、检测效率及被检测的样品等多种因素有关。有机质谱常用某种标准样品产生一定信噪比的分子离子峰所需的最小检测量作为仪器的灵敏度指标。

2. 分辨率

质谱仪的分辨率是指仪器对相邻质量数的分离能力。常用 R 表示。如果两个相邻质量数 m 和 $m+\Delta m$ 的离子峰能够被仪器分开，则分辨率 R 定义为 $R=m/\Delta m$。

例如，某仪器能刚好分开质量为 27.994 9 和 28.006 1 两个离子峰，$\Delta m=0.011\ 2$，则该仪器的分辨率 $R=27.9949/0.0112=2500$。

3. 质量范围

质量范围指质谱仪所能测量质荷比 *m*/*z* 范围，即所能测量的最大相对分子质量。目前质量范围最大的质谱仪是基质辅助激光解析电离飞行时间质谱仪（MALDI-TOF-MS），这种仪器测定的分子质量可高达 1×10^6 u 以上。

质量范围为 2000 的电喷雾质谱仪测定蛋白质大分子时，由于样品可产生多电荷（有的多达 20 多个电荷）分子离子峰，实际测量的最大分子质量可大大超过仪器的质量范围。

质谱仪属于大型精密仪器，除上述三个基本性能指标外，仪器的硬件（样品导入系统、离子源的种类、真空系统）和仪器的软件操作控制系统等，都有性能指标和要求。

6.2.6 质谱表和质谱图

在质谱报告中，将质谱数据以质荷比（*m*/*z*）从小到大的顺序，用表格的形式记录下来，称为质谱表。也可将质谱数据绘制成二维坐标图谱，用横坐标表示质荷比（*m*/*z*），用纵坐标表示离子的相对强度，以最大含量离子的纵坐标高度定为 100，称为基峰，其它离子的纵坐标高度，就是该离子数量与基峰离子数量的比值，称为相对强度（相对丰度，Int./%），直立于横坐标上的线段称为质谱峰，类似于立棒，故将质谱图俗称“棒图”。

例如，α-紫罗酮的质谱图与质谱表（图 6-15），其中 *m*/*z* = 192.0 是分子离子峰，其丰度为 Int./% = 15.4%，说明质谱中分子离子数目含量并不高；而 *m*/*z* = 121.0 是碎片离子，其丰度为 Int./% = 100.0%，是相对含量最高的离子峰，所以把它定为基峰。

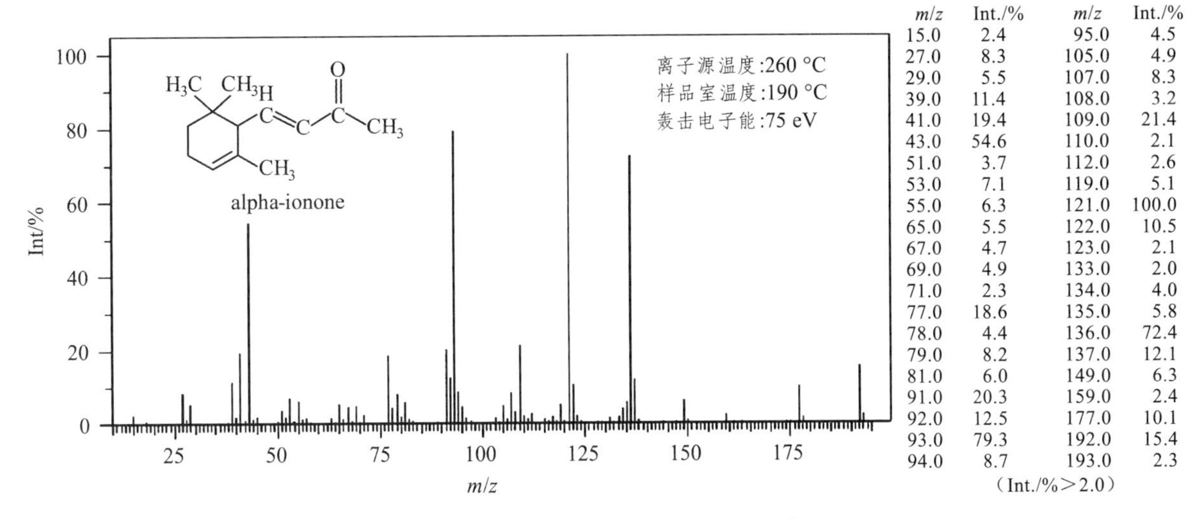

m/*z*	Int./%	*m*/*z*	Int./%
15.0	2.4	95.0	4.5
27.0	8.3	105.0	4.9
29.0	5.5	107.0	8.3
39.0	11.4	108.0	3.2
41.0	19.4	109.0	21.4
43.0	54.6	110.0	2.1
51.0	3.7	112.0	2.6
53.0	7.1	119.0	5.1
55.0	6.3	121.0	100.0
65.0	5.5	122.0	10.5
67.0	4.7	123.0	2.1
69.0	4.9	133.0	2.0
71.0	2.3	134.0	4.0
77.0	18.6	135.0	5.8
78.0	4.4	136.0	72.4
79.0	8.2	137.0	12.1
81.0	6.0	149.0	6.3
91.0	20.3	159.0	2.4
92.0	12.5	177.0	10.1
93.0	79.3	192.0	15.4
94.0	8.7	193.0	2.3

（Int./%＞2.0）

图 6-15　α-紫罗酮的质谱图与质谱表

6.3 质谱离子类型及其裂解过程

6.3.1 阳离子的裂解类型

1. 离子电荷及其表示方法

有机化合物 M 经过电离源电离而成为离子，把带有未成对电子的离子称为奇电子离子（OE），表示为 $M^{+\bullet}$，分子离子就是奇电子离子；把外层电子都是成对的离子称为偶电子离子（EE），表示为 M^{+}。

根据电子在化合物中的能量高低和稳定性可知，最容易失去的是杂原子中处于原子轨道的孤对电子（n电子），其次是成键轨道π电子，最难失去的是成键轨道σ电子。同是σ电子，C—C 上的较 C—H 上的容易失去。

对于有杂原子的离子，离子电荷符号标在杂原子上；若无杂原子但有π键，可标在双键的一个碳原子上；既无杂原子又无π键，但有分支碳原子，则标在分支碳原子上。若电荷位置在化学式中不易确定，可在化学式右上角用下列符号表示：¬+· 或 ¬+。

在质谱中，离子的裂解过程可采用裂解方程式表示，通常用鱼钩“⌒”表示单电子转移，用箭头“⌒”表示双电子转移。

离子的裂解类型有多种，最基本的可分为单纯裂解和重排裂解。

2. 单纯裂解

在质谱仪电离源产生的阳离子中，一个化学键发生的裂解称为单纯裂解，常见的裂解方式有：均裂，σ键断裂，两个电子分别转移到两个碎片上的裂解过程；异裂，σ键断裂，两个电子全部转移到一个碎片上的裂解过程；半均裂，它是指已经离子化的σ键断裂，一个碎片保留一个电子成为自由基，一个碎片保留正电荷成为阳离子。三种裂解方式通式：

$$X—Y \longrightarrow \dot{X} + \dot{Y} \qquad X—Y \longrightarrow X^+ + Y^- \qquad X + \cdot Y \longrightarrow X^+ + Y\cdot$$

均裂　　　　异裂　　　　半均裂

在均裂过程中，奇电子离子变为偶电子离子。例如脂肪酮的均裂和异裂分别表示为

$$R_1—C(=O^{+\cdot})—R_2 \longrightarrow R_2—C\equiv O^+ + R_1^\cdot \qquad R_1—C(=O^{+\cdot})—R_2 \longrightarrow R_1^+ + R_2—\dot{C}\equiv O$$

饱和烷烃阳离子的半均裂表示为

$$CH_3CH_2^+ \cdot CH_2CH_3 \longrightarrow CH_3CH_2^+ + \dot{C}H_2CH_3$$

3. 重排裂解

除上述一个键断裂的单纯裂解外，有些离子也有两个或两个以上键断裂的情况，这时结构重新排列形成新的离子，这种离子被称为重排离子。在重排裂解过程中，一般会脱去一个中性碎片分子。最典型的两种重排裂解方式是麦氏（Mclafferty）重排和反狄尔斯-阿尔德（Diels-Alder）裂解重排。

麦氏重排　若离子中含有不饱和双键基团，并且与该基团相连的链上具有γ-氢原子时，该氢原子可以转移到头上双键原子上，同时发生β-键断裂，脱去一个中性碎片分子，这种裂解重排方式称为麦氏重排。这种双键不一定是 C═C 键，有 O、N 和 S 等杂原子组成的双键亦可。芳香结构的双键与支链组成的结构也可发生麦氏重排。例如

$$H_3C—C(=O^{+\cdot})—CH_2—CH_2—CH_2—H \longrightarrow H_3C—C(—\overset{+\cdot}{O}H)=CH_2 + CH_2=CH_2$$

$$C_6H_5^{+\cdot}—CH_2—CH_2—CH(H)—CH_3 \longrightarrow C_6H_5(H)^{+\cdot}=CH_2 + CH_2=CH—CH_3$$

反狄尔斯-阿尔德裂解　狄尔斯-阿尔德反应是双烯体和亲双烯体进行环加成，生成六元环状化合物的反应。双烯体分子中具有给电子基团，亲双烯体分子具有吸电子基团时，有利于反应的进行。该合成反应的产物结构一般是不饱和环烯化合物。

而在质谱裂解过程中，凡是不饱和环烯化合物阳离子的裂解，正好是狄尔斯-阿尔德反应的逆过程，生成双烯体和亲双烯体两种结构的碎片，这种裂解方式，称为反狄尔斯-阿尔德裂解。

例如，化合物 5-降冰片烯-2, 3-二羧酸酐的阳离子，发生反狄尔斯-阿尔德裂解，产生了环戊二烯阳离子 m/z 66，是丰度最高的基峰（Int./% = 100），如图 6-16 所示。

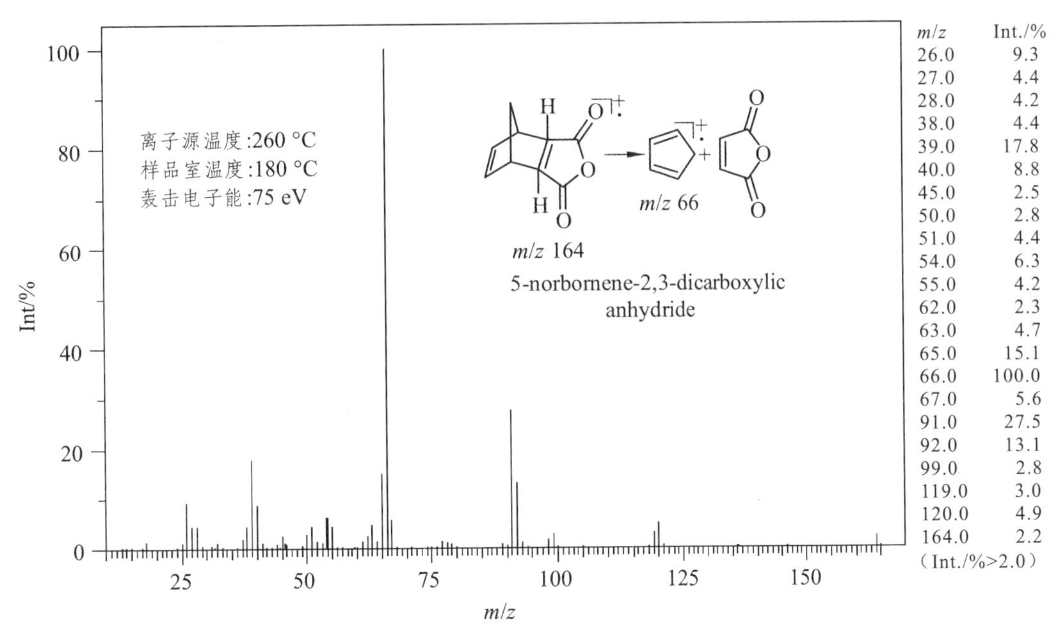

m/z	Int./%
26.0	9.3
27.0	4.4
28.0	4.2
38.0	4.4
39.0	17.8
40.0	8.8
45.0	2.5
50.0	2.8
51.0	4.4
54.0	6.3
55.0	4.2
62.0	2.3
63.0	4.7
65.0	15.1
66.0	100.0
67.0	5.6
91.0	27.5
92.0	13.1
99.0	2.8
119.0	3.0
120.0	4.9
164.0	2.2

图 6-16 5-降冰片烯-2, 3-环二羧酸酐的质谱图

6.3.2 离子分类及其特点

质谱中的离子，一般分为分子离子、碎片离子、同位素离子、亚稳离子和重排离子五类。从广义的角度来说，质谱中的离子只有分子离子和碎片离子两类。分子失去一个电子后键并未断裂即为分子离子，除此之外，由于键发生断裂、发生重排形成的碎片，都是碎片离子，即使是在飞行途中由亚稳离子形成的子离子也是碎片离子。至于同位素离子，在分子离子和碎片离子中都可能存在同位素离子，仅把含有同位素的分子离子命名为同位素离子。

1. 分子离子

样品分子在离子化过程中失去（或得到）一个电子而未碎裂所形成的离子，称为分子离子，表示为 $M^{+\bullet}$。离子化过程表示如下：

$$M + e^- \longrightarrow M^{+\bullet} + 2e^-$$

分子离子一般是质谱中质荷比 *m/z* 最大的离子峰，处于图谱的最右端。有些化合物在离子化过程中所产生的分子离子丰度可能很小、甚至没有。分子离子的质荷比 *m/z* 是检测化合物相对分子质量的重要依据。

2. 碎片离子

在离子化过程中，分子离子发生化学键的断裂形成的离子，称为碎片离子。由于化合物结构不同，裂解方式不同，产生的碎片离子也不同。而最容易的裂解方式，并且产生的碎片离子数量多、稳定性好，这种碎片离子质谱峰多大，其中最多的碎片离子峰有可能就是基峰。

在质谱中，各种碎片离子都带有化合物的结构信息，它是质谱研究和鉴定化合物结构的重要依据。质谱中裂解时脱去的常见中性碎片和碎片离子，参见附录 C。

3. 同位素离子

每个元素的同位素都以一定丰度存在，其在化合物的同位素丰度仍然存在。在质谱图中会出现化学组成相同、电荷数相同，但质荷比 *m/z* 不同的同位素离子峰组，常把重质同位素的离子，称为同位素离子。有机化合物一些主要组成元素的同位素丰度比见表 6-1。

表 6-1　天然同位素的丰度比

同位素	$^{13}C/^{12}C$	$^{2}H/^{1}H$	$^{17}O/^{16}O$	$^{18}O/^{16}O$	$^{15}N/^{14}N$	$^{33}S/^{32}S$	$^{34}S/^{32}S$	$^{37}Cl/^{35}Cl$	$^{81}Br/^{79}Br$
丰度比/%	1.08	0.012	0.038	0.205	0.369	0.801	4.522	31.96	97.28

有机化合物中最主要的两个元素是 C 和 H。而 ^{13}C 的丰度比为 1.08%，如果由 ^{12}C 组成的化合物质量数为 M，存在 1 个 ^{13}C 原子，形成 M+1 的强度应为 M 的 1.08%；存在 2 个 ^{13}C 原子，形成 M+1 的强度应为 M 的 2.16%，由此可根据 M 和 M+1 的离子强度比来推算碳原子的个数，进而推测出可能的分子式。

而 ^{34}S、^{37}Cl 和 ^{81}Br 的丰度比较大，其同位素离子峰非常特征，可利用其同位素峰强度比推断分子中含有这些原子的数目。

同位素峰强度比可用二项式 $(a+b)^n$ 的展开式各项求出，n 为同位素原子数目，a 与 b 分别为轻质与重质同位素的丰度比。

例如：1, 2, 4-三氯苯的质谱图及质谱表如图 6-17 所示。

（1）含三氯的同位素分子离子峰的二项式简约参数：$a = 3$，$b = 1$，$n = 3$

展开式有四项：$(a+b)^n = a^3+3a^2b+3ab^2+b^3 = 27+27+9+1$，4 个峰

简约丰度比为：$M:(M+2):(M+4):(M+6)=27:27:9:1$

（2）含二氯的同位素碎片离子峰的二项式简约参数：a=3，b=1，n=2

展开式有三项：$(a+b)^n = a^2+2ab+b^2 = 9+6+1$，3 个峰

简约丰度比为：$M':(M'+2):(M'+4)=9:6:1$，$M'=M-35$

其同位素离子峰分析情况，参见表 6-2。

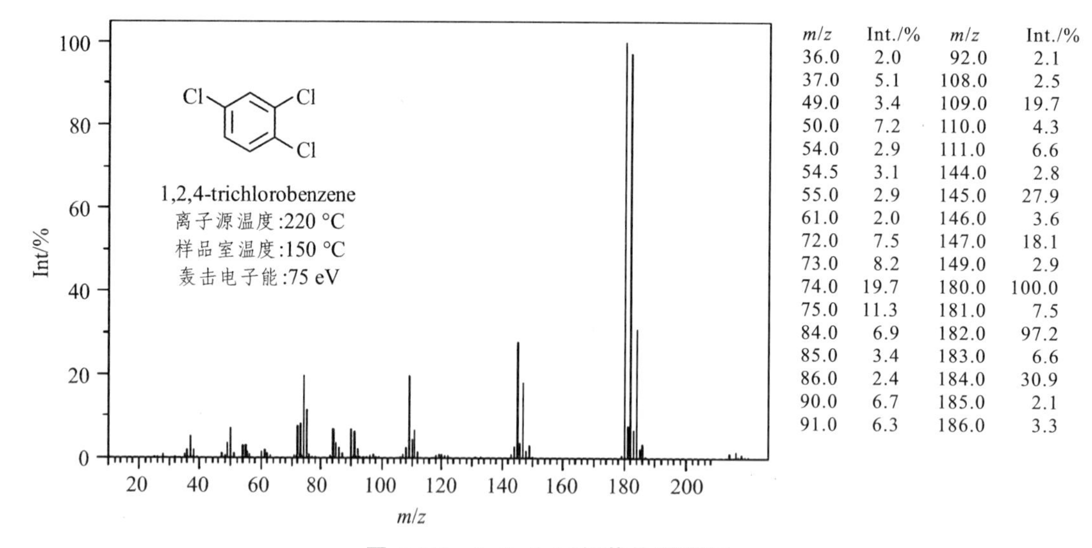

m/z	Int./%	m/z	Int./%
36.0	2.0	92.0	2.1
37.0	5.1	108.0	2.5
49.0	3.4	109.0	19.7
50.0	7.2	110.0	4.3
54.0	2.9	111.0	6.6
54.5	3.1	144.0	2.8
55.0	2.9	145.0	27.9
61.0	2.0	146.0	3.6
72.0	7.5	147.0	18.1
73.0	8.2	149.0	2.9
74.0	19.7	180.0	100.0
75.0	11.3	181.0	7.5
84.0	6.9	182.0	97.2
85.0	3.4	183.0	6.6
86.0	2.4	184.0	30.9
90.0	6.7	185.0	2.1
91.0	6.3	186.0	3.3

图 6-17　1, 2, 4-三氯苯的质谱图

表 6-2　1, 2, 4-三氯苯的质谱同位素离子峰强度比分析

离子类型	分子离子中的同位素离子			
离子结构	^{35}Cl, Cl^{35}, Cl^{35}	^{37}Cl, Cl^{35}, Cl^{35}	^{37}Cl, Cl^{37}, Cl^{35}	^{37}Cl, Cl^{37}, Cl^{37}
m/z	M=180	M+2=182	M+4=184	M+6=186
实际 Int./%	100.0	97.2	30.9	3.3
峰强比（简约）	30.3（27）	29.5（27）	9.4（9）	1.0（1）

续表

离子类型	碎片离子中的同位素离子		
离子结构	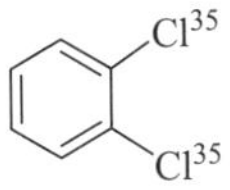 邻二氯苯（Cl^{35}，Cl^{35}）	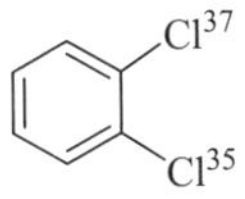 邻二氯苯（Cl^{37}，Cl^{35}）	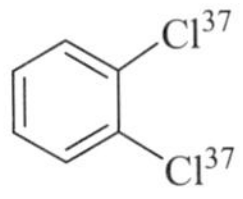 邻二氯苯（Cl^{37}，Cl^{37}）
m/z	M'=145	M'+2=147	M'+4=149
实际 Int./%	27.9	18.1	2.9
峰强比（简约）	9.6（9）	6.2（6）	1.0（1）

1, 3, 5-三溴苯的同位素离子峰也有这种情况。

4. 亚稳离子

在离子源中生成的离子 m_1^+（称为母离子），若在离开离子源前，一部分被进一步裂解成离子 m_2^+（称为子离子）和中性碎片 Δm，即 $m_1^+ \longrightarrow m_2^+ + \Delta m$。$m_1^+$ 和 m_2^+ 都可检测到，且它们的质荷比均为整数，是正常的离子峰。

若这种裂解是在飞行途中发生，子离子 m_2^+ 的动能因被中性碎片 Δm 带走部分而变小，它的偏转半径 R 变小，在质谱中出现在比正常 m_2^+ 峰偏小的位置上，这种峰称为亚稳离子峰，以表观质量 m^* 表示，三者有 $m^* = m_2^2 / m_1$ 的关系。亚稳离子峰弱而钝，一般不为整数（可跨 2~5u）。通过大量质谱检索发现，亚稳离子峰在质谱中一般还是比较少见的。

5. 重排离子

因重排裂解而得到的离子称为重排离子。根据分子结构不同情况，重排方式有很多，其中最典型的两个经验规律性的重排方式是麦氏重排和反狄尔斯-阿尔德裂解，参见“6.3.1”。

除了上述两种典型重排裂解产生重排离子外，还有通过四元环、五元环发生的重排，以及其它非典型的重排方式产生的重排离子。无论何种重排方式，其共同特点是两个或两个以上键的断裂并脱去中性碎片，生成的重排离子的质量数和电荷数的奇偶性不变。

6.4　典型有机化合物的质谱特征

通过对一些典型化合物的质谱特征了解，获得一些经验性规律，有助于对未知化合物质谱的解析。以下简介三类典型化合物的质谱特征。

6.4.1　烃　类

1. 饱和烷烃

（1）饱和烷烃的质谱最主要、直观的特征就是图谱中的一系列峰簇，相邻峰簇之间一般相差 14 个质量单位，每一峰簇有一强峰，两侧依次排列质量数±1、±2、±3 等一系列弱峰。饱和烷烃的链越长其峰簇特征性越强。例如正二十烷烃质谱中，其峰簇服从 m/z=29+n×14 规律，如图 6-18 所示。

（2）分子离子峰较弱，碳链越长强度降低越大，甚至消失。

（3）支链烷烃在分支处优先裂解，形成稳定的仲碳或叔碳阳离子，且分子离子强度比相同碳数的直链烃小。

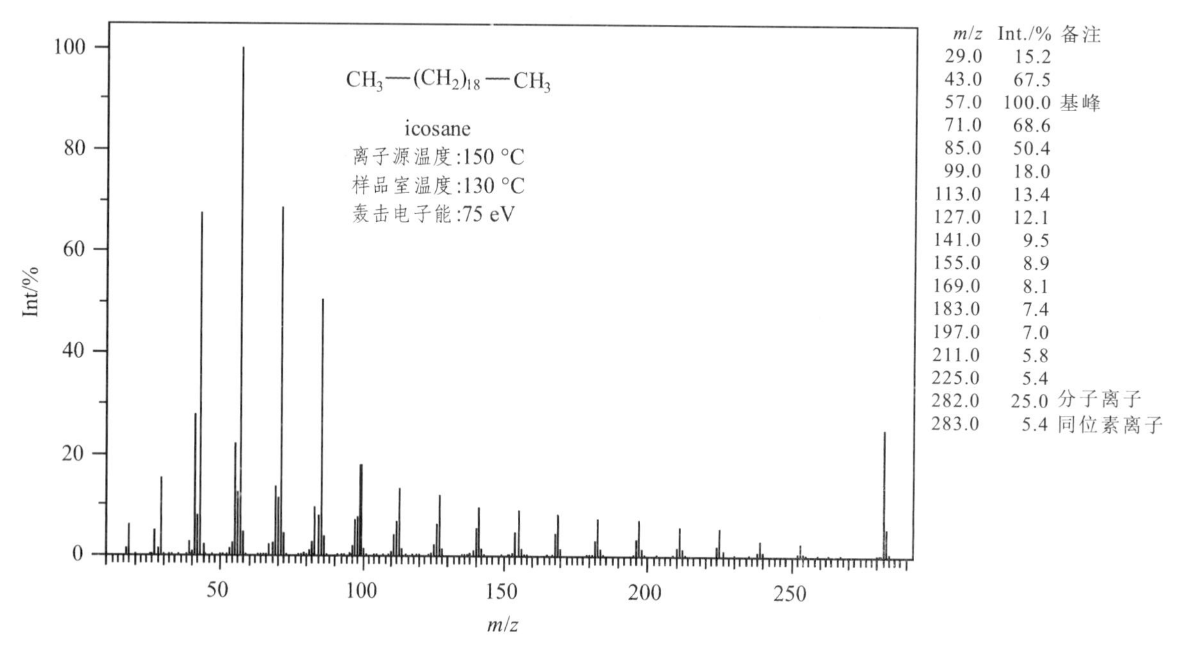

m/z	Int./%	备注
29.0	15.2	
43.0	67.5	
57.0	100.0	基峰
71.0	68.6	
85.0	50.4	
99.0	18.0	
113.0	13.4	
127.0	12.1	
141.0	9.5	
155.0	8.9	
169.0	8.1	
183.0	7.4	
197.0	7.0	
211.0	5.8	
225.0	5.4	
282.0	25.0	分子离子
283.0	5.4	同位素离子

图 6-18　正二十烷的质谱图

2. 链烯和环烯

（1）链烯的分子离子较稳定，其峰强度较大。

（2）双键在中间的链烯，易发生离 α-裂解，产生离子很强，是基峰，而发生 β-裂解时，产生的离子相对较少。

$$CH_3-CH_2-CH{=}CH-CH_2-CH_3 \xrightarrow{\text{电离}} CH_3-CH_2-\dot{C}H-\overset{+}{C}H-CH_2-CH_3 \quad (m/z\ 84)$$

$$CH_3-CH_2-\dot{C}H-\overset{+}{C}H-CH_2-CH_3\ (m/z\ 84) \xrightarrow{\alpha\text{-均裂}} \dot{C}_2H_5 + H\overset{+}{C}{=}CH-CH_2-CH_3\ (m/z\ 55)$$

$$CH_3-CH_2-\dot{C}H-\overset{+}{C}H-CH_2-CH_3\ (m/z\ 84) \xrightarrow{\beta\text{-均裂}} \dot{C}H_3 + CH_2{=}CH-\overset{+}{C}H-CH_2-CH_3\ (m/z\ 69)$$

（3）双键在端头的链烯，易发生 β-裂解，生成 $CH_2{=}CH-CH_2^+$（m/z 41）离子，峰很强。长链烯的峰簇现象仍然明显。例如，1-十二烯的质谱图如图 6-19 所示。

$$R-CH_2-CH{=}CH_2 \xrightarrow{\text{电离}} R-CH_2-\dot{C}H-\overset{+}{C}H_2 \xrightarrow{\beta\text{-均裂}} \dot{R} + CH_2{=}CH-\overset{+}{C}H_2$$

（4）具有 γ-H 的烯烃阳离子，可发生麦氏重排，生成 $CH_2{=}CH-CH_3^{+\bullet}$（$m/z$ 42）。

$$RHC(H)-H_2C-CH_2-\dot{C}H-\overset{+}{C}H_2 \xrightarrow{\text{麦氏重排}} CHR{=}CH_2 + [H_2C{=}CH-CH_3]^{+\bullet}\ (m/z\ 42)$$

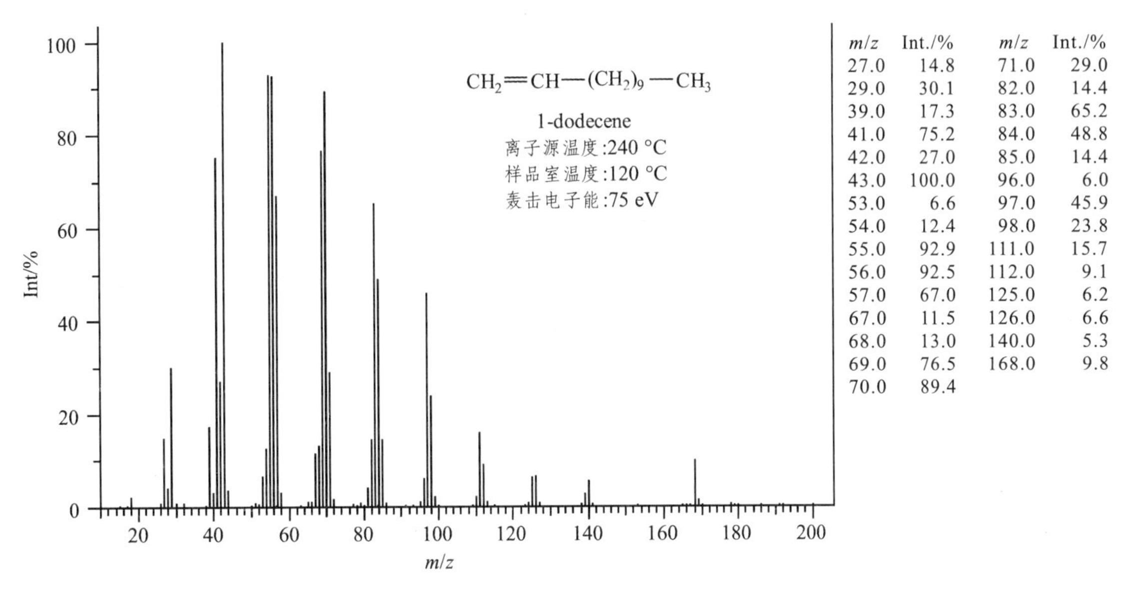

m/z	Int./%	m/z	Int./%
27.0	14.8	71.0	29.0
29.0	30.1	82.0	14.4
39.0	17.3	83.0	65.2
41.0	75.2	84.0	48.8
42.0	27.0	85.0	14.4
43.0	100.0	96.0	6.0
53.0	6.6	97.0	45.9
54.0	12.4	98.0	23.8
55.0	92.9	111.0	15.7
56.0	92.5	112.0	9.1
57.0	67.0	125.0	6.2
67.0	11.5	126.0	6.6
68.0	13.0	140.0	5.3
69.0	76.5	168.0	9.8
70.0	89.4		

图 6-19　1-十二烯的质谱图

3. 芳香烃

（1）有稳定且较强的分子离子峰。

（2）烷基取代苯易发生 β-裂解，产生稳定的 m/z 91 环庚三烯正离子，又称䓬鎓离子，它是烷基取代苯阳离子裂解的重要特征，它可进一步裂解生成环戊二烯及环丙烯离子。

R　β-均裂　→　→　$\overset{+}{C}H_2$　扩环　→　⇌　m/z 91

m/z 39　← $-$ 2HC≡CH　m/z 91　$-$ HC≡CH →　m/z 65

正丁苯的质谱图如图 6-20 所示。

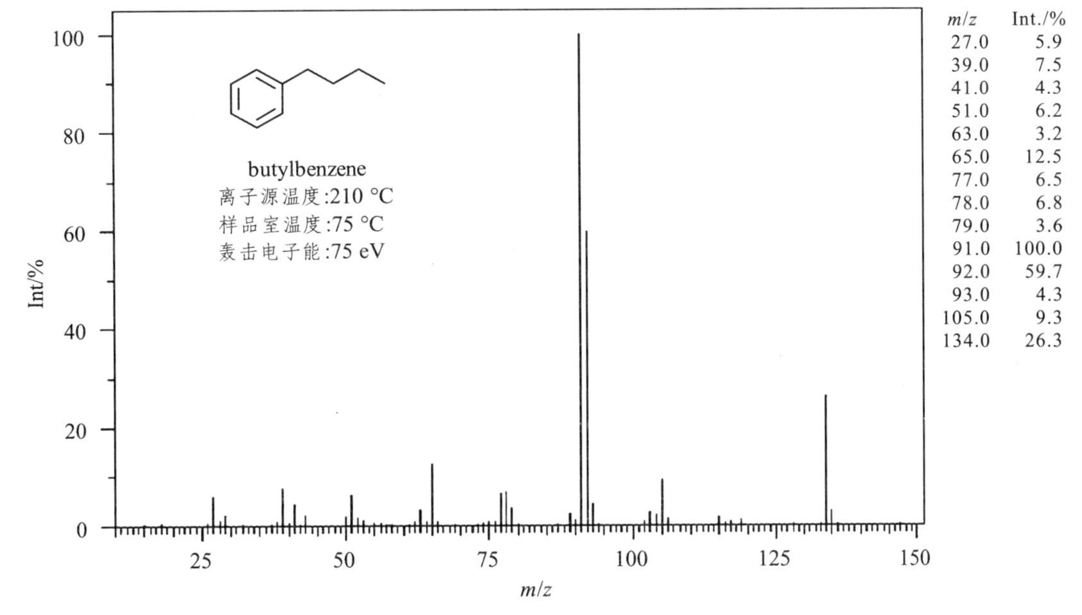

m/z	Int./%
27.0	5.9
39.0	7.5
41.0	4.3
51.0	6.2
63.0	3.2
65.0	12.5
77.0	6.5
78.0	6.8
79.0	3.6
91.0	100.0
92.0	59.7
93.0	4.3
105.0	9.3
134.0	26.3

图 6-20　正丁苯的质谱图

（3）取代苯能发生 α-裂解产生苯离子，进一步裂解生成环丙烯离子及环丁二烯离子。

$$\text{C}_6\text{H}_5\text{R} \xrightarrow{\alpha\text{-均裂}} \text{C}_6\text{H}_5^+ \begin{cases} \xrightarrow{-\text{C}_3\text{H}_2} \text{C}_3\text{H}_3^+ \quad m/z\ 39 \\ \xrightarrow{-\text{HC}\equiv\text{CH}} \text{C}_4\text{H}_3^+ \quad m/z\ 51 \end{cases}$$

（4）具有 γ-氢的烷基取代苯，能发生麦氏重排裂解，产生 m/z 92 的重排离子。

$$\text{C}_6\text{H}_5\text{CH}_2\text{CH}_2\text{CH}_2\text{R}^{+\bullet} \xrightarrow{\text{麦氏重排}} \text{C}_7\text{H}_8^{+\bullet}\ (m/z\ 92) + \text{CH}_2\text{=CHR}$$

烷基取代苯容易出现的特征离子归纳情况见表 6-3。

表 6-3　烷基取代苯容易出现的特征离子

离子结构	⊕	+	⊕	+	+	+•
化学式/（m/z）	$C_7H_7^+$/91	$C_6H_5^+$/77	$C_5H_5^+$/55	$C_4H_3^+$/51	$C_3H_3^+$/39	$C_7H_8^{+\bullet}$/92

6.4.2　羟基化合物

1. 醇

（1）分子离子峰较弱，随碳链增长峰越弱或没有；易发生 α-裂解。

$$\underset{m/z\ 88}{\text{H}_3\text{C}\text{–}(\text{CH}_2)_3\text{–CH}_2\text{–}\overset{+\bullet}{\text{O}}\text{H}} \xrightarrow{\alpha\text{-裂解}} \underset{m/z\ 31}{\text{H}_2\text{C}=\overset{+}{\text{O}}\text{H}} + \text{CH}_3\text{CH}_2\text{CH}_2\dot{\text{C}}\text{H}_2$$

（2）开链伯醇可能发生麦氏重排，同时脱除水和烯成为中性碎片。但仲醇和叔醇一般不发生重排裂解。例如，正戊醇离子的麦氏重排如下所示，质谱图如图 6-21 所示。

$$\underset{m/z\ 88}{\overset{+\bullet}{\text{O}}\text{H–CH}_2\text{–CH}_2\text{–CH}_2\text{–CH(H)CH}_3} \xrightarrow[-(\text{CH}_2=\text{CH}_2)]{-(\text{H}_2\text{O})} \underset{m/z\ 42}{[\text{H}_2\text{C}=\text{CHCH}_3]^{+\bullet}}$$

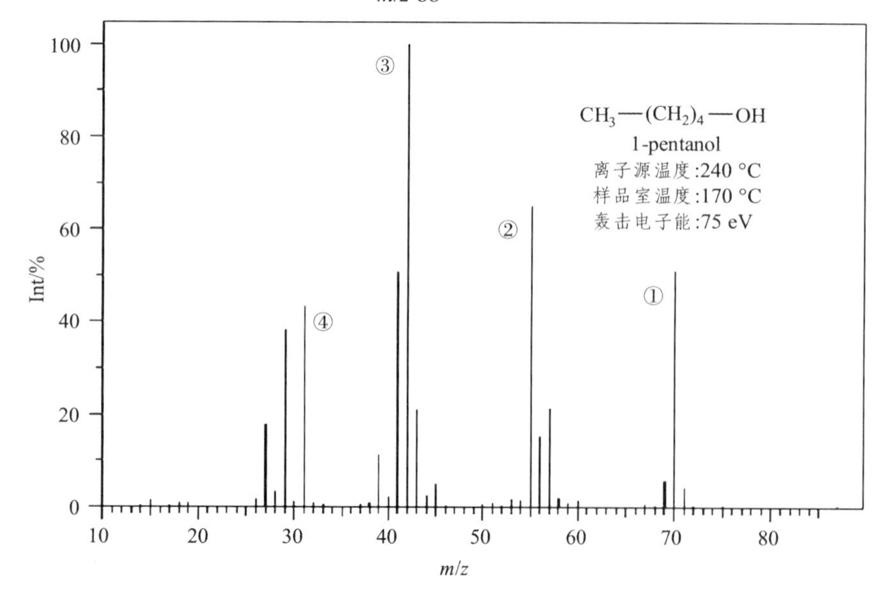

m/z	Int./%
27.0	17.7
28.0	3.3
29.0	38.1
31.0	43.3
39.0	11.1
41.0	50.9
42.0	100.0
43.0	21.1
45.0	4.8
55.0	65.1
56.0	15.3
57.0	21.3
69.0	5.8
70.0	51.0
71.0	4.0

主要离子分析

① $M-(H_2O)=70$

② $M-(H_2O+CH_3)=55$

③ $M-(H_2O+CH_2=CH_2)=43$

④ $^+CH_2OH=31$

图 6-21　正戊醇的质谱图

2. 酚和芳香醇

（1）分子离子峰很强，有的甚至是基峰。

（2）对甲苯酚（图 6-22）和苄醇（发生 β-裂解）（图 6-23）易产生稳定的草鎓离子，其（M－1）峰很强，但苯酚的（M－1）峰不强。

$OH^{+\cdot}$ —$-\dot{H}$→ M−1 ←$-\dot{H}$— $CH_2OH^{+\cdot}$ 苄醇离子

（3）酚类和苄醇类的典型特征峰是（M—CO）和（M—CHO）峰。

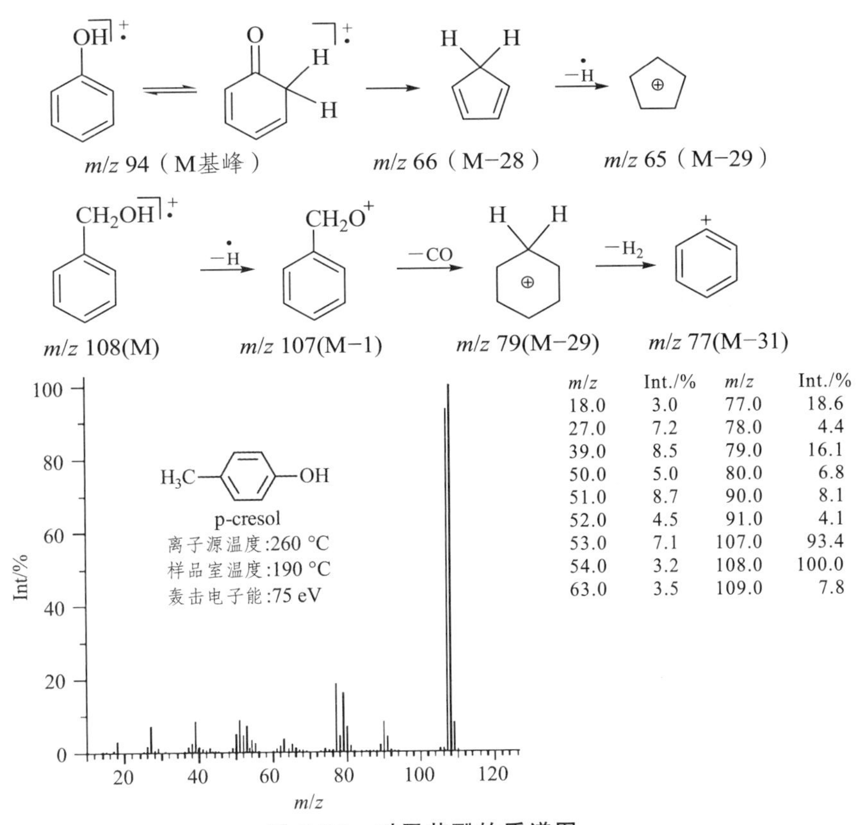

m/z	Int./%	m/z	Int./%
18.0	3.0	77.0	18.6
27.0	7.2	78.0	4.4
39.0	8.5	79.0	16.1
50.0	5.0	80.0	6.8
51.0	8.7	90.0	8.1
52.0	4.5	91.0	4.1
53.0	7.1	107.0	93.4
54.0	3.2	108.0	100.0
63.0	3.5	109.0	7.8

图 6-22　对甲苯酚的质谱图

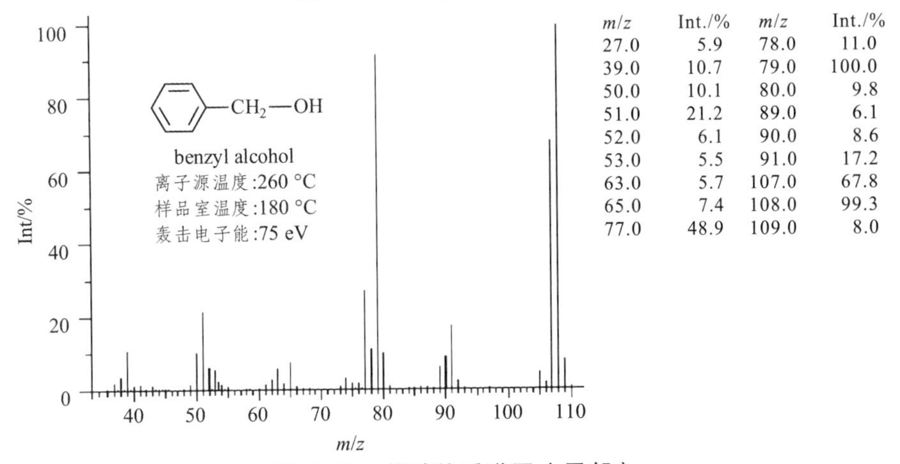

m/z	Int./%	m/z	Int./%
27.0	5.9	78.0	11.0
39.0	10.7	79.0	100.0
50.0	10.1	80.0	9.8
51.0	21.2	89.0	6.1
52.0	6.1	90.0	8.6
53.0	5.5	91.0	17.2
63.0	5.7	107.0	67.8
65.0	7.4	108.0	99.3
77.0	48.9	109.0	8.0

图 6-23　苄醇的质谱图（局部）

6.4.3 羰基化合物

1. 醛与酮

（1）分子离子峰明显，芳香族比脂肪族化合物峰强度大。

（2）醛、酮容易发生 α-裂解，产生 $R^+(Ar^+)$峰，酮也能产生（M–R）峰。

（3）醛的 α-裂解还能产生（M–1）、m/z 29 和（M–29）的特征峰。

（4）具有 γ-氢的醛、酮能发生麦氏重排；醛、酮也可能发生 β-裂解。

例如，苯丙酮和正己醛的质谱图分别如图 6-24、图 6-25 所示。

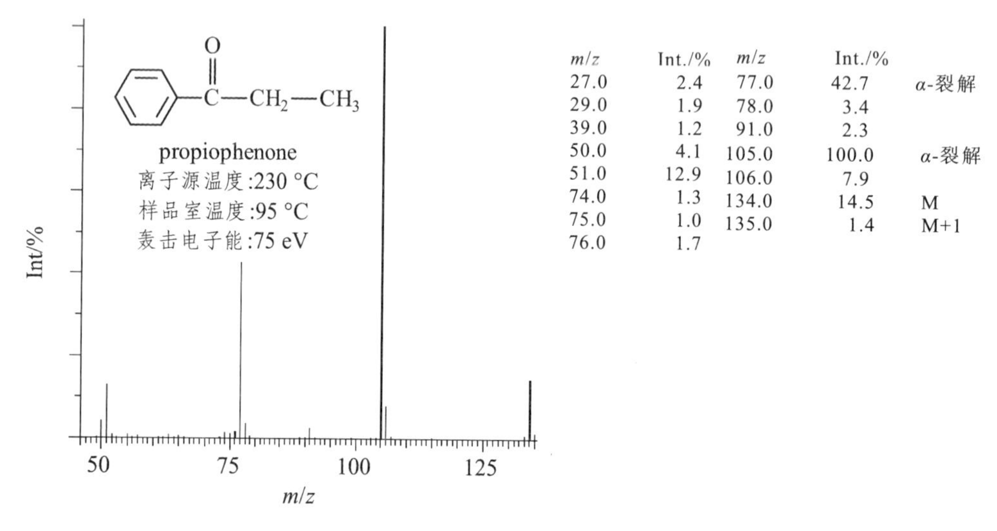

O
C—CH2—CH3
propiophenone
离子源温度:230 °C
样品室温度:95 °C
轰击电子能:75 eV
Int/%
50 75 100 125
m/z
m/z Int./% m/z Int./%
27.0 2.4 77.0 42.7 α-裂解
29.0 1.9 78.0 3.4
39.0 1.2 91.0 2.3
50.0 4.1 105.0 100.0 α-裂解
51.0 12.9 106.0 7.9
74.0 1.3 134.0 14.5 M
75.0 1.0 135.0 1.4 M+1
76.0 1.7

图 6-24　苯丙酮的质谱图（局部）

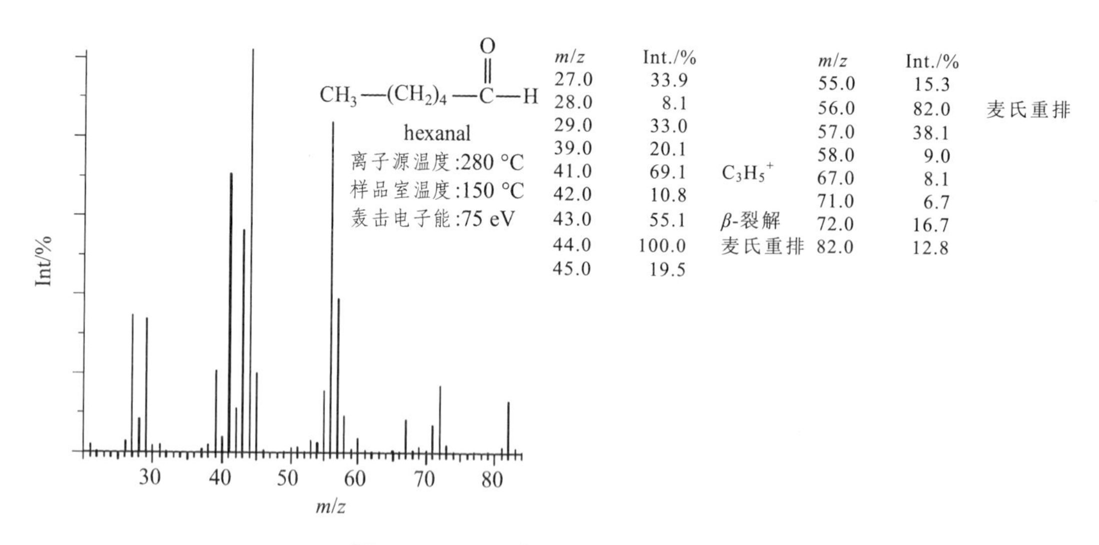

图 6-25　正己醛的质谱图（局部）

2. 酸与酯

（1）脂肪族羧酸及其酯的分子离子峰一般较弱，芳酸与其酯的分子离子峰略强。

（2）易发生 α-裂解。

（3）具有 γ-氢的羧酸与酯易发生麦氏重排。

例如，正戊酸甲酯的质谱图如图 6-26 所示。

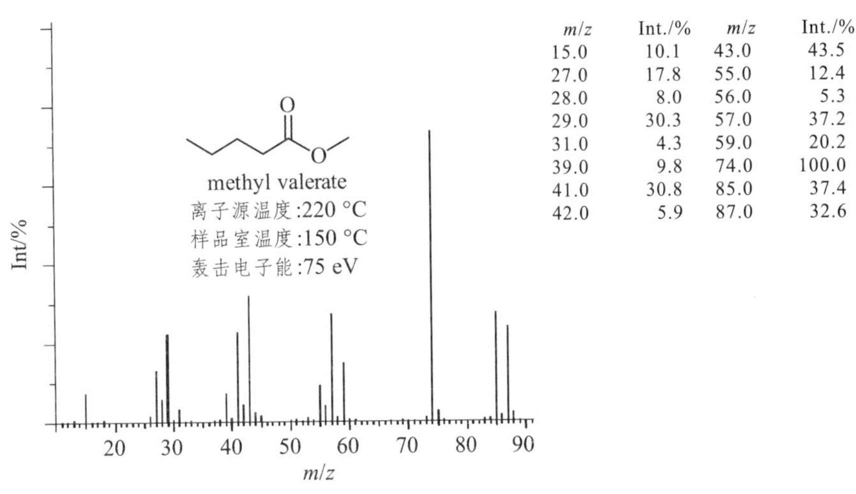

m/z	Int./%	m/z	Int./%
15.0	10.1	43.0	43.5
27.0	17.8	55.0	12.4
28.0	8.0	56.0	5.3
29.0	30.3	57.0	37.2
31.0	4.3	59.0	20.2
39.0	9.8	74.0	100.0
41.0	30.8	85.0	37.4
42.0	5.9	87.0	32.6

图 6-26　正戊酸甲酯的质谱图（局部）

6.5　质谱法测定分子结构原理

有机质谱提供的分子结构信息主要有相对分子质量（分子离子、准分子离子和同位素离子等）、元素组成和裂解碎片信息（包括官能团、骨架和化合物类型等）。

6.5.1　相对分子质量的测定

1. 分子离子的判断

分子离子峰的质荷比是确定相对分子质量及分子式的重要依据。质谱的最大质荷比，就有可能是分子离子（包括同位素分子离子）。

（1）注意有可能不出现分子离子的情况，避免误判。

分子离子的形成和相对强度，主要取决于分子的结构和组成。分子链长增加，或存在分子支链，含羟基、氨基等极性基团都易于使分子离子稳定性下降。而具有共轭双键或环形结构以及芳香族化合物的分子离子峰一般较强。

分子离子稳定性的一般顺序：芳香烃>共轭烯烃>脂环>酮>直链烃>谜>酯>胺>酸>支链烃；同系物中，相对质量越大，分子离子峰强度越弱。

其次与仪器的电离源及其条件有关。当采用硬电离方式得不到分子离子时，可以改用软电离方式电离源，以获得准分子离子。

（2）$[M-H]^-$、$[M+H]^+$、$[M+Na]^+$和$[M+NH_4]^+$等拟分子离子，也是判断相对分子质量的依据信息。同位素离子峰系列（如 M+1、M+2、M+4 等）可由同位素的相对丰度推导分子的结构和组成。

（3）主要出现多电荷离子情况，多电荷数（nz）离子峰出现在单电荷数（z）离子峰位置的 $1/n$ 处。采用电喷雾电离源容易产生多电荷离子，其它情况比较少见。

在识别分子离子峰时，应注意以下情况：

（1）分子离子峰的质量服从氮律。不含 N 的化合物，分子质量数是偶数；含有奇数个 N 的化合物，分子质量数为奇数；含有偶数个 N 的化合物，分子质量数为偶数。

（2）从丢失的碎片质量判断。分子离子峰质量数与其相邻次峰的质量数之差 Δm 应是合理的丢失碎片的质量数。参见附录 C 常见的由分子离子脱掉的碎片。

（3）分子离子峰、同位素离子峰、拟分子离子峰和加合离子峰。当化合物分子含有氯或溴取代基时，可根据峰高比判断是否为分子离子峰以及取代基的数目。

（4）获得分子离子或拟分子离子的方法。若质谱中看不到分子离子或拟分子离子，可采用降低EI电离源的轰击电子能量，或者选用CI、FI、FAB等软电离源获得；强极性、难挥发、热稳定性差的样品，可通过衍生化处理间接测定。

2. 相对分子质量的确定

分子离子峰的质荷比数据可认为是被检测化合物的相对分子质量，但两者存在误差，因为质荷比是丰度最大的同位素元素构成的化学式的质量，而化合物的相对分子质量是根据各元素的相对原子质量计算而得，相对原子质量是同位素质量的天然丰度的加权计算值。

6.5.2 分子式的确定

应用质谱数据确定分子式有同位素相对丰度法和精密质量法两种方法。前者适用于低分辨质谱仪和部分色谱-质谱联用仪测得的质谱，后者要求采用高分辨质谱仪。

1. 同位素相对丰度法

对于C、H、O、N元素组成的分子，可根据它们的天然丰度比数据，计算由同位素存在形成的$[M+1]^+$、$[M+2]^+$与M^+的强度比。Beynon等由此计算出按离子质量顺序排列的数据表，称为Beynon表。使用该表时，通过质谱测得的分子离子峰的质荷比，以及$[M+1]^+$和$[M+2]^+$的相对质量分数，可从表中查出可能的分子式或碎片离子的元素组成。现代质谱仪配备的数据库能够提供C、H、O、N元素的化学组成的精确质量和同位素丰度比。

如果分子式中还有卤素或硫等其它元素，可根据天然丰度比数据进行分析确定，从对应的M^+、$[M+1]^+$和$[M+2]^+$与中除去，根据Beynon表推断可能化学式后再加上扣除的元素，即为所求分子式。

2. 高分辨质谱精密质量法

高分辨质谱法测定离子质荷比可测得小数点后4位以上数字，将实测分子离子峰的准确质量数与精密相对分子质量表核对，并综合其它信息，即可推测分子式。

现代质谱仪的质谱工作站一般配备有质谱数据库。另外可以通过网络查询，常见的有NIST（National Institute of Standards and Technology，美国国家标准与技术研究所）的质谱库、AIST（National Institute of Advanced Industrial Science and Technology，日本产业技术综合研究所）质谱库。这些质谱库的质谱图是以电子轰击源测定的数据库，但是两个质谱库对同一化合物的测得的质谱图是有差异的（例如质谱中的各离子峰相对强度），因为测定的样品气化温度、离子源的轰击电子能量以及真空条件等不可能完全相同。

6.5.3 解析方法及示例

1. 解析方法

对于简单有机化合物结构的质谱，解析的一般方法如下：

（1）确认分子离子峰、拟分子离子峰。判定是否有Cl、Br、S的同位素离子；用高分辨质谱或同位素相对丰度比法确定分子式，计算不饱和度。

（2）根据质荷比推导主要质谱峰的归属及峰间关系，分析是否由麦氏重排、反Diels-Alder裂解、α-或β-裂解，脱水以及脱去其它合理的中性碎片（见附录C）。

（3）亚稳离子很少出现，如有则依据离子间的关系推导其相应结构单元。

（4）结合NMR、IR、UV等其它图谱信息，综合样品的理化性质等，推测可能的结构式；查对标准图谱或参考文献等，验证推测的结构式。

2. 解谱示例

例 6-1　某正庚酮 $C_6H_{14}O$ 的质谱如图 6-27 所示，试断该酮的结构式。

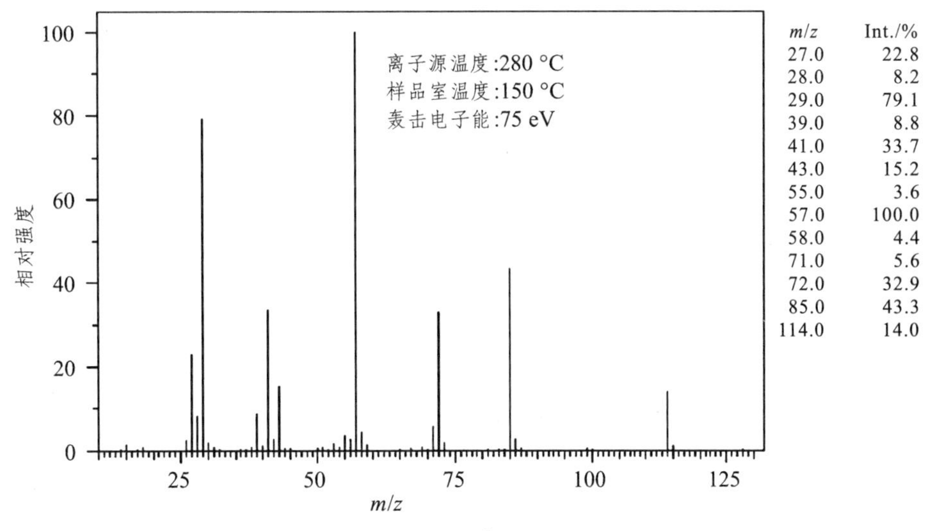

m/z	Int./%
27.0	22.8
28.0	8.2
29.0	79.1
39.0	8.8
41.0	33.7
43.0	15.2
55.0	3.6
57.0	100.0
58.0	4.4
71.0	5.6
72.0	32.9
85.0	43.3
114.0	14.0

图 6-27　某正庚酮的质谱图

解　该酮为正庚酮说明没有支链，关键是确定羰基位置，可能有如下三种异构体。酮最容易发生 α-裂解，见结构式虚线划分情况。

$H_3C-C(=O)-C_5H_{11}$（43，85，99）　　　$C_2H_5-C(=O^{+\cdot})-C_4H_9$（57，85）　　　$H_3C-C(=O^{+\cdot})-C_5H_{11}$（71，71）

庚酮-2　　　庚酮-3　　　庚酮-4

质谱中基峰为 *m/z* 57，而且有 *m/z* 85，初步判断可能是庚酮-3。因无 *m/z* 71 峰，不可能是庚酮-4；虽然有 *m/z* 43 和 *m/z* 85 峰推测可能是庚酮-2，但是无 *m/z* 99 峰，且 *m/z* 43 峰不是基峰，它是庚酮-3 的 β-裂解产生的 $C_3H_7^+$，所以不是庚酮-2。综上所述，化合物应为庚酮-3。

例 6-2　多巴胺的结构式和质谱如图 6-28 所示。试写出获得两个丰度最大的离子的裂解方程式。

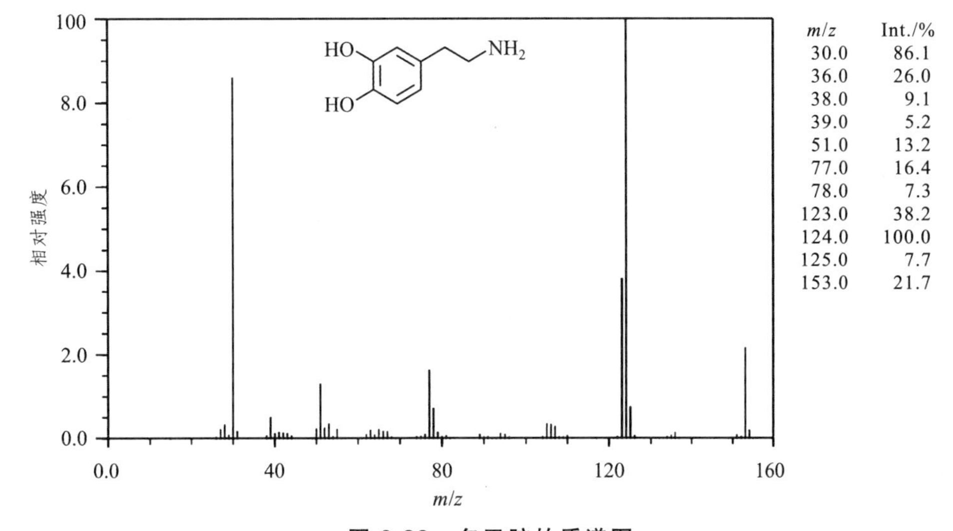

m/z	Int./%
30.0	86.1
36.0	26.0
38.0	9.1
39.0	5.2
51.0	13.2
77.0	16.4
78.0	7.3
123.0	38.2
124.0	100.0
125.0	7.7
153.0	21.7

图 6-28　多巴胺的质谱图

解　（1）m/z=124 离子为基峰离子，由麦氏重排产生。

HO, HO, NH, H — 麦氏重排 → HO, HO, H, H + $H_2C{=}NH$

m/z 153　　m/z 124　　中性碎片

（2）m/z=30 离子，若电荷在苯环上，则是由取代基的 β-均裂后产生；若是电荷在胺基上，则由胺基的 α-裂解产生。两种方式的裂解键位置是相同的。

HO, HO, NH_2 — β-裂解 → HO, HO, $\dot{C}H_2$ + $H_2\overset{+}{C}-NH_2$

m/z 153　　中性碎片　　m/z 30

例 6-3　某卤代芳香醚化合物的质谱图及质谱表数据如图 6-29 所示，其核磁共振氢谱没有 CH_3 峰。试确定其分子结构式，并对主要离子峰进行归属。

解　（1）从质谱表中有 m/z 77、51、39，为苯环特征裂解碎片离子，可判定结构中有苯环，而且苯环上没有卤素取代基。

（2）m/z 156 与 m/z 158 的丰度比为 36.1/11.6=3.11/1.00，这是含一个氯的同位素离子 M 与 M+1 的峰高比，说明化合物中含有 1 个氯。

（3）剩余部分为 $156-C_6H_5-O-Cl=28$，应该是 C_2H_4，Cl 位置有两种可能：① $-CH_2-CH_2-Cl$，② $-CHCl-CH_3$。已知其核磁共振氢谱没有甲基峰，所以卤代醚基为 $-O-CH_2-CH_2-Cl$。

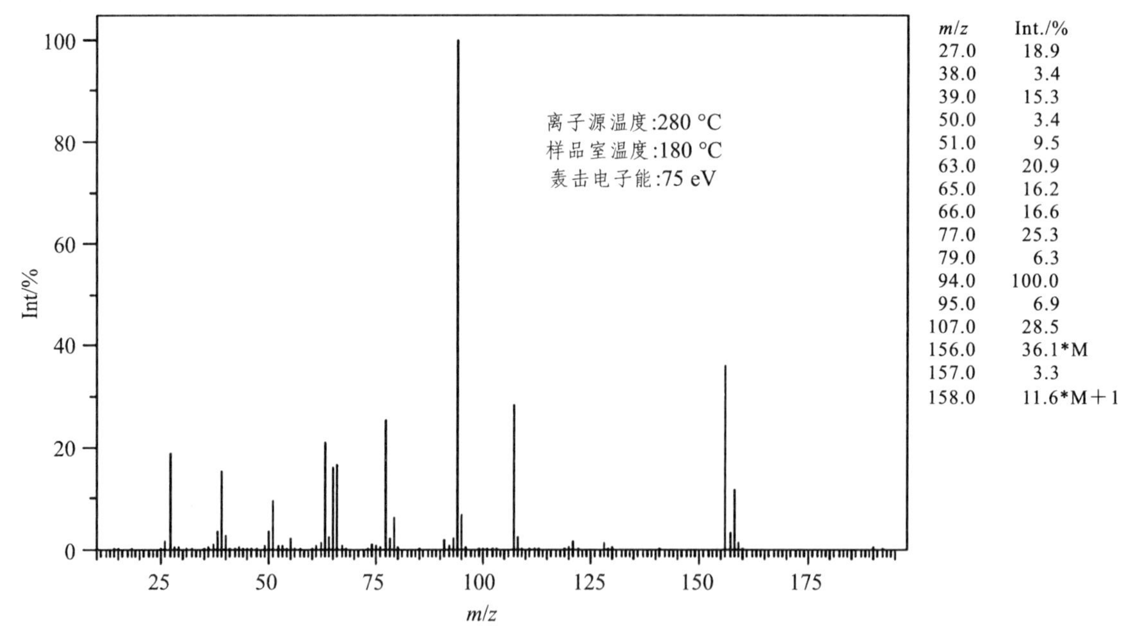

m/z	Int./%
27.0	18.9
38.0	3.4
39.0	15.3
50.0	3.4
51.0	9.5
63.0	20.9
65.0	16.2
66.0	16.6
77.0	25.3
79.0	6.3
94.0	100.0
95.0	6.9
107.0	28.5
156.0	36.1*M
157.0	3.3
158.0	11.6*M＋1

图 6-29　某卤代芳香醚化合物的质谱图及质谱表

（4）m/z 94 为基峰，是麦氏重排产生的离子，m/z 63 为醚基 α-半均裂产生的离子。

故推测化合物结构式为：$C_6H_5-O-CH_2-CH_2-Cl$

质谱中主要离子归属情况见表 6-4。

表 6-4　某卤代芳香醚质谱图解析

序号	m/z	过程	裂解方程式
1	156、158	$-e^-$	$M + e^- \longrightarrow M^{+\cdot} + 2e^-$，$[M+1] + e^- \longrightarrow [M+1]^{+\cdot} + 2e^-$
2	107	醚基的 β-均裂	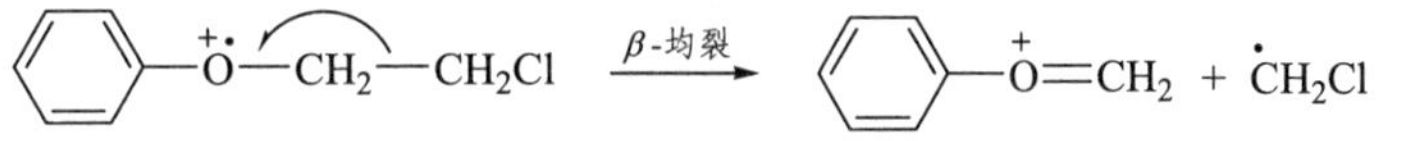 $C_6H_5-\overset{+\cdot}{O}-CH_2-CH_2Cl \xrightarrow{\beta\text{-均裂}} C_6H_5-\overset{+}{O}=CH_2 + \dot{C}H_2Cl$
3	94	麦氏重排	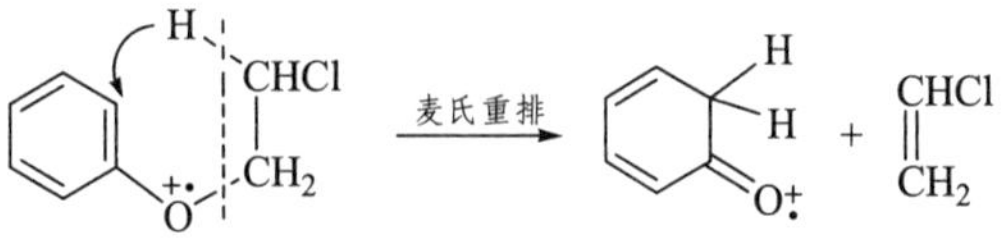 $C_6H_5-\overset{+\cdot}{O}-CH_2-CHCl(H) \xrightarrow{\text{麦氏重排}} C_6H_6O^{+\cdot} + CHCl=CH_2$
4	77、51、39	苯环取代基的 α-裂解	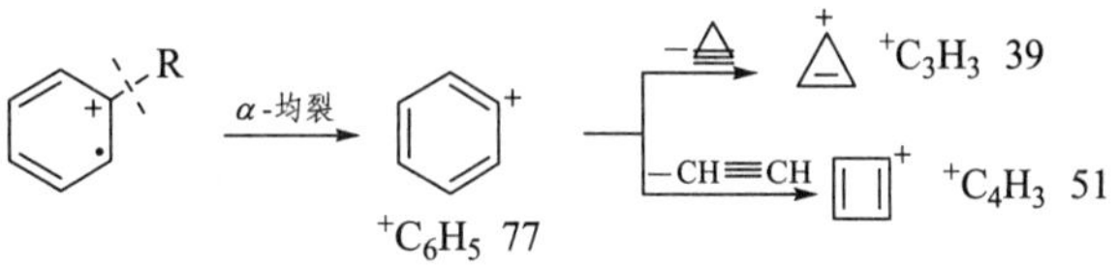 $C_6H_5R^{+\cdot} \xrightarrow{\alpha\text{-均裂}} {}^{+}C_6H_5$ 77；$\xrightarrow{-C_2H_2} {}^{+}C_3H_3$ 39；$\xrightarrow{-CH\equiv CH} {}^{+}C_4H_3$ 51
5	62	醚基的 α-半均裂	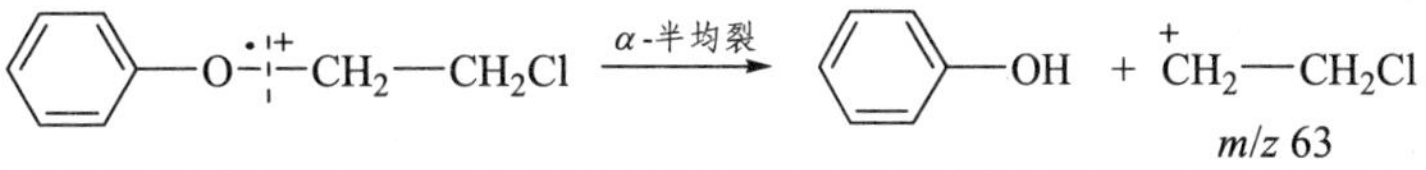 $C_6H_5-\overset{\cdot +}{O}-CH_2-CH_2Cl \xrightarrow{\alpha\text{-半均裂}} C_6H_5-OH + \overset{+}{C}H_2-CH_2Cl$ m/z 63

6.6　质谱法的应用简介

6.6.1　定性定量分析

质谱法已经在有机化学、无机化学、生物化学、药物化学、临床医学、环境化学等诸多领域获得广泛应用，对有机合成中间体、药物代谢产物、生物样品、中药成分分析以及基因工程产品的大量分析，为研究和生产提供许多有价值的数据。

将色谱法的高效分离手段与质谱法的检测手段结合在一起产生的色谱-质谱联用仪，为中药样品、生物样品之类的复杂混合物的分离分析提供了强大的技术支持，使原来不易实现的分离分析也获得比较满意的结果。

例如，在药理生物学研究中，以药物及其代谢产物在色谱图上的保留时间和相应组分的质谱图隐含的质量碎片结构信息为基础，确定药物和代谢产物的存在；研究复杂基质中的微量组分或杂质。

质谱也可以用于定量分析，通常用被检测化合物的稳定性同位素异构体作为内标，以取得更准确的结果。

色谱-质谱联用技术，有如下优点：

（1）适用范围较广。检测样品从有机小分子到生物大分子的各种结构的化合物。

（2）检测灵敏度高。能够对复杂基质在痕量组分进行定性定量分析。

（3）结构信息提供。可分别得到样品中各个组分的准确分子质量和结构信息。

（4）专属通用兼顾。色谱-质谱联用，可完成复杂基质中的样品定性定量分析结果。

（5）样品通量较高。定量测定可以在很短时间内完成，实现了高通量样品分析。

6.6.2　无机质谱和生物质谱简介

1. 无机质谱法

采用无机质谱仪对无机化合物进行定性定量分析的质谱分析方法，称为无机质谱法，主要用于无机元素微量分析、同位素分析等。早期质谱仪主要使用火花源质谱（SSMS）。现在电感耦合质谱、激光剥蚀进样电感耦合等离子质谱（LA-ICPMS）、辉光放电质谱（GD-MS）、二次离子质谱（SI-MS）

和加速器质谱（AMS），已经成为微量-痕量级元素分析、表面分析和同位素分析的常用手段。而二次离子质谱和溅射中性粒子质谱（SN-MS）由于分别具有微米和亚微米级的空间分辨率，迅速在表面分析中得到应用。

电感耦合等离子质谱（LA-ICPMS）起源于 1980 年之后，是一种以电感耦合等离子体为离子源的无机多元素分析技术，可测溶液中含量低到 10^{-12} 级微量元素，广泛应用于半导体、地质、环境以及生物制药等行业中。ICP 利用在电感线圈上施加强大功率的高频信号，在线圈内部内部形成高温等离子体，通过气体的推动，保证了等离子体的平衡和持续电离。在 ICP-MS 中，ICP 起到离子源的作用，高温等离子体使大多数样品中的元素都电离出一个电子而形成一价正离子。质谱则是个质量分析器，将被电离的正离子按质量大小顺序进行分离分析。通过选择不同质荷比（m/z）的离子来检测到某个离子的强度，进而分析计算出某元素的强度。在高温下，通常电离能低于 7 eV 的元素可以完全电离，电离能低于 10.5 eV 的元素电离度大于 20%。由于大部分重要的元素电离能低于 10.5 eV，因此具有很高的灵敏度，甚至少数电离能较高的元素（如 C、O、Cl、Br 等非金属元素）也能检测，但灵敏度较低。

无机质谱法的优点是灵敏度高，广泛应用于地质找矿、地球化学、核资源勘查、材料科学、环境科学、生命科学、食品化学、石油化工、空间技术等领域以及刑侦和法医等特种鉴定分析。无机质谱法对高纯气体中痕量杂质分析、固体表面的微区微量多元素深度分析等领域也有独特的应用。

2. 生物质谱法

将质谱技术用于精确测定蛋白质、核苷酸、酶分子以及糖类等生物大分子的相对分子质量，并提供分子结构信息，这就是生物质谱法。早起质谱法还不能测定生物大分子的相对分子质量。自从电喷雾电离（ESI）和基质辅助激光解吸电离（MALDI）两种电离技术的诞生，生物大分子的测定才成为现实，为生命科学的研究提供了重要的技术支撑。

ESI 使分析物从溶液相中电离，适合与液相分离手段（如液相色谱和毛细管电泳）联用，分离分析复杂样品。而 MALDI 是在激光脉冲的激发下，使样品直接从基质晶体中挥发并离子化，适于肽混合物的简单分析。两种电离技术具有高灵敏度和高质量检测范围，可以在 pmol 甚至 fmol 级水平上将复杂质量高达几十万道尔顿的蛋白质、多肽、核酸等不易挥发的生物大分子气化并形成带电离子，通过测定其质荷比进行定性定量分析。

针对蛋白质组学的生物质谱检测，要获得准确、灵敏和高分辨率的质谱图，选择合适的质量分析器也是关键。目前常用的质量分析器有四级杆质量分析器、离子阱质量分析器、飞行时间质量分析器和傅里叶变换离子回旋共振质量分析器。它们的工作原理和性能不尽相同，各有优势和局限，它们可以单独使用或串联使用。实际应用时，根据不同的分析目的选择具有优势的离子源和质量分析器，以获得有价值的质谱数据为要。

名词中英文对照

质谱法	mass spectrometry，MS	傅里叶变换离子回	Fourier transform ion cyclotron resonance
质荷比	mass to charge ratio	旋共振分析器	analyzer
质谱图	mass spectrogram	傅里叶变换离子回	Fourier transform ion cyclotron resonance
质谱表	mass spectrometry table	旋共振质谱仪	mass spectrometer，FT-MS
离子源	ion source	灵敏度	sensitivity
电子电离源	electron Ionization，EI	分辨率	resolution
化学电离源	chemical Ionization，CI	质量范围	mass range
电喷雾源	electron spray Ionization，ESI	相对丰度	relative intensity
大气压化学电离源	atmospheric pressure chemical	奇电子离子	odd electron，OE
	ionization，APCI	偶电子离子	even electron，EE
快原子轰击源	fast atomic bombardment，FAB	均裂	homolytic cleavage

激光解吸源	laser description，LD	异裂	heterolytic cleavage
基质辅助激光解吸电离	matrix assisted laser description ionization，MALDI	半均裂	hemi-homolysis cleavage
		重排裂解	rearrangement
质量分析器	quality analyzer	麦氏重排	Mclafferty
单聚焦质量分析器	single focusing mass analyzer	双烯合成	Diels-Alder reaction
双聚焦质量分析器	double-focusing mass assay	分子离子	molecular ion
四级杆质量分析器	quadrupole mass analyzer	碎片离子	fragment ion
选择离子监测	select ion monitoring，SIM	同位素离子	isotopic ion
飞行时间分析器	time of flight analyzer	亚稳离子	metastable ion
离子阱分析器	ion trap analyzer	䓬鎓离子	tropylium ion

习　题

一、思考题

1. 离子源与质量分析器的原理和作用是什么？
2. 只含有 C、H、O 的任何化合物，其分子离子峰的 m/z 是奇数还是偶数？
3. 在质谱中，离子的稳定性和相对丰度的关系如何？
4. 如何标注阳离子电荷的位置？阳离子有哪些类型？阳离子裂解方式有哪些？
5. 根据分子式及其主要阳离子质谱表，写出生成标注星号（*）阳离子的裂解方程式。

（1）$H_3C—CH_2—CH=CH—CH_2—CH_3$

m/z	Int./%
27.0	19.6
29.0	18.8
39.0	24.3
41.0	66.5*
42.0	61.1*
43.0	14.5
55.0	100.0*
56.0	26.6
69.0	26.7*
84.0	38.3*

（2）$H_3C—C(OH)(CH_3)—CH_2—CH_3$

m/z	Int./%
27.0	9.3
29.0	10.7
31.0	26.4
39.0	6.7
41.0	15.5
43.0	27.8
45.0	9.3
55.0	40.2
59.0	100.0*
73.0	57.7*

（3）$H_3C—C(=O)—O—CH_3$

m/z	Int./%
15.0	8.2
28.0	9.6
42.0	8.7
43.0	100.0*
59.0	8.9
74.0	31.5*

（4）$C_6H_5—CHO$

m/z	Int./%
39.0	6.1
50.0	18.2
51.0	36.8
52.0	9.9
74.0	6.4
77.0	92.6*
78.0	16.2
105.0	94.2*
106.0	100.0*
107.0	7.8

6. 当一个化合物同时含有 Cl、Br 取代基时，应用二项式$(a+b)^m(c+d)^n$，第一项涉及 Cl 同位素（$a=3$，$b=1$），第二项涉及 Br 同位素（$a=1$，$b=1$），m 和 n 分别指 Cl 和 Br 原子的数目。现有对位取代苯 $Br—C_6H_4—Cl$，即 $m=n=1$，在展开式的四项中，每一项源于哪个同位素的贡献？其同位素离子峰为何只有 M、M+2、M+4 三项（190.0/75.3%、192/100.0%、194.0/23.9%）？

7. 如何应用常见的中性碎片和碎片离子表进行质谱分析？

二、波谱解析题

1. 图 6-30 中的两个质谱图及其主要阳离子的质谱表，是乙酸苯酯和苯甲酸甲酯两个化合物的，被搞混淆了，不知它们的对应关系。试判断它们的对应关系，并写出每个化合物中生成主要阳离子（*）的裂解方程式。

2. 某烃类化合物的质谱图及质谱表数据如图6-31所示，试推测其分子结构及峰归属。

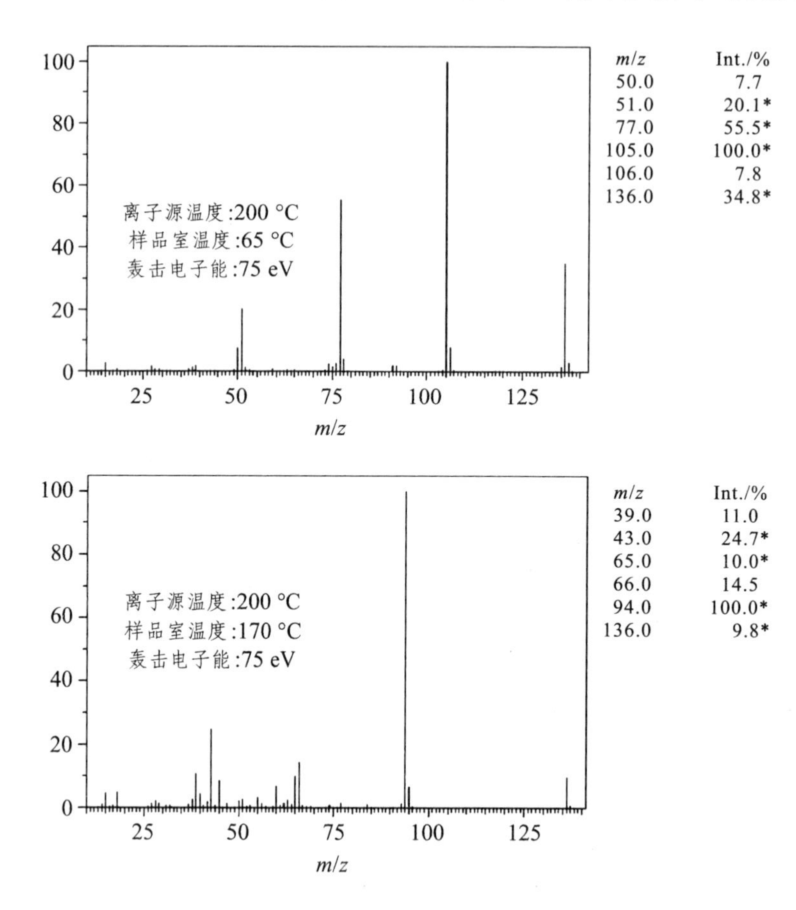

图 6-30　乙酸苯酯和苯甲酸甲酯的质谱图

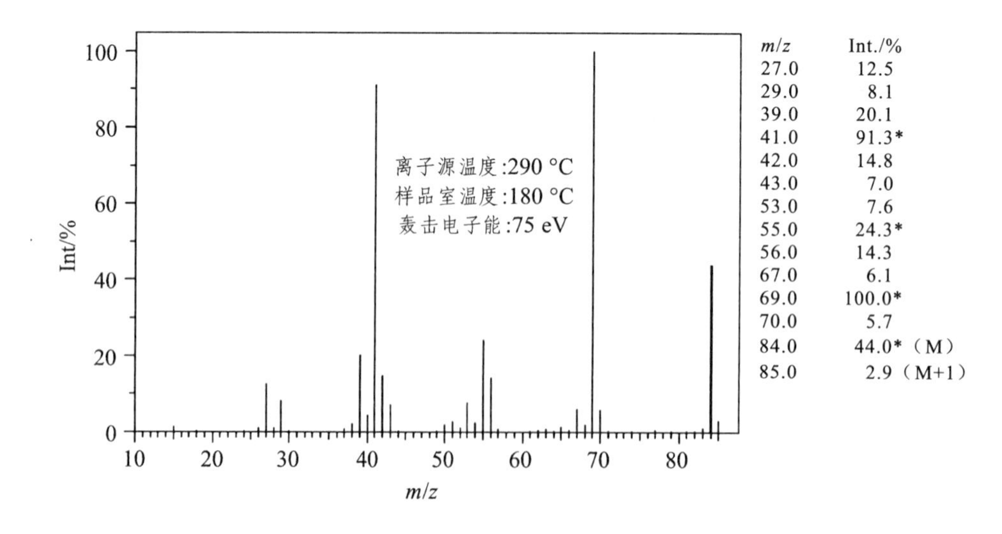

m/z	Int./%
27.0	12.5
29.0	8.1
39.0	20.1
41.0	91.3*
42.0	14.8
43.0	7.0
53.0	7.6
55.0	24.3*
56.0	14.3
67.0	6.1
69.0	100.0*
70.0	5.7
84.0	44.0*（M）
85.0	2.9（M+1）

图 6-31　某烃类化合物的质谱图

3. 某化合物分子式为$C_8H_{16}O$，其质谱图如图6-32所示。试给出其分子结构及主要阳离子峰（*）的归属。

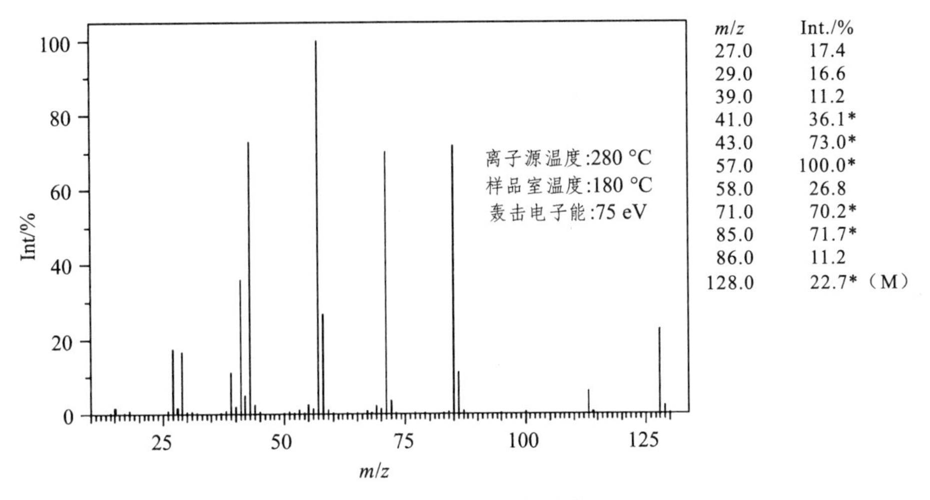

离子源温度:280 °C
样品室温度:180 °C
轰击电子能:75 eV
Int./%
m/z
m/z Int./%
27.0 17.4
29.0 16.6
39.0 11.2
41.0 36.1*
43.0 73.0*
57.0 100.0*
58.0 26.8
71.0 70.2*
85.0 71.7*
86.0 11.2
128.0 22.7*（M）

图 6-32　$C_8H_{16}O$ 的质谱图

4. 已知某化合物的质谱图及主要阳离子质谱表如图 6-33（a）所示，质谱表中标注的①②③表示三组同位素离子峰；其核磁共振氢谱如图 6-33（b）所示。试推测化合物的结构式。

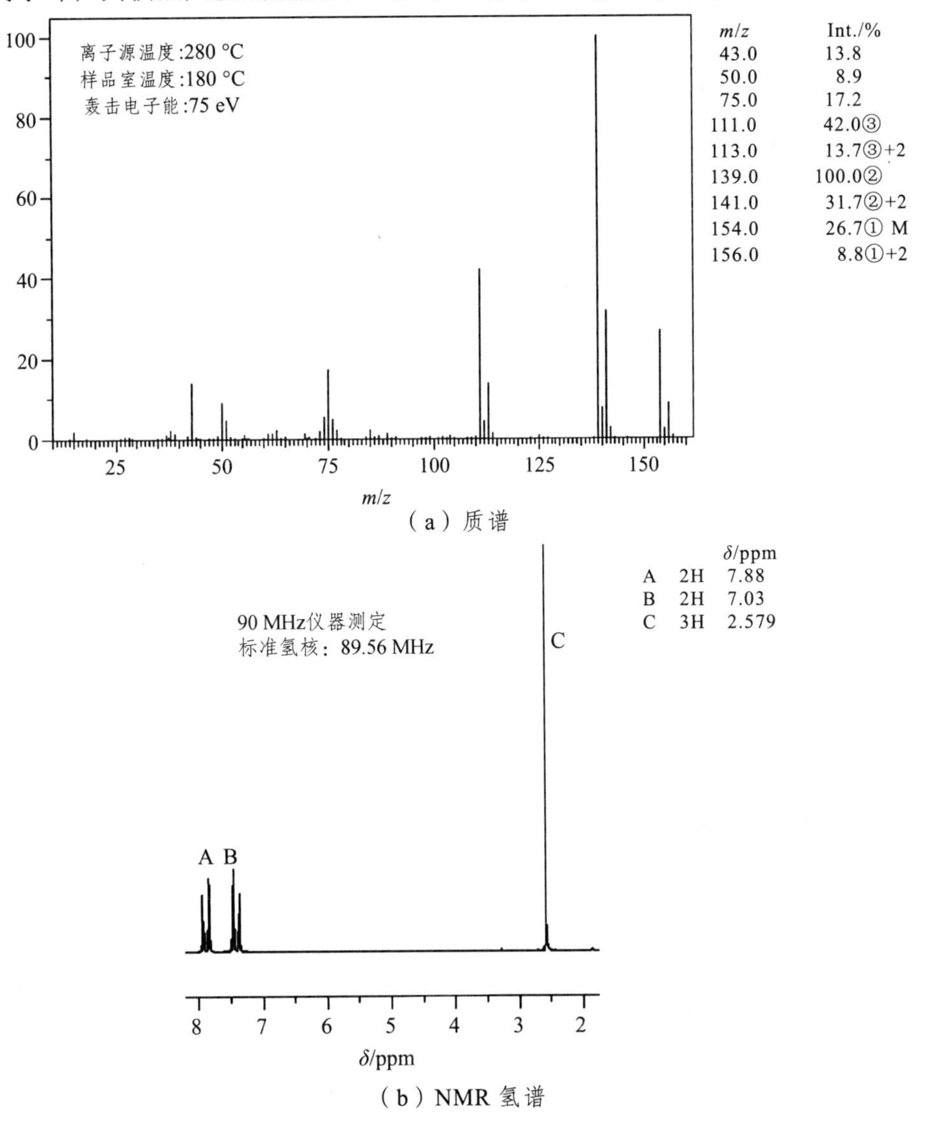

图 6-33　某化合物的质谱和核磁共振氢谱

5. 某化合物的质谱图及主要阳离子质谱表如图 6-34 所示，试推断该化合物的结构式。

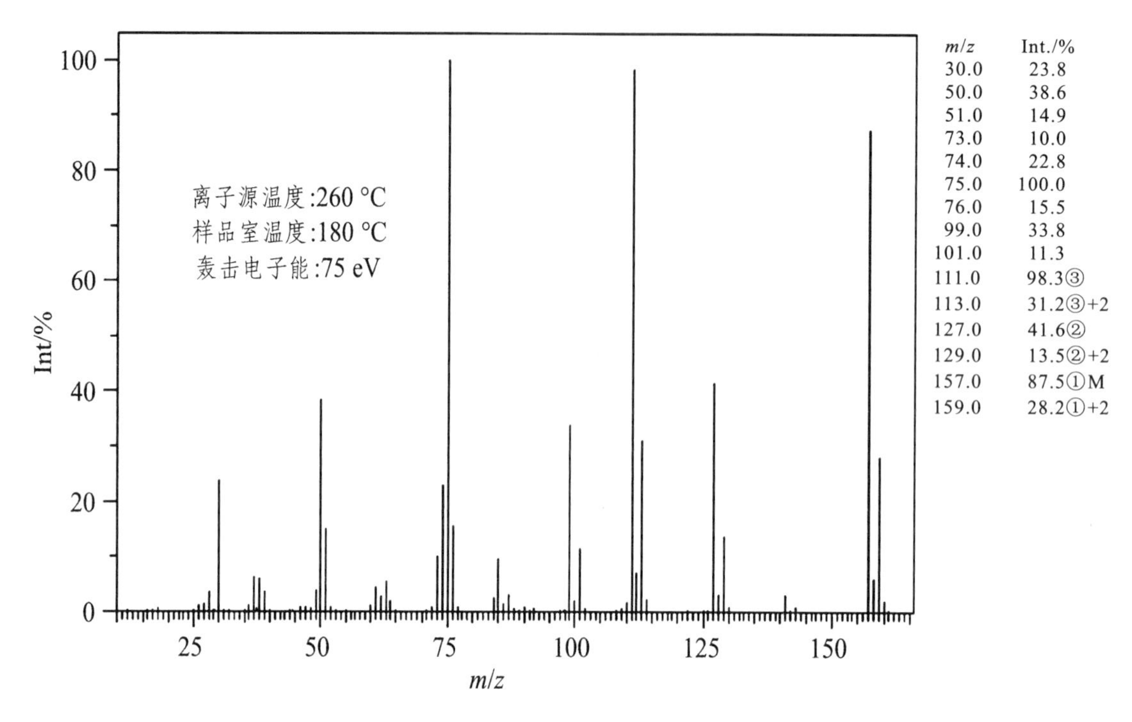

m/z	Int./%
30.0	23.8
50.0	38.6
51.0	14.9
73.0	10.0
74.0	22.8
75.0	100.0
76.0	15.5
99.0	33.8
101.0	11.3
111.0	98.3③
113.0	31.2③+2
127.0	41.6②
129.0	13.5②+2
157.0	87.5①M
159.0	28.2①+2

图 6-34　某化合物的质谱图

6. 某化合物分子式为 $C_{10}H_{16}$，其质谱图及主要阳离子质谱表如图 6-35 所示，试推测该化合物的结构式，并写出生成主要阳离子（*）的裂解方程式。

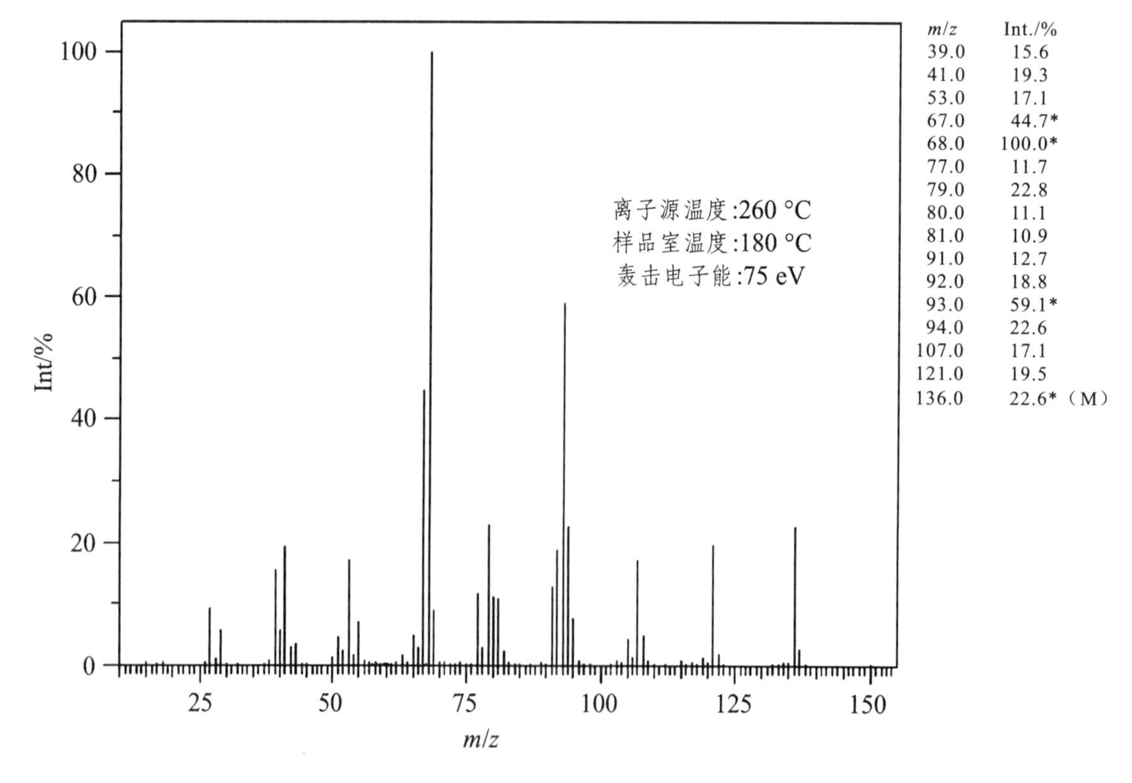

m/z	Int./%
39.0	15.6
41.0	19.3
53.0	17.1
67.0	44.7*
68.0	100.0*
77.0	11.7
79.0	22.8
80.0	11.1
81.0	10.9
91.0	12.7
92.0	18.8
93.0	59.1*
94.0	22.6
107.0	17.1
121.0	19.5
136.0	22.6*（M）

图 6-35　$C_{10}H_{16}$ 的质谱图

7. 某化合物的质谱图和核磁共振氢谱如图 6-36 所示，试推测该化合物的结构式。

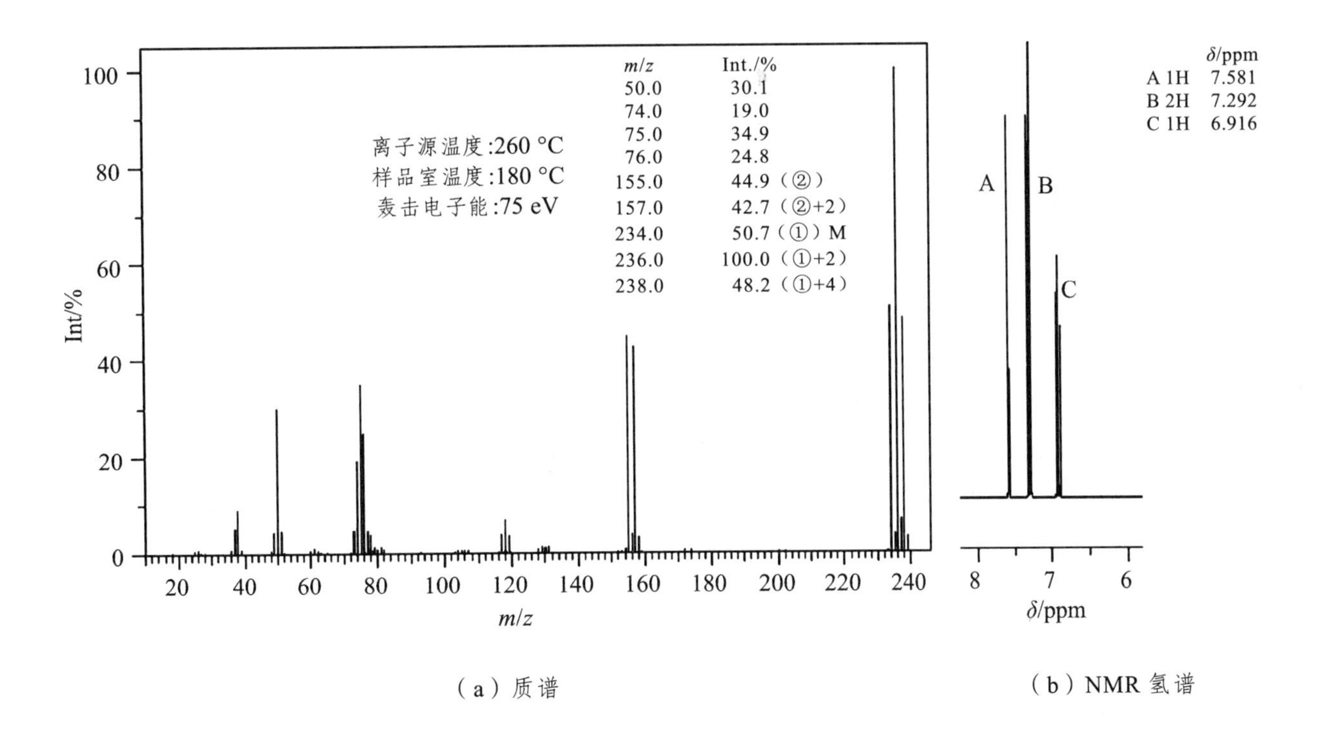

（a）质谱　　（b）NMR 氢谱

图 6-36　某化合物的质谱和核磁共振氢谱

8. 某化合物分子式为 $C_{10}H_{16}$，其结构式、质谱图及主要阳离子质谱表和核磁共振氢谱，如图 6-37 所示。

（1）写出质谱表中标注星号阳离子生成的裂解方程式；

（2）指出氢谱中峰序号与结构式中各种氢的归属关系，说明归属理由。

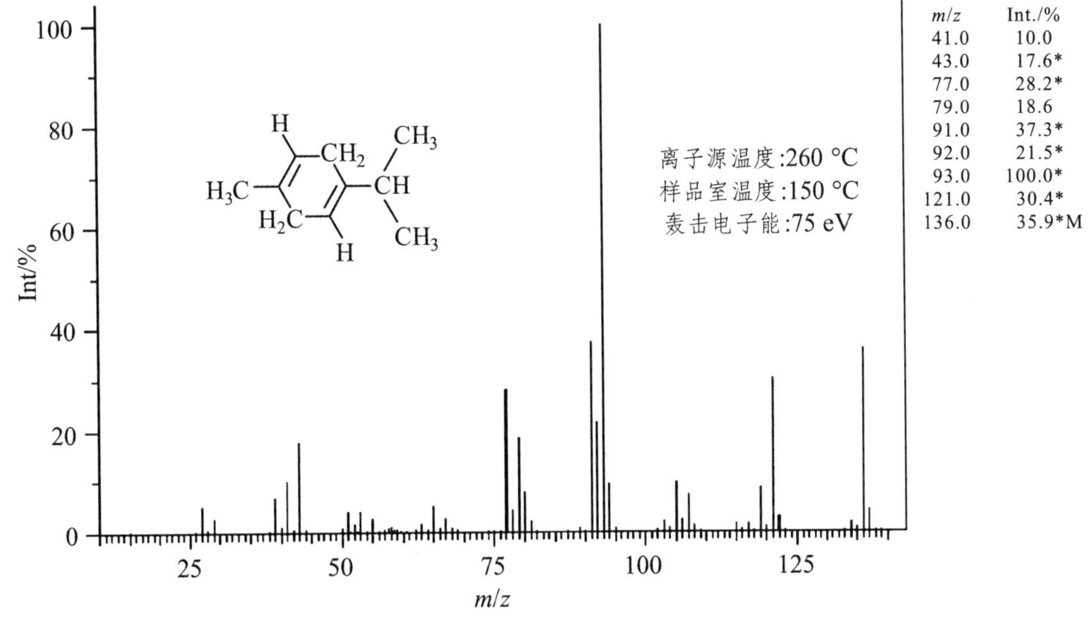

（a）质谱

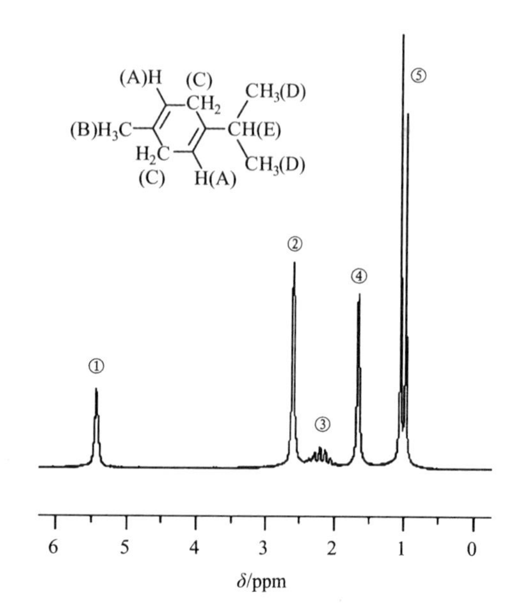

测定仪器：90 MHz
标准氢核：89.56 MHz
样品/溶剂：0.05 mL/0.5 mL $CDCl_3$

峰序号	δ/ppm	Δν	δ/ppm	Int./‰
① 2H	5.43	486.81	5.436	182
		485.56	5.422	172
② 4H	2.60	232.63	2.598	475
③ 1H	2.20	204.06	2.279	39
		203.75	2.276	39
		197.13	2.202	50
		196.94	2.199	50
		190.31	2.125	44
④ 3H	1.663	149.06	1.665	404
⑤ 6H	1.043	93.94	1.049	1000
		87.19	0.974	817

（b）NMR 谱

图 6-37 $C_{10}H_{16}$ 的质谱和核磁共振氢谱

7 色谱分析法基础理论

7.1 色谱法的概念与分类

7.1.1 色谱法的概念

色谱法是一种分离分析方法。它是利用各物质在两相中具有不同的分配系数，当两相做相对运动时，这些物质因在两相中进行多次反复分配的差异来达到分离的目的。

色谱法是由俄国植物学家 M. Tsweet 于 1906 年发现提出的。Tsweet 想把植物色素提取液中的各种色素分离开来，做了如下实验：在一根玻璃长管中装入干燥的固体活性碳酸钙，将少量的植物提取液加入玻璃管的上端，然后用石油醚自上而下流过，在石油醚的不断冲洗下，在玻璃管上端的色素混合液向下移动。经过一段时间后，他惊奇地发现，在玻璃管的不同部位出现了不同颜色的清晰色带。在石油醚的不断冲洗下，当不同色带流出玻璃管时，用容器分别承接，就得到需要的不同色素纯组分。Tsweet 将这种分离方法命名为色谱法。因此后人尊称 Tsweet 为色谱之父。

在 Tsweet 的植物色素分离实验中，活性碳酸钙被称为固定相，石油醚称为流动相，玻璃管称为色谱柱。由于叶绿素、叶黄素和 β-胡萝卜素的结构和性质都比较相近，差别微小，采用传统分离方法是无法将它们分离的。但它们总归还是有差别的，活性碳酸钙对它们的吸附作用力大小是不同，导致它们向下移动的速度不同。与固定相作用力大的组分移行速率就稍慢一些，与固定相作用力小的组分移行速率就稍快一些，形成差速移行，在流动相石油醚的不断冲洗下，这种差异在移行动态中被累加放大。如果不同组分经过移行相同的距离，移行快的组分耗时少，先流出色谱柱；移行慢的组分耗时多，后流出色谱柱，导致它们在出柱时间上先后的分离（柱色谱）。如果它们经过移行相同的时间，移行快的组分移行距离长；移行慢的组分移行距离短，导致它们在空间距离上的分离（平面色谱）。所以，色谱分离过程实际上是一种将不同组分的微小差别在动态中累积放大的过程。

Tsweet 的色谱实验方法是经典液相色谱法，对色素的分离过程与其含量测定过程是离线的。现代色谱法的分离过程与其含量测定过程是在线的。

7.1.2 色谱法的分类

色谱法种类很多，通常按以下几种方式分类。

（1）按两相状态分类

根据流动相的状态，流动相是液体的，称为液相色谱；流动相是气体的，称为气相色谱；若流动相是超临界流体，则称为超临界流体色谱。

根据固定相状态，固定相有固体（如吸附剂）和液体（如键合相）。所以，气相色谱法又可分为气-固色谱法和气-液色谱法；液相色谱法也可分为液-固色谱法和液-液色谱法。

（2）按分离原理分类

根据不同组分在固定液中溶解的大小而分离的称为分配色谱。气相色谱中的气液色谱和液相色谱中的液液色谱均属于分配色谱。

根据不同组分在吸附剂上的吸附和解析能力的大小而分离的称为吸附色谱。气相色谱中的气固色谱和液相色谱中的液固色谱均属于吸附色谱。

（3）按固定相形式分类

柱管与管内的固定相整体被称为色谱柱，色谱柱有填充色谱柱和开管色谱柱。固定相填充满玻璃管或金属管中的称为填充柱；固定相被固定（如键合）在管内壁的称为开管色谱柱或毛细管色谱柱。采用前者则称为填充柱色谱，采用后者则称为开管柱色谱或毛细管色谱，它们统称为柱色谱。

固定相呈平面状的称为平面色谱，平面色谱有薄层色谱和纸色谱。薄层色谱以涂敷在玻璃板上的吸附剂做固定相；纸色谱以纸纤维上的吸附水做固定相。

（4）按固定相材料分类

根据固定相材料的不同来分类。以离子交换剂为固定相的称为离子交换色谱；以多孔凝胶为固定相的称为尺寸排除色谱；以化学键合相为固定相的称为键合色谱。

（5）按两相相对极性大小分类

根据固定相与流动相的相对极性大小，若固定相的极性大于流动相的极性，则为正相色谱；若固定相的极性小于流动相的极性，则为反相色谱。

以上分类总结于表 7-1 中。

表 7-1　色谱方法分类表

方法名称	流动相	固定相	名　称
气相色谱（Gas Chromatography, GC）	气体	固　体	气固色谱（Gas Solid Chromatography, GSC）
		液　体	气液色谱（Gas Liquid Chromatography, GLC）
液相色谱（Liquid Chromatography, LC）	液体	吸附剂	液固色谱（Liquid Solid Chromatography, LSC）
		液　体	液液色谱（Liquid Liquid Chromatography, LLC）
		键合相	键合相色谱（Bonded Phase Chromatography, BPC）
		多孔性凝胶	尺寸排阻色谱（Size Exclusion Chromatography, SEC）
		离子交换剂	离子交换色谱（Ion-Exchange Chromatography, IEC）
		吸附剂	薄层色谱（Thin Layer Chromatography, TLC）
		纸纤维吸附水	纸色谱（Paper Chromatography, PC）
超临界流体色谱（SFC）	超临界流体	类似 LC	超临界流体色谱（Supercritical Fluid Chromatography, SFC）

7.2　色谱过程和流出曲线

7.2.1　色谱过程

1. 色谱分离原理过程

下面以吸附色谱为例，说明色谱分离的基本原理过程，如图 7-1 所示。已知被分离的样品组分 A 与 B 结构相近、性质相似，只是极性 A 稍小于 B。

将样品加入色谱柱的顶端，样品组分即被固定相所吸附。用适当的流动相冲洗，当流动相通过时，被吸附在固定相的组分溶解于流动相中，称为解吸。已解吸的组分随流动相向前移行，遇到新的吸附剂颗粒，再次被吸附，然后又被后面的流动相所解吸，如此在色谱柱上不断发生吸附-解吸-再吸附-再解吸的重复过程。

由于组分 A 极性稍小，固定相对其吸附作用较弱，解吸稍容易一些，它存在于流动相的机会稍多一些，移行速度稍快一些；而组分 B 极性稍大，固定相对其吸附作用较强，解吸稍困难一些，它存在于固定相的机会稍多一些，移行速度稍慢一些。如此，因为组分极性的差异，它们在吸附-解吸过程中的移行速率存在差异。经过在适当长度色谱柱的移行，移行速度稍快的组分 A 就先流出色谱柱，移行速度稍慢的组分 B 则后流出色谱柱，从而将组分 A 与 B 分离开。

如果在色谱柱出口配置检测器，就可以获得流出组分的浓度随时间或流动相体积而变化的曲线，即色谱流出曲线，又称色谱图。

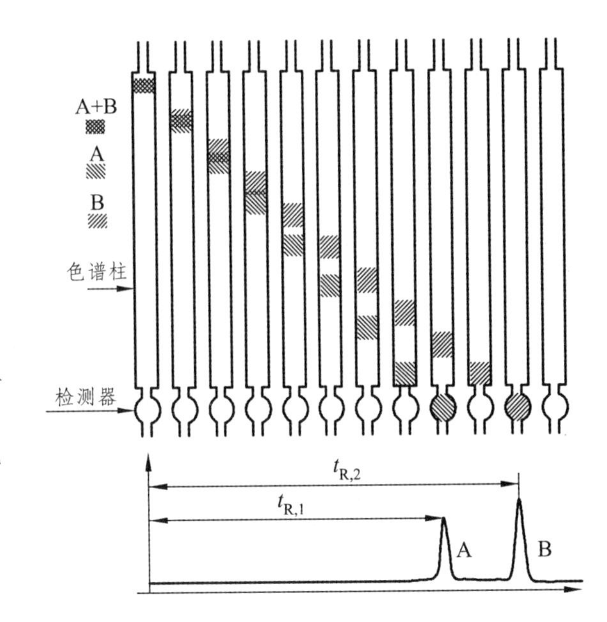

图 7-1　色谱过程示意图

2. 色谱分离法与经典分离法的区别

（1）分离对象不同。经典分离法是对性质差异很显著组分的分离，例如一个发生反应而另一个不发生反应而分离；或者利用相似相容原理进行萃取分离。而色谱分离法是对组成、结构和性质都十分接近或者相似的不同组分的分离。

（2）作用力不同。经典分离法采用强作用力进行分离，通过强化学作用力，将一个组分形成离子键、共价键等化合物，另一个不反应，从而得到分离；利用组分的极性与非极性差异，以强吸附或者萃取方法进行分离。而色谱分离方法却采用弱作用力进行分离的。

（3）分离态式不同。经典分离法是一种静态分离法，也属于热力学分离方法；而色谱分离法是一种动态分离法，属于热力学和动力学综合作用的分离方法，是在动态中将不同组分的微小差异在移行过程中不断累加而得到分离的方法。

（4）分离结果不同。经典分离法如果是通过化学反应实现的，被分离的组分可能变成新的物质。而色谱分离法分离后的组分还是原来的组分。

7.2.2　色谱流出曲线

理想的色谱流出曲线，也就是色谱峰，应该类似于正态分布的高斯曲线，如图 7-2 所示。有关色谱峰的基本术语介绍如下。

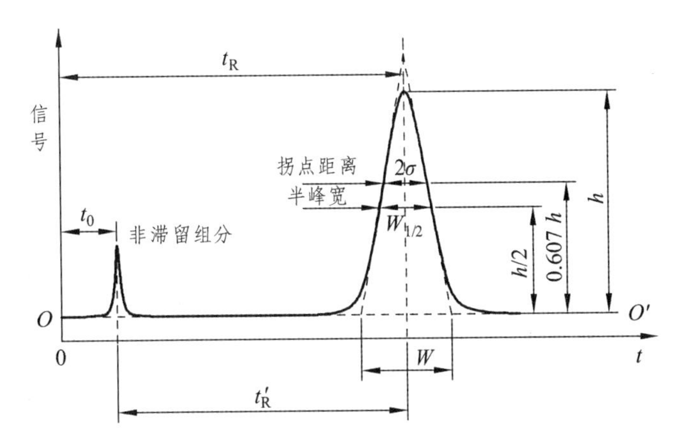

图 7-2　色谱流出曲线示意图

基线　在色谱条件稳定情况下，仅有流动相通过检测器时所产生的信号曲线。稳定的基线是一条水平线，如图 7-2 中的 OO'线。

标准偏差　正态分布曲线两侧拐点之间距离的一半，称为标准偏差，用 σ 表示。

峰高　色谱峰顶端到基线的垂直距离，称为峰高，用 h 表示。

半峰宽　色谱峰高一半处的峰宽，称为半峰宽，用 $W_{1/2}$ 表示。

峰底宽　从色谱流出曲线两侧拐点处所作两条切线，与基线的两个交点之间的距离，称为峰底宽，也称基线宽度，用 W 表示。

峰面积 以色谱峰的正态分布曲线的两个拐点所作的切线与基线所构成的三角形的面积，称为峰面积，用 A 表示。现代色谱仪的色谱工作站，通过积分方法获得准确的峰面积。

标准偏差、半峰宽和峰底宽的关系为：$W=4\sigma$，$W_{1/2}=2\sigma\sqrt{2\ln 2}$。显然，$W_{1/2}$ 和 W 都是由正态分布曲线的标准偏差 σ 派生而来的。

组分在柱内理想的浓度分布构型，可用正态分布曲线方程来表示：

$$c=\frac{m}{F\sigma\sqrt{2\pi}}\exp\left[-\frac{1}{2}\left(\frac{t-t_{\mathrm{R}}}{\sigma}\right)^2\right] \tag{7-1}$$

式中，c 为时间 t 时的浓度；F 为流动相的体积流速；m 为组分的质量；t_{R} 为组分保留时间，其对应浓度为 $c_{\max}$。这里的 σ 既可以时间为单位，也可以长度为单位。

该方程表示组分在柱内的浓度分布状况，标准偏差 σ 反映了谱带展宽的程度。σ 越小，表示谱带展宽程度越小，即组分浓度相对集中，检测器给出的信号越强。更常用的是由方差 σ^2 来描述谱带展宽程度。

色谱流出曲线包含三方面信息：一是保留时间，它是色谱的定性参数；二是峰面积和峰高，它是色谱的定量参数；三是理论塔板数，它是依据峰宽和保留时间的计算值，是评价色谱柱分离效能的参数。

7.3 色谱分析基本原理

色谱分离过程是组分在固定相和流动相之间的分配平衡与动态迁移过程，它受被分离组分、流动相与固定相三者的性质以及温度的影响，还受流动相流速、涡流扩散、分子扩散及传质阻力等动力学因素影响，它是色谱系统热力学过程和动力学过程的综合作用的结果。热力学过程是指组分在系统中与分配系数相关的过程；动力学过程是指组分在色谱系统两相间扩散和传质的过程。组分、流动相和固定相三者的热力学性质使不同组分在流动相和固定相中具有不同的分配系数，分配系数的大小反映了组分在固定相中的吸附-解吸（或者溶解-析出、缔合-解缔）能力。分配系数大的组分在固定相中的吸附（或溶解、缔合）能力强，因此在柱内的移行速率慢。反之，分配系数小的组分在固定相中的吸附（或溶解、缔合）能力弱，因此在柱内的移行速率快。由于分配系数的差别，使各组分在柱内形成差速移行，经过一定色谱柱长的移行后，不同组分就会先后流出色谱柱，最终达到分离的目的。

7.3.1 引起色谱分离的作用力

固定相对被分离组分的选择性取决于组分分子与固定相和流动相之间的弱作用力。这些弱作用力有以下几种形式。

静电力 这是极性分子永久偶极间的作用力，由此力形成的平均势能为

$$E_{\mathrm{k}}=-\frac{2\mu_1^2\mu_2^2}{3kTR^6} \tag{7-2}$$

式中，k 为波尔兹曼常数；T 为热力学温度；R 为固定液分子与组分分子之间产生相互作用的间距；负号表示吸引力。

从式（7-2）可见，静电作用能与两物质的偶极矩 μ_1、μ_2 的平方成正比，与两极性物质分子间的距离 R 的六次方及温度 T 成反比。

诱导力 这是非极性分子受到极性分子永久偶极电场作用而产生的诱导偶极时二者之间的作用力。由此力产生的平均作用能为

$$E_{\mathrm{D}}=\frac{\alpha_1\mu_2^2+\alpha_2\mu_1^2}{R^6} \tag{7-3}$$

式中，μ_1、μ_2 分别是固定液与组分的偶极矩；α_1、α_2 分别为其分子的极化率。

从式（7-3）可见，若两个分子的偶极矩越大，诱导作用能则越大。两个分子越接近或分子体积越小，则诱导作用越强。

色散力 这是非极性分子或弱极性分子间由于分子内电子振动所产生的瞬时偶极矩而引起的相互作用力。这种作用力产生相互作用能可表达为

$$E_{\mathrm{L}}=-\frac{3}{2}\cdot\frac{\alpha_1\alpha_2}{R^6}\cdot\frac{I_1I_2}{I_1+I_2} \tag{7-4}$$

式中，I_1、I_2 分别是固定液与组分分子的电离能；α_1、α_2 分别为其分子的极化率；R 为固定液分子与组分分子之间产生相互作用的间距。

色散力不受温度影响，具有加合性。对非极性或弱极性的物质而言，分子间的作用力主要是色散力。

氢键作用力 这是与电负性原子（如 N、O、F 等）形成共价键的氢原子又和另一个电负性原子所生成的一种有方向性的相互作用力，常称为范德华力。这种作用力介于化学键力和色散力之间，通常在 21～42 J/mol。有机化合物形成氢键的强弱顺序参见表 7-2 所示。

表 7-2 有机化合物形成氢键的强弱顺序

氢键强弱	化合物类型	举 例
很强	能形成三维空间结构的强氢键型化合物	水、多元醇、氨基醇、羟基酸、多元酸、酰胺、多元酚
中强	含 α-活泼氢原子和带自由电子对原子的化合物	醇、脂肪酸、酚、伯/仲胺、肟、硝基化合物、氨、肼、氟化氢
较弱	含电负性原子但不带活泼氢原子的化合物	醚、酮、醛、酯、叔胺、含 α-氢原子的腈和硝基化合物
极弱	含活泼氢原子但不带电负性原子的化合物	二氯甲烷、三氯甲烷、芳烃、烯烃
无	不能形成氢键的化合物	饱和烃、二硫化碳、四氯化碳、硫醇

组分在两相间的作用力，就是上述弱作用力的综合作用。值得注意的是，固定相对组分的综合作用力大小，既不能太强，也不能太弱或者没有。如果作用力太强，则会导致洗脱困难（例如活性炭的吸附作用），不能实现动态分离；如果作用力太弱或者没有，固定相对组分的保留作用太弱或者没有，就没有选择性，同样也不能实现分离。所以，用于色谱分离的作用力，既不能太强，也不能太弱或者没有，就是这种“中庸”性质的弱作用力比较合适。

7.3.2 保留值和相对保留值

保留值是描述组分在色谱分离过程中在柱内的滞留行为参数，它可以用时间保留值、体积保留值和相对保留值等表示。保留值与过程有关，受热力学和动力学因素控制。

1. 时间保留值

时间保留值包括**保留时间**、**死时间**和**调整保留时间**三个参数。

保留时间　在柱色谱中，从进样开始到某组分的色谱峰顶的时间间隔，称为该组分的保留时间，用 t_R 表示。定义为

$$t_R = L/u \tag{7-5}$$

式中，L 为柱长，cm；u 为组分在色谱柱中的平均线速度，cm/s。

组分的保留时间来源于两部分贡献：其一是组分与固定相产生相互作用时，被固定相滞留的时间；其二是组分随流动相移行时需要移行柱长距离所耗费的时间。

保留时间是色谱法最基本的定性参数。不同组分的性质有差异，则与固定相作用存在，其移行速率就不同，在移行距离相同（柱长）的情况下，所耗费的时间就不同。在一定色谱条件下，保留时间由组分的性质决定。

柱色谱属于等距洗脱，即记录不同组分移行相同距离（柱长）所耗费的时间，定性参数是保留时间；平面色谱属于等时展开，即记录不同组分耗费相同时间所移行的距离，定性参数是比移值（参见平面色谱内容）。

死时间　不被固定相保留的组分，从进样开始到它出现色谱峰顶的时间间隔，称为死时间，用 t_0 表示。死时间的本质是流动相从进样开始至到达检测器所需的时间，它与柱内的空隙体积以及柱前后的连接管容积大小有关。

在色谱理论研究中，将流动相流经色谱柱的平均时间表示为 t_m。多数情况下，若忽略导管和检测器内腔的容积，可将 t_m 和 t_0 视为近似相等，故死时间可定义为

$$t_0 = L/u_m \tag{7-6}$$

式中，L 为柱长，cm；u_m 为流动相的平均线速度，cm/s。

在气相色谱中，可采用空气或者甲烷作为标识死时间的标识物，因为空气成分和甲烷气与载气性质相近，不与固定相作用。在液相色谱中，死时间的标识物应依据固定相和流动相性质确定，以不与固定相产生相互作用为原则，如硝酸盐、尿嘧啶等。

调整保留时间　某组分由于和固定相的作用，比不作用的组分在柱中多滞留的时间，称为调整保留时间，用 t'_R 表示。调整保留时间的实质是组分滞留在固定相中的时间总和，是组分的保留时间扣除死时间后的差值，即

$$t'_R = t_R - t_0 \tag{7-7}$$

可以认为，死时间就相当于组分的调整保留时间（在固定相中的滞留时间）趋近于零时的保留时间$\left[t_0 = \lim\limits_{t'_R \to 0}(t_R - t'_R)\right]$。

2. 体积保留值

保留体积包括保留体积、死体积和调整保留体积三个参数。

保留体积　组分从进样开始到出现峰最大值所需的流动相体积，也就是在组分的保留时间内所需的流动相体积，用 V_R 表示，即

$$V_R = t_R \times F_c \tag{7-8}$$

式中，F_c 为流动相体积流速，mL/min。

当流动相体积流速 F_c 增大，保留时间 t_R 缩短，两者的乘积却不变，因此保留体积与流速无关，它和组分与固定相的作用及柱管的几何结构等有关。

死体积　从进样器至检测器的流路中，未被固定相占有的空间体积，称为死体积，用 V_0 表示。死体积就是死时间内流进并充满色谱柱内所有空隙所需的流动相体积，即

$$V_0 = t_0 \times F_c \tag{7-9}$$

死体积包括柱内和柱外两部分。柱内部分是指柱内腔中扣除固定相占据的体积空间后的所有空隙体积之和；柱外部分包括柱前后连接导管、进样器和检测器内腔的容积总和，这也是产生谱带展宽的柱外效应所在。显然，死体积越小越好，死体积偏大，则谱带展宽严重，柱效降低，不利于分离。

调整保留体积 由保留体积扣除死体积后差值，称为调整保留体积，也相当于在调整保留时间内流经色谱柱的流动相体积，用 V'_R 表示，即

$$V'_R = V_R - V_0 = t'_R \cdot F_c \tag{7-10}$$

上述的保留时间与调整保留时间、保留体积与调整保留体积均为柱色谱的定性参数。

3. 相对保留值

保留指数 在气相色谱中，基于色谱保留值与分子结构的关系，Kovats 提出以系列有机化合物的保留指数作为一种定性指标，把组分的保留值换算成相当于正构烷烃的相对保留值。方法是用两个保留时间紧邻待测组分前后的正构烷烃作为基准物质，标定该组分的相对保留值，这个相对值称为保留指数，又称 Kovats 指数，计算式为

$$I_x = 100\left[z + n\frac{\lg t'_{R(x)} - \lg t'_{R(z)}}{\lg t'_{R(z+n)} - \lg t'_{R(z)}}\right] \tag{7-11}$$

式中，I_x 为待测组分的保留指数；z 与（$z+n$）为两个正构烷烃的碳原子数。n 可为 1，2，…，通常为 1。人为规定保留指数为正构烷烃碳原子数的 100 倍。例如正己烷、正庚烷及正辛烷的保留指数分别为 600、700 及 800，每增加一个 CH_2，保留指数增加 100，由此便可计算待测组分的保留指数。

例如：在 Apiezol L 柱上，柱温 100 ℃，用正庚烷和正辛烷为参考物质对，测定乙酸正丁酯的保留指数（表 7-3）。

表 7-3　测定乙酸正丁酯的保留指数

组分	t_0 标识物	正庚烷	乙酸正丁酯	正辛烷
t_R / s	30.0	204.0	340.0	403.4
t'_R / s	—	174.0	310.0	373.4

乙酸正丁酯 I_x 计算：

$$I_x = 100\left(7 + 1\times\frac{\lg 310.0 - \lg 174.0}{\lg 373.4 - \lg 174.0}\right) = 775.6$$

说明乙酸正丁酯在该柱上的保留与 7.756 个碳原子（C_7～C_8）正构烷烃一致。

烷烃类组分保留指数只与被测组分、固定相性质及柱温有关，不受固定相用量、载气种类及流速等条件影响。在某种固定相测得样品中某组分的保留指数，可与文献记载该组分在该固定相填充柱上的保留指数比较，即可初步鉴别样品中该组分的存在。目前保留指数主要用于系列有机化合物在气相色谱中的保留行为的预测，在石油化工领域应用较多，对研究分子结构与保留的关系及其机理具有理论价值。

4. 基本保留方程

依据调整保留时间与保留时间的关系，则有

$$t_R = t_0(1+k) = t_0(1 + K \cdot V_s / V_m) \tag{7-12}$$

它表示组分的保留时间与柱长、流动相速度、分配系数和相比之间的关系。也可以用保留体积表示：

$$V_R = t_0\left(1+k\right)F_c = V_m\left(1+k\right) = V_m + KV_s \tag{7-13}$$

这是色谱基本保留方程的另一种形式，同样适用于任何色谱过程，它表示某组分从柱后流出所需要的流动相体积，包括柱的死体积以及在组分滞留在固定相中的 t_R' 时间内所流过的流动相体积，它的大小决定于该组分的分配系数和固定相体积，即 KV_s。

7.3.3 色谱分离过程的参数

描述色谱过程的参数，其一是相平衡参数，包括分配系数 K 和保留因子 k，它们是描述同一组分在色谱两相之间的动态分配平衡过程的参数，属于热力学参数；其二是分离参数，包括分离因子 α 和分离度 R，它们是描述两个不同组分的分离程度的参数，属于热力学和动力学的综合参数。

1. 相平衡参数

分配系数 在一定色谱条件下，组分在流动相与固定相之间的相互迁移过程，被称之为组分在两相之间的分配过程。依据组分在两相之间的弱作用力性质不同，这种分配过程可以是吸附-解吸过程（吸附色谱），也可以是溶解-析出过程（分配色谱），还可以是缔合-解缔过程（离子交换色谱）等等。此时处于两相中的组分分子并没有发生化学变化，仅仅是组分与固定相和流动相的弱作用（还包括缔合、氢键、离子交换等）而在两相中进行动态分配而已，可用下式来表达。

$$\mathrm{M_m} \rightleftharpoons \mathrm{M_s}$$

当这种分配过程达到动态平衡时，组分在固定相（s）与流动相（m）中的浓度（c）之比，称为**分配系数**或**分布常数**，用 K 来表示，即

$$K = c_s / c_m \tag{7-14}$$

式中，c_m 和 c_s 分别为组分在流动相和固定相中达到平衡时的浓度。

在一定色谱条件下，K 为常数，其大小取决于组分、固定相和流动相的热力学性质以及柱温。若组分的 K 值大，说明组分与固定相作用强，在固定相中的浓度大，移行速度慢，后流出色谱柱；若组分的 K 值小，说明组分与固定相的作用弱，在流动相中的浓度大，移行速度快，先流出色谱柱；所以，色谱分离的前提条件是不同组分在两相中的 K 值存在差异，差异越显著越容易分离。

分配系数 K 属于热力学参数。在其它条件一定时，分配系数 K 与柱温的关系为

$$\ln K = \frac{\Delta_r S_m^\ominus}{R} - \frac{\Delta_r H_m^\ominus}{RT} \tag{7-15}$$

从式（7-15）可知，分配系数 K 由组分、固定相和流动相的性质（体现在 $\Delta_r H_m^\ominus$、$\Delta_r S_m^\ominus$ 两项）决定，它是温度 T 的函数，故 K 属于热力学参数，这是色谱分离的热力学基础。在气相色谱中，柱温是一个非常重要的操作参数。

保留因子 在分配过程达到动态平衡下，组分在固定相与流动相中的物质的量之比，也等于质量之比，称为保留因子，又称容量因子，用 k 来表示。即

$$k = \frac{c_s V_s}{c_m V_m} = K\frac{V_s}{V_m} \tag{7-16}$$

式中，V_m 为柱内流动相体积，也是柱的死体积；V_s 为固定相体积。

值得注意的是，固定相体积并不完全是固定相颗粒所占据的体积，而是指固定相颗粒中真正参与分配作用的有效体积。例如：吸附剂固定相，是指其表面活性中的体积，常用其表面积 S 来代替 V_s；液体固定相，是指载体表面的固定液体积，并不包括内部载体的体积；离子交换剂，则以离子交换剂的交换容量来代替；多孔凝胶，则以凝胶孔容来代替。

结合式（7-15）与（7-16），则有

$$\ln k = \frac{\Delta_r S_m^\ominus}{R} - \frac{\Delta_r H_m^\ominus}{RT} + \ln\frac{V_s}{V_m} \tag{7-17}$$

从上式可知，保留因子 k 也是温度的函数，即 k 也是热力学参数。与分配系数不同的是，保留因子不但与组分和两相性质及温度有关，还与两相体积有关。

保留因子也相当于组分在固定相中的滞留时间与流动相通过系统所需时间之比，即

$$k = \frac{t_R - t_0}{t_0} = \frac{t'_R}{t_0} \quad 或 \quad t_R = t_0(1+k) \tag{7-18}$$

根据式（7-18），通过实验测定 t_R 和 t_0，可计算 k 值。例如，在图 7-1 所述的吸附色谱分离 A、B 两组分，依据式（7-18），两组分先后流出色谱柱的时间差为

$$\Delta t_R = t_{R(B)} - t_{R(A)} = t_0(k_B - k_A) \tag{7-19}$$

从上式不难理解，不同组分实现色谱分离的先决条件是组分的保留因子存在差异，差异越大越容易分离。由于保留因子比分配系数容易测定，经常采用 k 代替 K 作为定性参数。

2. 分离参数

在色谱中，用于描述相邻组分分离状态的指标有分离因子和分离度两个参数。

分离因子　又称相对保留值，它是相邻两组分的调整保留值之比，也是两组分的分配系数或保留因子之比，也称选择性因子，用 $\alpha_{2,1}$ 表示，简写为 α，即

$$\alpha = \frac{t'_{R,2}}{t'_{R,1}} = \frac{V'_{R,2}}{V'_{R,1}} = \frac{k_2}{k_1} = \frac{K_2}{K_1} \tag{7-20}$$

式中，下角标 1、2 分别代表先后流出柱的相邻两个组分。

采用分离因子 α，可以消除流动相的流速、柱长和固定相填充情况等不能完全重复而带来的影响。在保持固定相性质和柱温不变的条件下，分离因子是不变的。所以，采用分离因子 α 来讨论固定相对组分的分离能力，更能说明问题。α 主要决定于固定相性质，其次是色谱柱温度。α 越大，表示固定相对组分的选择性越高，则两组分越容易被分离开。如果 $\alpha \approx 1$，则说明固定相对这两组分没有选择性，不能分开。

分离度　从组分在色谱柱中的移行谱带可以看出，两组分的谱带是从重叠开始而慢慢分开的，那么到什么程度算完全分开？一般采用分离度 R（分辨率）来表征两个相邻组分色谱峰的分开程度，定义为相邻两组分的色谱峰间距与两峰的平均峰宽之比，即

$$R = \frac{t_{R,2} - t_{R,1}}{(W_2 + W_1)/2} \tag{7-21}$$

式中，下角标 1、2 表示先、后出峰的两个相邻组分。通过测量保留时间和峰宽，即可计算相邻峰的分离度，如图 7-3 所示。

显然，分离度的表达式是色谱热力学因素和色谱动力学因素的综合体现，可进行如下分析：

（1）假设相邻两组分的色谱峰宽始终保持不变，则两组分的保留时间差越大，越容易将色谱峰分开，即两组分的保留时间差与其分离程度呈正向关系。

（2）假设相邻两组分的保留时间始终保持不变，则两组分的峰宽越窄，越容易分开，即两组分的峰宽与其分开程度呈反向关系。

（3）保留时间是由色谱系统的热力学因素决定，当热力学因素（包括柱长）确定后，组分的保留时间由组分的性质决定；色谱峰宽度是由色谱动力学因素决定，只有将动力学因素控制好，才能使组分的色谱峰宽变窄。

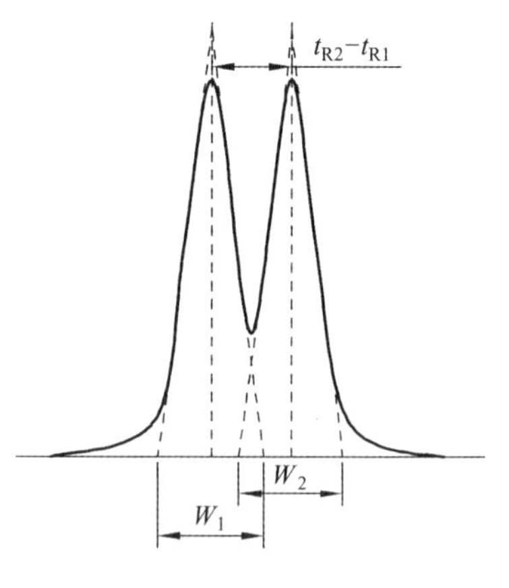

图 7-3　分离度的计算

假设相邻两色谱峰面积相等，且为高斯曲线，峰宽 $W_1=W_2=4\sigma$，若两峰间距离分别为 6σ、4σ 和 3σ，则分离度 R 分别为 1.5、1.0 和 0.75，见图 7-4。显然，当 $R=0.75$ 时，两峰重叠严重，不能分开；当 $R=1.0$ 时，两峰重叠部分不多，分离程度已经达到 98%以上；当分离度 $R=1.5$ 时，两峰重叠部分就非常少了，分离程度达到 99.7%以上。所以一般规定，相邻两组分色谱峰的分离度 $R\geqslant1.5$，就算完全分开。

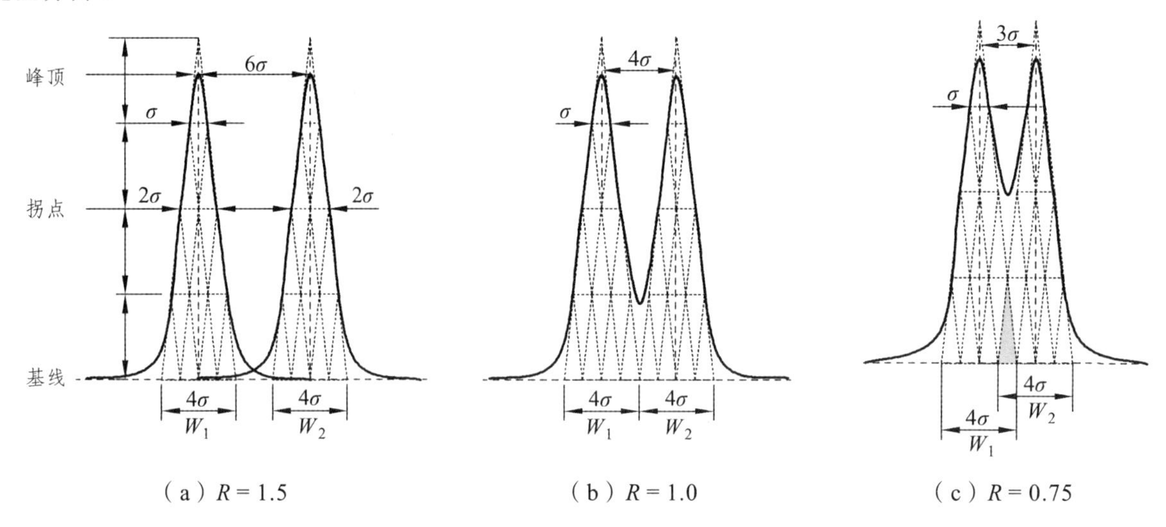

图 7-4　三种分离度情况示意图

7.3.4　色谱分配等温线与峰形

1. 分配等温线

依据式（7-16），在一定色谱条件下，组分的热力学参数 $\Delta_r S_m^\ominus$、$\Delta_r H_m^\ominus$ 可视为常数，组分的分配系数 K 由温度决定，温度不同则分配系数值不同。

所以，在某一相同温度条件下，$c_s=K\cdot c_m$，即组分在固定相与流动相中的浓度之比呈线性关系，分配曲线为直线，组分的峰形均是对称的高斯峰。

依据式（7-12），结合式（7-15），则有

$$t_R=t_0\cdot\left[1+\frac{V_s}{V_m}\exp\left(\frac{\Delta_r S_m^\ominus}{R}-\frac{\Delta_r H_m^\ominus}{RT}\right)\right]\tag{7-22}$$

从上式可知，在一定色谱条件下，t_R 是温度的函数，即保留时间也是热力学参数。

所以，对于组分相同含量不同的样品，只要进入色谱系统的样品量不超限，其出峰时间（保留

时间）相同，不同的是样品浓度越大其色谱峰面积（或峰高）越大而已。这种在相同温度条件下，组分出峰时间相同，而因样品量不同，呈现色谱峰面积（或峰高）不同的色谱流出曲线，称为色谱等温线。如图 7-5 所示，其中 1、2、3 就是在相同温度下同一组分的三个不同浓度的等温色谱流出曲线。

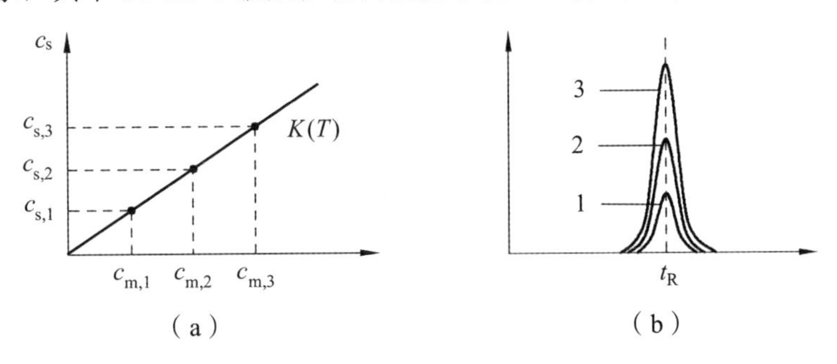

图 7-5　同一温度下线性分配曲线与色谱等温线

2. 色谱峰的位置

色谱峰的位置，就是组分的保留时间。从式（7-22）可知，在一定色谱条件下（即组分、固定相、流动相性质确定，流动相流速、柱长确定），组分的出峰时间由温度决定，在不同温度下，组分的色谱峰位则不同。

对于线性分配曲线，温度越高则分配曲线的斜率越大，组分在固定相的浓度越大，出峰时间越长，峰位越靠后；反之，温度越低分配曲线的斜率越小，组分在固定相浓度越小，出峰时间越短，峰位越靠前，如图 7-6（a）所示。

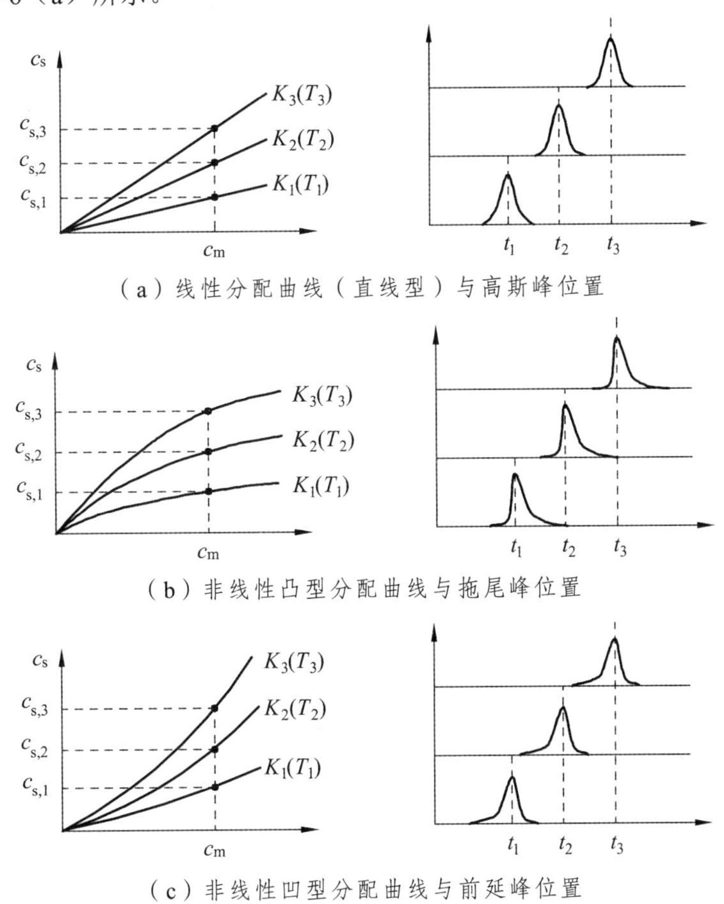

（a）线性分配曲线（直线型）与高斯峰位置

（b）非线性凸型分配曲线与拖尾峰位置

（c）非线性凹型分配曲线与前延峰位置

图 7-6　不同温度下的分配曲线与峰位置

对于非线性分配曲线，则分配曲线是曲线。组分的出峰时间与上述情况相同，温度高时组分出峰时间长，峰位靠后；温度低时组分出峰时间短，峰位靠前。不同的是组分的峰形均是不对称峰形，如图 7-6（b）与 7-6（c）所示。

3. 色谱峰的形状

从图 7-6（b）可知，随着组分在流动相的浓度增大而在固定相中的浓度"递减式增大"——呈凸形分配曲线。原因：当固定相表面具有不同活性中心时，溶质分子将先占据强活性中心，待其饱和后，剩余溶质分子才与弱活性中心作用，这种现象使分配系数 K 随浓度增大而减小，形成凸形等温线。由于保留在强活性中心的溶质分子洗脱时间延长，而产生后沿比前沿平缓的拖尾峰。

从图 7-6（c）可知，随着组分在流动相的浓度增大而在固定相中的浓度"递增式增大"——呈凹形分配曲线。原因：有时也会发生溶质分子高浓度时反而易于被固定相所吸附，使分配系数随浓度增大而增大，形成凹形等温线，洗脱时间缩短，产生前沿比后沿平缓的前延峰。

对于色谱峰的对称性，通常采用拖尾因子（T）来评价。拖尾因子又称对称因子。根据图 7-7，计算式为

$$T = \frac{W_{0.05h}}{2A} = \frac{A+B}{2A} \tag{7-23}$$

式中，$W_{0.05h}$ 为峰高在 $0.05h$ 处的峰宽，被峰顶垂直线分为 A、B 两部分，即 $W_{0.05h} = A + B$。

一般规定：当 $T = 0.95 \sim 1.05$ 时为对称峰；当 $T < 0.95$ 时为前延峰；当 $T > 1.05$ 时为拖尾峰。如图 7-7 所示。

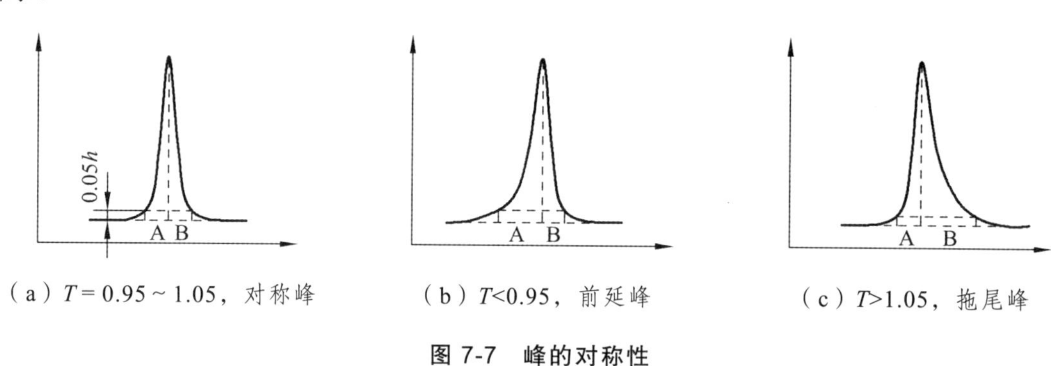

（a）$T = 0.95 \sim 1.05$，对称峰　（b）$T<0.95$，前延峰　（c）$T>1.05$，拖尾峰

图 7-7　峰的对称性

7.3.5　塔板理论

为了从理论上解释色谱分离原理，Martin 和 Synge 于 1941 年首先提出了塔板理论。

1. 塔板理论假设

（1）色谱柱由若干连续、等距塔板组成，每层塔板高度用 H 表示；样品和流动相同时加在第一个塔板上。

（2）组分在每块塔板的流动相和固定相之间能够瞬间达到平衡，分配系数在各塔板上是常数，且沿着前进方向的扩散可以忽略。

（3）流动相通过色谱柱呈间歇式前进移动，每次移行为一个塔板体积。

2. 塔板理论模型

假设 A、B 两组分的量均为 1 000 μmol，在两相中的分配系数 $K_A = 2$，$K_B = 0.5$，将两组分在色谱柱中运行 5 个塔板后在两相中的分配情况列于表 7-4 中。

表 7-4　组分运行 5 个塔板后在两相中的分配情况

塔板顺序			1		2		3		4		5	
组分名称			A	B	A	B	A	B	A	B	A	B
加入 N=1	开始	流动相	1000	1000								
		固定相										
	分配	流动相	333	667								
		固定相	667	333								
移行 N=2	开始	流动相			333	667						
		固定相	666	333								
	分配	流动相	222	222	111	445						
		固定相	445	111	222	222						
移行 N=3	开始	流动相			222	222	111	445				
		固定相	445	111	222	222						
	分配	流动相	148	74	184	296	37	297				
		固定相	297	37	296	184	74	148				
移行 N=4	开始	流动相			148	74	148	296	37	297		
		固定相	297	37	296	148	74	148				
	分配	流动相	99	25	148	148	74	296	12	198		
		固定相	198	12	296	74	148	148	25	99		
移行 N=5	开始	流动相			99	25	148	148	74	296	12	198
		固定相	198	12	296	74	148	148	25	99		
	分配	流动相	66	8	132	66	99	197	33	263	4	132
		固定相	132	4	263	33	197	99	66	132	8	66

当 A、B 两组分在色谱柱中运行 5 个塔板后，将它们在各个塔板中分布在流动相中的量，绘制成流出曲线分布状态图，参见图 7-8。

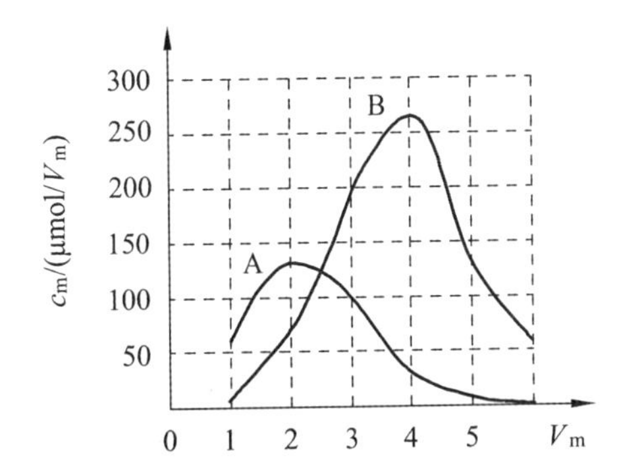

图 7-8　两组分运行 5 个塔板后的流出曲线分布图

从两组分在色谱柱中仅仅运行 5 个塔板后的流出曲线分布图，已经可以看出两组分趋近分离的雏形。只要塔板数足够多，每个组分的流出曲线就越接近于正态分布曲线，而两峰顶就分离得越开，最终达到完全分离。故色谱柱的塔板数越多，对组分的分离效果就越好，柱效越高。

塔板理论是半经验理论，它成功地解释了色谱流出曲线的形状、浓度极大点的位置，以及评价柱效的高低。它为色谱法从色谱实验上升为色谱理论迈进了一大步，此后色谱法得到了快速的发展，故人们又将 Martin 尊称为现代色谱之父。

3. 塔板理论公式

在塔板理论中，将每一层塔板的高度称为理论塔板高度，用 H 表示。如果色谱峰是正态分布曲线，那么该曲线的标准差 σ 是评价正态分布曲线是“瘦而尖”还是“胖而钝”的指标，即 σ 是评价色谱峰宽的指标，反映组分在色谱过程中的分散程度，因此，将理论塔板高度定义为单位长度的方差。设色谱柱长为 L，则理论塔板高度为

$$H = \frac{\sigma^2}{L} \tag{7-24}$$

显然，理论塔板高度相当于单位理论塔板所占的柱长度，它与柱长无关，因此，在比较柱效时，采用理论塔板高度更可取。

如果理论塔板数用 N 表示，则

$$N = \frac{L}{H} = \left(\frac{L}{\sigma}\right)^2 = 16\left(\frac{L}{W}\right)^2 \tag{7-25}$$

组分通过色谱柱的时间为 $t_R = L/u$，将柱长和峰宽单位统一后，经换算则有

$$N = 16\left(\frac{t_R}{W}\right)^2 = 5.54\left(\frac{t_R}{W_{1/2}}\right)^2 \tag{7-26}$$

如果一根色谱柱的理论塔板数越多，理论塔板高度越小，色谱峰就越窄，表明柱效越高。在计算塔板数时，注意将保留时间与峰宽的单位换算成一致，如将保留时间乘以记录纸速即为保留距离，与峰宽单位相同。

在式（7-26）中，若以 t'_R 代替 t_R，计算结果则为有效理论塔板数 N_{eff}，在式（7-25）中将 N_{eff} 代替 N，则可求算有效理论塔板高度 H_{eff}。

在采用理论塔板数评价一根色谱柱的柱效时，必须指明组分、固定相及含量、流动相及操作条件等，否则就没有实际意义。也就是说，同一根色谱柱，对不同组分是具有不同的理论塔板数的。在使用“柱效”和“理论塔板数”时，要区分两者表述的差异，两者实际上都是指塔板数。“柱效”是指单位长度的塔板数，“理论塔板数”是指具体柱长的塔板数。

7.3.6 速率理论

在塔板理论中，为了把问题简化而作了一些假设，它是一种理想状况，所以该理论也存在一定局限性，它无法解释产生谱带展宽的原因，对色谱过程与流动相流速、柱内的分子扩散过程以及操作参数等动力学因素的关系也未涉及。

造成组分的谱带展宽，来源于柱外效应和柱内效应两方面。柱外展宽效应，是由于色谱柱前后的连接管、进样阀、检测池等内部空间引起的谱带展宽，它可以通过仪器制造做得尽可能精密而使柱外谱带展宽尽可能降低，但不能绝对消除。现代色谱仪已经将柱外效应降低到可以不考虑的程度。下面仅介绍柱内谱带展宽效应。

1. van Deemter 方程

Martin 最先指出，气相色谱中溶质的纵向扩散是引起柱内谱带展宽的主要因素，1956 年，van Deemter 在 Martin 研究的基础上，研究了影响塔板高度的因素，通过气相色谱实验证实，在低流速时增加流速可使峰变锐，即柱效增加；当超过一定流速时则峰变钝，柱效降低。用理论塔板高度 H 对载气线流速 u 作图，得到二次曲线（图 7-9），其数学表达式为

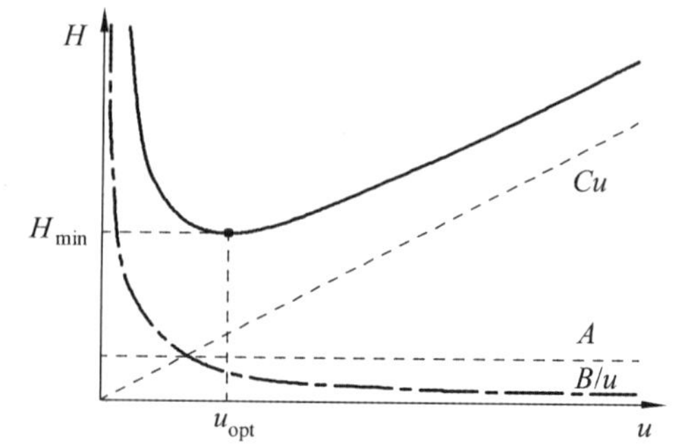

图 7-9 *H-u* 关系曲线

$$H = A + \frac{B}{u} + Cu \tag{7-27}$$

式中，H 为理论塔板高度，cm；A、B 和 C 在一定色谱条件下为常数，A 为涡流扩散系数，cm；B 为分子扩散系数，cm^2/s；C 为传质阻力系数，s；u 为载气线流速，cm/s。

式（7-27）称为 van Deemter 方程或范第姆特方程，简称范氏方程。

2. 影响 H 的动力学因素

（1）涡流扩散项（A）

由于固定相颗粒不均匀，颗粒之间的空隙也不均匀。当组分随流动相在这些空隙中朝前移行时，宽松空隙易于通过，使组分的移行超前；狭窄空隙不易于通过，使组分的移行滞后。组分的移行则会不断地改变方向，在柱内形成了类似涡流的紊乱流动，这种因不同路径而导致的谱带展宽效应，叫作涡流扩散。如图 7-10 所示，X、Y、Z 为相同的分子。

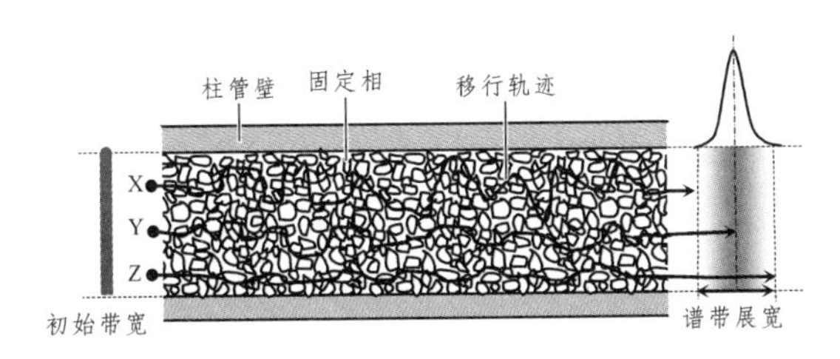

图 7-10　涡流扩散与谱带展宽示意图

涡流扩散又称多路径扩散，它使色谱峰展宽的程度可表示为

$$A = 2\lambda d_{\mathrm{p}} \tag{7-28}$$

式中，λ 为填充不规则因子，填充越不均匀，λ 值越大，涡流扩散越严重，一般填充均匀的填充柱 λ 为 0.8～1.0；d_{p} 为填料颗粒平均粒径，cm，粒径细而均匀的填料有利于降低 A。填料粒径过细则使缝隙变小，通透性变差，导致柱压增大。空心毛细管柱无涡流扩散，$A = 0$。

（2）分子扩散项（B/u）

溶质分子在柱内移行时沿着柱轴方向的扩散，除了上述的纵向涡流扩散外，还存在纵向分子扩散。因为在溶质中心与其前后存在浓度梯度，溶质分子由中心高浓度沿柱轴向两边自由扩散，这就是纵向分子扩散效应，如图 7-11 所示，A、B、C 三种情况的分子扩散情况依次变严重。

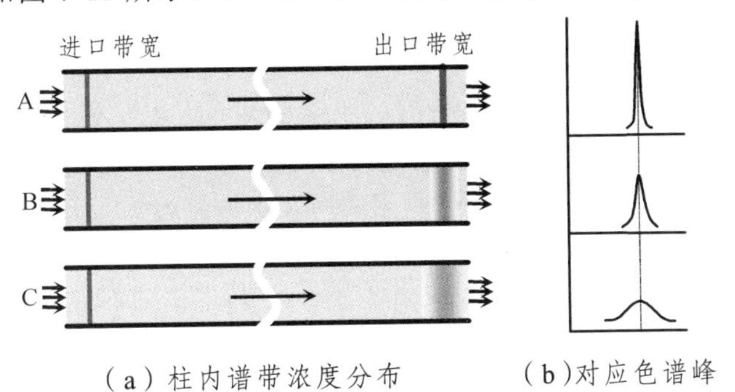

（a）柱内谱带浓度分布　　（b）对应色谱峰

图 7-11　纵向分子扩散使峰展宽示意图

纵向分子扩散引起的展宽程度可表示为

$$B = 2\gamma D_{\mathrm{m}} \tag{7-29}$$

式中，γ 为扩散阻碍因子或弯曲因子；D_{m} 为组分在流动相中的扩散系数。

扩散阻碍因子 γ 反映了流动相在柱内流动路径弯曲形成的分子扩散障碍，填充柱 γ 值一般为 0.6～0.8。毛细管柱不存在路径弯曲，$\gamma = 1$。

分子扩散项 B/u 对谱带展宽的贡献值与流动相线速度成反比，因为在柱长一定的情况下，流速 u 较大时溶质扩散的时间减少，扩散减少。扩散系数 D_{m} 与温度成正比，与流动相的相对分子质量平方根成反比，因此可通过降低柱温和选择相对分子质量较大的流动相来提高柱效。例如，在气相色谱中采用较低柱温，以氮气为流动相都可以提高柱效。

（3）传质阻力项（Cu）

溶质分子在固定相和流动相之间发生质量传递达到平衡，这种平衡是相对的，流动相处于连续流动状态，由于分子间的相互作用，可能阻碍溶质分子快速传递实现平衡。未能进入固定相的溶质分子被流动相携带向前，发生分子移行超前；进入固定相的溶质分子未能及时解吸进入流动相，发生分子移行滞后，由此产生谱带展宽效应。如图 7-12 所示。这种阻碍传质的作用力，称为传质阻力。

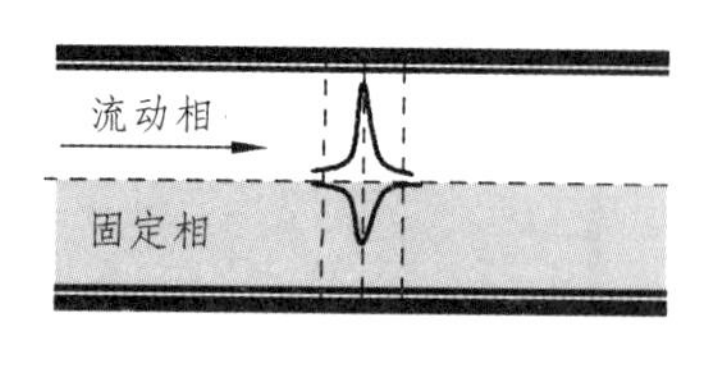

（a）无传质阻力　　（b）有传质阻力

图 7-12　固定相传质阻力对谱带展宽的影响

Cu 称为传质阻力项，它与流动相线流速成正比。C 称为传质阻力系数，它为固定相传质阻力系数（C_s）和流动相传质阻力系数（cm）之和，即 $C = C_s + cm$。对于气液色谱，cm 可忽略，传质阻力引起的谱带展宽主要由固定相传质阻力引起，固定相传质阻力系数为保留因子 k 的函数，即

$$C_s = \frac{k}{(1+k)^2} \cdot \frac{qd_f^2}{D_s} \tag{7-30}$$

式中，q 为由固定相颗粒形状和孔结构决定的结构因子；d_f 为固定液的液膜厚度；D_s 为溶质在固定相中的扩散系数。

从式（7-30）可知，传质阻力系数与液膜厚度的平方成正比，与溶质在固定相中的扩散系数成反比，因此降低液膜厚度有利于提高柱效。

（4）流动相流速（u）

从 H-u 曲线可知，A 与流速无关，对板高的贡献是固定的，B/u 和 Cu 与速度相关。由于分子扩散项 B/u 与速度成反比，低速时分子扩散项是引起塔板高度增加的主要因素，因此采用较高可减小分子扩散提高柱效，并且可以加快分析速率；传质阻力项 Cu 与流速成反比，高流速时传质阻力项是引起塔板高度增加的主要原因；而气相色谱中，气体扩散系数大，传质速率高，H 随速率升高传质阻力变小，采用相对分子质量较高的氮气和较小的速率，有利于减小扩散。但当流速提高时，以氦气或氢气为流动相可以避免过高柱压。而在高效液相色谱中，分子扩散影响较小，可以忽略。

3. 柱效和色谱条件的关系

（1）流动相流速

通过实验数据获得色谱系统的范氏方程。实验方法：依据 $u = L/t_0$，通过测定载气在三个不同线速度下的死时间数据，获得由三个范氏方程组成的方程组，解方程组而求得常数 A、B 和 C，据此可获得实际的范氏方程，计算最佳流速 u_{opt} 下的最小理论塔板高度 H_{min}，获得最高的柱效，参见图 7-9。

（2）填料粒径

细而均匀有利于减小涡流扩散效应，降低 A，提高柱效。但细粒径填料对装柱要求高，流动相渗透性较差，易造成高柱压，所以使用细粒径填料的色谱需要高压泵输送流动相。空心毛细管柱不用填料，无涡流扩散项，$A = 0$。

（3）柱温

主要影响溶质在两相之间的动态分配平衡。具体而言，柱温影响扩散系数 D_m 和 D_s，即影响分子扩散和传质速率。柱温升高，扩散系数 D_m 和 D_s 都增大。D_m 增大又使分子扩散加剧，分子扩散系数

B 增大，柱效降低；D_s 增大有利于改善传质，降低传质阻力，提高柱效。故柱温对分子扩散和传质阻力的影响是双向的，须综合考虑才能达到最高柱效。

4. 塔板理论与速率理论的比较

比较塔板理论和速率理论可知，它们是从两个侧面来研究色谱的分离问题的。我们可从分离度 R 的定义式（7-21）出发来进行比较分析。

（1）塔板理论是从色谱热力学角度，研究不同组分在两相中的动态分布问题，研究组分的保留值与组分性质、固定相和流动相的热力学性质以及柱温等热力学参数的关系。

综合式（7-19）与（7-22），则有

$$\Delta t_R = t_0\left(k_2 - k_1\right) = t_0 \cdot \frac{V_s}{V_m}\left[\exp\left(\frac{\Delta S_2}{R} - \frac{\Delta H_2}{RT}\right) - \exp\left(\frac{\Delta S_1}{R} - \frac{\Delta H_1}{RT}\right)\right] \tag{7-31}$$

显然，两组分的保留时间差值由两组分的热力学参数的差异所决定，受温度的影响。塔板理论就是研究和控制这些热力学参数的影响，找到使相邻两组分的 Δt_R 如何变大的方法，从而使相邻组分的分离度 R 增大。

（2）速率理论是从色谱动力学角度，研究同一组分在色谱过程中的扩散问题，研究谱带展宽与涡流扩散、分子扩散和传质阻力以及流动相线流速等动力学参数的关系。

综合式（7-24）与（7-27），则有

$$W = 4\sigma = 4\sqrt{HL} = 4\sqrt{\left(A + B/u + Cu\right)L} \tag{7-32}$$

显然，色谱峰宽由组分在色谱系统中的动力学参数决定，速率理论就是研究组分谱带的展宽问题，找到使峰宽变窄，即（W_2+W_1）/2 变小的方法，从而使相邻组分的分离度 R 增大。

7.4 色谱条件的选择和优化

7.4.1 影响分离度的因素

1. 色谱分离方程式

对于分离因子 α 和分离度 R 两个色谱分离参数，前面已经叙述了它们的定义和公式。色谱分离过程既包括色谱热力学过程，也包括色谱动力学过程，是两者综合作用的结果。分离因子 α，无论是相邻两组分的调整保留值之比，还是相平衡参数之比，都是热力学参数之比，故以分离因子 α 来描述相邻组分的分离情况就具有片面性。

而分离度 R 定义为相邻组分的保留值之差与两组分峰宽的平均值之比。保留值属于色谱热力学参数，而峰宽是色谱动力学参数，故以分离度 R 来描述相邻组分的分离情况就具有全面性。下面就从分离度定义式出发，来分析影响分离度的因素。

为了将问题简化，假设两组分的 $N_1 = N_2 = N$，$k_{平均}$ =（k_1+k_2）/2，依据 R 定义式（7-21），经过一系列变换和推导，可得

$$R = \frac{\sqrt{N}}{4} \times \frac{\alpha - 1}{\alpha} \times \frac{k_2}{1 + k_{平均}} \quad \Rightarrow \quad (a)\times(b)\times(c) \tag{7-33}$$

式（7-33）描述了色谱柱效及组分的保留和分离度的关系，称为色谱过程方程式。这里用 $k_{平均}$ 计算相邻峰时，可近似用 k_2 代替。(a) 称为柱效项，影响峰形；(b) 称为柱选择性项，影响峰间距；(c) 称为柱保留因子项，影响峰位。

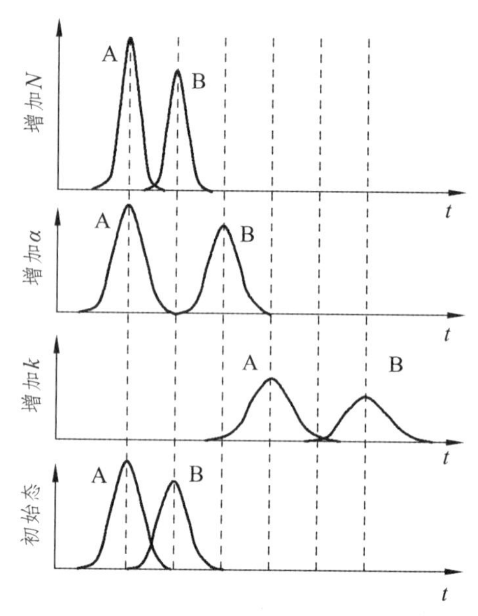

图 7-13　柱效、分离因子和保留因子增大对分离度的影响

2. 提高分离度的方法

式（7-33）给出了分离度与柱效 N、分配系数比 α 及保留因子 k 的关系，从图 7-13 中可看到它们的变化对 R 产生的影响：增大 N 使峰形变窄，R 增大，即峰宽变窄、峰高增加，两组分的保留时间不变；增大 α 使峰间距离增大，R 增大，即保留强的组分保留时间增大，使峰间距离增大，但峰宽不变；增大 k 使峰间距离增加，R 有所增大，两组分不但保留时间都增大，同时峰宽也增大。

所以，应通过选择适宜的固定相、流动相、柱温、流速等条件，才能使混合物各组分在尽可能短的时间内得到良好的分离度（$R \geqslant 1.5$）。

（1）提高柱效　在不改变塔板高度（H）的条件下，根据式（7-25）和（7-33），可有

$$R_1 / R_2 = \sqrt{L_1 / L_2} \tag{7-34}$$

因此，柱长增加 1 倍，则分离度增加 1.4 倍。增加柱长虽然可使分离度增大，但也延长了分析时间，柱压也会随柱长增加而升高，对仪器的耐压性能提出更高的要求。

另外，可根据 van Deemter 方程来选择色谱参数以提高柱效。例如，降低填料粒径、固定液膜厚度；综合考虑流动相分子扩散和传质的影响，选择合适的流动相种类和流速，适当提高柱温等，都能有效提高柱效。

（2）调整保留因子　从上述分析知道，保留因子有利于提高分离度，但同时也使分离时间增大。为了兼顾分离度和分析时间，需要将保留因子调整在适宜的范围方可获得较好的效果。一般 k 的最佳值在 1～5 为宜，对于复杂样品控制在 1～10 即可。调整保留因子的措施有调整相比（V_m/V_s）、调整流动相的配比、调整合适的柱温等。

（3）提高选择性因子　从上述图示可以看出，α 对 R 的改变相对比较敏感，因此采用提高 α 对提高分离度较为有利。提高 α 的措施包括改变固定相的组成和性质、调整流动相的组成和酸度、改变柱温等。

总之，对于保留因子 k 和分离因子 α 对分离度 R 的影响，不能孤立地考虑，它们是相互关联的两个参数。在 GC 中，载气不参与对组分的分配作用，k 与 α 主要受固定相和柱温的影响。在 HPLC 中，在固定相确定的情况下，α 主要受溶剂的种类的影响（影响峰间距离）；在溶剂的种类确定后，k 主要由溶剂的配比所左右（影响保留时间）。

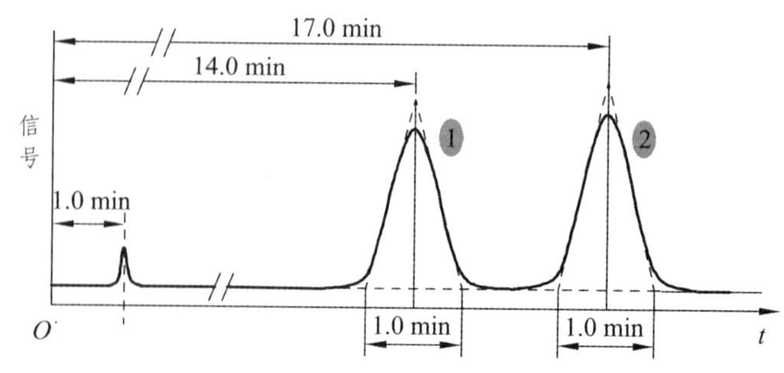

图 7-14　用色谱柱分离两组分

例 7-1　在一根 300.0 cm 长的填充柱上分离组分 1、2，结果如图 7-14 所示。计算：

（1）组分 2 在色谱柱中的理论塔板数和塔板高度；
（2）两组分的调整保留时间；
（3）组分 2 的有效理论塔板数和有效塔板高度；
（4）两组分的保留因子；
（5）两组分完全分离需要的最小柱长。

解：（1）$N_2=16\left(\dfrac{t_{R,2}}{W_2}\right)^2=16\left(\dfrac{17.0}{1.0}\right)^2=4624$，$H_2=\dfrac{L}{N_2}=\dfrac{300.0}{4624}=0.065\ (\text{cm})$

（2）$t'_{R,1}=14.0-1.0=13.0\ (\text{min})$，$t'_{R,2}=17.0-1.0=16.0\ (\text{min})$

（3）$N_{eff,2}=16\left(\dfrac{16.0}{1.0}\right)^2=4096$，$H_{eff,2}=\dfrac{300.0}{4096}=0.073\ (\text{cm})$

（4）$k_1=\dfrac{13.0}{1.0}=13.0$，$k_2=\dfrac{16.0}{1.0}=16.0$，$\bar{k}=\dfrac{13.0+16.0}{2}=14.5$

（5）先求柱长为 300.0 cm 的 R_1，然后依据式（7-34）求 $R_2\geqslant1.5$ 的柱长 L_2。

$$R_1=\frac{17.0-14.0}{(1.0+1.0)/2}=3.0,\quad L_2=\left(\frac{1.5}{3.0}\right)^2\times300.0=75.0\ (\text{cm})$$

7.4.2 对色谱系统的要求

1. 色谱系统适用性试验

《中国药典》规定，对色谱系统进行适用性试验，是分析测试的基本要求。只有通过适用性试验并达到规定的要求，方可进行样品的分析测试。如 HPLC 系统适用性试验，除另外有规定外，应符合下列要求：① 色谱柱理论塔板数，应符合分析要求；② 分离度，待测物与相邻共存物之间的分离度≥1.5；③ 重复性，峰面积测量值的相对偏差不大于 2.0%；④ 拖尾因子，采用峰高法定量时，T 应在 0.95～1.05。

色谱柱的理论塔板数 N 要求在选定的条件下测定，记录色谱图后计算。如果测得的理论塔板数低于规定指标，需采用对色谱柱进行再生后在测试，使其达到规定要求，否则只能更换新色谱柱再试验，以达到规定要求为目的。

2. 色谱柱的峰容量

色谱柱的峰容量也是色谱柱的一个重要性能指标，它是指在一定色谱条件下，色谱柱能够容纳达到基线分离的谱峰数量。形象地说，就是从出第一个峰起，一个接一个、没有间隔地排满彼此达到基线分离的峰，直到出完最后一个峰，这些峰的总数就是色谱柱的峰容量。

可以粗略估测一根色谱柱理论塔板数为 N 的峰容量：假设所有色谱峰宽相同，均为 W，最后一个峰的保留时间为 t_R，所有相邻峰之间刚好基线分离，则其峰容量为 $S=t_R/W$，依据式（7-26），则有 $S=\sqrt{N}/4$。很显然，实际的峰容量比这个数要小。一是不可能从进样开始就出峰，二是相邻峰之间不可能没有间隔，三是前面出来的峰宽窄，后面出来的峰宽变宽。经过进一步推导，最大峰容量可表达为

$$S=1+\frac{\sqrt{N}}{4}\ln\frac{t_{max}}{t_{min}} \tag{7-35}$$

式中，t_{max}和t_{min}为最后一个和最先一个出峰的保留时间，它们均与保留因子密切相关。

峰容量与固定相、填料粒径、柱内径和溶质的保留因子等有关，是色谱柱综合性能的评价指标。峰容量首先是柱本身的质量指标，同样条件下，柱效高峰容量也高；柱内径大的色谱柱，其相对峰容量也会较高。峰容量还与色谱柱对溶质可容纳的最大量相关，进样量过大，将可能导致柱超负荷，溶质不能在两相间达到有效平衡，发生严重拖尾导致较差的分离效果。

3. 分离时间及影响因素

在建立和优化色谱过程中，完成色谱过程所需要的时间也是应考虑的因素。一个过程所需要的时间，取决于保留最强的组分，也是移行速率最慢的组分。根据式（7-12）、（7-25）和（7-33），可推导出

$$t_{R,2}=\frac{16R^2H}{u_m}\left(\frac{\alpha}{\alpha-1}\right)^2\frac{(1+k_2)^3}{k_2^2} \tag{7-36}$$

式中，$t_{R,2}$为最后出柱组分的保留时间；u_m为流动相平均线流速，cm/s。

式（7-36）说明，在满足分离度要求的情况下，影响分离时间的因素还包括组分的保留因子、分离因子、塔板高度（柱效）及流动相线流速等。在其它条件不变的情况下，分离度增加 1 倍，分析时间将是原来的 4 倍；流动相流速增加 1 倍或塔板高度减小一半（柱效增加 1 倍），分析时间将降为原来的 1/2。

7.4.3 定性定量分析方法

1. 定性分析

柱色谱的定性分析参数是保留值，具体有保留时间（或保留体积）、保留因子及保留指数等。一般采用与已知物对照的方法，即将试样与已知物在相同色谱条件下测定，根据保留值是否相同来确定是否为同一化合物。对于结构相近的同系物测定其保留指数用于结构推测也是一直较为常见的定性分析方法。

平面色谱的定性分析参数是比移值和相对比移值。具体方法是将试样与对照品在同一薄层色谱条件下展开，然后根据它们的比移值是否相同来判定为同一化合物。

色谱联用技术是现在普遍采用的定性分析方法。联用技术结合了色谱的分离功能和光谱定性功能，对于复杂混合物的分离和检测。现在的联用仪器有色谱-质谱联用仪、色谱-红外光谱联用仪、色谱-核磁共振波谱联用仪，其中前者最为常用。

2. 定量分析

被测样品经过色谱分离后，各组分由检测器转化为电信号，即可获得色谱流出曲线上的各色谱峰的信息，以峰高或峰面积表示。色谱定量分析的依据就是检测的色谱峰信息与待测组分的量呈正比关系，即有

$$m_i=f_iA_i \tag{7-37}$$

式中，m_i、A_i和f_i分别为被测组分 i 的物质的量或质量、峰面积和比例系数（校正因子）。在测定浓度范围内，如果峰宽不是相对恒定，则可以峰高代替峰面积进行计算。

现代色谱仪的色谱工作站能对色谱峰的峰高、峰面积可直接给出测定值。

色谱定量分析方法有外标法、内标法、主成分自身对照法以及归一化法等，这些方法原理将在后面几章中结合应用实际予以介绍。

7.5 色谱分析法进展简介

将色谱强大的分离功能与光谱等方法的检测功能进行优势结合，才产生了具有在线检测的现代色谱分析方法，从而解决了复杂样品的分离、定性和定量分析问题，也实现了从复杂样品中制备纯组分的目标。色谱分析的发展也是围绕分离与检测两方面展开的。虽然常规色谱技术已经相对成熟和普及，应用领域也不断扩展，但面对千差万别的复杂样品，以及快速、灵敏和准确的现实检测要求，还有一定差距。所以，现在仍有大量色谱技术人员和色谱研究工作者在开发选择性更好、灵敏度更高、分离分析速度更快捷的新型色谱技术。他们在改进仪器性能、研制新型固定相、新型检测器，特别是发展联用技术等方面，取得了长足发展，同时，色谱分析在生命科学的各类组学复杂体系的应用也取得了可喜的进展。现简述如下。

1. 色谱联用技术

色谱分离和光谱检测是两者取长补短的典范。现在已较成熟且商品化的色谱-光谱联用仪有GC-MS、GC-FTIR、SFC-MS、HPLC-UV、HPLC-MS及TLC-UV等。毛细管电泳CE-MS和HPLC-NMR等联用技术也已有大量研究应用的报道。色谱联用技术在药物的高通量筛选、中药指纹图谱的测定、药物代谢过程与药物动力学研究，以及药物构效关系研究等方面都有大量成功的应用，是生命科学研究重要的研究工具。目前，色谱联用仪器正在进一步向智能化、自动化和微型化发展。

2. 超高效液相色谱仪

填料粒径则使表面积增大，可键合更多的键合相固定液，从而大大提高柱效，但同时使流动相在填料间的通透性变差、柱压迅速升高，对仪器的耐压性提出更高的要求，所以高效液相色谱柱的填料粒径一般限制在3～5 μm。

21世纪初，以Waters公司为代表，首先推出来超高效液相色谱仪（ACQTUITY UPLC^{TM}），以粒径1.7 μm的填料、超高压输液泵以及低死体积仪器和快速检测系统的结合，较好地解决了耐高压问题，使柱效大为提高，最佳流速的选择范围加宽，分析速度快，峰容量大，大大改进了分离效能，使高效液相色谱法的高选择性、高通量、高速度又上了一个新台阶。超高效液相色谱仪近期应用普及发展迅速，被称为液相色谱发展史上的里程碑。

3. 整体柱和手性固定相

整体柱概念是诺贝尔奖得主Synge等于20世纪50年代提出，直到20世纪90年代才进入实用化阶段。Hjerten等制备了丙烯酰胺整体材料，压缩后用作色谱固定相，Svec等制备了真正意义上的整体柱，采用制备聚合物微球所用单体，成功地制备了整体柱色谱固定相，开启了新的色谱柱固定相制备途径，在过去20多年里迅速地推动了该领域的发展。

将填料单体、引发剂、制孔剂等混合后，通过原位聚合或固化在柱管中，形成的多孔结构的棒状式柱体，称为整体柱，被誉为第四代色谱柱。由于整体柱的多孔结构，具有很好的通透性，在较低的柱压下仍可保持较高的流速，因此可通过适当延长柱长来提高柱效，在实现快速分离方面具有明显的优势。整体柱类型有有机聚合物整体柱、硅胶整体柱、有机-无机杂化整体柱、金属氧化物整体柱等。

手性对映体的分离分析是所有物质对中最难分离分析的对象，远比分离一般同系物和同分异构体困难，自从手性固定相（CSP）出现后，这个困难才迎刃而解。手性固定相就是其固定液本身就是具有手性结构的键合相，也就是具有光学活性的固定相。按照手性分离机理，手性固定相分为协同型和独立型两大类。协同型手性固定相主要为手性聚合物（如多聚糖、蛋白质、合成高分子等）；独立型手性固定相的每个键合手性分子具有独立的手性识别能力（如形成表面配合物的刷型 CSP 和手性配体交换型 CSP；形成包结络合物的冠醚、环糊精、大环抗生素 CSP）。现在无论是手性分离机理进一步研究还是各种新型手性固定相的出现，都为手性对映体的分离分析，特别是对手性药物的生产和检测，提供了重要的技术保障。

4. 毛细管电色谱法

毛细管电色谱（CEC）是毛细管电泳与高效液相色谱的结合，兼有毛细管电泳和微填充柱色谱法的优点。毛细管电色谱的色谱柱采用在熔融石英毛细管柱内填充微粒填料、管壁键合制备或制成连续床类型的整体柱，以电渗流或电渗流结合压力驱动流动相，基于组分的分配系数或电流淌度的差异实现分离，克服了毛细管电泳难以分离中性组分的局限。该法选择性很高、适用范围更广，尤其适合中性生物大分子的分离分析，因而今年来受到普遍关注。

5. 微流控芯片分析系统

微流控芯片又称芯片实验室（LOC），指的是在芯片上构建的分析实验室，将进样系统、样品预处理系统、毛细管电泳分离系统及衍生化系统等部件，集成在一块芯片上，把所涉及的样品制备、化学反应、分离检测等基本操作单元组合在一起，由微通道和可控流体构成完整的分析系统，又称**微全分析系统**（μ-TAS），可分为微阵列芯片分析法及微流控芯片分析法（MFC）两类。1999 年 Agilent 公式与 Caliper 联合研制出首台微流控芯片商业化仪器。芯片实验室不仅可用于各类样品分析，如药物分析、环境监测、基因组学、蛋白质组学及细胞研究等，而且可用于有机合成与药物筛选，在芯片上实现了分析实验室的整体功能。

6. 多维色谱技术

为了满足各类复杂样品分离分析的需要，可通过组合不同色谱构建多维分离系统，能够明显拓宽各自的分析范围。理论上可以证明，多维色谱系统的总分离效率等于各维分辨率平方和的平方根，总峰容量等于各维峰容量的乘积。多维色谱分离系统允许组分峰沿着多维方向展开，显著提高系统的分离能力和检测灵敏度，为复杂样品的分析提供更多的信息。目前研究较多比较成熟的有二维 GC、二维 LC、二维 CE、HPLC-GC 以及 HPLC-CE 等。

7. 色谱分离与组学研究

组学是人类进入 21 世纪以来在化学和生物学领域最前沿的研究热点之一。组学的范围很宽，目前研究较成熟的有基因组学、蛋白质组学、脂肪组学等。这些组学的共同特点是多组分、多空间、大数据的复杂体系，这些研究无一不需要高通量、自动化的分离分析手段。以色谱分离为基础的蛋白质组学分析技术，包括蛋白质样品前处理技术，多维 LC 分离及联用技术对蛋白质中有关组分的鉴定，蛋白质的定量分析和数据处理方法等。色谱法及其相关技术已成为组学研究最重要的工具。

名词中英文对照

色谱法	chromatography	选择性因子	selectivity factor
固定相	stationary phase	分离度（分辨率）	resolution
流动相	mobile phase	拖尾因子	tailing factor
色谱柱	column	对称因子	symmetry factor
色谱图	chromatogram	色谱塔板理论	chromatographic plate theory
基线	base line	理论塔板高度	height equivalent to a theoretical plate
峰宽	peak width	理论塔板数	theoretical plate number
半峰宽	peak width at half-height	色谱速率理论	chromatographic rate theory
保留时间	retention time	涡流扩散	eddy diffusion
死时间	dead time	分子扩散	molecular diffusion

调整保留时间	adjustment of retention time	传质阻力	mass transfer resistance
保留体积	retention volume	谱带展宽	band broadening
死体积	dead volume	峰容量	peak capacity
调整保留体积	adjustment of retention volume	整体柱	monolithic column
保留指数	retention index	手性固定相	chiral stationary phase, CSP
分配系数	distribution coefficient	毛细管电色谱法	capillary electrochromatography, CEC
分布常数	distribution constant	芯片实验室	lab on chip，LOC
保留因子	retention factor	微全分析系统	micro total analysis system, μ-TAS
容量因子	capacity factor	微流体芯片分析	microfluidic chip analysis, MFC

习　题

一、思考题

1. 一个组分的色谱峰可用哪些参数描述？这些参数各有什么意义？受哪些因素影响？

2. 简述下列四种基本色谱分离模式的分离原理过程：

（1）吸附色谱法，固定相为吸附剂，流动相为与之相匹配的溶剂，组分极性 $A<B$；

（2）分配色谱法，固定相为固定液，流动相为与之相匹配的溶剂，组分溶解度 $A<B$；

（3）离子交换色谱法，固定相为中等极性阴离子交换树脂，流动相为与之相匹配的缓冲液，组分为有机酸 A、B，且缔合能力 $A<B$；

（4）分子排阻色谱法，固定相为凝胶，流动相为，组分为高分子化合物，且尺寸大小为 $A<B<C$。

3. 简述分配系数和保留因子两个相平衡参数的概念，它们与什么有关系？为什么它们都是热力学参数？为什么不同组分的保留因子（或分配系数）不等是分离的前提条件？如何使两个组分的保留因子不等？

4. 在色谱系统中，组分在两相中所受的作用力有哪些？这些作用力有什么特点？

5. 为什么保留值（t_R、t'_R 或 V_R、V'_R）是色谱定性参数？

6. 在描述相邻组分分离状态的参数中，为何采用分离度比分离因子更科学全面些？

7. 简述色谱塔板理论和色谱速率理论的要点，它们研究问题的角度有什么不同。

8. 什么是色谱等温线？试述三种等温线与色谱峰形的关系。

9. 为什么峰宽是色谱动力学参数？

二、计算题

1. 在一根 200 cm 长的色谱柱上，测得某组分保留时间为 6.6 min，峰宽为 0.50 min，死时间为 1.2 min，柱出口载气流速为 40 mL/min。若已知固定相体积为 2.1 mL，求：（1）死体积和调整保留体积；（2）保留因子和分配系数；（3）有效塔板数及有效塔板高度。

2. 设组分 A、B 在某色谱柱上的保留时间分别为 14.6 min 和 15.8 min，理论塔板数对两组分均为 4200。问：（1）两组分是否能够完全分离？（2）若要分离度达到 1.5，提高柱效需要达到多少理论塔板数？

3. 某色谱柱长 100 cm，流动相流速为 0.10 cm/s，已知组分 A 的洗脱时间为 40 min。问：（1）组分 A 在流动相中停留的时间是多少？（2）组分 A 在固定相中滞留的时间是多少？

4. 在一根 300 cm 长的色谱柱上分离含两组分样品，结果列于表 7-5 中。求两组分的：（1）t'_R；（2）k；（3）N、H；（4）N_{eff}、H_{eff}；（5）分离度达到 1.5 时所需柱长。

表 7-5 在色谱柱上分离两组分结果

组 分	t_R/min	W/cm	t_0/min
1	14.0	1.0	1.0
2	17.0	1.0	

5. 在 200 cm 长的某色谱柱上，分析苯（1）与甲苯（2）的混合物。测得死时间为 0.20 min，甲苯的保留时间为 2.10 min 及半峰宽为 0.285 cm，记录纸速为 2 cm/min。已知苯比甲苯先流出色谱柱，且苯与甲苯的分离度为 1.0。求：（1）甲苯与苯的分离因子；（2）苯的容量因子与保留时间；（3）达到 $R = 1.5$ 时的柱长。

6. 某气相色谱中流动相体积是固定相体积的 20 倍，载气流速为 6.0 cm/s，柱的理论塔板高度为 0.60 mm，两组分在柱中的分配系数比为 1.1，后出柱组分的分配系数为 120。（1）当两组分达到完全分离时，第二组分的保留因子为多少？（2）柱的理论塔板数为多少？柱长为多少？（3）第二组分的保留时间是多少？

7. 在一根甲基硅烷胶（OV-1）色谱柱上，柱温 120 ℃，测得一些纯物质的保留时间列于表 7-6 中。（1）求出这些化合物的保留指数。说明应如何正确选择正构烷烃物质对，以减少误差。（2）解释五个六碳化合物的保留指数为何不同。（3）未知正构饱和烃是何物？

表 7-6 在色谱柱上测得 10 个化合物的保留时间

化合物	甲烷	正己烷	正庚烷	正辛烷	正壬烷	苯	正己酮	正丁酸乙酯	正己醇	未知物
t_R /s	4.9	84.9	145.0	250.3	436.9	128.8	230.5	248.9	413.2	50.6

8. 在一个 N 为 4600 的色谱柱上，组分 1、2 的保留时间分别为 15.55 min 和 15.32 min，甲烷的保留时间是 0.50 min。计算：（1）两组分在此柱上的分离度；（2）使两组分的分离度达到 1.0，则需要 N'是多少？

9. 在一根 2.0m 色谱柱上，用 He 为载气，在 3 种流速下测得结果见表 7-7。计算：（1）3 种流速下的线速率 u 、N 与 H；（2）van Deemter 方程式 A、B、C 三个参数；（3）$u_{最佳}$及 $H_{最小}$。

表 7-7 在色谱柱上测得 3 种流速下甲烷、正十八烷的结构

甲烷	t_0 / s	18.2	8.0	5.0
正十八烷	t_R / s	2020.0	888.0	558.0
	W / s	223.0	99.0	68.0

8 经典液相色谱法

自从俄国植物学家 M. A. J. Tsweet 从分离植物色素实验中发明色谱分离方法以来，色谱这一种在动态中将混合物中分子结构和物理化学性质差异较小组分进行分离的新型方法，受到各国科学家和学者的高度重视，从实验研究、理论体系建立、仪器设备制造，以及广泛的应用领域都得到长足的发展。早期的色谱技术，主要用于分离目的，自建立气相色谱法后，色谱技术成为“分离+分析”的综合技术，实现了色谱分离的在线检测，之前的色谱称之为经典色谱，之后的色谱称之为现代色谱，特别是现代色谱仪配置的色谱工作站，使色谱技术进入了信息化时代。所以，经典是相对现代而言的。在色谱技术发展的早期，经典液相柱色谱法被称为柱层析，这种称法现在仍然有人沿用。

尽管现代色谱技术已经进入信息化时代，但经典液相色谱并没有退出应用与研究领域，因为经典液相色谱属于简单的手工操作，需要的器皿简单，对固定相要求不高，没有复杂的仪器系统和在线检测系统，从而使实验成本大大降低，操作简单、成本低廉，所以在医药工业中的纯度检测和杂质检查、中药和生物化学样品的定性鉴别等方面都有广泛的应用。特别是中药有效成分和天然产物的实验室少量制备，在条件不具备的情况下，经典液相色谱法仍然是经济实用的好方法。

采用普通规格的固定相，常压输送流动相，没有在线检测的液相色谱法，称为经典液相色谱法。根据操作形式的不同，经典液相色谱法分为柱色谱法和平面色谱法。下面就分别介绍这两种经典液相色谱方法。

8.1 基本原理过程

8.1.1 分离原理

经典液相色谱分离的实质，是利用被分离组分与固定相的弱作用力的差异，导致组分在两相中的分配差异，在随流动相向前移动时形成差速移行，而实现动态分离的。

柱色谱法因固定相的不同而有不同的分离模式，参见表 8-1，其中液-固吸附柱色谱法是目前最常用的分离模式。

表 8-1 经典液相柱色谱的分离模式

固定相	流动相	模式名称
吸附剂	液体	液-固吸附柱色谱法
载体+固定液	液体	液-液分配柱色谱法
离子交换剂	缓冲溶液	离子交换柱色谱法
凝胶	有机相/水相	尺寸排阻柱色谱法

8.1.2 装柱与平衡

柱色谱装置一般为自制装置。仪器装置包括带筛板的玻璃色谱管，上方是盛放流动相的分液漏斗，下方为盛接分离馏分的容器，以及固定支撑色谱管和分液漏斗的铁架台组成。

用流动相溶剂将固定相配制成糊状的液体，注入下端有筛板的玻璃色谱管中，使流动相液面始终高于固定相 1 cm 左右，然后从上面的分液漏斗中放入流动相。放入的流动相速度，以分液漏斗每分钟滴入色谱管的液滴数，与色谱柱出口流出的液滴数速度相等为宜。经过一段时间的冲洗，经检验流出色谱柱的流动相（空白）与加入的流动相相同，色谱柱就达到平衡状态，一根实用的经典液相色谱柱就安装好了。

有的新购买的固定相不一定能直接用于装柱，必须先进行预处理，达到符合要求后才能装柱。例如，离子交换色谱用的阴、阳离子交换树脂，吸附色谱用的大孔吸附树脂，分子排阻色谱用的凝胶等，在使用前必须进行预处理。

8.1.3 分离与馏分收集

在上述已经达到平衡状态的色谱管顶端，加入样品溶液（量少为佳，不能超载），然后以一定液滴速度的流速冲洗色谱柱，根据样品各组分在色谱柱的分离情况：如果有颜色，就可看见谱带依次流出，用玻璃容器依次分别承接，就得到不同颜色的纯组分馏分；如果没有颜色或颜色区别不明显，可以采取馏分体积的方法依次承接，然后对各承接的馏分检验（如 TLC），以指导承接馏分体积是否合适。

由于是手工操作，对于承接馏分体积不好把握。实验中可以采取以下方法确定。

（1）确定色谱柱的固定相体积 V_b 和流动相体积 V_m。

取一根有刻度的玻璃色谱管，然后将溶剂注入色谱柱中，并把液面调至柱管约 3/4 处，读出溶剂体积为 V_1（mL），然后将一定量的固定相分次少量地从柱管口小心加入，边加入边调节放出溶剂，使液面始终处于原来的位置，这样反复进行直至固定相加完为止，最后量取放出溶剂的体积为 V_2（mL），那么色谱柱中固定相的总体积 V_b（又称色谱床体积）就是排除流动相的体积，即 $V_b = V_2$，色谱柱中流动相的体积则为 $V_m = V_1 - V_2$。

（2）确定流动相冲洗流速和盛接馏分体积。

根据色谱床体积，可以针对性地控制流动相流速，一般以每小时流出色谱柱的溶剂体积是色谱床的多少倍来计算，可以换算为每分钟流出多少滴，这样在实验中就观测和操作。例如，色谱床 V_b=100.0 mL，如果流动相流速为每小时 1.8 倍色谱床体积（即 180 mL/h），每滴溶剂体积约为 0.05 mL，换算为每滴流速为 60 滴/min。

有了色谱柱中流动相体积，即可知需要多少体积溶剂才可把色谱柱完全冲洗一次，这样就有目的地冲洗。进样后冲洗出来的第一个流动相体积 V_m 是空白的，应剔除，之后才可能有分离组分逐步流出，当成馏分体积。馏分体积在经典液相色谱的梯度洗脱中常有应用。

8.1.4 梯度洗脱法

若样品是多组分复杂样品，其中最大极性组分与最小极性组分之间的极性相差比较大，对于这种极性范围比较宽的样品，如果采用同一纯溶剂冲洗，或者虽然是混合溶剂但溶剂配比恒定的溶剂冲洗样品时，分离效果一般都不太理想。这时应将多元溶剂按一系列配比配制成洗脱剂系列，然后依次冲洗样品，这样就会获得比较好的分离效果。这种通过依次改变流动相的配比而改变流动相极性来冲洗色谱柱的方法，就是梯度洗脱法。

例如，某混合样品含有 A、B、C、D、E 五组分，极性由小到大依次排列，极性范围比较宽。现采用硅胶柱吸附色谱分离，以石油醚和乙酸乙酯二元溶剂体系作为流动相，配制一系列混合溶剂，依次冲洗色谱柱，最后用纯乙醇冲洗。每一份混合溶剂总体积 100 mL。溶剂配比与馏分检测参见表 8-2。

表 8-2　梯度洗脱溶剂配比与馏分检测

序号	V（石油醚）：V（乙酸乙酯）	石油醚 V_1+乙酸乙酯 V_2/mL	流动相极性	馏分检测
1	100：0	100＋0＝100	小	—
2	80：20	80＋20＝100	↓	A
3	60：40	60＋40＝100	↓	B
4	50：50	50＋50＝100	↓	—
5	40：60	40＋60＝100	↓	C
6	20：80	20＋80＝100	↓	C+D
7	0：100	0＋100＝100	大	D
8	乙醇	纯乙醇 = 100	更大	E

在进行洗脱时，从序号 1～8 依次冲洗，然后对承接的馏分检验。馏分 1 和 4 检测没有组分，馏分 6 是组分 C、D 的混合馏分，说明 C、D 的极性相差很小，这种极性梯度较大的溶剂还不能完全将它们分离开，必须采用极性梯度更小的洗脱才能获得较好的分离。

这种梯度洗脱方法是手工操作的，比较粗糙，更精确的洗脱方法是用仪器控制程序来操作的，将在后面的 HPLC 方法中再进行介绍。

8.2　固定相

经典液相柱色谱固定相有：吸附色谱用的吸附剂，离子交换色谱用的离子交换剂，分子排阻色谱用的凝胶，以及分配色谱用的固定液等。下面分别予以介绍。

8.2.1　吸附剂

吸附剂分为无机和有机两大类。无机吸附剂有硅胶、氧化铝、活性碳酸钙、活性氧化镁、硅藻土、沸石及分子筛等；有机吸附剂有聚酰胺和大孔吸附树脂等。以硅胶、氧化铝和大孔吸附树脂最为常用。

1. 硅　胶

硅胶是二氧化硅微粒子的三维凝聚多孔体的总称，其化学组成用 $SiO_2 \cdot xH_2O$ 表示。早期液相色谱用硅胶是薄壳形微珠，后来全多孔型硅胶出现成为主流。典型的制备方法是溶胶-凝胶法：可溶性硅酸盐酸化，溶胶-水凝胶过程中形成水凝胶，水凝胶酸洗后脱水形成干凝胶，即硅胶。硅胶是无定形多孔结构的凝聚物，外观为白色粉末，质轻。

因为硅胶的外表面和孔内表面存在的大量的硅羟基（Si—OH），它是极性基团、“吸附活性中心”，是与组分分子产生相互作用的位点，吸附活性中心的多少决定硅胶的吸附能力的大小。评价硅胶的指标主要有平均粒径和比表面积等。

硅胶的硅羟基与水结合而失去吸附活性（失活），将它置于 105～110 ℃烘箱中 0.5～1 h，可除去吸附水又恢复吸附活性（再生）。硅胶含水量与活性关系见表 8-3。

表 8-3　硅胶和氧化铝的含水量与活性的关系

活性级别（由高至低）	Ⅰ	Ⅱ	Ⅲ	Ⅳ	Ⅴ
硅胶含水量/%	0	5	15	25	38
氧化铝含水量/%	0	3	6	10	15

2. 氧化铝

用作色谱吸附剂的氧化铝也是水合物，其分子式为 $Al_2O_3 \cdot xH_2O$（$x = 0 \sim 3$）。通常利用水合氧化铝的再沉淀工艺以制备具有不同化学组成和相组成的氧化铝。将水合氧化铝溶于酸，再以碱中和，使氢氧化铝沉淀出来并与杂质得到部分分离。以不同的煅烧温度，可以得到具有不同水含量、不同晶相及不同孔结构的氧化铝，有低温氧化铝（600 ℃煅烧，有 γ-Al_2O_3、ρ-Al_2O_3、χ-Al_2O_3，有残余水分）和高温氧化铝（900～1000 ℃煅烧，有 θ-Al_2O_3、χ-Al_2O_3、δ-Al_2O_3，无残余水分）。色谱用氧化铝主要是 γ-Al_2O_3，其表面有铝羟基（Al—OH），它是氧化铝的吸附活性中心位点。由于 γ-Al_2O_3 中通常含有碱金属和碱土金属杂质而常呈碱性。将 γ-Al_2O_3 悬浮于水中，其 pH 值可达 9，故常称为碱性氧化铝。利用适当的酸中和，可以得到中性氧化铝乃至酸性氧化铝。氧化铝含水量与活性的关系参见表 8-3。

碱性氧化铝，pH 9～10，适用于碱性和中性化合物的分离。

酸性氧化铝，pH 5～4，适用于分离酸性化合物的分离，如有机酸、酸性色素及某些氨基酸、酸性多肽及对酸稳定的中性化合物等。

中性氧化铝，pH 7.5，适用范围广，适用于酸性、碱性氧化铝的化合物，尤其适用于分离生物碱、挥发油、萜类、甾体、蒽醌以及在酸碱中不稳定的苷类和内酯等成分。

3. 聚酰胺

聚酰胺是高分子合成材料纤维，又称尼龙，由环内酰胺聚合而成。作为色谱吸附剂用的聚酰胺主要有尼龙-6, 6、尼龙-6 两种。聚酰胺的分子中存在着大量酰胺基和羰基极性基团，两者都易于形成氢键，这些表面的极性基团就是其吸附活性中心位点。所以，聚酰胺对极性化合物具有较好的色谱分辨能力。聚酰胺与化合物形成的氢键形式和能力不同，吸附能力就不同，从而使各类化合物得到分离。一般来说，具有形成氢键基团较多的化合物，其吸附能力较大。例如，中药有效成分和天然产物中的酚类、黄酮、鞣质、酸类，是以其羟基与酰胺的羰基形成氢键；硝基化合物和醌类化合物是与酰胺的胺基形成氢键。这些化合物，可以利用它们形成氢键的形式和能力的差异而实现分离。

4. 大孔吸附树脂

大孔吸附树脂是一种不含交换基团的高分子化合物，是具有大孔网状结构的高分子吸附剂，它同时具有吸附和分子筛的作用。合成大孔吸附树脂的单体有非极性、中等极性、极性和强极性的等，由此合成的大孔吸附树脂的表面就带有聚合单体基团的相应极性，所以根据大孔吸附树脂的表面性质，分为非极性、中等极性、极性和强极性四类。

非极性大孔吸附树脂是由苯乙烯加交联剂聚合而成的聚苯乙烯树脂，不带任何功能基，孔表疏水性较强，最适于由极性溶剂（如水）中吸附非极性物质。中极性吸附树脂含酯基的吸附树脂，其表面兼有疏水和亲水两部分，既可由极性溶剂中吸附非极性物质，又可由非极性溶液中吸附极性物质。极性与强极性树脂是指含酰胺基、氰基、酚羟基等含氮、氧、硫不同极性功能基的吸附树脂，该类树脂最适用于由非极性体系里分离极性物质。

大孔吸附树脂的孔径与比表面积都比较大，在树脂内部具有三维空间立体孔结构，具有物理化学稳定性高、比表面积大、吸附容量大、选择性好、吸附速度快、解吸条件温和、再生处理方便、使用周期长、宜于构成闭路循环、节省费用等诸多优点。

8.2.2 固定液

1. 载　体

分配色谱的固定相是由涂渍在惰性固体颗粒上的固定液构成，这种惰性固体颗粒被称为载体（旧称担体），意即负载固定液的物质。最常用载体为硅藻土，硅胶和纤维素也可作为载体使用。硅藻土是一种由古代硅藻遗骸化石形成的硅质岩非金属矿，硅藻土因有丰富的孔隙而有吸附性能，被广泛用于过滤吸附材料。作为载体用的硅藻土，需经过粉碎、煅烧、酸处理除去可溶性杂质，烘干、再粉磨后过筛，然后才能使用。

由于涂渍固定液是依靠微弱的物理作用力包覆在载体表面，并不牢固，在溶剂的作用下有可能脱离载体。更好的方法是将固定液分子通过化学键的方法与载体表面的硅羟基结合在一起，从而形成一层键合相液膜，这就是键合固定液，将在后面章节中再介绍。

2. 固定液

分配色谱的固定液是样品的良好溶剂，不溶或难溶于流动相，且组分在固定液中的溶解度要区别于其在流动相中的溶解度，以保证较好的分离。

依据固定液的官能团的不同，固定液有烃类（非极性）、硅氧烷类（各种极性，通用）、酯类（中等极性）和醇类（极性）等。所以，固定液从极性、中等极性、弱极性至非极性的都有，可依据被分离样品组分极性大小，遵循相似相容原理选择与之相匹配极性的固定液。在分配色谱中，根据固定相与流动相的极性相对强度，流动相极性小于固定相的，称为正相色谱；流动相极性大于固定相的，称为反相色谱。

8.2.3 离子交换树脂

离子交换树脂是带有可离子化基团的交联高分子聚合物，其外形有珠状或无定形颗粒状，有白、淡黄、黑等各种颜色，以淡黄色居多。离子交换树脂的两个基本特征：一是聚合物骨架或载体是交联聚合物，因而在任何溶剂中都不能使其溶解，也不能使其熔融；二是聚合物上所带的功能基可以离子化。经典色谱用的离子交换树脂颗粒粒径一般在 0.3～1.2 mm。

1. 离子交换树脂的分类

根据树脂的物理结构分类，有凝胶型和大孔型。凝胶型离子交换树脂的优点是体积交换容量大、生产工艺简单成本低，缺点是耐渗透性强度差、抗有机污染差。大孔型离子交换树脂的优点是耐渗透性强度高、抗有机污染、可交换分子量较大的离子。

以树脂所带离子化基团分类，有阳离子交换树脂、阴离子交换树脂和两性离子交换树脂（分别简称阳树脂、阴树脂、两性树脂）。

按树脂的功能基团性质分类，有强酸性、弱酸性、强碱性、螯合性、两性及氧化还原性七类，见表 8-4。

表 8-4　离子交换树脂的种类

分类名称	功能基团	功能基团结构举例
强酸性	磺酸基	$—O—SO_3H$
弱酸性	羧酸基、膦酸基	$—COOH$，$—PO_3H_2$
强碱性	季胺基	$—\overset{+}{N}(CH_3)_3$，$—\overset{+}{N}(CH_3)_2CH_2CH_2OH$

续表

分类名称	功能基团	功能基团结构举例
弱碱性	伯、仲、叔氨基	$-NH_2$，$-NHR$，$-NRR'$
螯合性	氨羧基	$-CH_2-N(CH_2COOH)_2$
两性	强碱-弱酸	$-\overset{+}{N}(CH_3)_3$，$-COOH$
	弱碱-弱酸	$-NH_2$，$-COOH$
氧化还原性	硫醇基、对苯二酚基	$-CH_2SH$，HO—⬡—OH

2. 离子交换树脂的性能指标

一般物理指标有树脂的外观、粒度、密度、含水率、溶胀性，另外还有交联度和交换容量两项重要性能指标。

（1）交联度　是指树脂中交联剂的含量，通常用质量分数表示。例如，聚苯乙烯型磺酸基阳离子树脂，它由苯乙烯（单体）和二乙烯苯（交联剂）聚合而成，二乙烯苯在原料中所占有总质量百分比称为交联度。交联度决定树脂的孔隙大小。通常，阳树脂交联度以 8%为宜，阴树脂交联度以 4%为宜。

（2）交换容量　理论交换容量是指每克干树脂中所含的功能基团的数目。实际交换容量是指在实验条件下每克干树脂真正参加交换的功能基团数，一般低于理论值，差别取决于树脂的结构和组成。交换容量可用酸碱滴定法测定，其单位以 mmol/g 表示，一般为 1～10 mol/g。

8.2.4 凝　胶

凝胶也是一类具有三维空间结构的多孔性交联网状高分子化合物。适用于有机相的凝胶有聚苯乙烯凝胶、聚乙酸乙烯酯凝胶、聚甲基丙烯酸酯凝胶等，是亲油性凝胶，用于色谱仪测定高分子的分子量和分子量的分布范围的固定相。适用于水相的凝胶有交联葡聚糖凝胶、聚丙烯酰胺凝胶、琼脂糖凝胶等，是亲水性凝胶，用于经典液相柱色谱的固定相。下面只介绍亲水性凝胶。

1. 交联葡聚糖凝胶

交联葡聚糖凝胶是由葡聚糖和交联剂通过醚基相互交联而成的多孔状物质，外形呈球形。葡聚糖的主要商品名为 Sephadex，不同规格型号的葡聚糖用"G-数字"表示，数字为凝胶溶胀时吸水量的 10 倍。例如，G-25、G-200 分别为每克干凝胶膨胀时吸水 2.5 g、20 g。Sephadex LH-20 是 G-25 的羟丙基衍生物，能溶于水及亲脂溶剂，用于分离黄酮、蒽醌和色素等亲脂性物质。

2. 聚丙烯酰胺凝胶

聚丙烯酰胺凝胶是由丙烯酰胺与亚甲基双丙烯酰胺（交联剂）聚合而成的网状聚合物，交联剂越多，孔隙越小，其商品名为生物胶-P（Bio-Gel P），型号从 P-2 到 300 多种，P 后面的数字乘以 1000 就相当于凝胶的排阻限度。该产品为颗粒干粉，遇水溶胀成凝胶。

3. 琼脂糖凝胶

琼脂糖是乳糖的聚集体，依靠糖链间的次级链如氢键来维持网状结构。网状结构的疏密依靠琼脂的浓度。在 pH 4~9 的盐溶液中，它的结构是稳定的。在 40 ℃以上开始融化，可用化学灭菌处理。琼脂胶适用于 Sephadex 不能分级分离的大分子的凝胶过滤，若使用 5%以下浓度凝胶，也能够分级分离细胞颗粒、病毒等。琼脂糖凝胶常见的有 Sepharoser（瑞典，Pharmacia）、Bio-Gel A（美国，Bio-Rad）等。

8.3 分离机理

8.3.1 吸附色谱法

吸附色谱法：以吸附剂作为固定相，利用被分离组分对吸附剂表面吸附活性中心吸附能力的差别而实现分离。气固色谱法和液固色谱法都属于吸附色谱法。分离过程如图 8-1 所示。

吸附剂是多孔性微粒状物质，具有较大的比表面积，其表面的活性基团称为吸附中心。吸附剂的吸附能力，取决于吸附中心的多少和形成氢键能力的大小。吸附中心越多，形成氢键能力越强，吸附能力越强。硅胶吸附剂的硅羟基为其吸附中心。

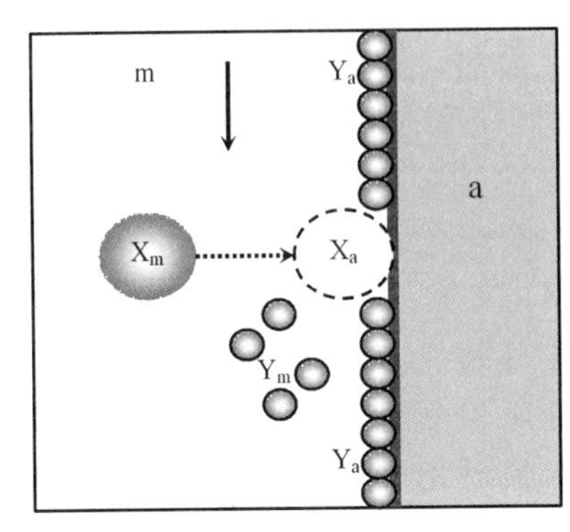

a—吸附剂；m—流动相；X—溶质分子；Y—溶剂分子

图 8-1 吸附色谱示意图

吸附过程是溶质分子与流动相分子争夺吸附剂表面活性中心的过程。吸附平衡可表示为

$$X_m + nY_a \rightleftharpoons X_a + nY_m$$

式中，X_m 表示存在于流动相中溶质分子，X_a 表示存在于吸附剂表面的溶质分子，Y_a 表示包覆吸附剂表面的溶剂分子，Y_m 表示流动相中的溶剂分子。它们之间的平衡关系服从质量作用定律，反应的平衡常数称为吸附系数，用 K_a 表示，即

$$K_a = \frac{[X_a][Y_m]^n}{[X_m][Y_a]^n} \tag{8-1}$$

因为流动相量大，$[Y_m]^n/[Y_a]^n$ 近似于常数，且吸附只发生于吸附剂表面，故可将上式简化为

$$K_a = \frac{[X_a]}{[X_m]} = \frac{n(X_a)/S_a}{n(X_m)/V_m} \tag{8-2}$$

式中，S_a 为吸附剂的表面积；V_m 为流动相的体积；$n(X_a)$ 和 $n(X_m)$ 分别为溶质 X 在吸附剂表面和流动相中的物质的量。

吸附系数 K_a 是与组分性质、吸附剂和流动相的性质及温度有关的一个常数。不同组分的 K_a 值相差越大，越容易分离。通常极性强的物质 K_a 值大，易被吸附剂保留，在流动相中的移行速度慢，后流出色谱柱。

8.3.2 分配色谱

分配色谱：固定相为涂渍在惰性载体上的固定液，以与其不相混溶的溶剂做流动相，利用被分离组分在固定相或流动相的溶解度差别而实现分离。如图 8-2 所示。

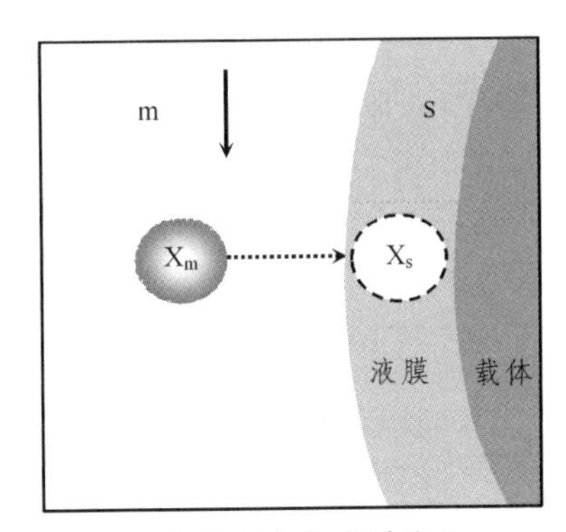

X_m—流动相中的溶质分子；X_s—固定相中的溶质分子

图 8-2 分配色谱示意图

分配色谱中，溶质分子在两相中的溶解度呈动态平衡，在流动相和固定相中的浓度之比称为分配系数，即

$$K=\frac{c_s}{c_m}=\frac{[X_s]}{[X_m]}=\frac{n(X_s)/V_s}{n(X_m)/V_m} \tag{8-3}$$

式中，X_s为分布在固定相中的组分；X_m为分布在流动相中的组分；$n(X_s)$和$n(X_m)$分别为组分在固定相和流动相中物质的量；V_s为固定相体积；V_m为流动相体积。

在分配色谱中，溶质分子在固定相中的溶解度越大，或者流动相中的溶解度越小，分配系数就越大。显然，分配系数取决于两相的组成和性质。分配色谱的优点在于其较好的重现性，一定温度下，同一组分在整个色谱过程中的分配系数是定值。另外，因不同极性的物质均能找到相应极性的溶剂进行分离，因此分配色谱的应用极其广泛。

在分配色谱中，根据固定相和流动相的极性相对强度，分为正相分配色谱（NPC）和反相分配色谱（RPC）。流动相极性比固定相小的，称为正相分配色谱；反之，流动相极性比固定相大的，称为反相分配色谱。

在正相分配色谱中，固定相有水、各种缓冲溶液、甲醇、甲酰胺等强极性溶剂，或按一定比例混合，流动相有石油醚、醇类、酮类、酯类、卤代烃等或它们的混合物，适用于强极性至中等极性组分的分离，极性稍小的组分先流出色谱柱。

在反相分配色谱中，固定相有硅油、液状石蜡即极性小的有机溶剂作为固定液，流动相常用水、或各种水溶液、甲醇等，适用于非极性、弱极性组分的分离，极性大的组分先流出色谱柱。反相色谱应用为更广泛。

8.3.3 离子交换色谱

1. 分离机理

离子交换色谱法（IEC）：是以离子交换作用分离离子型化合物的液相色谱法。固定相常用以交联苯乙烯为基体的离子交换树脂和以硅胶为基体的键合离子交换剂，流动相常用酸性、碱性水溶液或缓冲溶液。离子交换剂上有可解离的离子，如果在流动相中有相同电荷的溶质离子存在，则可与离子交换剂上的离子进行可逆交换，所以，IEC 法是根据溶质中不同离子对交换剂的缔合能力（亲和力）的差别而实现分离的，其分离对象为离子型化合物。

离子交换树脂一般呈球状或无定形状颗粒，树脂颗粒都由交联的具有三维空间立体网络骨架结构。离子交换树脂的分子式可表示为：RA^+OH^-[阴树脂]，RA^-H^+[阳树脂]。

R 为树脂骨架，A^+OH^-和A^-H^+分别为阴、阳树脂功能基团。设 X 为样品离子，离子交换过程如图 8-3 所示。

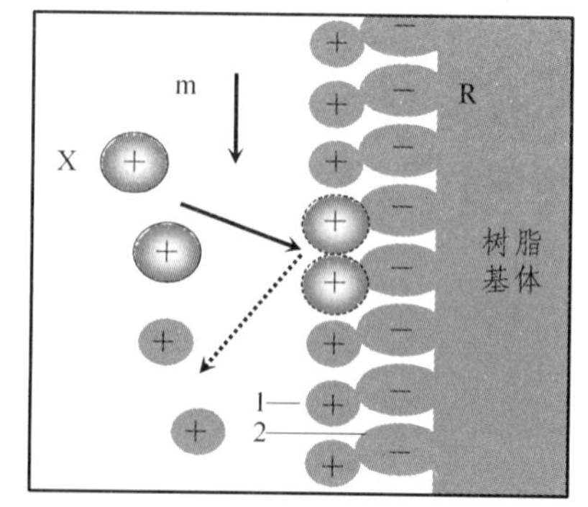

1—可交换离子；2—功能基团；R—树脂骨架；X—样品离子；m—流动相

图 8-3 阳离子交换色谱示意图

在一定 pH 条件下，离子交换反应可表示为

（1）$RA^+OH^- + X^- \underset{\text{洗脱}}{\overset{\text{交换}}{\rightleftharpoons}} RA^+X^- + OH^-$

（2）$RA^-H^+ + X^+ \underset{\text{洗脱}}{\overset{\text{交换}}{\rightleftharpoons}} RA^-X^+ + H^+$

（1）式为阴离子交换反应，（2）式为阳离子交换反应，X^-和X^+分别为样品阴、阳离子。离子交换反应可逆平衡时，离子在两相中的分配系数称为选择性系数，即

$$K_s^- = \frac{[RA^+X^-]}{[X^-]} \quad 或 \quad K_s^+ = \frac{[RA^-X^+]}{[X^+]} \tag{8-4}$$

式中，K_s^- 为阴树脂对 X^- 的选择性系数；K_s^+ 为阳树脂对 X^+ 的选择性系数。

由于离子交换反应是可逆平衡反应，则反应的平衡常数为

$$K^- = \frac{[RA^+X^-][OH^-]}{[RA^+OH^-][X^-]} \quad 或 \quad K^+ = \frac{[RA^-X^+][H^+]}{[RA^-H^+][X^+]} \tag{8-5}$$

式中，K^- 和 K^+ 分别为阴、阳树脂离子交换反应的化学平衡常数。

在系统中具有交换活性树脂量很大，功能基团的数量不会因为微量的离子交换而有显著减少，可认为 $[RA^+OH^-]$ 和 $[RA^-H^+]$ 均为常数，可将其合并，使式（8-5）简化为

$$K^- = \frac{[RA^+X^-][OH^-]}{[X^-]} \quad 或 \quad K^+ = \frac{[RA^-X^+][H^+]}{[X^+]} \tag{8-6}$$

将式（8-2）与式（8-6）结合，则有

$$K_s^- = \frac{K^-}{[OH^-]} \quad 或 \quad K_s^+ = \frac{K^+}{[H^+]} \tag{8-7}$$

式（8-7）说明，树脂对离子的选择性系数（K_s）是由离子交换反应的平衡常数（K）和系统的酸碱度（pH）两方面因素决定的，这就是离子交换色谱法的流动相是酸性、碱性水溶液或者缓冲溶液的根本性原因。

一般来说，阳离子的价数高，离子半径小（水合离子半径也小），与阳离子树脂的功能基团缔合力则强；阴离子的负价数高、离子半径小（水合离子半径也小），与阴离子树脂的功能基团缔合力则强。

从式（8-7）可知，在一定 pH 条件下，与树脂功能基团缔合能力强的离子，其 K 值大，K_s 也大，这种离子移行速度慢，后流出色谱柱。反之，缔合能力弱的离子先流出色谱柱。

2. 流动相

离子交换色谱法的流动相一般为水溶液，通过调节流动相的 pH 和离子浓度即可调整溶质组分的保留值，通常可使用含有一定离子浓度的缓冲溶液达到为流动相。当流动相离子强度大时，加入的盐使离子浓度增加，削弱了溶质组分离子的竞争缔合作用，使溶质组分的保留值降低。流动相 pH 的变化能导致可解离化合物在溶液中电离程度发生变化，如电离程度变大，则自发的保留值也增大。一般来说，离子强度的变化要大于 pH 变化对保留值的影响。

若在流动相中添加有机溶剂，则可使峰的拖尾现象得到改善，调节溶质组分的保留值。如果加入极性化合物如醇类，就将抑制离子交换作业，分离机制中引入分配形式，即离子交换剂所吸附的水相和流动相之间的分配。常用的有机溶剂有甲醇、乙醇、乙腈、二氧六环等。

需要注意的是，离子交换色谱法分离离子与离子交换法制纯水，尽管两者都属于“离子交换”范畴，但却是两种截然不同的方法，其区别参见表 8-5。

表 8-5　离子交换色谱法分离离子与离子交换法制纯水的区别

区别内容	离子交换色谱法	离子交换制纯水
柱型不同	小型柱，一般是阴离子柱或者阳离子柱单独使用	大型柱，它是阴离子柱+阳离子柱+混合柱成套使用
目的不同	对样品离子进行分离	去除水中阴、阳离子获得纯水（去离子水）
方法不同	它是在动态中分离同类离子的过程	它是在静态中截留所有离子的过程
交换状态不同	被分离离子与树脂功能基团的缔合作用（亲和力）适中，离子交换过程是缔合-解缔的可逆动态平衡过程，不同离子因缔合-解缔的差异而实现分离	被去除离子与树脂功能基团的缔合作用（亲和力）很强，离子交换过程是不可逆的离子交换反应，以达到截留离子的目的，从而获得去离子水
流动相不同	酸性、碱性水溶液，缓冲溶液（最常用）	一般为中性自来水

8.3.4 分子排阻色谱

分子排阻色谱法又称体积排阻色谱法，由于它是以多孔凝胶为固定相，也称为凝胶色谱法。根据流动相不同分为两种：以有机溶剂为流动相的称为凝胶渗透色谱法（GPC），主要用于高聚物的分子量测定；以水溶液为流动性的称为凝胶过滤色谱法（GFC），主要用于蛋白质、生物酶、寡聚或多聚核苷酸、多糖等生物分子量的测定。

1. 分离机理

分子排阻色谱法的分离过程是使具有不同分子大小的样品，通过多孔性凝胶（软性凝胶或刚性凝胶）固定相，借助精确控制凝胶孔径的大小，使样品中大的分子不能进入凝胶孔洞而完全被排阻，只能沿多孔凝胶离子之间的缝隙通过色谱柱，首先从柱中被流动相洗脱出来；中等大小分子能进入凝胶一些适当的孔洞中，但不能进入更小的微孔，在柱中受到滞留，较慢地从柱中洗脱出来；小分子可进入凝胶的绝大部分孔洞，在柱中受到更强的滞留，会更慢地被洗脱出来，从而实现对样品中不同分子大小组分的完全分离，如图 8-4 所示。溶剂分子最小，可自由进出凝胶的所有孔洞。

对于孔隙之所以对分子大小不同的分子具有筛分作用，可参考凝胶圆锥形空洞模型来解释（图 8-5）。因分子尺寸大小不同，它们自由扩散能够到达孔洞的深度不同。大尺寸分子只能扩散到孔洞很浅的位置，返回到孔外很容易，相当于保留很弱，随流动相移行速度快，移行距离靠前一点；中等尺寸分子，可自由扩散到孔洞中等深度的位置，返回到孔外比大尺寸分子耗时略长一些，相当于有一定保留作用，它随流动相移行速度比大尺寸分子略慢一些，移行距离紧随之后；较小尺寸分子可自由扩散到孔洞的更深位置，再返回到孔外耗时更长一些，相当于保留作用较强，它随流动相移行速度更慢，移行距离最滞后；溶剂分子尺寸最小，可扩散到孔洞的最深位置，返回到孔外耗时最长，移行最慢。所以，不同尺寸大小的分子，每进出一次孔洞，它们的移行距离都存在着微小差异，经过整个柱长的移行，这微小差别在动态中得到无数次累加而放大，大尺寸分子最先流出色谱柱、中等尺寸分子紧随其后流出色谱柱、较小尺寸分子滞后流出色谱柱，溶剂小分子最后流出色谱柱，从而将不同尺寸大小的分子分离开来。

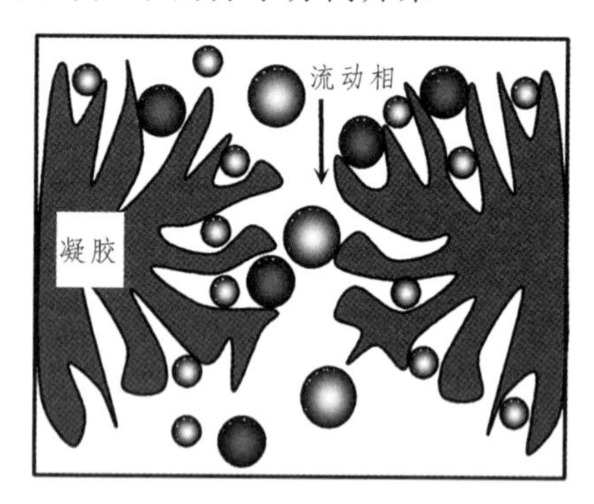

图 8-4 分子排阻色谱示意图

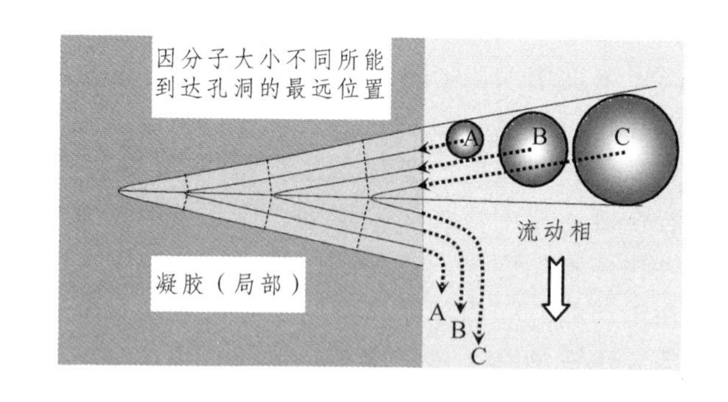

图 8-5 凝胶圆锥形孔洞对分子排阻示意图

应当指出溶解样品的溶剂分子最后从凝胶色谱柱中流出，这一点明显不同于前述的各种液相色谱法，因此与溶剂分子流出对应的时间应为死时间，其对应的洗脱体积为柱的死体积。

由上述分离过程可以看出，样品中相同大小的溶质分子，在凝胶孔洞的内外处于扩散平衡状态。平衡时，组分在孔洞内外（相当于两相）中的浓度之比称为渗透系数 K_p 为

$$K_p = \frac{c_s}{c_m} = \frac{V_R - V_0}{V_s} \tag{8-8}$$

式中，V_R 为组分的淋洗体积；V_s 为固定相孔内总体积；V_0 为死体积。

当 $V_p = V_0$ 时，$K_p = 0$，即组分被完全排除；当 $V_R - V_0 = V_s$ 时，$K_p = 1$，则组分分子完全渗透到固

定相中。注意这里 K_p 和前三种类型色谱不同，K_p 为溶质淋洗体积占固定相体积的比例，其值一般总是小于 1。这种分离主要取决于凝胶的孔径大小与被分离组分分子尺寸之间的关系，与流动相的性质没有直接关系。

由具有一定粒度和不同孔径凝胶构成的色谱柱，所能分离样品的分子量（M）的范围，是由组分从柱中洗脱时的洗脱体积（V_e）的差别来表示的。为表示此凝胶色谱柱的特性，可以绘制 $\lg M$-V_e 校正曲线，如图 8-6 所示。图中 A 点为排阻极限（$K_p=0$），即相当于分子量大于 10^6 的分子被排斥在凝胶孔穴之外，以单一谱带 A′ 流出柱外，对应保留体积为 V_0。图中 B 点为渗透极限（$K_p=1.0$），相当于分子量小于 10^2 的小分子都可完全渗入凝胶孔穴内，以单一谱带 B′ 流出柱外，对应保留体积为 V_0+V_p。从图示可知，只有分子量介于 A～B 两点（$K_D=0\sim1.0$）之间的组分 X′ 可以进入凝胶的不同孔穴进行渗透分离，对应的保留体积为 V_x。通常将 A、B 两点间的分子量范围叫作凝胶色谱柱的分级范围，由此可知，只有凝胶的孔穴体积 V_p 才是具有分离能力的有效体积。

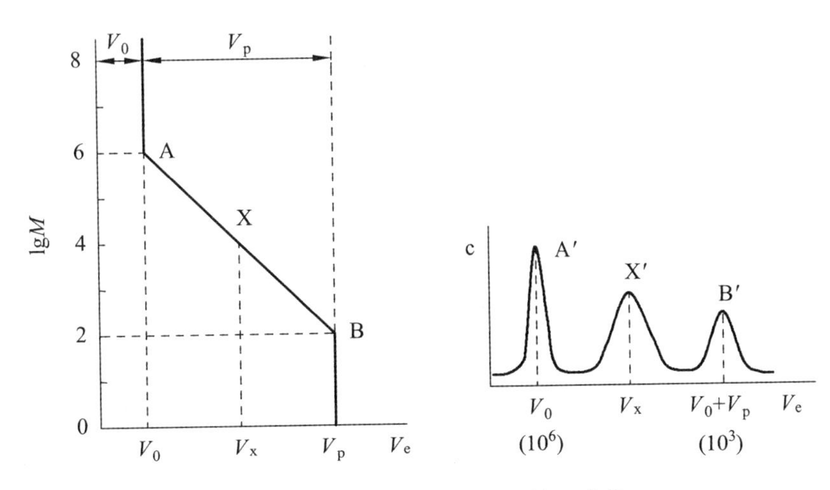

图 8-6　凝胶色谱的 $\lg M$-V_e 校正曲线

体积排阻色谱法的分离机理是独特的，其洗脱体积总是介于 $V_0\sim(V_0+V_p)$。因此凝胶色谱柱的峰容量是有限的，在整个色谱图上只能容纳小于 10～12 个色谱峰，而不像其它液相色谱方法那样在一次分离中可以分开几十至几百个化合物。这表明体积排阻色谱法的分离度较低，因此仅该方法还不能完全分离一个复杂的、含多组分的样品。

此外，体积排阻色谱法不宜用于分子大小组成相似或分子大小仅差 10%的组分分析，如同分异构体的分离就不能采用该方法。

2. 实验方法

（1）凝胶柱的选择和使用

经典液相色谱中的体积排阻色谱分离模式主要用于制备分离、精制纯化。根据分离对象不同，有 GPC 和 GFC，必须注意凝胶的性质与溶质和淋洗体系相匹配。SEC 要求凝胶与样品尽可能不发生任何基团之间的相互作用，即在色谱过程中尽可能避免非体积排阻色谱效应（如吸附、分配、离子交换等）的影响，而是完全按照分子尺寸大小进行分离。

GPC（凝胶渗透色谱），通常都是在有机溶剂（如 THF）淋洗体系中进行，与之匹配的凝胶是疏水性的，其分离对象一般是油溶性的高分子化合物。

GFC（凝胶过滤色谱），通常是在水相（如缓冲液）淋洗体系中进行，与之匹配的凝胶是亲水性的，其分离对象一般是水溶性的大分子化合物。

按分子量范围考虑：应落在分子量-淋出曲线的线性部分；若范围太窄则可以考虑将不同规格的

柱子串联使用。

使用中最大的问题是严禁超压，否则将会引起凝胶孔结构的破坏，使柱子完全报废。使用后应妥善保管，防止干裂、盐析、生霉。由于使用了缓冲溶液以及无机盐溶液，故必须以纯水冲洗干净。较长时间不使用时，可用甲醇或含叠氮化钠的水溶液置换后，密封保存。

（2）流动相

GPC 中，主要考虑高分子样品的溶解度，检测器的要求，处理的方便及安全性、经济性等因素。特别是常用的四氢呋喃，在纯化时还要考虑生成过氧化物的危险。

GFC 中，主要考虑添加中性盐及缓冲液等问题。

（3）标准样品及标准曲线

SEC 不是一个绝对的测定方法（有在线分子量检测器的除外）。因此通常需要用标准样品标定出淋洗体积与分子量之间的关系。对于 GPC，可采用窄分布的标样，如分子量分布窄的聚苯乙烯（PS），其分子量一般在 600～3×10^6；对于 GFC，可采用蛋白质标样，其分子量是精确的，故可绘出精确的标准曲线，但昂贵的价格限制了它的广泛应用，亦可用葡聚糖或 PEG 来代替，但它们是线性分子且不是单分散的，故有局限性，其数据仅供参考。为了解决普适标定问题，以特性黏数对流体力学体积 $[\eta]M$ 作图（η 特性黏数，M 平均分子量），再通过换算求出试样的 $\lg M\text{-}V_e$ 标准曲线；当淋出体积相同时，$[\eta]_1 M_1 = [\eta]_2 M_2$。

根据特性黏数-分子量方程式 $[\eta] = K_1 M^{\alpha}$，可得出

$$\lg M_2 = \frac{1+\alpha_1}{1+\alpha_2}\lg M_1 + \frac{1}{1+\alpha_1}\lg\frac{K_1}{K_2} \tag{8-9}$$

只要待测样品的 K_2、α_2 已知，便可以推知其分子量 M_2。

3. 应用示例

β-内酰胺抗生素是目前临床上最常用的抗感染药物，但它们在临床上常引发过敏性休克反应，严重威胁患者的安全。经研究证明，引发过敏反应的过敏原与 *β*-内酰胺抗生素中存在的高分子聚合物含量有关，对此类药物中高分子聚合物的测定引起人们的重视。所以《中国药典》增加了许多须做高分子聚合物测定的 *β*-内酰胺抗生素，如头孢辛钠、头孢拉定、头孢唑林钠、阿莫西林、青霉素等，并且在附录中增加了分子排阻色谱法。

（1）色谱条件与系统适用性试验

用葡聚糖凝胶 G-10（40～120 μm）为填充剂，玻璃柱内径 1.0～1.4 cm，柱长 30～45 cm。以 pH 8.0 的 0.2 mol/L 磷酸盐缓冲液[0.2 mol/L Na_2HPO_4-0.2 mol/L NaH_2PO_4（95：5）]为流动相 A，以水为流动相 B，流速为每分钟 1.0～1.5 mL，检测波长为 254 nm。量取 0.2 mg/mL 蓝色葡聚糖 2000 溶液 100～200 μL，注入液相色谱仪，分别以流动相 A、B 进行测定，记录色谱图。按蓝色葡聚糖 2000 峰计算理论板数均不低于 400，拖尾因子均应小于 2.0。在两种流动相系统中蓝色葡聚糖 2000 峰的保留时间比值应在 0.93～1.07，对照溶液主峰与供试品溶液中聚合物峰与相应色谱系统中蓝色葡聚糖 2000 峰的保留时间的比值均应在 0.93～1.07。称取头孢拉定约 0.2 g，置 10 mL 量瓶中，加 2%无水碳酸钠溶液 4 mL 使溶解后，加 0.6 mg/mL 的蓝色葡聚糖 2000 溶液 5 mL，用水稀释至刻度，摇匀。量取 100～200 μL 注入液相色谱仪，用流动相 A 进行测定，记录色谱图。高聚体的峰高与单体与高聚体之间的谷高比应大于 2.0。另以流动相 B 为流动相，精密量取对照溶液 100～200 μL，连续进样 5 次，峰面积的相对标准偏差应不大于 5.0%（对照溶液进行测定前，先用含 0.2 mol/L 氢氧化钠与 0.5 mol/L 氯化钠的混合溶液 200～400 mL 冲洗凝胶柱，再用水冲洗至中性）。

（2）对照溶液的制备

取头孢拉定对照品，精密称定，加水溶解并定量稀释制成约含头孢拉定 10 μg/mL 溶液。

（3）测定法

取本品约 0.2 g，精密称定，置 10 mL 量瓶中，加 2%无水碳酸钠溶液 4 mL，使溶解后，用水稀释至刻度，摇匀。移取取 100～200 μL 注入液相色谱仪，以流动相 A 进行测定，记录色谱图。另精密量取对照溶液 100～200 μL 注入液相色谱仪，以流动相 B 为流动相进行测定，记录色谱图。按外标法以峰面积计算，含头孢拉定聚合物以头孢拉定计不得超过 0.05%。

8.4 平面色谱法

平面色谱法是在平面上展开的一种色谱分离方法，主要包括薄层色谱法和纸色谱法。薄层色谱法（TLC）是用载板涂布或烧结的薄层物质作为固定相的平面色谱法；纸色谱法（PC）是用作为固定相或载体的平面色谱法。

平面色谱与柱色谱的分离原理基本相同，但其构成形式和具体操作过程不尽相同。平面色谱一般是一种开放式的离线操作体系，流动相主要依靠毛细管或重力推动样品流经固定相。平面色谱法的分离过程称为展开，流动相称为展开剂。

平面色谱与柱色谱对组分在固定相中的移行描述有差异。平面色谱描述的是，不同组分在相同的展宽时间里的展开距离不同，属于等时展开；柱色谱描述是，不同组分在相同的移行距离内所耗费的时间不同，属于等距移行。

8.4.1 平面色谱参数

描述平面色谱的参数包括定性参数、相平衡参数、面效参数和分离参数等。

1. 定性参数

平面色谱法展开后分离的组分仍然留在固定相中，不同组分在相同的时间内迁移距离移行距离不同，其保留值一般以组分的移行距离来表示，具体则以比移值来表示。

比移值 组分的移行距离 L_i 与展开剂的移行距离 L_0 之比，用 R_f 表示，即

$$R_f = L_i / L_0 \tag{8-10}$$

式中，L_i 为原点至组分斑点中心的距离；L_0 为原点至展开剂前沿的距离，如图 8-7 所示。

由于平面色谱属于等时展开，所以组分与展开剂的展开时间是相同的，如果组分的平均移行速率为 u_i，展开剂的移行平均速率为 u_0，因 $u_i < u_0$，则 $R_f < 1$；不被保留的组分（相当于展开剂）的 $R_f = 1$。一般将 R_f 控制在 0.2～0.8，最佳是 0.3～0.5。

比移值 R_f 是平面色谱的基本定性参数，它反映了组分在平面色谱系统中的保留行为，与组分的性质、固定相的性质、展开剂的性质以及环境条件（温度、湿度等）的关系。由于影响比移值的因素较多，同一样品在不同条件下得到的 R_f 不一定相同，在条件控制不严格的情况下，R_f 的重复性比较差，建议采用相对比移值作为定性指标。

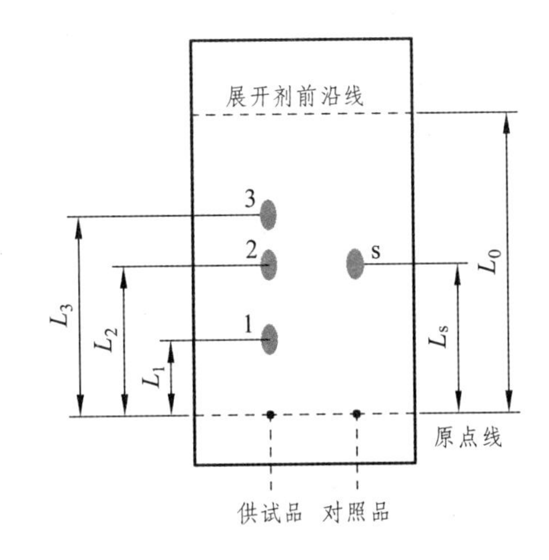

图 8-7 薄层色谱展开示意图

相对比移值 将组分和参考物在同一展开系统中展开，组分的比移值与参考物的比移值之比，就是相对比移值 R_r，即

$$R_r = R_{f,i} / R_{f,s} = L_i / L_s \tag{8-11}$$

式中，i 表示组分，s 表示参考物。

相对比移值 R_r 实际上是组分与参考物的展开距离之比，展开剂的展开距离 L_0 项被消去了，即消除了系统误差，因此相对比移值 R_r 的重复性和可比性都好。

2. 相平衡参数

如果组分分子在展开剂中出现的概率是 ρ，则它在薄层板上的移行速率是展开剂移行距离的 ρ 倍，即 $u = \rho u_0$，或 $\rho = u / u_0$。由比移值定义可知 $R_f = L/L_0 = u/u_0$，得 $R_f = \rho$，即比移值与组分分子在展开剂中出现的概率在数值上相等，所以

$$R_f = \rho = \frac{w_m}{w_m + w_s} = \frac{1}{1 + K \cdot V_s / V_m} \quad 或 \quad k = K\frac{V_s}{V_m} = \frac{1 - R_f}{R_f} \tag{8-12}$$

在上面两式中，K 为组分在固定相与展开剂中的分配系数；k 为组分在两相中的保留因子；V_s 和 V_m 分别表示固定相与展开剂的体积。

从式（8-12）可知，在色谱条件确定的情况下，V_s 和 V_m 是固定的，说明组分的比移值 R_f 由分配系数决定，K 越大 R_f 越小，反之 K 越小 R_f 越大。要实现两组分的分离，就必须使组分的分配系数不等。我们知道，K 与组分性质、固定相性质、流动相性质以及温度有关，当实验体积确定时，后三项因素的影响也就确定了，这时 R_f 只与组分的性质有关，因此 R_f 是平面色谱定性的参数。

影响因素 影响 R_f 值因素有组分的结构和性质、薄层板的性质、展开剂的组成和性质、温度、展开剂蒸气饱和度等。

（1）组分的结构和性质：不同物质在同一色谱系统中具有不同的分配系数和比移值，主要因为物质的结构特征不同而具有不同的极性。不论硅胶吸附色谱还是纸色谱，一般来说极性强的组分，K 较大的组分，其 R_f 较小。

（2）薄层板的性质：固定相的粒度、薄层的厚度与均匀度等都影响组分的 R_f。吸附薄层色谱中，吸附剂的活性越强，其吸附作用就越强，组分的 R_f 越小。

（3）展开剂的性质：展开剂的极性直接影响组分的移行速率和移行距离，从而影响组分的 R_f。在吸附薄层色谱和纸色谱中，增加展开剂的极性，使极性大的组分 R_f 增大，极性小的组分 R_f 变小。

（4）温度：温度的变化对吸附薄层色谱 R_f 的影响较小，但对属于分配色谱的纸色谱的 R_f 影响很大，这是因为溶解度受温度影响大的缘故，低温展开时往往会获得较好的分离效果。

（5）展开剂蒸气饱和度：薄层色谱分离时，应该在展开剂的饱和蒸气环境下进行展开，所以展开槽尽可能密闭。否则在展开过程中，随着展开剂不断蒸发，会使展开剂组成发生变化，改变组分 R_f，有的会产生组分斑点的边缘效应。

所以，欲获得适当的 R_f，需选择合适的固定相和展开剂等色谱条件，同时使这些条件保持恒定，这样才能保证 R_f 的重现性。

3. 分离参数

分离度 在平面色谱中，两个相邻组分斑点中心的距离与两斑点宽度的平均值之比，即

$$R = \frac{2\Delta L}{W_1 + W_2} = \frac{2L_0(R_{f,2} - R_{f,1})}{W_1 + W_2} \tag{8-13}$$

式中，ΔL 为两组分斑点中心之间的距离；W 为斑点直径。如图 8-8 所示。相邻两个斑点的距离越大、斑点越集中，则分离度越大，分离效果越好，一般要求 $R>1$。

还有**面效参数**、**分离数**等参数，不常用，不赘述了。

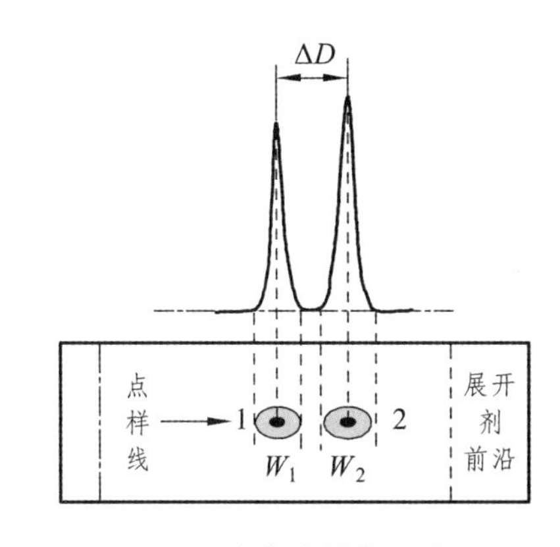

图 8-8　分离度计算示意图

8.4.2　薄层色谱法

将固定相均匀地涂敷在玻璃板上形成薄层，在此薄层上进行色谱分离的方法称为薄层色谱法（TLC）。按照分离机理，TLC 可分为吸附、分配和分子排阻色谱法等。按照效能，薄层色谱又可分为经典薄层色谱法和高效薄层色谱法。下面主要讨论吸附薄层色谱法。

1. 固定相的选择

薄层色谱的固定相主要有硅胶、氧化铝、硅藻土及聚酰胺等吸附剂，硅胶最常用。薄层用硅胶粒度为 10～40 μm。硅胶中加入 10%～15%的煅石膏后称为硅胶 G。若在硅胶 G 中再加入荧光物质（如锰激活的硅酸锌）称为硅胶 GF_{254}，表示在 254 nm 紫外光波长下呈强烈黄绿色荧光背景，适用于本身不发光又无适当显色剂显色的物质的检测。不含黏合剂的硅胶称为硅胶 H。

硅胶有弱酸性，用于对酸性和中性物质的分离。若用一定 pH 的缓冲液，或加适当的碱性氧化铝制备薄板，或者在展开剂中加少量的酸或碱调成一定 pH 的展开剂，可改变硅胶的酸碱性质，适合各种物质分离的要求。

氧化铝比硅胶的吸附活性稍弱一些，一般薄层用氧化铝活性为Ⅱ～Ⅲ级，它有氧化铝 H、氧化铝 G、氧化铝 HF_{254} 等。按照氧化铝的酸碱性，有碱性、酸性和中性氧化铝之分。碱性氧化铝适用于分离碳氢化合物、碱性化合物（如生物碱）和对碱性溶液比较稳定的中性物质；酸性氧化铝适合酸性成分的分离；中性氧化铝适用于醛、酮以及对酸碱不稳定的酯和内酯等化合物的分离。

铺板时常用黏合剂一般采用羧甲基纤维素钠 CMC-Na。

对吸附剂固定相的选择方法，一般被分离物质极性强时应协助吸附能力弱的吸附剂；若被分离的物质极性弱，则应协助吸附能力强的吸附剂。

2. 展开剂的选择

在吸附薄层色谱中，展开剂的选择主要根据被分离物质的极性、吸附剂的活性和展开剂的本性来决定。展开剂很少用单一溶剂的，一般采用二元、三元甚至多元溶剂。选择原则是根据被分离组分（溶解性、酸碱性、极性等）、固定相（活性、非活性）和展开剂（极性、非极性）三者之间的匹配关系来选择和优化，最终由实验结果确定。

实验中先用单一的低极性溶剂展开，然后再按照溶剂洗脱顺序依次更换极性较大的溶剂进行实验，用单一溶剂不能分离时，可用两种以上的多元展开剂，并不断地改变多元展开剂的组成和比例，因为每种溶剂在展开过程中都有其一定的作用：展开剂中比例较大的溶剂极性相对较小，起溶解物质和基本分离的作用，一般称为底剂；展开剂中比例较小的溶剂，极性较大，对被分离物质有较强的洗脱力，帮助化合物在薄层上移动，可以增大 R_f 值，但不能提高分辨率，可称其为极性调整剂；展开剂中加入少量的酸、碱，可抑制某些酸、碱性物质或其盐类的解离而产生斑点拖尾，故称之为拖尾抑制剂；展开剂中加入丙酮等中等极性溶剂，可促使不相混合物的溶剂混溶，并可以降低展开剂的黏度，加快展速等。

3. 实验方法

制板　薄层板的薄层厚度和均匀性，对样品组分的分离效果和 R_f 的重复性影响很大。以硅胶、氧化铝为固定相的薄板，用于分离分析的薄层厚度一般以 0.25 mm 为宜，用于分离制备的薄层厚度一般为 0.5～0.75 mm。先准备载板，然后进行薄层板铺制，方法有

（1）手工涂敷法：取一定量的吸附剂放入研钵中，加入 3 倍量的 0.5%～0.8%的羧甲基纤维素钠水溶液，朝同一方向研磨成均匀的糊状物，然后涂铺在玻璃板上，以手工振动方法将载板反复振动，直到薄层表面平坦、均匀为止。将涂敷好的薄板至于水平操作台上晾干。

（2）机械涂敷法：商品薄层板涂铺器的种类和型号各不相同，使用方法按有关仪器的使用说明书操作即可。与手工涂敷法相比，机械涂敷法制成的薄层板更均匀，适合于定量分析。

最后将晾干的薄层板放入 105 ℃的烘箱中活化 0.5～1 h，取出，置于干燥器中备用。

点样　点样方式有点状法和条状法。点状法更适合定性分析，条状法点样更适合微量制备分离。溶剂、点样量和点样方式是影响薄层色谱分离的重要因素。

制备样品溶液时，应避免用水，采用甲醇、乙醇、丙酮、氯仿等易挥发的有机溶剂，使点样后溶剂能迅速挥发，最好采用既容易挥发又与展开剂极性相似的溶剂。如果是水溶性样品，可用少量水溶解样品，再用甲醇或乙醇稀释定容的方法来制备样品溶液。

适当的点样量可使斑点集中；点样量过大容易引起拖尾或扩散；点样量太少又不容易检出。点样量还应视薄层的厚度、显色剂的灵敏度而定，一般是几微克至几十微克。用于制备的薄层色谱，点样量可达 1 mg 以上。分离中药、天然产物时，点样量就需 50 μg 以上。

点样管可用 0.5～1 mm 的毛细管，定量分析的点样可采用平头微量注射器或自动点样器。点样位置一般设置离薄板下端 1～1.5 cm 处，同时在点样的水平线两端边缘做好记号，作为展开剂和组分移行的起始位置。

用于分离分析的点样一般采用点状点样法，用于分离制备的点样可采用条状点样法。

展开　将点好样的薄板置于层析缸中（图 8-9），使点样端的下边缘与展开剂接触，这时展开剂带动样品组分向上移行，这个过程称为展开。

图 8-9　立式双槽层析缸

层析缸有立式和卧式之分。立式层析缸有单槽和双槽的。展开槽应能够密闭，以使溶剂的蒸气压达到饱和状态，因为展开体系中溶剂蒸气压的饱和度对分离效果影响较大。在饱和情况下展开的时间要比不饱和时的时间短，分离效果好，且可消除边缘效应。边缘效应是指组分在薄层中展开后，薄板边缘的 R_f 值大于中部的 R_f 值的现象。

展开方式有如下一些可供选择。

（1）上行展开　在立式层析缸中进行。把已配制好的展开剂倒入层析缸中，注意溶剂深度不能超过 0.5 cm，将点好样的薄层板直立斜靠在层析缸中的一边，盖好盖子，展开剂会沿着薄层板向上移行展开。当展开距离适当时，取出薄层板，立即做好展开剂前沿位置的标记，等溶剂挥发干后检视。该方法是最常用的薄层色谱展开方式。

（2）近水平展开　在卧式层析缸中进行。将点好样的薄层板下端浸入展开剂约 0.5 cm，切记点样点不能没入展开剂中，把薄层板上端垫高使薄层板的水平角度为 15°～30°，盖好盖子，展开剂在固定相的作用下，自下而上移行展开，该方法展开速度快。

（3）单向多次展开　取经展开一次的薄层板让溶剂挥发干，再用同一种展开剂，按同样的展开方式进行第二次、第三次展开，以便达到更好的分离效果。

（4）单向多级展开　取经展开一次的薄层板让溶剂挥发干，再改用另一种展开剂，按同样的展

开方式进行第二次，依此类推进行的多重展开，以便达到更好的分离效果。

（5）双向展开　将第一次展开后的薄层板取出，挥去溶剂，再把薄层板旋转 90°后，改用另一种展开剂展开。采用双向展开方式时，薄层板最好是方形的。

检识　展开完毕后，取出薄层板时立即对展开剂前沿做好标记，测量移行距离 L_0，然后再对组分斑点的移行距离 L_i 进行定位。对有色组分斑点定位，可直接测量；对于无色组分斑点定位，则采用物理检出法和化学检出法。

（1）物理检出法：在紫外灯下观察薄层板上有无荧光斑点或暗斑（荧光猝灭斑点），常用波长有 254 nm 和 365 nm，可根据待测组分的光谱性质选择使用。

（2）化学检出法：该法是利用化学试剂（显色剂）与待测物质反应，使组分斑点产生颜色而定位。显色剂可分为通用型和专属型两类显色剂。

通用型显色剂有碘、硫酸乙醇溶液等。碘对许多有机化合物都可显色，如生物碱、氨基酸、肽类、脂类、皂苷等，最大特点是显色反应往往是可逆的，在空气中放置时，碘升华后组分又回到原来的状态，便于进一步处理。10%的硫酸乙醇溶液可使大多数无色化合物显色，形成斑点，如红色、棕色、紫色等，还可在紫外灯下观察不同颜色的荧光。

专属型显色剂是对某个或某一类化合物显色的试剂。例如，三氯化铁的高氯酸溶液可显色吲哚类生物碱；茚三酮则是氨基酸和脂肪族伯胺的专用显色剂；0.05%荧光黄的甲醇溶液是芳香族与杂环化合物的专用显色剂；溴甲酚氯可使羧酸类物质显色，等等。

4. 高效薄层色谱法简介

高效薄层色谱法（HPTLC）是在经典薄层色谱法基础上发展起来的更为精细、灵敏的薄层技术。高效薄层板一般为商品预制板，其最大特点是固定相颗粒细小而均匀，采用喷雾法制备而成，所以具有效率高、灵敏度高、展开时间短等优点。常用的高效薄层板有硅胶、氧化铝、纤维素和化学键合相薄层板。HPTLC 与 TLC 有关参数比较，参见表 8-6。

表 8-6　TLC 与 HPTLC 有关参数比较

项目	单位	TLC	HPTLC
板尺寸	cm	20×20，20×5	10×10，20×10
平均粒径（分布）	μm	20（50～100）	7（5～15）
点样体积	μL	1～5	0.1～0.2
原点直径	mm	3～6	1～1.5
斑点直径	mm	6～15	2～5
点样个数		8～10	18～36
展开距离	cm	10～15	5～8
展开时间	min	30～200	5～20
吸收法检测限	ng	1～5	0.1～0.5
荧光法检测限	pg	50～100	5～10

8.4.3　薄层色谱扫描法简介

利用薄层色谱扫描仪对薄层展开板上被分离组分进行光扫描可以获得薄层色谱扫描图，通过对薄层色谱扫描图的分析进行定性与定量分析的方法称为薄层色谱扫描法。

1. 基本原理

用一束长宽可以调节的一定波长、一定强度的光辐射到薄层板上并对整个斑点进行扫描，通过测定斑点对光的吸收强度或所发出的荧光强度进行定量分析。薄层色谱扫描法一般分为薄层吸收扫描法和薄层荧光扫描法。

薄层吸收扫描法 薄层扫描测定斑点对光的吸收，通常采用透射法或反射法。但由于薄层板上的固定相是具有一定粒度的物质外加适量黏合剂构成的半透明固体，当光束辐射到薄层表面时，除透射光、反射光外，不可避免地存在散射光。从而导致薄层板上的组分斑点对光辐射的吸收度与组分浓度之间并不服从 Lambert-Beer 定律。但 Kubelka-Munk 理论充分阐明了薄层色谱斑点中组分吸光度与浓度的定量关系。根据 Kubelka-Munk 方程，当分离数 SN≠0 时，色谱斑点中组分的吸光度 A 与其浓度或量（KX）虽仍然存在严格关系，但不是一种直线关系（图 8-10），为了方便定量，必须对曲线进行校直。目前的薄层色谱扫描仪均配有线性补偿器，根据 Kubelka-Munk 方程式，用电路系统将曲线校正为直线（图 8-11），用于定量分析，也可采用计算机软件进行线性回归，求出回归方程，再进行定量分析。

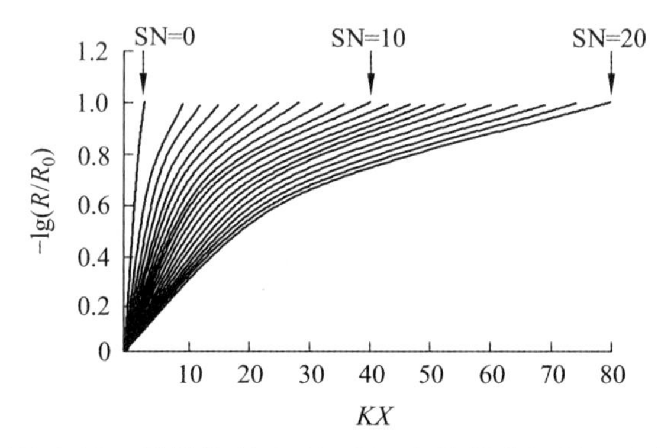

图 8-10 反射法 Kubelka-Munk 曲线（0<SX<20）

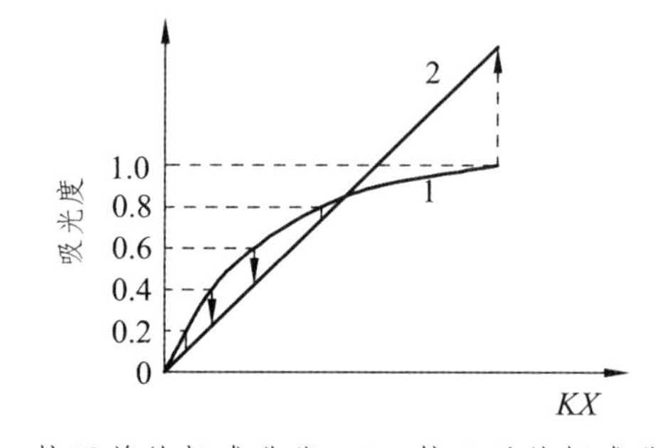

1—校正前的标准曲线；2—校正后的标准曲线

图 8-11 线性校正

薄层荧光扫描法 利用薄层板上的组分斑点发出的荧光强度或荧光薄层板上暗斑的荧光猝灭程度，进行定量分析的方法称为薄层荧光扫描法。与分子荧光法相同，在点样量很小时，荧光强度与浓度呈线性关系（$F = Kc$）。定量分析时，扫描色谱峰的积分面积 A 相当于 F，因此可直接用扫描峰面积 A 定量。

薄层荧光扫描法灵敏度比薄层吸收扫描法高 1～3 个数量级，最低检测限可达 10～50 pg，而且其专属性强，可避免一些杂质的干扰，基线稳定，定量线性范围宽。该法适合于组分本身能发射荧光或经过色谱前后衍生化产生荧光的化合物。

2. 薄层色谱扫描仪

薄层色谱扫描仪由扫描主机、数据处理与信号输出系统等部分组成，主机部分与吸收光谱法类似，由光源、分光系统、薄层板放置仓、检测器等。数据处理与信号输出系统常包含在薄层色谱软件中，该软件不仅能对薄层色谱扫描仪进行操作控制，并进行数据分析与处理，而且某些高级软件系统能够对薄层色谱的其它仪器进行联机控制，如自动点样机、自动展开仪、薄层数码成像系统等，大大提升了薄层色谱的仪器化和自动化功能。

3. 扫描条件选择

薄层色谱扫描仪在光谱扫描方式上有单波长、双波长和连续波长扫描等方式，在光路设计上分为单光束扫描与双光束扫描等方式。双波长扫描的测定值由于扣除了斑点所在空白薄层的吸收值，薄层背景的不均匀性得到了补偿，扫描曲线基线平稳、测定精度得到改善。双波长扫描仪也有双波长单光束和双波长双光束两种类型。光扫描方式分为以下两种：

直线扫描 也称线性扫描，光以一定长度和宽度的光束照在薄层板的一端，薄层板相对于光束做等速直线移动至另一端。但外形不规则的斑点不适于此法。

曲线扫描 也称锯齿扫描，微小的正方形光束在斑点上进行锯齿状移动扫描。特别适合于形状不规则或浓度分布不均匀的斑点。

4. 定量分析方法

薄层色谱扫描仪的基本功能是通过选择合适的测定参数对薄层斑点进行光谱扫描，获得薄层色谱扫描图。利用组分斑点的光谱扫描图，既可以进行定性分析与鉴别，又可以进行定量分析。其定量方式主要有以下三种：

外标法 定量分析时，在薄层板上定量点样品溶液时随行定量点上已知浓度的对照品溶液。展开后经薄层扫描，根据扫描峰面积和质量进行计算。外标法分为外标一点法、外标二点法和回归方程计算法。

内标法 在样品溶液中加入一种在样品中不存在的、性质与被测组分类似却又与被测组分很容易分离的标准物，即内标物。展开后经薄层色谱扫描，以被测组分斑点与内标物斑点薄层色谱扫描峰面积之比作为峰面积累计值进行定量计算。

归一化法 根据组分的含量与斑点得到薄层色谱扫描峰面积成正比，对于含有 n 个组分的混合物，若所有组分均被分离且扫描，则组分 i 的含量 ω_i 为

$$\omega_i / \% = \frac{A_i}{A_1 + A_2 + A_3 + \cdots + A_n} \times 100\% \tag{8-14}$$

采用该方法的条件是，被分析的各个组分在相对分子质量、吸收系数等性质上差别较小，组分斑点的面积均在线性范围内，样品中所有组分均被分离且被有些扫描。

8.4.4 纸色谱法

1. 基本原理

纸色谱法（PC）是以纸纤维作为载体的色谱法。按分离原理属于分配色谱的范畴，其固定相为纸纤维上吸附的水分，流动相为不与水相混溶的有机溶剂，纸纤维只是起到一个惰性支持物的作用。除水以外，纸也可以吸留甲酰胺、缓冲溶液等。

由于纸色谱的固定相为水，因此只有那些极性较大的化合物才能被水保留。故纸色谱只适合于分离极性较大、在水中有一定溶解度的物质，如无机盐、氨基酸、多羟基糖等。作为载体的层析滤纸，一般可以吸附20%～26%的水分，其中6%左右通过氢键与纤维素上的羟基形成复合物，这部分水与展开剂形成不相混溶的两相，从而实现分配分离。分离后各组分在纸色谱中的保留行为也常用 R_f 值来表达。R_f 值与分配系数的关系式与薄层色谱中相似。

2. 实验方法

滤纸选择：作为纸色谱的载体，滤纸应具备如下条件：纯植物纤维制成；质地与厚薄均匀平整，松紧适宜；强度好，被溶剂润湿后仍能悬挂。

滤纸处理：要想获得更好的分离效果，根据需要还可对滤纸进行前处理。处理的方式有除杂处理、改性处理和反相处理等。

除杂处理：将滤纸在稀盐酸中浸泡，然后用蒸馏水洗涤，再用丙酮-乙醇（1∶1）的混合溶液中浸泡，取出风干，可除去大部分杂质。

改性处理：将滤纸预先用一定pH的缓冲溶液处理能克服拖尾现象。在滤纸上加一定浓度的无机盐，可调整纸纤维中的含水量，改变组分在两相间的分配比例，改善分离效果，如某些混合物生物碱的分离可采用此法。

反相改性：将溶剂系统中的亲脂性液层固定在滤纸上作为固定相，水分亲水性溶剂作为流动相，即采用反相纸色谱法分离一些亲脂性强、水溶性小的化合物。操作时先制备疏水性滤纸，以改变滤纸的性能，适合水或亲水性溶剂系统的展开。另一种方法是将滤纸纤维经过化学处理使其产生疏水性，例如乙酰化滤纸就是常用的一种。

3. 点　样

溶液样品可直接点样。对固体样品，应采用极性与展开剂相似的溶剂配制，一般用乙醇、丙酮、氯仿等有机溶剂。点样量的多少由滤纸的性能、厚薄及显色剂的灵敏度来决定，一般从几到几十微克。纸色谱更适合微量样品的分离。点样方法与薄层色谱相同。

4. 展　开

纸色谱最常用的展开剂是水饱和的正丁醇、正戊醇、酚等。为了防止弱酸、弱碱的解离，有时需加入少量的酸或碱，如乙酸、吡啶等。如用正丁醇-乙酸作流动相，应先在分液漏斗中把它们与水振摇，静置分层后放掉下部水相，获得被水饱和的有机相作展开剂。有时加入一定比例的甲醇、乙醇等以增加展开剂的极性，增强它对极性化合物的展开能力。

展开前，将展开剂倒入展开槽中盖好盖子，使槽内充满溶剂的饱和蒸气，然后才将滤纸点有样品的下端浸入溶剂中进行展开。

纸色谱的展开方式通常为上行法，在制备时也可用大些的滤纸弯成 U 形，在圆柱形缸内上行展开。上行展开速率慢、展开距离短，也可用下行法展开，溶剂借助于重力和纤维的毛细管效应向下移行，速率较快，展开距离增大，分离效果好。对于复杂样品，还可选用双向展开、多次展开等多种展开方式。

5. 检　视

当展开完毕后，取出滤纸后立即标识展开剂前沿的位置，确定 L_0。除了腐蚀性显色剂外，凡是用于薄层色谱的显色剂都可以用于纸色谱的检视。用于生化分离的纸色谱，应采用生物检定法检视。例如分离抗菌作用的成分时，将纸色谱加到细菌的培养基内，经过培养后，根据抑菌圈出现的情况来确定化合物在纸上的位置。也可以用酶解法，例如无还原性的多糖或苷类，在纸色谱上经过酶解，生成还原性的单糖，就能用氨性硝酸银试剂显色。还可以利用化合物中所含有的示踪放射性核素来检视化合物在纸色谱上的位置。

依据展开剂移动的距离 L_0、样品组分斑点移动的距离 L_i，计算 $R_{f,i}$ 值，并与对照品组分的 $R_{f,s}$ 值相比较，得出定性结论。

8.4.5　在药物分析中的应用

1. 在中药分析中的应用

平面色谱法在中药分析中的应用主要包括：中药材的品种鉴别、中成药的鉴别、中药指纹图谱鉴别、中草药成分分析、中草药的含量测定及质量控制研究等。据统计，《中国药典》中药薄层鉴别，2005 年版 1507 项，而 2010 年版新增就达 2494 项。

薄层色谱广泛应用于药用植物的分析。中草药有效成分已经很复杂，由多味中草药制成的中成药的成分就更复杂了，从中检出一种或几种微量的有效成分，其难度可想而知。采用经典分离检测技术和方法，只能测定其中某种特定成分，无法对所有主要成分进行整体分析，这就严重制约了中药质量控制以及药理学、药效学、药剂学等现代中医的发展。因此现代中药亟须解决其整体特征的表达问题。平面色谱的独特性恰好可以解决中药发展中的此类问题，那就是能够得到图像用于表示色谱结果，现在通过视频或数码相机甚至扫描仪都能将薄层色谱图像转换为电子图像。植物药的彩色 TLC/HPTLC 图像能够更生动地描述药品的独特性。1993 年谢培山编写的《中华人民共和国药典中药薄层色谱彩色图集》，供参考。

2. 在合成药物中的应用

化学合成药物因结构已知、纯度高而通常采用经典的定量分析方法，而对合成药物中存在结构相似的有关微量物质的分离与含量分析常采用 HPLC 法，溶剂的残留分析常采用 GC 法。TLC 法在各国药典均有收载，但仅限于合成药物的定性鉴别和纯度检查，《中国药典》（2010 年版）第二部采用 TLC 进行鉴别和纯度检查的品种数量共 435 个，占收载总数的 19%。

例如，烟酰胺原料及制剂的有关物质检查均采用 TLC 法：取本品，乙醇制成 40 mg/mL 的溶液，作为供试品溶液；精密量取适量，加乙酸稀释制成 0.2 mg/mL 的溶液，作为对照溶液。吸取上述两种溶液各 5 μL，分别点于同一硅胶 GF_{254} 薄层板上，以氯仿-无水乙醇-水（48∶45∶4）为展开剂，展开后，取出晾干，置于紫外灯（254 nm）下检视。供试品溶液如显杂质斑点，与对照溶液的主斑点比较，不得更深。

名词中英文对照

液相色谱法	liquid chromatography, LC	选择性系数	selectivity coefficient
吸附色谱法	adsorption chromatography	分子排阻色谱法	molecular exclusion method
吸附剂	adsorbent	渗透系数	permeation coefficient
载体	carrier	凝胶渗透色谱法	gel permeation chromatography, GPC
固定液	fixative solution	凝胶过滤色谱法	gel filtration chromatography, GFC
阳离子交换树脂	cation exchange resin	平面色谱法	plane Chromatography
阴离子交换树脂	anion exchange resin	薄层色谱法	thin layer chromatography, TLC
凝胶	gel	纸色谱法	paper chromatography, PC
吸附系数	adsorption coefficient	比移值	retardation factor, R_f
分配色谱法	partition chromatography	相对比移值	relative R_f
分配系数	partition coefficient	高效薄层色谱法	high performance TLC, HPTLC
离子交换色谱法	ion exchange chromatography	薄层色谱扫描仪	TLC scanner

习　题

一、思考题

1. 依据分离机制的不同，经典液相色谱有哪些类型？其固定相和分离对象有何不同？

2. 在吸附色谱中，如何根据被分离组分的极性和固定相的活性，选择适当的流动相？

3. 影响平面色谱的因素有哪些？如何克服相关因素的负面影响？

4. 按定量原理薄层扫描的定量分析方法有哪些？光吸收薄层扫描法是否符合 Lambert-Beer 定律？

5. 保留时间是柱色谱的定性参数，组分的保留值时间的与分配系数的大小呈正向关系；比移值是平面色谱的定性参数，组分的比移值却与分配系数的大小呈反向关系。请问是否是矛盾的？试解释之。

6. 有两种硅胶板 A、B，以苯-甲醇（1∶3）为展开剂，某物质在 A 板上的 R_f 值为 0.50，在 B 板上的 R_f 值降为 0.4，问 A、B 板哪个的活性大？

7. 应用离子交换色谱法分离两种酸的混合试样，已知它们的 pK_a 分别为 4 和 5。问：（1）应选择何种类型的离子交换树脂？（2）应选用多大 pH 的流动相进行洗脱？（3）哪一种酸首先被洗脱？为什么？

8. 纸色谱法常用正丁醇-乙酸-水（4∶5∶1）（体积比）作为展开剂，正确的操作方法是（　　）。

A. 三种溶剂混合后直接用作展开剂

B. 三种溶剂混合静止分层后，取下层作为展开剂

C. 依次用三种试剂做展开剂

D. 三种溶剂混合静止分层后，取上层作为展开剂

9. 样品在薄层色谱上展开，10 min 有一 R_f 值，则 20 min 时的展开结果是（　　）。

A. R_f 值加倍　　B. R_f 值不变　　C. 样品移行距离加倍

D. 样品移行距离增加，但小于 2 倍　　E. 样品移行距离增加，但大于 2 倍

二、计算题

1. 一根色谱柱长 100 cm，流动相流速为 0.1 cm/s，组分 A 的洗脱时间为 40 min，A 在流动相中消耗的时间是多少？

2. 已知 A 与 B 物质在同一薄层板上的相对比移值 R_r 为 1.5，展开后 B 物质色斑距原点 9 cm，此时溶剂前沿到原点的距离为 18 cm，求物质 A 的展距和比移值 R_f。

3. 在薄层板上分离 A、B 两组分的混合物，当原点至溶剂前沿距离为 16.0 cm 时，两斑点质量重心至原点的距离分别为 6.9 cm 和 5.6 cm，斑点直径分别为 0.83 cm 和 0.57 cm，求两组分的分离度及 R_f 值。

4. 今有两种性质相似的组分 A 和 B 共存于同一溶液中。用纸色谱分离时，它们的比移值 R_f 分别为 0.45 和 0.63。欲使分离后两斑点中心距离为 2.0 cm，滤纸条应取用多长？

5. 用薄层色谱法在高效薄层板上测得如下数据：L_0=127 mm，R_f=0 的物质半峰宽为 1.9 mm，R_f=1 的物质半峰宽为 4.2 mm，求该薄层板的分离数。

9 气相色谱法

9.1 概 述

气相色谱法（GC）是以气体作流动相的色谱方法。该方法由英国科学家 Martin 和 Synge 于 1952 发明并提出了塔板理论；1954 年 Ray 把热导池检测器应用于 GC；1956 年荷兰 van Deemter 等提出了速率理论；1957 年美国的 Golay 发明了毛细管气相色谱法。1958 年澳大利亚 Mcwilliam 发明了氢火焰离子化检测器（FID）；同年 Lovelock 发明了电子捕获检测器（ECD）；1979 年 Dandeneau、Hewlett-Packart 采用熔融石英玻璃生产石英毛细管柱，这些奠定了现代气相色谱法的基础。

气相色谱的分类，参见表 9-1。

表 9-1 气相色谱分类一览表

流动相	固定相	柱 管	名 称
载气（H_2、He、N_2）	固体：吸附剂	填充柱：不锈钢、玻璃、聚四氟乙烯	气-固色谱，GSC，吸附色谱
	液体：载体上涂敷或键合	填充柱：不锈钢、玻璃、聚四氟乙烯	气-液色谱，GLC，分配色谱
	液体：毛细管内壁键合相	开管柱：石英毛细管	气-液色谱，GLC，分配色谱

1. 气相色谱法的一般流程

现代气相色谱仪一般包括载气系统、进样系统、分离系统、检测系统、温控系统和色谱工作站等 6 个部分组成，如图 9-1 所示。

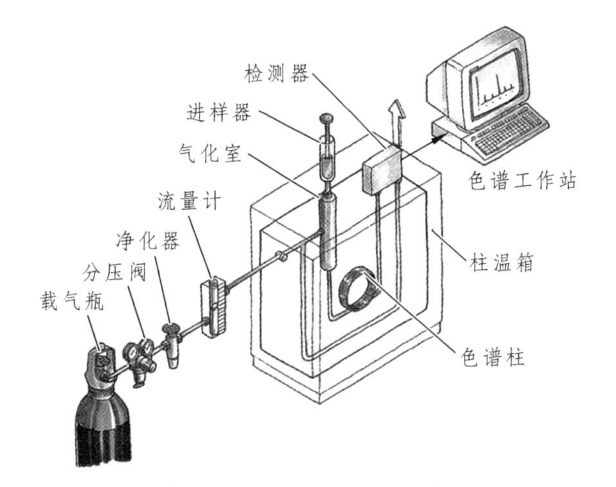

图 9-1 气相色谱仪示意图

载气系统是提供稳定气体流动相的部件；进样系统是将样品定量引入气化室并使之瞬间气化的部件；分离系统即色谱柱，它是色谱仪的核心部件；检测器是将样品分离后的组分浓度（或质量）信号转化为电信号的装置；温控系统包括柱温箱、气化室和检测器的温度控制；色谱工作站是色谱仪的操作软件系统平台，包含仪器的控制、检测、计算、显示及报告打印等功能。

首先开启高压载气瓶，使输出气压达到实验要求；开启主机电源、计算机电源、打开色谱操作软件，设置有关参数，显示实时监测界面，当色谱系统达到平衡时，基线是一条紧挨时间轴上方的水平线，这时可以按操作规程进样。气体样品用流通阀进样，液体样品用微量注射器进样，气化室瞬间气化。样品气体被载气带入色谱柱，这时样品的各组分在固定相与载气间进行动态分配。由于各组分在两相中的分配系数不等，它们将按分配系数的大小顺序依次被载气带出色谱柱，分配系数小的先流出，分配系数大的后流出。组分流出色谱柱即进入检测器，检测器将组分的浓度（或质量）的变化转变为电信号，色谱工作站将电信号经过有关换算就得到我们需要的色谱图及色谱有关参数结果，打印和存储实验报告。

2. 气相色谱法的特点与应用

在气相色谱中，作为流动相的气体被称为载气。载气只起携带样品组分向前输送的作用，并不参与对组分的分配作用。对于固定相和被分离组分而言，载气基本上是惰性的，所以，载气的化学性质对组分的分离影响很小。载气是热力学性质气体，表现为压力、体积、热传导性等。载气对组分分离产生影响的主要是流速-动力学因素，在速率理论中已有论述。

GC 的主要影响条件是固定相和体系温度。在应用范围内，GC 具有分离效率高、分析速度快、样品用量少，检测灵敏度高等优点。由于 GC 需要将样品气化才能分离，所以对于不易挥发、极性较大或热不稳定性化合物分离效果较差，可以采用衍生化、裂解等化学改性后再用 GC 分离，也不失一种补救的好办法。在 HPLC 出现以前，GC 是最主要的色谱分析方法，据统计，GC 能直接分析全部有机化合物的 20%左右。

气相色谱是很成熟的分析技术，已广泛应用于石油化工、环境监测、医药卫生、生物化学和食品分析等领域。在药物分析中，气相色谱主要用于有关物质检查分析、原料药及制剂的鉴别和含量测定、中药挥发油的分析等。

毛细管气相色谱与质谱（MS）、光谱（FTIR、AED）的联用技术的发展，为弥补色谱方法定性差的缺陷提供了广阔的天地。

9.2 固体固定相

气相色谱固体固定相主要是吸附剂，有硅胶、氧化铝、碳素、分子筛和高分子多孔小球。

1. 硅 胶

硅胶是一种氢键型的强极性固体吸附剂，品种有细孔硅胶、粗孔硅胶和多孔硅胶等。气相色谱主要采用粗孔硅胶，其孔径为 80～100 nm，比表面积约 300 m^2/g，可用于分析 N_2O、SO_2、H_2S、SF_6、CF_2Cl_2 以及 C_1～C_4 烷烃等物质。硅胶的分离能力主要取决于孔径大小和含水量，使用前通常需要经过处理：对市售色谱专用硅胶，可在 200 ℃下活化 2 h；如果是非色谱专用硅胶，则应用 6 $mol \cdot L^{-1}$ 盐酸将硅胶浸泡 2 h，然后水冲洗至无 Cl^-，晾干后置于 200～500 ℃的马弗炉灼烧活化 2 h，取出稍降温后置于干燥器中备用。

2. 氧化铝

氧化铝有 5 种晶型，气相色谱主要采用的是 γ 型，具有中等极性，用于分析 C_1～C_4 烃类及其异构体，在低温下也能用于分离氢的同位素。氧化铝具有很好的热稳定性和机械强度，但其活性随含水量有较大的变化，故使用前通常需活化处理，在 750～1350 ℃马弗炉灼烧 2 h。为了保持使用过程中氧化铝含水量的稳定，可将载气先通过装有 $Na_2SO_4 \cdot 10H_2O$ 或 $CuSO_4 \cdot 5H_2O$ 管路后再进入色谱柱。经过氢氧化钠处理的氧化铝，能在 320～380 ℃柱温下分析 C_{36} 以下的碳氢化合物，峰形很好。

3. 碳 素

碳素是一类非极性的固体吸附剂，主要有活性炭、石墨化炭黑和碳分子筛等品种。活性炭是无定形碳，具有微孔结构，比表面积达 800～1000 m^2/g，可用于分析永久性气体和低沸点烃类，若涂少量固定液，则可来分析空气、一氧化碳、二氧化碳、甲烷、乙炔、乙烯等混合气体。石墨化炭黑是炭黑在惰性气体保护下经 2500～3000 ℃高温煅烧而成的石墨化细晶，特别适用于分离空间和结构异构体，也可用于分析硫化氢、二氧化硫、低级醇类、短链脂肪酸、酸、胺类。碳分子筛又称炭多孔小球，是聚偏二氯乙烯小球经高温热解处理后的残留物，比表面积 800～1000 m^2/g，孔径 1.5～2 nm，主要用于稀有气体、二氧化钛、氧化亚氮、C_1～C_3 烷烃类分析。碳素吸附剂在使用前都需进行活化处理：活性炭和石墨化炭黑可用苯（或甲苯、二甲苯）冲洗 2～3 次，然后在 350 ℃通水蒸气洗涤至无浑浊，最后在 180 ℃活化 2 h；碳分子筛需要在 180 ℃通氮气活化 3～4 h。

4. 分子筛

分子筛是一种人工合成的硅铝酸盐，其化学组成通式为 $MO \cdot Al_2O_3 \cdot xSiO_2 \cdot yH_2O$，其中 M 代表碱金属离子或碱土金属离子等。分子筛具有均匀分布的孔穴，其大小取决于 M 金属离子的半径和其在硅铝构架上的位置。分子筛的比表面积很大，内表面积通常为 700～800 m^2/g，外表面积为 1～3 m^2/g。一般认为，分子筛的性能主要取决于孔径的大小和表面特性。当组分分子经过分子筛时，比孔径小的分子可进入孔内，比孔径大的分子则被排除于孔外。气相色谱中应用的分子筛有 4A、5A 和 13X 型三种，主要用于分离 H_2、O_2、N_2、CO、CH_4 以及低温下分析惰性气体等。

分子筛极易吸水而失活，因此使用前应在 55～600 ℃或减压条件下于 350 ℃活化 2 h，降温后储存于干燥器中备用。使用过程中要对载气进行干燥处理，样品中如有水分也应设法除去。此外，某些物质如氨、甲酸、二氧化碳等会被分子筛不可逆吸附。分子筛是否失效通常可以从氮和氧的分离情况来判断。

5. 高分子多孔小球

高分子多孔小球（GDX）是以苯乙烯等单体与交联剂二乙烯苯交联共聚的小球。这种聚合物在 有些方面具有类似于吸附剂的性能，而在另一方面又显示出固定液的性能。因此，它本身既可以作为吸附剂在气固色谱中直接使用，也可以作为载体涂敷上固定液后用于分离，在烷烃、芳烃、卤代烷、醇、酮、醛、醚、酯、酸、胺、腈以及各种气体的气相色谱分析中已得到广泛应用。

高分子多孔小球有吸附活性低、对含羟基的化合物具有相对低的亲和力、可选范围大等优点。此外，它在高温时不流失，机械强度好，圆球均匀，较易获得重现性好的填充柱。它的缺点是小球经常带“静电”，易贴附于仪器和器皿上而不易清理，可用湿润过丙酮的纱布擦拭来消除。国产的高分子多孔小球有中国科学院化学研究所研制、天津化学试剂二厂生产的GDX系列高分子小球产品。

9.3 固定液与载体

液体固定相简称固定液，是色谱柱的填料中对样品组分起保留作用的部分，它必须被牢固地附着在固体支撑物上而不能流动。这种固体支撑物被称为载体。所以液体固定相填充柱的固定相体积（V_s）就是对组分起保留作用的固定液体积，即涂敷或键合在载体表面的一薄层固定液体积，并不包含载体的体积，如图 9-2 所示。

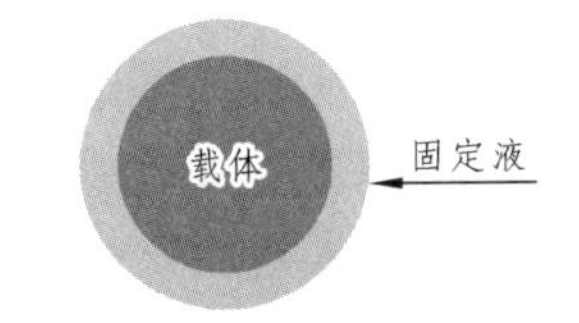

图 9-2　固定液载体结构示意图

9.3.1 载　体

载体是承载固定液的多孔性固体支撑物，旧称担体。将固定液涂敷（或键合）在载体表面形成一层均匀的液膜，就构成了气相色谱的固定相。气相色谱的载体分为无机载体和有机聚合物载体两大类，前者应用最为普遍的主要有硅藻土型和玻璃微珠载体，后者主要包括含氟塑料载体以及其它聚合物载体。

1. 硅藻土载体

矿物形成：硅藻土是一种硅藻遗体沉积物，或称为硅藻化石，是一种非金属矿物质。硅藻是一种单细胞植物，个体大小在 1～125 μm，生活在水深适度、含可溶硅酸的特定湖泊或浅海环境中。硅藻吸收水中的硅酸构成细胞壁，死亡之后遗骸沉积于海底或湖底，其有机部分分解腐烂，化学性质稳定的硅质细胞壳壁保留下来，便形成了硅藻土。显微镜下的硅藻土形态如图 9-3 所示。

图 9-3 显微镜下硅藻土的形态

矿物组成：硅藻土主要由蛋白石组成，还有少量的伴生矿物。蛋白石是一种含水的二氧化硅胶凝体，含水量最高可达 34%，密度 1.95～2.30 g/cm^3。纯净干燥的硅藻土呈白色土状，含杂质时呈灰白、黄、灰、绿、黑色等。

物理性质：硅藻土密度在 0.4～0.9 g/cm^3，能浮于水面；固结成岩较好时密度接近于 2 g/cm^3；熔点 1400～1650 ℃；易溶于强碱和氢氟酸，不溶于其它酸类；吸附力很强，一般能吸收相当于自身重量 1.5～4.0 倍的水；比表面积为 1.0～65 m^2/g。在 900 ℃下煅烧 2 h，硅藻壳上的微孔仍保持完好；在 1200 ℃下煅烧 2 h，大部分微孔结构遭到破坏。

制备方法：将天然硅藻土加入木屑及少量黏合剂于 900 ℃左右煅烧，冷却后粉碎过筛，得到红色硅藻土载体；将天然硅藻土用盐酸处理后干燥，再加入少量碳酸钠助熔剂在 1100 ℃左右煅烧，冷却后粉碎过筛，得到白色硅藻土载体。

2. 玻璃微珠载体

玻璃微珠是一种有规则的颗粒小球，具有很小的表面积，是非孔性表面惰性的载体。为了得到较为理想的表面特性，增大表面积，使用时往往在玻璃微珠上涂敷一层固体粉末，如硅藻土、氧化铁、氧化锆等。也有人用含铝量较高的碱石灰玻璃制成蜂窝状结构的低密度微球；或用硅酸钠玻璃制成表面具有纹理的微球；或用酸、碱腐蚀法制成表面惰性、多孔性微球等。这类载体的优点是能在较低的柱温下分析高沸点物质，使某些热稳定性差但选择性好的固定液获得应用。缺点是：柱负载固定液量小，只能涂渍低配比固定液；柱寿命短。国产玻璃微珠性能很好，已有各种筛目的多孔玻璃微珠载体可供选择。

3. 氟载体

氟载体主要是聚四氟乙烯高分子颗粒物。该载体特点是吸附性小、耐腐蚀性强，适合用于强极性物质和腐蚀性气体的分析。其缺点是比表面积小，机械强度低，对极性固定液的浸润性差，涂渍固定液的量一般不超过 5%。聚四氟乙烯载体通常在不超过 200 ℃柱温下使用。此外，还有聚三氟氯乙烯载体，颗粒较坚硬，易于填充操作，但表面惰性和热稳定性较差，使用温度不能高于 160 ℃。

4. 载体的表面活性与去活方法

气液色谱主要是通过溶质在气液两相之间的多次分配形成的差异而达到分离目的的，起实质作用的是固定液，应避免载体对分配的影响。实际上，没有被处理过的载体表面完全没有吸附性能和催化性能是不可能的。实验表明，经过灼烧后制成的硅藻土类载体，其表面既具有催化活性，也有吸附活性。当载体表面存在氢键活性作用点时，分离分析能与硅醇、硅醚形成氢键的物质（如水、醇、胺）时就会观察到相应组分色谱峰的拖尾；同样，具有酸性（或碱性）作用点的载体分离碱性（或酸性）化合物时也会引起相应色谱峰的拖尾，甚至发生一些醇类、萜类、醛类等化合物的催化反应。有各种去活方法可以解决这些问题。

当色谱柱使用时间过长，经常发现色谱峰有拖尾现象。其中最主要的原因是固定液有少量挥发流失，致使载体颗粒表面局部“裸露”出来，载体颗粒“裸露”的表面具有吸附活性，参与了对组分的分配作用，使被吸附过的少量组分与未被吸附的大量组分产生微小差异，从而产生拖尾现象。当拖尾很严重影响分离时，只能更换新柱子。

载体的表面处理方法有酸洗、碱洗、硅烷化和釉化等。

5. 载体的选择原则与评价

主要依据分析对象、固定液的性质和涂渍量来选择载体。

固定液涂渍量：当固定液涂渍量大于 5%时，可选用白色或红色硅藻土载体；若涂渍量小于 5%，则有选用处理过的硅烷化载体。

分析对象：当样品为酸性时，最好选用酸洗载体；样品为碱性时用碱性载体；分析高沸点组分一般选用玻璃微珠载体；分析强腐蚀性组分时应选用氟载体。

对载体的评价是为了比较不同处理方法或处理前后的效果。将不涂固定液的裸载体填装到色谱柱中，选用丙酮、苯等有代表性的组分进行考察，测定相应的保留值、峰形和柱效。载体的吸附性越强，对组分的保留时间则越长，峰形拖尾越严重，柱效越低。

9.3.2 固定液

1. 对固定液的要求

（1）在操作温度下呈液态，黏度越低越好。因为组分在高黏度固定液中的传质速度慢、柱效低，这就决定了固定液的最低使用温度。

（2）蒸气压低，热稳定性好。这样可以减少固定液的流失，延长色谱柱的使用寿命。这两者决定了固定液的最高使用温度。

（3）化学惰性高，润湿性好。化学惰性高是指固定液不与组分及载气发生不可逆反应。润湿性好可使固定液均匀涂敷在载体表面或毛细管内壁，形成稳定的固定液薄膜层。

（4）选择性好。选择性好的固定液对沸点相同或相近而类型不同的物质具有分离（或分辨）能力，即对这不同类型化合物的保留行为存在差异。

2. 固定液的分类

（1）化学分类法

化学分类法是按固定液的化学结构类型分类的方法。

烃类固定液 它是标准的非极性固定液，包括烷烃与芳烃，常用的有角鲨烷、石蜡烷、聚乙烯等，常把角鲨烷的相对值定为零，其结构式如下。

硅氧烷类固定液 它是通用性固定液，从弱极性到极性都有。其优点是温度黏度系数小，蒸气压低，流失少，有较高的使用温度；对多数有机化合物都有较好的溶解能力，使用范围广。按化学结构分为甲基硅氧烷、苯基硅氧烷、氟烷基硅氧烷和氰基硅氧烷等。

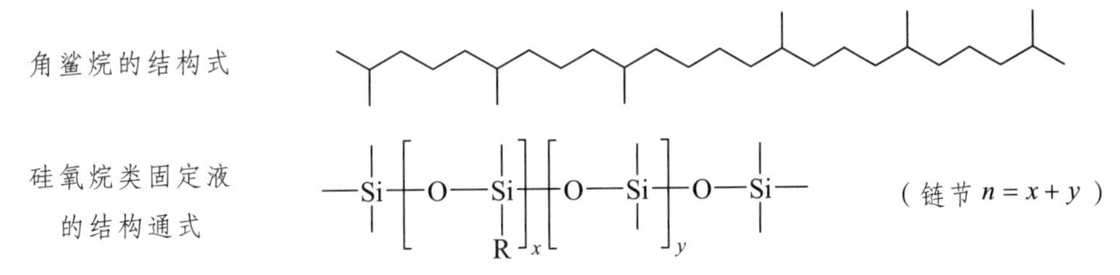

醇类固定相 它是氢键型极性固定液，分为非聚合醇和聚合醇两类。聚乙二醇（平均相对分子质量 20 000）是药物分析中最常用的极性固定液之一。

酯类固定液 它是中强极性固定液，分为非聚合酯和聚酯两类。聚酯类多是二元酸及二元醇所生成的线性聚合物。在酸性或碱性条件下或 200 ℃以上的水蒸气均能使聚酯水解。

（2）极性分类法

固定液与被分离组分之间的作用力是一种弱作用力，这种作用力有静电力、诱导力、色散力和氢键作用力等，固定相对组分的保留作用就是通过这些弱作用力的综合作用而产生的。这种综合作用的宏观表现就是我们常说的“极性”。如果指定某种或某一类被分离的组分为评价的标准物，就可以评价和比较各种固定液极性的大小。固定液与标准物的综合作用力大，这种固定液的极性就大；反之，固定液的极性就小。

麦克雷诺选择了性质不同的 10 种物质（苯、丁醇、2-戊酮、硝基丙烷、吡啶、2-甲基戊醇、碘丁烷、2-辛炔、二氧六环、顺八氢化茚）作为标准物，分别测定它们在某种固定液和标准固定液（角鲨烷）中的保留指数之差值 ΔI，10 种标准物的 ΔI 之和，称为总极性，其平均值称为固定液的麦氏常数。固定液的总极性越大，则极性越强。几种常用固定液在其中 5 种标准物测定下的麦氏常数如表 9-2 所示。

表 9-2 几种常用固定液的麦氏常数

固定液名称/型号	苯	丁醇	2-戊酮	硝基丙烷	吡啶	平均值	相似组数	T^h/℃①	溶剂②
角鲨烷（I）③	0	0	0	0	0	—	1	—	—
甲基硅橡胶/SE-30	15	53	44	64	41	43	2	350	C
10%苯基甲基聚硅氧烷/OV-3	44	86	81	124	88	85	2	350	C
20%苯基甲基聚硅氧烷/OV-7	69	113	111	171	128	118	2	350	A
50%苯基甲基聚硅氧烷/OV-17	119	158	162	243	202	177	2	300	A
60%苯基甲基聚硅氧烷/OV-22	160	188	191	283	253	219	2	300	C
50%三氟丙基甲基聚硅氧烷/QF-1	144	233	355	463	305	300	10	250	E
25%β'-氰丙基甲基聚硅氧烷/XE-60	204	381	340	493	367	357	9	275	M
聚乙二醇/Carbowax-20M	322	536	368	572	510	462	8	200	C/M

注：① 最高使用温度，其值随固定液聚合物相对分子质量而变化。

② 溶解固定液的溶剂，A 丙酮、B 苯、C 氯仿、E 乙酸乙酯、M 甲醇。

③ 表中 5 种标准物在角鲨烷上的保留指数分别为 653、590、627、652 和 699，表内列出的分别是与它们保留指数之差值 ΔI。

引自：McReynolds W O.J Chromatography Sci., 1970, 8(4): 214。

3. 特种固定液

对于某些难分离样品，需要采用特种固定液才可实现有效分离，如手性固定液。因为一般固定液不能将手性对映体分离，在气相色谱中直接分离手性化合物需要用手性固定液。手性固定相是近 30 多年发展起来的。为了提高分离度，常用毛细管气相色谱法，将手性固定相涂渍并交联到毛细管壁上进行手性分离。

例如，Chirasil-Val 是 *t*-丁基酰胺-L-缬氨酸与二甲基和羧烷基甲基聚硅氧烷结合的聚合物手性固定液，手性中心在 L-缬氨酸分子中的不对称碳原子上，分离机理靠固定液与对映体溶质分子间的结构适应性和相互间的氢键力，也与偶极-偶极相互作用及色散力有关。

4. 固定液的选择

固定液的选择并无严格的概率可循，多数情况下是根据文献的记载结合实验比较才能最后确定，下面仅讨论固定液选择的一般原则和方法。

在日常分析实验中，应了解被分离样品大多数组分的性质，初步确定难分离的物质对，此时固定液的选择应遵循“相似相溶”的基本原则。

对非极性样品，首先考虑用非极性固定液分离。这时固定液与被分离组分间主要靠色散力起作用，固定液的次甲基越多，则色散力越强，各组分基本上按沸点顺序彼此分离，沸点低的组分先流出。若被分离的组分是极性和非极性的混合物，则同沸点的极性物先流出。

对极性样品，首先考虑选用极性固定液分离。这类固定液分子含有极性基团，组分与固定液之间的作用力主要为静电力，诱导力和色散力处于次要地位。各组分流出色谱柱的次序按极性排列，极性小的先流出，极性大的后流出。若样品是非极性化合物，则先流出，而且固定液极性越强，非极性组分流出越快，极性组分的保留时间就越长。

对于能形成氢键的样品，如水、醇、胺类物质，一般可选择氢键型固定液。此时组分与固定液分子间的作用力主要为氢键作用力，样品组分主要按形成氢键能力的大小顺序分离。

利用固定液与分离组分分子间生成弱的化学键这种特殊的作用力，有时也能实现一些组分的分离。例如，在极性和氢键型固定液中加入硝酸银，由于固定液中的 Ag^{+} 能和样品分子中的不饱和键生成松散的化学加成物，增大了烯烃在色谱柱内的保留，使其在同碳数的烷烃之后流出。又如，使用硬脂酸酯作固定液时，由于脂肪胺与这种固定液的络合能力存在差异，故可选择地分离胺类。此外，某些固定液对芳烃具有特殊选择性，在实际工作中有一定价值。常用的这类固定液有：聚乙二醇、磷酸三甲酚酯、四氯代邻苯二甲酸酯、3, 5-二硝基苯甲酸乙二醇酯等。这些固定液往往与被分离的芳烃形成“π-络合物”，因而对芳烃产生选择性保留，而脂肪烃则较快地流出色谱柱。

9.3.3 填充柱固定相

上述吸附剂和固定液均可作为填充柱固定相。下面介绍固定液的制备、填充和老化。

1. 固定相的制备

在制备液体固定相的过程中，载体的粒度通常选用 80～100 目级分。有机溶剂的选用应遵循三原则：不与固定液起化学反应；能和固定液形成无限互溶体系，当加入载体后不会出现分层现象；沸点适当，有一定的挥发度。制备液体固定相的方法有如下两种：

（1）蒸发法

称取需要量的固定液在选定的有机溶剂中溶解，制成涂渍溶液。为了使固定液完全溶解，可以将溶液置于热水浴上加热，注意控制温度低于所用溶剂沸点以下 20 ℃。待固定液完全溶解后，缓缓倒入经预处理和过筛备用的载体。在适当温度下轻轻摇动容器，让其中溶剂慢慢地自然挥发完全后即涂渍完毕。如果希望加快工作进度，也可以使用旋转蒸发仪在适当的温度下除去有机溶剂。在涂渍过程中应注意不能猛烈搅动，以免损伤载体。有机溶剂用量一般为载体体积的 2 倍。

（2）回流法

将已知量的固定液和溶剂置于圆底烧瓶内，上接冷凝管冷凝装置，然后加热回流 0.5 h，当固定液完全溶解后缓缓加入载体，继续加热回流 1.5～2 h。最后将其倒入烧杯中，置通风橱内，让溶剂自然挥发至干即可。该方法适用于溶解性能较差的高温固定液的涂渍。

2. 固定相的填充

固定相填充质量的好坏直接影响填充柱的柱效。一根填充质量较高的色谱柱，通常其理论塔板数应该达到 2000～3000/m。填充密度方法有：加压法、减压法和手工填充法等（可参阅有关色谱专业论著）。

3. 填充柱的老化

新制备的填充柱在使用前必须经过老化处理，以便把柱内的残存溶剂低分子量固定液以及低沸点杂质除去，使固定液在载体表面涂渍得更均匀牢固。老化方法：在室温下将填充柱的入口端与进样器相连，出口端与检测器断开。然后通气，调节载气流速 10～20 mL/min，再以程序升温的方法缓慢将温度升至比使用温度高 20 ℃，并在此温度下老化 4～8 h。

9.3.4 毛细管柱固定相

现代毛细管柱是石英材质的开管柱，柱内径很小（0.1～0.53 mm），通过化学方法将固定液直接键合的管柱内壁上，柱内并没有载体。

1. 毛细管柱的组成和结构

石英玻璃的化学成分为二氧化硅，其内表面具有硅羟基。玻璃中的二氧化硅通常是一个硅原子和四个氧原子结合而成的四面体，每个二氧化硅四面体通过硅氧键形成一个三维网络，这样由硅和氧原子形成一个不规则的六元环，如右所示。石英玻璃由于 Si—O—Si 之间的角度易于变动而具有柔性，这种环状结构相对稳定。根据硅氧键角大小不同而形成同分异构体。石英玻璃的硅氧夹角为 150°。它具有高度交联的三维结构，熔点高（近 2000 ℃），热膨胀系数小，抗张强度高，可拉制成优质的弹性薄壁毛细管柱，由它制作的毛细管柱称为弹性熔融石英毛细管柱，它的主要成分是二氧化硅，含有极少的金属氧化物，抗化学腐蚀性好。

现在的商品毛细管柱材料都是人造石英，它是利用四氯化硅在火焰中与水反应，水解获得纯二氧化硅粉末，然后在高温下熔融而制成晶体石英。

2. 开管型毛细管柱的分类

（1）按内壁的状态分类

壁涂开管柱　有壁涂毛细管柱和交联键合毛细管柱两种。壁涂毛细管柱由玻璃、金属或弹性石英玻璃拉制成毛细管，再将固定液直接涂敷在内管壁上。交联键合毛细管柱是在空心毛细管柱内壁涂敷固定液后，再通过化学反应使固定液原位相互交联或键合到毛细管壁上，如图 9-4 所示。交联毛细管柱具有可提高固定液膜稳定性，减少固定液流失，适合分析低沸点物质和易于红外、质谱等联用；可用溶剂清洗和再生；热稳定性好，使用温度宽，是常用的毛细管柱。

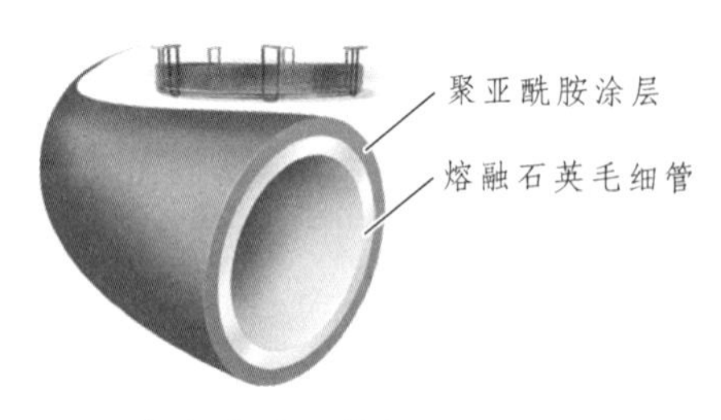

（a）空毛细管与管外壁涂层

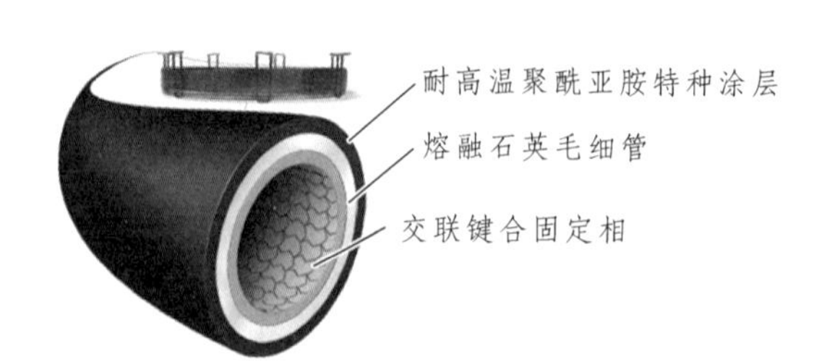

（b）交联键合固定相毛细管

图 9-4　石英毛细管的结构

涂载体开管柱　它是在毛细管柱壁上先沉积载体后再涂渍固定液，它所用固定液量大，柱容量也大，因制备复杂，应用较少。

多孔层开管柱　它是在内壁上涂有一层多孔固定相的开管柱，可用于气固色谱的分析。若再涂渍固定液，就构成载体涂渍开管柱。它用于永久性气体以及小分子烷烃的分析。

（2）按内径分类

常规毛细管柱 内径 0.20～0.33 mm 的毛细管柱，作 GC-MS 联用分析时，内径小在满足离子源高真空度要求方面更有利一些。

小内径毛细管柱 内径小于 0.1 mm 的毛细管柱，主要用于快速 GC 分析。减小内径可提高柱效，可在维持分离度不变的情况下缩短柱长。小内径毛细管柱固定液膜很薄，传质速率很快，范氏方程曲线比较平坦，最佳流速较高，可在分离度不减小的情况下进一步提高载气流速，提高分析速率。小内径毛细管柱载样量很小，所以进样量也要小。

大内径毛细管柱 内径为 0.53 mm 的弹性毛细管柱。它载样量大，可直接取代填充柱，即不需分流进样。它分析速度快，并且吸附性小，在较低的载气流速下柱效大大优于填充柱。大内径毛细管柱大多采用交联型固定相，所以它的化学稳定性和热稳定性都优于填充柱。

3. 毛细管柱速率理论

1958 年，Golay 基于毛细管柱只有一个流路，无涡流扩散项，A=0，依据 van Deemter 方程，他提出了毛细管柱速率方程-Golay 方程，即

$$H = B/u + Cu \qquad (9\text{-}1)$$

因毛细管柱没有填料，故纵向扩散项中的弯曲因子 $\gamma=1$，纵向扩散系数为 $B=2D_g$。

传质阻力系数 C 包含气相传质阻力系数 C_g 和液相传质阻力系数 C_l 两部分，即

$$C = C_g + C_l = \frac{1+6k+11k^2}{24(1+k)^2}\cdot\frac{r^2}{D_g} + \frac{2k}{3(1+k)^2}\cdot\frac{d_f^2}{D_l} \qquad (9\text{-}2)$$

式中，k 为保留因子；r 为毛细管柱内径；D_g 为溶质在气相中的扩散系数；D_l 为溶质在液相中的扩散系数（很小）；d_f 为涂渍在毛细管柱内表面的固定液液膜厚度。

4. 衍生化气相色谱法

当被测组分的沸点、极性及热稳定性的限制，气相色谱法对含有某些化合物样品组分分离效果不好，或者无法分离。为此，将这种化合物通过化学反应转变成另一种便于分离分析的化合物，这种方法称为衍生化气相色谱法。其优点：扩大应用、改善分离、改善定量、纯化除杂。衍生化方法有硅烷化反应法和酯化反应法两大类，现在已不常用，故不赘述了。

9.4 气相色谱仪

一台气相色谱仪包括气路、进样、分离、温控、检测和色谱工作站等六大系统。

9.4.1 气路系统

气相色谱仪的气路系统包括：气源钢瓶、减压阀、稳压阀、稳流阀、净化器、压力表、流量计，以及各部件的接头和连接管路等部件，是一个完整的系统，以保证提供稳定而具有一定流量或流速的载气、燃气和辅助气体。

（1）气源 是为气相色谱仪提供载气、燃气和辅助气的总称，可以是高压气体钢瓶、氢气发生

器和空气压缩机。通常使用的载气有氮气、氢气、氦气和氩气。TCD 多用氢气或氦气；FID 多使用氢气、氦气或氮气；ECD 多使用氮气或氩气。辅助气为空气、氮气等。空气可用空气压缩机提供。氢气可用氢气发生器或氢气钢瓶提供。在 GC 中，载气相对于固定相和被分离组分而言它是惰性的，仅对样品组分起运输携带作用，并不参与对组分的分配。

（2）减压阀　由阀体与气压表组成的组件，也称分压表。在使用高压钢瓶时，要将 10 MPa 以上的高压气体通过减压阀降到 0.5 MPa 以下才能使用。

（3）稳压阀　又称压力调节阀，其功能是为它后边的针形阀提供稳定的气压；为稳流阀提供恒定的参考压力，输入稳压阀的载气压力发生小的变动时，可使输出压力稳定不变。

（4）稳流阀　在有程序升温的气相色谱仪中，为了在柱温变化时保持载气流速不变，需要安装稳流阀，这样可保证在柱温改变时不会影响到载气流速的变动。

9.4.2　进样系统

进样系统是将样品引入气化室，使之瞬间气化并导入色谱柱的部件。要使进样带尽可能窄，进样速度应尽可能快，如图 9-5 所示。

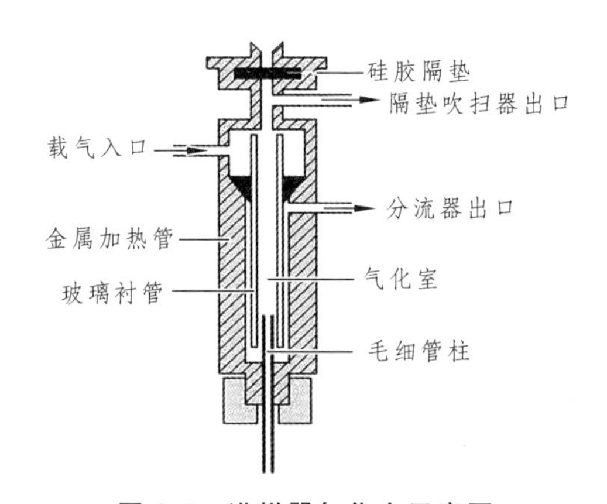

图 9-5　进样器气化室示意图

毛细管柱内径小，固定液膜厚度也小，柱容量很小，进样量也必须很小，必须采用分流进样法，防止色谱柱超载和谱带展宽。

毛细管柱的进样方式有分流和不分流两种。进样器可以内插不同规格的玻璃衬管，以适应不同的毛细管柱进样方式。通过更换进样器中的内插玻璃衬管，可将进样器用作一般分流进样器或不分流进样器。

分流进样是指将较大体积的样品量注入气化室气化后，与载气均匀混合后，被分流成流量悬殊的两部分，其中较小的部分直接进入色谱柱，较大的部分随分流出口排出。

分流比是指在所进样品完全气化，并与载气充分混合的条件下，混合气体直接进入柱子的流量 F_c 与通过分流器出口排出的流量 F_c' 之比，即分量比= F_c/F_c'。常规毛细管柱的分流比在 1/50～1/500。

9.4.3　分离系统

气相色谱仪的分离系统是指色谱柱以及与柱前后端相连的连接头组成，是决定色谱仪分离性能的核心部件。气相色谱柱有多种类型，可按色谱柱的材料、形状、柱内径大小和长度、固定液的化学性能等进行分类，如表 9-3 所示。

表 9-3　气相色谱柱分类

分类依据		色谱柱类型
柱管	柱管材料与形状	有玻璃柱、石英玻璃柱、不锈钢柱、聚四氟乙烯柱，形状有 U 形柱、螺旋形柱
	内径大小和长度	填充柱（2～4）mm×（1～10）m：气固色谱填充柱、气液色谱填充柱
		毛细管柱（0.2～0.5）mm×（25～100）m：细内径、大内径毛细管柱
固定相	固定相物理性质	吸附色谱柱、分配色谱柱
	固定液物化性质	非极性柱、极性柱、手性柱、氢键型柱

在进行气相色谱分析时，色谱柱的选择是至关重要的。不仅要考虑被测组分的性质，实验条件

（如柱温、柱压的高低），还应注意和检测器的性能相匹配。

9.4.4 温控系统

温控系统是为保证样品的瞬间气化、样品组分分离的合适的柱温、检测器合适的检测温度而设置的装置体系。控制系统包括柱温箱（又称柱炉）的供热和控制部件、气化室的供热与控制部件、检测器的供热与控制部件等。柱温箱占据了仪器绝大部分空间，样品气化室（顶端是进样口）和检测器均设在柱温箱的顶部。

气化室是样品进入色谱柱的前置加热小空间，要求气化室应保证足够高并且恒定的气化温度。柱温箱目的是保证色谱柱在分离样品过程中所需要的适宜环境温度。检测器温度应略高于柱温箱30～50 ℃，以防止高沸点组分凝结而污染检测器。

在其它条件一定的情况下，温度是气相色谱分离的关键因素。当分离达到动态平衡时，组分在固定相中的浓度与在流动相中的浓度之比为分配系数，即 $K = c_s / c_m$。组分的 c_s 和 c_m 是受温度影响的，温度既影响组分在流动相中的分压，又影响组分在固定液中的分配，保证合适的柱温是实现组分良好分离的必要条件。柱温箱的温度控制方式有如下两种：

恒温操作 常用于少数几个组分的分析。分析周期内柱温保持在某一恒定温度。在保证被测组分充分分离的前提下，尽量设定较高的柱温，缩短分析时间。

程序升温 用于组分沸点范围很宽的试样分析。是指每一个分析周期内柱温连续由低温向高温有规律地变化。柱温变化可根据试样情况具体设置，可以是线性变化，也可以是非线性变化（例如梯度升温）。

9.4.5 检测系统

气相色谱仪的检测系统，包括检测器主体、检测器与色谱柱及其它气管的连接管、温度控制部件、电路控制等部件。检测器的功能是将柱后流出的组分浓度（mg/mL）或质量（g/s）变成可测量的电信号，且信号的大小与组分的量成正比，从而进行定性和定量分析。下面介绍几种常用检测器。

1. 热导池检测器（TCD）

TCD 的结构 它是基于不同气体具有不同的热导率而设计的。将热敏元件装在池体内构成热导池，再将热导池与热导池或电阻组成惠斯通电桥，加上其它元件构成热导池检测器。如同 9-6 所示。池内的热敏元件多用电阻率大、电阻温度系数大和机械强度高的金属丝，如铼钨丝、钨丝或铂丝等。池体由金属或玻璃制成。

TCD 的工作原理 当电桥处于平衡状态时，即 $R_1/R_2 = R_3/R_4$，桥电流计 G 无电流信号输出，记录基线。此时载气以一定流量通过稳定状态的热导池，热敏元件消耗的电能所产生的热，由载气传导和强制对流使热散失达到热动态平衡。当有组分与载气一起流入热导池时，池体内气体组成改变，其热导率也相应变化，于是热平衡破坏，引起热敏元件的温度变化，它的电阻随之变化，致使 $R_1/R_2 \neq R_3/R_4$，则惠斯通电桥不平衡，桥电流计 G 有电流信号输出，即得到色谱信号（图 9-7）。

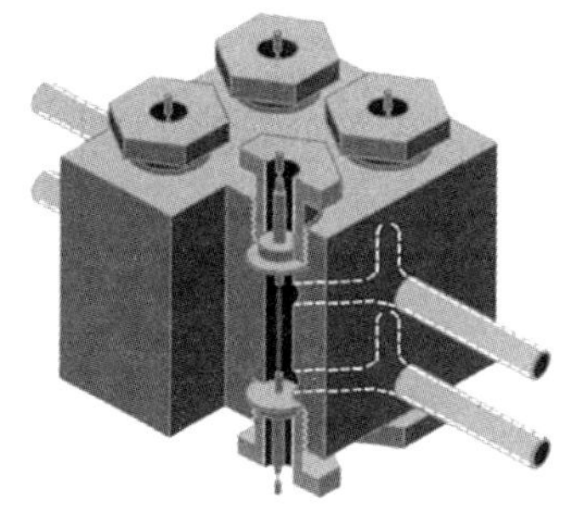

图 9-6 双臂热导池结构

TCD 的使用 影响灵敏度的主要因素有：

（1）桥电流 桥电流是指通过惠斯通电桥的电流，其灵敏度与桥电流的 3 次方成正比。但一般来说，桥电流过高时，检测器的噪声加大，基线不稳定，热丝易氧化、烧坏。低池体温度和热传导率大的气体，如氢气和氦气有利于较大桥电流的使用。

（2）载气 热导池实际测量的是载气及组分的混合气体热传导之差。因此，载气和组分热传导率差别越大，则电桥输出信号越大。选择氢气和氦气作载气有利于提高热导池的灵敏度。

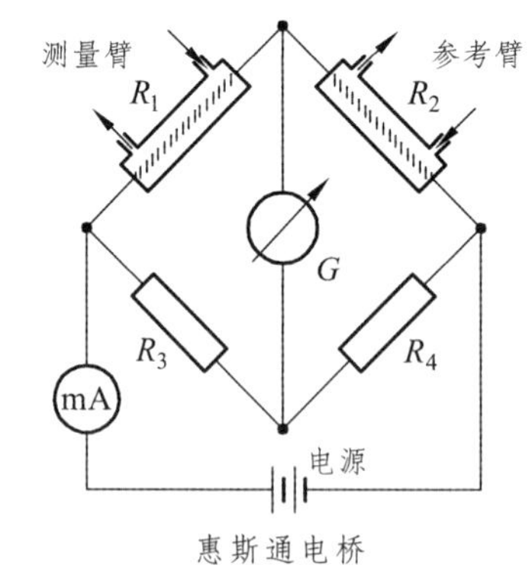

图 9-7 双臂热导池检测原理

（3）热敏元件电阻及电阻温度系数 TCD 的灵敏度正比于热敏元件的电阻值及其温度系数。铼钨合金丝的电阻率比高温钨丝高，抗氧化性能好，在高温时能经受更大电流。

（4）池体温度 TCD 对温度变化十分敏感，随检测器温度升高，灵敏度将降低。高性能的 TCD 要求柱温变化和检测器温度都要控制在±0.01 ℃以内。

（5）几何因子 几何因子是指池体腔和热敏元件的几何形状。热敏元件半径大，长度大，池腔小，灵敏度高。一般的 TCD 池腔较大，池体积为 0.5～1 mL，载气流速每分钟流速应大于池体积 20 倍，故流速应在 15 mL/min 以上。

根据以上原理，为延长 TCD 使用寿命，最好应选用氦气或氢气作载气。若用氮气作载气，应用较小的桥流。开机时，先通入载气，再加桥流；关机时，应先关桥流再关载气，防止热丝因温度过高而损坏。

TCD 能测定所有与载气热传导率不同的组分，故称它为通用型检测器，但它的灵敏度不及其它气相色谱检测器。由于 TCD 的效应（峰高）与热导池中组分浓度成正比，因此 TCD 是典型的浓度型检测器。鉴于这些特点，TCD 主要用于溶剂、一般气体和惰性气体的测定，如工业流程中气体的分析、药物中微量水分的分析等。

2. 氢火焰离子化检测器（FID）

FID 的结构 纯氢气燃烧的火焰中产生很少的离子，而碳氢化合物在氢焰中燃烧时能产生高几个数量级的离子，FID 就是基于两者的巨大差异而设计的。在直流电场作用下，碳氢化合物燃烧产生的正离子移向正极、电子移向负极，形成微弱电子流，经放大后，被存储和记录。FID 的结构如图 9-8 所示，它由氢火焰离子化室及放大器组成。从色谱柱流出的载气及组分与氢气混合后，从喷嘴流入氢火焰中。在极化极与收集极之间加上一直流电压形成电场，收集的微电流经过放大器的高值电阻（$>10^{14}\ \Omega$）产生电压信号，信号被放大后输送到数据处理系统。没有组分流出时，收集的微电流称为“基流”，经补偿后记录得到基线；当有组分流出时，收集的微电流放大后，记录获得色谱峰。

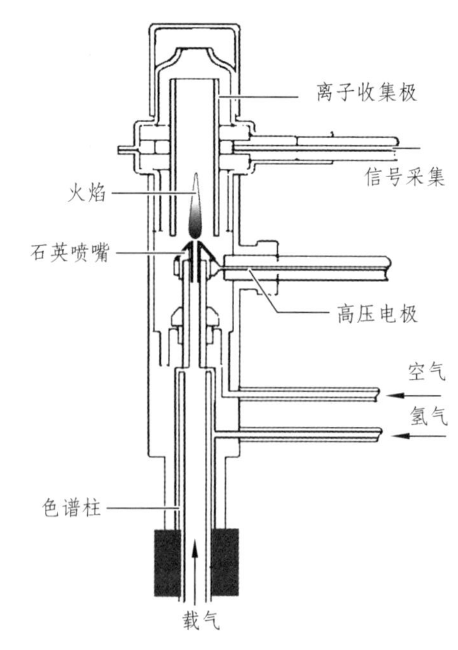

图 9-8 氢火焰离子化检测器示意图

离子化原理 化学电离机理认为，在火焰中燃烧的碳氢化合物先裂解成 CH、CH_2 基，然后与 O 进一步反应生成 CHO^+、$COOH^+$、C_2OOH^+、COO^+、CH_2OH^+等正离子和电子 e^-，火焰中的水蒸气与 CHO^+碰撞产生 H_3O^+。以苯为例在电场作用下正离子与电子向两极移动形成离子流。

$$C_6H_6 \xrightarrow{\text{裂解}} 6CH$$

$$6CH+3O_2 \longrightarrow 6CHO^++6e$$

$$CHO^++3O_2 \longrightarrow CO+H_3O^+$$

根据上述机理，FID 只对含碳化合物有响应，对水、惰性气体等无信号，故称它为专用型检测器。由于 FID 对所有含碳化合物有响应，并有很高的灵敏度，因此它也是最常用的检测器。另外，FID 的信号响应（色谱峰高）与单位时间进入检测器火焰中组分的量成正比，故这种检测器也称质量型检测器。

FID 的使用　FID 的灵敏度和线性范围与其结构设计有直接的关系，包括火焰喷嘴设计、电极形状和电极距离、电极电压大小等。另外，操作条件如载气、氢气和空气的流量对 FID 的灵敏度都有影响。氢气与载气的流量比一般为 1∶1～1.5∶1，空气流量是氢气的 10～20 倍。由于载气流量与柱效有关，当它的流量确定后，可通过调节氢气和空气流速，观测基流大小确定 FID 的灵敏度。填充柱常用氮气流速为 25 mL/min，氢气流速为 30 mL/min，空气流速为 300 mL/min。

使用中，FID 应尽量保持较高温度，防止流出物的冷凝与污染，否则 FID 的灵敏度和稳定性都会受到很大影响。特别在分析硅烷化样品后，更要考虑受污染的可能，污染后立即采用弧形和物理方法清除。

3. 电子捕获检测器（ECD）

电子捕获检测器利用放射源或非放射源将载体分子离子化，产生大量低能量热电子，当含负电性基团组分进入检测器时，捕获电子而使基流降低产生信号，以此来检测流出色谱柱组分的含量。它的灵敏度高、选择性好，检测限达 10^{-14} g/mL，属于浓度型检测器。

ECD 的结构　检测器以阴极壁上的 β 射线放射源（^{63}N 或 ^{3}H）为负极，内腔中央的不锈钢棒为正极，在两极间施加直流或脉冲电压，载气有两极间通过，常用高纯氮或氢气为载气。其结构示意图如图 9-9 所示。

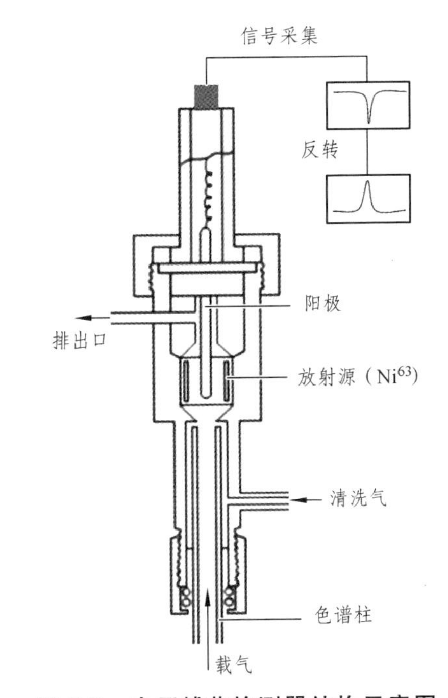

图 9-9　电子捕获检测器结构示意图

ECD 的工作原理　当载气（高纯 N_2）通过检测器时，在放射源 β 射线的轰击下，N_2 被离子化，产生 N_2^+和次级电子，在电场中定向移动形成基流（10^{-9}～10^{-8} A）。

$$N_2 \xrightarrow{\beta\text{射线}} N_2^+ + e^-$$

当强电负性元素的物质进入检测器时，ECD 会捕获这些低能量电子，产生带负电荷的离子，并释放能量。

$$AB + e^- \longrightarrow AB^- + E$$

AB 与 N_2^+ 碰撞生成中性化合物，使基流降低，产生负信号而成倒峰。经过放大器放大并进行极性转换成通常的正峰，由记录器记录，即为响应信号，该信号强度的大小与组分浓度成正比，所以 ECD 属于浓度型检测器。

ECD 的应用　ECD 主要用于含强电负性元素化合物的检测，如含有卤素、硫、硝基、羰基、氰基的化合物，金属有机化合物、金属螯合物、多环芳烃、多卤或多硫化合物的检测，已经在食品检验、动植物体中的农药残留检测，以及包含对水、土壤、大气等污染的环境检测等领域，都得到广泛应用。

4. 检测器的主要性能

对检测器性能的要求主要有四方面：稳定性好、噪声低；灵敏度高；线性范围宽；死体积小、响应快。为了综合评价检测器的性能，常用以下指标来衡量。

噪声和漂移 在没有样品进入检测器时，基线在短时间内发生起伏的信号称为**噪声**。将记录图谱放大即可观测到。噪声是因仪器本身的微电路系统及其它操作条件所引起，是一种不可避免的背景信号。仪器微电路系统主要来自包括放大器电子元件、传感器受电流的不稳定性、电磁波干扰等的影响；操作条件影响，如固定液的流失、载气流速和温度的波动等的影响。**漂移**是指基线在一定时间内对原点产生的偏离，常用每小时信号变化值（mV/h）表示。多数情况下漂移是可以控制和改善的。良好的检测器的噪声和漂移都应该很小，它们反映了检测器的稳定状态。

灵敏度和检测限 灵敏度和检测限是衡量检测器敏感程度的指标。灵敏度是指通过检测器的物质的量变化时，该物质响应值的变化率。图 9-10 为不同组分分量 Q 与对应响应值 R 的关系示意图，直线部分的斜率即为灵敏度 S，即

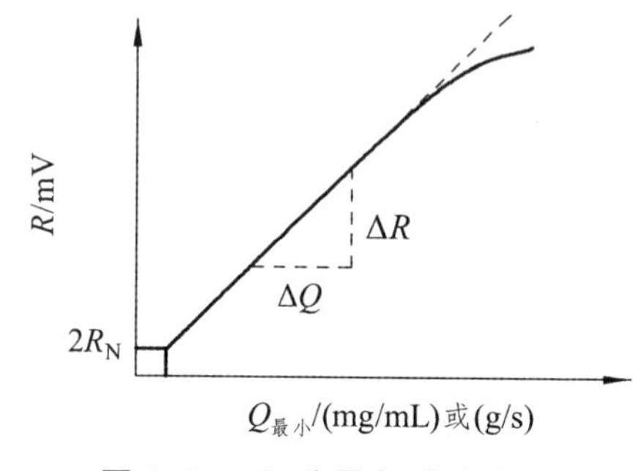

图 9-10 组分量与响应值图

$$S = \Delta R / \Delta Q \tag{9-3}$$

检测器按其响应特征，可分为浓度型[Q 为浓度 c（mg/mL）]和质量型[Q 为质量流量 m（g/s）]两类。

灵敏度和检测限的具体介绍，可参阅有关气相色谱专著，在此不赘述。

9.4.6 色谱工作站

色谱工作站是现代色谱仪中用于色谱操作过程的控制和色谱数据的记录、处理及分析的专用软件，最早出现在 20 世纪 80 年代，之后得到了广泛的应用。

（1）软件 工作站是色谱系统的计算机操作控制程序，是实现人机对话的平台，其数据记录量和处理能力很强：可同时连接几个 GC 信号，可事后再调节参数，对图谱进行再处理；谱图可放大、缩小；谱图可作相加或相减运算；可进行谱图比较；谱图可永久保存；可调节前后台操作，检索十分方便；还可针对具体样品帮助建立分析方法；打印格式多样等。

（2）显示 工作站现在主要采用液晶显示屏显示。

（3）工作范围 工作站除了处理数据外，可进行仪器控制，如气化室、色谱柱和检测器的温度控制（恒温操作、程序升温），载气流量和压力的控制，分流与不分流进样控制等。

9.5 定性与定量分析

9.5.1 定性分析

色谱定性分析就是要确定未知组分的色谱峰是什么物质，主要通过保留值对比和与其它仪器联用来实现定性分析。

1. 保留值对比定性

保留值对比定性是色谱法最常用的方法。它将试样组分与标准品在相同操作条件下测得的保留

值比较，如果数值在允许误差范围内，可推测该组分可能与标准品是相同的组分。

保留时间定性是药物分析最常用的方法，对于复杂的多组分分析，常用两种或多种不同极性固定相的色谱柱进行定性实验，以提高定性的可靠性。

保留指数定性的优点是它只与固定相种类有关，不受其它实验条件的影响，不少化合物的保留指数可从文献查到。由于已知保留值的物质毕竟有限，测定也不太方便，因而利用保留值定性的方法在药物分析中很少使用。

2. 与其它仪器联用定性

色谱法的分离能力是非常强的，但它不能对已分离的每一组分进行直接定性。利用上述保留值定性有很大的局限性，一是已知标准物数量有限，有时根本就没有；二是许多物质的保留值十分接近或相同，常常影响定性结果的准确性。而“四大谱”的质谱、红外光谱、紫外光谱和核磁共振波谱对有机化合物具有很强的定性能力，但只能对单一纯组分进行定性，对混合物中的某一组分却无法进行定性。如果将色谱法的分离功能与光谱法的定性鉴别功能有机结合在一起，充分发挥二者的长处，对色谱分离后的组分直接进行光谱定性鉴别，这就是色谱-光谱联机定性。

在光谱-色谱联机定性的各种方法中，两类仪器之间必须有适当的“接口”连接起来，从而成为一个整体——联用仪，这时作为定性的仪器部分，如质谱仪、红外光谱仪、紫外光谱仪、核磁共振波谱仪就成为联用仪的一个专用检测器。现在这些联用仪器和技术已经成熟，成为现代仪器分析的重要工具。

3. 色谱指纹图谱鉴别

根据色谱的分离能力，人们总有办法将一个复杂样品中的各个组分分离开来，但要确定每个峰是什么化合物并不是一件容易的事。例如确定一个中药提取物的有效成分，少则几十个组分，多则上百个组分，要确定每一个组分既不可能、也没有必要。在此情况下，人们联想到司法鉴定中采用人的指纹的唯一性来识别和确定人“身份”的方法，利用在相同色谱条件下得到复杂样品的色谱图，也具有“唯一性”的特点，通过对色谱图形状的比对来识别、鉴定复杂组分样品，这种方法称为色谱指纹图谱法。

色谱指纹图谱法目的并不是鉴定每一个组分，而是通过鉴定其中一些有代表性的组分来识别、鉴定复杂样品。一张完整的色谱图包括三方面信息：一是色谱峰的位置，即保留值（GC、HPLC 的保留时间或保留体积，TLC 的比移值），这是色谱定性的依据；二是峰强度，即峰高或峰面积，这是色谱定量的依据；三是峰的区域宽度，包括峰宽、半峰宽和标准差，它与保留值结合是评价色谱柱分离效能的指标。在上述三方面信息中，保留值和峰强度是识别、鉴定复杂组分样品的主要依据，是色谱指纹图谱的主要组成部分。利用现代计算机软件，将色谱指纹图谱进行数字化，就是将保留值和峰强度进行数字化，数字化后的色谱指纹图谱就称为色谱指纹谱。

指纹图谱技术是一种通过分析、比较和评价来进行识别和鉴定的技术，所以在采用指纹图谱识别和鉴定物质时，一定要有一个已知的参考样品图谱或指纹图谱库，以便作为参考标准进行分析、比较和评价。当有已知标准物质和已知的指纹图谱库时，该技术可作为定性分析的方法，并对其中的某些色谱峰进行定量分析。指纹图谱技术目前应用最多的是生成过程的质量控制。它可用于控制生产过程中的原料、中间体及最终产品在每批生产时的一致性，减少每一批产品间的差异。

9.5.2 定量分析

1. 定量分析基础

仪器分析的定量分析，是依据仪器检测的响应值与被测组分的量的关系，来确定样品中被测组分含量的，是一种相对定量方法，而不是绝对定量方法。色谱定量分析也是如此，即在一定色谱条

件下，峰面积或峰高（响应值）与所测组分数量（浓度）成正比。即

$$w_i(c_i)=f_iA_i \quad 或 \quad w_i(c_i)=f_ih_i \tag{9-4}$$

式中，w为质量；c为浓度；A为峰面积；h为峰高；f为校正因子；i为待测组分。

2. 峰高和峰面积

峰高和峰面积是色谱定量分析最基本数据，它们的测量精度直接影响定量分析的精度。如果色谱峰是对称峰，且与相邻峰完全分离开，准确地测出峰高和峰面积并不困难。如果是不对称峰，与相邻峰又没有完全分离开，以及基线发生明显漂移，准确准确地测出峰高和峰面积就比较困难，需要一些特别复杂的处理方法来实现。

具体测量方法有：峰高乘半峰宽法、峰高乘平均峰宽法、1/2 峰宽乘峰高法等。

现代色谱仪都有色谱工作站，有强大的计算和数据处理功能，通过模拟流出曲线，然后积分来求得峰面积，十分方便，这是现代色谱仪普遍采用的方法。

3. 定量校正因子

对于某一单独组分而言，被测组分的量与检测器的响应值（峰面积或峰高）成正比，这是色谱定量分析的基础。但是，对于不同组分而言，在同一检测器检测时，即使它们的量相同，它们的响应值并不相同，为此，需要引入定量校正因子，才能反映不同组分在同一检测器上的响应值与其量的正比关系。

（1）定量校正因子的定义

进入检测器的组分的量（m）与色谱峰面积（A）或峰高（h）之间的关系，可表示为

$$m=f'A(h) \quad 或 \quad f'=m/A(h) \tag{9-5}$$

式中，f'为比例常数，称为该组分的绝对校正因子。

当组分的量 m 单位用质量、物质的量或体积时，测得的校正因子分别称为绝对质量校正因子（f'_m）、绝对物质的量校正因子（f'_M）和绝对体积校正因子（f'_V）。

由于绝对校正因子值不易测定，它随实验条件而变化，因而很少使用。实际工作中一般采用相对校正因子，其定义为某组分 i 与所选定的基准物 s 的绝对定量校正因子之比。

相对质量校正因子

$$f_m=\frac{f'_{m(i)}}{f'_{m(\mathrm{s})}}=\frac{m_i/A_i}{m_\mathrm{s}/A_\mathrm{s}}=\frac{A_\mathrm{s}m_i}{A_im_\mathrm{s}} \tag{9-6}$$

式中，m 为质量；A 为峰面积。

相对物质的量校正因子

$$f_M=\frac{f'_{M(i)}}{f'_{M(\mathrm{s})}}=\frac{(m_i/M_i)/A_i}{(m_\mathrm{s}/M_\mathrm{s})/A_\mathrm{s}}=f'_m\frac{M_\mathrm{s}}{M_i} \tag{9-7}$$

式中，M 为相对分子质量；其它符号同上。

（2）定量校正因子的测定

部分化合物的气相色谱的定量校正因子可从文献中查到，但是很多物质的校正因子查不到，或者所用检测器类型、色谱条件与文献不同，需要自行测定。准确称取一定量的待测物质 i（纯品）和所选定的基准物 s，制成一定浓度的混合溶液进样，测得两色谱峰面积 A_i 和 A_s，由式（9-6）求得物质 i 的相对质量校正因子。显然，选择不同的基准物测得的校正因子数值也不同。气相色谱手册中的数据常以苯或正庚烷为基准物而测得。也可根据需要选择其它基准物。如果用归一化定量时，选择

样品中某一组分为基准物。

定量分析时，测定条件应与定量校正因子的测定条件相同。

4. 定量计算方法

气相色谱定量计算方法有面积归一化法、外标法和内标法三种。下面只以峰面积、质量校正因子为定量参数予以介绍，用峰高或其它校正因子定量可以类推。

（1）归一化法　将试样中所有组分含量之和定为1，即100%，计算被测组分含量的定量方法。

$$w_{\mathrm{i}}=\frac{m_i}{\sum m_i}\times 100\%=\frac{f_{m(i)}A_i}{\sum[f_{m(i)}A_i]}\times 100\% \tag{9-8}$$

式中，$\sum m_i$ 为各组分的量之和；$\sum[f_iA_i]$ 为各组分的校正峰面积之和。该式为带校正因子的面积归一化计算公式。

当用相同标准物测定相对校正因子时，$f'_{m(\mathrm{s})}$ 相等，将式（9-5）代入式（9-8），得

$$w_i=\frac{f'_{m(i)}A_i}{\sum[f'_{m(i)}A_i]}\times 100\% \tag{9-9}$$

如果样品中各组分的校正因子近似相等时，则式（9-9）可写成

$$w_{\mathrm{i}}=\frac{A_i}{\sum A_i}\times 100\% \tag{9-10}$$

式（9-10）是式（9-9）的特例，称为不加校正因子的面积归一化法计算公式。

面积归一化法的优点是方法简便，不用标准品即可定量。缺点是要求样品中的所以组分在一个分析周期内都流出色谱柱，且检测器都产生信号，并且必须知道各组分的校正因子，否则此法就不能使用。

在药物分析中，一般定量计算不采用面积归一化法，只在一些药物的杂质检查中使用。因无法知道杂质的种类，采用不加校正因子的面积归一化法。在挥发油成分分析中，因组分复杂无法测定各组分的校正因子，当用 FID 检测器检测时，也常用不加校正因子的面积归一化法就是个组分含量。

（2）外标法　用待测组分的纯品作标准品（也称对照品），比较在相同条件下对照品与待测组分的色谱峰面积或峰高进行定量的方法，称为外标法。外标法可分为工作曲线法和外标一点法。工作曲线法是将标准品配制不同浓度的标准系列溶液。同时配制一个样品溶液。在完全相同条件下，以相同体积准确进样得到各自的色谱图。以标准系列溶液的浓度对其峰面积（或峰高）绘制标准曲线，或按照最小二乘法进行线性回归得回归方程，根据样品待测组分的信号，从标准曲线查得或从回归方程计算其浓度，从而求得待测组分在试样中的含量。这种方法也称为标准曲线法。

如果标准曲线是通过原点的直线，则回归方程应为

$$A=kc \tag{9-11}$$

式中，A 为峰面积；k 为比例常数。

实际应用中，通常只配制一个标准溶液。为降低实验误差，其浓度与样品溶液中被测组分浓度尽量相近，直接比较即得。

$$c_{样}=\frac{A_{样}}{A_{标}}\times c_{标} \tag{9-12}$$

这种方法称为“直接对照法”或“外标单点法”。但实际应用中得到的标准曲线常不过原点，

并且有较大的截距，这时不能应用直接对照法，否则会有较大分析误差，所以要求进样精密度好，仪器稳定才可。

（3）内标法　在样品中加入一种纯物质作内标物，根据内标物与待测组分的定量校正因子、内标物与样品的质量和相应的峰面积，求出样品中待测组分的含量，称为内标法。

精密称取样品 m(g)、内标物 m_{is}(g)，配成混合溶液进样，测定待测组分 i 的峰面积 A_i 及内标物的峰面积 A_{is}，则在样品中所含组分 i 的质量 m_i 与内标物的质量 m_{is} 有如下关系：

$$\frac{m_i}{m_{is}}=\frac{f_i'A_i}{f_{is}'A_{is}} \tag{9-13}$$

则待测组分在样品中的含量 w_i 为

$$w_i=\frac{f_i'A_i}{f_{is}'A_{is}}\times\frac{m_{is}}{m}\times 100\% \tag{9-14}$$

对内标物的要求：纯度较高；不是试样中的组分；在色谱中与各组分完全分离，但其保留时间与被测组分不要相差太大，因尽量靠近；从样品前处理考虑，与内标物组分的物理化学性质最好相似，以保证有相近的提取率。

内标法的优点：在一定进样量范围内（线性范围），定量结果与进样量的精密度无关；定量准确度与其它组分是否出峰无关；很适用于微量组分的分析，如药物中微量有效成分或杂质的分析。由于微量组分与主要成分含量相差悬殊，无法用面积归一化法准确测定其含量，采用内标法很方便，增大进样量突出微量组分峰，测定该组分峰面积与内标峰面积之比，即可求出微量组分的含量。

内标法的缺点：不易找到合适的内标物。在气相色谱中，当无法得到较好的内标物时，常用正构烷烃作为内标物；在高效液相色谱中内标物的寻找尤其困难。

9.6　气相色谱法的应用

气相色谱法在石化、环保、食品、生命科学等领域都具有广泛应用。在药物分析中，气相色谱法可用于药物成分鉴别、含量测定、杂质检查及微量水分测定、药物中间体的监控（反应程度监控）、中药成分分析、制剂分析、治疗药物监测和药物代谢物研究等方面。

1. 合成药物分析

合成药物的质量控制在测定产物含量的同时，需要控制其中间产物，气相色谱法能分离药物及其中间体，并进行定量测定。

例如，气相色谱法测定萘丁美酮的含量及其中间体的控制，需要的内标物为扑尔敏。三者的化学信息如下：

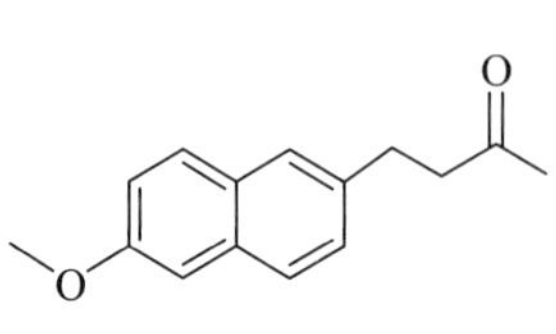

O H $N(CH_3)_2$ $(CH_2)_2$ N O O Cl

萘丁美酮（药物成分） 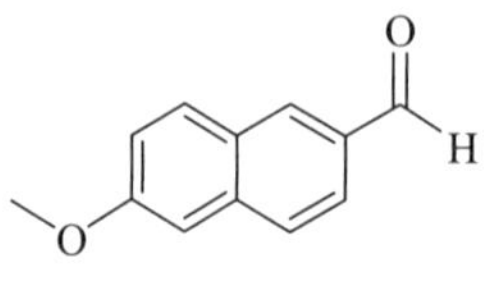　6-甲氧基-2-萘甲醛（中间体） 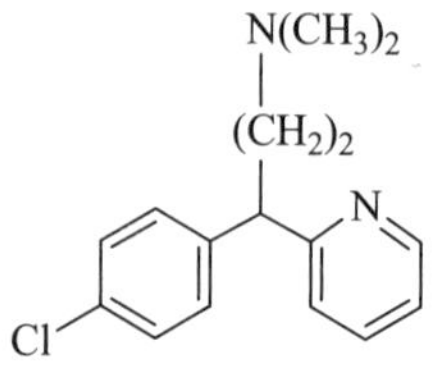　扑尔敏（内标物）

色谱柱为玻璃柱（2.0 m×3 mm），固定液为 1.5% OV-17，载体 Shimalite W（AW-DMCS）为 80~100

目，柱温 215 ℃，检测器为 FID，检测器和气化室温度为 280 ℃，氮气流量 50 mL/min，空气压力 0.4 kg/cm^2，氢气压力 0.55 kg/cm^2，进样量 1 μL。

2. 中药成分分析

中药的成分复杂，而中成药一般都由多种中药材研制而成，成分更加复杂，色谱法是研究其成分的最常用的方法。其中，气相色谱法常用于中草药中挥发性成分的分析、部分成分的含量测定和农药残留量的测定等。

3. 体内药物分析

在治疗药物监测和代谢动力学研究中都需要测定血液、尿液或其它组织在中的药物浓度，气相色谱法用于这些样品测定的文献报道也不少，这些样品中往往药物浓度很低，干扰较多，样品预处理非常重要，否则会造成色谱柱固定相不可逆的损坏。

例如，气相色谱法测定尿液中可待因及其代谢产物吗啡和去甲可待因，以安眠酮（甲苯喹唑酮）为内标物（四种物质的结构如下）。

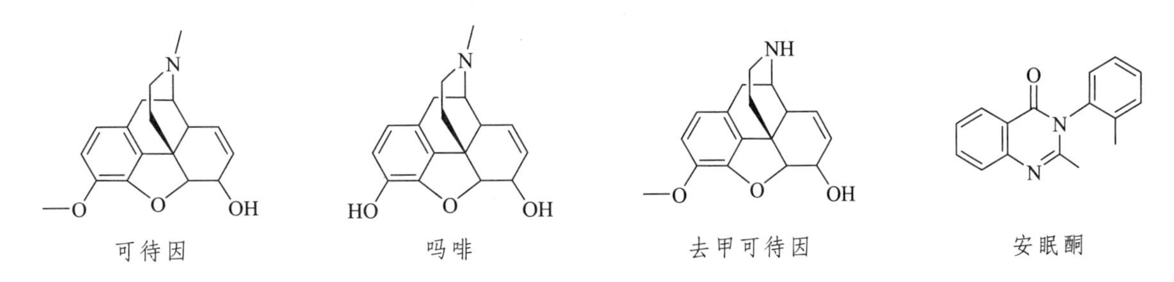

可待因是一种麻醉镇痛剂，属于体育运动禁用药物之一，是体育比赛运动员尿检必检项目。可待因是分子量大、极性大、难挥发性生物碱，而其代谢产物吗啡和去甲基可待因的极性更强，通过三甲基硅烷和三氟乙酰化，其衍生物极性降低，挥发性增强，色谱峰形变好，灵敏度提高。

4. 药物残留溶剂的检测

药物在合成与纯化的过程中，常会用到有机溶剂，药品中残留溶剂的检测分析和控制是药物生成中的重要环节。在人用药品注册技术要求国际协调会（ICH）Q3c 残留溶剂的指导原则中，提出了对多种溶剂残留在毒理学上的可接受水平和要求。

例如，采用气相色谱法对盐酸三氟拉嗪残留溶剂甲苯和乙醇的检测，甲苯为第二类限制溶剂，应低于 0.089%；乙醇为第三类限制溶剂，应低于 0.5%。采用聚乙二醇毛细管柱（30.0 m×530 μm×3.0 μm）；程序升温 70~180 ℃，30 ℃/min（始末均保持 5 min）；FID 检测器，检测器温度 200 ℃；气化室温度 160 ℃；氮气流量 5.0 mL/min，氢气流量 30 mL/min，空气流量 200 mL/min；分流比 10∶1，进样量 2 μL。

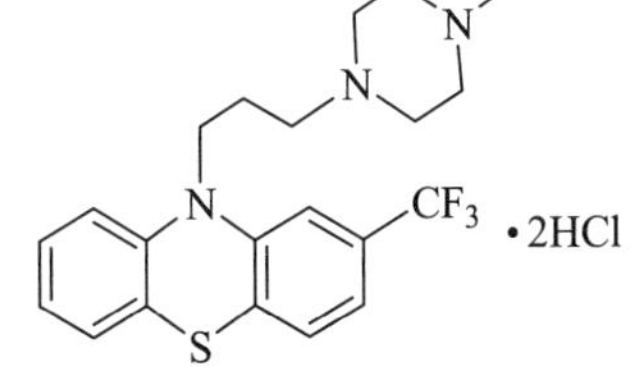

盐酸三氟拉嗪结构式

名词中英文对照

气相色谱法	gas chromatography，GC	氮磷检测器	nitrogen phosphorus detector, NPD
气-固色谱法	gas-solid chromatography	火焰光度检测器	flame photometric detector, FPD
气-液色谱法	gas-liquid chromatography	载气	carrier gas
填充柱	packed column	噪声和漂移	noise and drift
毛细管柱	capillary column	定量校正因子	quantitative calibration factor
进样器	injector	面积归一化法	area normalization method
检测器	detector	外标法	external standard method
热导池检测器	thermal conductivity detector, TCD	内标法	internal standard method

氢火焰离子化检测器	flame ionization detector, FID	标准曲线法	standard curve method
电子捕获检测器	electronic capture detector, ECD		

习 题

一、思考题

1. 气相色谱常用载气有哪些？载气在 GC 中有什么具体作用？

2. 在相同条件下的同一根色谱柱上，测得的不同化合物的理论塔板数是否相同？为什么？

3. 气相色谱仪中常用的检测器有哪些？哪些属于浓度型检测器？哪些属于质量型检测器？使用它们做定量分析时应注意什么？

4. 在气相色谱法中，有哪些因素影响分离度？柱温和固定相是如何影响分离度的？

5. 如何根据麦氏常数选择固定液？

6. 在气相色谱仪的实际操作过程中，如何选择柱温、气化室温度和检测器温度？

7. 简述恒温操作与程序升温操作的概念与分离对象，程序升温与恒温操作所获得的色谱图有什么区别。为什么程序升温色谱图不能用作保留时间定性？

8. 什么是 Kovats 保留指数？用它定性有何优点？正己醇在 Apiezon L、OV-1 及 PEG-20M 三根色谱柱上，柱温 120 ℃时的保留指数分别为 841.0、890.0 及 1331.0。2, 3-二甲基丁烷在相同条件下，在这三根色谱柱上的保留指数几乎不变（分别为 566.0、576.0 及 574.0）。说明其原因。

9. 气相色谱中常用的衍生化法有哪些？衍生化的作用是什么？衍生化时应注意哪几点？

10. 气相色谱的填充柱与毛细管柱有哪些区别？范氏方程用于两种色谱柱时表现形式有何区别？

11. 气相色谱的定量计算方法有哪些？为什么归一化法需要引进定量校正因子？什么是绝对定量校正因子和相对校正因子？

二、计算题

1. 用气相色谱法（FID 检测器）测定含 A、B、C、D 等 4 组分样品的含量。实验步骤如下：

（1）配制苯（内标物）与组分 4 组分纯品的混合溶液，它们的质量见表 9-4 中①；

（2）校正因子测定：进样量 0.2 μL，测得的峰面积见表 9-4②；

（3）样品测定：在相同的实验条件下，取样品 5 μL，进样 3 次，测得 4 组分的峰面积见表 9-4 中③，已知它们的相对分子质量见表 9-4 中④。

表 9-4　气相色谱法测定四组分样品的实验数据

序号	化合物名称	苯	A	B	C	D
①	纯品物的质量/g	0.435	0.653	0.864	0.864	1.760
②	纯品组分峰面积	4.00	6.50	7.60	8.10	15.0
③	样品组分峰面积	—	3.50	4.50	4.00	2.00
④	相对分子质量	—	32.0	60.0	74.0	88.0

计算：各组分的相对质量校正因子；相对物质的量的校正因子；各组分的质量分数；各组分的摩尔分数。

2. 用气相色谱法测定化学纯二甲苯样品中，邻、间及对位二甲苯三种异构体的含量。实验条件：色谱柱有机硅皂土-34+DNP/101 载体（4+4/100，质量比），柱长 2 m；柱温 70 ℃；检测器 TCD，100 ℃；载气 H_2，流速 36 mL/min。测得数据见表 9-5，用归一化法计算它们的含量。

表 9-5　气相色谱法测定二甲苯三种异构体的实验数据

组分	对二甲苯	间二甲苯	邻二甲苯
相对质量校正因子 f	1.04	1.04	1.08
峰高 h/cm	4.95	14.40	3.22
半峰宽 $W_{1/2}$/cm	0.92	0.98	1.10

3. 用气相色谱内标法测定冰醋酸的含水量。冰醋酸 52.16 g，内标物甲醇 0.4896 g，测定数据见表 9-6，计算冰醋酸中的含水量。

表 9-6　气相色谱法测定冰醋酸的含水量实验数据

组分	峰高 h/cm	半峰宽 $W_{1/2}$/cm	以峰高计 f'_W	以峰面积计 f'_W
甲醇（内标）	14.40	0.239	0.34	0.58
水	16.30	0.159	0.224	0.239

4. 一试样含甲酸、乙酸、丙酸及其它物质。取此样 1.055 g，称取环己酮 0.1907 g 作为内标加入试样中混合，进样 3 μL，测定数据列于表 9-7 中，试计算样品中甲酸、乙酸、丙酸的质量分数。

表 9-7　气相色谱法测定样品中三种酸的实验数据

组分	甲酸	乙酸	丙酸	环己烷
峰面积 A	14.8	72.6	42.0	133
相对质量校正因子 f'_W	0.261	0.562	0.938	1.00

10 高效液相色谱法

10.1 概 述

高效液相色谱法（HPLC）是在20世纪60年代末，以经典液相色谱法为基础，引入气相色谱法的理论与实验方法，从而发展起来的分离分析方法。它采用高压输液泵输送流动相，采用高效固定相保留组分，采用高灵敏在线检测器对分离的组分进行实时检测，仪器高度集成与自动化，其结构如图10-1所示。

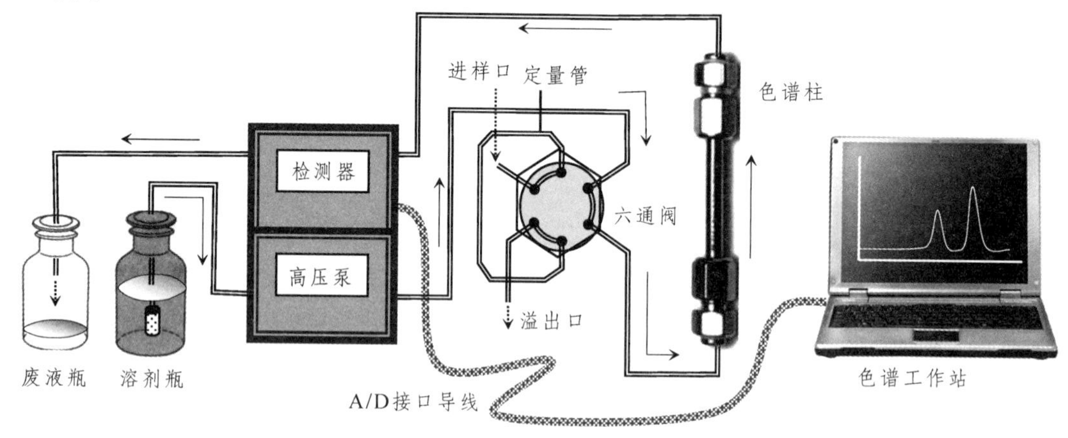

图 10-1 高效液相色谱仪结构示意图

1. HPLC与LC的比较

从分离分析原理来讲，HPLC与LC并没有本质上的差别，但由于HPLC采用了高压泵、高效固定相和高灵敏度在线检测器，使液相色谱法上升到一个新台阶。

经典液相柱色谱法使用粗颗粒多孔固定相装填在大口径、长玻璃管内，流动相靠重力作用而自然流动，溶质在固定相中的传质、扩散速度缓慢，柱口压力低，柱效低，分析时间长。

高效液相色谱法使用了全多孔微颗粒固定相，装填在小口径、短不锈钢管内，流动相通过高压输液泵输入色谱柱，溶质在固定相中的传质、扩散速度大大加快，从而在短时间内获得高柱效和高分离能力。比较情况见表10-1。

表 10-1 高效液相色谱法与经典液相柱色谱法的比较

项　目	高效液相色谱法	经典液相柱色谱法
柱长×内径/cm×mm	（10~25）×（2~10）	（10~200）×（2~50）
填料粒径/μm	5~50	75~600
柱压力/MPa	2~20	小于0.1
柱效 N/（块/m）	2×10^3~5×10^4	2~50
进样量/g	10^{-6}~10^{-2}	1~10
分析时间/h	0.05~1.0	1~10

2. HPLC 与 GC 的比较

GC 也具有选择性好、分离效率高、检测灵敏、分析速度快的特点；但它仅适于蒸气压低、沸点低的样品，不适用于高沸点有机物、热不稳定性化合物以及生物活性物质的分析。在有机化合物中，仅有 20%的样品适用于气相色谱分析。而 HPLC 恰好能够弥补气相色谱的这些缺陷，可以对 80%以上的有机化合物进行分离分析。两种方法的比较见表 10-2。

表 10-2　高效液相色谱法与气相色谱法的比较

项目	高效液相色谱法	气相色谱法
进样方式	溶液进样，常温 25～30 ℃	溶液进样，样品室～150 ℃气化
流动相	①液体，种类和配比可按改变，选择范围宽 ②对组分起运输、分配作用，改变其组成和配比 ③流动相动力黏度大，输送流动相压力达 2~20 MPa	①载气，有氮气、氢气和氦气，选择范围小 ②对组分只起运输作用，无分配作用 ③流动相动力黏度小，输送流动相压力达 0.5 MPa
固定相	填料粒径 5~10 μm，固定相种类繁多 填充柱(3~6) mm×(10~25) cm，$N=10^3\sim10^4$ 毛细管柱(0.01~0.03) mm×(5~10) m；$N=10^4\sim10^5$	填料粒径 0.1~0.5 mm，固定相种类较多 填充柱(1~4) mm×(1~4) m，$N=10^2\sim10^3$ 毛细管柱(0.1~0.3) mm×(10~100) m，$N=10^3\sim10^4$
分离机理	吸附、分配、离子交换、体积排阻、亲和等原理	吸附、分配两种原理
检测器	选择性检测器：UVD、PDAD、FD、ECD 通用型检测器：ELSD、SD、RID	选择性检测器：ECD、FPD、NPD 通用型检测器：TCD、FID
柱温效应	溶质在液相的扩散系数小，在色谱柱以外的死空间小，减小柱外效应对分离效果的影响	溶质在气相的扩散系数大，柱外效应影响较小，对毛细管气相色谱应尽量减小柱外效应的影响
应用范围	可分析高沸点、中分子、高分子化合物；离子型化合物；热不稳定，具有生物活性的生物分子	可分析低分子量、低沸点化合物；永久性气体；程序升温分析高沸点化合物；裂解技术分析高聚物

3. HPLC 的特点

通过以上比较，可知 HPLC 具有以下特点。

（1）分离效能高　由于新型高效固定相填料的使用，液相色谱填充柱的柱效可高达到 $5\times10^3\sim3\times10^4$ 块/m 理论塔板数，远远高于气相色谱填充柱 10^3 块/m 理论塔板数。

（2）选择性高　由于液相色谱柱具有高柱效，并且可以通过流动相的组成和配比的改变来控制分离过程的选择性。它不仅可以分析不同类型的有机化合物及其同分异构体，还可分析旋光异构体，并已在合成药物和生化药物的生产控制中发挥了重要作用。

（3）检测灵敏度高　所使用的检测器大多数都具有较高的灵敏度。如使用的紫外吸收检测器，最小检出量可达 10^{-9} g；用于痕量分析的荧光检测器，最小检出量可达 10^{-12} g。

（4）分析速度快　由于高压输液泵的使用，其分析时间大大缩短，当输液压力增加时，流动相流速会加快，完成一个样品的分析时间仅需几分钟至几十分钟。

（5）少量制备　由于它使用了非破坏性检测器，样品被分析之后，在大多数情况下，可对少量珍贵样品组分进行回收、纯化制备等。

4. 高效液相色谱法的分类

按溶质在两相分离过程的物理化学原理分类，有以下方法。

（1）吸附色谱　用固体吸附剂作固定相，以不同极性溶剂作流动相，依据样品中各组分在吸附剂上吸附性能的差别来实现分离。

（2）分配色谱　用涂渍在载体上的固定液作为固定相，以不同极性溶剂作流动相，依据样品中各组分在固定液上分配性能的差别来实现分离。根据固定相和液体流动相相对极性的差别，又可分为正相分配色谱和反相分配色谱。当固定相的极性大于流动相时，称为正相分配色谱或简称正相色谱（NPC）；当固定相的极性小于流动相的极性时，称为反相分配色谱或简称反相色谱（RPC）。

（3）离子交换色谱　用高效微粒离子交换剂作固定相，以具有一定 pH 值的缓冲溶液作流动相，依据离子型化合物中各离子组分与离子交换剂上带电荷基团进行可逆性离子交换能力的差别来实现分离。

（4）体积排阻色谱　用化学惰性的多孔性凝胶作固定相，按固定相对样品中各组分分子体积阻滞作用的差别来实现分离。以水溶液作流动相的体积排阻色谱法，称为凝胶过滤色谱法；以有机溶剂作流动相的体积排阻色谱法，称为凝胶渗透色谱法。

（5）亲和色谱　以在不同基体上键合多种不同特性的配位体作固定相，用具有不同 pH 值的缓冲溶液作流动相，依据生物分子（氨基酸、肽、蛋白质、核酸、酶等）与基体上键联的配位体之间存在的特异性亲和作用能力的差别，而实现对具有生物活性分子的分离。

上述各方法的比较见表 10-3。

表 10-3　按分离过程物理化学原理分类的各种液相色谱法的比较

方法	吸附色谱	分配色谱	离子交换色谱	体积排阻色谱	亲和色谱
固定相	全多孔型吸附剂	固定液	离子交换剂	不同孔径的凝胶	键联在基体上的配位体
流动相	不同极性溶剂	有机溶剂和水	缓冲溶液	有机溶剂或缓冲溶液	缓冲溶液加改性剂
分离原理	吸附 $\rightleftharpoons$ 解吸	溶解 $\rightleftharpoons$ 析出	缔合 $\rightleftharpoons$ 解缔	渗透或过滤	锁匙络合与可逆性离解
平衡常数	吸附系数 K_A	分配系数 K_P	选择性系数 K_S	分布系数 K_D	稳定常数 K_C

了解上述分类，有助于了解各种方法间的关系。近几年来 HPLC 发展迅速，新方法相继涌现，特别是化学键合色谱法，已将固定相的稳定性、选择性、应用范围等提升到一个新的高度。HPLC 分离模式的分类详细情况如图 10-2 所示。

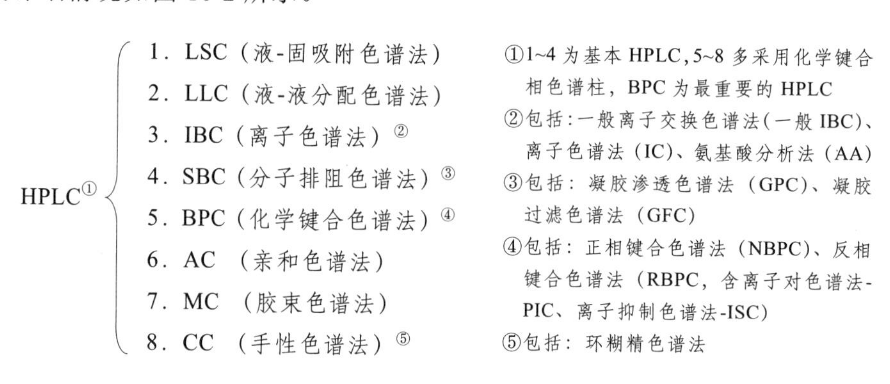

图 10-2　高效液相色谱法的分离模式分类

10.2　基本原理

10.2.1　高效柱的性能参数

表征色谱柱的填充情况的性能参数，常用总孔隙率、柱压降和柱渗透率等。

总孔隙率　指被固定相填充后，在色谱柱横截面上的孔隙率，用 ε_t 表示。

$$\varepsilon_t = \frac{F}{u\pi r^2} = \frac{Ft_0}{L\pi r^2} = \frac{Ft_0}{V} \tag{10-1}$$

式中，F 为流动相的体积流速，mL/s；u 为流动相的平均线速，cm/s；r 为柱内半径，cm；t_0 为死时间；L为柱长，cm；V为色谱柱空管体积，mL。

色谱柱的自由截面积$q=\varepsilon_t\pi r^2$（r为柱内半径），它仅为柱实际截面积的一部分，是流动相通过色谱柱时能够使用的截面积，因此流动相通过色谱柱的平均线速u为

$$u=\frac{F}{q}=\frac{F}{\varepsilon_t\pi r^2} \tag{10-2}$$

柱压降 色谱柱的柱压降Δp，可用达西（Darcy）方程式计算：

$$\Delta p=p_i-p_0=\frac{\eta Lu}{k_0 d_p^2}=\frac{\phi\eta Lu}{d_p^2} \tag{10-3}$$

式中，p_i、p_0为色谱柱入口、出口压力，MPa；L为柱长，cm；η为流动相黏度系数，mPa·s；k_0为柱的比渗透系数；d_p为填料平均粒径，μm；φ为填料对流路的阻抗因子。故

$$k_0=\frac{1}{\varphi}=\frac{\varepsilon^3}{180(1-\varepsilon)^2} \tag{10-4}$$

流动相的平均线速u可表达为柱性能参数的函数：

$$u=\frac{\Delta p d_p^2}{\varphi\eta L}=\frac{k_0 d_p^2\Delta p}{\eta L} \tag{10-5}$$

阻抗因子φ表征色谱柱对流动相阻力的大小，与色谱柱使用的固定相性质和填充方法密切相关，可参见表 10-4。

表 10-4 色谱柱的φ值

固定相种类	薄壳型填料	全多孔球形填料	全多孔无定形填料
干法填充	600～700	800～1200	1000～2000
湿法填充	300～400	500～700	700～1500

柱渗透率 柱渗透率（K_F）表示流动相通过柱子的难易程度。

$$K_F=k_0 d_p^2=\frac{d_p^2}{\varphi}=\frac{\varepsilon^3 d_p^2}{180(1-\varepsilon)^2}\approx\frac{d_p^2}{1000}\quad\begin{pmatrix}\varepsilon=0.40\\ \varphi=1000\end{pmatrix} \tag{10-6}$$

$$K_F=\frac{u\eta L}{\Delta p}=\frac{F\eta L}{\varepsilon_t\pi r^2\Delta p}=\frac{\eta L^2}{\Delta p t_0} \tag{10-7}$$

流动相通过色谱柱的死时间t_0，溶质的保留时间t_R，表达为柱性能参数的函数：

$$t_0=\frac{\eta L^2}{K_F\Delta p}=\frac{\eta L^2\varphi}{d_p^2\Delta p} \tag{10-8}$$

$$t_R=\frac{\eta L^2}{K_F\Delta p}(1+k)=\frac{\eta L^2\varphi}{d_p^2\Delta p}(1+k)=\frac{\eta N^2 h^2\varphi}{\Delta p}(1+k) \tag{10-9}$$

由上述又可看出，保留时间t_R不仅与色谱过程的热力学因素k有关，还直接与决定柱效和分离度的柱性能参数ε_t、Δp、K_F及流动相的黏度η相关，而这些参数皆为影响色谱分离过程动力学的重

要参数。

10.2.2　HPLC 的塔板理论和速率理论

1. HPLC 的塔板理论

HPLC 与 GC 在各种溶质的分离原理、溶质在固定相中的保留规律，从塔板理论研究的化学热力学因素来说，是基本相似的，最大的不同是流动相，GC 的载气是惰性的，不参与对组分的分配作用，而 HPLC 的流动相基本上要参与对组分的分配作用。塔板理论的各种表达式在 HPLC 与 GC 中基本相同。

从塔板理论公式，可以导出保留时间与热力学、动力学参数的关系式

$$t_R = \frac{L}{u}(1+k) = \frac{NH}{u}(1+k) \tag{10-10}$$

$$t_R = 16R^2 \cdot \left(\frac{\alpha}{\alpha-1}\right)^2 \cdot \frac{(1+k_2)^3}{k_2^2} \cdot \frac{H}{u} \tag{10-11}$$

式中，u 为流动相平均线速度，单位 cm/s。

式（10-11）表明：

（1）保留时间 t_R 是相邻两组分的分离度 R、分离因子 α、容量因子 k、理论板高 H 和流动相线速 u 等参数的函数。其中，k、α 是色谱热力学参数；H、u 是色谱动力学参数；R 是与热力学和动力学均相关的参数。由此可知，在一定色谱柱上，保留时间 t_R 是色谱分析中表征溶质分离特性的重要参数，是讨论 HPLC 分离操作条件的关键关系式。

（2）色谱的目的是分离，所以单纯考虑某一组分的保留时间意义不大，只有考虑了被分离两组分的分离特性的保留时间才具有现实意义，该式就是这个意义的体现。

2. HPLC 的速率理论

HPLC 与 GC 的最主要差别在于流动相上，主要表现在纵向扩散项及传质阻力项上。扩散系数为 $B = 2rD$，D 是组分分子在流动相中的扩散系数。在 GC 中用 D_g 表示，在 HPLC 中用 D_l 表示。由于液体黏度 η 比气体大得多，HPLC 柱温比 GC 柱温又低得多，因 $D \propto T/\eta$，因此 HPLC 的 D_l 比 GC 的 D_g 约小 10^5 倍，从而使 HPLC 的纵向扩散项大大降低到可忽略，于是范氏方程式在 HPLC 中表现形式为

$$H = A + Cu \tag{10-12}$$

故在 HPLC 中可近似地认为流动相的流速与塔板高度呈线性关系。为了兼顾柱效与分析速度，一般采用低流速（1 mL/min）。

流动相流速 u 对 GC 与 HPLC 板高影响的差别如图 10-3 所示。

（1）A 对 HPLC 柱效的影响

为了使 $A = 2\lambda d_p$ 值减小，采用小粒度固定相降低 d_p；采用球形、窄粒度分布的固定相匀浆法装柱，可降低填充不规则因子 λ。

（2）C 对 HPLC 柱效的影响

在 HPLC 色谱柱中的传质阻力 C 为

$$C = C_m + C_{sm} + C_s \tag{10-13}$$

式中，C_m、C_{sm}、C_s 分别表示动态流动相、静态流动相和固定相中的传质阻力系数。

固定液是键合在载体表面的单分子层，传质阻力可以忽略，$C_s \approx 0$，$C = C_m + C_{sm}$，将它代入式（10-12），得

$$H = A + C_m u + C_{ms} u \tag{10-14}$$

上式说明，在 HPLC 中，色谱柱 H 值由涡流扩散项、动态流动相传质阻力项和静态流动相传质阻力项三项贡献，如图 10-4 所示。

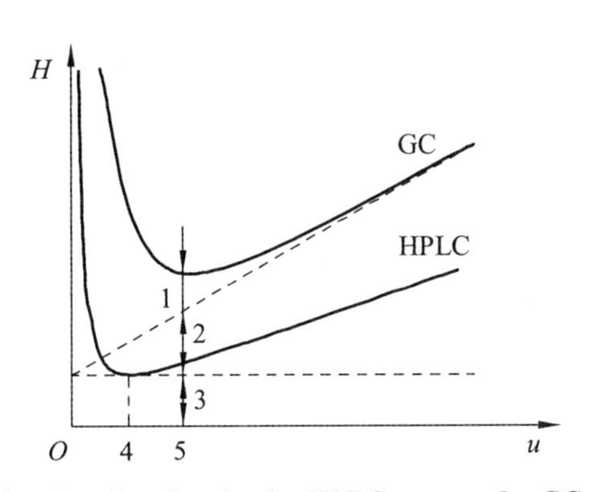

1—B/u；2—Cu；3—A；4—HPLC-$u_{最佳}$；5—GC-$u_{最佳}$

图 10-3　流速 u 对 GC 与 HPLC 柱效影响

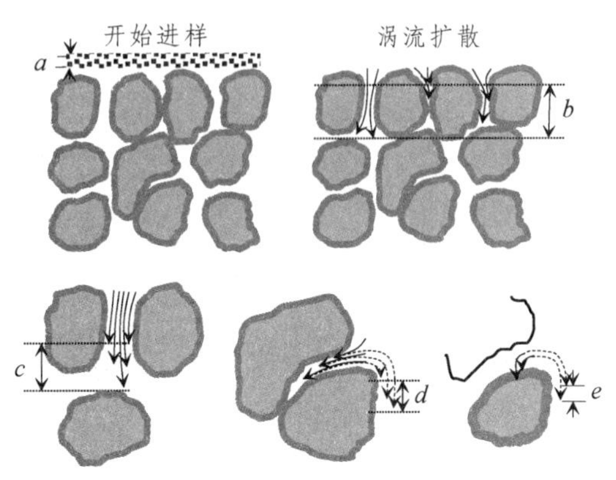

图 10-4　A 与 C 对液相色谱峰展宽的影响

从图 10-4 可知，组分加入色谱柱入口时同一起始位置（a）。涡流扩散项引起的峰展宽（b），是由于组分分子走了不同的途径所致。动态流动相传质阻力项引起的峰展宽（c），是因为在一个流路中，处于流路中心与边缘的分子与固定相的作用力不同，迁移速率不同，而使谱带展宽。静态流动相传质阻力项引起的峰展宽（d），是分子进入处于固定相深孔里比浅孔里，相对稍晚一些回到流动相中，而引起的峰展宽。固定相的传质阻力引起的峰展宽（e），是由于分子进入厚涂层固定液，相对晚一些回到流动相中。

（3）应用 van Deemter 方程式选择 HPLC 的分离条件

采用小粒径、窄粒度分布的球形固定相，首选化学键合相，用匀浆法装柱；采用低黏度流动相、低流速（1.0 mL/min）；柱温以 25~30 ℃为宜。

10.3　HPLC 分离模式

HPLC 的分离模式有液-固吸附色谱、液-液分配色谱、离子交换色谱和空间排阻色谱等，化学键合相色谱也属于液-液分配色谱，因其优越的性能和大量使用，故将它也并列介绍。

10.3.1　液-固吸附色谱法

流动相为液体，固定相是固体吸附剂的色谱法，称为液-固吸附色谱法。常用的吸附剂有碳酸钙、硅胶、三氧化二铝、氧化镁、活性炭等。尤其是硅胶，在经典柱色谱的分离制备和薄层色谱分析中已获得广泛应用。在 HPLC 中使用了特制的全多孔微粒硅胶，它不仅直接用作液-固色谱法的固定相，还是液-液色谱法和键合色谱法固定相的主要基体材料。

液-固色谱法对具有中等分子量的油溶性样品可获得最佳的分离，而对强极性或离子型样品，因有时会发生不可逆吸附，常不能获得满意的分离效果。液-固色谱法对具有不同极性取代基的化合物或异构体混合物表现出较强的选择性，对同系物的分离能力较差。凡是能用薄层色谱法成功分离的

化合物，都可用液固色谱法进行分离。

液-固吸附色谱法的主要优点是固定相价格便宜，对样品的负载量大，在 pH=3~8 范围内固定相的稳定性较好，它是大多数制备色谱分离中优先选用的方法。

1. 分离机理

在液-固色谱法中，其固体吸附剂是一些多孔性的极性微粒，如氧化铝、硅胶等，它们的表面存在着分散的吸附活性中心，溶质分子和流动相分子在吸附活性中心上进行竞争吸附，这种作用还存在于不同溶质分子间，以及同一溶质分子中不同官能团之间。由于这些竞争作用，便形成不同溶质在吸附剂表面的吸附-解吸平衡，这是液-固吸附色谱具有选择性分离能力的基础。

当溶质分子在吸附剂表面被吸附时，必然会置换已吸附在吸附剂表面的流动相分子，这种竞争吸附可用下式表示：

$$X_m + nM_s \xrightleftharpoons[\text{解吸}]{\text{吸附}} X_s + nM_m$$

式中，X_m 和 X_s 分别表示在流动相中和吸附剂表面上的溶质分子；M_m 和 M_s 分别表示在流动相中和吸附剂表面上被吸附的流动相分子；n 表示被溶质分子取代的流动相分子数目。当达到平衡时，其吸附系数为

$$K_a = \frac{[X_s]\cdot[M_m]^n}{[X_m]\cdot[M_s]^n} \tag{10-15}$$

在 HPLC 系统中，被分离的组分分子是微量的，而流动相分子是大量的，故$[M_m]^n/[M_s]^n$ 近似为常数。而吸附作用只发生在吸附剂表面，故其吸附的溶质分子的量，与吸附剂的表面积 S_a 有关，即$[X_a] = n(X_a)/S_a$，而$[X_m] = n(X_m)/V_m$，所以式（10-15）可简化为

$$K_a = \frac{n_{X_a}/S_a}{n_{X_m}/V_m} \tag{10-16}$$

所以，液-固吸附色谱法的色谱过程方程式可表示为

$$t_R = t_0\left(1 + K_a \cdot S_a / V_m\right) \tag{10-17}$$

在吸附色谱中，选择适当的实验条件使组分间的吸附系数 K_a 产生差别，以达到分离的目的。由于吸附剂表面积 S_a 不易测，而容量因子 $k = K_a \cdot S_a/V_m$，因此一般都采用容量因子 k 代替吸附系数 K_a 来讨论问题。

2. 影响保留时间的因素

从式（10-17）可知，在色谱柱（S_a、V_m）、吸附剂活性及柱温一定时，结合容量因子 k 与 K_a 的关系式 $k = K_a \cdot S_a/V_m$，保留时间 t_R 与溶质及溶剂的性质有关。下面以最常用的硅胶吸附剂为例，来讨论溶质的极性、溶剂的极性、硅胶的活性对保留值的影响。

溶质极性的影响 溶质的极性大，则与极性吸附剂的亲和力大，k 越大，t_R 越大，后流出色谱柱。不同类型有机化合物的保留顺序如下：

氟碳化合物<饱和烃<烯烃<芳烃<卤代物<醚<硝基化合物<腈<叔胺<酯、酮、醛<醇<伯胺<酰胺<羧酸<磺酸

溶剂极性的影响 吸附色谱法常用的流动相是以烷烃为低剂，加入适当的极性调整剂组成二元或多元溶剂系统。溶剂的极性越大，洗脱能力越强，容量因子 k 越小，t_R 越小。调整溶剂的极性，可以控制组分的保留时间。

硅胶活性的影响 硅胶的吸附活性来源于硅胶表面的硅羟基，它很容易与水分子形成氢键而失去

活性，但微量水可改善某些拖尾状况（减尾剂）。若硅胶吸附的水分超过一定限度（约为质量分数17%），则完全失去活性，而变成分配色谱法，此时吸附的水成为固定液。因此，在用硅胶柱进行吸附色谱分析时，必须使用不含水的流动相。

10.3.2 液-液分配色谱法

1. 分离机理

流动相与固定相都是液体的色谱法，称为液-液色谱法（Liquid-Liquid Chromatography，LLC），全称液-液分配色谱法。固定液被涂渍或键合在惰性载体上，溶质分子依据其在固定液和流动相中溶解-析出分配动态平衡时，分配系数为 $K = c_s / c_m$。由 $t_R = t_0(1 + K \cdot V_s / V_m)$ 可知，对于一定的色谱柱来说，V_m 和 V_s 是一定的，故分配系数 K 大的组分保留时间 t_R 则长。在选择分离条件时，务必使样品的各组分在固定相和流动相中的溶解度产生差别，K 或 k 有差别，才能产生分离。

2. 正相色谱法与反相色谱法

按照固定相与流动相的相对极性大小关系，可分为正相色谱法（NPC）和反相色谱法（RPC）两类。正相色谱的分离对象是从极性到中等极性的化合物；反相色谱的分离对象是从中等极性、弱极性到非极性的化合物。

流动相极性小于固定相极性的液-液色谱法，称为**正相液–液色谱法**，简称**正相色谱法**，也称**正相洗脱**。在进行正相洗脱时，样品中极性小的组分先流出色谱柱，极性大的组分后流出色谱柱。这是因为极性小的组分在固定相（极性、中等极性）中的溶解度小，K 或 k 小，t_R 就小，所以先流出色谱柱。

流动相极性大于固定相极性的液-液色谱法，称为**反相液–液色谱法**，简称**反相色谱法**，也称**反相洗脱**。在进行反相洗脱时，样品中极性大的组分先流出色谱柱，极性小的组分后流出色谱柱。这是因为极性大的组分在固定相（非极性、弱极性）中的溶解度小，K 或 k 小，t_R 就小，所以先流出色谱柱。

在推测不同极性组分在上述两种色谱法的固定相中的溶解度时，依据相似相溶原理来判断。当组分分子与固定液分子的极性、官能团、立体构型等越相近，溶解度就越大。组分在反相洗脱与正相洗脱中的出峰顺序正好相反。反相色谱法比正相色谱法应用更广泛。

10.3.3 化学键合色谱法

以物理方法涂渍在惰性载体上的固定液容易流失，是其无法克服的缺陷，更不适合梯度洗脱的操作。为此，人们将各种不同的的有机官能团通过化学反应共价键键合到硅胶表面的游离羟基上，而生成化学键合固定相，进而发展成化学键合色谱法。

化学键合相对各种极性溶剂都有良好的化学稳定性和热稳定性。由它制备的色谱柱柱效高、使用寿命长、重现性好，几乎对各种类型的有机化合物都呈现良好的选择性，特别适用于具有宽范围容量因子的样品的分离，并可用于梯度洗脱。

根据键合固定相与流动相相对极性的强弱，可将键合相色谱法分为正相键合相色谱法和反相键合相色谱法。在正相键合相色谱法中，键合相的极性大于流动相的极性，适用于分离油溶性或水溶性的极性和强极性化合物。在反相键合相色谱法中，键合相的极性小于流动相的极性，适用于分离非极性、极性或离子型化合物，其应用范围比正相键合相色谱法更广泛。据统计，在高效液相色谱法中 70%～80%的反相任务皆由反相键合相色谱法来完成的。

1. 正相键合相色谱法

键合相的极性大于流动相的极性的色谱法，称为正相键合色谱法。它是将全多孔（或薄壳）微粒硅胶载体，经酸活化处理制成表面含有大量硅羟基的载体后，再与含有极性基团Y(如—NH_2、—CN、—O—等）的硅烷化试剂反应，生成表面具有极性基团的键合相。

溶质在键合相上的分离机理属于分配色谱：

$$ARY \cdot M + X \cdot M \rightleftharpoons ARY \cdot X + 2M$$

式中，A为硅胶表面基体（SiO—），R为键合的烷基部分，Y为键合相外端极性基团，M为溶剂分子，X为溶质分子。ARY·M为溶剂化的固定相，X·M为溶质溶解于流动相中的状态，ARY·X为溶质溶于键合相的状态。

在正相色谱柱中，溶质分子在两相中的分配系数由式（10-18）计算，它主要依靠范德华作用力的定向作用力、诱导作用力或氢键作用力的差别，而使其K或k不同而分离。

$$K = \frac{[ARY \cdot X]}{[X \cdot M]} \qquad (10\text{-}18)$$

例如，用胺基键合相分离极性化合物时，主要依靠被分离组分（如糖类）与键合相的氢键作用力的强弱差别而分离。若分离含有芳环等可诱导极化的非极性样品，则键合相与组分分子的作用力，主要是诱导作用力。

在作正相洗脱时，流动相的极性增大，洗脱能力增加，k减小，t_R减小；反之，k与t_R都增大。分离结构相近的组分时，极性大的组分后出色谱柱。

2. 反相键合相色谱法

键合相的极性小于流动相的极性的色谱法，称为反相键合相色谱法。它的固定相是将全多孔（或薄壳）微粒硅胶载体，经酸活化处理后与含烷基链（C_4、C_8、C_{18}）或苯基的硅烷化试剂反应，生成表面具有烷基（或苯基）的非极性固定相。

反相键合色谱法的分离机理有属于分配色谱和属于吸附色谱法两种论点。

分配色谱的作用机制认为，假设在由水和有机溶剂组成的混合溶剂流动相中，极性弱的有机溶剂分子中的烷基官能团会被吸附在非极性固定相表面的烷基基团上，而溶质分子在流动相中被溶剂化，并与吸附在固定相表面上的弱极性溶剂分子进行置换，从而构成溶剂在固定相和流动相中的分配平衡。其机理和前述正相键合相色谱法相似。

吸附色谱的作用机制认为，溶质在固定相上的保留是疏溶剂作用的结果。当溶质分子进入进行流动相后，即占据流动相中效应的空间，而排挤一部分溶剂分子；当溶质分子被流动相推动与固定相接触时，溶质分子的非极性部分会将非极性固定相上附着的溶剂膜排挤开而构成单分子吸附层。这种疏溶剂的斥力作用是可逆的，当流动相极性减小时，这种溶剂斥力下降，会发生解缔，并将溶质分子释放而被洗脱下来。疏溶剂作用机制可用图10-5来描述。

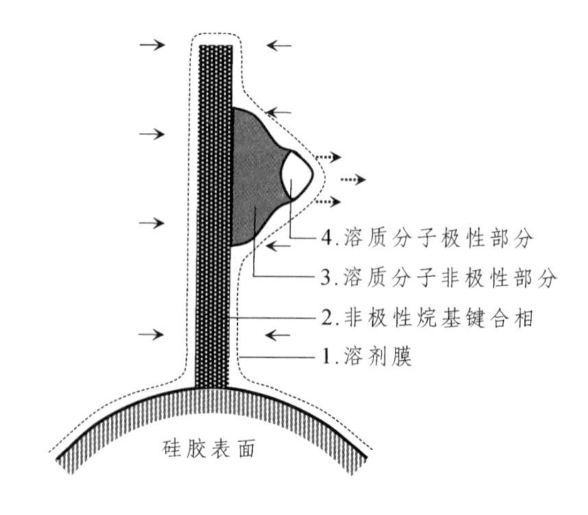

图10-5 反相键合相表面上溶质分子与烷基键合相之间的缔合作用

烷基键合相对每种溶质分子缔合作用和解缔作用能力之差，就决定了溶质分子在色谱过程的保留值。每种溶质分子的容量因子k与它的相比、缔合总自由

能变量 ΔG 及温度相关，可表示为 $\ln k = \ln(V_s / V_m) - \Delta G / RT$ 。以下简述三个因素对溶质保留值的影响。

（1）溶质分子结构对保留值的影响

在反相键合相色谱法中，溶质的分离是以它们的疏水结构差异为依据的，溶质的极性越弱，疏水性越强，保留值越大。根据疏溶剂理论，溶质的保留值与其分子中非极性部分的总表面积有关，其与烷基键合固定相接触的面积越大，保留值则越大。

根据溶质分子中非极性骨架的差别，或衍生引入官能团的性质、数目、取代基位置的不同，可初步预测溶质的保留顺序。如，具有支链烷基化合物的保留值总比直链化合物的保留值小。例如，饱和四碳醇的洗脱顺序为叔丁醇、仲丁醇、异丁醇和正丁醇。

固定相：硅胶与 C_4、C_{10}、C_{18} 烷基硅烷反应

又如，当苯酚分子中分别甲基、乙基、丙基时，其 k 值增大；若引入一个硝基，其 k 值增大，但若继续引入两个或三个硝基时，其 k 值明显减小。

（2）烷基键合相特性对保留值的影响

烷基键合固定相的作用在于提供非极性作用表面，因此键合到硅胶表面的烷基数量决定着溶质的 k 大小，烷基的疏水特性随碳链的加长而增加，溶质的保留值也随烷基碳链长度的增加而增大，如图 10-6 所示。

随着烷基碳链的增长，增加了键合相的非极性作用的表面积，其不仅影响溶质的保留值，还影响色谱柱的选择性，即随烷基碳链的加长其对溶质分离的选择性也增大。

（3）流动相性质对保留值影响

流动相的表面张力越大、介电常数越大，其极性越强，此时溶质分子与烷基键合相的缔合作用越强，流动相的洗脱强度越弱，导致溶质分子的保留值越大。

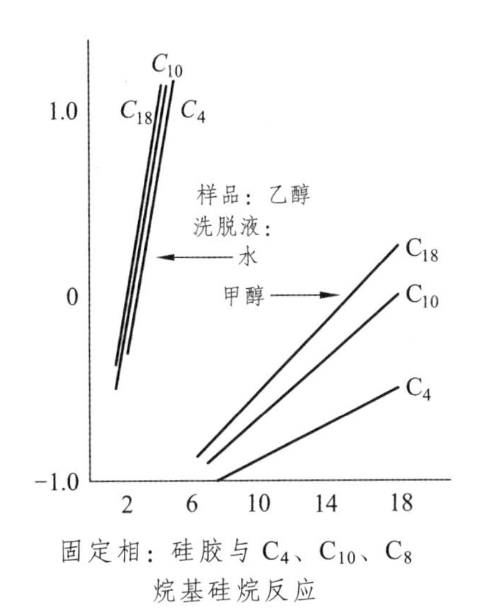

图 10-6 反相键合相碳链链长对样品保留值的影响

3. 离子抑制色谱法

在反相键合相色谱中，一些弱酸、弱碱和两性化合物，由于有弱解离情况存在，分离效果并不好，峰拖尾严重，有时根本见不到色谱峰。为此，通过调节和控制流动相的 pH，来抑制样品组分的解离，增加它在固定相中的溶解度，以达到分离这些弱解离化合物的目的，这种方法称为离子抑制色谱法（ISC）。

操作方法是向含水流动相中加入少量的弱酸、弱碱或缓冲盐为抑制剂，调节 pH，抑制样品组分的解离，使组分分子保持中性分子状态，从而增加中性分子在固定相中的溶解度，增大保留值。

离子抑制色谱法适用的对象是解离平衡常数在 $3.0 \leqslant pK_a \leqslant 7.0$ 的弱酸、$7.0 \leqslant pK_a \leqslant 8.0$ 的弱碱，以及两性样品。对于弱酸样品，抑制剂常用乙酸、甲酸等有机小分子酸；对于弱碱样品，抑制剂常用氨水等；对于两性样品，常用磷酸盐、乙酸盐等缓冲盐。对于 $pK_a<3.0$ 更强一些的酸、$pK_a>8.0$ 更强一些的碱，应采用后面介绍的离子对色谱法或离子交换色谱法。

在离子抑制色谱法中，影响容量因子的元素，除了与反相色谱法有相同的影响因素外，主要还受流动相 pH 的影响。对于弱酸，当流动相的 $pH<pK_a$ 时，组分以分子形式为主，k 与 t_R 增大；$pH>pK_a$ 时，组分以离子形式为主，k 与 t_R 减小。对于弱碱，情况相反。

在完成离子抑制色谱法实验后，应及时用不含弱酸、弱碱和缓冲盐的纯溶剂流动相冲洗色谱柱，使色谱流出曲线的基线保持平衡稳定达 30 min 以上，以防仪器流路被腐蚀、堵塞、固定相被损坏等。

4. 离子对色谱法

在反相键合相色谱法中，解离程度较强的弱酸、弱碱、两性盐等，它们主要以解离后的离子状

态存在于流动相中，极性非常大，非极性键合固定相对它们几乎没有保留作用，所以不能进行有效分离。为了分离这些离子化强极性化合物，将“离子对萃取”原理引入高效液相色谱法中，提出了离子对色谱法（IPC）。

离子对色谱法是将一种与样品离子电荷（A^+）相反的离子（B^-），也称对离子、反离子，加入色谱系统的流动相中，使其与样品离子结合成弱极性的离子对（中性缔合物），从而增加样品离子（实际上是离子对）在非极性固定相中的溶解度，使分配系数增加，保留值增加，大大改善分离效果。

由于离子对不易在水中解离而迅速进入有机相中，存在下述萃取平衡：

$$(A^+)_w + (B^-)_o \rightleftharpoons (A^+ \cdot B^-)_o$$

式中，下标 w、o 表示水相和有机相。

此时样品离子 A^+ 会在水相和有机相中分布，其萃取系数为 E_{AB} 为：

$$E_{AB} = \frac{[(A^+ \cdot B^-)_o]}{[(A^+)_w] \cdot [(B^-)_w]} \tag{10-19}$$

相对于被分离的少量的样品离子 A^+ 而言，加入的对离子 B^- 是大量的，即使消耗了少量的 B^-，也可以认为对离子 B^- 的量没有改变，是常数。若固定相为有机相，流动相为水溶液，就构成反相离子对色谱，此时 A^+ 的分配系数 K 和保留因子 k 分别为：

$$K = \frac{[(A^+ \cdot B^-)_o]}{[(A^+)_w]} = E_{AB} \cdot [(B^-)_w] \quad 或 \quad k = E_{AB} \cdot [(B^-)_w] \cdot V_s / V_m \tag{10-20}$$

当流动相的 pH、离子强度、有机改性剂的类型、浓度及温度保持恒定时，k 与对离子的浓度 $[(B^-)_w]$ 成正比。因此通过调节对离子的浓度，可改变被分离样品离子的保留时间 t_R。

$$t_R = t_0 \cdot \left\{ E_{AB} \cdot [(B^-)_w] \cdot V_s / V_m \right\} \tag{10-21}$$

在反相离子对色谱中，常用离子对试剂中，分离碱类采用磺酸盐为离子对试剂，如 C_5～C_8 的正构烷磺酸钠[$CH_3(CH_2)_{5\sim8}SO_3Na$，PIC-$B_{5\sim8}$]、十二烷基磺酸钠[$CH_3(CH_2)_{11}SO_3Na$，SDS]等；分离酸类常用四丁基季铵盐（PIC-A），如四丁基胺磷酸盐[$(C_4H_9)_4N^+ \cdot H_2PO_4^-$，TBA]等。除 SDS 外，其它离子对试剂一般价格较贵。

10.3.4 其它色谱法

1. 离子交换色谱法

概念 离子交换色谱（IEC）是各种 HPLC 中最先得到广泛应用的现代液相色谱法，1958 年美国 W. H. Stein 和 Moore 研制出氨基酸分析仪，就是离子交换色谱法。之后发展成为分离尿和血液这类含有数百种组分体液的分离技术。该方法用低压流动相，分离耗时长达 10～70 h 之久，是当时分离和分析蛋白质混合物最有力的方法。但是由于各种实际问题，该方法逐渐被离子对色谱和离子色谱所取代。

固定相 为阴、阳离子交换剂，是在有机高聚物或硅胶上接枝有机季铵或磺酸基团，主要有：聚合多孔离子交换树脂；在薄壳型填料上键合离子交换剂；在多孔型填料上键合离子交换剂。

流动相 一般用含盐的缓冲溶液，要求对各种盐溶解性能好、离子强度合适、对分离对象有选择性，有时还加入适量的水溶性有机溶剂（如甲醇、乙腈等）。流动相的离子强度、选择性与缓冲离子和其它盐的类型、浓度和 pH，以及加入的有机溶剂的种类，都在不同程度上影响样品的保留值。常用缓冲溶液有磷酸盐、柠檬酸盐、甲酸盐、乙酸盐、三羟甲基氨基甲烷、硼酸盐和二乙胺等。

应用 在生物医学领域里广泛地应用离子交换色谱，如氨基酸分析，肽和蛋白质的分离。也可作为有机和无机混合物的分离，还可用作对水、缓冲剂、尿、甲酰胺、丙烯酰胺的纯化手段，从有机物或溶液中除去离子型杂质等。

2. 离子色谱法

概念 由于无机离子和多数有机离子在近紫外-可见光区无吸收，光度检测器不适合作为离子色谱法的检测器，而电导检测器是检测电解质溶液的通用检测器，但一直没有与之相匹配的分离模式。直到1975年Small才提出把电导检测器用于离子交换色谱，为了克服洗脱液中的离子对电导检测器的干扰，他在分析柱和检测器之间增加一个“抑制柱”，消除洗脱液中离子本身带来的本底电导，称为离子色谱，如图10-7所示。该方法有双柱和单柱之分。

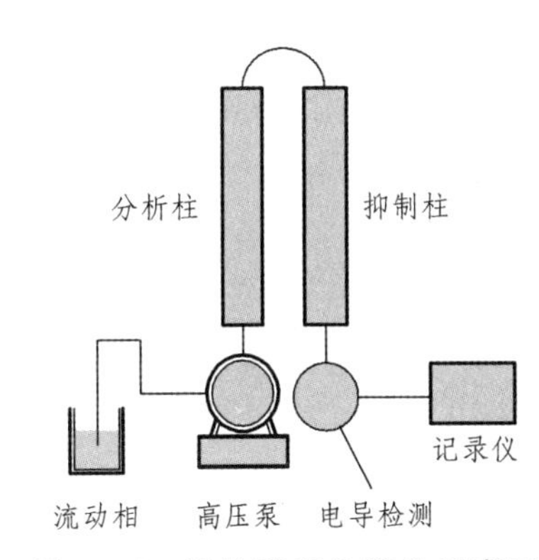

图 10-7 双柱离子色谱仪示意图

原理和特点 双柱离子色谱的一根柱子为抑制柱，它可以除去流动相中的高浓度电解质，把背景电导加以抑制，从而解决了离子色谱中使用电导检测器的问题。以硫酸钠和硝酸钠的分离为例：以阴离子交换树脂作固定相，以碳酸钠溶液为流动相，可以有效地把SO_4^{2-}和NO_3^-两种阴离子分开。在色谱柱中，NO_3^-容易被CO_3^{2-}取代，先于SO_4^{2-}流出色谱柱，而洗脱液在进入检测器之前，经过抑制柱（填充有氢离子型阴离子交换剂），把洗脱液中的高电导碳酸钠交换为难解离的碳酸溶液；与此同时NO_3^-和SO_4^{2-}也转化为相应的酸。硝酸和硫酸与碳酸不同，比其盐类有更高的导电性，所以它们可以被电导检测器检测到。

应用 目前离子色谱已发展成为多种分离方式和多种检测方法，成为无机阴、阳离子和有机离子的分析中重要而灵敏的方法。近几年来发展了离子色谱用的新型高效分离柱，灵敏的电化学和光学检测器，梯度泵和耐腐蚀的全塑系统，使离子色谱在环境科学、生命科学、食品科学等领域获得了广泛的应用。

3. 手性色谱法

采用手性固定相（CSP）或在流动相中加入手性添加剂，而进行分离分析旋光异构体的方法，称为手性色谱法（CC）。以手性固定相为例，手性固定相与对映体（样品）间的作用力的强弱，首先取决于两者的作用点是否“三点配对”，配对则作用力强，保留时间长；反之则作用力弱，保留时间短。两者之间的作用力主要有氢键缔合、偶极矩作用、π-π作用、疏水作用及空间位阻等。一般是手性固定相与相反构型的对映体间的作用力强，因此可将对映体拆分。以Pirkle型固定相为例，第二代*R*构型Pirkle型手性固定相是把（*R*）*N*-（3, 5-二硝基苯酰）苯甘酸键合在具有丙氨基（间隔键）的硅胶载体上而成。如上述手性固定相分离*N*-芳基氨基酸，其*S*构型异构体的保留时间长，后出柱，*R*构型异构体保留时间短，先出柱。

4. 环糊精色谱法

环糊精是由6～12个D-（+）-吡喃葡萄糖单元，通过1, 4-α-苷键连接而成的环状低聚糖。含6、7、8个吡喃葡萄糖单元的环糊精分别称为α、β、γ-环糊精，以β-环糊精最常用。环糊精分子成锥筒形的洞穴，孔径由环糊精的大小决定。穴口有羟基而较亲水，穴内较疏水。以环糊精为固定相，或采用环糊精水溶液为流动相的色谱法，称为环糊精色谱法（CDC）。根据环糊精与手性分子的镶嵌关系分离异构体。

5. 胶束色谱法

以胶束水溶液为流动相的色谱法，称为胶束色谱法（MC）。因为在流动相中又增加了胶束相，故又称假相色谱。该系统具有固定相-流动相-胶束相-固定相 3 个界面、3 个分配系数，因此有较好的选择性，其次是胶束水溶液无毒、便宜和安全。

6. 亲和色谱法

亲和色谱法是基于样品中各组分与固定相在载体上的配基间亲和作用的差别而实现分离的。亲和色谱法具有专属性的选择性，可用于酶和酶抑制剂、抗体和抗原、受体及核酸等的纯化，是生物样品分离纯化的重要手段。

10.4 HPLC 的固定相

HPLC 色谱柱中的固定相又称填料，它直接关系到柱效和分离度，主要类型介绍如下。

10.4.1 硅 胶

无定形全多孔硅胶 无定形硅胶，是指其外形没有球形那么规整，也近似于球形［图 10-8（a）］，平均粒径 5～10 μm。柱效可达 2×10^4～5×10^4/m。国产代号 YWG，其载样量大，可作为分析柱和制备柱的固定相，也可作为载体使用，价格便宜；但涡流扩散项大及柱渗透性差。

（a）无定形全多孔硅胶

（b）球形全多孔硅胶

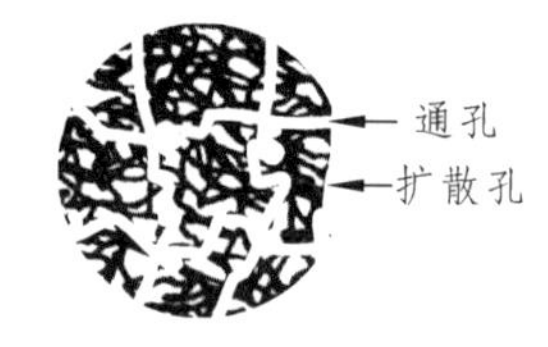

（c）灌注微粒球形硅胶

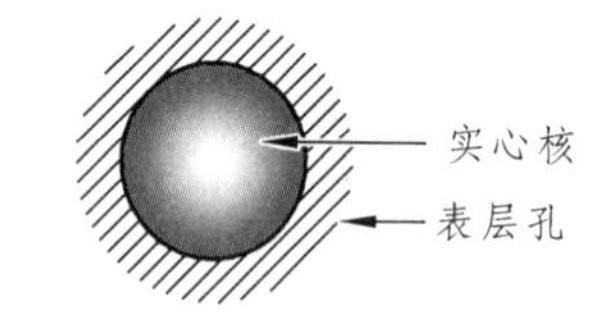

（d）表面多孔硅胶

图 10-8 各种类型硅胶示意图

球形全多孔硅胶 球形全多孔硅胶［图 10-8（b）］除具有无定形硅胶优点外，具有涡流扩散项小及柱渗透性好等优点。国产代号 YQG，粒径 3～10 μm，3 μm 颗粒柱效可达 8×10^4/m。此类硅胶是应用最多的硅胶，目前市售的商品色谱柱，大多数采用球形硅胶。

灌注微粒球形硅胶 它是球形全多孔硅胶的一种［图 10-8（c）］，具有孔径达 400～800 nm 的贯穿孔，在贯穿孔网络中还有较小的内联孔（30～100 μm）。在流动相流速快时，溶质通过对流和扩散的协同作用，减少峰展宽。大的灌注微粒硅胶的柱效能与小微粒固定相相当，但柱压力降却小得多。它具有快速传质的动力学性能，比较适合大分子如蛋白质的分离与制备，而用于小分子的分析还较少。

表面多孔硅胶 简称表孔硅胶或表面多孔填料［图 10-8（d）］。以 Poroshell-120 填料为例，它具有一个很小粒径的实心核（1.7 μm 直径）和覆盖在外的多孔硅胶层，层厚 0.5 μm。由于扩散仅发生在多孔外壳，而实心核不参与扩散，因此柱效被提高。例如 2.7 μm 表孔硅胶，相当于 1.8 μm 全多孔填料的柱效，且产生的反压小，不易堵塞，可通过提高流动相流速加快分析速率，并可获得良好的分离度。粒径 3 μm 的填料用于一般小分子的反相分离，粒径 5 μm 及硅胶层厚 0.25 μm 的填料，在低流速下可用于多肽和蛋白质的分离。

硅–碳杂化硅胶 硅-碳杂化硅胶最先由 Waters 于 1999 年研制而成。杂化硅胶填料的表面和内部都嵌有碳硅键，使化学稳定性大为增强。以杂化硅胶为载体制成的 C_{18}/C_8 的色谱柱 Xterra®RP18/RP8，峰形好，适用 pH 范围宽（pH 2～12），疏水性较小，适合于常规色谱分析，还可用于 LC-MS 的色谱柱。

硅聚合物薄膜型硅胶　它是通过气相沉积法，在超纯硅胶表面包裹一层均匀致密的硅聚合物薄膜，从而形成硅聚合物薄膜硅胶的。这种设计即将残余的硅羟基完全遮挡住，又增加了机械强度，还扩大了 pH 的适用范围，可消除样品分子与硅羟基或痕量金属杂质作用，避免产生拖尾现象。

硅胶是应用较广的固定相，主要用于溶于有机溶剂的极性至弱极性组分的分离（参考亲和力序）。由于硅胶的活性中心有一定的排列规律，故也可用于某些几何异构体的分离，但效果略逊于氧化铝。

10.4.2　化学键合相

采用化学反应的方式将固定液的官能团键合在载体表面上，所形成的填料称为化学键合相，简称键合相。键合相一般采用全多孔或薄壳型微粒硅胶作为基体，这种硅胶的机械强度好、表面硅醇基反应活性高、表面积和孔结构易于控制。键合相具有化学性质稳定，热稳定性好，载样量大，适于作梯度洗脱，使用过程不流失等优点。

为增加硅胶表面参与键合反应的硅醇基数量，通常将硅胶用 2 mol/L 盐酸浸泡过夜，使其表面充分活化并除去金属杂质。据计算，经活化处理的硅胶含硅醇基约有 8 μmol/m^2，但由于位阻效应，实际上硅胶表面含硅醇基最多只有一半参与跟其它官能团的键合反应，剩余的硅醇基被已键合上的官能团所屏蔽，形成“刷子”的结构（如下左所示）或“尖桩篱笆”结构（如下右所示），分析物与键合相的相互作用仅发生在键合烷基的顶部，下面的游离硅醇基已被屏蔽，与分析物无相互作用。硅胶表面积越大，其键合量也越大。

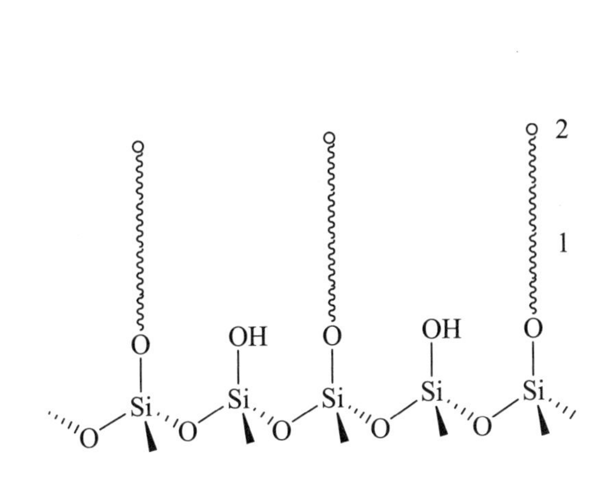

键合相的“刷子”结构

1—键合相碳链；2—键合相官能团

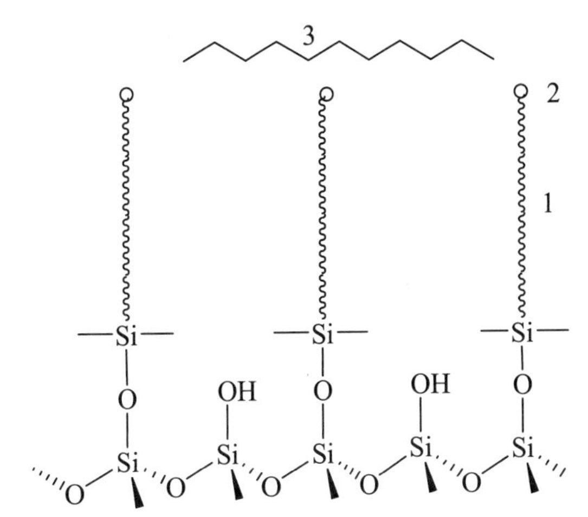

键合相的“尖桩篱笆”结构

1—键合相碳链；2—键合相官能团；3—组分分子

1. 键合固定相的制备和分类

用于制备键合固定相的化学反应可分为三种类型。

（1）形成键 $-\overset{|}{\underset{|}{Si}}-O-\overset{|}{\underset{|}{C}}-$

使硅胶表面的硅醇基与正辛醇、聚乙二醇 400 等醇类进行酯化反应而制成。

$$-\overset{|}{\underset{|}{Si}}-OH + HOR \xrightarrow[3\sim8\ h]{150\ ℃} -\overset{|}{\underset{|}{Si}}-O-R + H_2O$$

这是最先用来制备键合相的化学反应，在硅胶表面形成大分子层的硅酸酯。此类固定相有良好的传质特性和高柱效，但其易水解、醇解、热稳定性差，当用水或醇作流动相时，键合的 Si—O—C 键易断裂，一般只能使用极性弱的有机溶剂作流动相，用于分离极性化合物，致使其应用范围受到限制。它在 pH=2～8 范围内保持热稳定性和化学稳定性。

（2）形成键 $-\overset{|}{\underset{|}{Si}}-\overset{|}{\underset{|}{C}}-$ 或 $-\overset{|}{\underset{|}{Si}}-\overset{|}{N}-\overset{|}{\underset{|}{C}}-$

使硅胶表面的硅醇基先与黄酰氯反应，生成氯化硅胶（1），再与格氏试剂或烷基锂反应，生成具有碳硅键的苯基或烷基键合固定相（2）。氯化硅胶也可与伯胺（乙二胺）反应，生成具有硅氮键的胺基键合固定相（3）。

$$-\overset{|}{\underset{|}{Si}}-OH + SO_2Cl_2 \longrightarrow -\overset{|}{\underset{|}{Si}}-Cl + HO-\overset{O}{\underset{O}{\overset{\|}{\underset{\|}{S}}}}-Cl \quad (1)$$

$$-\overset{|}{\underset{|}{Si}}-Cl + C_6H_5-MgX \longrightarrow -\overset{|}{\underset{|}{Si}}-C_6H_5 + MgXCl \quad (2)$$

$$-\overset{|}{\underset{|}{Si}}-Cl + NH_2CH_2CH_2NH_2 \longrightarrow -\overset{|}{\underset{|}{Si}}-NHCH_2CH_2NH_2 + HCl \quad (3)$$

上述两类键合相中，硅碳键和硅氮键要比 Si—O—C 键稳定，其耐热、抗水解能力优于硅酸酯类固定相，适于在 pH=4～8 的介质中使用。

（3）形成键 $-\overset{|}{\underset{|}{Si}}-O-\overset{|}{\underset{|}{Si}}-\overset{|}{\underset{|}{C}}-$

当硅胶表面的硅醇基与氯代硅烷或烷氧基硅烷进行硅烷化反应时，就生成此类键合固定相。这也是制备化学键合固定相的最主要方法。硅烷化试剂含有 1～3 个官能团，可进行如下基本反应：

$$-\overset{|}{\underset{|}{Si}}-OH + X-\overset{R'}{\underset{R''}{Si}}-R \longrightarrow -\overset{|}{\underset{|}{Si}}-O-\overset{R'}{\underset{R''}{Si}}-R + HX$$

$$(-Si-OH)_2O + X-\overset{R'}{\underset{X}{Si}}-R \longrightarrow \text{(}-Si-O-)_2O\text{ 环状 }Si(R')(R) + 2HX$$

$$(-Si-OH)_2O + X-\overset{X}{\underset{X}{Si}}-R \longrightarrow \text{(}-Si-O-)_2O\text{ 环状 }Si(X)(R) + 2HX$$

式中，X 代表 —Cl、—OH、—OCH_3、—OC_2H_5 等官能团；R、R′ 和 R″ 既可以是互不相同的基团，也可以是全相同的基团，这些基团有 —C_8H_{17}、—$C_{10}H_{21}$、—$C_{18}H_{37}$、—$(CH_2)_nCN$、—$(CH_2)_nNH_2$、—CH_2OH、—$(CH_2)_nOCH_2OH$、—$CH_2CH(OH)CH_2OH$ 等。

硅胶表面参与反应的硅醇基与硅烷化试剂分子的摩尔比为 1∶1～2∶1。显然，硅烷化试剂的反应按 X_3SiR、X_2SiRR'、$XSiRR'R''$ 的顺序降低，但三个 X 基团都与硅醇基反应的可能性很小。为获得单分子层的键合相，使用的硅胶、硅烷化试剂和溶剂必须严格脱水，并在较高温度下进行键合反应。由于空间位阻效应的存在，分子体积较大的硅烷化试剂，不可能与硅胶表面的硅醇基全部发生反应，残余的硅醇基会对键合相的分离性能产生一定的影响，特别是在非极性键合相的情况下，硅醇基的存在会降低表面的疏水性，而对极性化合物或溶剂产生吸附，使键合相的分离性能改变。为防止上述现象的发生，通常在键合反应后，再用小分子硅烷化试剂（如三甲基氯硅烷、六甲基二硅胺）进行封尾处理，以消除残余的硅醇基，并提高化学键合相的稳定性和色谱分离性能的重复性。

非极性键合相是目前最广泛应用的柱填料，尤其是十八烷基硅烷键合相（Octadecylsily，ODS）在反相液相色谱中发挥着重要作用，它可完成 HPLC 分析任务的 70%～80%。反相液相色谱系统操作简单、稳定性与重复性好，它的分离对象几乎涉及所有类型的有机化合物：极性、非极性；水溶性、脂溶性；离子型、非离子型；小分子、大分子；具有官能团差别或分子量差别的同系物，均可采用反相液相色谱技术实现分离。

2. 键合固定相的性质

（1）表征键合相的参数

表征键合相的参数有表面键合官能团浓度、表面碳覆盖率、有机官能团的表面覆盖率等。其中，表面键合官能团的浓度，表达式为

$$\alpha(\mathrm{B})=\frac{m}{M\cdot S}\ (\mu\mathrm{mol/m^2}) \qquad (10\text{-}22)$$

式中，B 表示载体上键合的有机官能团；m 为 B 的质量，μg；M 为 B 的摩尔质量，g/mol；S 为载体的比表面积，m^2/g。文献报道，一般 $\alpha = 2\sim4\ \mu mol/m^2$。

因篇幅所限，表面碳覆盖率 $\omega(C)/\%$ 和有机官能团的表面覆盖率 SC(B)/% 本书不予介绍。

（2）影响溶质保留行为的因素

烷基键合相的碳链越长，其保留值也越大，保留因子 $k(C_{18})>k(C_8)$。

对 ODS 固定相，其烷基覆盖量以硅胶表面含碳的质量分数表示，可达 $\omega(C)/\% = 5\%\sim40\%$，覆盖量越大，对溶质的保留值也越大。苯基和酚基键合相常用于反相色谱。

硅胶表面残留硅醇基会影响溶质的保留机理，对碱性化合物产生吸附效应，引起色谱峰的拖尾或不对称，影响色谱柱的稳定性和保留行为的重复性。

氨基、氰基、芳硝基、二醇基、醚基键合相皆可用作正相色谱，它们主要以氢键力与溶质相互作用，其氢键力依下列顺序逐渐减弱：胺基>氰基>芳硝基>二醇基>醚基。

胺基键合相兼有质子接受体和给予体的双重性能，具有碱性和形成氢键的能力，用于分离酚、羧酸、核苷酸。胺基用作反相固定相可与糖羟基作用，用于单糖、双糖及多糖的分离。

氰基键合相为质子接受体，具有中等极性，对酸性、碱性样品可获得对称的色谱峰；对含双键的异构体或双键环状化合物具有良好的分离能力。

芳硝基键合相具有电荷转移功能，呈弱极性，对芳香族化合物良好的分离选择性。

二醇基键合相呈弱极性，可用于分离有机酸、低聚物、蛋白质的凝胶过滤色谱的固定相。

醚基键合相也呈弱极性，可分离能形成氢键的化合物，如酚类和硝基化合物。

3. 键合固定相的使用注意事项

（1）稳定性

反相烷基键合相的稳定性与使用的流动相 pH 值相关，通常水溶液的 pH 值应保持在 2～8，pH>8.5 会引起基体硅胶的溶解，pH<1.0，键合的硅烷会被水解而从柱中洗脱下来。

为了减小硅胶键合相中残留硅醇基对色谱分离的不良影响，可采用以下措施：利用具有低 pH 值的流动相抑制硅醇基的解离；借助增加（或减小）流动相的 pH 值来抑制碱性（或酸性）组分的解离；在流动相中加入一种竞争试剂，可借助封闭硅醇基来进一步降低峰形拖尾，如三甲基胺、烷基胺化合物等。

（2）重现性

使用键合相时，经常会遇到同一种类型键合相，因厂商不同而表现出不同的分离特性，所以应尽量使用同一厂商的色谱柱，以保证分析结果有良好的重现性。

（3）选择性

在反相色谱分析中，使用同一种 ODS 固定相，并用两种组成不同，但极性参数 P' 值相近的溶剂作流动相时，会获得不同的分析结果，这是由于溶剂诱导选择性的变化所致。例如，采用 μ-Bondapak ODS 固定相上，分离山梨酸和苯甲酸，使用 40%甲醇-水溶液（$P'=8.160$）流动相则不能分离，而使用 32.5%四氢呋喃-水溶液（$P'=8.185$）却能完全分离。

（4）再生

使用键合相色谱柱时，由于大量使用极性或非极性样品的连续注入，会引起固定相对样品的吸附、缔合等不良效应，使柱效降低，峰形展宽或拖尾等现象。为此，在每一次分离工作完成时，必须对色谱柱进行再生处理。正相色谱柱可用甲醇-氯仿（1∶1）流动相进行再生；反相色谱柱可用甲醇流动相再生处理。

4. 化学键合相的极性分类

（1）非极性键合相

非极性键合相的表面基团为非极性烃基，如十八烷基、辛烷基、甲基与苯基（可诱导极化）等。例如十八烷基键合相是目前反相色谱法最常用的非极性键合相，它是将十八烷基硅氯烷试剂与硅胶表面的硅羟基，经过缩合反应而成的键合相。非极性固定相的分离对象是非极性至弱极性类化合物，以甲醇-水、乙腈-水为流动相。

（2）中等极性键合相

它主要是指醚基键合相（如 YWG-ROR′）。这种键合相可作正相或反相色谱的固定相，视流动相的相对极性大小而定。中等极性键合相的分离对是弱极性至中等极性类化合物，流动相的组成和配比依据分离对象及固定相极性大小而定。

（3）极性键合相

常用极性键合相为氨基键合相（强极性）、氰基键合相（中强极性），是分别将氨丙硅烷基及氰基键合在硅胶表面的硅醇基上而成。它们用于正相色谱法的固定相，其分离对象是中等极性-极性类的化合物，以正己烷加适当极性调整剂为流动相。

10.5　HPLC 的流动相

在 HPLC 中，流动相溶剂种类多达几十种可供选择，流动相不但起输运作用，同时还参与对组分的分配作用，可以通过改变流动相的种类和配比来改善分离效果。

10.5.1　流动相的作用

1. HPLC 对流动相的基本要求

（1）与固定相互为惰性：不与流动相发生化学反应，对系统流路无腐蚀性。

（2）溶解度要求：溶剂对样品有合适的溶解度，使 k 在 1～10（最佳 2～5）。

（3）低黏度要求：流动相的黏度会直接影响流动相的流动性能，流动相的黏度小则流动性能好，可在较低柱压下达到需要的流速，溶剂黏度小使柱压低。

（4）与检测器相适应要求：HPLC 的检测器以紫外检测器居多，不能选用截止波长大于检测波长的溶剂，即流动相溶剂在测定波长范围内没有吸收。

（5）无固体微粒和溶解气体：流动相溶剂在使用前必须经过专用滤膜过滤处理、超声脱气处理方可使用。样品溶液也要过滤后才能进样，目的是防止色谱柱被堵塞。

2. 流动相在分离过程中的作用

在 HPLC 分离过程中，流动相有两方面的作用。一是对组分的输运作用，携带组分向前移动，一直输送到检测器；二是参与对组分的分配作用，即与固定相形成竞争分配，固定相对组分的溶解使组分滞留，流动相对组分的溶解使组分移行，组分就在滞留与移行的矛盾中达到动态平衡。如果 K（或 k）大，则组分被固定相保留占优，移行速度就慢，后流出色谱柱；反之，则组分被流动相携带向前移动占优，移行速度就快，先流出色谱柱。

当固定相确定之后，流动相就成为色谱过程中可变与可控的重要条件。通过对分离方程式（7-33）各项分析，有助于了解流动相在分离过程中的作用，流动相是如何影响分离度的。

柱效项　参数是理论塔板数 N，主要由色谱柱固定相质量（柱长）决定。

柱选择性项　参数是分离因子 α，α 值越大，分离度 R 越大。可以通过改变流动相组成来影响固定相对组分的选择性，从而影响 α 值的大小。

柱容量项　参数是保留因子 k（第二组分），当流动相溶剂的种类确定之后，通过改变种类之间的配比来影响 k，当 k 适当增大时，即固定相对第二组分的保留值增加，移行更加滞后，有利于分离，所以使分离度 R 增大。

综上所述，在色谱条件一定时，可以通过改变流动相来影响柱效、分离因子、容量因子，从而影响分离度。其中，柱效主要由色谱柱的质量（尺寸）决定；α 主要受溶剂种类的影响；在溶剂种类确定之后，k 主要受溶剂的配比所支配。所以，选择适当的溶剂种类、合适的配比，以获得较高的 N、较大的 α 和适宜的 k，从而提高分离度 R。

10.5.2 溶剂的选择性分组

1. 表征溶剂性质的参数

可用于液相色谱的溶剂有 80 多种，全面了解溶剂的物理性质，对用于流动相的溶剂的选择具有指导意义。表征溶剂的物理性质参数有黏度参数、溶解度参数、强度参数和极性参数，具体详细介绍可参阅有关参考文献，其中强度参数和极性参数是主要应用参数。

2. Snyder 溶剂分组

在色谱系统中，样品组分、溶剂与固定相三者的作用力为分子间作用力，组分的分配系数由三者的分子间作用力所决定，见表 10-5。

参考标准物：正戊烷 $P' = 0.0$；正己烷 $P' = 0.1$

Snyder 选择了 3 个参考物质用于检验溶剂的 3 种分子间作用力，分别用 x_e、x_d 和 x_n 表述，并将 80 多种色谱常用溶剂按在三角形坐标图上的相邻关系分为 8 类。

表 10-5　参考物与被检溶剂间的作用力关系

参考物	被检溶剂的作用力类型
乙醇（质子给予体）	质子受体作用力（x_e）
二氧六环（质子受体）	质子给予作用力（x_d）
硝基甲烷（强偶极）	强偶极作用力（x_n）

选择上述 3 个参考物，测定、计算出溶剂的极性参数 P'值，列于表 10-6 中。

表 10-6　常用溶剂的极性参数 P'

溶剂	P'	x_e	x_d	x_n
苯	2.7	0.23	0.32	0.45
乙醚	2.8	0.53	0.13	0.34
二氯甲烷	3.1	0.29	0.18	0.53
正丙烷	4.0	0.53	0.21	0.26
四氢呋喃	4.0	0.38	0.20	0.42
氯仿	4.1	0.25	0.41	0.33
乙醇	4.3	0.52	0.19	0.29
乙酸乙酯	4.4	0.34	0.23	0.43
丙酮	5.1	0.35	0.23	0.42
甲醇	5.1	0.48	0.22	0.31
乙腈	5.8	0.31	0.27	0.42
乙酸	6.0	0.39	0.31	0.30
水	10.2	0.37	0.37	0.25

参考标准物：正戊烷 P'=0.0；正己烷 P'=0.1。

P'代表在正相色谱与硅胶吸附色谱法中溶剂的极性，P'大则溶剂极性大，洗脱能力强。x_e、x_d 和 x_n 为 3 种作用力的相对值，三者之和为 1，其数值的大小表示作用力的强弱。

将 80 多种溶剂的 x_e、x_d 与 x_n 值，按其数值，点在三角形坐标的相应位置上。将相邻溶剂圈成一组，共分为 8 组类，称为溶剂选择三角形（SST），如图 10-9 及表 10-7 所示。

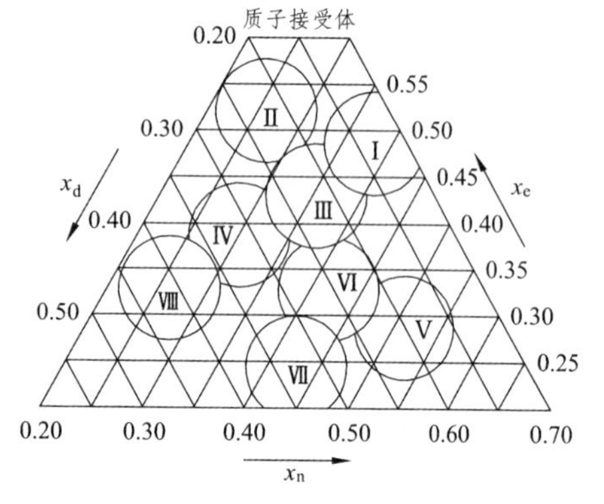

图 10-9　溶剂选择性分组三角形坐标图

表 10-7　溶剂的选择性分组

组别	溶　剂
Ⅰ	脂肪醚、四甲基胍、六甲基磷酸酰胺、三烷基胺
Ⅱ	脂肪醇
Ⅲ	吡啶衍生物、四氢呋喃、酰胺（甲酰胺除外）、乙二醇醚
Ⅳ	乙二醇、苄醇、乙酸、甲酰胺
Ⅴ	二氯甲烷、二氯乙烷
Ⅵ	（a）三甲苯基磷酸酯、聚醚、二噁烷；（b）砜、腈
Ⅶ	芳烃、卤代芳烃、硝基化合物、芳醚
Ⅷ	氟代醇、间甲酚、水、氯仿

表 10-7 的Ⅰ组溶剂，处于三角形顶部，各溶剂的 x_e 值都较大，属于质子受体溶剂，以脂肪醚为代表；Ⅷ组 x_d 值相对最大，属于质子给予体溶剂，以氯仿为代表；Ⅴ组 x_n 相对最大，属于偶极作用力溶剂，以二氯甲烷为代表。

Ⅱ组溶剂为脂肪醇类，按 Snyder 的分类为质子受体溶剂，事实上，脂肪醇类应是质子给予体溶剂，为该分类的不足之处。

选择不同组别的溶剂，分子间作用力不同，容易造成组分见的分配系数的差别，使 α 改变，以利于分离。

3. 正相色谱与反相色谱流动相的选择

（1）正相色谱溶剂的选择

正相色谱的流动相溶剂洗脱能力，用极性参数 P'来衡量，P'值大的溶剂极性大，洗脱能力强。例如正戊烷和正己烷的 P'值分别为 0.0 和 0.1，是极性最小的，在正相色谱中的洗脱能力最弱；而水的 P'值为 10.2，是极性最大的，水在正相色谱中的洗脱能力最强。

对于 P'值相同（或接近）而组别不同，则选择性不同。例如甲醇与丙酮 P'值都是 5.1，极性相同，但甲醇属于Ⅱ组，为质子受体（实为质子给予体）溶剂；丙酮属于Ⅵ组，为偶极作用力溶剂，二者的分子间作用力不同，选择性不同。若用甲醇分不开的物质对，改用丙酮则有可能分开；反之亦然。

流动相常用多元溶剂，一般选用一种或述职不同组别的纯溶剂与低剂（洗脱能力最弱的溶剂）按一定比例组成多元溶剂系统。例如，在正相色谱中，首选纯溶剂乙醚（Ⅰ组）、氯仿（Ⅴ组）与二氯甲烷（Ⅷ组），选用 P'值最小的正戊烷或正己烷为底剂（调整洗脱能力）。

在正相色谱中，若采用多元溶剂系统的流动相，其总的极性参数 P'_{mix}，为每种纯溶剂（i）的极性参数 P'_i 与体积分数 φ_i 乘积的加和，即

$$P'_{mix} = \sum_{i=1}^{n} \varphi_i P'_i \quad (\mu mol/m^2) \tag{10-23}$$

（2）反相色谱溶剂的选择

反相色谱的流动相溶剂洗脱能力，用强度因子 S 来衡量，与正相洗脱的极性参数 P' 有很大差别。例如，水在正相洗脱时洗脱能力最强（$P'=10.2$），而在反相洗脱时洗脱能力最弱（$S=0$）。在作反相洗脱时，选 S 最小的作为底剂（如水、甲醇），参见表 10-8。反相色谱的首选溶剂为甲醇（Ⅱ组）、乙腈（Ⅵ组）与四氢呋喃（Ⅲ组）。

表 10-8　反相色谱溶剂的强度因子 S

溶剂	水	甲醇	乙腈	丙酮	二噁烷	乙醇	异丙醇	四氢呋喃
S	0	3.0	3.2	3.4	3.5	3.6	4.2	4.5
组别	Ⅷ	Ⅱ	Ⅵ	Ⅵ	Ⅵ	Ⅱ	Ⅱ	Ⅲ

在反相色谱中，若采用多元溶剂系统的流动相，其总的强度因子 S_{mix}，为每种纯溶剂（i）的极性参数 S_i 与体积分数 φ_i 乘积的加和，即

$$S_{mix} = \sum_{i=1}^{n} \varphi_i S_i \tag{10-24}$$

10.5.3　流动相的洗脱方式

流动相的洗脱方式，若以流动相与固定相的极性相对大小来分类，有正相洗脱和反相洗脱；若以流动相溶剂的组成和配比是否有变化来分类，有等度洗脱和梯度洗脱。在正相洗脱和反相洗脱中，既可采用等度洗脱方式，也可采用梯度洗脱方式。

1. 正相洗脱与反相洗脱

正相色谱的洗脱方式就是正相洗脱，它是流动相的极性小于固定相的洗脱方式，极性小的组分保留弱，先出色谱柱；极性大的组分保留强，后出色谱柱。

反相色谱的洗脱方式就是反相洗脱，它是流动相的极性大于固定相的洗脱方式，极性大的组分保留弱，先出色谱柱；极性小的组分保留强，后出色谱柱。

2. 等度洗脱与梯度洗脱

用恒定配比的溶剂系统的洗脱方式，称为**等度洗脱**。它是最常用的色谱洗脱方式，具有方法简便、重复性好、色谱柱易再生等优点。但对于成分复杂的样品，往往不能兼顾某些性质相差很大组分的分离要求，此时需要用梯度洗脱。

在一个分析周期内，将流动相的溶剂浓度配比，按一定程序不断改变的洗脱方式，称为**梯度洗**

脱。梯度洗脱可以使一个复杂样品中性质相差很大的组分，能在各自适宜的分离条件下（即保留因子 k 适宜）分离。

对复杂样品组分的色谱分离，采用等度洗脱法一般难以达到所有组分完全分离，采用适当的溶剂配比梯度进行梯度洗脱，则可以实现所有组分的完全分离。梯度洗脱可以缩短分析周期，改善峰形减少拖尾，提高检测灵敏度（因峰宽变窄、峰高变高），提高分离效果。但是梯度洗脱有时会引起基线漂移，重复性不如等度洗脱。

10.6 高效液相色谱仪

高效液相色谱仪由输液泵、进样器、色谱柱、检测器及工作站等组成。

10.6.1 输液泵

由于高效液相色谱法必须采用颗粒特细而均匀的固定相，致使流动相的流动受到很高的阻力，流动相从进口到出口的压力下降十分严重，所以必须采用高压泵输才能送流动相。通常色谱柱的压力降可按达西（Darcy）方程计算：

$$\Delta p = \frac{\eta L u}{k_0 d_{\mathrm{p}}^2} \tag{10-25}$$

式中，Δp 为色谱柱入口与出口之间的压力降；L 为柱长；u 为流动相平均线速，$u = L / t_0$；k_0 为比渗透系数；d_{p} 为固定相粒径。

根据高压输液泵的排液性质，可分为恒流泵和恒压泵两类，按工作方式又可分为液压隔膜泵、气动放大泵、螺旋注射泵和往复柱塞泵四种，前两种为恒压泵，后两种为恒流泵。对高压泵的要求：泵体材料能化学耐腐蚀；能在高压下连续工作；输出流量范围宽；输出流量稳定。下面主要介绍常用的柱塞往复泵、辅助装置、梯度洗脱装置。

1. 柱塞往复泵

单柱塞往复泵　其结构如图 10-10 所示。单柱塞往复泵由液缸、柱塞、单向阀、密封垫圈、凸轮及动力驱动机构等组成。工作时电动机驱动凸轮（或偏心轮）转动，凸轮驱动柱塞在液缸内往复运动。当柱塞向后移动时，单向阀的进口与出口处于“开启-闭合”状态，由于负压力作用溶剂被吸入液缸里；当柱塞向前移动时，单向阀的进口与出口处于“闭合-开启”状态，由于正压力作用溶剂被排除液缸外。柱塞每往复一次就完成一次流动相的吸入和排出过程。由于柱塞每次引起液缸中的体积变化值是恒定的，故称之为恒流泵。

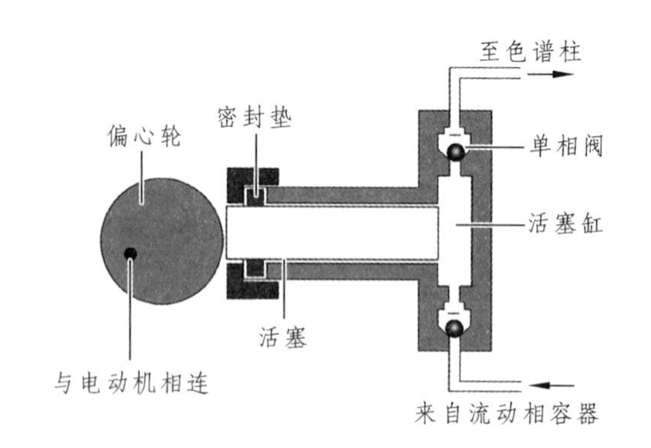

图 10-10　单柱塞往复泵结构示意图

单柱塞往复泵中的液流必须经过吸入-排出的过程，是间歇式的脉动流动过程。可在泵出口与色谱柱的连接处安装一个脉动阻尼器来减少脉动的影响。常见的脉动阻尼器是将内径 0.2～0.5 mm、长约 5 m 的不锈钢管绕成螺旋状，利用其挠性来阻滞和缓冲压力和流量的波动。为便于清洗和更换流动相，阻尼器体积应尽可能小。最有效的办法是采用多头泵，其连接方式有并联式和串联式，多头泵出故障机会增大、价格较高。

双柱塞往复泵 按照柱塞和输液的流路结构，双柱塞往复泵有并联和串联两种方式。

并联式双柱塞往复泵，如图 10-11 所示，采用两个凸轮或一个凸轮，两个泵头并联使用，从凸轮的轴心 O 到凸轮的边线有一最长半径 r_l 和最短半径 r_s，旋转时两个泵头的吸入-排出相差半周（π）。当凸轮处于 A-r_l-O-r_s-B 状态时，A 排出流动相，B 吸入流动相；旋转半周后，凸轮处于 A-r_s-O-r_l-B 状态，A 吸入流动相、B 排出流动相，从而使 A、B 并联泵头的吸入与排出同时交替进行，实现流动相的连续输送。并联式双柱塞往复泵具有输出流量稳定的特点，避免了单柱塞泵的液流脉动问题。

串联式双柱塞往复泵，如图 10-12 所示，它由腔体相通的主、副泵头和一组单向阀（A、B）组成，主泵头的出口阀即为副泵头入口阀，主、副泵头的腔体体积比为 2∶1。主、副泵头的吸、排时间相差半周。当主泵头排液时，副泵头吸液（A 闭-B 开），主泵头排出的流动相一半被副泵头吸入，另一半则直接通过副泵头排出，输入色谱柱；主泵头吸液时，副泵头排液（A 开-B 闭），副泵头将之前吸入的一半流动相输入色谱柱。以这种补偿式工作方式，主副泵配合可以有效地降低输出液流的脉动。串联泵造价低，故障少，易更换溶剂和清洗，很适宜梯度洗脱。全自动 HPLC 仪多采用这种结构的泵。岛津 LC-10AT、日立 L-7100、Agilent110 系列、大连依利特 P230 型等的输液泵，均为串联方式。

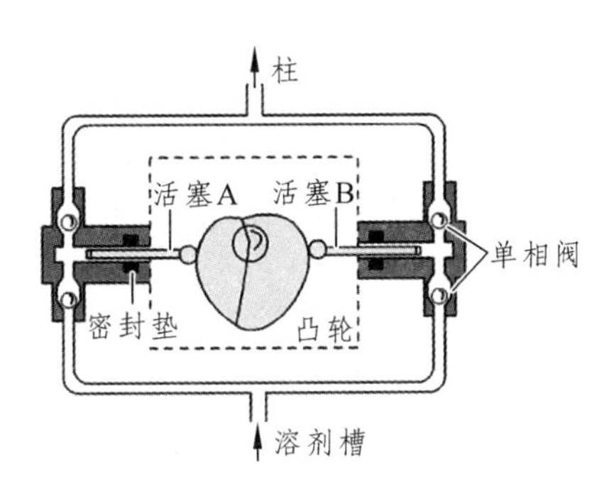

图 10-11 双柱塞往复式并联泵结构示意图

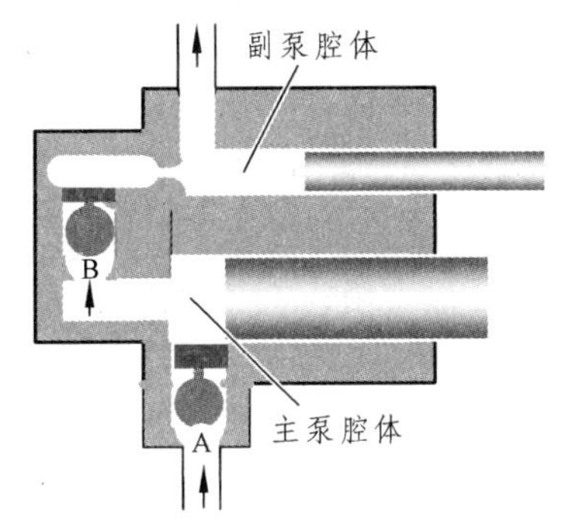

图 10-12 串联式双柱塞往复泵结构示意图

2. 梯度洗脱装置

梯度洗脱装置使性质相差大的复杂混合样品的分离成为可能，它已成为高配置高效液相色谱仪的一个重要部件，分为高压梯度和低压梯度两种类型。

（1）高压梯度装置 高压梯度又称内梯度，是用高压泵将不同强度的溶剂增压后送入梯度混合器混合，然后送入色谱柱。

高压梯度装置一般由或多台高压泵、梯度程序控制器和混合器组成。每台泵输送一种强度的溶剂，由程序控制器控制各泵的流量，以改变混合流动相的配比。高压梯度装置一般只用于二元梯度，即用两个高压泵分别按设定的比例输送溶剂 A 和溶剂 B 至混合器，混合器在泵之后，即两种溶剂是在高压状态下进行混合的，其装置结构如图 10-13 所示。溶剂在高压下混合，混合器要求内腔体积小、没有死角，便于清洗，混合效率高。

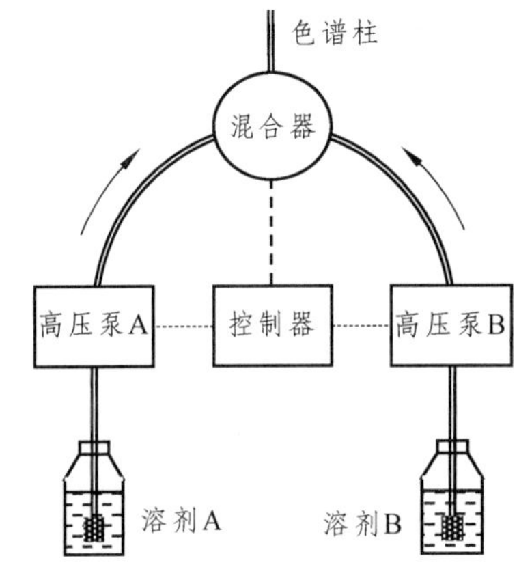

图 10-13 二元高压梯度装置示意图

高压梯度装置的特点：可获得任意形式的梯度曲线，且精度较高，易实现自动化控制；使用高压泵台数越多，则故障率大，且费用昂贵，不适于多元溶剂。

（2）低压梯度装置　低压梯度又称外梯度，是在常压下，将若干种不同强度的溶剂按一定比例混合后，再由高压泵输入色谱柱。

低压梯度装置由高压泵、切换阀（比例阀）、混合器和程序控制器等部分组成，切换阀和混合器安装在高压泵之前。由可编程序控制器控制自动切换阀，可实现三元、四元梯度供液。通过程序控制器控制切换阀的开关频率，可获得任意的梯度曲线。工作时，多元溶剂按不同比例输送到混合器，混合好的流动相由高压泵输入色谱柱。如图 10-14 所示。

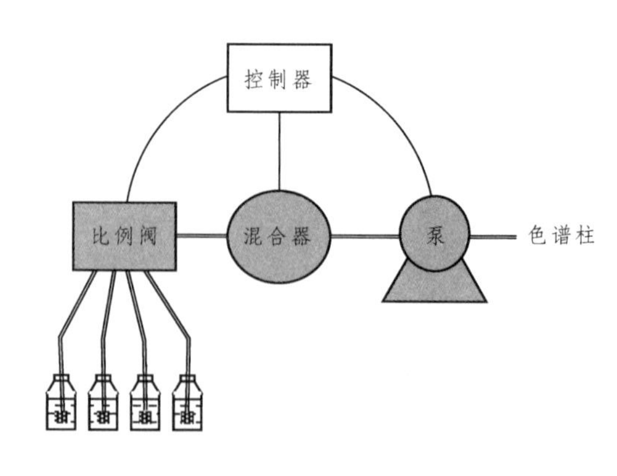

图 10-14　四元低压梯度装置示意图

比例法设置在泵之前，所以是在常压（低压）下混合，易形成气泡，常配制在线脱气装置来排出气泡。低压梯度装置的特点：可实现多元溶剂的梯度洗脱；梯度重现性好、精度高；溶剂混合体积变化小；只用一台高压泵，故仪器成本低。

10.6.2　进样器

1. 微量注射器

微量注射器是移取样品并引入进样器的计量器具，其针管里有一根钢针，针管容量小，以 μL 计，如图 10-15 所示。微量注射器分为手动取样式和自动取样式。手动取样式的针头是固定的，有推杆柄头；自动取样式的针头是可更换的，推杆柄需连接到自动取样系统的手柄上。分析用有 1、5、10、25、50 μL，25 μL 最常用；制备用有 100、250、500、1000 μL。

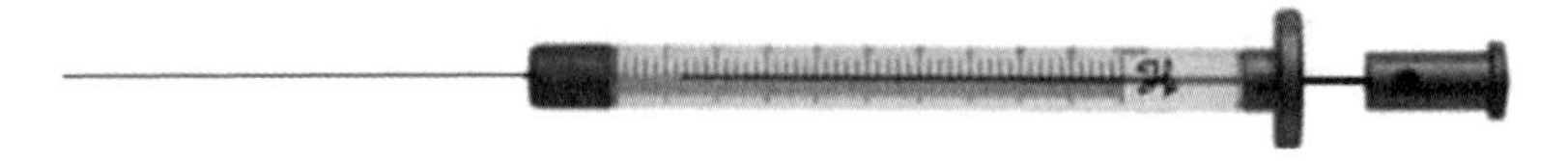

图 10-15　微量取样器

2. 六通阀进样器

六通阀进样器是高效液相色谱仪的标准配置部件，是一种带压进样器，在高压泵正常工作状态下，用微量注射器吸取样品溶液，注入六通阀定量管中，然后转动六通阀手柄至进样状态，定量管中的样品被流动相带入色谱柱，其进样过程如图 10-16 所示。定量管可按需更换，因定量管体积固定，死体积小，故具有进样量准确、重复性好的优点。

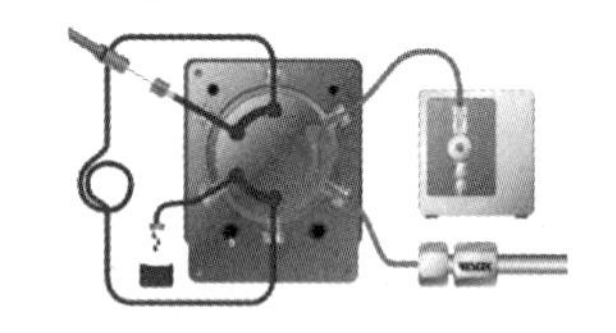

（1）在高压泵正常工作状态下，样品注入定量管并充满溢出

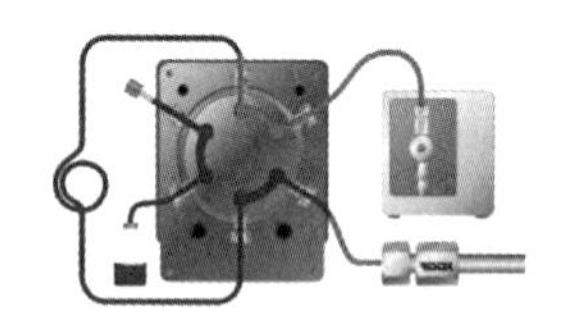

（2）六通阀手柄顺时针 60°切换到位样品开始进入流路中

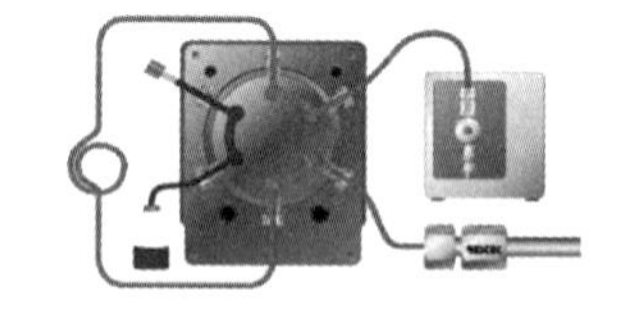

（3）手柄保持 60°切换位样品被完全送入色谱柱

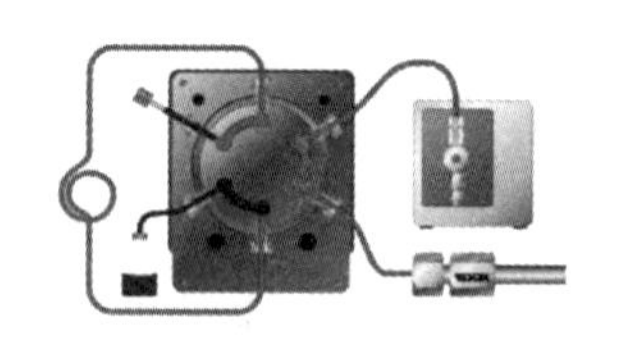

（4）手柄逆时针 60°切换回位高压泵继续工作

图 10-16　HPLC 六通阀进样器进样过程示意图

3. 自动进样器

自动进样器是由计算机自动控制定量阀，按预先编制注射样品的操作程序工作。取样、进样、复位、样品管路清洗和样品盘的转动，全部按预定程序自动进行，一次可进行几十个至上百个样品的分析。自动进样的样品量可连续调节，进样重复性高，适合作大量样品分析，节省人力，可实现

自动化操作。但自动进样系统造价昂贵，一次性购置成本高，安捷伦和岛津等品牌的高配置 HPLC 仪已广泛使用。

10.6.3 色谱柱

1. 色谱柱的结构

柱子的形状与材料 HPLC 的色谱柱几乎都是直型管状柱，由不锈钢材料制成（选用 316#不锈钢），管内壁要求具有很高的光洁度。直型柱既利于加工，又利于固定相填充。固定相采用匀浆法高压装柱，装柱压力 80～100 MPa。

柱子的连接与密封 HPLC 色谱柱的填料，多采用细粒径以获得高分辨率。细粒填料的流体阻力往往很大，必须采用高压泵以将流动相强制输运通过柱子，这就要求柱子必须有良好的高压密封性能。所以，柱子两端的连接与密封尤为重要。除可以利用带密封垫或密封圈的螺纹连接外，通常使用带锥套的线密封连接方式（图 10-17）。当旋紧连接螺钉或柱头螺帽，使锥套在压力下向上方移动时，其边缘会接触位于阳螺栓上的锥面，而锥面的角度稍大于锥套的角度。锥套前段边缘很薄，它在挤压下受到锥面向内的压力而形变并抱紧内管，与锥面接触会形成一圈环状的密封面，形成环线密封。这种由金属在高压力下形变而形成的密封十分紧密而可靠，在耐受很高压力的同时，又可造成很牢靠的机械连接，使其牢牢抱紧所箍套的柱管或连接管而不至于滑脱。

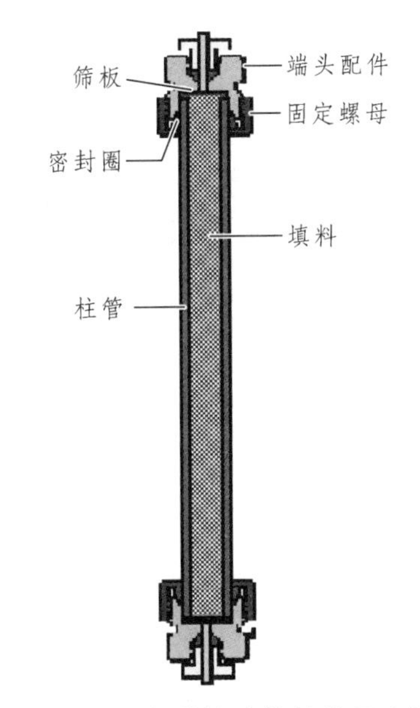

图 10-17 色谱柱头的结构示意图

为保证可靠的连接，首先必须保证锥套的角度小于锥面的角度。否则，锥套前缘将不会与锥面接触而变形，形成环线密封。其次，锥套的前缘必须薄而有刃，否则它将难以形变。还有一点必须注意的是，与之配套的柱管的外圆应保持良好的圆柱形，与锥套的内径可以滑配，且表面应有很好的光洁度，不应有轴向划痕或沟槽。只有满足上述几点，才能获得良好的密封。这种环线密封方式既可用于色谱柱与柱头的连接，又可用于连接管路的连接。

锥套材料主要是不锈钢。近年来，聚醚醚酮（PEEK）和聚四氟乙烯（PTFE）管也被用于高、低压流路的连接，特别是 PEEK 管，可耐受近 30 MPa 的压力，且化学稳定性亦好，因此，PEEK 制的锥套也常用于管路的密封连接。

筛板及分配板 色谱柱的筛板也称滤网，是阻挡填料从色谱柱中流失的多孔网。它一般是用具有特定粒度的不锈钢粉末或镍粉在模型中烧结而成，颗粒的间隙即为筛板的孔，控制颗粒的大小即可得到不同的筛孔。筛孔应小于填料的直径。例如，对于粒径 5 μm 的填料，使用 1 μm 或 2 μm 的筛板已敷应用。不锈钢筛板的标称孔径有 0.2、0.45、1.0、5.0 μm 等。我国北京钢铁研究院生产并销售的色谱柱筛板已有多年历史，质量也满足应用。

2. 色谱柱的使用和保养

新购买的商品 HPLC 色谱柱，在使用前应仔细阅读说明书，了解色谱柱的固定相性质，按照色谱柱标注的流动相流向装入流路中，然后以合适的纯流动相冲洗，使色谱柱达到平衡（监视画面的基线达到稳定），当分离分析实验完成后，再用纯流动相冲洗，使色谱柱的性能达到初始的性能，这就是色谱柱的再生。再生好的色谱柱从流路中取下后，将色谱柱两头的塑料堵头旋紧，以防止柱子中的流动相挥发干，然后放入盒中保存。

值得注意的是，在使用酸性、碱性、缓冲溶液流动相后，一定要用适当的纯溶剂冲洗，直到色谱柱恢复平衡状态，以提高色谱柱的使用寿命。

3. 色谱柱效评价

新柱在使用前应进行柱效评价实验，以确定色谱柱是否达到规定的要求。柱效评价的推荐条件为流动相流速 1 mL/min，检测波长 254 nm，进样量 10 μL。死时间测定，反相色谱柱用磺酸钠水溶液，正相色谱柱用四氯乙烯。色谱柱的柱效指标，见表 10-9。

表 10-9　色谱柱的柱效指标

填料粒径/μm	3	4	5	7	10
柱效下限/（块/m）	80 000	60 000	50 000	40 000	25 000

一些色谱柱的柱效评价与相应的标准样品和流动相条件，参见表 10-10。

表 10-10　一些色谱柱与相应的样品和流动相条件

色谱柱类型	标准样品	流动相（体积比）
烷基键合相柱	苯、萘、联苯及菲	甲醇-水（83∶17）
苯基键合相柱	苯、萘、联苯及菲	甲醇-水（57∶43）
氰基键合相柱	三苯甲醇、苯甲醇、苯乙醇	正庚烷-异丙醇（93∶7）
氨基键合相柱	苯、萘、联苯及菲	正庚烷-异丙醇（93∶7）
硅胶柱	苯、萘、联苯及菲	正己烷（无水）

10.6.4　检测器

检测器的作用是将色谱柱流出物中样品组成和含量变化转换为可检测的信号，以完成定性、定量及判断分离情况的任务。因此，检测器是一种与色谱柱联用的信号接收和信号转换装置。检测器的分类如表 10-11 所示。

表 10-11　检测器的分类

分类依据	检测器类型	信号依据	类　别
检测器性质或应用范围	总体性能型	响应值取决于流出物某些物理性质总的变化	示差折光、介电常数、电导检测器
	溶质性能型	响应值取决于流动相中溶质的物理或化学特征	紫外-可见、荧光、安培、手性检测器
测量信号性质	浓度敏感型	响应值正比于溶质在流动相中浓度	浓度敏感型检测器
	质量敏感型	响应值正比于单位时间内通过检测器的质量	库仑检测器
测量原理	光学检测器	利用溶质与光辐射相互作用产生的相互变化	紫外-可见、荧光、蒸发光、手性检测器
	电化学检测器	利用溶质的电化学性质（如电流、电阻）变化	安培、电导、库仑、介电常数检测器
	热学性检测器	利用热学原理进行检测（如光声光谱、光热光谱）	光声、热透镜、光热偏转检测器

检测器的性能指标。理想的检测器，要求对不同样品、在不同浓度和淋洗条件下，能准确、及时、连续地反映出色谱峰浓度变化。总体要求：灵敏度高，线性范围宽，噪声低漂移小；对所有样品都能响应，且响应快速而精确，不受温度和流动相流速变化的影响，稳定可靠，重现性好；死体积小，气密性好，对样品无破坏性。下面介绍几种常用的检测器。

1. 紫外检测器

紫外-可见光检测器是HPLC最常用检测器，也是HPLC仪器的标准配置。常用的紫外-可见分光光度计一般是对固定浓度的检测，而HPLC的紫外检测器是对变化浓度的检测，所以，HPLC的吸收池是连接到色谱柱后的流通池，如图10-18所示。

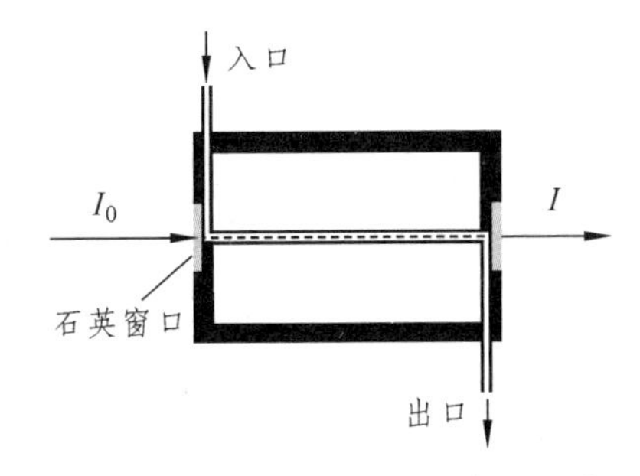

图 10-18　紫外-可见光检测器的流通池示意图

检测器工作原理　紫外检测器是浓度型检测器。当检测器处于工作状态时，从光源发出的光辐射，经单色器分光后获得的某一单色光，以稳定的光强度I_0轴向照射流通池的流通管，如果只有流动相通过流通池，而且流动相在该波长下无吸收，那么出射光的强度仍然为I_0，输出信号则是一条稳定的基线。当某组分经过色谱柱分离后通过流通池时，对该单色光有吸收，则出射光强度降低为I。如果组分经过流通池时段内的量是类似于正态分布变化的，则在该时段内的吸光度为类似于正态分布的流出曲线。即紫外检测器获得的色谱峰，是组分浓度随时间变化的类似于正态分布的曲线。

假设组分在某特定波长下的摩尔吸光度系数为ε，流通池的轴向流通管长度为l，在t时刻的浓度瞬时值为c_t，吸光度的瞬时值为A_t，根据Lambert-Beer定律，则有$A_t = \varepsilon l c_t$，而浓度c_t是随时间变化的函数，所以表达色谱流出曲线的瞬时吸光度A_t也是随时间变化的函数，即色谱流出曲线是组分的吸光度随时间变化的图示表达。

值得注意的是，用紫外检测器获得的色谱图，并不是常见的紫外吸收光谱图。吸收光谱图是在一定浓度和吸收池厚度的情况下，组分的吸光度随波长变化的曲线的图示表达，即$A_\lambda = \varepsilon_\lambda cl$，即组分的吸光系数是波长的函数，故吸光度也是波长的函数。

紫外检测器的特点　灵敏度高，最高可达0.001AUFS（Absorbance Units Full Scale，满刻度吸光度单位），噪声低，最小检出量可达$10^{-7}\sim10^{-12}$ g；不破坏样品，能与其它检测器串联，可用于制备色谱；对温度及流动相流速波动不敏感，可用于梯度洗脱；对没有紫外吸收的组分没有响应，对流动相有截止波长的限制。

紫外检测器的类型

（1）固定波长检测器　相当于定波长紫外光度计，一般固定波长为254 nm，现已淘汰。

（2）可变波长检测器　它是当前高效液相色谱仪最常配置的检测器，在紫外-可见光区可按需要选择波长的检测器。使用时尽可能选择组分的最大吸附波长为检测波长，以增加检测灵敏度。其光学结构与一般的紫外-可见分光光度计基本上是一致的，不同的是以流通池代替吸收池，并且对光电倍增管和放大电路要求较高。

（3）二极管阵列检测器　这是一种全光息检测器，其光路结构示意图如图10-19所示。

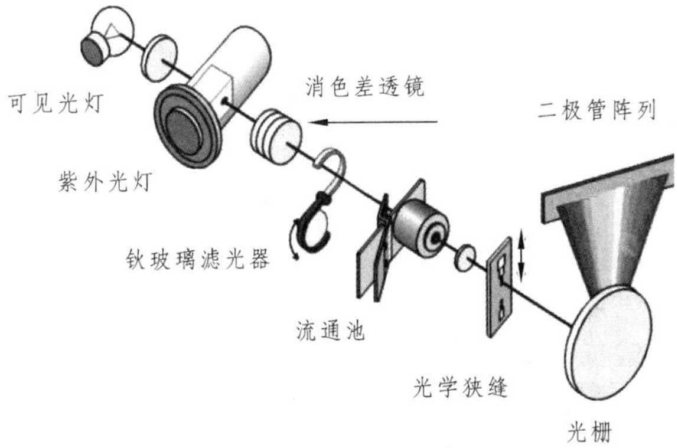

图 10-19　二极管阵列检测器光路结构示意图

检测器工作时，从氘灯或钨灯发出的连续光，经过消色透镜系统（消色差透镜和滤光片）聚焦在流通池内，经流通池的组分吸收后，带有组分吸光信息的透过光束，经会聚后通过入射狭缝，然后投射到光栅表面，经光栅色散，最后投射到光电二极管阵列的元件上。将二极管阵列获得的信号经过放大和数据处理，就可以获得吸光度-波长-时间的三维立体图谱，吸光度-波长平面为光谱图，吸光度-时间平面为色谱图。

2. 荧光检测器

荧光检测器的结构，一般包括激发光源、激发光和发射光单色器、流通池、光电倍增管，以及放大和数据处理部分。色谱仪的荧光检测器与常用的荧光分光光度计结构基本相似，不同的是以流通池代替吸收池。图 10-20 是一种双光路固定波长检测器的示意图。

荧光检测器只适用于能产生荧光或其衍生物能产生荧光的物质，例如对氨基酸、多环芳烃、维生素、甾体化合物及酶类物质的检测。荧光检测器检测限可达 1×10^{-10} g/mL。

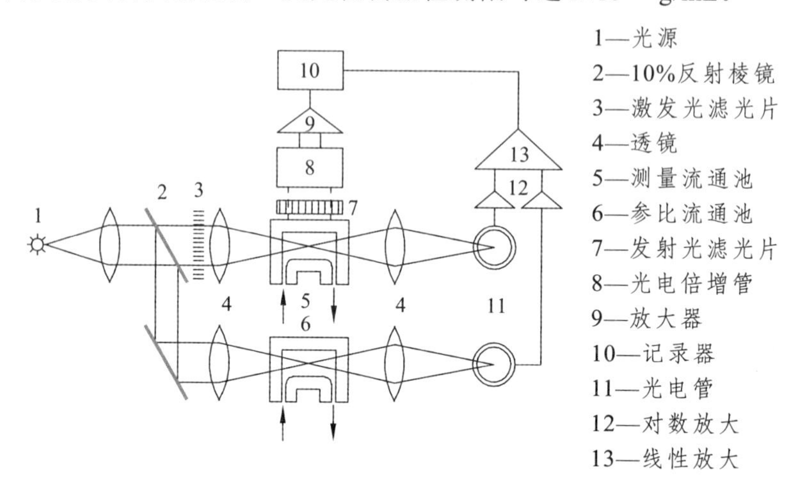

图 10-20　荧光检测器示意图

3. 蒸发光散射检测器

蒸发光散射检测器（ELSD）是基于溶质颗粒对光的散射性而设计的检测器。它由雾化器、加热漂移管（溶剂蒸发室）、激光光源和光电转换器等部件构成，如图 10-21 所示。

检测原理　色谱柱流出液（含流动相和组分）导入雾化器，被载气（压缩空气或氮气）雾化成微细液滴，液滴通过加热漂移管时，流动相中的溶剂被蒸发掉，只留下溶质，激光束照在溶质颗粒上产生光散射，光收集器收集散射光并通过光电倍增管转变成电信号。因为散射光强只与溶质颗粒大小和数量有关，而与溶质本身的物理和化学性质无关，所以 ELSD 属通用型和质量型检测器。适合于无紫外吸收、无电活性和不发荧光的样品的检测。其灵敏度与载气流速、汽化室温度和激光光源强度等参数有关。它的基线漂移不受温度影响，信噪比高，也可用于梯度洗脱。

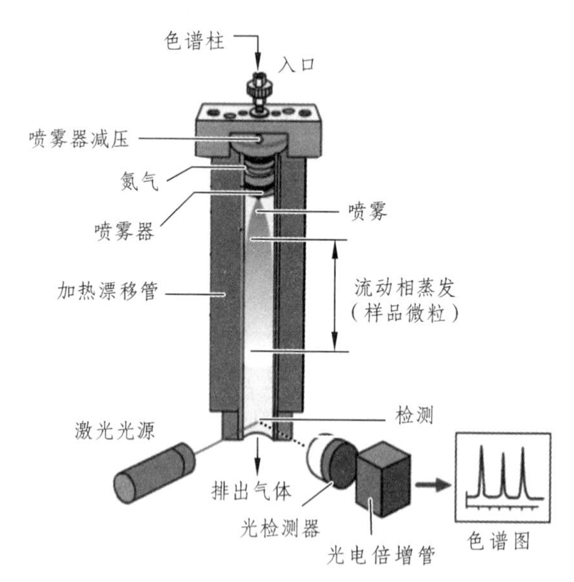

图 10-21　蒸发光散射检测器构造示意图

检测时，如果只有蒸气状态的溶剂通过光电检测器，光线反射到检测器上成为无漂移的稳定信号被检测作为基线记录；当有溶质颗粒通过光电检测器时，颗粒的散射光由光电检测器接收，转换成电信号，经放大和数据处理后显示为组分的色谱峰。

散射光强度 I 与进入检测器的气溶胶中组分的质点“质量和” m 的关系为 $I = km^b$，k，b 均为与实验条件有关的常数（取对数后的截距和斜率）。

4. 其它检测器

除上述三种主要检测器外，用于 HPLC 的检测器还有化学发光检测器、示差折光检测器、电导检测器、安倍检测器、手性检测器，以及质谱检测器等。

10.7 分析方法

10.7.1 定性分析方法

（1）**色谱鉴定法** 利用纯物质和样品组分的保留时间或相对保留时间对照，从而确定未知物的方法，称为色谱鉴定法，它是已知范围未知物常用的鉴定方法。

（2）**化学鉴定法** 对色谱分离后收集的组分，利用专属化学反应来确定未知物的方法，称为化学鉴定法。因 HPLC 收集组分容易而常采用该方法。

（3）**联用仪鉴定法** 将高效液相色谱仪与光谱仪用界面连接，形成一个完整仪器，即色谱-光谱联用仪。这是一种将色谱的分离功能与光谱的检测分析功能有机结合的仪器，现有 HPLC-DAD、HPLC-MS、HPLC-NMR 等。它既能给出样品的色谱图，又能快速给出组分各峰的光谱图。

10.7.2 定量分析方法

HPLC 的定量方法与 GC 相同，定量分析方法有外标法和内标对比法，以外标法最为常用。因获得定量校正因子比较困难，校正归一化法也很少采用。

（1）**外标法** 在 HPLC 中，一般采用六通阀定量进样，进样量误差相对较小。采用外标法分析时，常用外标工作曲线法的线性范围及否通过原点，来检验外标一点法是否适用。工作曲线必须通过原点，样品浓度应在工作曲线线性范围之内，且浓度越接近外标则分析结果越准确。外标一点法计算公式见“气相色谱法”章。

（2）**内标对比法** 内标对比法分为工作曲线法、内标一点法、内标二点法、内标对比法及校正因子法等。在 HPLC 中最常用内标对比法（参见“气相色谱”章），因不需要校正因子，其定量准确度与进样量无关，方法简便实用。在药物分析中，为了减小实验条件波动影响分析结果，采用随行标准法，即每次测定用对照品与样品溶液平行测定。

（3）**定量分析方法的验证** 建立 HPLC 分析方法除了需要考察准确度、精密度、检测限及线性外，还需要考察色谱系统的系统适用性。参见《中国药典》（2010 版）第二部附录XIX及附录V等。

10.8 HPLC 的应用

HPLC 法主要用于复杂成分混合物的分离分析，由于 HPLC 分析样品的范围不受沸点、热稳定性、相对分子质量大小及有机化合物与无机化合物的限制，一般来说只要制成溶液就可分析。特别是 HPLC 可通过流动相的组成和配比的改变，使其分离效果大大提高，分析范围远比 GC 广泛。HPLC 已广泛应用于药物分析、中药分析、环境分析、食品分析、农药残留、临床检验及药物动力学研究等诸多领域。

1. 药物分析

HPLC 在药物分析中，主要用于含量测定、鉴别与相关物质的检查等。对于极微量纳克级水平以上的绝大多数有机成分都能达到分离分析的要求。HPLC 法是《中国药典》最重要的法定方法之一，而且应用逐版增加：2005 版检查品种数 142、测定品种数 359；2010 版检查品种数 707、测定品种数 694。

采用 HPLC 对体液中原形药物及其代谢产物的分离分析，无论在灵敏度、专属性及快速性等方面都有独特优势，已成为体内药物分析、药物动力学研究及临床检验的重要手段。由于常用的紫外检测器达不到灵敏度要求，采用 HPLC-MS/MS 联用研究也得到迅速发展。

2. 中药分析

HPLC 法对中药成分研究、含量测定及指纹图谱研究，已经成为不可或缺的重要手段。在《中国药典》中采用 HPLC 测定含量的品种，2005 年版仅为 505 项，而 2010 年版则新增为 1138 项，足见其应用越来越广泛。对于成分复杂的中药成分分析，选用 LC-MS 联用技术更有利于识别其化学成分。

中药材与中药制剂的质量鉴定一直是影响中药现代化的瓶颈。中药指纹图谱用于中药与中药制剂的质量鉴定，已得到国家食品药品监督管理总局的重视，在国内外药学界也有广泛认同。中药指纹图谱的有关内容可查阅有关书籍（谢培山. 中药指纹图谱. 北京：人民卫生出版社，2005；中国药品生物制品检定所. 常用中药标准物质分析图谱. 北京：人民卫生出版社，2010）。

3. 其它领域分析

HPLC 在环境监测、食品安全、农药残留等方面应用广泛。如多环芳烃有致癌风险，其含量监测在食品分析与环境监测中有重要意义。2008 年的三鹿奶粉事件对儿童的健康造成了非常严重影响，问题出在当时以测定氮含量来表征奶制品中的蛋白质含量，无法检测到非法加入的含氮量高达 66.6% 的三聚氰胺以提高奶制品氮含量的假象情况。目前对奶制品采用 HPLC、LC-MS 及 HPEC 等方法严格检测，确保上市奶制品的质量符合国家标准要求。

名词中英文对照

高效液相色谱法	high performance liquid chromatography，HPLC	化学键合相	chemically bonded phase
		溶剂强度参数	solvent strength parameters
液-固吸附色谱法	liquid-solid adsorption chromatography	溶解度参数	solubility parameter
		溶剂极性参数	polarity parameter
液-液分配色谱法	liquid-liquid partition chromatography	溶剂黏度	solvent viscosity
		正相洗脱	Positive phase elution
离子色谱法	ion chromatography	反相洗脱	Inverse elution
分子排阻色谱法	molecular exclusion chromatography	等度洗脱	isometric elution
化学键合色谱法	chemical Bond chromatography	梯度洗脱	gradient elution
亲和色谱法	affinity chromatography	输液泵	infusion pump
胶束色谱法	micellar chromatography	微量注射器	microsyringe
手性色谱法	chiral chromatography	六通阀进样器	six-way valve injector
正相色谱	normal phase chromatography	流通池	flow-through cell
反相色谱	reversed phase chromatography	二极管阵列检测器	diode array detector
离子对色谱法	ion pair chromatography	荧光检测器	fluorescence detector
离子抑制色谱法	ion suppression chromatography	蒸发光散射检测器	evaporative light scatter-ing detector
手性固定相	chiral stationary phase		

习　题

一、思考题

1. 说明 $k = K \cdot V_s / V_m$，在 HPLC 的各类色谱法中，其 K 与 V_s 的含义有什么不同？

2. 用 van Deemter 方程式说明如何选择 HPLC 的实验条件，以增加柱效。

3. 什么是化学键合相？有哪些类型？分别用于哪些液相色谱法中？试论述化学键合相色谱法与液-液分配色谱法有何关系与不同。

4. 试讨论影响分离度的各种因素。它们对 R 的影响有什么差别？为什么流动相种类主要影响，配比主要影响 k？为什么凝胶色谱法中的分离度不受溶剂影响？

5. 试述各种定量方法及其优缺点，什么情况下才可用内标法或外标一点法？

6. 在化学键合相色谱法中，试比较离子对色谱法与离子抑制色谱法的异同点。

7. 试从仪器设备、分析对象、流动相及其作用、改变选择性的途径、分离效果、平衡时间、操作温度等方面，对 HPLC 与 GC 进行全面的比较。

二、计算题

1. 某 YWG-$C_{18}H_{37}$ 柱（4.6 mm×25 cm），分析苯与萘，以甲醇-水（80∶20）为流动相，记录纸速为 5 mm/min。进样 5 次，测得数据如表 10-12。求柱效、分离度及定性重复性。

表 10-12　HPLC 分析苯与萘的实验数据

苯	t_R/min	4.65	4.65	4.65	4.64	4.65
	$W_{1/2}$/min	0.79	0.46	0.74	0.78	0.78
萘	t_R/min	7.39	7.38	7.37	7.36	7.35
	$W_{1/2}$/min	1.14	1.16	1.13	1.19	1.13

2. 用 15 cm 长的 ODS 柱分离两个组分。已知在实验条件下，柱效 $N = 2.84 \times 10^4$/m。用苯磺酸钠溶液测得死时间 $t_0 = 1.31$ min；测得组分的 $t_{R,1} = 4.10$ min、$t_{R,2} = 4.38$ min。求：（1）k_1、k_2、α 及 R；（2）若增加柱长至 30 cm，分离度 R 可否达到 1.5？

3. 在 30.0 cm 柱上分离 A、B 混合物，A 物质保留时间 16.40 min，峰底宽 1.11 min，B 物质保留时间 17.63 min，峰底宽 1.21 min，不保留物 1.30 min 流出色谱柱。计算：（1）A、B 两峰的分离度；（2）平均理论塔板数及理论塔板高度；（3）分离度达到 1.5 所需柱长；（4）在长柱上洗脱 B 物质所需的时间。

4. 在 ODS 柱上乙酰水杨酸和水杨酸混合物，乙酰水杨酸和水杨酸的保留时间分别为 7.42 min 和 8.92 min，峰宽分别为 0.87 min 和 0.91 min，此分离度是否适于定量分析？

5. 一个不对称的色谱峰（拖尾峰）的保留时间为 15.27 min，保留时间后边（右边）峰宽为 0.58 min；与其相邻的是一个正态峰，保留时间为 16.43 min，保留时间后边（右边）峰宽为 0.37 min，计算两峰分离度。

6. 用外标法测黄芩药材中有效成分黄芪苷的含量。

配制标准溶液：精确称量黄芪苷标准品 25.0 mg 置于 100 mL 容量瓶，以 50%乙醇溶液溶解，定容为标准储备液。精确量取标准储备液 2.00、4.00、6.00、8.00 和 10.00 mL，分别置于 100 mL 容量瓶，定容为系列标准溶液。

配制样品溶液：药材经干燥、粉碎、过筛。精确称量 25.6 mg 置于碘瓶中，精确加入 100.00 mL

50%乙醇溶液，密塞，超声振荡 30 min 提取，过滤得供试品溶液。

测定：各溶液进样 20 μL，3 次进样取平均值。标准溶液的峰面积为 31 582、69 355、106 311、142 196 和 177 714 面积单位。样品溶液的峰中对于为黄芩苷的峰面积为 70 241 面积单位。计算药材中黄芩苷的含量。

7. A、B 两组分在同一色谱条件下的分配系数分别为 45、50，已知相比 V_m/V_s 为 30，流动相线速度为 7.0 cm/s，色谱柱理论塔板高度为 0.50 mm。要使上述两组分达到完全分离，分析时间至少为多少？

11　原子吸收分光光度法

11.1　概　述

基于蒸气相中被测元素的基态原子对其原子共振辐射的吸收，测定该元素含量的分析方法，称为原子吸收分光光度法（AAS）。

与紫外-可见分光光度法和红外分光光度法类似，原子吸收分光光度法也是利用吸收原理进行分析的方法。但就吸收机理而言，分子吸收和原子吸收具有本质的区别。分子光谱的本质是分子吸收，除了分子外层电子跃迁外，同时还有振动能级和转动能级的跃迁，所以分子吸收是这三种跃迁的加合，是一种宽带吸收，带宽 0.1～1 nm 甚至更宽，可以使用连续光源。原子吸收只有原子外层电子的跃迁，是一种窄带吸收，又称谱线吸收，吸收宽度仅有10^{-3} nm，通常只使用锐线光源。

原子吸收分光光度法与分子吸收光谱法相比，具有以下特点：① 灵敏度高，大多数元素可测得10^{-6}数量级，如果采用特殊手段可达10^{-9}数量级；② 选择性好，抗干扰能力强；③ 精密度高，一般 RDS 为 1%～3%，如果采用高精密度测量方法，RSD 可低于 1%；④ 测量范围广，目前可采用原子吸收分光光度法测定的元素已达 70 多种。

原子吸收分光光度法的局限性：标准曲线的线性范围窄，一般仅为一个数量级；每测定一种元素必须使用该元素的空心阴极灯，测其它元素必须更换其它元素的灯，不够方便。

11.2　基本原理

11.2.1　共振吸收线

原子具有多种能量状态，当原子受外界能量激发时，其外层多种电子可以从基态跃迁到不同的激发态，从而产生原子吸收谱线。一般来说，原子外层电子从基态到第一激发态的跃迁最容易发生，概率最大，所产生的原子吸收线也最灵敏，例如 Mg 285.2 nm，Cu 324.7 nm 等。原子外层电子这种由基态跃迁到第一激发态时，吸收一定频率的光谱线而产生能级跃迁，这种的吸收线称为共振吸收线，简称共振线。

由于各种元素原子的结构和外层电子的排布不同，不同元素的原子从基态跃迁到第一激发态时的能级差不同，所吸收的能量不同，使各种元素的共振吸收线也不同，所以共振吸收线是元素的原子结构的特征性反映，故又称共振吸收线为元素的特征谱线。

原子吸收分光光度法主要用于微量分析，在实际工作中，大多利用元素最灵敏的共振线作为分析线来进行定量分析。

11.2.2　原子的量子化能级和能级图

原子是由原子核与核外运动的电子所组成。每一个电子的运动状态可用主量子数 n、角量子数 l、

磁量子数 m 和自旋量子数 m_s 等四个量子数来描述。

由于核外电子之间存在着相互作用，其中包括电子轨道之间的相互作用，子自旋运动之间的相互作用以及轨道运动与自旋运动之间的相互作用等，因此原子的核外电子排布并不能准确度表征原子的能量状态，原子的能量状态用 n、L、S、J 等四个量子数为参数的光谱项来表征。以 $n^{2S+1}L_J$ 表示核外电子分布的层次，其中：

n 为主量子数，取一系列整数，即 $n = 1$，2，3，…，$n=1$ 离核最近。

L 为总角量子数，其数值为外层价电子角量子数 l 的矢量和 $L=\sum l_i$。两个价电子偶合所得的总角量子数与单个价电子的角量子数 l_1、l_2 有如下关系：$L=(l_1+l_2)$，(l_1+l_2-1)，(l_1+l_2-2)，…，$|l_1-l_2|$，取值为 0，1，2，3，…。

S 为总自旋量子数，多个价电子总自旋量子数是单个价电子自旋量子数 m_s 的矢量和，其值可取 0，±1/2，±1，±3/2，±2，…。

J 为内量子数，是由于轨道运动与自旋运动的相互作用即轨道磁矩与自旋磁矩的相互影响而得出的，它是原子中各个价电子组合得到的总角量子数 L 与总自旋量子数 S 的矢量和，$J=(L+S)$，$(L+S-1)$，$(L+S-2)$，…，$|L-S|$。若 $L \geqslant S$，则 J 值从 $J=L+S$ 到 $L-S$，有（$2S+1$）个值；若 $L<S$，则 J 值从 $J=L+S$ 到 $L-S$，有（$2L+1$）个值。

由于原子中各电子之间存在着相互作用，整体原子的状态（能级）并不是各个电子状态的简单加和，除价电子外，原子核外的电子排布呈稳定状态，它们的总角动量和总磁矩都为零，所以光谱学上通常只考虑价电子的量子化能级；在考虑两个或多个电子同时被激发也有可能，但所需能量很大，一般不易观察到它们所形成的光谱。所以对整个原子体系而言，它的量子化能级要用主量子数 n 和另外三个量子数（总角量子数 L、总自旋量子数 S 和总内量子数 J）构成的光谱项 $n^{2S+1}L_J$ 来描述。由于 L 与 S 的共同作用在光谱中形成 $2S+1$（或 $2L+1$）条距离很近的谱线，光谱项符号 L 左上角的“$2S+1$”称为光谱项的多重性，J 值不同的光谱项称为光谱支项。

现以钠离子为例说明如何根据原子结构导出原子基态光谱项以及由基态向第一激发态跃迁时光谱项的变化。

钠原子基态的电子结构是 $1s^2 2s^2 2p^6 3s^1$。钠原子基态的能量状态由 $3s^1$ 光学电子决定，$L=0$，$S=1/2$；因为 $L<S$，则 J 有（$2L+1$）个值，J 只有一个取向，$J=1/2$，故钠原子基态只有一个光谱支项 $3^2L_{1/2}$。

钠原子第一激发态的光学电子是 $3p^1$，$L=1$，$S=1/2$，$2S+1=2$，$J=1/2$、3/2，故有 $3^2P_{1/2}$ 与 $3^2P_{3/2}$ 两个光谱支项。

这说明钠原子基态价电子受到激发时有两种跃迁，其能量差分别为

$$\Delta E = E(3^2P_{1/2}) - E(3^2S_{1/2}) = h\nu_1 = hc/\lambda_1,$$

共振线波长为 $\lambda_1 = 589.6\ \text{nm}$；

$$\Delta E = E(3^2P_{3/2}) - E(3^2S_{1/2}) = h\nu_2 = hc/\lambda_2,$$

共振线波长为 $\lambda_2 = 589.0\ \text{nm}$。

把原子中所有可能状态的光谱项即能级和能级跃迁用图解的形式表示出了，称为能级图。图 11-1 是钠原子的部分原子能级图，其纵坐标表示原子能量水平 E，用电子伏特（eV）表示，把基态原子的能量定为 $E=0$，能级间的连线表示价电子在相应能级间跃迁的原子光谱线，横坐标是用光谱支线表示的原子实际所处的能级。

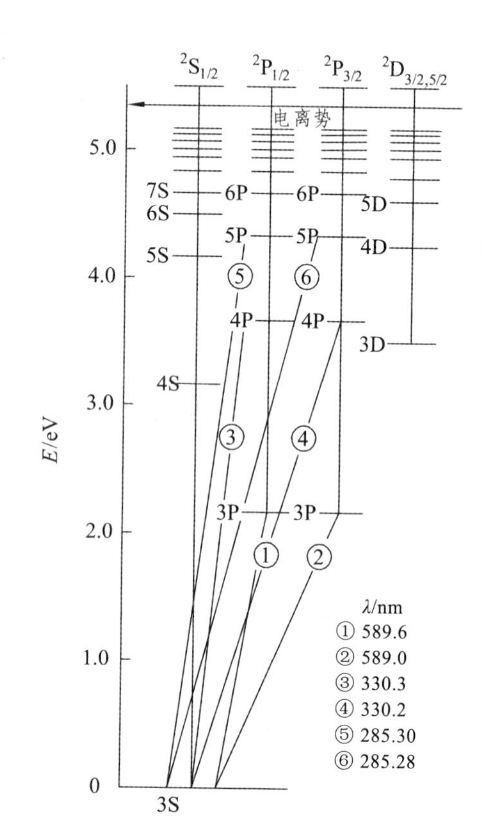

图 11-1 钠原子的部分原子能级图

11.2.3 原子在各能级的分布

在正常情况下，原子是以它的最低能态即基态形式存在的，即使在原子化过程中，也只有极少数原子以较高能态存在。理论研究和实验观测表明，在热平衡状态时，处于基态和激发态的原子数目 N 取决于该能态的能量 E 和体系的温度 T，遵循 Boltzmann 分布定律，即

$$\frac{N_j}{N_0}=\frac{g_j}{g_0}\exp\left(-\frac{E_j-E_0}{kT}\right) \tag{11-1}$$

式中，N_j、N_0 分别为激发态和基态的原子数目；g_j、g_0 分别为激发态和基态的统计权重；T 为热力学温度；k 为 Boltzmann 常量；$E_j>E_0$。

表 11-1 列出了几种元素的第一激发态与基态原子数之比 N_j/N_0。

表 11-1　某些元素共振激发态与基态原子数之比 N_j/N_0

元素共振线波长 λ/nm	跃迁	g_j/g_0	E_j	N_j/N_0		
				2000 K	2500 K	3000 K
Na　589.0	$3\,^2S_{1/2}\longrightarrow 3\,^2P_{3/2}$	2	2.104	0.99×10^{-5}	1.14×10^{-4}	5.83×10^{-4}
Cu　324.7	$4\,^2S_{1/2}\longrightarrow 4\,^2P_{3/2}$	2	3.817	4.82×10^{-10}	4.04×10^{-8}	6.65×10^{-7}
Ag　328.1	$5\,^2S_{1/2}\longrightarrow 5\,^2P_{3/2}$	2	3.778	6.03×10^{-10}	4.84×10^{-8}	8.99×10^{-7}
Mg　285.2	$3\,^1S_0\longrightarrow 3\,^1P_1$	3	4.346	3.35×10^{-11}	5.20×10^{-9}	1.50×10^{-7}
Ca　422.7	$4\,^1S_0\longrightarrow 4\,^1P_1$	3	2.932	1.22×10^{-7}	3.67×10^{-6}	3.55×10^{-5}
Zn　213.9	$4\,^1S_0\longrightarrow 4\,^1P_1$	3	5.795	7.45×10^{-15}	6.22×10^{-12}	5.50×10^{-10}
Pb　288.3	$6\,^3S_0\longrightarrow 7\,^3P_1$	3	4.375	2.83×10^{-11}	4.55×10^{-9}	1.34×10^{-7}

根据 Boltzmann 分布定律，比值 N_j/N_0 随温度的指数变化而变化，但由于基态原子数 N_0 约占 99%，在实验温度范围内，温度变化对比值的影响不是很大，因此，在通常的原子吸收分光光度法测定条件下（3000 K）下，N_j 相对于 N_0 可以忽略不计，N_0 可看作总原子数 N。也就是说，所有的吸收都是在基态进行的，这就减少了可用于原子吸收测定的吸收线的数目，所以在紫外光区，每种元素仅有 3～4 根有用的吸收线。这也是原子吸收分光光度法灵敏度高、抗干扰能力强的一个主要原因。

11.2.4 原子吸收线的形状

当辐射投射到原子蒸气上时，如果辐射频率相应的能量等于原子由基态跃迁到激发态所需的能量，就会引起该原子对辐射的吸收，原子吸收线的频率为

$$\nu_0=\frac{\Delta E}{h} \tag{11-2}$$

式中，ΔE 为原子激发态和基态的能量差；h 为普朗克常量。

原子吸收线的特点是由吸收线的频率、半宽度、强度来表征，吸收线的频率 ν_0 取决于原子的能级分布特征。吸收线的半宽度 $\Delta\nu$ 是极大吸收系数一半处吸收线轮廓上两点之间的频率差，它受很多因素影响。吸收线的强度是由两能级之间的跃迁频率决定的。图 11-2 是原子吸收线轮廓、发射线轮廓及其比较（图中 I 为发射线强度，ν_0 为中心频率，K_0 为峰值吸收系数，$\Delta\nu$ 为半宽度）。

1. 原子吸收线轮廓

原子吸收谱线并不是严格几何意义上的线，而是具有一定波长范围的谱线，谱线的形状称为谱

线轮廓（图 11-2）。

2. 谱线变宽

（1）自然变宽 $\Delta\nu$　谱线本身固有的宽度称为自然宽度，与激发态原子的平均寿命有关，平均寿命越长，则谱线宽度越窄，一般约为10^{-5} nm。

（2）多普勒（Doppler）变宽 $\Delta\nu_D$　它与相对于观察者的原子的无规则运动有关，又称热变宽。Doppler 变宽与谱线波长、相对原子质量和温度有关，$\Delta\lambda$ 多在 10^{-3} nm 数量级。

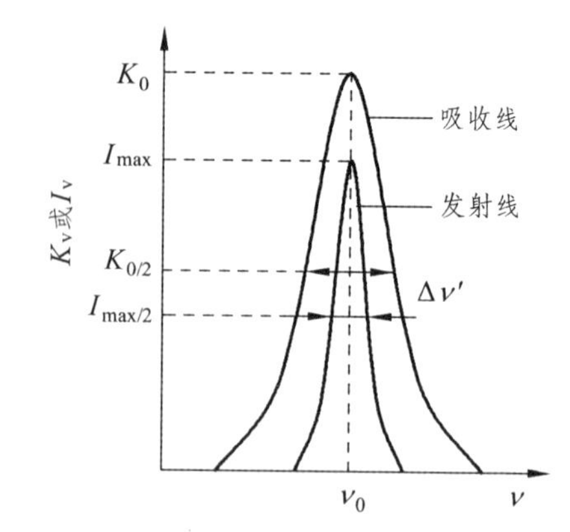

图 11-2　测定峰值吸收系数 K_0 时吸收线与发射线宽度的比较

（3）压力变宽　它是由被测元素的原子与蒸气中原子或分子相互碰撞而引起谱线的变宽，又称为碰撞变宽，它分为洛伦兹变宽和霍尔茨马克变宽。压力变宽约为10^{-3} nm。

① 洛伦兹（Lorentz）变宽 $\Delta\nu_L$　被测元素的原子与其它粒子碰撞而引起的谱线变宽。随原子区内原子蒸气压力增大和温度升高而增大，中心频率发生位移，谱线轮廓不对称。

② 霍尔茨马克（Holtzamrk）变宽 $\Delta\nu_H$　又称共振变宽，它是由同种原子之间发生碰撞而引起的谱线变宽。由于 AAS 分析时待测物浓度很低，该变宽可以忽略。

（4）其它　外界电场后磁场的作用使得谱线变宽，称为场致变宽；光源（如空心阴极灯）中同种气态原子吸收了由阴极发射的共振线所致的变宽称为自吸变宽。这类变宽和仪器所处电磁场以及灯电流等因素有关。在严格操作条件下可予以校正，因此一般忽略不计。

外界压力增加，谱线中心频率位移、形状和宽度发生变化，发射线与吸收线产生错位影响测定灵敏度；温度在 1500～3000 ℃，压力为 1.013×10^{-5} Pa，热变宽和压力变宽有相同的变宽程度；火焰原子化器以压力变宽为主，石墨炉原子化器以热变宽为主。

11.2.5　原子吸收值与原子浓度的关系

从光源辐射出来的特征谱线的光经过原子蒸气区域（长度为 L）后，光强度由 I_0 减弱为 I（图 11-3）。与分子吸收光谱法一样，光强度减弱的程度符合 Lambert 定律，即

$$I = I_0 \exp(-K_\nu L)$$

$$A = -\lg\frac{I}{I_0} = 0.4343K_\nu L \tag{11-3}$$

式中，K_ν 为吸收系数。

它们的区别在于分子吸收宽带上的任意各点与不同的能级跃迁相联系，其吸收系数与分子浓度成正比。而原子吸收线轮廓是同种基态原子在吸收其共振辐射时被展宽了的吸收带，原子吸收线轮廓上的任意各点都与相同的能级跃迁相联系，所以基态原子浓度 N_0 与吸收系数轮廓所包围的面积（称为积分吸收系数）成正比。因此，只要测定了积分吸收值，就可以确定蒸气中的原子浓度。但由于原子吸收线很窄，宽度只约为 0.002 nm，要在如此小的轮廓准确积分是一般光谱仪所不能达到的。

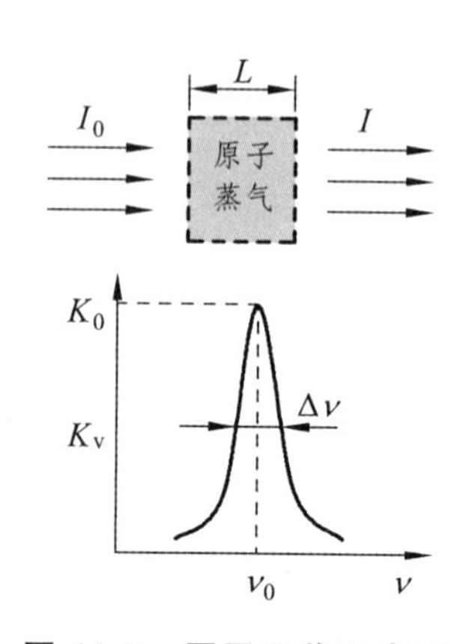

图 11-3　原子吸收示意图

1955 年瓦尔什（Walsh）从理论上证明，在吸收池内元素的原子浓度和温度不太高且变化不太大的条件下，峰值吸收系数 K_0 与

待测基态原子浓度存在线性关系，所以可用峰值吸收系数 K_0 来代替积分吸收系数。而峰值吸收值的测定，只要使用锐线光源，不必使用高分辨率的单色器就能做到。

简单而言，金属离子从样品溶液中，被负压吸喷雾化、脱溶剂成为离子蒸气，然后在高温还原火焰中还原为基态原子蒸气，它们的量呈正比关系传递：金属离子浓度→离子蒸气浓度→基态原子蒸气浓度。而基态原子蒸气浓度就是原子吸收浓度，它遵循 Lambert-Beer 吸收定律，经过一系列推导（从略），可获得原子吸收法的简单定量关系式：

$$A = kc \tag{11-4}$$

式中，c 为被测金属离子在溶液中的浓度；k 为条件吸收系数，与吸收波长、火焰墙温度及宽度、雾化-原子化效率等因素有关，当这些条件确定时，k 为常数。

11.3 原子吸收分光光度计

原子吸收分光光度计与紫外-可见分光光度计的结构基本相同，不同的是光源和吸收池。原子吸收分光光度计的光源采用空心阴极灯，属于锐线光源。用原子化器代替吸收池，以获得原子蒸气。所以，原子吸收分光光度计由锐线光源、原子化器、单色器、检测系统等部件组成，如图 11-4 所示。

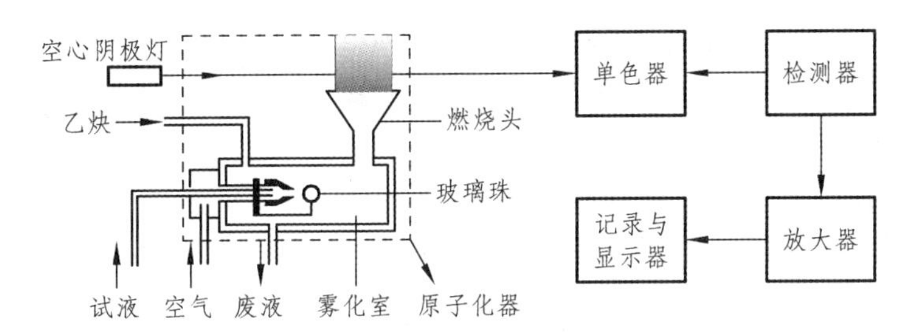

图 11-4　原子吸收分光光度计示意图

11.3.1　光　源

光源的功能是发射被测元素基态原子所需的特征共振辐射。对光源的基本要求是发射线的波长半宽度要明显小于吸收线的半宽度，发射强度足够大，稳定性好，使用寿命长。

1. 空心阴极灯

空心阴极灯（HCL）是由一个用被测元素材料制成的空腔形阴极和一个钨制阳极组成的气体放电管，其结构原理如图 10-5 所示。阴极内径约为 2 mm，放电管集中在较小的空间内，可得到很高的阴极辐射强度。阴极和阳极密封在带有光学窗口的玻璃管内，内充惰性气体，根据所需透过的辐射波长，在 370 nm 以下光学玻璃窗口用石英，370 nm 以上用普通光学玻璃。

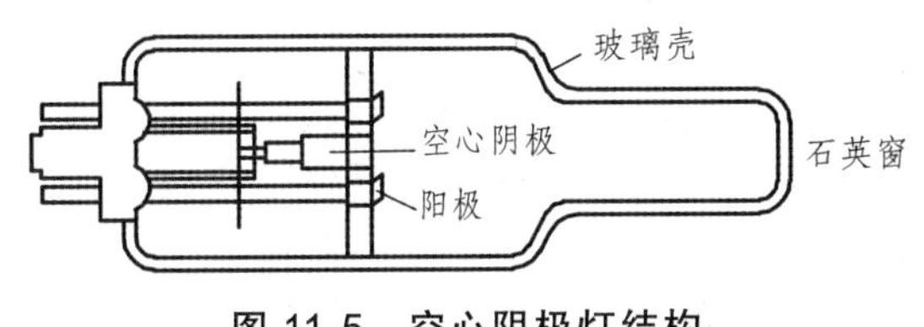

图 11-5　空心阴极灯结构

2. 多元素空心阴极灯

多元素空心阴极灯就是在阴极内含有多个不同元素，灯亮时阴极负辉区能同时辐射出多种元素的共振线，只要更换波长，就能用一个等同时进行几种元素的测定。其缺点是辐射强度、灵敏度、寿命都不如单元素灯，组合越多，光谱特性越差，谱线干扰也越大。

11.3.2 原子化器

原子化器的功能在于将试样转化为所需的基态原子。被测元素由试样中转入气相，并解离为基态原子的过程，称为原子化过程。实现原子化的方法可分为两大类：火焰原子化法和非火焰原子化法。

1. 火焰原子化法

实现火焰原子化器有两种，即全消耗型和预混合型。全消耗型原子化器是将试液直接喷入火焰；预混合型原子化器包括喷雾器、雾化室和燃烧器三部分，喷雾器将试液雾化并使雾滴均匀化，然后再喷入燃烧器火焰中将样品原子化，一般仪器多采用预混合型。

预混合型原子化器的特点是，进入火焰的微粒均匀且细微，在火焰中可瞬时原子化，形成的火焰稳定性好，有效吸收光程长。缺点是试样利用效率低，一般约为 10%，试液浓度高时，试样在雾化室壁有沉积，产生"记忆"效应。

2. 非火焰原子化法

在非火焰原子化法中，应用最广的原子化器是管式石墨炉原子化器。本质上，它是一个石墨炉电加热器，使固体粉末样品在高温下蒸发和原子化。

商品化的管式石墨炉原子化器如图 10-6 所示，石墨炉是一个外径为 6 mm、内径为 4 mm、长为 53 mm 的石墨管，管两端用铜电极夹住，可通过铜电极向石墨管供电。样品用微量注射器直接由进样孔注入石墨管中，石墨管作为电阻发热体，通电后可达到 2000~3000 ℃高温，以蒸发试样和使试样原子化。铜电极周围用水箱冷却。盖板盖上后，构成保护气室，室内通以惰性气体 Ar 或 N_2，以保护原子化了的原子不再被氧化，同时也延长石墨管的使用寿命。

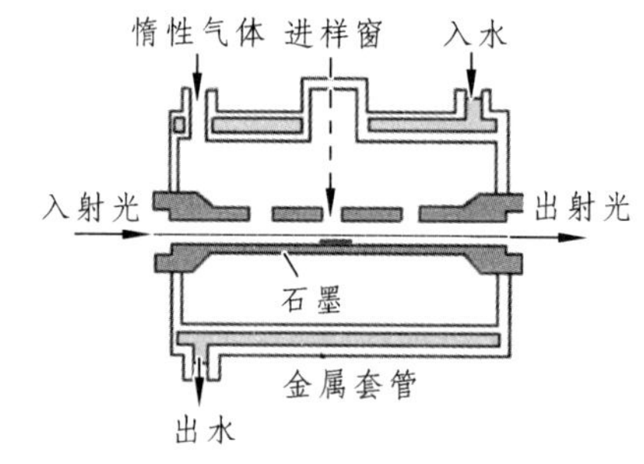

图 11-6 管式石墨炉原子化器示意图

与荷移原子化法相比，石墨炉原子化的特点是，原子化在充有惰性保护气的气室内，于强还原性石墨介质中进行，有利于难熔氧化物的分解；取样量小，通常固体样品为 0.1～10 mg，液体样品为 1～50 μL，试样全部蒸发，原子在测定区的有效停留时间长，几乎全部样品参与光吸收，绝对灵敏度高；排除了化学火焰中常常产生的被测组分与火焰组分之间的相互作用，减小了化学干扰；固体试样与液体试样均可直接应用。缺点是由于取样量小，试样组成的不均匀性影响较大，测定精密度不如火焰原子化法好；有强的背景；设备比较复杂，费用较高。

11.3.3 单色器

单色器的作用是将所需的共振吸收线分离出来。由于原子吸收分光光度计使用锐线光源，吸收值测定采用瓦尔什提出的峰值吸收测定法，而且吸收光谱本身也比较简单，故对单色器分辨率的要求并不高。单色器的关键部件是色散元件，现多用光栅，刻痕数为 600~2800 条/mm。为了阻止自吸收池的所有辐射不加选择地全部进入检测器，单色器通常配制在原子化器以后的光路中。

11.3.4 检测器

检测系统主要由检测器、放大器、对数变换器、指示仪表所组成。检测器多为光电倍增管，工作波段一般在 190~900 nm。一些现代高级原子吸收分光光度计还设有标度扩展、背景自动校正、自动取样等装置，并用微机进行控制。

11.4 定量分析方法

定量分析方法主要有标准曲线法和标准加入法，内标法很少采用，就不介绍了。

11.4.1 标准曲线法

配制一组合适的标准溶液，由低浓度到高浓度依次喷入火焰，分别测定吸光度 A，以 A 为纵坐标，被测元素浓度为横坐标，绘制 A-c 标准曲线。在相同条件下，喷入被测样品溶液，测定其吸光度，由标准曲线求得样品中被测元素的浓度。为了保证测定结果的准确度，标准溶液的组成应尽可能接近实际样品溶液的组成；标准曲线的浓度范围应使产生的吸光度位于 0.2～0.8。

11.4.2 标准加入法

当样品基体影响较大，又没有纯净的基体空白，或测定纯物质中极微量元素时，可采用标准加入法。方法如下：分取 n 份等量的被测样品，其中一份不加入被测元素的标准溶液，其余各份加入 V，$2V$，$3V$，…，nV 体积的被测元素标准溶液，测定纯样品溶液的吸光度为 A_0，测定加过标准溶液系列的吸光度分别为 A_1，A_2，A_3，…，A_n，绘制 A-c 标准曲线，将曲线从上至下延长，与横坐标交于 c_x，c_x 为被测元素的浓度（图 11-7）。

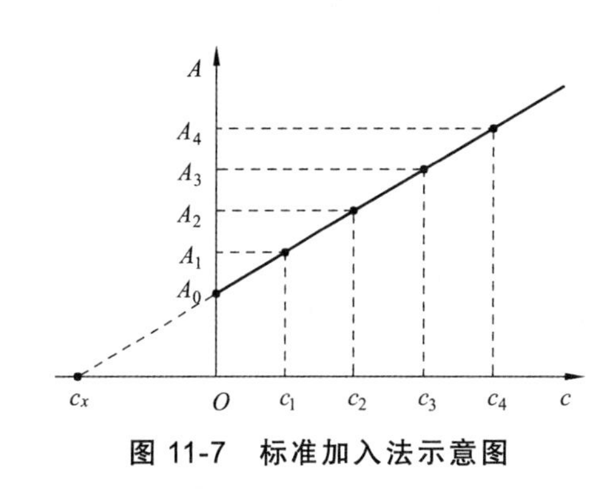

图 11-7 标准加入法示意图

例 11-1 用原子吸收法测定金属元素 M 时，由未知试液得到的吸光度为 0.435，若 9 mL 试样中加入 1 mL 100 mg/L 的 M 标准溶液，测定该混合液吸光度为 0.835，未知试液中 M 的浓度是多少？

解 依据 $A = kc$：

$$0.435 = kc_x,\quad 0.835 = k\frac{9c_x + 1\times100}{9+1}$$

解得

$$c_x = 9.81\ (\text{mg/L})$$

11.5 实验方法及应用

11.5.1 样品制备

原子吸收分光光度法所能测定的样品，来源十分广泛。按样品来源的状态来分类，有固态样品，如地质矿样、各种含金属元素的化学产品等；液体样品，如工程地质的水样、自来水样、环境检测的水样、各种污水样品等。另外就是含微量元素的生命物质样品，一是来源于植物的样品，如各种粮食、水果、蔬菜、中草药等；二是来源于动物的样品，如肉、奶、蛋、鱼等，以及人体的血液、头发、尿液等。

1. 地质样品溶液的制备

地质样品中的金属元素是以离子态的形式存在于各种矿物的晶体结构中，必须经过高温碱熔或酸溶才能转化到溶液中。

碱熔制样方法：将地质矿样粉末 0.5g 与 NaOH 或 KOH 固体 5～10g 混合，置于银坩埚中，在 650 ℃的高温炉中熔融 50～60 min，取出冷却，然后放入盛有 100 mL（1+1）HCl 溶液的 250 mL 烧杯中脱锅，放在电热板上加热直至蒸干，再加（1+1）HCl 溶液 50 mL，加入 10%的动物胶溶液 10 mL，使硅胶凝聚，趁热过滤，以稀盐酸冲洗沉淀，最后用蒸馏水冲洗，将滤液转移到 250 mL 容量瓶，定容至刻度，即为碱熔样品溶液的母液。

酸溶制样方法：对于需要测定 K、Na 元素的地质样品，不适合碱熔方法制样，需采用 HF+$HClO_4$ 酸溶方法制样。将地质矿样粉末 0.5g 置于 50 mL 聚四氟乙烯塑料坩埚中，加氢氟酸 15～20 mL、高氯酸 2～5 mL，在电热板上加热溶解，直至溶液被蒸干，再加入（1+1）HCl 溶液 50 mL 溶解，转移至 250 mL 容量瓶中，定容至刻度，即为酸溶样品溶液的母液。

值得注意的是，无论碱熔还是酸溶制样，最后的母液都是酸性溶液。在测定时，一般需要将母液稀释后才能测定。

2. 生物样品溶液的制备

生物样品中的金属元素都属于微量元素（骨骼中的钙除外），它们绝大部分都以配合物的形式存在于各种生物体的组织中。制备生物样品溶液的方法有消化法和灰化法两种。

消化法：采用浓硝酸、浓硫酸、高氯酸、王水等强氧化性酸进行消化，以除去有机质，最后过滤，制备成样品溶液，依据含量多少，稀释后测定。消化法耗时长、消化很难彻底，效果欠佳。

灰化法：将有机物样品经过高温下灼烧，将有机质燃烧氧化除去，然后酸化、过滤，制备溶液，稀释后测定。灰化法耗时短，燃烧彻底，效果较好。动物组织样品、植物样品（包括中草药）均可采用灰化法制样。

制备样品过程中，要做到两条，一是将样品中被测定元素尽可能地完全溶解于溶液中，否则测定结果偏低；二是制备过程中所使用的各种试剂和器皿不能引入被测元素，否则测定结果偏高。

另外，对于水质样品，需经过滤、酸化处理后，才能进行测试。

11.5.2 测定条件选择

1. 分析线选择

分析线就是用于原子吸收测定的吸收线，由于共振吸收线一般也是最灵敏的吸收线，所以通常以此作为分析线。但并不是任何情况下都要性质共振吸收线作为分析线。例如，Hg、As、Se 等的共振吸收线位于远紫外区，火焰组分对来自光源的光有明显吸收，故不宜选择其共振线作为分析线。最适宜的分析线，应视具体情况由适宜决定。实验方法是，首先扫描空心阴极灯的发射光谱，了解有哪几条可供选用的发射谱线，然后喷入溶液，观察溶液对谱线的吸收情况，应该选用不受干扰而吸收值适度的吸收线作为分析线，最强的吸收线最适宜于痕量元素的测定。

2. 原子化条件

在火焰原子化法中，火焰的选择和调节是很重要的，因为火焰类型与燃气混合流量是影响原子化效率的主要因素。分析线在 200 nm 以下短波区的元素如 Se、P 等，由于烃类火焰对其有明显吸收，故不宜使用乙炔火焰，适宜用氢火焰。易电离元素如碱金属和碱土金属，不宜使用高温火焰。而易形成难解离氧化物的元素如 B、Be、Al、Zr、稀土等，则应选用高温火焰，最好使用富燃火焰。火焰的氧化还原特性将明显影响原子化效率和基态原子在火焰中的分布，因此，因调节燃气与助燃气的流量以及燃烧器的高度，使来自光源的光通过基态原子浓度最大的火焰区，从而获得最高的测定灵敏度。

在石墨炉原子化法中，合理选择干燥、灰化和原子化温度十分重要。干燥是一个低温除去溶剂的过程，应在稍低于溶剂沸点的温度下进行。热解、灰化的目的是破坏和蒸发除去样品基体，在保证被测元素不明显损失的前提下，应尽可能将样品加热到高温。原子化阶段，应选择能达到最大吸收信号的最低温度作为原子化温度。各阶段的加热时间，依样品不同而不同，需通过实验确定。常用的保护气体为 Ar，流量宜在 1~5 L/min。

3. 仪器调节方法

对于测定前的仪器调节是一个综合调节的过程，调节时以仪器的透光率 *T*%变化为指示参数，即任何一个条件因素的调节都以透光率 *T*%为最大值为目标进行调节，同时兼顾到灯电流（或负高压）综合调节。当透光率 *T*%太小时，适当增大灯电流；当透过率 *T*%超过 100%满刻度时（超过则溢出不显读数），应适当降低灯电流。调节时，先在点火前进行粗调，再进行点火后的细调，细调完成后即可进行标准样品的测试和样品测试。

（1）空心阴极灯位置的调节，包括上下调节和前后调节，以 T%为最大值为调节的最佳位置。

（2）燃烧头的高度及前后位置的调节，它关系到燃烧火焰的最佳原子化区域是否处于光路通过的中心位置。

（3）燃气助燃气比例调节（简称燃助比调节），它关系到燃烧火焰是富焰还是贫焰，还关系到火焰高度。注意先开启空气压缩机，等空气流量稳定后，再开启燃气（乙炔气），然后点火，随后进行然助比调节。

11.5.3 干扰及其抑制

虽然原子吸收分光光度法的干扰较小，但在某些情况下干扰问题仍不容忽视。原子吸收测定的干扰效应主要有物理干扰、化学干扰、电离干扰和光谱干扰。

1. 物理干扰

物理干扰是指样品在转移、蒸发和原子化过程中，由于样品物理特性的变化而引起吸光度下降的效应。在火焰原子吸收法中，试液的黏度改变将影响进样速度；表面张力会影响形成的雾珠大小；试液的蒸发气压将影响蒸发速度和凝聚损失；雾化气体压力、取样管的直径和长度则影响取样量的多少。在石墨炉原子化法中，取样量大小、保护气的流速将影响基态原子在吸收区的平均停留时间，所有这些因素最终都将改变样品的吸光度。

物理干扰是非选择性干扰，对样品中各元素的影响基本上是相似的。配制与被测样品组成相似的标准样品，是消除物理干扰最常用的方法。此外，用标准加入法消除物理干扰也是一种行之有效的方法。

2. 化学干扰

化学干扰是待测元素在一种过程中与基体组分原子或分子之间产生的化学作用而引起的干扰。化学干扰取决于待测元素和共存物质的性质以及原子化方法及条件。

减少或消除化学干扰的方法包括改变原子化条件，加入释放剂。加入保护剂或缓冲剂等方法避免形成干扰的化学反应发生，也可采取标准加入法以提高测定准确度。

3. 电离干扰

电离干扰是电离能较低的金属元素在原子化过程中产生电离而使火焰中待测元素的基态原子数减少，导致测定吸光度下降。加入易电离元素，提高金属元素总浓度，增加火焰中的自由电子浓度，以及采用强还原性的富燃火焰或者采用标准加入法可以有效地抑制和消除电离干扰。常用的消电离剂是碱金属元素。

4. 光谱干扰

由吸收谱线的重叠以及抑制过程中产生的复合光谱，以及可能存在的非吸收线都会产生光谱干扰，影响测定结果。由分子吸收及光散射形成的背景干扰也属于光谱干扰。消除光谱干扰的方法主要是针对产生干扰的因素，正确选择仪器条件，也经常采用仪器配制的各种背景校正技术。

11.5.4 应用与示例

AAS 具有灵敏度高、检测限低、干扰少、操作简便快速等优点，在地质。冶金、化工、环保、食品、医药和科学研究等诸多领域得到广泛应用，元素周期表中大多数金属元素（60～70 种）都可用 AAS 法直接或间接测定。药物分析中，药品中杂质金属离子特别是碱金属离子的限度检查，可用 AAS 测定，也可用于某些药物含量的测定。例如，通过测定维生素 B_{12} 中钴元素的含量，可以求得维生素 B_{12} 的含量。人体中含有 30 多种金属元素，如 K、Na、Ca、Mg、Fe、Mn 等，这些微量元素与生理机能或疾病有关，分析体液中金属元素可以采用直接法。

名词中英文对照

原子吸收分光光度法	atomic absorption spectrophotometry	非火焰原子化器	non-flame atomizer
共振吸收线	resonance absorption line	电离干扰	ionization interference
空心阴极灯	hollow cathode lamp，HCL	物理干扰	physical interference
原子化器	atomizer	化学干扰	chemical interference
标准加入法	standard addition method	光谱干扰	spectral interference
火焰原子化器	flame atomizer	背景干扰	background interference

习　题

一、思考题

1. 为什么原子吸收分光光度法中常选择共振线作为分析线？

2. 什么是积分吸收？什么是峰值吸收系数？为什么常用峰值吸收而不用积分吸收？

3. 紫外-可见吸收分光光度计的分光系统设置在吸收池的前面，而原子吸收分光光度计的分光系统设置在原子化系统（吸收系统）的后面，为什么？

4. 谱线变宽的原因有哪些？其特点是什么？

5. 石墨炉原子化法与火焰原子化法相比较，有哪些优缺点？

6. 原子吸收分光光度分析的干扰有哪些？如何消除？

7. 原子吸收分光光度法的定量分析依据是什么？进行定量分析有哪些方法？试比较它们的优缺点。

8. 原子吸收分光光度计由哪几部分组成？各部分的功能是什么？

二、计算题

1. 用 AAS 测定自来水中镁的含量。取一系列镁（1.00 μg/mL）标准溶液及自来水样 20.00 mL 于 50 mL 容量瓶中，分别加入 5%锶盐溶液 2 mL，用蒸馏水稀释至刻度、摇匀，测定吸光度列于表 11-2 中。计算自来水中镁的含量（mg/L）。

表 11-2　用 AAS 测定自来水中镁含量的实验数据

序　号	1	2	3	4	5	6	7
镁标液体积/mL	0.00	1.00	2.00	3.00	4.00	5.00	水样 20.00 mL
吸光度 A	0.045	0.092	0.140	0.187	0.234	0.284	0.135

2. 用标准加入法测定一无机样品溶液中镉的浓度，各试液在加入镉标液（10.0 μg/mL）后，用水稀释至 50 mL，测得其吸光度如表 11-3。求样品溶液中镉的浓度。

表 11-3　用标准加入法测定样品中镉浓度的实验数据

序　号	1	2	3	4
试液体积/mL	20.00	20.00	20.00	20.00
加镉标液体积/mL	0.00	1.00	2.00	4.00
吸光度 A	0.042	0.080	0.116	0.190

3. 用标准加入法测定血浆中锂含量。LiCl 标液浓度 0.050 0 mol/L，标准系列体积见表 11-4，每份加入血浆试液 0.50 mL，然后稀释至 5.00 mL 摇匀，AAS 法测得吸光度列于表 11-4 中。计算血浆中锂的含量（μg/mL）。

表 11-4　用标准加入法测定血浆中 Li 含量的实验数据

序　号	1	2	3	4	M（Li）
血浆试液体积/mL	0.50	0.50	0.50	0.50	
LiCl 标液体积/μL	0.00	10.0	20.0	30.0	6.941 g/mol
吸光度 A	0.206	0.418	0.644	0.861	

12　电位分析法及永停滴定法

12.1　概　述

电位分析法是根据测量两电极间的电动势或电动势变化进行定量分析的一种电化学分析方法。根据测量方式不同，可分为直接电位法和电位滴定法。之间的无法根据电动势的测量值直接求出待测物的含量；电位滴定法根据滴定过程中电动势的突变确定滴定终点。

电位分析法主要用于各种试样中无机离子、有机活性物质及溶液的 pH 的测定，还可用于多种化学平衡常数的测定。随着离子选择性电极的迅速发展，各种新型生物膜电极的出现，电位分析法对药物、生物试样的分析也日益增加。

电位分析法具有以下特点：选择性好，对一些组成复杂的试样不需要分离处理就可直接测定，而且不受试样溶液颜色、浑浊、悬浮物或黏度的影响；灵敏度高，检出限一般为 10^{-6} mol/L；速度快，易实现分析自动化。因此，电位分析法广泛地应用于医院卫生、环境保护、地质和冶金等领域，成为重要的常用分析测试手段。

12.2　电位分析法的基本原理

12.2.1　化学电池和电动势

化学电池是一种电化学反应器，通常由两个电极和电解质溶液组成。电化学反应是发生在电极与电解质溶液界面间的氧化还原反应。化学电池可由两种电极插在同一种溶液中组成，称为无液接界电池；也可以由两个电极分别插在两种组成不同，但能相互连通的溶液中组成，这种电池称为有液接界电池。在有液接电池中，通常用某种多孔性物质隔膜将两种溶液隔开，或用一盐桥将两种溶液连接起来，其目的是阻止两种溶液混合，又为通电时的离子迁移提供必要的通道。电位分析法主要利用有液接界电池。

根据电极反应是否自发进行，化学电池又分为原电池和电解池。原电池的电极反应自发进行，是一种将化学能转化为电能的装置；电解池的电极反应是非自发进行，需要在两个电极上施加一定的外电压，电极反应才能进行，它是一种将电能转化为化学能的装置。这两类电池在电化学分析中均有应用。视实验条件不同，有时同一电池既可作为原电池，又可作为电解池起来使用。可以认为这种区分的依据是电池的工作状态不同，而不是它们的结构不同。

例如，将金属锌棒插入 1.0 mol/L 的 $ZnSO_4$ 溶液中，将金属铜棒插入 1.0 mol/L 的 $CuSO_4$ 溶液中，组成两个半电池，中间以饱和 KCl 琼脂凝胶盐桥连接，两个电极与外电路电流计连接，构成一个有封闭回路的原电池，如图 12-1 所示。

电池图解表示式为

$$(-)\ Zn|ZnSO_4\ (1.0\ mol/L)\ ||CuSO_4\ (1.0\ mol/L)\ |Cu\ (+)$$

电池图解表示式的书写规则如下：

（1）发生氧化反应的电极写在左边，是负极；发生还原反应的电极写在右边，是正极。

（2）以符号“|”表示不同物相之间的接界，同一物相中的不同物质之间用逗号隔开，两种溶液通过盐桥连接，用“||”表示。

（3）电解质溶液位于两电极之间，应注明浓度，如为气体则应注明压力。

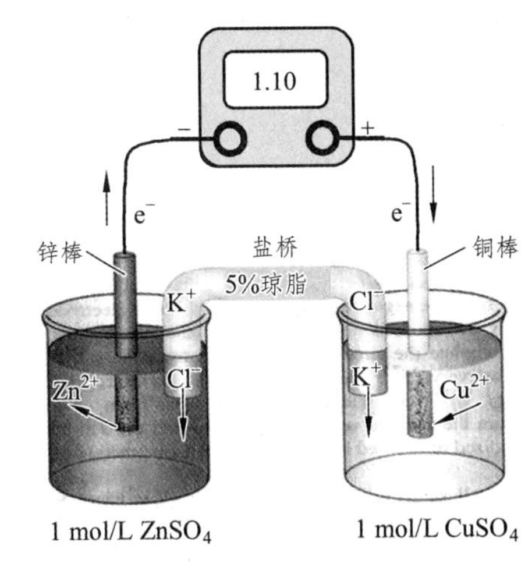

图 12-1　铜锌原电池示意图

锌极上是 Zn 失去电子变成 Zn^{2+}而逐渐溶解进入溶液的过程，发生氧化反应，为负极：

$$Zn \rightleftharpoons Zn^{2+} + 2e^-, \quad \varphi^{\ominus}_{Zn^{2+}/Zn} = -0.763\ V$$

铜极上是溶液中 Cu^{2+}获得电子变成 Cu 而逐渐沉积其上的过程，发生还原反应，为正极：

$$Cu^{2+} + 2e^- \rightleftharpoons Cu, \quad \varphi^{\ominus}_{Cu^{2+}/Cu} = 0.337\ V$$

电池总反应为

$$Zn + Cu^{2+} \rightleftharpoons Zn^{2+} + Cu$$

电池电动势定义为

$$E_{电池} = \varphi_+ - \varphi_- \qquad (12\text{-}1)$$

计算的 $E_{电池}$ 为正值，该电池为原电池；若为负值，该电池则为电解池。上述铜-锌原电池的电动势为 $E_{电池}$ = 0.337 V-(-0.763 V) = 1.100 V，说明该电池为原电池。

如果将一个外电压 $E_{外} > E_{电池}$ 的电源反向外加于上述电池的两极，电极反应和电流方向将发生改变：

锌极发生还原反应，转变为阴极：$Zn^{2+} + 2e^- \rightleftharpoons Zn$

铜极发生氧化反应，转变为阳极：$Cu \rightleftharpoons Cu^{2+} + 2e^-$

电池总反应则为电解反应：$Zn^{2+} + Cu \rightleftharpoons Zn + Cu^{2+}$

电解反应是在消耗外电源电能的条件下完成的，电解池是将电能转化为化学能的装置。

12.2.2　相界电位和液接电位

金属晶体是由排列在晶格点阵上的金属正离子和在晶格场中流动的自由电子组成。当把金属插入该金属盐的溶液中时，一方面金属表面的正离子受极性水分子的作用，有离开金属晶体进入溶液中的倾向；另一方面，溶液中的金属离子与金属晶体碰撞，受自由电子的作用，有离子和极性分子沉积到金属表面上的倾向。这两种倾向引起电荷在相界面上转移，都会破坏原来两相的电中性。由电荷转移造成金属与溶液中的多余正、负电荷分别集中分布在相界面的两边，形成**化学双电层**。双电层的形成抑制了电荷继续转移的倾向，达到平衡后，在相界面两边产生一个稳定的电位差，称为**相界电位**，即溶液中的金属**电极电位**。金属越活泼，溶液中该金属离子的浓度越低，金属正离子进入溶液的倾向越大，电极的还原性越强，电极电位越负；反之，电极氧化性越强，电极电位越正。

两种组成不同，或组成相同浓度不同的电解质溶液接触界面两边存在的电位，称为**液体接界电位**，简称液接电位。产生液接电位的主要原因是离子在溶液中扩散速率的差异，液接电位难以准确测量和计算。液接电位的存在影响了电池电动势的准确测定，故必须设法消除。消除液接电位常用的方法是在两溶液间一个内充高浓度 KCl 溶液（或其它适用的电解质）的盐桥。由于 KCl 的浓度比较高，这样在两溶液接触的界面形成的液接电位主要是 KCl 扩散引起的，而 K^+ 与 Cl^- 的迁移速度相近，故产生的液接电位很小（1～2 mV），且两端液接电位的方向相反，互相抵消，其对电位测量的影响可忽略不计。

12.2.3 电极分类

1. 按反应机理分类

（1）金属基电极

将能发生氧化还原反应的金属，插在该金属离子的溶液中组成的电极，称为**金属-金属离子电极**，简称金属电极。其电极电位取决于溶液中金属离子的活度（或浓度），可用于测定金属离子的浓度。例如，将银丝插入 Ag^+ 溶液中组成 Ag 电极，表示为 $Ag|Ag^+$，电极反应与电极电位为

$$Ag^+ + e^- \rightleftharpoons Ag$$

$$\varphi = \varphi^{\ominus} + 0.0592\lg a(Ag^+) \quad 或 \quad \varphi = \varphi^{\ominus\prime} + 0.0592\lg c(Ag^+) \ （25 ℃）$$

此类电极含有一个相界面，也称为第一类电极。

将表面涂有同一种金属难溶盐的金属，插在该难溶盐的阴离子溶液中，构成**金属-金属难溶盐电极**。其电极电位随溶液中阴离子浓度的改变而改变，可用于测定难溶盐阴离子的浓度。例如，将表面涂有 AgCl 的银丝，插入含有 Cl^- 的溶液中，组成 Ag-AgCl 电极，表示式为 $Ag|AgCl|Cl^-$，电极反应与电极电位为

$$AgCl + e^- \rightleftharpoons Ag + Cl^-$$

$$\varphi = \varphi^{\ominus} - 0.0592\lg a(Cl^-) \quad 或 \quad \varphi = \varphi^{\ominus\prime} - 0.0592\lg c(Cl^-) \ （25 ℃）$$

金属-金属难溶盐电极含有两个相界面，也称为第二类电极。

将惰性金属（铂或金）插入含有某氧化型和还原型电对的溶液中，组成惰性金属电极。在这里，惰性金属不参与电极反应，仅在电极反应中起传递电子的作用。电极电位决定于溶液中电对氧化型和还原型活度（或浓度）的比值，可用于测定有关电对的氧化型和还原型的浓度即它们的比值。例如，将铂丝插入含有 Fe^{3+} 和 Fe^{2+} 溶液中组成 Fe^{3+}/Fe^{2+} 电对的铂电极，表示式为 $Pt|Fe^{3+}, Fe^{2+}$，电极反应与电极电位为

$$Fe^{3+} + e^- \rightleftharpoons Fe^{2+}$$

$$\varphi = \varphi^{\ominus} + 0.0592\lg\frac{a(Fe^{3+})}{a(Fe^{2+})} \quad 或 \quad \varphi = \varphi^{\ominus\prime} + 0.0592\lg\frac{c(Fe^{3+})}{c(Fe^{2+})} \ （25 ℃）$$

惰性金属电极也称氧化还原电极，又称零类电极。

（2）膜电极

以固体膜或液体膜为传感体，用以指示溶液中某种离子浓度的电极统称为膜电极、膜电极是电位分析法中应用最多的一种指示电极，各种离子选择电极和测量溶液 pH 用的玻璃电极均属于膜电极，具体情况在本章第 3 节中进一步讨论。

2. 按电极的功能分类

（1）指示电极

电化学测量过程中，电极电位随溶液中待测离子的活度（或浓度）的变化而变化，并能反映出

待测离子活度（或浓度）的电极称为**指示电极**，电位分析法中的玻璃电极和离子选择电极为常用的指示电极。

（2）参比电极

在测量过程中，电极电位不受溶液组成变化的影响，其电位值基本固定不变的电极称为**参比电极**。电位分析法用指示电极和参比电极组成测量电池。下面介绍两种常用的参比电极。

甘汞电极由金属汞、甘汞（Hg_2Cl_2）和 KCl 溶液组成。电极表示为“$Hg|Hg_2Cl_2|$溶液”，

电极反应与电位为

$$Hg_2Cl_2 + 2e^- \rightleftharpoons 2Hg + 2Cl^-$$

$$\varphi = \varphi^{\ominus} + 0.0592 \lg a(Cl^-) = \varphi^{\ominus'} + 0.0592 \lg c(Cl^-) \quad (25\ ℃)$$

可见，甘汞电极的电位取决于 KCl 溶液的浓度。在 25 ℃，KCl 溶液在浓度为 0.1 mol/L、1.0 mol/L、饱和时，电极电位分别为 0.3337、0.2801 和 0.2412 V。使用饱和 KCl 溶液的电极称为**饱和甘汞电极**（SCE），其结构如图 12-2 所示。

饱和甘汞电极由内、外两个玻璃管构成，内管盛 Hg 和 Hg-Hg_2Cl_2 的糊状物，下端用石棉或纸浆类纤维物堵紧组成内部电极，上端封入一段铂丝与导线连接。外部套管内盛 KCl 饱和溶液，电极下部与待测试液接触部分是素烧瓷微孔物质隔层，用以阻止电极内外溶液的相互混合，又为内外溶液提供离子的通道，兼起测量电位时的盐桥作用。由于饱和甘汞电极结构简单、制造容易、使用方便、电位稳定，故最常用。

银-氯化银电极由涂镀一层氯化银的银丝插入一定浓度的 KCl 溶液（或含 Cl^- 的溶液）中组成。电极内充溶液用素烧瓷或其它适用的微孔材料隔层与待测溶液隔开，以阻止电极内外溶液相互混合。图 12-3 是一种银-氯化银电极的结构。电极溶液分别为 0.1 mol/L、1.0 mol/L 和饱和 KCl 溶液时，其电极电位分别为 0.288、0.222 和 0.199 V。银-氯化银电极结构简单，可制成很小体积，常用作玻璃电极和其它离子选择电极的内参比电极。

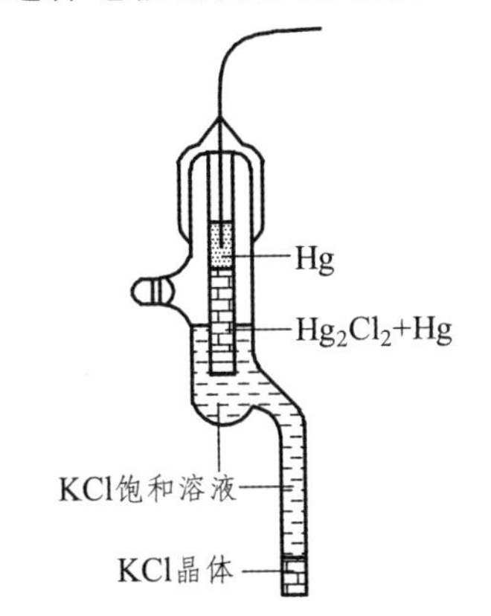

图 12-2　饱和甘汞电极的结构

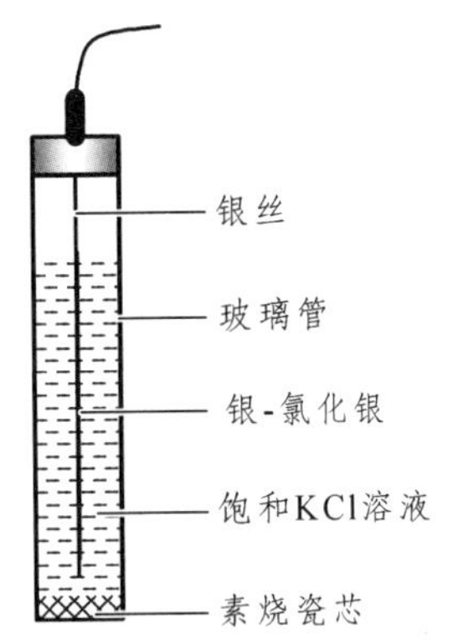

图 12-3　银-氯化银电极结构

12.2.4　可逆电极和可逆电池

当一个无限小的电流以相反方向流过电极时（电极反应是在电极的平衡电位下进行），若发生的电极反应互为逆反应，此类电极反应称为可逆电极反应。如果一个电极的电极反应是可逆的，并且反应速度很快，便称为可逆电极。如果电极反应不可逆，反应速度慢，则称为不可逆电极。可逆电极达到平衡电位快，测量时电极电位稳定，受扰动后平衡电位恢复得也快。

组成电池的两个电极都是可逆电极时，此类电池称为可逆电池；如果两个电极或其中之一是不可逆电极，则称为不可逆电池。只有可逆电极与可逆电池才能用热力学公式处理。电位分析法要求

电极和电池必须满足可逆电极和可逆电池的条件。

12.2.5 电极电位的测量

单个电极的电位是无法直接测量的。欲测某电极电位 φ_x 值，可将其作为负（阳）极，与一合适的参比电极（电极电位为 $\varphi_{参}$）作为正（阴）极组成原电池，该电池电动势为

$$E=\varphi_{参}-\varphi_x+\varphi_j+iR \qquad (12\text{-}2)$$

式中，φ_j 为电池的液接电位；i 为通过电池的电流强度；R 为电池的内电阻；iR 为内电阻产生的电位降。

如上所述，实验时间可利用盐桥的作用尽量减小 φ_j 值，并控制测量条件，降低 i 值，使式（12-2）最后两项数值可以忽略不计，近似简化为

$$E=\varphi_{参}-\varphi_x \qquad (12\text{-}3)$$

式（12-3）表明，如在满足该近似条件下测得电池电动势，代入参比电极电位 $\varphi_{参}$，便可求得待测电极的电位 φ_x。

值得注意的是，测量上述电池电动势不能用一般的电压表。因为将电压表并联到电池两极上测量电动势时，会有相当大的电流通过电池，这一电流产生的电位降 iR 不容忽略。早期电位分析法中的电动势测量多用电位差计补偿法，后来逐渐被直读式电子电位计（电子毫伏计、pH 计、离子计等）所取代。关于用不同方法测量电动势的误差问题，在下一节的 pH 计中还要做进一步说明。

12.3 直接电位法

12.3.1 氢离子活度的测定

根据待测组分的电化学性质，选择合适的指示电极与参比电极，浸入试样溶液中组成原电池，测量原电池的电动势。然后根据 Nernst 方程式中电极电位（实际为电池电动势）与有关离子活度（或浓度）的关系，求出待测组分含量的方法，称为直接电位法。直接电位法的两个重要应用是利用 pH 玻璃电极测定溶液的 pH 以及利用离子选择电极测定溶液中阴、阳离子的浓度。下面分别予以介绍。

1. 玻璃电极的结构与测量原理

（1）玻璃电极的结构

实验室最常用的一种玻璃电极的结构如图 12-4 所示。它是在一玻璃管的下端接一软质玻璃（组成为 SiO_2、Na_2O 和 CaO）的球形薄膜（其厚度不到 0.1 mm），膜内盛一定浓度的 KCl，pH 为 4 或 7 的缓冲溶液，溶液中插入银-氯化银电极（称内参比电极）。因为玻璃电极的内阻很高（约 100 MΩ），故电极引出线及导线都要高度绝缘，并装有屏蔽隔离罩，以防漏电和静电干扰。

（2）测量原理

当玻璃电极的玻璃膜内、外表面与水溶液接触时，能吸收水分形成一厚度为 $10^{-5}\sim10^{-4}$ mm 的溶胀水化层，即水化凝胶层。该层中的 Na^+（或其它一价离子）可与溶液中的 H^+ 进行交换，使膜内、外表面上 Na^+ 的点位几乎全被 H^+ 所占据。越深入凝胶层内部交换的数量越少，即点位上的 H^+ 越来越少，Na^+ 越来越多，达到干玻璃层处全无交换，即全无 H^+。由于溶液中 H^+ 的活度与凝胶层中 H^+ 的活

度不同，H^+将由活度高的一方向低的一方扩散。

例如，H^+由溶液向水化凝胶层方向扩散（阴离子和高价阳离子难以进出玻璃膜，故无扩散），余下过剩的阴离子，因而在两相界面间形成一双电层，产生电位差。双电层电位差抑制H^+的继续扩散，当扩散达到动态平衡时，电位差达到一稳定值。这个电位差值即相界电位，如图 12-5 所示。

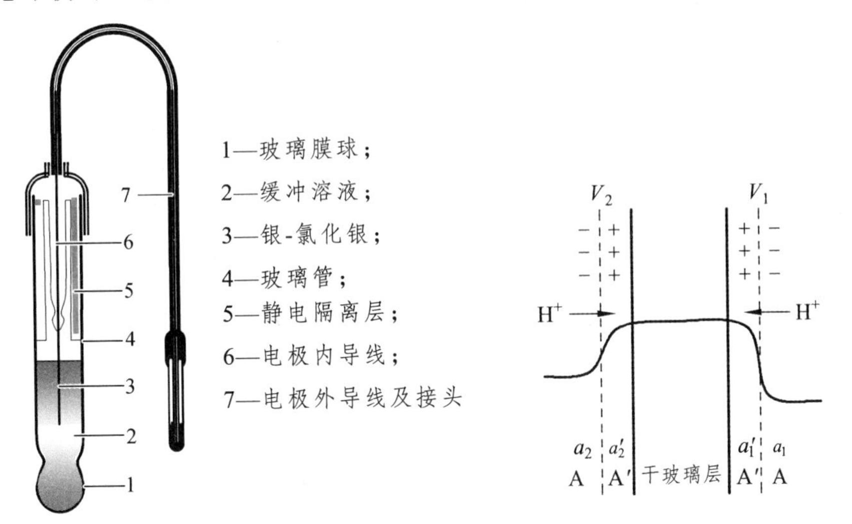

图 12-4　玻璃电极　　图 12-5　玻璃电极电位示意图

相界电位按式（12-4）遵守 Nernst 方程式，有

$$V_1 = K_1 + \frac{2.303RT}{F}\lg\frac{a_1}{a_1'} \tag{12-4}$$

$$V_2 = K_2 + \frac{2.303RT}{F}\lg\frac{a_2}{a_2'} \tag{12-5}$$

式中，V_1，V_2分别为外部溶液和内部溶液与相接触水化凝胶层之间的相界电位；K_1，K_2为与玻璃电极外表面及内表面性质有关的常数；a_1，a_2分别为外部溶液和内部溶液中H^+的活度；a_1'，a_2'分别为外部溶液和内部溶液接触的两个水化凝胶层中H^+的活度。

可以看到，整个玻璃膜的电位E_m是两个相界电位V_1和V_2之差，设$V_1 > V_2$，则

$$E_m = V_1 - V_2 \tag{12-6}$$

只要玻璃膜内、外两个表面的物理性能相同，即两个表面上的 Na^+点位数相同，且已完成被 H^+所取代，$K_1 = K_2$，$a_1' = a_2'$。因此，膜电位为

$$E_m = V_1 - V_2 = \frac{2.303RT}{F}\lg\frac{a_1}{a_2} \tag{12-7}$$

因为a_2是个固定值，式（12-7）可写为

$$E_m = K' + \frac{2.303RT}{F}\lg a_1 \tag{12-8}$$

式中，K'为常数。整个玻璃电极的电位φ为

$$\varphi = \varphi_{AgCl/Ag} + E_m = K'' + \frac{2.303RT}{F}\lg a_1 \tag{12-9}$$

$$K'' = \varphi_{AgCl/Ag} + K' \tag{12-10}$$

式中，$\varphi_{AgCl/Ag}$为 Ag-AgCl 内参比电极电位；K''为电极常数。

把待测溶液 H^+活度 $a(H^+)$ 代入式（12-9），得

$$\varphi = K'' + \frac{2.303RT}{F}\lg a(H^+) = K'' - 0.0592\text{pH}\quad(25\ ℃) \tag{12-11}$$

式（12-11）表明，玻璃电极的电位与外部溶液 H^+活度的关系符合 Nernst 方程式，故用玻璃电极可测定外部溶液 H^+活度，即可测定溶液 pH。

（3）测量方法

测量溶液 pH（氢离子活度）的原电池可表示为：（-）玻璃电极｜待测溶液‖SCE（+）

根据式（12-3），上述电池电动势为

$$E_x = \varphi_{\text{SCE}} - \varphi_{\text{玻}} \tag{12-12}$$

将式（12-11）代入式（12-12），得

$$E_x = \varphi_{\text{SCE}} - K'' + 0.0592\text{pH}_x\quad(25\ ℃) \tag{12-13}$$

$$\text{pH}_x = \frac{E_x - (\varphi_{\text{SCE}} - K'')}{0.0592} \tag{12-14}$$

式（12-14）表明，只要玻璃电极常数 K'' 已知并固定不变，测得电动势 E_x，便可求得待测溶液的 pH_x。实际上，由于 K'' 常随不同电极，溶液组成不同，甚至随电极使用时间的长短而发生微小变动，其变动值又不易准确测定，故 pH 测量采用“两次测量法”。测量时，先用一 pH 已知的标准缓冲溶液与玻璃电极和 SCE 组成电池，仿照式（12-14）有以下关系式

$$\text{pH}_s = \frac{E_s - (\varphi_{\text{SCE}} - K'')}{0.0592} \tag{12-15}$$

联立式（12-14）与式（12-15），经移项整理得

$$\text{pH}_x = \text{pH}_s + \frac{E_x - E_s}{0.0592} \tag{12-16}$$

按“两次测量法”的公式(12-16)计算待测溶液的 pH_x，只需知道 E_x 和 E_s 的测量值和标准溶液的 pH_s，无需知道 K'' 的数据。因此可以消除由于 K'' 不确定性产生的误差。

饱和甘汞电极在标准缓冲溶液和待测溶液中产生的液接电位未必相同，二者之差称为残余液接电位，其值不易测得，在准确的 pH 测量中可能引起误差。但只要两种溶液的 pH 极为接近，残余液接电位引起的误差可以忽略。因此，测量时选用的标准缓冲溶液的 pH_s 要尽可能地与待测溶液的 pH_x 接近。一些常用标准缓冲溶液的组成和它们在 0～60 ℃温度区间内的 pH，可查阅有关分析化学手册。

2. 玻璃电极的性能

式（12-11）表明，溶液 pH 每改变一个单位，电极电位相应改变 59.2 mV（25 ℃），此值称为转换系数，以 S 表示，即

$$S = -\frac{\Delta\varphi}{\Delta\text{pH}} \tag{12-17}$$

若作玻璃电极的 φ-pH 曲线，S 为曲线的斜率，通常玻璃电极的 S 稍小于理论值（2 mV/pH)。在使用过程中，由于玻璃电极逐渐老化，S 与理论值的偏离越来越大，最后不能再用。

一般玻璃电极的 φ-pH 曲线，只在一定范围内呈直线，在较强的酸、碱溶液中，便偏离直线关系。在 pH>9 的溶液中，普通玻璃电极对 Na^+也有响应，因而求得的 H^+活度高于真实值，即 pH 读数低于真实值，产生负误差，这种误差称为碱差或钠差。若使用含 Li_2O 的锂玻璃制成的玻璃电极，可测至 pH = 13.5 也不产生误差。在 pH<1 的溶液中，普通玻璃电极测得的 pH 高于真实值，产生正误差，这种误差称为酸差。

普通玻璃电极产生酸碱误差的性质图 12-6 所示。

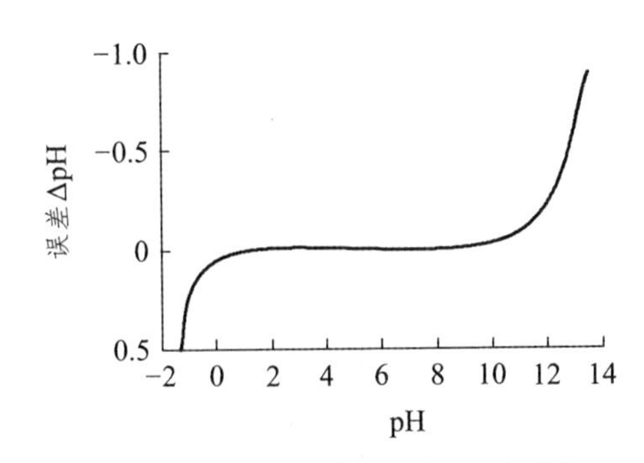

图 12-6 普通玻璃电极的酸碱误差

由于制作工艺等因素，玻璃膜内、外两个表面的性质并不能完全相同，它们吸水后形成水化凝胶层的 H^+交换性能也不完全相同。当膜两侧溶液 pH 相等时，两侧相界电位差值（膜电位 E_m）理应等于零。可是实际的 E_m 并不为零，这个电位差称为不对称电位。不对称电位已包括在电极电位公式的常数项内，只要它维持恒定不变，pH 测量便无影响。但是，在电极使用过程中，膜的外表面可能受到腐蚀、污染、脱水等作用，会使不对称电位变动而不维持稳定值。因此为避免产生误差，对玻璃电极的预处理、使用和保管均须严加注意。

温度过低，玻璃电极的内电阻增大；温度过高，电极的寿命缩短，所以一般玻璃电极最好在 0～95 ℃温度范围内使用。

3. 测量误差和注意事项

标准缓冲溶液的 pH_s，是通过下面的电池装置测定出来的。

$$Pt\,|\,H_2\,\|\,H^+[a(H^+)],\ Cl^-[a(Cl^-)]\,|\,AgCl(s)\,|\,Ag$$

其中 $pH_s = -\lg a(H^+)$，由于受 $a(Cl^-)$ 不确定性影响，标准缓冲溶液 pH_s 的准确度只能达到±0.01 pH 单位。不过，只要测定仪器精度足够高，溶液和溶液之间相差 0.002～0.001 pH 单位也可区别出来；对同一溶液的测定，重现性也可达 0.002～0.001 pH 单位。因此，有的标准缓冲溶液 pH_s 数值表小数点后给出 3 位数字。

由于标准缓冲溶液 pH_s 准确度只能达到±0.01 pH 单位，残余液接电位通常也相当于±0.01 pH 单位，因此待测溶液的 pH_x 的准确度也只能达到±0.01 pH 单位；两个溶液的 pH 最好只能区别到±0.004 pH～±0.002 pH 单位。±0.02 pH 单位的测量误差，相当于 4.5% $a(H^+)$ 的误差（约为 1.2 mV）；±0.004 pH 单位的测量误差，相当于 1.0% $a(H^+)$ 的误差①。

测定溶液 pH 时，应对玻璃电极和缓冲溶液两方面综合考虑，以达到测定值的准确。对玻璃电极，不可在有碱误差或酸误差的范围内测定，必要时可对测定结果加以校正；电极浸入溶液后必须有足够的平衡时间，一般在缓冲较好的溶液中几秒钟即可（搅拌下），在缓冲不好的溶液（如中和滴定临近终点时）常需数分钟；玻璃电极不用时，宜浸在蒸馏水中保存。对标准缓冲溶液，应选用其 pH_s 与待测溶液的 pH_x 尽量接近的，测定温度相同，以新配制为最佳，可保持 2～3 月。

如果以标准缓冲溶液校准玻璃电极，然后以此测定非水溶液的 pH，所得的结果只能是非水溶液的“表观 pH”，并没有准确的 pH 意义，因为两者并非相同的溶液体系，但用于指示非水溶液滴定的 pH 变化场合，仍然是可取的。

4. 复合 pH 电极

用常规玻璃电极测定溶液 pH 需要另选一支参比电极，通常为饱和甘汞电极与之配对，组成测量电极，实际操作起来十分不便。将玻璃电极和参比电极组装起来，构成单一电极体，称为复合 pH 电极，其结构如图 12-7 所示。

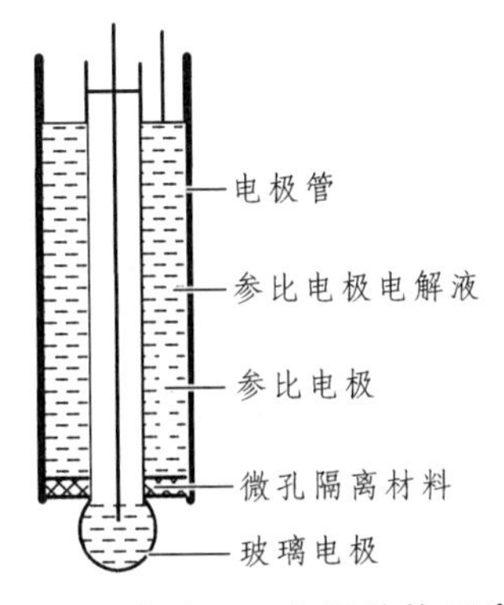

图 12-7 复合 pH 电极结构示意图

复合 pH 电极通常由两个同心玻璃套管构成，内管为玻璃

注：① 按 $\dfrac{\Delta a(H^+)}{a(H^+)} = 10^{-\Delta pH} - 1$ 或 $\dfrac{\Delta a(H^+)}{a(H^+)} = \dfrac{nF}{RT}\Delta E$ 关系式计算。

电极，外管为参比电极。参比电极主件为 Ag-AgCl 电极元件或 $Hg\text{-}Hg_2Cl_2$ 电极元件，下端为微孔隔离材料层，防止电极内、外溶液混合，又为测定时提供离子迁移通道，起到盐桥装置的作用。

把复合 pH 电极插入试样溶液中，就组成了一个完整的电池体系。只要把玻璃电极和参比电极元件的引线接到 pH 计接线柱上即可进行 pH 测定。使用复合 pH 电极省去了组装玻璃电极和饱和甘汞电极的麻烦，使用起来十分方便，特别有利于小体积溶液 pH 测定。

5. pH 计和应用

pH 计是专门为使用玻璃电极测定 pH 而设计的一种电子电位计，玻璃电极的内阻很高，测定由它组成的电池电动势时，只允许有微小的电流通过，否则会引起很大误差。例如，对内阻为 100 MΩ 的玻璃电极，在测量中若有 10^{-9} A 电流通过（一般灵敏检流计测量数量级），电池中将产生 $10^{-9}\ A\times10^{8}\ \Omega=0.1\ V$ 的电位降，这使测得的电位值比真实值小 0.1 V。以每 pH 单位相当于 60 mV 计，就会产生 1.6 pH 单位的误差。但是，当利用高输入阻抗的电子电位计时，测量通过的电流可小至 10^{-12} A 以下。这样对内阻为 100 MΩ 的电池所引起的电位降仅有 $10^{-12}\ A\times10^{8}\ \Omega=0.0001\ V$ 的电位降，只相当于产生 0.002 pH 单位的误差，此误差对 pH 测量的影响可以忽略不计。

为使用方便起见，pH 计内部安装电子线路，将电池输出的电动势直接转换成 pH 读数，目前使用的 pH 计均可直接显示 mV/pH 值，可选择显示两者数据。

pH 计直接以 pH 读数显示，每一个 pH 单位相当于 $2.303RT/F$（V），此值随测量电池中溶液温度的改变而改变，故 pH 计上装有温度调节器，调节它可使每一个 pH 单位的电动势改变值正好相当于测量温度时应有的变动值。pH 计上还装有读数标度定位调节器，用标准缓冲溶液校准时，调节它使仪器显示的 pH 读数正好与标准缓冲溶液的 pH 相等。定位调节器的作用是在电池电动势时附加一适当电压，使 pH 读数与测定溶液的 pH 一致。pH 计有多种型号，目前常用的有 pH-25 型、pHS-2 型、pHS-3 型、pHS-10 型、pHS-300 型等。这些 pH 计都装有毫伏（mV）/pH 换挡键，因此它们又可作为电位计直接进行电池电动势的测量。

玻璃电极对 H^+ 很敏感，达到平衡快；可做得很小，能用于 1 滴溶液的 pH 测定；可连续测定，记录流动溶液的 pH。因为它是由膜电位确定 H^+ 活度，电极时无电子交换，所以不受溶液中存在氧化还原剂的干扰，也可用于浑浊、黏稠、有色溶液的 pH 测定。玻璃电极和 pH 计在工农业生产、科学研究、医院卫生、遥控监测各方面都得到广泛应用。

12.3.2 其它离子浓度的测定

电位法除了测定氢离子的活度外，还可利用离子选择电极作为指示电极，广泛测定其它阴、阳离子的活度。虽然测量溶液 pH 的玻璃电极已有 100 多年的应用历史，但受电极膜理论不成熟与制造工艺的限制，直到 20 世纪 60 年代后期，其它离子选择电极从出现了迅速发展的势头，目前仍处于不断发展阶段，新电极、新技术不断涌现。至今已有五六十个主要品种的离子选择电极用于分析测定，其中包括对 Na^+、K^+、Li^+、NH_4^+、NO_3^- 及气体 CO_2、NH_3、SO_2 等许多重要组分，或用其它方法不易测定组分的分析测定。离子选择电极也应用于理论研究工作，是电化学的一个新兴的重要分支。

1. 离子选择电极的测量原理

离子选择电极是一种对溶液中特定离子（阴、阳离子）有选择性响应能力的电极。其电极电位与响应离子活度（或浓度）满足 Nernst 关系式，它们与一般电极体系不同，它的电极电位不是来源于交换电子的电极反应，而是来源于响应离子在电极膜上的离子交换和扩散作用。按 1975 年 IUPAC 建议的定义：离子选择电极是电化学的敏感体，它的电位与溶液特定离子的活度存在对数关系，这种装置不同于含氧化还原反应的体系。

应当指出，有些离子选择电极的膜电位不是通过简单的离子交换或扩散作用建立的，膜电位的建立还与离子的缔合、络合等作用有关；另有一些离子选择电极的作用原理，目前还不清楚。测量溶液 pH 的玻璃电极就是一种对氢离子有选择性响应的离子选择电极。因此，以上关于玻璃电极的基本构造、膜电位形成与特性、分析原理和测量方法，以及应用优越性等方面的讨论，原则上也适用于其它离子选择电极。

离子选择电极的结构构造包括电极膜、支持体(电极管)、内参比溶液和内参比电极四个部分，外接屏蔽导线，如图 12-8 所示。

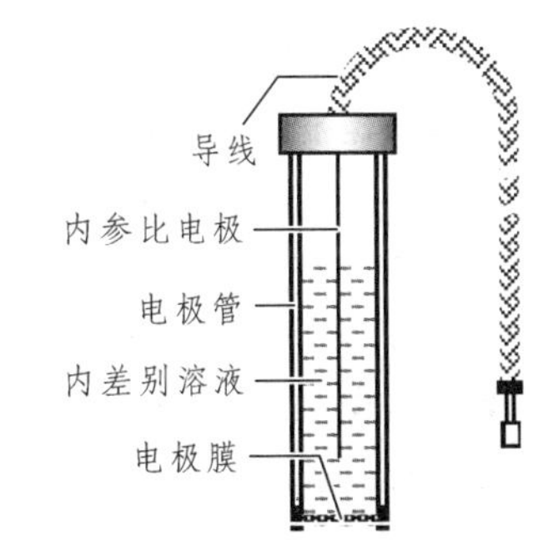

图 12-8　离子选择电极结构示意图

当把电极敏感膜浸入溶液时，膜内、外溶液中有选择性响应的离子，通过离子交换或扩散作用在膜内侧建立电位差，达到平衡后形成稳定的膜电位。因为电极内参比溶液中有关离子浓度恒定，内参比电极电位恒定。故离子选择电极电位就只与待测溶液中有关离子的活度（或浓度）有关，并满足 Nernst 关系式，即

$$\varphi = K \pm \frac{2.303RT}{F}\lg a_i = K' \pm \frac{2.303RT}{F}\lg c_i \tag{12-18}$$

$$K' = K \pm \frac{2.303RT}{F}\lg \frac{f_i}{\alpha_i} \tag{12-19}$$

式中，i 为某选择性离子；K、K' 分别为电极电位活度式和浓度式的电极常数；a 为活度；f 为活度系数；c 为分析浓度；α 为副反应系数；n 为响应离子电荷。响应离子为阳离子时取“+”号，为阴离子时取“-”号。

2. 离子选择电极的分类

根据 1975 年 IUPAC 推荐的离子选择电极的命名和分类，离子选择电极类型见表 12-1。

表 12-1　离子选择电极类型

原电池（Primary Electrode）	晶体电极（Crystalline Electrode）	均相膜电极（Homogeneous Membrane Electrode）
		非均相膜电极（Heterogeneous Membrane Electrode）
	非晶体电极（Non-Crystalline Electrode）	刚性基质电极（Rigid Matrix Electrode）
		流动载体电极（Electrode With a Mobile Carrier）
敏化离子选择电极（Sensitized Ion Selective Electrode）	气敏电极（Gas Sensing Electrode），酶电极（Enzyme Electrode）	

（1）晶体电极　电极膜由导电性难溶盐晶体组成，是目前应用较多的一种离子选择电极。根据膜的组成和制备方法的不同，可分为均相膜电极和非均相膜电极。

均相膜电极　包括单晶膜电极与多晶压片膜电极。单晶膜电极的敏感膜由难溶盐的单晶切片制成。例如，将 LaF_3 单晶（添加少量的 EuF_3 以增加导电性）封在一塑料管的下端，管内充以浓度各为 0.1 mol/L 的 NaF 和 NaCl 溶液作内参比溶液，插入 Ag-AgCl 电极作内参比电极，便构成 F^- 选择电极。此外，用 AgCl、Ag_2S 的单晶切片制成了测定 Cl^-、S^{2-}、Ag^+ 的单晶膜电极。

多晶压片膜电极的敏感膜是由一种多晶粉末添加 Ag_2S 粉末（增加导电性）混匀压片制成。例如，单独用 Ag_2S 的晶形沉淀，经粉碎、高压制成薄片作为敏感膜，用此膜制得的多晶压片膜电极可以测定 Ag^+ 和 S^{2-}。用卤化银添加 Ag_2S 的多晶压片膜制成了测定 Ag^+、Cl^-、Br^- 和 I^- 的多晶压片膜。

非均相膜电极　其电极敏感膜是将难溶盐多晶微粒均匀分散到一种憎水性材料（如硅橡胶、塑

料和石蜡等）中，经热压后制成。

（2）非晶体电极　电极的电极膜由非晶体材料组成，根据电活性物质性质的不同，可分为刚性基质电极和流动载体电极。

刚性基质电极　包括各种玻璃膜电极。此类电极对金属离子选择性响应的特性取决于玻璃膜的化学组成。改变吹制玻璃膜的玻璃组成配方，可以制得对出 H^+ 以外离子具有选择性响应的玻璃电极。例如，用化学组成为 11% Na_2O、18% Al_2O_3 和 71% SO_2 的玻璃吹制玻璃膜，制成 Na^+ 的玻璃电极。此外，还有 Li^+、K^+ 和 NH_4^+ 等玻璃膜离子选择电极。

流动载体电极　又称液膜电极。其电极敏感膜的特点，是将与响应离子有作用的一种载体（络合剂或缔合剂）溶于和水不混溶的有机溶剂中，组成一种离子交换剂。将该交换剂吸入（或吸附）到一种微孔物质（如纤维素、醋酸纤维素、聚氯乙烯等）膜中，以此类膜制成的敏感膜。活性载体可以在膜内流动，但不能离开电极膜，故称为流动载体电极，其结构如图 12-9 所示。根据活性载体的带电性质，又进一步分为带电荷的流动载体电极和中性流动载体电极。带电荷的流动载体电极的活性载体为带电荷的阴、阳离子。

在液膜中采用中性载体是液膜电极的一个重要进展。中性载体是一种电中性的有机大分子，在此类分子中具有中心空腔的紧密结合结构，只对具有适当电荷和离子半径（大小与空腔适合）的离子进行络合，络合物能溶于有机相，构成液膜，形成待测离子相迁移的通道。选择适当的载体可使电极具有很高的选择性。钾离子选择电极是由 K^+ 的中性载体缬氨酸酶素制成的，缬氨素酶是一个具有三十六元环的环状缩酯酞，分子中 6 个羧基与 K^+ 络合而成 1∶1 的络合物。将其溶于有机溶剂（如二苯醚、硝基苯）中，可制成对 K^+ 有选择性响应的液膜，能在 10^4 倍 Na^+ 存在下测定 K^+。常用的有机大分子化合物除缬氨霉素外，还有放线菌素和冠醚（巨环醚）等。例如，钠离子选择电极就是由冠醚化合物（四甲基苯基-24-冠醚-8）作为中性载体而制成的，常用的有机溶剂有硝基苯、氯苯、溴苯等。已制成的中性流动载体电极有 Li^+、Na^+、K^+、Ca^{2+}、Sr^{2+} 和 NH_4^+ 等离子选择电极。

将活性载体与增塑剂、聚氯乙烯（PVC）一起溶于四氢呋喃或环丙酮溶剂中，待溶剂挥发后即形成活性载体均匀分布在 PVC 支持体中的薄膜。将该薄膜制成电极，称为 PVC 膜电极。或在铂丝上涂一层含有活性载体的 PVC 薄膜，可制成 PVC 涂丝膜电极。这两种膜电极在药物分析中有着重要作用。

（3）气敏电极　是 20 世纪 60～70 年代发展起来的一种新型离子选择电极，具有对某些气体敏感的性能，是将离子选择电极与另一种特殊的膜组成的复合电极。常用的气敏电极包括对 NH_3、CO_2、SO_2、NO_2、H_2S 等气体敏化的电极。

气敏电极的结构与上述离子选择电极有所不同，是将离子选择电极与参比电极组装成一复合电极。该电极由透气膜、内电解液、指示电极及参比电极等部分组成，电极本身就是一个完整的电池装置，其结构如图 12-10 所示。待测气体通过透气膜进入内充溶液发生化学反应，产生指示电极响应的离子或使指示电极响应离子的浓度发生变化，通过电极电位变化反映待测气体的浓度。

（4）酶电极　是在离子选择电极表面覆盖一层酶活性物质，被测物与酶反应可生成一种能被指示电极响应的物质。图 12-11 是尿素酶电极的示意图。

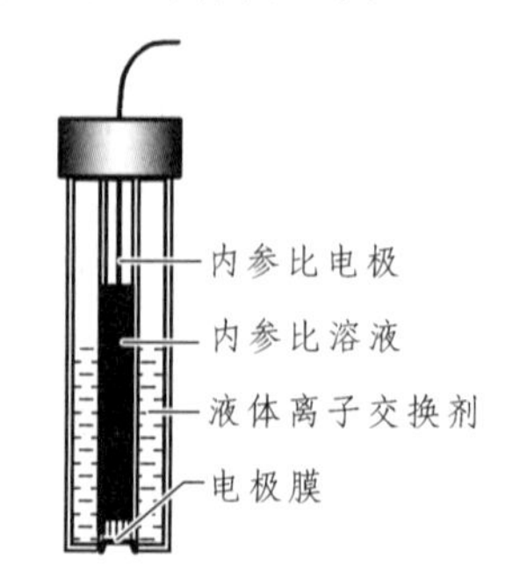

图 12-9　流动载体电极示意图

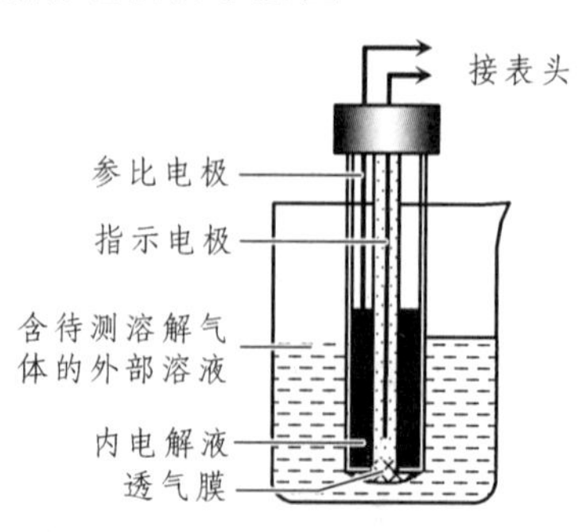

图 12-10　气敏电极示意图

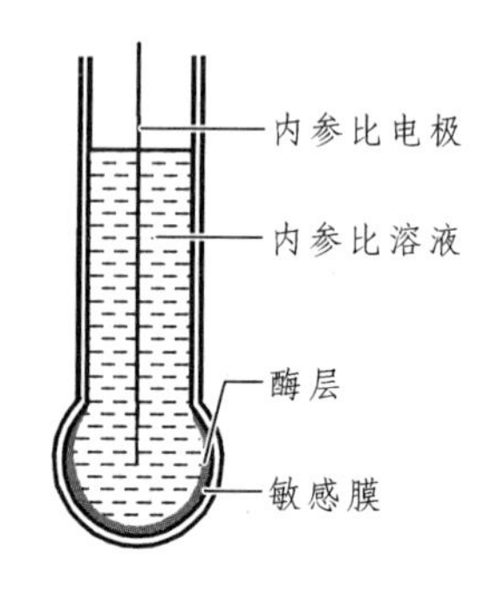

图 12-11　尿素酶电极示意图

研制酶电极的关键是寻找一种合适的酶反应，该反应有确定的产物，此产物可以用一种离子选择电极测量。例如，将尿素酶固定在凝胶内，涂布在 NH_4^+ 玻璃电极的敏感膜上，便构成了尿素酶电极。当把电极插入含有尿素的溶液中时，尿素经扩散作用进入酶层，受酶催化水解生成 NH_4^+，即

$$CO(NH_2)_2 + H^+ + 2H_2O \rightleftharpoons 2NH_4^+ + HCO_3^-$$

NH_4^+ 可以被 NH_4^+ 玻璃电极响应，引起电极电位的变化，电位值在一定浓度范围内与尿素的浓度符合 Nernst 关系式。

由于酶的种类繁多，酶反应的专一性强，膜电极的选择性高，故膜电极是一种极有发展前途的离子选择电极，特别在生物、生理、医药、卫生等学科上具有重要的应用前景。除了尿素酶电极外，还制成氨基酸氧化酶、葡萄糖氧化酶、β-偏喉腺酶等酶电极。

3. 离子选择电极的性能参数

（1）Nernst 响应线性范围

根据式（12-18），离子选择电极电位与响应离子活度（浓度）的对数有线性关系。实际上，一支离子选择电极的电位只在一定的浓度范围内才有这种严格的线性关系。具有这种线性关系的浓度范围称为 Nernst 响应线性范围。电极的线性范围通常为 $10^{-6} \sim 10^{-1}$ mol/L。使用时，待测离子浓度应在电极的 Nernst 响应范围内。在实际测量时，有些电极电位虽然与响应离子浓度有 Nernst 线性关系，但直线斜率与理论值并不一致，一般略低于理论值。

（2）选择性

理想的离子选择电极只对一种离子产生电极响应。但实际上，除待测离子外，电极敏感膜也可能对其它离子发生不同离子的响应。例如，pH 玻璃电极除响应 H^+ 外，对 Na^+ 也有某种程度的响应，这种响应就造成玻璃电极钠差的原因。

如果以 X 和 Y 代表选择响应离子和干扰响应离子，n_X 和 n_Y 代表其电荷，a_X 和 a_Y 代表其活度，考虑到 Y 离子的干扰响应作用，时（12-18）应改为

$$\varphi = K \pm \frac{2.303RT}{n_X F} \lg\left[a_X + \sum_Y \left(K_{X,Y} a^{n_X/n_Y}\right)\right] \quad (12\text{-}20)$$

式中，$K_{X,Y}$ 称为电位选择性系数，可理解为在相同条件下，同一电极对 X 和 Y 离子响应能力之比，也即提供相同电位响应的 X 和 Y 离子的活度比，表示为

$$K_{X,Y} = \frac{a_X}{\left(a_Y\right)^{n_X/n_Y}} \quad (12\text{-}21)$$

$K_{X,Y}$ 越小，电极对 X 离子响应的选择性越高，Y 离子的干扰作用越小。例如，一支玻璃电极的 $K_{H,Na} = 10^{-11}$，意味着该电极对 H^+ 的响应比 Na^+ 高 10^{11} 倍。电位选择性系数的数值与测求 $K_{X,Y}$ 时采用的干扰离子浓度和实际条件有关，其数据仅供选用电极的参考，不宜用作定量校正。通常买到的离子选择电极附有干扰离子的电位选择性系数的数据。

（3）稳定性

电极电位在同一溶液中随时间发生的变动称为漂移。漂移值用以代表电极的稳定性，通常以 8 h 或 24 h 变动的电压（单位：mV）表示。电极稳定性与膜物质在水中的溶解度有关，也与电极结构和绝缘性能的好坏有关。液膜电极一般比晶体膜电极的稳定性好。

（4）检测限

离子选择电极有效的检测下限与膜物质的性质有关。例如，晶体膜电极的检测限不可能低于难溶盐晶体溶解平衡给出的离子浓度。

（5）有效 pH 范围

离子选择电极有一定的有效 pH 使用范围。其值与电极膜对离子的响应机理有关，超出有效 pH 使用范围，将产生严重误差。

（6）响应速度

电极浸入测量溶液中达到稳定电极电位所需的时间称为响应速度，也称响应时间。响应速度一般为数秒到几分钟。溶液越稀响应时间越长。这一特性在测定响应离子浓度接近检测限的溶液时要特别注意。

此外，离子选择电极特性还包括电极内阻、不对称电位、温度系数和使用寿命等。

4. 测量方法

使用离子选择电极测定溶液中阴、阳离子浓度，与使用 pH 玻璃电极测定溶液 pH 的原理和方法是类似的。即以待测离子的选择电极为指示电极，与一合适的参比电极（通常为 SCE）和待测溶液组成原电池。通过对电池电动势的测量，然后换算得到待测组分的含量。电动势的测量可用兼有毫伏计功能的 pH 计，数字显示毫伏计或专用的离子计。

在一般的分析测试中，是利用式（12-18）的浓度式直接得到待测组分的分析浓度。为保持式（12-19）中的电极常数 K' 不变，则要求被测组分（响应离子）在试样溶液和标准溶液中应具有相同的活度系数 f_i 和副反应系数 α_i。为做到这一点，视试样性质不同可采用两种方法。若试样基质（待测组分以外的主要成分）组成基本固定并已知，用这种试样制成溶液，待测组分有相同的电极常数。遇此情况，可选用与样品基质相同的标准样，或配制人工合成基质来制备测量用的标准溶液；若试样基质组成复杂，变动性大，为维持测量溶液的电极常数不变，可向试样溶液和标准溶液中，同时加入一种含有需要的 pH 缓冲剂、辅助络合剂和高浓度惰性电解质的溶液，用以维持溶液具有相同的活度系数和副反应系数。该混合溶液称为“总离子强度调节缓冲剂”。例如，用 F^- 选择电极测定天然水的氟含量，可用 HAc-KAc-KCl-EDTA 或 HAc-KAc-KCl-柠檬酸钾溶液体系作为 TISAB。测量方法介绍如下。

（1）两次测量法

其原理与用玻璃电极测量溶液 pH 的原理相似。由饱和甘汞电极（SCE），离子选择电极和待测溶液组成电池，其电动势根据式（12-3）可表示为

$$E = \varphi_{\text{SCE}} - \varphi_{\text{离}} \tag{12-22}$$

将式（12-18）代入式（12-22），得

$$E = \varphi_{\text{SCE}} - \left(K' \pm \frac{2.303RT}{nF} \lg c_i \right) \tag{12-23}$$

将 φ_{SCE} 与 K' 合并，用一新常数 K 表示，式（12-23）变为

$$E = K \mp \frac{2.303RT}{nF} \lg c_i \tag{12-24}$$

若测量标准溶液 c_s 和待测溶液 c_x 的电动势分别为 E_s 和 E_x，将其代入式（12-24）相减，得

$$E_x - E_s = \mp \frac{2.303RT}{nF} \lg \frac{c_x}{c_s} \tag{12-25}$$

把 E_s 的数值代入式（12-25）（阳离子取负号，阴离子取正号），求得 c_x 值。此法是通过样品溶液与标准溶液进行对照测量完成的，又称为“标准对照测量法”。虽然操作步骤简单，但要求电极响应严格符合 Nernst 关系，且 $E_x - E_s$ 差值不能太小，否则产生较大误差。

（2）标准曲线法

标准曲线法是仪器分析常用方法之一。测量时，先配制3～5个浓度不同的标准溶液（基质应与样品相同），测量标准溶液的电动势。以标准溶液测得的E_s对$\lg c_s$作图，通常可得一条直线，称为标准曲线。再在相同条件下测量样品溶液的E_x值，将其投影到标准曲线上，便可求出标准溶液中待测离子的浓度c_x，如图12-12所示。

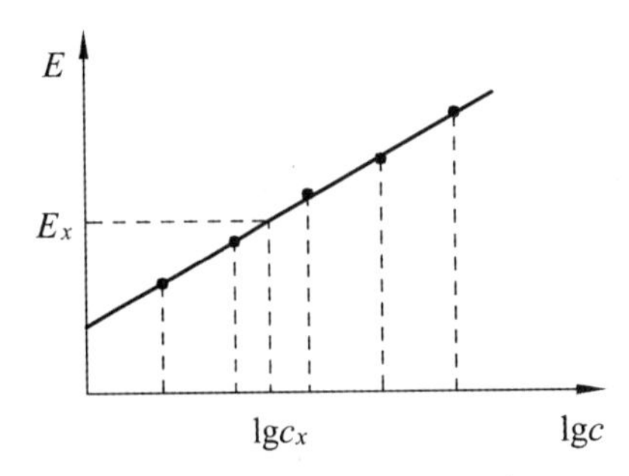

图12-12 标准曲线法示意图

标准曲线法的优点在于即使电极响应不符合Nernst关系式，也可得到满意的结果。

（3）标准加入法

在试样基质组成复杂，变动性大，或没有基质相同的标准样或人工合成基质以资利用时，宜采用标准加入法，测量原理如下。

设浓度为c_0，体积为V_0的样品溶液，测得电动势E_0，按式（12-24）表示为

$$E_0 = K \mp \frac{2.303RT}{nF}\lg c_0 \tag{12-26}$$

然后，向上述样品溶液中加入小体积V_s（比V_0小数十倍）、高浓度c_s（比c_0大数十倍）的标准溶液，混匀。此时溶液中待测离子浓度为

$$c_1 = \frac{c_0V_0 + c_sV_s}{V_0 + V_s} \tag{12-27}$$

因为加入小体积标准溶液后，溶液的基质几乎无变化，故电极常数不变，其电动势改变为

$$E_1 = K \mp \frac{2.303RT}{nF}\lg\frac{c_0V_0 + c_sV_s}{V_0 + V_s} \tag{12-28}$$

式（12-28）与式（12-26）相减，令

$$S = \mp\frac{2.303RT}{nF} \tag{12-29}$$

即得

$$\Delta E = E_1 - E_0 = S\lg\frac{c_0V_0 + c_sV_s}{c_0(V_0 + V_s)}$$

改为指数表达式

$$10^{\Delta E/S} = \frac{c_0V_0 + c_sV_s}{c_0(V_0 + V_s)} = \frac{V_0}{V_0 + V_s} + \frac{c_sV_s}{c_0(V_0 + V_s)} \tag{12-30}$$

移项，整理得

$$c_0 = \frac{c_sV_s}{(V_0 + V_s)10^{\Delta E/S} - V_0} \tag{12-31}$$

式中，c_0、V_s和V_0有确定的已知值；S值由式（12-29）给出。

把根据E_1和E_0测量值得到的ΔE值代入（12-31），便可求得样品溶液的待测浓度c_0。

标准加入法的优点在于不需要配制标准系列溶液和绘制标准曲线；不必配制与添加总离子强度调节缓冲剂；操作简单、快速。适用于基质组成复杂、变动性大的一类样品的测定。

5. 测量的准确度

在应用离子选择电极的电位法测量中，由于离子选择电极电位的不稳定性、选用参比电极电位

和电池液接电位的不确定性，以及电极响应速度和温度的波动性等诸多因素的影响，使得对电动势（或电位）的测量最好只能准确到±1 mV。利用对式（12-24）求微分，可以得到分析结果的相对误差与电动势测量误差的关系式

$$\frac{\Delta c}{c}=\frac{nF}{RT}\Delta E\approx 39n\Delta E \tag{12-32}$$

式中，电动势的计量单位为 V（伏）。

式（12-32）表明，对 1 价离子，±1 mV 的测量误差，将产生±4%的相对误差；对 2、3 价离子，产生的相对误差分别是±8%、±12%。故直接电位法的测量误差比较大。该式还表明，分析结果的相对误差与待测响应离子浓度的高低无关，仅取决于电动势测量误差 ΔE 的大小，即稀溶液和浓溶液具有相同的测量精密度。因此，直接电位法用于低浓度组分溶液（10^{-6}～10^{-5} mol/L）的分析比较合适，因为这类测定对分析结果的准确度要求较低。

12.4 电位滴定法

12.4.1 仪器装置和方法原理

在用标准溶液滴定待测溶液的滴定过程中，借助监测待测物（或滴定剂）指示电极的电位变化确定滴定终点的滴定分析法，称为电位滴定法。电位滴定法是用电化学方法指示终点的一种滴定分析法。大家熟知，任何滴定分析法，在化学计量点附近，待测物与滴定剂的浓度都发生急剧的变化，在滴定曲线上产生滴定突跃。在滴定突跃范围内，又以化学计量点的浓度变化率最大。如果用一合适的指示电极监测、记录滴定过程中反应电对的电极电位数据，根据 Nernst 关系式可知在滴定的化学计量点附近，指示电极的电位也将发生急剧的变化，在化学计量点处，其变化率也最大，故电极电位变化率最大点即滴定终点。电位滴定的装置如图 12-13 所示。

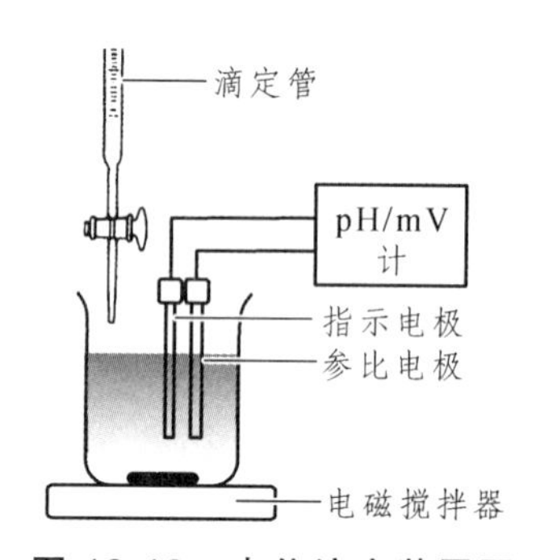

图 12-13 电位滴定装置图

电位滴定法与指示剂滴定法相比，具有客观可靠，准确度高，易于自动化，不受溶液颜色、浑浊的限制等诸多优点，是一种重要的滴定分析方法。在制订新的指示剂滴定分析方法时，常借助电位滴定法确定指示剂的变色终点或检查新方法的可靠性。尤其对于那些没有指示剂可以利用的滴定反应，电位滴定法更为有利。原则上讲，只要能够为滴定剂或待测物质找到合适的指示电极，电位滴定可用于任何类型滴定反应。随着离子选择电极的迅速发展，可选用的指示剂电极越来越多，电位滴定法的应用范围也越来越广。

12.4.2 确定电位滴定终点的方法

进行电位滴定时，边滴定边记录加入滴定剂的体积和电位计的电位读数。在滴定重点附近，因电位变化率增大，应减小滴定剂的加入量。最好每加入一滴记录一次数据。并保持每次加入滴定剂的体积相等，这样可使数据处理较为方便、准确。表 12-2 为一典型的电位滴定数据的记录和处理表。

表 12-2 电位滴定典型数据表*

滴定剂体积 V/mL	电位计读数 E/mV	ΔE/mV	ΔV/mL	$\Delta E/\Delta V$ /(mV/mL)	平均体积 V/mL	$\Delta(\Delta E/\Delta V)$ /(mV/mL)	$\Delta^2 E/\Delta V^2$ /(mV^2/mL^2)
0.00	114						
0.10	114	0	0.10	0.0	0.05		
5.00	130	16	4.90	3.3	2.55		
8.00	145	15	3.00	5.0	6.50		
10.00	168	23	2.00	11.5	9.00		
11.00	202	34	1.00	34	10.50		
11.20	218	16	0.20	80	11.10		
11.25	225	7	0.05	140	11.225		
11.30	238	13	0.05	260	11.275	120	2400
11.35	265	27	0.05	540	11.325	280	5600
11.40	291	26	0.05	520	11.375	-20	-400
11.45	306	15	0.05	300	11.425	-220	-4400
11.50	316	10	0.05	200	11.475		
12.00	352	36	0.05	72	11.75		
13.00	377	25	1.00	25	11.50		
14.00	389	12	1.00	12	13.50		

注*：ΔE 值为同行中 E 值与其同列上方 E 值之差；ΔV 值为同行中 V 值与其同列上方 V 值之差；$\Delta(\Delta E/\Delta V)$ 值为同行中 $\Delta E/\Delta V$ 值与其同列上方 $\Delta E/\Delta V$ 值之差。

下面介绍三种数据处理和滴定终点的方法。

（1）E-V 曲线法

以表 12-2 中滴定剂体积 V 为横坐标，以电位计读数 E（电位或电动势）为纵坐标作图，得到一条 S 形曲线，如图 12-14（a）所示。曲线的转折点（拐点）即滴定终点。要求滴定化学计量点处的电位突跃明显。

（2）$\Delta E/\Delta V$-$\bar{V}$ 曲线法

用表 12-2 中 $\Delta E/\Delta V$ 对平均体积 $\bar{V}$（计算 ΔE 值时，前、后两体积的平均值）作图，得一峰状曲线，如图 12-14（b）所示。峰状曲线的最高点即滴定终点。根据函数微分性质可知，该点的横坐标恰好与 E-V 曲线的拐点坐标重合，如图中垂直虚线所示。从表 12-2 中的数据可以看到，在化学计量点附近，$\Delta E/\Delta V$ 比 E 的变化率大得多，用 $\Delta E/\Delta V$-$\bar{V}$ 曲线法确定终点也比较准确。选用的 ΔV 足够小，则有 $\Delta E/\Delta V \to \mathrm{d}E/\mathrm{d}V$，故 $\Delta E/\Delta V$-$\bar{V}$ 曲线也称一阶导数曲线，该法称为一阶导数法。

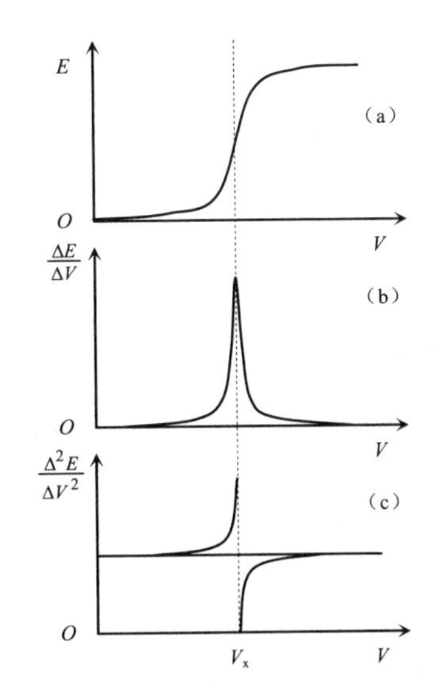

图 12-14 滴定数据处理曲线

（3）$\Delta^2 E/\Delta V^2$-V 曲线法

用表 12-2 中的 $\Delta^2 E/\Delta V^2$ 对 V 作图，得到一条具有两个极值的曲线，如图 12-14（c）所示。该曲线可看成是 E-V 曲线的近似二阶导数曲线，所以该法又称为二阶导数法。按函数微分的性质，E-V 曲线拐点的二阶导数为 0，所以 $\Delta^2 E/\Delta V^2$-V 曲线与纵坐标零线的的交点即滴定终点。由于滴定终点附近的曲线段可近似看成直线，因此二阶导数法的终点也可利用表 12-2 中的数据，不用作图法而用数学内插法予以确定。例如，从表中查得加入 11.30 mL 滴定剂时，$\Delta^2 E/\Delta V^2 = 5600$；加入 11.35 mL 滴定剂时，$\Delta^2 E/\Delta V^2 = -400$。设滴定终点（即 $\Delta^2 E/\Delta V^2 = 0$）时加入滴定剂的体积为 V_x mL，则有

$$\frac{11.35-11.30}{V_x-11.30}=\frac{-400-5600}{0-5600}$$

解得

$$V_x = 11.35\ (\text{mL})$$

利用上述作图法确定滴定终点，主要根据是化学计量点附近的测量数据。除非研究滴定的全过程，只需准确测量和记录化学计量点附近 1～2 mL 的测量数据便可求得滴定终点。

12.4.3 应用与示例

电位滴定法可应用于酸碱、沉淀、络合和氧化还原滴定，关键在于选择合适的指示电极。

1. 酸碱滴定

酸碱电位滴定常用的电极为玻璃电极与饱和甘汞电极，用 pH 计测量滴定溶液的 pH，以 pH 对 V 作图，得到酸碱滴定曲线。

用电位滴定法得到的滴定曲线，比按理论计算得到的滴定曲线更切实际。对于容量滴定中能滴定的酸碱，它都能滴定，且对于一些突跃范围小，无合适指示剂、溶液浑浊、有色酸碱，它都能滴定。此外它还可测弱酸弱碱的解离平衡常数。

在非水溶液的酸碱滴定中，如果没有适当的指示剂可用，或虽有合适指示剂但往往变色不明显，就可用电位法确定终点。还可与指示剂滴定法进行对照，以确定终点时指示剂的颜色变化。因此在非水滴定中电位滴定法是最基本的方法。滴定时常用的电极系统仍可用玻璃电极-甘汞电极。在滴定中，为了避免由甘汞电极漏出的水溶液干扰非水滴定，可采用饱和氯化钾无水甲醇溶液代替电极中的饱和氯化钾水溶液。

在介电常数较大的溶剂中，电动势较稳定，但突跃不明显；在介电常数较小的溶剂中，突跃明显，但电位不稳定。因此，常在介电常数大的溶剂中加一定比例介电常数较小的溶剂，这样既易于得到稳定的电动势，又能获得较大的电位突跃。

2. 沉淀滴定

沉淀电位滴定常用银盐或汞盐溶液作滴定剂。用银盐标准溶液滴定时，指示电极用银电极（银丝），用汞盐标准溶液滴定时，指示电极用汞电极（汞池，或铂丝上镀汞，或把金电极浸入汞中做成金汞齐）。在银量法即汞量法滴定中，Cl^- 都有干扰，因此不宜直接插入饱和甘汞电极，通常是用 KNO_3 盐桥把滴定溶液与饱和甘汞电极隔开，由于滴定过程中溶液 pH 不变，也可用玻璃电极作为参比电极进行滴定。

测定电位滴定法可用来测定等离子的浓度。还可用来测定巴比妥类药物。例如，苯巴比妥在适当的碱性溶液中，与硝酸银定量反应生成银盐，可用银量法测定其含量。但由于指示剂终点不明显，误差较大。如以饱和甘汞电极为参比电极，银电极为指示电极，用电位值的改变来指示终点，能提高测定结果的准确度。

3. 络合滴定

根据络合滴定反应的类型不同，可选用与被测离子相应的离子选择电极做指示电极。但在金属离子的 EDTA 络合滴定中，由于许多金属电极不能满足电位滴定法对可逆电极的要求，而不宜用作

指示电极。在实际工作中，主要采用一种 pM 汞电极作为多种金属离子 EDTA 络合电位滴定的共同指示电极。pM 汞电极的结构如图 12-15 所示。

测量时，将汞电极插入待测溶液，预先向溶液中滴加 3～5 滴 0.05 mol/L 的 Hg(Ⅱ)-EDTA 的络合平衡溶液，汞电极的电位将随滴定过程中 $[M^{n+}]/[MY^{(4-n)-}]$ 的变化而变化，故可作为 EDTA 滴定金属离子电位滴定法的指示电极。在滴定化学计量点附近，滴定产物的浓度 $[MY^{(4-n)-}]$ 基本不变，即电极电位随 pM 的变化而变化，所以把此类电极产物 pM 汞电极。凡与 EDTA 作用生成络合物不如 HgY^{2-} 稳定的金属离子，都可以考虑用 pM 汞电极进行络合电位滴定。pM 汞电极适用的 pH 范围为 2～11。当 pH<2 时，HgY^{2-} 不稳定；当 pH>11 时，HgY^{2-} 则会水解生成 HgO 沉淀。

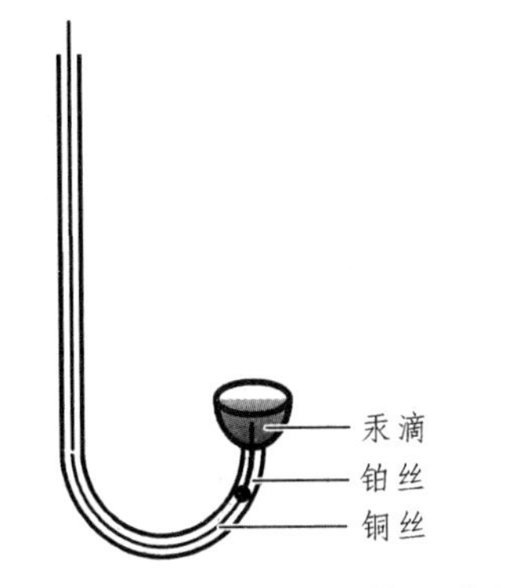

图 12-15　pM 汞电极结构示意图

4. 氧化还原滴定

氧化还原电位滴定一般用铂电极做指示电极。为了响应灵敏，电极表面必须洁净光亮。如果有玷污，可用 HNO_3（或加入少量 $FeCl_3$）浸洗，必要时用氧化焰灼烧。多数类型的氧化还原滴定，都可以用电位滴定法完成。氧化还原滴定突跃范围的大小，与两个反应电对的电位差有关。差值越大，突跃范围越大，滴定准确度越好。

电位滴定法是一种重要的药物分析方法，《中华人民共和国药典》（2010 年版）规定 100 多种药物的含量测定采用电位滴定法指示终点。

12.5　永停滴定法

永停滴定法又称双电流或双安培滴定法。测量时，把两个相同的指示电极（通常为铂电极）插入待滴定的溶液中组成电解池，在两个电极间外加一小电压（约为几十毫伏），然后进行滴定。滴定过程中，根据记录电流变化对滴定剂体积的 i-V 关系曲线，或观察电流变化的突跃点来确定滴定的终点。该法不属于电位分析法，而属于电流滴定法中的一种分析方法。永停滴定法具有装置简单，分析结果准确和操作简便的优点。

12.5.1　基本原理

若溶液中同时存在某电对的氧化型和它的还原型物质，如含有 I_2 及 I^- 的溶液，插入一支铂电极，按照 Nernst 关系式（25 ℃）

$$\varphi = \varphi^{\ominus\prime} + \frac{0.0592}{2}\lg\frac{c(I_2)}{c(I^-)^2}$$

若同时插入两个相同的铂电极，因两个电极电位相等，不会发生任何电极反应，没有电流通过电池。若在两个电极间外加一个小电压，则接正极的铂电极将发生氧化反应，即

正极氧化反应：$2I^- \rightleftharpoons I_2 + 2e^-$

负极还原反应：$I_2 + 2e^- \rightleftharpoons 2I^-$

但只有两个电极同时发生反应，它们之间才会有电流通过，像 I_2/I^- 这样的电对称为可逆电对。当被测物属于可逆电对，电对到半滴定点（滴定完成一半时，即被滴定物电对氧化型和还原型的浓度为等化学计量时，通过的电流最大；当氧化型和还原型的浓度不等计量时，电流由浓度小的氧化型（或

还原型）物质的浓度所决定。

若某电对氧化型和还原型的溶液，在上述条件下不发生电解作用，没有电流通过，这种物质电对称为不可逆电对，如 $S_4O_6^{2-}/S_2O_3^{2-}$ 电对即属于不可逆电对。即属于不可逆电对。对于不可逆电对，只有外加电压很大时才会产生电解作用，这是发生了其它类型的电极反应。

永停滴定法便是利用待测物和滴定剂电对的可逆性对电流作用的特殊性来确定滴定终点的到达。永停滴定法的 *i-V* 关系曲线可能有以下三种不同情况。

1. 滴定剂属可逆电对，被测物属不可逆电对

用碘滴定硫代硫酸钠就属于这种情况。在滴定终点前，溶液中只有 $S_4O_6^{2-}/S_2O_3^{2-}$ 电对，因为它们是不可逆电对，虽然有外加电压，电极上也不发生电解反应。另外，溶液虽然有滴定反应产物 I^- 存在，但 I_2 浓度一直很低，不会发生明显的电解反应，所以电流计指针一直停留在接近零电流的位置上不动。一旦达到滴定终点（化学计量点）并有稍过量的 I_2 加入后，溶液中建立了明显的 I_2/I^- 可逆电对，电解反应得以进行，产生的电解电流使电流计指针偏转并不再返回零电流的位置。随着过量 I_2 的加入，电流计指针偏转角度增大。滴定时的电流变化曲线如图 12-16（a）所示，V_e（mL）为化学计量点滴定剂体积，曲线的转折点即滴定终点。

2. 滴定剂为不可逆电对，被测物为可逆电对

用硫代硫酸钠滴定稀碘（I_2）溶液即属于这种情况。从滴定开始到化学计量点前，溶液存在 I_2/I^- 可逆电对，有电解电流通过电池。电流的大小取决于溶液中滴定产物的浓度 $c(I^-)$，$c(I^-)$ 由小变大，电解电流也由小变大，在半滴定点电流值最大。越过半滴定点，电流的大小改为取决于溶液中剩余 I_2 的浓度，$c(I_2)$ 逐渐变小，电解电流逐渐变小，直至化学计量点，$c(I_2)$ 趋于 0，电流值也趋于 0。化学计量点后，溶液中虽然有不可逆的 $S_4O_6^{2-}/S_2O_3^{2-}$ 滴定剂电对，但无明显的电解反应。因此，越过化学计量点后，电流将停留在零电流附近并保持不动。滴定时的电流变化曲线如图 12-16（b）所示。此类滴定法是根据滴定过程中，电流下降至零，并停留在原地不动的现象确定滴定终点，历史上以此得到永停滴定法的名称，并沿用至今。

3. 滴定剂与被测物均为可逆电对

铈离子滴定亚铁离子属于这种情况。在化学计量点前，电流来自溶液中 Fe^{3+}/Fe^{2+} 可逆电对的电解反应，电流的变化机理和 *i-V* 关系曲线与图 12-16（b）中化学计量点前的情况相同，滴定终点时电流降至最低点。终点过后，随着 Ce^{4+} 的加入，Ce^{4+} 过量，溶液中建立了 Ce^{4+}/Ce^{3+} 可逆电对，有电流通过电解池，电流开始上升，随着过量 Ce^{4+} 的加入，电流计指针偏转角度增大。其 *i-V* 关系曲线如图 12-16（c）所示。

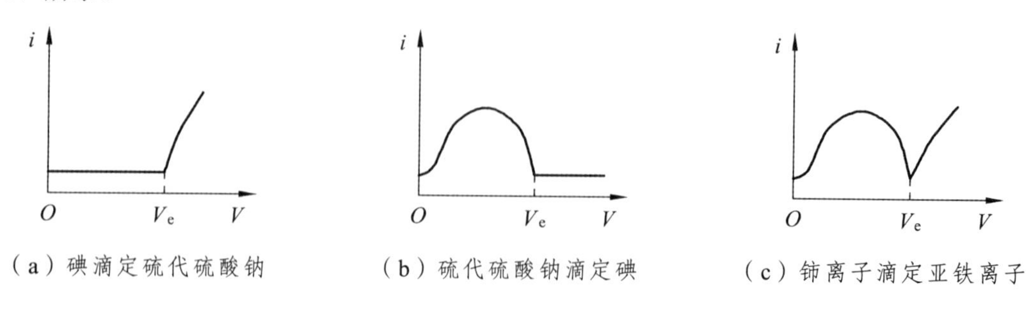

（a）碘滴定硫代硫酸钠　（b）硫代硫酸钠滴定碘　（c）铈离子滴定亚铁离子

图 12-16　永停滴定法的滴定曲线

12.5.2　仪器与实验方法

永停滴定法的仪器装置如图 12-17 所示。图中 B 为 1.5 V 干电池，R 为 5000 Ω 左右的电阻，R′ 为

500 Ω 的绕线电位器，G 为电流计（灵敏度为 $10^{-7}\sim10^{-9}$ A/分度），S 为电流计的分流电阻，作为调节电流计灵敏度之用，E 和 E′ 为两个铂电极。滴定过程中用电磁搅拌器搅动溶液。调节 R′ 到适当的外加电压，一般为数毫伏至数十毫伏即可。根据电流计本身的灵敏度及有关电对的可逆性，用 S 调节 G，以得到适宜的灵敏度。通常只需在滴定时仔细观察电流计指针变化，指针位置突变点即滴定终点。必要时可每加一次标准溶液，测量一次电流。以电流为纵坐标，以滴定剂体积为横坐标绘制 *i-V* 滴定曲线，从中找出终点。

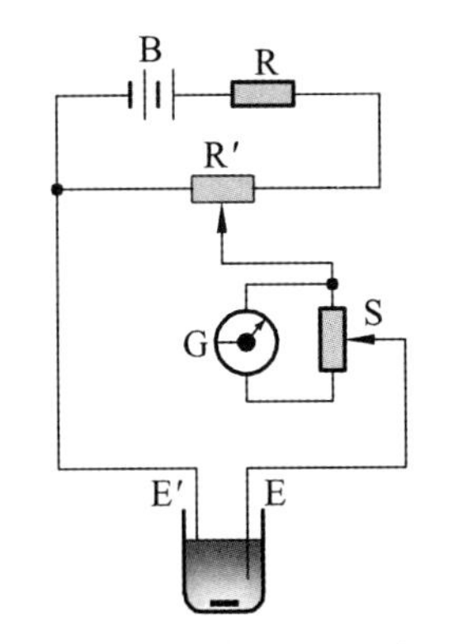

图 12-17　永停滴定法装置图

12.5.3　应用与示例

在药物分析中常用于重氮滴定及卡尔·费歇尔法测定水分的滴定中终点的确定。

1. $NaNO_2$ 滴定法

采用 $NaNO_2$ 滴定法测定芳伯胺类药物的含量时，用永停滴定法指示终点，比使用内、外指示剂准确方便。用 $NaNO_2$ 标准溶液滴定某芳伯胺类药物，滴定反应为

$$R-C_6H_4-NH_2 + NaNO_2 + 2HCl \rightleftharpoons [R-C_6H_4-\overset{+}{N}\equiv N]Cl^- + 2H_2O + NaCl$$

终点前溶液中不存在可逆电对，故电流指针停留在 0 位（或接近于 0 位）不动。当达到终点并稍有过量的 $NaNO_2$，则溶液中便有 HNO_2 及其分解产物 NO 组成一个可逆电对，两个电极上发生的可逆电极反应如下：

$$(\text{阳极})\ NO + H_2O \rightleftharpoons HNO_2 + H^+ + e^-\ (\text{阴极})$$

电路中有电流产生，电流计指针显示偏转并不再回至 0 位，指示终点到达。

2. 卡尔·费歇尔法测定微量水分

采用卡尔·费歇尔（Karl Fischer）滴定法测定微量水分的原理是利用水与碘和二氧化硫在吡啶和甲醇溶液中发生定量反应，适用于在费歇尔试液发生化学反应的药物及制剂的水分测定。用永停滴定法指示终点，比用碘作为自身指示剂准确方便。样品中的水与卡尔·费歇尔滴定剂起如下反应：

$$3\,C_5H_5N + CH_3OH + I_2 + SO_2 + H_2O \longrightarrow 2\,C_5H_5N^{+}(H)I^{-} + C_5H_5N^{+}(H)SO_4CH_3^{-}$$

终点前溶液中不存在可逆电对，故电流计停止在 0 位（或接近于 0 位）不动。达到终点并稍有过量的 I_2 存在时，则溶液中便有 I_2/I^- 可逆电对存在，两个电极发生如下可逆电极反应：

$$(\text{阳极})\ 2I^- \rightleftharpoons I_2 + 2e^-\ (\text{阴极})$$

电路中开始有电流通过，电流计这种显示偏转并不再回至 0 位。

例如，抗生素类药物阿莫西林水分的测定方法，精密称取样品质量 200～500 mg（m），置于干燥滴定管中，加无水甲醇 2 mL，不断振摇将水分提出，并用费歇尔试剂滴定至终点（V_1），另取无水甲醇 2 mL 作空白实验（V_0），水分含量计算公式为

$$\omega/\% = \frac{T\times(V_1 - V_0)}{m}\times 100\%$$

式中，T 为每 1 mL 费歇尔试液相当于 H_2O 的质量（mg）。

若 m=219.6 mg，V_1=2.83 mL，V_0=1.72 mL，T=3.38 mg/mL，求得 ω/%=1.71%。

名词中英文对照

电位分析法	potentiometry	参比电极	reference electrode
直接电位分析法	direct potentiometry	饱和甘汞电极	saturated calomel electrode
电位滴定法	potentiometric titration	银-氯化银电极	Silver-silver chloride electrode
化学电池	chemical cell	不对称电位	asymmetry potential
原电池	galvanic cell	复合 pH 电极	combination pH electrode
电解池	electrolytic cell	永停滴定法	dead-stop titration
电池电动势	electromotive force	双安培滴定法	double amperometric titration
指示电极	indicator electrode		

习　题

一、思考题

1. 单独一个电极的电位能否直接测定？怎样才能测定？

2. 什么是指示电极和参比电极？它们在电位法中的作用是什么？

3. 简述玻璃电极的作用原理。

4. 举例说明 pH 玻璃电极可作为参比电极使用的条件。

5. 一台 pH 计的刻度可以读准到 0.003 pH 单位，能否说明用此台 pH 计测定溶液 pH 也能够准确到 0.003 pH 单位？为什么？

6. 离子选择电极有哪些类型？简述它们的作用原理及应用情况。

7. 列表说明各种电位滴定中所选用的指示电极和参比电极。

8. 什么是可逆电对和不可逆电对？比较电位滴定法与永停滴定法的异同。

二、计算题

1. 计算下列电池 25 ℃时的电动势，并判断银极的极性。

$$Cu\,|\,Cu^{2+}(1.00\times10^{-2}mol\cdot L^{-1})||Cl^{-}(1.00\times10^{-2}mol\cdot L^{-1})|AgCl(s)|Ag$$

2. 计算下列原电池的电动势： $Hg\,|\,HgY^{2-}(4.50\times10^{-3}mol\cdot L^{-1})$， $Y^{4-}(x mol\cdot L^{-1})||SCE$ 。

3. 用下面电池测量溶液 pH。在 25 ℃时测得 pH 为 4.00 缓冲溶液的电动势为 0.209V，该有未知溶液代替缓冲溶液测得电动势分别为 0.312V 和 0.088V，计算未知溶液 pH。

$$玻璃电极\,|\,H^{+}(x mol\cdot L^{-1})\|\,SCE$$

4. 一个 ClO_4^- 离子选择电极插入 50.00 mL 某高氯酸盐待测溶液，与饱和甘汞电极（为负极）组成电池。25 ℃时测得电动势为 358.7 mV，加入 1.00 mL $NaClO_4$ 标准溶液（$5.00\times10^{-2}mol\cdot L^{-1}$）后，电动势变成 346.1 mV。求待测溶液中 ClO_4^- 的浓度。

5. 用下列电池按直接电位法测定草酸根离子浓度（AgC_2O_4 的 $K_{sp}=2.95\times10^{-11}$）。

$$Ag|AgCl(s)|KCl(饱和)||C_2O_4^{2-}(未知浓度)|Ag_2C_2O_4^{2-}(s)|Ag$$

（1）导出 $pC_2O_4^{2-}$ 与电池电动势之间的关系。（2）若将一未知浓度的草酸钠溶液置于该电池，在

25 ℃测得电池电动势为 0.402 V，Ag-AgCl 电极为负极，计算未知溶液的 $pC_2O_4^{2-}$。

6. 表 12-3 中是用 0.1250 mol·L^{-1} NaOH 标准溶液滴定 50 mL 某一元弱酸的部分数据。(1) 绘制滴定曲线；(2) 绘制 $\Delta pH/\Delta V$-V 曲线；(3) 绘制 $\Delta^2 pH/\Delta V^2$-V 曲线；(4) 计算样品溶液的浓度；(5) 计算弱酸的 K_a。

表 12-3　用 0.1250 mol·L^{-1} NaOH 滴定一元弱酸的实验数据

V/mL	0.00	4.00	8.00	20.00	36.00	39.20	39.92	40.00	40.08	40.80	41.00
pH	2.40	2.86	3.21	3.81	4.76	5.50	6.51	8.25	10.00	11.00	11.24

7. 用非水酸碱电位滴定法滴定甘氨酸的含量，取该品 70.4 mg，加无水甲酸 1.50 mL 使其溶解，加冰醋酸 50 mL。以玻璃电极为指示电极，饱和甘汞电极为参比电极，用 $HClO_4$-HAc 标准溶液（0.1042 mol·L^{-1}）滴定，用二阶导数内插法确定终点体积为 9.02 mL。同时做空白实验，消耗高氯酸标准溶液体积为 0.12 mL。计算试样中甘氨酸的质量分数（甘氨酸 M=75.07 g·mol^{-1}）。

8. 称取盐酸左旋咪唑 0.2045g，加乙醇 30 mL 溶解，采用电位滴定法，用 NaOH 溶液（0.1 mol·L^{-1}）滴定，消耗滴定液 8.42 mL，空白实验消耗滴定液 0.04 mL。试计算盐酸左旋咪唑的质量分数（盐酸左旋咪唑 M=240.8 g·mol^{-1}）。

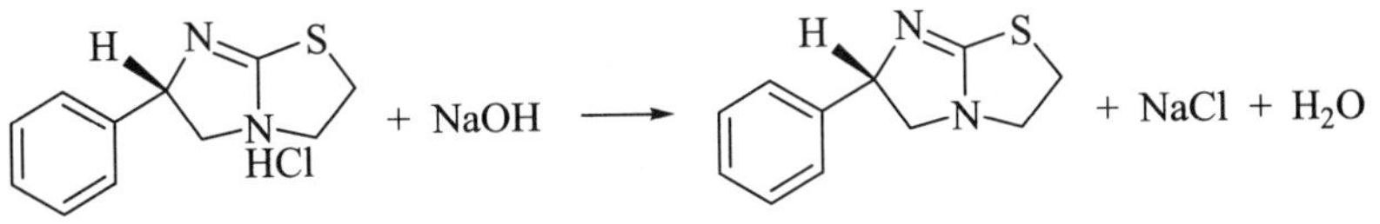

9. 磺胺嘧啶（M=250.28 g·mol^{-1}）为磺胺抗菌类药，分子中含有—NH_2 基团，在酸性介质中用 $NaNO_2$ 标准溶液进行滴定，用永停滴定法指示终点。精密称取磺胺嘧啶 0.5065 g，置于 250 mL 烧杯中，加水 40 mL 与（1+1）盐酸 15 mL，搅拌使其溶解，再加溴化钾 2 g，插入铂电极，外加～50 mV 电压，用 0.1004 mol·L^{-1} $NaNO_2$ 标准溶液进行滴定，当滴定至电流计指针突然偏转不再回复时，滴定剂消耗的体积为 20.05 mL。试计算磺胺嘧啶的质量分数。

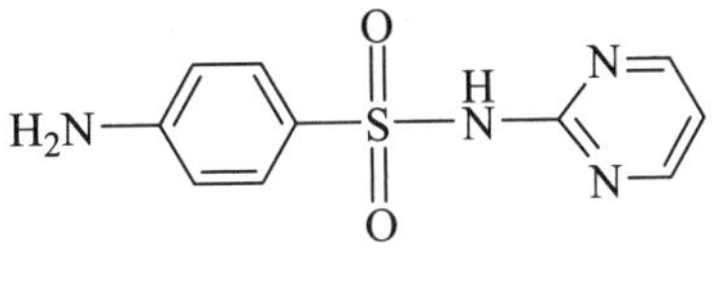

参考文献

[1] 胡育筑，季一兵，孙国祥，等. 分析化学（下册）[M]. 4 版. 北京：科学出版社，2015.

[2] 孙毓庆，胡育筑. 分析化学习题集[M]. 2 版. 北京：科学出版社，2009.

[3] 南京大学《无机及分析化学》编写组. 无机及分析化学[M]. 5 版. 北京：高等教育出版社，2015.

[4] 陈玉英. 药学实用仪器分析[M]. 北京：高等教育出版社，2006.

[5] 常建华，董绮功. 波谱原理及解析[M]. 2 版. 北京：科学出版社，2005.

[6] 邓芹英，刘岚，邓慧敏. 波谱分析教程[M]. 北京：科学出版社，2003.

[7] [英]安德森 R J，本戴尔 D J，古兰德沃特 P W. 有机波谱分析（*Organic Spectroscopic Analysis*）[M]. 唐川江，译. 北京：中国纺织出版社，2007.

[8] 方慧群，余晓冬，史坚. 仪器分析学习指导[M]. 北京：科学出版社，2004.

[9] 张华. 现代有机波谱分析学习指导与综合练习[M]. 北京：化学工业出版社，2007.

[10] 李省云. 药物分析——荷移光谱法[M]. 北京：化学工业出版社，2008.

[11] 乔梁，徐光忠. NMR 核磁共振[M]. 北京：化学工业出版社，2009.

[12] 王乃兴. 核磁共振谱学——在有机化学中的应用[M]. 北京：化学工业出版社，2010.

[13] 张杰，马宁. 诺贝尔奖中的有机化合物概论[M]. 天津：天津大学出版社，2007.

[14] 卢佩章，戴朝政，张祥民. 色谱理论基础，分析化学丛书第三卷[M]. 北京：科学出版社，1997.

[15] 陈立仁. 液相色谱手性分离[M]. 北京：科学出版社，2006.

[16] 付若农. 色谱分析概论[M]. 2 版. 北京：化学工业出版社，2005.

[17] 刘国诠，余兆楼. 色谱柱技术[M]. 2 版. 北京：化学工业出版社，2006.

[18] 刘虎卫. 气相色谱方法及应用[M]. 2 版. 北京：化学工业出版社，2012.

[19] 余世林. 高效液相色谱方法及应用[M]. 2 版. 北京：化学工业出版社，2009.

[20] 吴烈均. 气相色谱检测方法[M]. 2 版. 北京：化学工业出版社，2006.

[21] 云自厚，欧阳津，张晓彤. 液相色谱检测方法[M]. 2 版. 北京：化学工业出版社，2006.

[22] 汪正范. 色谱定性与定量[M]. 2 版. 北京：化学工业出版社，2007.

[23] 袁黎明. 制备色谱及应用[M]. 2 版. 北京：化学工业出版社，2006.

[24] 欧俊杰，邹汉法. 液相色谱分离材料——制备与应用[M]. 北京：化学工业出版社，2016.

[25] 清华大学. 仪器分析精品课程网络教材，2008.

[26] https：//webbook.nist.gov/chemistry/.（化学数据库）

[27] https：//sdbs.db.aist.go.jp/sdbs/cgi-bin/cre_index.cgi?lang=eng.（光谱数据库）

附　录

附录 A　主要基团的红外特征吸收

基　团		振动类型（说明）	波数 $\tilde{\nu}$ /cm^{-1}	强度
1.0 烷烃类		CH 伸（反称、对称）	3000～2850	中、强
		CH 弯（面内）	1490～1350	中、强
		C—C 伸（不特征）	1250～1140	中、弱
1.1 甲基	$—CH_3$	CH 伸（反称，分裂为 3 个峰）	2962±10	强
		CH 伸（对称）	2872±10	强
		CH 弯（反称，面内）	1450±20	中
		CH 弯（对称，面内）	1380～1365	强
1.2 亚甲基	$>CH_2$	CH 伸（反称）	2926±10	强
		CH 伸（对称）	2853±10	强
		CH 弯（面内）	1465±20	中
1.3 次甲基	$—\overset{\vert}{\underset{\vert}{C}}H$	CH 伸	2890±10	弱
		CH 弯（面内）	～1340	弱
2.0 烯烃类		CH 伸	3100~3000	中
		C═C 伸	1695~1630	变
		C═C═C 伸	2000~1925	中
		CH 弯（面内）	1430~1290	中
		CH 弯（面外，有间隔）	1010~650	强
2.1 顺式	H　H C═C	CH 伸	3050~3000	中
		CH 弯（面内）	1310~1295	中
		CH 弯（面外）	730~650	强
2.2 反式	H C═C 　H	CH 伸	3050~3000	中
		CH 弯（面外）	980~965	强
2.3 单取代	H　H C═C 　H	CH 伸（反称）	3092~3077	中
		CH 伸（对称）	3025~3012	中
		CH 弯（面外）	995~985	强
		CH_2 弯（面外）	910~905	强
3.0 炔烃类	—C≡C—	CH 伸	~3300	中
		C≡C 伸	2270~2100	中
		CH 弯（面内，不易辨认）	1260~1245	
		CH 弯（面外）	645~615	强

续表

基　团		振动类型（说明）	波数 $\tilde{\nu}$ /cm^{-1}	强度
4.0 取代苯类		CH 伸 泛频峰 CH 弯（面内） CH 弯（面外） C═C 伸（不共轭） C═C 伸（共轭时）	3100~3000 2000~1667 1250~1000 910~665 1650~1430 1600~1430	变 弱 弱 强 中、强 强
4.1 单取代	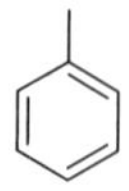	CH 弯（面外） C═C 弯（环变形振动）	770~730 710~695	极强 强
4.2 双取代	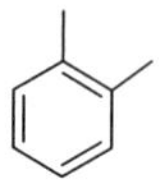	CH 弯（面外） C═C 弯（环变形振动）	770~730 730~690	极强 弱
	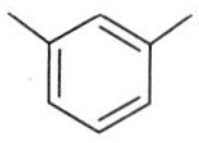	CH 弯（面外，3 个邻氢） CH 弯（面外，1 个独氢） C═C 弯（环变形振动）	810~750 900~860 710~690	极强 中 中
		CH 弯（面外，2 个邻氢） C═C 弯（环变形振动）	860~800 730~690	极强 弱
4.3 三取代	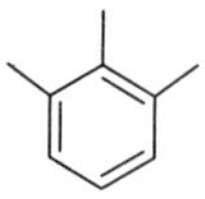	CH 弯（面外） C═C 弯（环变形振动）	810~750 725~680	强 中
	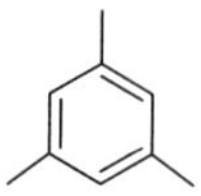	CH 弯（面外，3 个独氢） C═C 弯（环变形振动）	874~835 730~675	强 强
	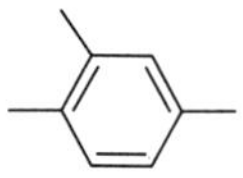	CH 弯（面外，1 个独氢） CH 弯（面外，2 个邻氢）	885~860 860~800	中 强
4.4 四取代		CH 弯（面外，2 个邻氢） CH 弯（面外，2 个独氢） CH 弯（面外，2 个独氢） C═C 弯（面外，环变形）	860~800 860~800 865~810 730~675	强 强 强 中
4.5 五取代	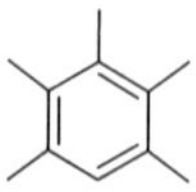	CH 弯（面外，1 个独氢） C═C 弯（面外，环变形）	~860 710~695	强 弱
5.0 醇与酚类		OH 伸 OH 弯（面内） C—O 伸 O—H 弯（面外）	3700~3200 1410~1260 1260~1000 750~650	变 弱 强 强

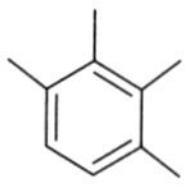

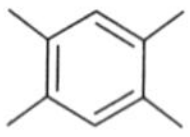

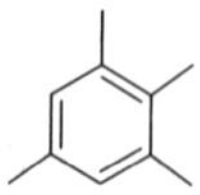

续表

基团		振动类型（说明）	波数 $\tilde{\nu}$/cm^{-1}	强度
5.1 羟基	—OH	OH 伸（游离态，尖锐峰）	3650~3590	强
		OH 伸（二聚缔合，宽钝峰）	~3500	强
		OH 伸（多聚缔合，宽钝峰）	~3320	强
		OH 伸（单桥，宽钝峰）	3570~3450	强
5.2 OH 弯或 C—O 伸	$—CH_2—OH$	OH 弯（面内）	1350~1260	强
		C—O 伸	1075~1000	强
	>CH—OH	OH 弯（面内）	1410~1310	强
		C—O 伸	1125~1000	强
	—C(—)(—)—OH	OH 弯（面内）	~1400	强
		C—O 伸	1260~1180	强
	C_6H_5—OH	OH 弯（面内）	1390~1330	中
		C—O 伸	1225~1200	强
6.0 醚类		C—O—C 伸	1270~1010	强
6.1 脂链醚	饱和醚	C—O—C 伸	1150~1060	强
	不饱和醚	C—O—C 伸	1225~1200	强
6.2 芳醚	C_6H_5—O—C	═C—O—C 伸（反称）	1270~1230	强
		═C—O—C 伸（对称）	1050~1000	中
		CH 伸（烷基）	~2825	弱
7.0 醛类	—C(═O)—H	CH 伸	2850~2710	弱
		C═O 伸	1755~1665	极强
		CH 弯	975~780	中
7.1 饱和脂肪醛		C═O 伸	~1725	强
		C—C 伸	1440~1325	中
7.2 α,β-不饱和醛		C═O 伸	~1685	强
7.3 芳醛	C_6H_5—C(═O)—H	C═O 伸	~1695	强
		C—C 伸	1415~1350	中
		C—C 伸(与芳环上的取代基有关)	1320~1260	中
		C—C 伸	1230~1160	中
8.0 酮类	—C(═O)—	C═O 伸	1725~1630	极强
		C—C 伸	1250~1030	弱
		泛频峰	3510~3390	很弱
8.1 脂肪酮	饱和链状酮	C═O 伸	1725~1705	强
	α,β-不饱和酮	C═O 伸（共轭）	1690~1675	强
	β-二酮（烯醇式）	C═O 伸（共轭非正常羰基峰，宽）	1640~1540	强
8.2 芳酮		C═O 伸（峰宽而强）	1700~1630	强
		C—C 伸	1325~1215	强
	Ar—CO	C═O 伸	1690~1680	强
	二芳基酮	C═O 伸	1670~1660	强
	（羟基/氨基）芳酮	C═O 伸（苯环有羟基或氨基）	1665~1635	强

续表

基　　团		振动类型（说明）	波数 $\tilde{\nu}$ /cm^{-1}	强度
8.3 脂环酮		C═O 伸	~1775	
		C═O 伸	1750~1740	强
		C═O 伸	1745~1725	强
9.0 羧酸类	$-\overset{O}{\overset{\Vert}{C}}-OH$	OH 伸（面内，二聚体为宽峰）	3400~2500	中
		C═O 伸	1740~1600	强
		OH 弯	~1430	弱
		C—O 伸	~1300	中
		OH 弯（面外，二聚体）	950~900	弱
9.1 脂肪酸	R—COOH	C═O 伸	1725~1700	强
	卤代脂肪酸	C═O 伸	1740~1705	强
	α, β-不饱和酸	C═O 伸	1705~1690	强
9.2 芳酸	$C_6H_5-(CH_2)_n-COOH$	C═O 伸（二聚体）	1700~1680	强
		C═O 伸（分子内氢键）	1670~1650	强
10.0 酸酐类		C═O 伸（反称，共轭降 20 cm^{-1}）	1850~1800	强
10.1 链酸酐		C═O 伸（对称）	1780~1740	强
		C—O 伸	1170~1050	强
10.2 环酸酐	（五元环）	C═O 伸（反称）	1870~1820	强
		C═O 伸（对称）	1800~1750	强
		C—O 伸	1300~1200	强
11.0 酯类	$-\overset{O}{\overset{\Vert}{C}}-O-C$	C═O 伸（倍频）	~3450	强
		C═O 伸（多数酯）	1770~1720	强
		C—O—C 伸	1280~1100	强
11.1 C═O 伸	饱和酯	C═O 伸	1744~1739	强
	α, β-不饱和酯	C═O 伸	~1720	强
	δ-内酯	C═O 伸	1750~1735	强
	γ-内酯（饱和）	C═O 伸	1780~1760	强
	β-内酯	C═O 伸	~1820	强
11.2 C—O 伸	$C-\overset{H}{\overset{\vert}{N}}-C$	C—O 伸（甲酸酯类）	~1185	强
		C—O 伸（乙酸酯类）	~1256	强
		C—O 伸（丙酸酯类）	~1194	强
		C—O 伸（正丁酸酯类）	~1200	强
		C—O 伸（酚类乙酯类）	~1250	强
12.0 胺类	$C-NH_2$	NH 伸（伯胺峰强、中，仲胺峰弱）	3500~3300	强中弱
		NH 弯（面内）	1650~1550	中
		C—N 伸	1340~1020	中
		NH 弯（面外）	900~650	强

续表

基团		振动类型（说明）	波数 $\tilde{\nu}$ /cm^{-1}	强度
12.1 伯胺类	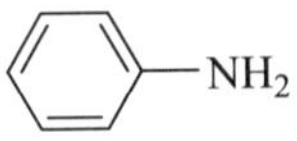 NH_2	NH 伸（反称）	~3500	中
		NH 伸（对称）	~3400	中、弱
		NH 弯（面内）	1650~1590	强、中
		C—N 伸（芳香）	1340~1250	强
		C—N 伸（脂肪）	1220~1020	中、弱
12.2 仲胺类	H C—N—C	NH 伸（一个峰）	3500~3300	中
		NH 弯（面内）	1650~1550	极弱
		C—N 伸（芳香）	1350~1280	强
		C—N 伸（脂肪）	1220~1020	中、弱
12.3 叔胺类	C C—N—C	C—N 伸（芳香）	1360~1310	中
		C—N 伸（脂肪）	1220~1020	中、弱
13.0 酰胺类	脂肪与芳香 酰胺相类似	NH 伸（伯酰胺双峰，仲酰胺单峰）	3500~3100	强
		C═O 伸（谱带 I ）	1680~1630	强
		NH 弯（谱带 II ）	1640~1550	强
		C—N 伸（谱带III）	1420~1400	中
13.1 伯酰胺	O —C—NH_2	NH 伸	~3350	强
		NH 伸	~3180	强
		C═O 伸	1680~1650	强
		NH 弯（剪式）	1650~1625	强
		C—N 伸	1420~1400	中
13.2 仲酰胺	O —C—N(H)—	NH 伸	~3270	强
		C═O 伸	1680~1630	强
		NH 面内弯+C-N 伸（重合）	1570~1515	中
		C—N 伸+NH 面外弯（重合）	1310~1200	中
13.3 叔酰胺	O —C—N—	C═O 伸	1670~1630	强
14.0 氰类	—C≡N	C≡N 伸（脂肪族氰）	2260~2240	强
		C≡N 伸（α,β-芳香氰）	2240~2220	强
		C≡N 伸（α,β-不饱和脂肪氰）	2235~2215	强
15.0 杂环芳香族化合物				
15.1 吡啶、喹啉类	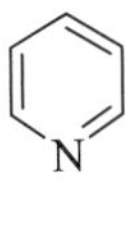 N 吡啶母核 N 喹啉母核	CH 伸	~3020	弱
		环骨架振动（C═C、C═N）	1660~1415	中
	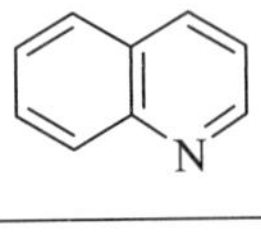	CH 弯（面内）	1175~1000	弱
		CH 弯（面外）	910~665	强
15.2 嘧啶类	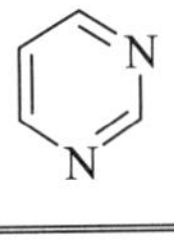 N N 嘧啶母核	CH 伸	3060~3010	弱
		环骨架振动（C═C、C═N）	1580~1520	中
		CH 弯（环上的）	1000~960	中

续表

基团		振动类型（说明）	波数 $\tilde{\nu}$ /cm^{-1}	强度
16.0 硝基化合物				
16.1	R—NO_2	NO_2 伸（反称）	1530~1510	强
		NO_2 伸（对称）	1390~1350	强
		CN 伸	920~800	中
16.2	Ar—NO_2	NO_2 伸（反称）	1530~1510	强
		NO_2 伸（对称）	1350~1330	强
		CN 伸	860~840	强
		不明	~750	强

附录 B　化学位移的经验计算有关影响值及化学位移简表

表 B-1　取代基对甲基、亚甲基和次甲基氢的化学位移的影响值

取代基（X, Y, Z）	CH_3		CH_2		CH	
	Z_α	Z_β	Z_α	Z_β	Z_α	Z_β
—C	0.00	0.05	0.00	-0.04	0.17	-0.01
—C═C—	0.85	0.20	0.63	0.00	0.68	0.03
—C≡C—	0.94	0.32	0.70	0.13	1.04	
—C_6H_5	1.49	0.38	1.22	0.29	1028	0.38
—F	3.41	0.41	2.76	0.16	1.83	0.27
—Cl	2.30	0.63	2.05	0.24	1.98	0.31
—Br	1.83	0.83	1.97	0.46	1.94	0.41
—I	1.30	1.02	1.80	0.53	2.02	0.15
—OH	2.53	0.25	2.20	0.15	1.73	0.08
—O—C	2.38	0.25	2.04	0.13	1.35	0.32
—OC═C	2.64	0.36	2.63	0.33		
—O—C_6H_5	2.87	0.47	2.61	0.38	2.20	0.50
—O(C═O)—	2.81	0.44	2.83	0.24	2.47	0.59
—N	1.61	0.14	1.32	0.22	1.13	0.23
—N^+	2.44	0.39	1.91	0.40	1.78	0.56
—N(C═O)—	1.88	0.34	1.63	0.22	2.10	0.62
—NO_2	3.43	0.65	3.08	0.58	2.31	
—CN	1.12	0.45	1.08	0.33	1.00	
—CHO	1.34	0.21	1.07	0.29	0.86	0.22
—CO—	1.23	0.20	1.12	0.24		
—COOH	1.22	0.23	0.90	0.23	0.87	0.32
—COO—	1.15	0.28	0.92	0.35	0.83	0.63
—CO—N	1.16	0.28			0.94	
—COCl	1.94		1.51			

表 B-2　取代基对烯氢化学位移的影响值

取代基	$Z_{同}$	$Z_{顺}$	$Z_{反}$	取代基	$Z_{同}$	$Z_{顺}$	$Z_{反}$
—H	0	0	0	—OR（R 饱和）	1.22	-1.07	-1.21
—R	0.45	-0.22	-0.28	—OR（R 共轭）	1.21	-0.60	-1.00
—R（环）	0.69	-0.25	-0.28	—OCOR	2.11	-0.35	-0.64
—CH_2S	0.71	-0.13	-0.22	—Cl	1.08	0.18	0.132
—CH_2X（卤）	0.70	0.11	-0.04	—Br	1.07	0.45	0.55
—CH_2CO、—CH_2CN	0.69	-0.08	-0.06	—I	1.14	0.81	0.88
—CH_2Ar	1.05	-0.29	-0.32	>NR	0.80	-1.26	-1.21

续表

取代基	$Z_{同}$	$Z_{顺}$	$Z_{反}$	取代基	$Z_{同}$	$Z_{顺}$	$Z_{反}$
—C═C	1.00	-0.09	-0.23	>NR（共轭）	1.17	-0.53	-0.99
—C═C（共轭）	1.24	0.02	-0.05	>NCO	2.08	-0.57	-0.72
—C≡N	0.27	0.75	0.55	—Ar	1.38	0.36	-0.07
—C≡C	0.47	0.38	0.12	—Ar（固定）	1.60	—	-0.05
—C═O	1.10	1.12	0.87	—Ar（邻位有取代）	1.65	0.19	0.09
—C═O（共轭）	1.06	0.91	0.74	—SR	1.11	-0.29	-0.13
—COOH	0.97	1.41	0.71	—SO_2	1.55	1.16	0.93
—COOH（共轭）	0.80	0.98	0.32	—SF_5	1.68	0.61	0.49
—COOR	0.80	1.18	0.55	—CSN	0.80	1.17	1.11
—COOR（共轭）	0.78	1.01	0.46	—CF_3	0.66	0.61	0.31
—CHO	1.02	0.95	1.17	—$SCOCH_3$	1.41	0.06	0.02
—CO—N<	1.37	0.98	0.46	—$PO(Et)_3$	0.66	0.88	0.67
—COCl	1.11	1.46	1.01	—F	1.54	-0.40	-1.02
—CH_2O、—CH_2I	0.64	-0.01	-0.02	—CH_2—N<	0.58	-0.10	-0.08

表 B-3 取代基对苯环的氢化学位移的影响

取代基	$S_{邻}$	$S_{间}$	$S_{对}$	取代基	$S_{邻}$	$S_{间}$	$S_{对}$
—CH_3	0.15	0.10	0.10	—OTS	0.26	0.05	—
—CH_2—	0.10	0.10	0.10	—CHO	-0.65	-0.25	-0.10
—CH—	0.00	0.00	0.00	—COR	-0.70	-0.25	-0.10
—CMe_3	0.02	0.13	0.27	—COC_6H_5	-0.57	-0.15	—
—CH═CHR	-0.10	0.00	-0.10	—COOH(R)	-0.80	-0.25	-0.20
—C_6H_5	-0.15	0.03	0.11	—NO	-0.48	0.11	—
—CH_2Cl	0.03	0.02	0.03	—NO_2	-0.85	-0.10	-0.55
—$CHCl_2$	-0.07	-0.03	-0.07	—NH_2	0.55	0.15	0.55
—CCl_3	-0.8	-0.17	-0.17	—$NHCOCH_3$	-0.28	-0.03	—
—CH_2OH	0.13	0.13	0.13	—N═NC_6H_5	-0.75	-0.12	—
—CH_2NH_2	0.03	0.03	0.03	—$NHNH_2$	0.48	0.35	—
—F	0.33	0.05	0.25	—CN	-0.24	-0.08	-0.27
—Cl	-0.10	0.00	0.00	—NCO	0.10	0.07	—
—Br	-0.10	0.00	0.00	—SH	-0.01	0.10	—
—I	-0.37	0.29	0.06	—SCH_3	0.03	0.00	—
—OH	0.45	0.10	0.40	—SO_3H	-0.55	-0.21	—
—OR	0.45	0.10	0.40	—SO_3Na	-0.45	0.11	—
—OC_6H_5	0.26	0.03	-	—SO_2Cl	-0.83	-0.26	—
—OCOR	0.20	-0.10	0.20	—SO_2NH_2	-0.60	-0.22	—

表 B-4 质子化学位移简表

基　团	δ/ppm	备　注	基　团	δ/ppm	备　注
$(CH_3)_4Si$	0.0	标准物	CH_3O	3.3～4.0	
R_2NH	0.4～5.0		RCH_2X	3.4～3.8	X 为电负性元素基团
ROH	0.5	单体，稀溶液	ArOH	4.5～7.7	氢键缔合
RNH_2	0.5～2.0		$H_2C=C$	4.6～7.7	
CH_3C	0.7～1.3		$RCH=CR_2$	5.0～6.0	
$HCCNR_2$	1.0～1.8		$HNC=O$	5.5～8.5	
CH_3CX	1.0～2.0	X 为电负性元素基团	ArH	6.0～9.5	苯为 7.27
RCH_2R	1.2～1.4		RHN	7.1～7.7	
$RCHR_2$	1.5～1.8		HCOO	8.0～8.2	
$CH_3C=C$	1.8～1.9		ArHN	8.5～9.5	
$CH_3C=O$	1.9～2.6		ArCHO	9.0～10.0	
$HC\equiv C$	2.0～3.1		RCHO	9.4～10.0	
CH_3Ar	2.1～2.5		RCOOH	9.7～12.2	氢键二聚体
CH_3S	2.1～2.8		RCOOH	11.0～12.2	单体
CH_3N	2.1～3.0		ArOH	10.5～12.5	分子内氢键
ArSH	2.8～4.0		$-SO_3H$	11.0～13.0	
ROH	3.0～5.2	氢键缔合	烯醇	15.0～16.0	诱导+磁负屏蔽+氢键

附录C　质谱中常见的中性碎片与碎片离子

表 C-1　常见分子离子脱掉的碎片

离子	碎　片	离子	碎　片
M－1	H	M－43	C_3H_7 / NHCO / CH_3CO
M－15	CH_3	M－44	CO_2 / C_3H_8 / $CONH_2$
M－16	O / NH_2	M－45	COOH / C_2H_5O
M－17	NH_3 / OH	M－46	C_2H_5OH / NO_2
M－18	H_2O / NH_4	M－47	C_2H_4F
M－19	F	M－48	SO
M－20	HF	M－49	CH_2Cl
M－26	C_2H_2 /C≡N	M－53	C_4H_5
M－27	CH_2 ═ CH / HCN	M－55	C_4H_7
M－28	CO / N_2 / CH_2 ═ CH_2	M－56	C_4H_8
M－29	C_2H_5 / CHO	M－57	C_4H_9 / C_2H_5CO
M－30	C_2H_6 / CH_2O / NO	M－58	C_4H_{10}
M－31	OCH_3　CH_2OH　CH_3NH_2	M－59	C_3H_7O / $COOCH_3$
M－32	CH_3OH / S	M－60	CH_3COOH
M－33	H_2O+CH_3 / CH_2F / HS	M－63	C_2H_4Cl
M－34	H_2S	M－67	C_5H_7
M－35	Cl	M－69	C_5H_9
M－36	HCl	M－71	C_5H_{11}
M－37	H_2Cl	M－72	C_5H_{12}
M－39	C_3H_3	M－73	$COOC_2H_5$
M－40	C_3H_4	M－74	$C_3H_6O_2$
M－41	C_3H_5	M－77	C_6H_5
M－42	C_3H_6 / CH_2CO	M－79	Br

表 C-2　常见的碎片离子

m/*z*	碎片离子	*m*/*z*	碎片离子
14	CH_2	68	$(CH_2)C$ ≡N
15	CH_3	69	C_5H_9 / CF_3 / C_3H_5CO
16	O	70	C_5H_{10} / C_3H_5CO+H
17	OH	71	C_5H_{11} / C_3H_7C ═O
18	H_2O / NH_4	72	$C_2H_5COCH_2+H$ / $C_3H_7CHNH_2$
19	F	73	$COOC_2H_5$ / $C_3H_7OCH_2$
20	HF	74	CH_2COOCH_3+H
26	C≡N	75	$COOC_2H_5+2H$ / $CH_2SC_2H_5$
27	C_2H_3	77	C_6H_5
28	C_2H_4 / CO / N_2	78	C_6H_5+H

续表

m/z	碎片离子
29	C_2H_5 / CHO
30	CH_2NH_2 / NO
31	CH_2OH / OCH_3
33	HS
34	H_2S
35	Cl
36	HCl
39	C_3H_3
40	$CH_2C\equiv N$
41	$C_3H_5(CH_2C\equiv N+H)$
42	C_3H_6
43	C_3H_7 / $CH_3C=O$
44	CO_2 / CH_2CHO+H / $CH_2CH_2NH_2$
45	CH_3CHOH / CH_3CH_2OH / COOH / CH_2OCH_3 / $CH_3CH—O+H$
46	NO_2
47	CH_2SH / CH_3S
48	CH_3S+H
50	C_4H_2
51	C_4H_3
54	$CH_2CH_2C\equiv N$
55	C_4H_7
56	C_4H_8
57	C_4H_9 / $C_2H_5C=O$
58	CH_3COCH_2O+H / $C_2H_5CHNH_2$ / $(CH_3)_2NCH_2$ / $C_2H_5CH_2NH$
59	$(CH_3)_2COH$ / $CH_2OC_2H_5$ / $COOCH_3$ / NH_2COCH_2+H
60	$COOCH_3+H$ / CH_2ONO
61	$COOCH_3+2H$ / CH_2CH_2SH / CH_2SCH_3
102	$CH_2COOC_3H_7+H$
103	$COOC_4H_9+2H$
79	C_6H_5+2H
80	$C_4H_3NH-CH_2$ / CH_3SS+H / Br
81	$C_4H_3O-CH_2$
82	$(CH_2)_4C\equiv N$
83	C_6H_{11}
85	C_6H_{13}/$C_4H_9C=O$
86	$C_3H_7COCH_2+H$ / $C_4H_9CHNH_2$
87	$COOC_3H_7$
88	$CH_2COOC_2H_5+H$
89	C_6H_5-C / $COOC_3H_7+2H$
90	C_6H_5-CH / CH_3CHONH_2
91	$C_6H_5-CH_2$ / C_6H_5-CH+H / C_6H_5-C+2H
92	$C_6H_5-CH_2+2H$ / $C_5H_4N-CH_2$
94	C_6H_5-O+H / $C_4H_3NH-C\equiv\overset{+}{O}$
95	$C_4H_3O-C\equiv\overset{+}{O}$
96	$(CH_2)_5C\equiv N$
97	$C_4H_3S-CH_2$ / C_7H_{13}
98	$C_4H_3O-CH=O+H$
99	C_7H_{15}
100	$C_4H_9COCH_2+H$ / $C_5H_{11}CHNH_2$
101	$COOC_4H_9$
119	$CF_3CF_2^+$
121	$HO-C_6H_4-\overset{+}{C}=O$

续表

m/z	碎片离子	m/z	碎片离子
104	$C_2H_5CHONO_2$		
105	$C_6H_5-C\equiv\overset{+}{O}$，$C_6H_5-CH_2\overset{+}{C}H_2$，$C_6H_5-\overset{+}{C}HCH_3$	123	$2\text{-}F\text{-}C_6H_4-\overset{+}{C}=O$
107	$C_6H_5-CH=\overset{+}{O}H$	127	I
		128	HI
108	$C_6H_5-CH=\overset{+}{O}H$ + H，(N-CH_3-吡咯-2-基)$-C\equiv\overset{+}{O}$	131	$F_3C-\overset{+}{C}F_2$
111	(噻吩-2-基)$-C\equiv\overset{+}{O}$	139	$2\text{-}Cl\text{-}C_6H_4-\overset{+}{C}=O$
119	$C_6H_5-\overset{+}{C}(CH_3)_2$，(乙基甲基苯)$^+$，$2\text{-}CH_3\text{-}C_6H_4-\overset{+}{C}=O$	149	$C_6H_4(CO)_2\overset{+}{O}H$

表 C-3　质谱中一些特征离子对应的化学通式及可能的官能团

特征离子	化学通式	官能团	
15、29、43、57	$C_nH_{2n+1}^+$	烷基	R^+
29、43、57、71	$C_nH_{2n-1}O^+$	醛、酮	HCO^+、RCO^+
30、44、58、72	$C_nH_{2n+2}N^+$	胺	$CH_2=NH_2^+$、$RCH=NH_2^+$
31、45、59、73	$C_nH_{2n+1}O^+$	醇、醚	$CH_2=\overset{+}{O}H$、$RCH=\overset{+}{O}H$、$RCH_2\overset{+}{O}=OH$
45、59、73、87	$C_nH_{2n-1}O_2^+$	酸、酯	$\overset{+}{C}OOH$、$\overset{+}{C}OOR$
47、61、75	$C_nH_{2n+1}S^+$	硫醇、硫化物	$CH_2=\overset{+}{S}H$、$RCH=\overset{+}{S}H$
49、63、75	$C_nH_{2n}Cl^+$	氯代物	$CH_2=\overset{+}{X}$、$RCH=\overset{+}{X}$
40、54、68	$C_nH_{2n-2}N^+$	腈	$CH_2=C\overset{+}{N}$、$RCH=C\overset{+}{N}$
27、41、55、69	$C_nH_{2n-1}^+$	烯基、环烷	$CH_2=\overset{+}{C}H$、$RCH=\overset{+}{C}H$
77、91、105、119	$C_nH_{n-1}^+/C_nH_m^+$	芳基	$C_6H_5^+$、$C_7H_7^+$(草鎓离子)、$C_6H_5^+=CHR$

附录 D　标准及条件电极电位（V）

半反应	标准电位 $\varphi^{\ominus}$	条件电位 $\varphi^{\ominus'}$	条件电位介质*
$F_2+2H^++2e^- \rightleftharpoons 2HF$	3.06		
$O_3+2H^++2e^- \rightleftharpoons O_2+H_2O$	2.07		
$S_2O_8^{2-}+2e^- \rightleftharpoons 2SO_4^{2-}$	2.01		
$Co^{3+}+e^- \rightleftharpoons Co^{2+}$	1.842		
$H_2O_2+2H^++2e^- \rightleftharpoons 2H_2O$	1.77		
$MnO_4^-+4H^++3e^- \rightleftharpoons MnO_2+2H_2O$	1.695		
$Ce^{4+}+e^- \rightleftharpoons Ce^{3+}$		1.70/1.61/1.44	$HClO_4/HNO_3/H_2SO_4$
$HClO+H^++e^- \rightleftharpoons \frac{1}{2}Cl_2+H_2O$	1.63		
$H_5IO_6+H^++2e^- \rightleftharpoons IO_3^-+3H_2O$	1.60		
$BrO_3^-+6H^++5e^- \rightleftharpoons \frac{1}{2}Br_2+3H_2O$	1.52		
$MnO_4^-+8H^++5e^- \rightleftharpoons Mn^{2+}+4H_2O$	1.51		
$Mn^++e^- \rightleftharpoons Mn^{2+}$		1.51	H_2SO_4
$ClO_3^-+6H^++5e^- \rightleftharpoons \frac{1}{2}Cl_2+3H_2O$	1.47		
$PbO_2+4H^++2e^- \rightleftharpoons Pb^{2+}+2H_2O$	1.455		
$Cl_2+2e^- \rightleftharpoons 2Cl^-$	1.359		
$Cr_2O_7^{2-}+14H^++6e^- \rightleftharpoons Cr^{3+}+7H_2O$	1.33		
$Tl^{3+}+2e^- \rightleftharpoons Tl^+$	1.25	0.77	HCl
$IO_3^-+2Cl^-+6H^++4e^- \rightleftharpoons ICl_2^-+3H_2O$	1.24		
$MnO_2+4H^++2e^- \rightleftharpoons Mn^{2+}+2H_2O$	1.23		
$O_2+4H^++4e^- \rightleftharpoons 2H_2O$	1.229		
$2IO_3^-+12H^++10e^- \rightleftharpoons I_2+6H_2O$	1.20		
$SeO_4^{2-}+4H^++2e^- \rightleftharpoons H_2SeO_3+H_2O$	1.15		
$Br_2(aq)+2e^- \rightleftharpoons 2Br^-$	1.087[a]		
$Br_2(l)+2e^- \rightleftharpoons 2Br^-$	1.065[a]		
$ICl_2^-+4e^- \rightleftharpoons \frac{1}{2}I_2+2Cl^-$	1.06		
$VO_2^++2H^++e^- \rightleftharpoons VO^{2+}+H_2O$	1.00		
$HNO_2+H^++e^- \rightleftharpoons NO+H_2O$	1.00		
$Pd^{2+}+2e^- \rightleftharpoons Pd$	0.987		
$NO_3^-+2H^++2e^- \rightleftharpoons HNO_2+H_2O$	0.94		
$2Hg^{2+}+2e^- \rightleftharpoons Hg_2^{2+}$	0.92		
$H_2O_2+2e^- \rightleftharpoons 2OH^-$	0.88		
$Cu^{2+}+I^-+e^- \rightleftharpoons CuI$	0.86		
$Hg^{2+}+2e^- \rightleftharpoons Hg$	0.854		
$Ag^++e^- \rightleftharpoons Ag$	0.799	0.228/0.792	$HCl/HClO_4$
$Hg_2^{2+}+2e^- \rightleftharpoons 2Hg$	0.789		

续表

半反应	标准电位 $\varphi^{\ominus}$	条件电位 $\varphi^{\ominus\prime}$	条件电位介质*
$Fe^{3+}+e^- \rightleftharpoons Fe$	0.771		
$H_2SeO_3+4H^++4e^- \rightleftharpoons Se+3H_2O$	0.740		
$PtCl_4^{2-}+2e^- \rightleftharpoons Pt+4Cl^-$	0.73		
$C_6H_4O_2+2H^++2e^- \rightleftharpoons C_6H_4(OH)_2$	0.699	0.696	HCl、H_2SO_4、$HClO_4$
$O_2+2H^++2e^- \rightleftharpoons H_2O_2$	0.682		
$PtCl_6^{2-}+2e^- \rightleftharpoons PtCl_4^{2-}+2Cl^-$	0.68		
$I_2(aq)+2e^- \rightleftharpoons 2I^-$	0.6197^b		
$Hg_2SO_4+2e^- \rightleftharpoons Hg+SO_4^{2-}$	0.615		
$Sb_2O_5+6H^++4e^- \rightleftharpoons 2SbO^++3H_2O$	0.581		
$MnO_4^-+e^- \rightleftharpoons MnO_4^{2-}$	0.564		
$H_3AsO_4+2H^++2e^- \rightleftharpoons H_3AsO_3+H_2O$	0.559	0.577	HCl、$HClO_4$
$I_3^-+2e^- \rightleftharpoons 3I^-$	0.5355		
$I_2(s)+2e^- \rightleftharpoons 2I^-$	0.5345^b		
$Mo^{6+}+e^- \rightleftharpoons Mo^{5+}$		0.53	HCl
$Cu^++e^- \rightleftharpoons Cu$	0.521		
$H_2SO_3+4H^++4e^- \rightleftharpoons S+3H_2O$	0.45		
$Ag_2CrO_4+2e^- \rightleftharpoons 2Ag+CrO_4^{2-}$	0.446		
$VO^{2+}+2H^++e^- \rightleftharpoons V^{3+}+H_2O$	0.361		
$Fe(CN)_6^{3-}+e^- \rightleftharpoons Fe(CN)_6^{4-}$	0.36	0.72	HCl/H_2SO_4
$Cu^{2+}+2e^- \rightleftharpoons Cu$	0.337		
$UO_2^{2-}+4H^++2e^- \rightleftharpoons U^{4+}+2H_2O$	0.334		
$BiO^++2H^++3e^- \rightleftharpoons Bi+H_2O$	0.32		
$Hg_2Cl_2(s)+2e^- \rightleftharpoons 2Hg+2Cl^-$	0.268	0.242/0.282	饱和 KCl-SCE/KCl
$AgCl+e^- \rightleftharpoons Ag+Cl^-$	0.222	0.228	KCl
$SO_4^{2-}+4H^++2e^- \rightleftharpoons H_2SO_3+H_2O$	0.17		
$BiCl_4^-+3e^- \rightleftharpoons Bi+4Cl^-$	0.16		
$Sn^{4+}+2e^- \rightleftharpoons Sn^{2+}$	0.154	0.14	HCl
$Cu^{2+}+e^- \rightleftharpoons Cu$	0.153		
$S+2H^++2e^- \rightleftharpoons H_2S$	0.141		
$TiO^{2+}+2H^++e^- \rightleftharpoons Ti^{3+}+H_2O$	0.1		
$Mo^{4+}+e^- \rightleftharpoons Mo^{3+}$		0.1	4 mol/LH_2SO_4
$S_4O_6^{2-}+2e^- \rightleftharpoons 2S_2O_3^{2-}$	0.08		
$AgBr+e^- \rightleftharpoons Ag+Br^-$	0.071		
$Ag(S_2O_3)_2^{3-}+e^- \rightleftharpoons Ag+2S_2O_3^{2-}$	0.01		

续表

半反应	标准电位 $\varphi^{\ominus}$	条件电位 $\varphi^{\ominus\prime}$	条件电位介质*
$2H^{+}+2e^{-} \rightleftharpoons H_2$	0.000		
$Pb^{2+}+2e^{-} \rightleftharpoons Pb$	-0.126		
$CrO_4^{2-}+4H_2O+3e^{-} \rightleftharpoons Cr(OH)_3+5OH^{-}$	-0.13		
$Sn^{2+}+2e^{-} \rightleftharpoons Sn$	-0.136		
$AgI+e^{-} \rightleftharpoons Ag+I^{-}$	-0.151		
$CuI+e^{-} \rightleftharpoons Cu+I^{-}$	-0.185		
$N+5H^{+}+4e^{-} \rightleftharpoons N_2H_5^{+}$	-0.23		
$Ni^{2+}+2e^{-} \rightleftharpoons Ni$	-0.250		
$V^{3+}+e^{-} \rightleftharpoons V^{2+}$	-0.255		
$Co^{2+}+2e^{-} \rightleftharpoons Co$	-0.277		
$Ag(CN)_2^{-}+e^{-} \rightleftharpoons Ag+2CN^{-}$	-0.31		
$Tl^{+}+e^{-} \rightleftharpoons Tl$	-0.336	-0.551	HCl
$PbSO_4+2e^{-} \rightleftharpoons Pb+SO_4^{2-}$	-0.356		
$Ti^{3+}+e^{-} \rightleftharpoons Ti^{2+}$	-0.37		
$Cd^{2+}+2e^{-} \rightleftharpoons Cd$	-0.403		
$Cr^{3+}+3e^{-} \rightleftharpoons Cr^{2+}$	-0.41		
$Fe^{2+}+2e^{-} \rightleftharpoons Fe$	-0.440		
$2CO_2(g)+2H^{+}+2e^{-} \rightleftharpoons H_2C_2O_4$	-0.49		
$Cr^{3+}+3e^{-} \rightleftharpoons Cr$	-0.74		
$Zn^{2+}+2e^{-} \rightleftharpoons Zn$	-0.763		
$2H_2O+2e^{-} \rightleftharpoons H_2+2OH^{-}$	-0.828		
$Mn+2e^{-} \rightleftharpoons Mn$	-1.18		
$Al^{3+}+3e^{-} \rightleftharpoons Al$	-1.66		
$Mg^{2+}+2e^{-} \rightleftharpoons Mg$	-2.37		
$Na^{+}+e^{-} \rightleftharpoons Na$	-2.714		
$Ca^{2+}+2e^{-} \rightleftharpoons Ca$	-2.87		
$Ba^{2+}+2e^{-} \rightleftharpoons Ba$	-2.90		
$K^{+}+e^{-} \rightleftharpoons K$	-2.925		
$Li^{+}+e^{-} \rightleftharpoons Li$	-3.045		

注：*条件电位介质的浓度均为 1 mol/L（特别标明除外）。

引自：Christian G D. 2004. Analytical Chemistry. 6th ed. USA: John Wiley & Son Inc.

部分习题参考答案

第 1 章　光谱分析法导论

二、计算题

1. （1）1.2×10^{11} Hz， 4.0 cm^{-1}， 7.96×10^{-16} erg， 4.98×10^{-4} eV；（2）7.09×10^{14} Hz， 2.73×10^{4} cm^{-1}， 4.70×10^{-16} erg， 2.94 eV

2. （1） 0.671 μm， 671 nm；（2） 2.48×10^{6} μm， 2.48×10^{9} nm

3. 9.99×10^{14} Hz， 3.33×10^{4} cm^{-1}， 398.7 kJ/mol； 6.0×10^{14} Hz， 2.0×10^{4} cm^{-1}， 239.5 kJ/mol

第 2 章　紫外-可见分光光度法

二、计算题

1. 77.5%，46.5%，36.0%
2. 1122，2.65×10^{4}
3. 98.4%
4. 98.8%
5. 3.7×10^{-4}~1.3×10^{-3}(g/mL)
6. 7.49×10^{-6}
7. 0.364 mg/100 mL
8. 4.14
9. 乙酰水杨酸 83.4%，咖啡因 6.7%
10. 161.05 g/mol
11. 165.19 g/mol
12. 146.19 g/mol

第 3 章　分子发光分析法

二、计算题

1. 58.5～71.5 μg/mL
2. 0.348 μmol/L
3. 0.57 μg/g

第 4 章　红外吸收光谱法

二、波谱解析题

题号	结构式	化合物名称（中/英文）*		CAS Registry No.
1.	$H_3C-C_6H_4-C\equiv N$	对甲基苯氰	*p*-tolunitrile	104-85-8
2.	$C_6H_5-O-C(=O)-CH_3$	苯乙酸酯	Phenylacetate	122-79-2

续表

题号	结构式	化合物名称（中/英文）*		CAS Registry No.
3.	H(O=)C—C₆H₄—CH(CH₃)₂	对异丙基苯甲醛	*p*-isopropylbenzaldehyde	122-03-2
4.	C_6H_5—C_6H_5	联苯	biphenyl	92-52-4
5.	$H_2C=CH—CH_2—OH$	丙烯醇	allyl alcohol	107-18-6
6.	$H_3C—O—C_6H_4—C(=O)—H_2C—C\equiv N$	4-甲氧基苯甲酰乙腈	4-methoxybenzoylacetonitrile	3672-47-7
7.	$H_3C—O—CH_2—C\equiv N$	甲氧基乙腈	methoxyacetonitrile	1738-36-9
8.	$C_6H_4(NH_2)_2$（邻位）	邻苯二胺	*o*-phenylenediamine	95-54-5

注：*表中列出的化合物中英文名称、CAS Registry No.是为了查阅资料方便提供的，不属于作业答案，下同。

9.

吸收峰/cm^{-1}	振动类型	峰的归属
～3020	$\nu_{=CH}$	Ar
2932	ν_{CH}	CH_3、CH_2
1726、1771	$\nu_{C=O}$	C═O
1622、1651、1518	$\nu_{C=C}$	Ar
1450、1426、1384	δ_{CH}	CH_3、CH_2
1282、1271	ν_{C-O-C}	—C（O）—O—C
1168、1174、1097	ν_{C-O-C}	═C—O—C
1140、1007	$\beta_{=CH}$	Ar
926、871、848	$\gamma_{=CH}$	Ar

第 5 章　核磁共振波谱法

二、波谱解析题

题号	结构式	化合物名称（中/英文）*		CAS Registry No.
1.	$C_6H_5—CH_2—S—CH_2—C_6H_5$	二苄基硫醚	dibenzyl sulfide	538-74-9
2.	$C_6H_5—CH(CH_3)_2$	异丙基苯	cumene；isopropylbenzene	98-82-8

续表

题号	结构式	化合物名称（中/英文）*		CAS Registry No.
3.	$Br—CH_2—CH_2—C(=O)—O—CH_2—CH_3$	3-溴丙酸乙酯	ethyl 3-bromopropionate	539-74-2
4.	$H_3C—CH_2—O—C_6H_4—NH—C(=O)—CH_3$	对乙酰氨基苯乙醚	*p*-acetophenetidine	62-44-2
5.	$C_6H_5—CH_2—CH_2—O—C(=O)—H$	甲酸苯乙酯	phenethyl formate	104-62-1
6.	$H_3C—O—C_6H_4—CH_2—C≡N$	对甲氧基苯乙腈	*p*-methoxyphenylacetonitrile	104-47-2
7.	$3-H_3C—C_6H_4—N(CH_2—CH_3)_2$	N, N-二乙基-3-甲苯胺	N, N-diethyl-*m*-toluidine	91-67-8
8.	$C_6H_4(COOCH_2CH_3)_2$（邻位）	邻苯二甲酸二乙酯	diethyl phthalate	84-66-2
9.	$H_3C—C_6H_4—O—CH_2—CH_3$	对甲基苯丙酮	*p*-methylphenetole	622-60-6
10.	$H_3C—CH_2—C(=O)—O—CH_2—CH(CH_3)_2$	丙酸异丁酯	isobutyl propionate	540-42-1
11	$H_2N—C_6H_4—C(=O)—O—CH_2—CH_3$	对氨基苯甲酸乙酯	ethyl *p*-aminobenzoate	94-09-7

第 6 章　质谱法

二、波谱解析题

题号		结构式	化合物名称（中/英文）*		CAS Registry No.
1.	（A）	$C_6H_5—C(=O)—O—CH_3$	苯甲酸甲酯	methyl benzoate	93-58-3
	（B）	$C_6H_5—O—C(=O)—CH_3$	乙酸苯酯	phenyl acetate	122-79-2

续表

题号	结构式	化合物名称（中/英文）*		CAS Registry No.
2.	$H_2C{=}C(CH_3){-}(CH_2)_2{-}CH_3$	2-甲基-1-戊烯	2-methyl-1-pentene	763-29-1
3.	$H_3C{-}CH(CH_3){-}CH_2{-}C({=}O){-}O{-}(CH_2)_2{-}CH_3$	2-甲基-4-庚酮	2-methyl-4-heptanone	626-33-5
4.	$Cl{-}C_6H_4{-}C({=}O){-}CH_3$	对氯苯乙酮	4'-chloroacetophenone	99-91-2
5.	$Cl{-}C_6H_4{-}NO_2$	对氯硝基苯	*p*-chloronitrobenzene	100-00-5
6.	$H_3C{-}C_6H_4{\cdots}C({=}CH_2){-}CH_3$	柠檬烯	（+）–limonene；	5989-27-5
7.	$C_6H_4Br_2$（1,3-Br, Br）	邻二溴苯	*m*-dibromobenzene	108-36-1
8.	$H_3C{-}C_6H_4{-}CH(CH_3)_2$	对异丙基甲苯	1, 4-*p*-menthadiene	99-85-4

第 7 章　色谱法基础理论

二、计算题

1. （1）48 mL；216 mL；（2）4.5，102.86；（3）1866，0.107

2. （1）R=1.28，不能完全分开；（2）5768

3. 16.67 min，23.33 min

4. （1）13.0 min，16.0 min；（2）13.0，16.0；（3）3136、0.096 cm，4624、0.065 cm；（4）2704、0.111 cm，4096、0.73 cm；（5）75.0 cm

5. （1）1.1；（2）8.6，1.9 min；（3）450 cm

6. （1）6.0；（2）5929，3.56m；（3）7.0 min

7. （1）正己烷 600，苯 678，己酮 785，丁酸乙酯 799，己醇 890；选择的正构烷烃保留时间与待测物越接近时，误差越小。（2）这五个六碳化合物因为组成和结构均不同，极性不同，致使它们的保留时间不同，保留指数固然也会不同。（3）未知正构饱和烃保留指数为 500，可能是正戊烷。

8. （1）0.25；（2）7.2×10^4

9. （1）11 cm/s、25 cm/s、40 cm/s，1.31×10^3、1.29×10^3、1.08×10^3，0.153 cm、0.155 cm、0.185 cm；（2）0.0605 cm，0.683 cm^2/s，0.0027 cm；（3）0.146 cm，15.9 cm/s

第 8 章　经典液相色谱法

二、计算题

1. 16.7 min
2. 13.5 cm，0.75
3. 1.9；0.43；0.35
4. 11.1 cm
5. 20

第 9 章　气相色谱法

二、计算题

1.

组　分	A	B	C	D
相对质量校正因子　f_m	0.924	1.04	0.981	1.08
相对物质的量校正因子　f_M	2.25	1.35	1.03	0.96
各组分的质量分数　ω_w /%	23.1	33.4	28.1	15.4
各组分的摩尔分数　ω_w /%	39.4	30.4	20.6	9.6

2. 20.4%，63.2%，16.4%
3. 以峰高计算为 0.70%，以峰面积计算为 0.67%
4. 0.53%，5.55%，5.41%

第 10 章　高效液相色谱法

二、计算题

1. 理论塔板数 N: 苯 2.02×10^4/m，萘 2.28×10^4/m；分离度 R=8.34；定性重复性（RSD）：苯 0.096%，萘 0.21%

2. （1）k_1=2.13，k_2=2.34，α=1.10，R=1.0；（2）R=1.4

3. （1）R=1.06；（2）$N_A=3.49\times10^3$，$N_B=3.40\times10^3$，H_A=0.0859 mm，H_B=0.0883 mm；（3）l_2=0.6 m；（4）t_R=35 min

4. R=1.69>1.5，基线分离，可用于定量分析

5. R=1.22

6. 3.98%

7. 3.0 min

第 11 章　原子吸收分光光度法

二、计算题

1. 0.096 mg/L
2. 0.575 μg/mL
3. 6.5 μg/mL
4. 9.81 mg/mL

第 12 章　电位分析法及永停滴定法

二、计算题

1. 0.063 V，银电极为正极

2. 0.146 V，0.087 V，0.027 V

3. 5.74，1.96

4. 1.50×10^{-3} mol/L

5. （1）$E = 0.289 + \dfrac{0.0592}{2}\mathrm{pC_2O_4^{2-}}$；（2）3.82

6. （4）0.10 mol/L；（5）1.57×10^{-4}

7. 98.9%

8. 99.3%

9. 99.4%